计算机科学丛书

原书第8版

汇编语言
基于x86处理器

［美］基普·R. 欧文（Kip R. Irvine）著
吴为民 译

Assembly Language for x86 Processors
Eighth Edition

机械工业出版社
China Machine Press

图书在版编目（CIP）数据

汇编语言：基于 x86 处理器：原书第 8 版 /（美）基普·R. 欧文（Kip R. Irvine）著；吴为民译. -- 北京：机械工业出版社，2021.9

（计算机科学丛书）

书名原文：Assembly Language for x86 Processors, Eighth Edition

ISBN 978-7-111-69043-6

I. ①汇… II. ①基… ②吴… III. ①汇编语言 - 程序设计 IV. ① TP313

中国版本图书馆 CIP 数据核字（2021）第 180219 号

北京市版权局著作权合同登记　图字：01-2020-2394 号。

Authorized translation from the English language edition, entitled *Assembly Language for x86 Processors, Eighth Edition*, ISBN: 9780135381694, by Kip R. Irvine, published by Pearson Education, Inc., Copyright © 2020, 2015, 2011, 2007, 2003 by Pearson Inc.

All rights reserved. No part of this book may be reproduced or transmitted in any form or by any means, electronic or mechanical, including photocopying, recording or by any information storage retrieval system, without permission from Pearson Education, Inc.

Chinese simplified language edition published by China Machine Press, Copyright © 2022.

本书中文简体字版由 Pearson Education（培生教育出版集团）授权机械工业出版社在中国大陆地区（不包括香港、澳门特别行政区及台湾地区）独家出版发行。未经出版者书面许可，不得以任何方式抄袭、复制或节录本书中的任何部分。

本书封底贴有 Pearson Education（培生教育出版集团）激光防伪标签，无标签者不得销售。

本书第 8 版继续保持了以前版本的特色，为汇编语言教学提供了一种新颖和与时俱进的方法。本书专门为 Intel/Windows/DOS 平台编写，对汇编语言进行了完整且详细的研究和讲解，教授读者在机器级编写和调试程序。第 1~9 章包含汇编语言的基本概念、x86 处理器架构、汇编语言基础、过程等核心概念。第 10~16 章讲解了结构和宏、MS-Windows 编程、高级语言接口等内容。同时，这个版本也进行了相应的修订和更新，代表了本书向交互式电子教科书的过渡，让读者能够针对复习题、代码动画、教程视频以及多输入习题进行实验和互动。本书不仅可作为汇编语言课程的教材，还可以作为计算机系统基础和体系结构基础方面的教材，符合国内所提倡的系统观教学理念。

出版发行：机械工业出版社（北京市西城区百万庄大街 22 号　邮政编码：100037）
责任编辑：姚　蕾　　　　　　　　　　　　责任校对：殷　虹
印　　刷：三河市宏图印务有限公司　　　　版　　次：2022 年 5 月第 1 版第 1 次印刷
开　　本：185mm×260mm　1/16　　　　　印　　张：37
书　　号：ISBN 978-7-111-69043-6　　　　定　　价：149.00 元

客服电话：(010) 88361066　88379833　68326294　　投稿热线：(010) 88379604
华章网站：http://www.hzbook.com　　　　　　　　　读者信箱：hzjsj@hzbook.com

版权所有·侵权必究
封底无防伪标均为盗版

译 者 序
Assembly Language for x86 Processors, Eighth Edition

本书是迄今少见的对汇编语言及其相关知识描述得极为详尽的书籍。它的内容远不止 x86 汇编语言本身，还包括很多与之相关的基础知识、背景知识以及高级知识。因此，读者几乎不需要先修任何课程就能阅读和理解本书的绝大部分内容。不仅如此，本书对涉及的一些会在其他书籍或课程中出现的较高层次的概念，如虚拟机、有限状态机、Java 字节码、动态内存分配以及存储管理等，都给予了适时的解释。总之，本书的内容更像是以 x86 汇编语言为中心的各种相关知识的大融合。

对于系统软件（如编译系统和操作系统）的开发者来说，理解计算机硬件的工作原理是最根本的要求。即便是高级语言的编程者，如果对计算机体系结构的知识了解较少，也难以有意识地编写出性能高、功耗少的程序。而在当前，单纯依赖操作系统和编译器是不能彻底解决这些问题的，汇编语言正是探究处理器系统内部奥秘的一把钥匙。为了便于读者学习，本书不仅内附丰富的示例，而且在配套的网站上提供了 16 位、32 位及 64 位的链接库，供读者学习、使用、修改，甚至自创。此外，每章后还配备形式和难度不同的习题，使读者能即时巩固所学知识。

本书译自原书第 8 版。与第 7 版相比，前 13 章有局部的修改，而第 14、15 和 16 章是新加进来的。在翻译过程中，译者力图在尊重原意的基础上，以更便于读者理解为首要目标。由于本书篇幅较大，加之译者能力和精力所限，难免出现各种错误，欢迎广大读者批评指正。

感谢机械工业出版社的何方编辑向我推荐本书，并在我由于工作繁忙而拖延进度时给予充分的理解。感谢本书第 7 版的译者，使我在翻译本版时有很好的参照。真诚希望本书能为你的学习带来便利。

吴为民
2021 年 1 月于寓所

前言

Assembly Language for x86 Processors, Eighth Edition

本书介绍 x86 和 Intel64 处理器的汇编语言编程与架构，适合作为下述几类大学课程的教材：

- 汇编语言编程
- 计算机系统基础
- 计算机体系结构基础

学生使用 Intel 或 AMD 处理器，用 Microsoft 宏汇编器（Microsoft Macro Assembler，MASM）编程，并运行在 Microsoft Windows 的最新版本上。尽管本书的初衷是作为大学生的编程教材，但它也是计算机体系结构课程的有效补充。本书广受欢迎，前几个版本已被翻译成多种语言。

重点主题。本书所包含的下列主题可以自然过渡到计算机体系结构、操作系统及编写编译器的后续课程：

- 虚拟机概念
- 指令集架构
- 基本布尔运算
- 指令执行周期
- 内存访问和握手
- 中断和轮询
- 基于硬件的 I/O
- 浮点数二进制表示

下列主题则专门针对 x86 和 Intel64 架构：

- 受保护的内存和分页
- 实地址模式下的内存分段
- 16 位中断处理
- MS-DOS 和 BIOS 系统调用（中断）
- 浮点单元架构和编程
- 指令编码

本书中的某些例子还适合用于计算机科学课程体系中的后续课程：

- 查找与排序算法
- 高级语言结构
- 有限状态机
- 代码优化示例

第 8 版的新内容

这个版本代表了本书向交互式电子教科书的过渡。我们对此非常兴奋，因为读者第一次能够针对复习题、代码动画、教程视频以及多输入习题进行实验和互动。

- 各章中的"本节回顾"都已改写成交互式问题,可对读者的答案给出即时反馈。同时,新增和删除了一些问题,并修改了很多问题。
- **代码动画**使得读者能单步执行程序代码,并查看变量值和代码注释。读者再也不必在程序代码与下一页的文本解释之间来回翻看。
- 插入了**适时的教程视频的链接**,这样读者就能得到关于教材中相关主题的辅导。以前,对于这些呈现为清单的整套视频,读者需要单独购买订阅权才能访问。在这一版中,视频是免费的。
- **多输入习题**允许用户浏览程序清单,并在代码旁边的方框内插入变量值。读者可接收到即时、彩色的反馈,并有机会进行尝试,直至所有输入值都正确。
- **关键术语的超文本定义**贯穿全书,这些定义汇总于一个在线的词汇表。

简而言之,我们提取了本书的精华内容(经过很多版的精雕细琢),并将其置入交互式电子教科书中。

本书关注的首要目标仍然是教授学生编写并调试机器级程序。它不能代替计算机体系结构的完整教材,但它确实能在一个讲授计算机如何工作的环境中给予学生编写软件的第一手经验。我们认为,理论联系实际能让学生更好地掌握知识。在工程课程中,学生构建原型;而在计算机体系结构课程中,学生应编写机器级程序。在这两种情况下,学生都能获得难忘的经验,从而有信心在任何 OS/ 面向机器的环境中工作。

保护模式编程是从第 1 章到第 13 章的重中之重。由此,学生就能创建 32 位和 64 位程序,并运行于最新版本的 Microsoft Windows 下。其余三章是传统的章节,讨论 16 位编程,包含 BIOS 编程、MS-DOS 服务、键盘和鼠标输入、磁盘存储基础、视频编程以及图形处理。

子例程库。本书为学生提供了三个版本的子例程库,用于基本输入/输出、模拟、定时以及其他有用的任务。Irvine32 和 Irvine64 库运行于保护模式。16 位版本的库(Irvine16.lib)运行于实地址模式,且只用于第 14 ~ 16 章。这些库的完整源代码见配套网站。链接库是为了使用方便,而不是阻止学生自行对输入/输出编程。我们鼓励学生创建自己的库。

所含软件和示例。所有示例程序均采用运行于写作本书时最新的 Microsoft Visual Studio 中的 Microsoft Macro Assembler 进行了测试。此外,我们还提供了批处理文件,使得学生可在 Windows 命令提示符下汇编和运行应用程序。本书的信息更新与勘误可参见配套网站,其中包括一些额外的编程项目,教师可以在各章结束时布置给学生。

总体目标

本书的以下内容旨在拓展学生对汇编语言相关主题的兴趣和知识:
- Intel 和 AMD 处理器的架构和编程。
- 实地址模式和保护模式编程。
- 汇编语言伪指令、宏、操作符以及程序结构。
- 编程方法,展示如何使用汇编语言来创建系统级软件工具和应用程序。
- 计算机硬件操作。
- 汇编语言程序、操作系统以及其他应用程序之间的交互作用。

我们的目标之一是帮助学生以机器级的思维方式来处理编程问题。将 CPU 视为交互工具,学习尽可能直接地监控其操作是重要的。调试器是程序员最好的朋友,它不仅可以捕捉错误，还可以用作讲授 CPU 和操作系统的教学工具。我们鼓励学生探究高级语言表面之下的内部机制，帮助他们意识到大多数编程语言都被设计为可移植的，因而也独立于其宿主机。除了简短的示例外，本书还包含几百个可运行的程序，用来演示书中讲述的指令和思想。本书末尾有一些参考资料，比如 MS-DOS 中断和指令助记符指南。

背景知识要求。读者应能自如地使用至少一种高级语言进行编程，比如 Python、Java、C 或 C++。本书有一章涉及 C++ 接口，因此，如果手边有编译器就会非常有帮助。本书不仅已经用于计算机科学和管理信息系统专业的课程，而且还已用于其他工程课程。

特色

完整的程序清单。作者的网站包含补充的学习资料、学习指南以及本书示例的全部源代码。随本书还提供两个链接库（32 位和 64 位），其中包含 40 多个过程，用以简化用户输入/输出、数值处理、磁盘和文件处理以及字符串处理。在课程开始阶段，学生可以使用这个库来改进自己编写的程序。之后，学生就可以创建自己的过程并将它们添加到库中。

编程逻辑。本书用两章重点介绍了布尔逻辑和位级运算，并有意识地尝试将高级编程逻辑与低层机器细节相关联。这种方式有助于学生创建更有效的编程实现，并且更好地理解编译器是如何生成目标代码的。

硬件和操作系统概念。本书前两章介绍了基础硬件和数据表示概念，包括二进制数、CPU 架构、状态标志以及内存映射。通过对计算机硬件的综述和对 Intel 处理器系列的历史回顾，帮助学生更好地理解其目标计算机系统。

结构化编程方法。从第 5 章开始，重点关注对过程和功能的分解。为学生提供更复杂的编程练习，要求学生在编写代码之前关注设计。

Java 字节码和 Java 虚拟机。第 8 章和第 9 章用一个简短的演示示例解释了 Java 字节码的基本操作。还以反汇编字节码格式展示了很多简短示例，后跟详细的逐步解释。

创建链接库。学生可以自由地将自己编写的过程添加到本书链接库中，还可以创建新的库。要学会使用工具箱方法进行编程，并编写多个程序都可以使用的代码。

宏和结构。用一章专门讲述结构、联合以及宏的创建，这些知识对于汇编语言和系统编程极为重要。带有高级操作符的条件宏使得宏更为专业。

高级语言接口。用一章专门讲述汇编语言到 C 和 C++ 的接口。对于可能要从事高级语言编程工作的学生而言，这是一项重要的工作技能。他们可以学习代码优化，并通过示例了解 C++ 编译器是如何优化代码的。

教学辅助。所有的程序清单都可在网上得到。同时，我们还向教师提供测试库、复习题答案、编程练习的解答以及每章的 PPT。

VideoNotes。VideoNotes 是 Pearson 的可视化工具，用来向学生教授关键的编程概念和技术。这些简短的、循序渐进的视频演示了汇编语言的基本概念。VideoNotes 可用于自定进度的学习，其易于导航，每个视频练习都具有选择、播放、倒回、快进及停止功能。

各章内容简介

第 1～9 章包含汇编语言的核心概念，需要按顺序学习。此后则可以有相当大的自由度。下面的依赖图展示了各章知识之间的依赖关系。

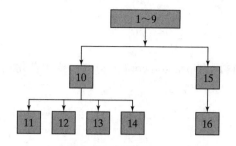

第 1 章　基本概念：汇编语言的应用、基础概念、机器语言及数据表示。

第 2 章　x86 处理器架构：基本微机设计、指令执行周期、x86 处理器架构、Intel64 架构、x86 内存管理、微机组件，以及输入 / 输出系统。

第 3 章　汇编语言基础：汇编语言、链接和调试，以及常量和变量的定义。

第 4 章　数据传送、寻址及算术运算：简单的数据传送和算术运算指令、汇编 – 链接 – 执行周期、操作符、伪指令、表达式、JMP 和 LOOP 指令，以及间接寻址。

第 5 章　过程：与外部库的链接、本书链接库的描述、堆栈操作、过程的定义和使用、流程图，以及自顶向下的结构化设计。

第 6 章　条件处理：布尔和比较指令、条件跳转和循环、高级逻辑结构，以及有限状态机。

第 7 章　整数算术运算：移位和循环移位指令及其应用、乘法和除法、扩展的加法和减法，以及 ASCII 和压缩十进制算术运算。

第 8 章　高级过程：堆栈参数、局部变量、高级的 PROC 和 INVOKE 伪指令，以及递归。

第 9 章　字符串和数组：字符串原语、字符数组和整数数组的操作、二维数组、排序和查找。

第 10 章　结构和宏：结构、宏、条件汇编伪指令，以及重复块的定义。

第 11 章　MS-Windows 编程：保护模式的内存管理概念、使用 Microsoft-Windows API 显示文本和颜色，以及动态内存分配。

第 12 章　浮点数处理和指令编码：浮点数的二进制表示和浮点算术运算、32 位浮点单元编程，以及 32 位机器指令编码。

第 13 章　高级语言接口：参数传递规约、内联汇编代码，以及将汇编语言模块链接到 C 和 C++ 程序。

第 14 章　16 位 MS-DOS 编程：内存组织、中断、功能调用，以及标准的 MS-DOS 文件 I/O 服务。

第 15 章　磁盘基础知识：磁盘存储系统、扇区、簇、目录、文件分配表、MS-DOS 错误码的处理，以及驱动器和目录操作。

第 16 章　BIOS 级编程：键盘输入、视频文本、图形以及鼠标编程。

附录 A：MASM 参考知识。

附录 B：x86 指令集。

附录 C：BIOS 和 MS-DOS 中断。

附录 D："本节回顾"的问题答案（第 14 ～ 16 章）。

教师和学生资源

教师资源[⊖]

下面受保护的教师资料可在 pearson.com 上得到。要想获得用户名和密码信息，请联系 Pearson 的代表。

- PPT 讲义。
- 教师解题手册。

学生资源

下述有用的资料位于 www.asmirvine.com：

- Getting Started（入门）是帮助学生设置 Visual Studio 以进行汇编语言编程的循序渐进的完整教程。
- 勘误。
- 与汇编语言编程主题相关的补充读物。
- 汇编和链接程序所需要的支持文件、本书全部示例程序的完整源代码，以及作者的补充链接库的完整源代码。
- Assembly Language Workbook（汇编语言工作手册）是一个交互式的工作手册，其中涵盖数值转换、寻址模式、寄存器使用、调试编程，以及浮点二进制数。
- 调试工具：Microsoft Visual Studio 调试器用法教程。

致谢

非常感谢培生教育（Pearson Education）的计算机科学投资组合经理 Tracy Johnson 多年来提供的友好且有益的指导。感谢施博（SPi Global）公司的 Vanitha Puela 与培生的内容编辑 Amanda Brands 一起为本书的制作和出版所做的出色工作。

以前版本

特别感谢以下诸位，他们在本书早期版本的制作中提供了极大的帮助：

- William Barrett，圣何塞州立大学
- Scott Blackledge
- James Brink，太平洋路德大学
- Gerald Cahill，羚羊谷学院
- John Taylor

⊖ 关于教辅资源，仅提供给采用本书作为教材的教师用作课堂教学、布置作业、发布考试等用途。如有需要的教师，请直接联系 Pearson 北京办公室查询并填表申请。联系邮箱：Copub.Hed@pearson.com。——编辑注

关于作者

Assembly Language for x86 Processors, Eighth Edition

Kip R. Irvine 已著有五本计算机编程方面的教科书，涉及的编程语言有 Intel 汇编语言、C++、Visual Basic（入门和高级）以及 COBOL。他的书 *Assembly Language for Intel-Based Computers* 已被翻译成六种语言。他的第一种学位（音乐方面的学士、硕士、博士）是关于作曲方面的，从夏威夷大学和迈阿密大学获得。他在 1982 年左右开始从事音乐合成方面的计算机编程，并在迈阿密戴德社区学院讲授编程长达 17 年。他在迈阿密大学获得计算机科学硕士学位，并在佛罗里达国际大学计算和信息科学学院讲授计算机编程长达 18 年。

相关码表

Assembly Language for x86 Processors, Eighth Edition

ASCII 控制字符

下表给出了按下控制键组合后生成的 ASCII 码。助记符和描述是指用于屏幕和打印机格式以及数据通信的 ASCII 函数。

ASCII 码[1]	Ctrl-	助记符	描述	ASCII 码[1]	Ctrl-	助记符	描述
00		NUL	空字符	10	Ctrl-P	DLE	换码
01	Ctrl-A	SOH	标题开始	11	Ctrl-Q	DC1	设备控制 1
02	Ctrl-B	STX	正文开始	12	Ctrl-R	DC2	设备控制 2
03	Ctrl-C	ETX	正文结束	13	Ctrl-S	DC3	设备控制 3
04	Ctrl-D	EOT	传输结束	14	Ctrl-T	DC4	设备控制 4
05	Ctrl-E	ENQ	查询	15	Ctrl-U	NAK	拒绝接收
06	Ctrl-F	ACK	确认	16	Ctrl-V	SYN	同步空闲
07	Ctrl-G	BEL	响铃	17	Ctrl-W	ETB	传输块结束
08	Ctrl-H	BS	退格	18	Ctrl-W	CAN	取消
09	Ctrl-I	HT	水平制表符	19	Ctrl-Y	EM	媒体结束
0A	Ctrl-J	LF	换行	1A	Ctrl-Z	SUB	替换
0B	Ctrl-K	VT	垂直制表符	1B	Ctrl-[	ESC	退出
0C	Ctrl-L	FF	换页	1C	Ctrl-\	FS	文件分隔符
0D	Ctrl-M	CR	回车	1D	Ctrl-]	GS	分组符
0E	Ctrl-N	SO	不用切换	1E	Ctrl-^	RS	记录分隔符
0F	Ctrl-O	SI	启用切换	1F	Ctrl-[2]	UX	单元分隔符

[1] ASCII 码为十六进制。
[2] ASCII 码 1Fh 为 Ctrl- 连字符 (-)。

Alt 组合键

按住 Alt 键的同时按下其他键将会产生的十六进制扫描如下。

键	扫描码	键	扫描码	键	扫描码
1	78	A	1E	N	31
2	79	B	30	O	18
3	7A	C	2E	P	19
4	7B	D	20	Q	10
5	7C	E	12	R	13
6	7D	F	21	S	1F
7	7E	G	22	T	14
8	7F	H	23	U	16
9	80	I	17	V	2F
0	81	J	24	W	11
–	82	K	25	X	2D
=	83	L	26	Y	15
		M	32	Z	2C

键盘扫描码

通过对键盘输入两次（第一次读键盘返回 0）调用 INT 16h 或 INT 21h 可获得键盘扫描码。所有扫描码均为十六进制。

功能键

键	正常	与 Shift 组合	与 Ctrl 组合	与 Alt 组合
F1	3B	54	5E	68
F2	3C	55	5F	69
F3	3D	56	60	6A
F4	3E	57	61	6B
F5	3F	58	62	6C
F6	40	59	63	6D
F7	41	5A	64	6E
F8	42	5B	65	6F
F9	43	5C	66	70
F10	44	5D	67	74
F11	85	87	89	8B
F12	86	88	8A	8C

键	单独使用	与 Ctrl 键组合
Home	47	77
End	4F	75
PgUp	49	84
PgDn	51	76
PrtSc	37	72
Left arrow	4B	73
Rt arrow	4D	74
Up arrow	48	8D
Dn arrow	50	91
Ins	52	92
Del	53	93
Back tab	0F	94
Gray +	4E	90
Gary −	4A	8E

十进制	⇒	1	16	32	48	64	80	96
⇓	十六进制	0	1	2	3	4	5	6
0	0	null	▶	space	0	@	P	`
1	1	☺	◀	!	1	A	Q	a
2	2	☻	↕	"	2	B	R	b
3	3	♥	‼	#	3	C	S	c
4	4	♦	¶	$	4	D	T	d
5	5	♣	§	%	5	E	U	e
6	6	♠	■	&	6	F	V	f
7	7	•	↨	'	7	G	W	g
8	8	◘	↑	(	8	H	X	h
9	9	○	↓	)	9	I	Y	i
10	A	◉	→	*	:	J	Z	j
11	B	♂	←	+	;	K	[	k
12	C	♀	∟	,	<	L	\	l
13	D	♪	↔	-	=	M	]	m
14	E	♫	▲	.	>	N	^	n
15	F	☼	▼	/	?	O	_	o

112	128	144	160	176	192	208	224	240
7	8	9	A	B	C	D	E	F
p	Ç	É	á	░	└	╨	α	≡
q	ü	æ	í	▓	┴	╤	β	±
r	é	Æ	ó	▓	┬	╥	Γ	≥
s	â	ô	ú	│	├	╙	π	≤
t	ä	ö	ñ	┤	─	╘	Σ	⌠
u	à	ò	Ñ	╡	┼	╒	σ	⌡
v	å	û	ª	╢	╞	╓	μ	÷
w	ç	ù	º	╖	╟	╫	τ	≈
x	ê	ÿ	¿	╕	╚	╪	Φ	°
y	ë	Ö	⌐	╣	╔	┘	θ	•
z	è	Ü	¬	║	╩	┌	Ω	·
{	ï	¢	½	╗	╦	■	δ	√
|	î	£	¼	╝	╠	■	∞	n
}	ì	¥	¡	╜	=	▌	φ	²
~	Ä	Pt	«	╛	╬	▐	∈	■
Δ	Å	ƒ	»	┐	╧	■	∩	blank

目录

Assembly Language for x86 Processors, Eighth Edition

译者序
前言
关于作者
相关码表

第1章 基本概念 1
- 1.1 欢迎来到汇编语言的世界 1
  - 1.1.1 读者可能会问的问题 2
  - 1.1.2 汇编语言的应用 4
  - 1.1.3 本节回顾 5
- 1.2 虚拟机概念 5
  - 1.2.1 本节回顾 6
- 1.3 数据表示 7
  - 1.3.1 二进制整数 7
  - 1.3.2 二进制加法 9
  - 1.3.3 整数存储大小 9
  - 1.3.4 十六进制整数 10
  - 1.3.5 十六进制加法 11
  - 1.3.6 有符号二进制整数 12
  - 1.3.7 二进制减法 14
  - 1.3.8 字符存储 14
  - 1.3.9 二进制编码的十进制数 16
  - 1.3.10 本节回顾 16
- 1.4 布尔表达式 17
  - 1.4.1 布尔函数的真值表 18
  - 1.4.2 本节回顾 19
- 1.5 本章小结 20
- 1.6 关键术语 20
- 1.7 复习题和练习 21
  - 1.7.1 简答题 21
  - 1.7.2 算法题 22

第2章 x86处理器架构 23
- 2.1 一般概念 23
  - 2.1.1 基本微机设计 23
  - 2.1.2 指令执行周期 24
  - 2.1.3 读取内存 25
  - 2.1.4 加载并执行程序 26
  - 2.1.5 本节回顾 27
- 2.2 32位x86处理器 27
  - 2.2.1 操作模式 27
  - 2.2.2 基本执行环境 28
  - 2.2.3 x86内存管理 30
  - 2.2.4 本节回顾 31
- 2.3 64位x86-64处理器 31
  - 2.3.1 64位操作模式 32
  - 2.3.2 基本的64位执行环境 32
  - 2.3.3 本节回顾 33
- 2.4 典型x86计算机的组件 33
  - 2.4.1 母板 33
  - 2.4.2 内存 35
  - 2.4.3 本节回顾 35
- 2.5 输入/输出系统 36
  - 2.5.1 I/O访问层次 36
  - 2.5.2 本节回顾 38
- 2.6 本章小结 38
- 2.7 关键术语 39
- 2.8 复习题 40

第3章 汇编语言基础 41
- 3.1 基本语言元素 41
  - 3.1.1 第一个汇编语言程序 41
  - 3.1.2 整数字面量 42
  - 3.1.3 常整数表达式 43
  - 3.1.4 实数字面量 43
  - 3.1.5 字符字面量 44
  - 3.1.6 字符串字面量 44
  - 3.1.7 保留字 44
  - 3.1.8 标识符 45
  - 3.1.9 伪指令 45

3.1.10 指令 …… 46
3.1.11 本节回顾 …… 48
3.2 示例：整数加减法 …… 48
　3.2.1 AddTwo 程序 …… 48
　3.2.2 运行和调试 AddTwo 程序 …… 50
　3.2.3 程序模板 …… 54
　3.2.4 本节回顾 …… 54
3.3 汇编、链接和运行程序 …… 55
　3.3.1 汇编-链接-执行周期 …… 55
　3.3.2 列表文件 …… 55
　3.3.3 本节回顾 …… 57
3.4 定义数据 …… 57
　3.4.1 内部数据类型 …… 57
　3.4.2 数据定义语句 …… 58
　3.4.3 向 AddTwo 程序添加一个变量 …… 58
　3.4.4 定义 BYTE 和 SBYTE 数据 …… 59
　3.4.5 定义 WORD 和 SWORD 数据 …… 61
　3.4.6 定义 DWORD 和 SDWORD 数据 …… 61
　3.4.7 定义 QWORD 数据 …… 62
　3.4.8 定义压缩的 BCD（TBYTE）数据 …… 62
　3.4.9 定义浮点类型 …… 62
　3.4.10 变量相加程序 …… 63
　3.4.11 小端序 …… 64
　3.4.12 声明未初始化数据 …… 64
　3.4.13 本节回顾 …… 65
3.5 符号常量 …… 65
　3.5.1 等号伪指令 …… 66
　3.5.2 计算数组和字符串的大小 …… 67
　3.5.3 EQU 伪指令 …… 68
　3.5.4 TEXTEQU 伪指令 …… 68
　3.5.5 本节回顾 …… 69
3.6 64 位编程介绍 …… 70
3.7 本章小结 …… 71
3.8 关键术语 …… 72
　3.8.1 术语 …… 72

3.8.2 指令、操作符及伪指令 …… 72
3.9 复习题和练习 …… 73
　3.9.1 简答题 …… 73
　3.9.2 算法题 …… 73
3.10 编程练习 …… 74

第 4 章 数据传送、寻址及算术运算 …… 75

4.1 数据传送指令 …… 75
　4.1.1 引言 …… 75
　4.1.2 操作数类型 …… 75
　4.1.3 直接内存操作数 …… 76
　4.1.4 MOV 指令 …… 77
　4.1.5 整数的零/符号扩展 …… 78
　4.1.6 LAHF 和 SAHF 指令 …… 79
　4.1.7 XCHG 指令 …… 80
　4.1.8 直接-偏移量操作数 …… 80
　4.1.9 传送数据的示例 …… 81
　4.1.10 本节回顾 …… 83
4.2 加法和减法 …… 84
　4.2.1 INC 和 DEC 指令 …… 84
　4.2.2 ADD 指令 …… 84
　4.2.3 SUB 指令 …… 85
　4.2.4 NEG 指令 …… 85
　4.2.5 实现算术表达式 …… 85
　4.2.6 加减法影响的标志 …… 86
　4.2.7 示例程序（AddSubTest）…… 88
　4.2.8 本节回顾 …… 89
4.3 与数据相关的操作符和伪指令 …… 90
　4.3.1 OFFSET 操作符 …… 90
　4.3.2 ALIGN 伪指令 …… 91
　4.3.3 PTR 操作符 …… 92
　4.3.4 TYPE 操作符 …… 92
　4.3.5 LENGTHOF 操作符 …… 93
　4.3.6 SIZEOF 操作符 …… 93
　4.3.7 LABEL 伪指令 …… 94
　4.3.8 本节回顾 …… 94
4.4 间接寻址 …… 94
　4.4.1 间接操作数 …… 94
　4.4.2 数组 …… 95

4.4.3	变址操作数 ……………………	96
4.4.4	指针 ……………………………	97
4.4.5	本节回顾 ………………………	99
4.5	JMP 和 LOOP 指令 ………………	100
4.5.1	JMP 指令 ………………………	100
4.5.2	LOOP 指令 ……………………	101
4.5.3	在 Visual Studio 调试器中显示数组 …………………………	102
4.5.4	整数数组求和 …………………	103
4.5.5	复制字符串 ……………………	103
4.5.6	本节回顾 ………………………	104
4.6	64 位编程 …………………………	105
4.6.1	MOV 指令 ……………………	105
4.6.2	64 位版本的 SumArray 程序 …………………………………	105
4.6.3	加法和减法 ……………………	106
4.6.4	本节回顾 ………………………	107
4.7	本章小结 …………………………	107
4.8	关键术语 …………………………	109
4.8.1	术语 ……………………………	109
4.8.2	指令、操作符及伪指令 ………	109
4.9	复习题和练习 ……………………	109
4.9.1	简答题 …………………………	109
4.9.2	算法题 …………………………	111
4.10	编程练习 …………………………	112

第 5 章 过程 …………………………… 113
5.1	堆栈操作 …………………………	113
5.1.1	运行时堆栈（32 位模式）……	113
5.1.2	PUSH 和 POP 指令 ……………	115
5.1.3	本节回顾 ………………………	118
5.2	定义和使用过程 …………………	118
5.2.1	PROC 伪指令 …………………	118
5.2.2	CALL 和 RET 指令 ……………	120
5.2.3	嵌套过程调用 …………………	120
5.2.4	向过程传递寄存器参数 ………	121
5.2.5	示例：整数数组求和 …………	122
5.2.6	保存和恢复寄存器 ……………	123
5.2.7	本节回顾 ………………………	124
5.3	链接到外部库 ……………………	124

5.3.1	背景信息 ………………………	125
5.3.2	本节回顾 ………………………	125
5.4	Irvine32 库 ………………………	126
5.4.1	创建库的动机 …………………	126
5.4.2	Win32 控制台窗口 ……………	127
5.4.3	各个过程的描述 ………………	128
5.4.4	库测试程序 ……………………	138
5.4.5	本节回顾 ………………………	144
5.5	64 位汇编编程 ……………………	145
5.5.1	Irvine64 库 ……………………	145
5.5.2	调用 64 位子例程 ……………	145
5.5.3	x64 调用规约 …………………	146
5.5.4	调用过程的示例程序 …………	146
5.5.5	本节回顾 ………………………	147
5.6	本章小结 …………………………	148
5.7	关键术语 …………………………	149
5.7.1	术语 ……………………………	149
5.7.2	指令、操作符及伪指令 ………	149
5.8	复习题和练习 ……………………	149
5.8.1	简答题 …………………………	149
5.8.2	算法题 …………………………	151
5.9	编程练习 …………………………	152

第 6 章 条件处理 ……………………… 154
6.1	布尔和比较指令 …………………	154
6.1.1	CPU 状态标志 …………………	154
6.1.2	AND 指令 ……………………	155
6.1.3	OR 指令 ………………………	156
6.1.4	位映射集 ………………………	157
6.1.5	XOR 指令 ……………………	158
6.1.6	NOT 指令 ……………………	159
6.1.7	TEST 指令 ……………………	159
6.1.8	CMP 指令 ……………………	160
6.1.9	置位和清零各个 CPU 标志 ……………………………	161
6.1.10	64 位模式下的布尔指令 ……	161
6.1.11	本节回顾 ……………………	161
6.2	条件跳转 …………………………	162
6.2.1	条件结构 ………………………	162
6.2.2	Jcond 指令 ……………………	162

6.2.3 条件跳转指令的类型 ……… 163
6.2.4 条件跳转应用 ……… 166
6.2.5 本节回顾 ……… 169
6.3 条件循环指令 ……… 170
6.3.1 LOOPZ 和 LOOPE 指令 …… 170
6.3.2 LOOPNZ 和 LOOPNE 指令 ……… 170
6.3.3 本节回顾 ……… 171
6.4 条件结构 ……… 171
6.4.1 块结构的 IF 语句 ……… 171
6.4.2 复合表达式 ……… 175
6.4.3 WHILE 循环 ……… 176
6.4.4 表驱动的选择 ……… 178
6.4.5 本节回顾 ……… 180
6.5 应用：有限状态机 ……… 181
6.5.1 验证输入字符串 ……… 181
6.5.2 验证有符号整数 ……… 182
6.5.3 本节回顾 ……… 185
6.6 条件控制流伪指令（可选主题）… 186
6.6.1 创建 IF 语句 ……… 186
6.6.2 有符号数和无符号数的比较 ……… 188
6.6.3 复合表达式 ……… 189
6.6.4 用 .REPEAT 和 .WHILE 创建循环 ……… 191
6.7 本章小结 ……… 192
6.8 关键术语 ……… 193
6.8.1 术语 ……… 193
6.8.2 指令、操作符及伪指令 ……… 193
6.9 复习题和练习 ……… 194
6.9.1 简答题 ……… 194
6.9.2 算法题 ……… 195
6.10 编程练习 ……… 196
6.10.1 对代码测试的建议 ……… 196
6.10.2 习题描述 ……… 197

第 7 章 整数算术运算 ……… 200
7.1 移位和循环移位指令 ……… 200
7.1.1 逻辑移位和算术移位 ……… 200
7.1.2 SHL 指令 ……… 201
7.1.3 SHR 指令 ……… 202
7.1.4 SAL 和 SAR 指令 ……… 202
7.1.5 ROL 指令 ……… 203
7.1.6 ROR 指令 ……… 204
7.1.7 RCL 和 RCR 指令 ……… 204
7.1.8 有符号数溢出 ……… 205
7.1.9 SHLD/SHRD 指令 ……… 205
7.1.10 本节回顾 ……… 207
7.2 移位和循环移位的应用 ……… 207
7.2.1 多个双字的移位 ……… 208
7.2.2 通过移位做乘法 ……… 208
7.2.3 显示二进制位 ……… 209
7.2.4 提取文件日期字段 ……… 210
7.2.5 本节回顾 ……… 210
7.3 乘法和除法指令 ……… 212
7.3.1 无符号整数乘法（MUL）…… 212
7.3.2 有符号整数乘法（IMUL）… 213
7.3.3 测量程序执行时间 ……… 216
7.3.4 无符号整数除法（DIV）…… 217
7.3.5 有符号整数除法（IDIV）… 219
7.3.6 实现算术表达式 ……… 222
7.3.7 本节回顾 ……… 224
7.4 扩展的加减法 ……… 225
7.4.1 ADC 指令 ……… 225
7.4.2 扩展加法的示例 ……… 225
7.4.3 SBB 指令 ……… 227
7.4.4 本节回顾 ……… 228
7.5 ASCII 和非压缩十进制算术运算 ……… 228
7.5.1 AAA 指令 ……… 229
7.5.2 AAS 指令 ……… 230
7.5.3 AAM 指令 ……… 231
7.5.4 AAD 指令 ……… 231
7.5.5 本节回顾 ……… 231
7.6 压缩十进制的算术运算 ……… 232
7.6.1 DAA 指令 ……… 232
7.6.2 DAS 指令 ……… 233
7.6.3 本节回顾 ……… 233
7.7 本章小结 ……… 234
7.8 关键术语 ……… 235

7.8.1	术语	235
7.8.2	指令、操作符及伪指令	235
7.9	复习题和练习	235
7.9.1	简答题	235
7.9.2	算法题	237
7.10	编程练习	237

第 8 章 高级过程 240

8.1	引言	240
8.2	堆栈帧	240
8.2.1	堆栈参数	240
8.2.2	寄存器参数的缺点	241
8.2.3	访问堆栈参数	243
8.2.4	32 位调用规约	245
8.2.5	局部变量	246
8.2.6	引用参数	247
8.2.7	LEA 指令	248
8.2.8	ENTER 和 LEAVE 指令	249
8.2.9	LOCAL 伪指令	250
8.2.10	Microsoft x64 调用规约	251
8.2.11	本节回顾	252
8.3	递归	252
8.3.1	递归求和	253
8.3.2	计算阶乘	254
8.3.3	本节回顾	258
8.4	INVOKE、ADDR、PROC 及 PROTO	259
8.4.1	INVOKE 伪指令	259
8.4.2	ADDR 操作符	260
8.4.3	PROC 伪指令	260
8.4.4	PROTO 伪指令	263
8.4.5	参数分类	266
8.4.6	示例：交换两个整数	266
8.4.7	调试提示	267
8.4.8	WriteStackFrame 过程	267
8.4.9	本节回顾	268
8.5	创建多模块程序	269
8.5.1	隐藏和导出过程名	269
8.5.2	调用外部过程	269
8.5.3	跨模块使用变量和符号	270

8.5.4	示例：ArraySum 程序	271
8.5.5	用 Extern 创建模块	271
8.5.6	用 INVOKE 和 PROTO 创建模块	274
8.5.7	本节回顾	277
8.6	参数的高级用法（可选主题）	277
8.6.1	受 USES 操作符影响的堆栈	277
8.6.2	向堆栈传递 8 位和 16 位参数	278
8.6.3	传递 64 位参数	279
8.6.4	非双字局部变量	280
8.7	Java 字节码（可选主题）	281
8.7.1	Java 虚拟机	281
8.7.2	指令集	282
8.7.3	Java 反汇编示例	283
8.7.4	示例：条件分支	285
8.8	本章小结	287
8.9	关键术语	288
8.9.1	术语	288
8.9.2	指令、操作符及伪指令	288
8.10	复习题和练习	288
8.10.1	简答题	288
8.10.2	算法题	289
8.11	编程练习	289

第 9 章 字符串和数组 291

9.1	引言	291
9.2	字符串原语指令	291
9.2.1	MOVSB、MOVSW 及 MOVSD	292
9.2.2	CMPSB、CMPSW 及 CMPSD	293
9.2.3	SCASB、SCASW 及 SCASD	293
9.2.4	STOSB、STOSW 及 STOSD	294
9.2.5	LODSB、LODSW 及 LODSD	294
9.2.6	本节回顾	294
9.3	若干字符串过程	295

9.3.1　Str_compare 过程 …………… 295
9.3.2　Str_length 过程 ……………… 296
9.3.3　Str_copy 过程 ………………… 297
9.3.4　Str_trim 过程 ………………… 297
9.3.5　Str_ucase 过程 ……………… 299
9.3.6　字符串库演示程序 …………… 300
9.3.7　Irvine64 库中的字符串
　　　 过程 …………………………… 301
9.3.8　本节回顾 ……………………… 304
9.4　二维数组 …………………………… 304
9.4.1　行列顺序 ……………………… 304
9.4.2　基址 – 变址操作数 …………… 305
9.4.3　基址 – 变址 – 位移操作数 …… 306
9.4.4　64 位模式下的基址 – 变址
　　　 操作数 ………………………… 307
9.4.5　本节回顾 ……………………… 308
9.5　整数数组的查找和排序 …………… 308
9.5.1　冒泡排序 ……………………… 309
9.5.2　对半查找 ……………………… 310
9.5.3　本节回顾 ……………………… 315
9.6　Java 字节码：字符串处理
　　 （可选主题）………………………… 315
9.7　本章小结 …………………………… 316
9.8　关键术语和指令 …………………… 317
9.9　复习题和练习 ……………………… 317
9.9.1　简答题 ………………………… 317
9.9.2　算法题 ………………………… 318
9.10　编程练习 …………………………… 318

第 10 章　结构和宏 …………………… 322
10.1　结构 ………………………………… 322
10.1.1　定义结构 …………………… 322
10.1.2　声明结构对象 ……………… 323
10.1.3　引用结构对象 ……………… 324
10.1.4　示例：显示系统时间 ……… 327
10.1.5　结构包含结构 ……………… 329
10.1.6　示例：醉汉行走 …………… 329
10.1.7　声明和使用联合 …………… 332
10.1.8　本节回顾 …………………… 334
10.2　宏 …………………………………… 334

10.2.1　概述 ………………………… 334
10.2.2　定义宏 ……………………… 335
10.2.3　调用宏 ……………………… 336
10.2.4　其他宏特性 ………………… 337
10.2.5　使用本书的宏库（仅 32 位
　　　　模式）………………………… 340
10.2.6　示例程序：封装器 ………… 345
10.2.7　本节回顾 …………………… 346
10.3　条件汇编伪指令 …………………… 347
10.3.1　检查缺失的参数 …………… 347
10.3.2　默认参数初始化值 ………… 348
10.3.3　布尔表达式 ………………… 348
10.3.4　IF、ELSE 及 ENDIF 伪
　　　　指令 ………………………… 349
10.3.5　IFIDN 和 IFIDNI 伪指令 … 349
10.3.6　示例：矩阵行求和 ………… 350
10.3.7　特殊操作符 ………………… 353
10.3.8　宏函数 ……………………… 356
10.3.9　本节回顾 …………………… 357
10.4　定义重复语句块 …………………… 357
10.4.1　WHILE 伪指令 …………… 358
10.4.2　REPEAT 伪指令 …………… 358
10.4.3　FOR 伪指令 ………………… 358
10.4.4　FORC 伪指令 ……………… 359
10.4.5　示例：链表 ………………… 360
10.4.6　本节回顾 …………………… 361
10.5　本章小结 …………………………… 362
10.6　关键术语 …………………………… 363
10.6.1　术语 ………………………… 363
10.6.2　操作符及伪指令 …………… 363
10.7　复习题和练习 ……………………… 364
10.7.1　简答题 ……………………… 364
10.7.2　算法题 ……………………… 364
10.8　编程练习 …………………………… 366

第 11 章　MS-Windows 编程 ……… 368
11.1　Win32 控制台编程 ………………… 368
11.1.1　背景信息 …………………… 368
11.1.2　Win32 控制台函数 ………… 371
11.1.3　显示消息框 ………………… 373

11.1.4	控制台输入	375	12.1.5	将十进制分数转换为二进制实数 424
11.1.5	控制台输出	380	12.1.6	本节回顾 425
11.1.6	读写文件	382	12.2	浮点单元 425
11.1.7	Irvine32 库中的文件 I/O	385	12.2.1	FPU 寄存器栈 426
11.1.8	测试文件 I/O 过程	386	12.2.2	舍入 428
11.1.9	控制台窗口操作	389	12.2.3	浮点异常 429
11.1.10	控制光标	392	12.2.4	浮点指令集 429
11.1.11	控制文本颜色	392	12.2.5	算术运算指令 432
11.1.12	时间和日期函数	394	12.2.6	比较浮点数值 435
11.1.13	使用 64 位 Windows API	397	12.2.7	读写浮点数值 437
11.1.14	本节回顾	398	12.2.8	异常同步 438
11.2	编写图形化的 Windows 应用程序	398	12.2.9	代码示例 439
11.2.1	必要的结构	399	12.2.10	混合模式算术运算 440
11.2.2	MessageBox 函数	400	12.2.11	屏蔽和非屏蔽异常 441
11.2.3	WinMain 过程	400	12.2.12	本节回顾 442
11.2.4	WinProc 过程	401	12.3	x86 指令编码 443
11.2.5	ErrorHandler 过程	401	12.3.1	指令格式 443
11.2.6	程序清单	402	12.3.2	单字节指令 444
11.2.7	本节回顾	405	12.3.3	将立即数送入寄存器 444
11.3	动态内存分配	405	12.3.4	寄存器模式指令 445
11.3.1	HeapTest 程序	408	12.3.5	处理器操作数大小前缀 446
11.3.2	本节回顾	411	12.3.6	内存模式指令 446
11.4	32 位 x86 存储管理	411	12.3.7	本节回顾 448
11.4.1	线性地址	412	12.4	本章小结 449
11.4.2	页转换	414	12.5	关键术语 450
11.4.3	本节回顾	416	12.6	复习题和练习 450
11.5	本章小结	416	12.6.1	简答题 450
11.6	关键术语	417	12.6.2	算法题 451
11.7	复习题和练习	417	12.7	编程练习 452
11.7.1	简答题	417		
11.7.2	算法题	418	**第 13 章**	**高级语言接口 454**
11.8	编程练习	418	13.1	引言 454
			13.1.1	通用规约 454
第 12 章	**浮点数处理和指令编码 420**		13.1.2	.MODEL 伪指令 455
12.1	浮点数的二进制表示	420	13.1.3	检查编译器生成的代码 457
12.1.1	IEEE 二进制浮点数表示	420	13.1.4	本节回顾 460
12.1.2	阶数	421	13.2	内联汇编代码 461
12.1.3	规格化二进制浮点数	422	13.2.1	Visual C++ 中的 __asm 伪指令 461
12.1.4	创建 IEEE 表示	422		

13.2.2　文件加密示例 ………… 463
　　13.2.3　本节回顾 ………… 465
13.3　将32位汇编语言代码链接到
　　　　C/C++ ………… 466
　　13.3.1　IndexOf 示例 ………… 466
　　13.3.2　调用 C 和 C++ 函数 ………… 469
　　13.3.3　乘法表的示例 ………… 471
　　13.3.4　本节回顾 ………… 474
13.4　本章小结 ………… 474
13.5　关键术语 ………… 474
13.6　复习题 ………… 474
13.7　编程练习 ………… 475

第14章　16位 MS-DOS 编程 ………… 476

14.1　MS-DOS 和 IBM-PC ………… 476
　　14.1.1　内存组织 ………… 476
　　14.1.2　重定向输入/输出 ………… 478
　　14.1.3　软件中断 ………… 478
　　14.1.4　INT 指令 ………… 478
　　14.1.5　16位程序的代码编写 ………… 479
　　14.1.6　本节回顾 ………… 481
14.2　MS-DOS 功能调用（INT 21h）… 481
　　14.2.1　若干输出功能 ………… 482
　　14.2.2　Hello World 程序示例 ………… 483
　　14.2.3　若干输入功能 ………… 484
　　14.2.4　日期/时间功能 ………… 487
　　14.2.5　本节回顾 ………… 490
14.3　标准的 MS-DOS 文件 I/O
　　　　服务 ………… 490
　　14.3.1　创建或打开文件
　　　　　　（716Ch）………… 491
　　14.3.2　关闭文件句柄（3Eh）………… 492
　　14.3.3　移动文件指针（42h）………… 493
　　14.3.4　获取文件创建日期和
　　　　　　时间 ………… 493
　　14.3.5　若干库过程 ………… 494
　　14.3.6　示例：读取和复制一个文本
　　　　　　文件 ………… 495
　　14.3.7　读取 MS-DOS 命令的
　　　　　　尾部 ………… 496
　　14.3.8　示例：创建二进制文件 ………… 498
　　14.3.9　本节回顾 ………… 501
14.4　本章小结 ………… 501
14.5　关键术语 ………… 503
14.6　编程练习 ………… 503

第15章　磁盘基础知识 ………… 505

15.1　磁盘存储系统 ………… 505
　　15.1.1　磁道、柱面及扇区 ………… 505
　　15.1.2　磁盘分区（卷）………… 506
　　15.1.3　本节回顾 ………… 507
15.2　文件系统 ………… 508
　　15.2.1　FAT12 ………… 508
　　15.2.2　FAT16 ………… 509
　　15.2.3　FAT32 ………… 509
　　15.2.4　NTFS ………… 509
　　15.2.5　主磁盘区 ………… 510
　　15.2.6　本节回顾 ………… 510
15.3　磁盘目录 ………… 511
　　15.3.1　MS-DOS 目录结构 ………… 512
　　15.3.2　MS-Windows 中的长
　　　　　　文件名 ………… 513
　　15.3.3　文件分配表 ………… 515
　　15.3.4　本节回顾 ………… 515
15.4　读写磁盘扇区 ………… 515
　　15.4.1　扇区显示程序 ………… 517
　　15.4.2　本节回顾 ………… 520
15.5　系统级文件功能 ………… 520
　　15.5.1　获取磁盘空闲空间
　　　　　　（7303h）………… 520
　　15.5.2　创建子目录（39h）………… 523
　　15.5.3　删除子目录（3Ah）………… 523
　　15.5.4　设置当前目录（3Bh）………… 523
　　15.5.5　获取当前目录（47h）………… 524
　　15.5.6　获取和设置文件属性
　　　　　　（7143h）………… 524
　　15.5.7　本节回顾 ………… 525
15.6　本章小结 ………… 525
15.7　关键术语 ………… 526
15.8　编程练习 ………… 526

第 16 章　BIOS 级编程 ……… 528
16.1　引言 …………………… 528
16.1.1　BIOS 数据区 ………… 528
16.2　使用 INT 16h 进行键盘输入 …… 529
16.2.1　键盘如何工作 ………… 530
16.2.2　INT 16h 功能 ………… 530
16.2.3　本节回顾 …………… 534
16.3　使用 INT 10h 进行视频编程 …… 534
16.3.1　基本背景 …………… 534
16.3.2　控制颜色 …………… 536
16.3.3　INT 10h 视频功能 …… 537
16.3.4　库过程示例 ………… 546
16.3.5　本节回顾 …………… 547
16.4　使用 INT 10h 绘制图形 …… 547
16.4.1　INT 10h 与像素有关的功能 …… 548
16.4.2　程序 DrawLine ……… 548
16.4.3　笛卡尔坐标程序 ……… 550
16.4.4　将笛卡尔坐标转换为屏幕坐标 …… 552
16.4.5　本节回顾 …………… 552
16.5　内存映射的图形 ………… 553
16.5.1　模式 13h：320×200，256 色 …… 553
16.5.2　内存映射图形程序 …… 554
16.5.3　本节回顾 …………… 556
16.6　鼠标编程 ……………… 557
16.6.1　鼠标 INT 33h 功能 …… 557
16.6.2　鼠标跟踪程序 ………… 561
16.6.3　本节回顾 …………… 565
16.7　本章小结 ……………… 565
16.8　编程练习 ……………… 566

网络资源

附录 A　MASM 参考知识

附录 B　x86 指令集

附录 C　BIOS 和 MS-DOS 中断

附录 D　"本节回顾"的问题答案（第 14～16 章）

词汇表

㊀ 请访问华章网站 www.hzbook.com 下载本书网络资源。——编辑注

第 1 章

Assembly Language for x86 Processors, Eighth Edition

基 本 概 念

本章将确立汇编语言编程的一些核心概念,比如,汇编语言是如何适应各种各样的语言和应用的。本章还将介绍虚拟机概念,它在理解软件与硬件层次之间的关系时非常重要。本章还用大量的篇幅讲解二进制和十六进制的数制系统,展示如何执行转换和进行基本的算术运算。本章的最后将介绍基础布尔运算(AND、OR 和 NOT),后续章节将证明这些操作是极为重要的。

1.1 欢迎来到汇编语言的世界

本书主要介绍在当前版本的微软 Windows 环境下,如何对与 Intel 和 AMD 处理器兼容的微处理器进行编程。

配合本书应使用最新版本的微软宏汇编器(称为 MASM),微软 Visual Studio 就包含 MASM。请访问我们的网站(asmirvine.com)以获得如何在 Visual Studio 中使用 MASM 的最新详情。

汇编语言是最古老的编程语言,在所有的语言中,它与原生机器语言最为接近。它能直接访问计算机硬件,所以要求用户非常了解计算机架构和操作系统。

教育价值 为什么要读这本书?也许你正在学一门大学课程,其名称与下列课程之一类似,而这些课程经常使用本书:

- 微机汇编语言
- 汇编语言编程
- 计算机体系结构导论
- 计算机系统基础
- 嵌入式系统编程

本书有助于学习计算机体系结构、机器语言以及低层编程的基本原理。你将学到足够的汇编语言,能够在当今使用最广泛的微处理器系列上测试所掌握的知识。你再也不会在一个使用模拟汇编器的"玩具"计算机上学习编程,MASM 是一个由业界专业人士使用的工业级汇编器。你将从程序员的角度来了解 Intel 系列处理器的架构。

如果你计划成为 C 或 C++ 开发者,就需要理解内存、地址和指令在低层是如何工作的。很多编程错误在高级语言层次上不易被识别出来。因此,你会经常发现有必要"深入"到程序内部,才能发现程序不工作的原因。

如果对低层编程和学习计算机软硬件细节的价值有所怀疑,请注意以下描述,它引用自顶尖的计算机科学家 Donald Knuth 对其著名丛书 *The Art of Computer Programming* 的讨论:

"有人说使用机器语言——从根本上来说——是我所犯的极大错误。但是我真的认为,只有你有能力讨论低层细节，才可以为严肃的计算机程序员写书⊖。"

访问本书网站 www.asmirvine.com 可获取大量的补充信息、教程及练习。

1.1.1 读者可能会问的问题

需要怎样的背景知识？ 在阅读本书之前，你应该至少使用过一种结构化高级语言（如 Java、C、Python 或 C++）编写程序，你应该知道如何使用 IF 语句、数组和函数来解决编程问题。

什么是汇编器和链接器？ 汇编器（assembler）是一种工具程序，用于将汇编语言源程序转换为机器语言。链接器（linker）也是一种工具程序，它将汇编器生成的各个文件组合成为一个可执行程序。还有一个相关的工具称为调试器（debugger），它支持在程序运行时单步执行程序并查看寄存器和内存。

需要哪些硬件和软件？ 你需要一台运行 32 位或 64 位版本的微软 Windows 系统的计算机，并已安装了近期版本的微软 Visual Studio。

MASM 能创建哪些类型的程序？

- 32 位保护模式（32-bit protected mode）：32 位保护模式程序运行于所有 32 位和 64 位版本的微软 Windows 系统。它们通常比实模式程序更容易编写和理解。以下将其简称为 32 位模式。
- 64 位模式（64-bit mode）：64 位程序运行于所有 64 位版本的微软 Windows 系统。

本书有哪些补充资料？ 本书的网站（www.asmirvine.com）上有如下资料：

- 汇编语言工作手册，包含一系列的教程。
- 32 位和 64 位编程所需的 Irvine32 和 Irvine64 子例程库，及其完整源代码。
- 本书示例程序的所有源代码。
- 勘误表。
- 入门教程，即帮助你建立 Visual Studio 以使用微软汇编器的详细教程。
- 有关高级主题的文章，限于篇幅，它们没有包含在本书的印刷版内。

能学到什么？ 本书将使你更好地了解数据表示、调试、编程及硬件控制。你将学到：

- 应用于 x86 处理器的计算机体系结构的基本原理。
- 基本的布尔逻辑，以及它是如何应用于编程和计算机硬件的。
- 采用保护模式和虚拟模式时，x86 处理器如何管理内存。
- 高级语言编译器（如 C++）如何将其语句转换为汇编语言和原生机器代码。
- 高级语言如何在机器级实现算术表达式、循环和逻辑结构。
- 数据表示，包括有符号和无符号整数、实数以及字符数据。
- 如何在机器级调试程序。当使用如 C 和 C++ 语言时，由于它们生成的是原生机器代码，这个技能就显得至关重要。
- 应用程序如何通过中断处理程序和系统调用与计算机操作系统进行通信。
- 汇编语言代码如何通过接口连接到 C++ 程序。
- 如何创建汇编语言应用程序。

汇编语言与机器语言有什么关系？ 机器语言（machine language）是一种数字语言，专

⊖ Donald Knuth, MMIX, *A RISC Computer for the New Millennium*, Transcript of a lecture given at the Massachusetts Institute of Technology, December 30, 1999.

门设计成能被计算机处理器（CPU）理解。所有 x86 处理器都能理解一种共同的机器语言。汇编语言（assembly language）由用短助记符 ADD、MOV、SUB 和 CALL 等写出的语句组成。汇编语言与机器语言是一对一（one-to-one）的关系：每一条汇编语言指令对应一条机器语言指令。

C++ 和 Java 与汇编语言有什么关系？ 高级语言（high-level language）如 Python、C++ 和 Java 与汇编语言和机器语言的关系是一对多（one-to-many）。这种关系意味着，C++ 的一条语句会扩展为多条汇编语言指令或机器指令。大多数人无法阅读原始机器代码，因此，本书探讨的是与之最接近的汇编语言。例如，下面的 C++ 代码进行两个算术运算，并将结果赋给一个变量。假设 X 和 Y 是整数：

```
int    Y;
int    X = (Y + 4) * 3;
```

以下是与之等效的汇编语言程序。这种转换需要多条语句，因为每条汇编语言语句只对应一条机器指令：

```
mov    eax,Y           ; 将 Y 送到 EAX 寄存器
add    eax,4           ; 将 4 加到 EAX 寄存器
mov    ebx,3           ; 将 3 送到 EBX 寄存器
imul   ebx             ; EAX 乘以 EBX
mov    X,eax           ; 将 EAX 送到 X
```

（寄存器（register）是在 CPU 中被命名的存储位置，用于保存操作的中间结果。）这个例子的重点不是声明 C++ 与汇编语言哪个更优越，而是展示它们之间的关系。

汇编语言可移植吗？ 如果一种语言的源程序能够在各种各样的计算机系统中进行编译和运行，那么，这种语言就被称为是可移植的（portable）。例如，C++ 程序（除非特别引用了某单个操作系统独有的库函数）几乎可以在任何计算机上编译和运行。Java 语言的主要特点就是，其编译后的程序几乎能在任何计算机系统中运行。

汇编语言不是可移植的，因为它是为特定处理器系列设计的。目前有多种不同的汇编语言广泛使用，每一种都基于一个处理器系列。一些广为人知的处理器系列有 Motorola 68x00、x86、SUN Sparc、Vax 以及 IBM-370。汇编语言指令会直接与该计算机架构相匹配，或者在执行时被内置于处理器中的被称为微代码解释器（microcode interpreter）的程序所转换。

为什么要学习汇编语言？ 如果你对学习汇编语言还心存疑虑，考虑以下这些观点：

- 如果你学习计算机工程，就很可能需要编写嵌入式（embedded）程序。嵌入式程序是指存放在专用设备中小容量存储器内的短程序，这些专用设备包括电话、汽车燃油和点火系统、空调控制系统、安全系统、数据采集仪器、显卡、声卡、硬盘驱动器、调制解调器及打印机等。由于汇编语言占用内存少，因此它是编写嵌入式程序的理想工具。
- 处理模拟和硬件监控的实时应用程序要求精确的时序和响应。对于编译器生成的机器代码，高级语言无法为程序员提供精确的控制手段，而汇编语言则允许精确地指定程序的可执行代码。
- 电脑游戏要求软件在减少代码量和加快执行速度方面进行高度优化。就针对一个目标系统编写能够充分利用其硬件特性的代码而言，游戏程序员都是专家。他们经常选择汇编语言作为工具，因为汇编语言允许直接访问计算机硬件，可以对代码进行手工优化以提高速度。

- 汇编语言有助于你获得对计算机硬件、操作系统及应用程序之间交互作用的全面理解。使用汇编语言，你可以应用并检验从计算机体系结构和操作系统课程中获得的理论知识。
- 一些高级语言对其数据表示进行了抽象，这使得低层任务（如位控制）不易执行。在这种情况下，程序员常常会调用以汇编语言编写的子例程来达到目的。
- 硬件制造商为其销售的设备创建设备驱动程序。设备驱动程序（device driver）会将一般的操作系统命令转换为对硬件细节的具体引用。比如，打印机制造商为他们销售的每一种型号都创建了不同的MS-Windows设备驱动程序。通常，这些设备驱动程序包含了大量的汇编语言代码。

汇编语言有规则吗？ 大多数的汇编语言规则都是基于目标处理器及其机器语言的物理限制。例如，CPU要求指令的两个操作数大小相同。汇编语言比C++或Java的规则更少，因为后者是利用语法规则来减少意外的逻辑错误，而这是以限制低层数据访问为代价的。汇编语言程序员可以很容易地绕过高级语言特性的限制。例如，Java不允许访问具体的内存地址，程序员可以使用Java本地接口（Java Native Interface，JNI）类来调用C函数以绕过这个限制，但产生的程序不易维护。另一方面，汇编语言能访问任何内存地址。这种自由的代价也很高：汇编语言程序员要花费大量时间进行调试！

1.1.2 汇编语言的应用

大多数早期应用程序的部分或全部都是用汇编语言编写的。它们不得不适应小内存，并尽可能在慢速处理器上有效运行。随着内存容量越来越大，以及处理器速度急速提高，程序变得越来越复杂。程序员也转向了高级语言，如C、FORTRAN和COBOL，这些语言具有某些结构化能力。最近，Python、C++、C#及Java等面向对象语言已经能够编写含有数百万行代码的复杂程序。

很少能看到完全用汇编语言编写的大型应用程序，因为需要花费大量的时间进行编写和维护。不过，汇编语言可以用来优化应用程序的某部分代码以提升速度，或用于访问计算机硬件。表1-1对比了汇编语言和高级语言对各种应用类型的适应性。

表1-1 汇编语言与高级语言的对比

应用类型	高级语言	汇编语言
商业或科学应用程序，为单一的中型或大型平台编写	规范结构使其易于组织和维护大量代码	最小正规结构，因此必须由具有不同层次经验的程序员来完成，这导致对已有代码的维护困难
硬件设备驱动程序	语言不一定提供对硬件的直接访问，即使提供了，可能还需要棘手的编码技术，导致维护困难	对硬件的访问直接且简单，当程序较短且文档良好时易于维护
为多个平台（不同的操作系统）编写商业或科学应用程序	源代码只需要做最少量修改就能重新译于每个目标操作系统上，这一概念称为可移植性（portability）	需要为每个平台单独重新编写代码，所使用的汇编器语法不同，维护困难
嵌入式系统和高性能计算机图形计算	可能产生很大的可执行文件，以至于超出设备的内存容量	理想编程语言，可执行代码量小，运行速度快

C和C++语言具有一个独特的品质，就是能够在高级结构和低层细节之间进行平衡。直接访问硬件是可能的，但是完全不可移植。大多数C和C++编译器都允许在其代码中嵌

入汇编语句，以提供对硬件细节的访问。

1.1.3 本节回顾

1. 比较高级语言和机器语言时，一对多关系是什么意思？
   a. 每条机器语言语句匹配多条高级语言语句。
   b. 每条高级语言语句匹配多条机器语言语句。
2. 解释应用于编程语言中的可移植性概念。
   a. 用该语言编写的程序在编译后只需最小量的修改就可在任何目标操作系统上运行。
   b. 用该语言编写的程序源代码只需最小量的修改就可在任何目标操作系统上运行。
   c. 用该语言编写的程序源代码只需最小量的修改就可在任何目标操作系统上编译和运行。
3. 学习汇编语言能如何提高你对操作系统的理解？
   a. 可以使用与机器语言相对应的指令编写出更有效率的程序。
   b. 弄清计算机硬件、操作系统，以及应用程序之间的互动关系。
   c. 使用汇编语言编码所用时间更少，因为语句更短。
4. 这句关于汇编语言语法检查的句子是什么意思：汇编语言的大多数规则是基于目标处理器及其机器语言的物理限制？
   a. 每个变量必须以匹配于该变量声明类型的格式来保存数据。
   b. 变量在运行时可改变大小，以容纳不同类型的输入值。
   c. 变量类型对应于标准硬件的数据大小，但其内容不以任何其他方式加以验证。
5. 给出两种应用类型，与高级语言相比，它们更适合使用汇编语言。
   a. 面向客户和科学应用
   b. 图形用户接口和设备驱动程序
   c. 设备驱动程序和高性能图形计算
   d. 科学和金融处理中的便携式应用

1.2 虚拟机概念

虚拟机概念（virtual machine concept）是一种解释计算机硬件和软件相互关系的有效方式。在 Andrew Tanenbaum 的书 *Structured Computer Organization* 中可以找到对这个模型的广为人知的解释。要说明这个概念，我们先从计算机的最基本功能开始，即执行程序。

计算机通常可以执行用其原生机器语言编写的程序。这种语言中的每一条指令都简单到可以用相对少量的电子电路来执行。为了简便，称这种语言为 L0。

由于 L0 极其详细，并且只由数字组成，因此，程序员用其编写程序非常困难。如果能够构造一种较易使用的新语言 L1，就可以用 L1 编写程序。有两种实现方式：

- 解释（interpretation）：运行 L1 程序时，它的每一条指令都由一个用 L0 语言编写的程序来进行译码和执行。L1 程序可以立即开始运行，但在每条指令执行之前，必须对其进行译码，通常这会导致一小段的时间延迟。
- 翻译（translation）：由一个专门设计的 L0 程序将整个 L1 程序转换为 L0 程序。然后，所得到的 L0 程序就可以直接在计算机硬件上执行。

虚拟机

与只使用语言相比，把每一层都想象成有一台假设的计算机或者虚拟机会更容易一些。通俗地说，虚拟机可以定义为一个软件程序，用来仿真其他一些物理或虚拟计算机的功能。虚拟机 VM1 可以执行 L1 语言编写的指令，虚拟机 VM0 可以执行 L0 语言编写的指令：

每个虚拟机既可以用硬件也可以用软件来构成。程序员可以为虚拟机 VM1 编写程序，如果能把 VM1 当作真实计算机予以实现，程序就能直接在这个硬件上执行。否则，用 VM1 编写的程序可在解释 / 翻译后在机器 VM0 上执行。

机器 VM1 与 VM0 之间的差异不能太大，否则，翻译或解释就会过于耗时。如果 VM1 语言对程序员来说还不够友好到足以用于有用应用程序的开发呢？可以为此设计另一个更加易于理解的虚拟机 VM2。这个过程可不断重复，直到设计的虚拟机 VMn 能支持功能强大、易用的语言。

Java 编程语言就是基于虚拟机概念的。Java 语言编写的程序由 Java 编译器翻译为 Java 字节码（Java byte code）。后者是一种低级语言，能够在运行时由被称为 Java 虚拟机（JVM）的程序快速执行。JVM 已经在很多不同的计算机系统上实现，这使得 Java 程序相对而言独立于系统。

具体的机器

现在将虚拟机概念与实际计算机和语言联系起来，使用 Level 2 表示 VM2，Level 1 表示 VM1，如图 1-1 所示。计算机数字逻辑硬件表示机器 Level 1，其上是 Level 2，称为指令集架构（Instruction Set Architecture，ISA）。通常，这是用户可以编写程序的第一个层次，尽管这种程序由被称为机器语言（machine language）的二进制值所组成。

指令集架构（Level 2） 计算机芯片制造商在处理器内部设计了一个指令集来执行基本操作，如传送、加法或乘法。这个指令集也被称为机器语言。每条机器语言指令或者直接在计算机硬件上执行，或者由嵌入微处理器芯片中的程序来执行，该程序被称为微程序（microprogram）。对微程序的讨论不在本书的范围内，如果想要了解其更多细节，可以参阅 Tanenbaum 的著作。

图 1-1 虚拟机的层次

汇编语言（Level 3） 在 ISA 层之上，编程语言提供了一个翻译层，使大规模软件开发成为现实。汇编语言出现在 Level 3，使用短助记符如 ADD、SUB 和 MOV，易于转换到 ISA 层。汇编语言程序在开始执行之前要全部翻译（汇编）成为机器语言。

高级语言（Level 4） Level 4 是高级编程语言，如 C、C++ 和 Java。这些语言程序所包含的语句功能强大，并要翻译为多条汇编语言指令。例如，通过查看 C++ 编译器生成的列表文件输出，就可以看到这样的翻译。汇编语言代码由编译器自动汇编为机器语言。

1.2.1 本节回顾

1. 为什么翻译的程序通常比解释的程序执行起来更快？
   a. 解释的程序在每条语句执行之前必须停顿以等待其被转换为机器码。
   b. 翻译的程序在每条语句执行之前必须停顿以等待其被转换为机器码。
   c. 解释的程序通常包含更多的语句，这使得其更大，读入内存更慢。
   d. 翻译的程序包含能直接访问硬件位置的语句。

2. 判断真假：当用 L1 语言编写的解释程序运行时，其每一条指令都由用 L0 语言编写的程序进行译码和执行。

   a. 真　　　　　　　　　　b. 假

3. 下面的哪句陈述正确地解释了当处理不同虚拟机层次语言时翻译的重要性？

   a. 全部的 L0 程序由专门设计的 L1 程序转换为 L1 程序。然后，所产生的 L0 程序直接运行于计算机硬件。

   b. 全部的 L1 程序由专门设计的 L0 程序转换为 L0 程序。然后，所产生的 L0 程序直接运行于计算机硬件。

   c. 全部的 L2 程序由专门设计的 L0 程序转换为 L1 程序。然后，所产生的 L1 程序直接运行于计算机硬件。

   d. 以上给出的描述都不对。

4. 从低到高，说出本节命名的四个虚拟机层次。

   a. 数字逻辑，指令集架构，汇编语言，高级语言
   b. 指令集架构，汇编语言，高级语言，数字逻辑
   c. 数字逻辑，汇编语言，指令集架构，高级语言
   d. 高级语言，汇编语言，数字逻辑，指令集架构

5. 汇编语言虚拟机的语句被翻译为哪个层次的语句？

   a. Level 1（机器语言）　　b. Level 0（数字逻辑）　　c. Level 2（指令集架构）

1.3 数据表示

汇编语言程序员处理的是物理级数据，因此他们必须善于检查内存和寄存器。通常用二进制数描述计算机内存中的内容，有时也使用十进制和十六进制数。必须熟练掌握数值格式，以便快速地在不同格式间进行数值转换。

每一种数制格式或系统都有一个基数（base），也就是可以分配给单一数字的最多符号数。表 1-2 给出了数制系统内可能的数字，这些是硬件和软件手册中最常使用的。在该表的最后一行，十六进制使用的是数字 0 到 9，接下来是字母 A 到 F 表示十进制数 10 到 15。在展示计算机内存中的内容和机器级指令时，使用十六进制数是相当常见的。

表 1-2　二进制、八进制、十进制和十六进制数字

系统	基数	可用的数字
二进制	2	0 1
八进制	8	0 1 2 3 4 5 6 7
十进制	10	0 1 2 3 4 5 6 7 8 9
十六进制	16	0 1 2 3 4 5 6 7 8 9 A B C D E F

1.3.1 二进制整数

计算机以聚集的电子电荷的形式在内存中保存指令和数据。用数字来表示这些内容就需要系统能够适应开 / 关（on/off）或真 / 假（true/false）的概念。二进制数（binary number）是基数为 2 的数，其中每一个二进制数字（称为位（bit））不是 0 就是 1。各个位自右向左，从 0 开始顺序递增编号。最左边的位称为最高有效位（Most Significant Bit，MSB），最右边的位称为最低有效位（Least Significant Bit，LSB）。一个 16 位二进制数的 MSB 和 LSB 如下图所示：

```
 MSB                          LSB
 1 0 1 1 0 0 1 0 1 0 0 1 1 1 0 0
 15                           0   位序号
```

二进制整数可以是有符号的，也可以是无符号的。有符号整数又分为正数和负数，无符号整数默认为正数，零也被看作正数。在书写大的二进制数时，很多人喜欢每 4 位或 8 位插入一个点号，使数字更易读，例如 1101.1110.0011.1000.0000 和 11001010.10101100。

无符号二进制整数

从 LSB 开始，无符号二进制整数中的每一位代表的是 2 的逐次增加的幂。下图展示了对一个 8 位的二进制数来说，2 的幂是如何从右到左逐次增加的：

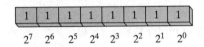

表 1-3 列出了从 2^0 到 2^{15} 的十进制值。

将无符号二进制整数转换为十进制数

对于一个有 n 个数字的无符号二进制整数来说，加权位置表示（weighted positional notation）提供了一种简便的方法来计算其十进制值：

$$dec = (D_{n-1} \times 2^{n-1}) + (D_{n-2} \times 2^{n-2}) + \cdots + (D_1 \times 2^1) + (D_0 \times 2^0)$$

表 1-3 二进制位的位置值

2^n	十进制值	2^n	十进制值
2^0	1	2^8	256
2^1	2	2^9	512
2^2	4	2^{10}	1 024
2^3	8	2^{11}	2 048
2^4	16	2^{12}	4 096
2^5	32	2^{13}	8 192
2^6	64	2^{14}	16 384
2^7	128	2^{15}	32 768

D 表示一个二进制数字。比如，二进制数 0000 1001 等于 9。计算该值时，剔除了数字等于 0 的位：

$$(1 \times 2^3) + (1 \times 2^0) = 9$$

下图展示了同样的计算过程：

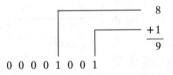

将无符号十进制整数转换为二进制数

将无符号十进制整数转换为二进制数的方法是不断将这个整数除以 2，并将每次产生的余数记录为一个二进制数字。下表展示的是将十进制数 37 转换为二进制数的步骤。这些余数的数字，从顶行开始，分别是二进制数字 D_0、D_1、D_2、D_3、D_4 和 D_5：

除法	商	余数	除法	商	余数
37/2	18	1	4/2	2	0
18/2	9	0	2/2	1	0
9/2	4	1	1/2	0	1

将表中余数列的二进制位按逆序连接（D_5、D_4、…），就得到了该整数的二进制值 10 0101。由于计算机总是按照 8 的倍数的长度来存储二进制数，故在该二进制数的左边添加两个 0，成为 0010 0101。

> **提示**：有多少位呢？设无符号十进制值为 n，其对应的二进制数的位数为 b，用一个简单的公式就可以计算出 b：$b=\text{floor}(\log_2 n+1)$。比如，如果 $n=17$，则 $\log_2 17+1=5.087\,463$，

取最近的且小于该数的整数，就等于 5。大多数计算器没有以 2 为底的对数运算，但是有些网页可以做此计算。

1.3.2 二进制加法

两个二进制整数相加时，是位对位处理的，从最低的一对位（右边）开始，依序将每一对位进行加法运算。两个二进制数字相加，有四种结果，如下所示：

0 + 0 = 0	0 + 1 = 1
1 + 0 = 1	1 + 1 = 10

1 与 1 相加的结果是二进制的 10（等于十进制的 2）。多出来的数字向更高位产生一个进位。如下图所示，两个二进制数 0000 0100 和 0000 0111 相加：

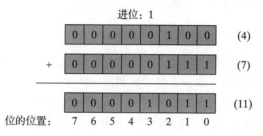

从两个数的最低位（位 0）开始，计算 0+1，得到底行对应位上的 1。然后计算次低位（位 1）。在位 2 上，计算 1+1，结果是 0，并产生一个进位 1。然后计算位 3，0+0，还要加上位 2 的进位，结果是 1。其余的位都是 0。图的右边是等效的十进制数的加法（4+7=11），可以用于验证左边的二进制加法。

有时，最高位会产生进位。这时，预留存储区的大小就显得重要了。比如，如果计算 1111 1111 加 0000 0001，就会在最高有效位之外产生一个进位 1，而和数的低 8 位则为全 0。如果和数的存储位置最少有 9 位长，就可以将和数表示为 1 0000 0000。但是，如果和数只能保存 8 位，它就等于 0000 0000，也就是计算结果的低 8 位。

1.3.3 整数存储大小

在 x86 计算机中，所有数据存储的基本单元都是字节（byte），一个字节有 8 位。其他的存储大小还有字（word）（2 个字节）、双字（doubleword）（4 个字节）和四字（quadword）（8 个字节）。下图展示了每种存储大小所包含位的个数：

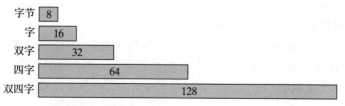

表 1-4 显示了每种无符号整数的可能取值范围。

大的度量单位　对内存和磁盘空间而言，还可以使用一些大的度量单位：

1 千字节（kilobyte）等于 2^{10}，或 1024 字节。

表 1-4 各种类型无符号整数的取值范围和大小

类型	取值范围	按位数计的存储大小	类型	取值范围	按位数计的存储大小
无符号字节	0 到 2^8-1	8	无符号四字	0 到 $2^{64}-1$	64
无符号字	0 到 $2^{16}-1$	16	无符号双四字	0 到 $2^{128}-1$	128
无符号双字	0 到 $2^{32}-1$	32			

1 兆字节（megabyte）（1MB）等于 2^{20}，或 1 048 576 字节。

1 吉字节（gigabyte）（1GB）等于 2^{30}，或 1024^3，或 1 073 741 824 字节。

1 太字节（terabyte）（1TB）等于 2^{40}，或 1024^4，或 1 099 511 627 776 字节。

1 拍字节（petabyte）等于 2^{50}，或 1 125 899 906 842 624 字节。

1 艾字节（exabyte）等于 2^{60}，或 1 152 921 504 606 846 976 字节。

1 泽字节（zettabyte）等于 2^{70} 字节。

1 尧字节（yottabyte）等于 2^{80} 字节。

1.3.4 十六进制整数

大的二进制数读起来很麻烦，因此十六进制数字就提供了一种简便的方式来表示二进制数。十六进制整数中的每个数字表示 4 位二进制位，两个十六进制数字就表示一个字节。一个十六进制数字的表示范围是十进制数的 0 到 15，所以，用字母 A 到 F 来代表十进制数的 10 到 15。表 1-5 列出了每个 4 位二进制序列如何转换为十进制和十六进制数值。

表 1-5 二进制、十进制和十六进制的等值表

二进制	十进制	十六进制	二进制	十进制	十六进制
0000	0	0	1000	8	8
0001	1	1	1001	9	9
0010	2	2	1010	10	A
0011	3	3	1011	11	B
0100	4	4	1100	12	C
0101	5	5	1101	13	D
0110	6	6	1110	14	E
0111	7	7	1111	15	F

下面的例子说明了二进制数 0001 0110 1010 0111 1001 0100 是如何与十六进制数 16A794 等值的：

1	6	A	7	9	4
0001	0110	1010	0111	1001	0100

无符号十六进制数到十进制的转换

在十六进制数（hexadecimal）中，每个数字位都代表 16 的幂。这有助于计算一个十六进制整数的十进制值。假设用下标将一个包含 4 个数字的十六进制数编号为 $D_3D_2D_1D_0$，下式计算这个整数的十进制值：

$$\text{dec} = (D_3 \times 16^3) + (D_2 \times 16^2) + (D_1 \times 16^1) + (D_0 \times 16^0)$$

这个公式可以推广到任意 n 个数字的十六进制整数：

$$\text{dec} = (D_{n-1} \times 16^{n-1}) + (D_{n-2} \times 16^{n-2}) + \cdots + (D_1 \times 16^1) + (D_0 \times 16^0)$$

一般情况下，可以通过下面的公式将任意基数 B 的 n 个数字的整数转换为十进制数：
$$\text{dec} = (D_{n-1} \times B^{n-1}) + (D_{n-2} \times B^{n-2}) + \cdots + (D_1 \times B^1) + (D_0 \times B^0)。$$

例如，十六进制数 1234 等于 $(1 \times 16^3) + (2 \times 16^2) + (3 \times 16^1) + (4 \times 16^0)$，也就是十进制数 4 660。同样，十六进制数 3BA4 等于 $(3 \times 16^3) + (11 \times 16^2) + (10 \times 16^1) + (4 \times 16^0)$，也就是十进制数 15 268。下图展示了第二个数的转换计算过程：

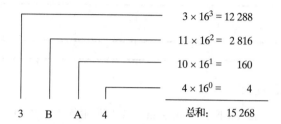

表 1-6 列出了 16 的幂从 16^0 到 16^7 的十进制数值。

表 1-6　16 的幂的十进制值

16^n	十进制值	16^n	十进制值
16^0	1	16^4	65 536
16^1	16	16^5	1 048 576
16^2	256	16^6	16 777 216
16^3	4 096	16^7	268 435 456

无符号十进制数到十六进制的转换

无符号十进制整数转换到十六进制数的过程是，把这个十进制数反复除以 16，并保留每次运算的余数作为一个十六进制数字。例如，下表列出了十进制数 422 转换为十六进制的步骤：

除法	商	余数
422/16	26	6
26/16	1	A
1/16	0	1

将余数列的数字按照从最后一行向上到第一行的顺序，就组合为十六进制数的结果。在本例中，十六进制结果表示为 1A6。同样的算法也适用于 1.3.1 节中的二进制整数。如果要将十进制数转换为其他进制数，就在计算时把除数（16）换成相应的基数。

1.3.5　十六进制加法

调试工具程序（称为调试器（debugger））通常用十六进制表示内存地址。为了定位一个新地址常常需要将两个地址相加。幸运的是，十六进制加法与十进制加法是一样的，只需要更换基数就可以了。

假设现在要将两个数 X 和 Y 相加，其基数为 b。对它们的数字进行编号，从最低位（x_0）开始直到最高位。将 X 和 Y 中的对应数字 x_i 和 y_i 相加得到和值 s_i。如果 $s_i \geq b$，则再计算 $s_i = (s_i \text{ modulus } b)$，并产生一个进位 1。当计算下一对数字 x_{i+1} 与 y_{i+1} 的和时，将该进位加到和值。

例如，现在将两个十六进制数 6A2 和 49A 相加。在最低数字位置上 2+A=（十进制）12，没有进位，用 C 表示这个十六进制的和值。在中间位上 A+9=（十进制）19，由于 19 ≥（基数）16，因此有进位。再计算 19 modulus 16=3，并向第 3 个数字位置产生一个进位 1。最后，计算 1+6+4=（十进制）11，则在和数的第 3 个位置上显示为十六进制数 B。所以，整个十六进制和数为 B3C。

进位	1		
X	6	A	2
Y	4	9	A
S	B	3	C

1.3.6 有符号二进制整数

有符号二进制整数（signed binary integer）有正数和负数。在 x86 处理器中，MSB 表示符号位：0 表示正数，1 表示负数。下图展示了 8 位的正整数和负整数：

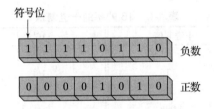

补码表示

负整数用补码（two's-complement）表示，使用的数学原理是：一个整数的补码是其加法逆元。（如果将一个数与其加法逆元相加，则结果为 0。）

补码表示法对处理器设计者来说很有用，因为有了它就不需要用两套独立的数字电路来处理加法和减法。例如，如果遇到表达式 $A-B$，则处理器就可以简单地将其转换为加法表达式：$A+(-B)$。

将一个二进制整数按位取反（求补）再加 1，就形成了它的补码。以 8 位二进制数 0000 0001 为例，求其补码为 1111 1111，过程如下所示：

初始值	0000 0001
第 1 步：按位取反	1111 1110
第 2 步：将上一步得到的结果加 1	1111 1110
	+0000 0001
和值：补码表示	1111 1111

1111 1111 是 −1 的补码。补码操作是可逆的，因此，1111 1111 的补码就是 0000 0001。

十六进制数的补码 将一个十六进制整数按位取反并加 1，就生成了它的补码。针对十六进制数字的一个简单的取反方法就是用 15 减去该数字。下面是一些十六进制数求补码的例子：

```
6A3D --> 95C2 + 1 --> 95C3
95C3 --> 6A3C + 1 --> 6A3D
```

有符号二进制数到十进制的转换 用下面的算法计算与一个有符号二进制整数等值的十进制数值：

- 如果最高位是 1，则该数是以补码存储的。再次对其求补，得到其正数值。然后将这个数值看作一个无符号二进制整数，并求它的十进制数值。
- 如果最高位是 0，就将其视为无符号二进制整数，并转换为十进制数。

例如，有符号二进制数 1111 0000 的最高有效位是 1，这意味着它是一个负数。首先求它的补码，然后再将结果转换为十进制。过程的步骤如下所示：

初始值	1111 0000
第 1 步：按位取反	0000 1111
第 2 步：将上一步得到的结果加 1	0000 1111
	+ 1
第 3 步：生成补码	0001 0000
第 4 步：转换为十进制	16

由于初始值（1111 0000）是负数，因此其十进制数值为 -16。

有符号十进制数到二进制的转换　　有符号十进制整数转换为二进制的步骤如下：
1. 把十进制整数的绝对值转换为二进制数。
2. 如果初始十进制数是负数，则在第 1 步的基础上求该二进制数的补码。

例如，十进制数 -43 转换为二进制的过程为：
1. 无符号数 43 的二进制表示为 0010 1011。
2. 由于初始数值是负数，因此，求出 0010 1011 的补码 1101 0101。这就是十进制数 -43 的二进制表示。

有符号十进制数到十六进制的转换　　有符号十进制整数转换为十六进制的步骤如下：
1. 把十进制整数的绝对值转换为十六进制数。
2. 如果初始十进制数是负数，则在第 1 步的基础上求该十六进制数的补码。

有符号十六进制数到十进制的转换　　有符号十六进制整数转换为十进制的步骤如下：
1. 如果十六进制整数是负数，求其补码，否则保持该数不变。
2. 把第 1 步得到的整数转换为十进制。如果初始值是负数，则在该十进制整数的前面加上负号。

> 通过检查十六进制数的最高有效（最高）数字，就可知道该数是正数还是负数。如果该数字 ≥ 8，则该数是负数；如果该数字 ≤ 7，则该数是正数。比如，十六进制数 8A20 是负数，而 7FD9 是正数。

最大值和最小值

n 位有符号整数只用 $n-1$ 位来表示该数的范围。表 1-7 列出了有符号字节、字、双字、四字及双四字的最小值和最大值。

表 1-7　有符号整数类型的范围与大小

类型	范围	存储位数
有符号字节	-2^7 到 $+2^7-1$	8
有符号字	-2^{15} 到 $+2^{15}-1$	16
有符号双字	-2^{31} 到 $+2^{31}-1$	32
有符号四字	-2^{63} 到 $+2^{63}-1$	64
有符号双四字	-2^{127} 到 $+2^{127}-1$	128

1.3.7 二进制减法

如果采用与十进制减法相同的方法,则从一个较大的二进制数中减去一个较小的无符号二进制数就很容易了。示例如下:

```
  0 1 1 0 1    (十进制 13)
- 0 0 1 1 1    (十进制 7)
-----------
```

位 0 上的减法非常简单:

```
  0 1 1 0 1
- 0 0 1 1 1
-----------
          0
```

下一个位置上执行(0-1),要向左边的相邻位借 1。其结果是从 2 中减去 1:

```
  0 1 0 0 1
- 0 0 1 1 1
-----------
        1 0
```

再下一位上,又要向左边的相邻位借一位,并从 2 中减去 1:

```
  0 0 0 1 1
- 0 0 1 1 1
-----------
      1 1 0
```

最后,最高两位执行的是零减去零:

```
  0 0 0 1 1
- 0 0 1 1 1
-----------
  0 0 1 1 0    (十进制 6)
```

执行二进制减法还有更简单的方法,即将减数的符号位取反,然后将两数相加。这个方法要求用一个额外的空位来保存数的符号。现在以刚才计算的(01101-00111)为例来尝试一下这个方法。首先,将 00111 按位取反(11000)加 1,得到 11001。然后,把两个二进制数值相加,并忽略最高位的进位:

```
 0 1 1 0 1    (+13)
 1 1 0 0 1    (-7)
----------
 0 0 1 1 0    (+6)
```

结果正是预期的 +6。

1.3.8 字符存储

如果计算机只存储二进制数据,那么,如何表示字符呢?计算机使用的是字符集(character set),字符集将字符一对一映射为整数。早期,字符集只用 8 位表示。即使是现在,在字符模式(如 MS-DOS)下运行时,IBM 兼容微机使用的还是 ASCII(读为"askey")字符集。ASCII 是美国信息交换标准码(American Standard Code for Information Interchange)的首字母缩写。在 ASCII 中,每个字符都被分配了一个独一无二的 7 位整数。由于 ASCII 只用每个字节中的低 7 位,因此在各种不同的计算机上,最高位被用于创建其专有字符集。例如,在 IBM 兼容微机上,就用数值 128 至 255 来表示图形符号和希腊字符。

ANSI 字符集 美国国家标准协会(ANSI)定义了 8 位字符集来表示多达 256 个字符。

前 128 个字符对应于标准美国键盘上的字母和符号。后 128 个字符表示特殊字符，诸如国际字母表、重音符号、货币符号和分数。Microsoft Windows 的早期版本就使用 ANSI 字符集。

Unicode 标准　　目前，计算机必须能在软件中表示各种各样的国际语言。因此，Unicode 标准被创建出来，作为定义字符和符号的通用方法。它定义了数值码（称为码点（code point）），定义的对象为所有主要语言中使用的字符、符号和标点符号，以及欧洲字母文字、中东的从右到左书写的文字和很多亚洲文字。码点转换为可显示字符的格式称为统一码转换格式（Unicode Transformation Format，UTF），共有三种：

- UTF-8 用于 HTML，与 ASCII 有相同的字节数值。
- UTF-16 用于高效访问字符与节约使用存储空间相互平衡的环境中。例如，Microsoft Windows 的近期版本就使用了 UTF-16，其中的每个字符都用 16 位编码。
- UTF-32 用于不关心空间但要求固定宽度字符的环境中。每个字符都用 32 位编码。

ASCII 字符串　　由一个或多个字符组成的序列被称为字符串（string）。更具体地说，一个 ASCII 字符串是存储在内存中的，包含了 ASCII 码的连续字节。比如，字符串 "ABC123" 的数值码是 41h、42h、43h、31h、32h 和 33h。以空结束（null-terminated）的字符串是指，在字符串的结尾处有一个为 0 的字节。C 和 C++ 语言使用以空结束的字符串，很多 Windows 操作系统函数也要求字符串使用这种格式。

使用 ASCII 表　　本书正文前的表格列出了在 Windows 控制台模式下运行时使用的 ASCII 码。在查找字符的十六进制 ASCII 码时，先沿着表格最上面一行，再找到包含要转换字符的列即可。该十六进制数值的最高有效数字在表格的第二行，最低有效数字在第二列。例如，要查找字母 **a** 的 ASCII 码，先找到包含该字母的列，并在这一列第二行中找到第一个十六进制数字 6。然后，找到包含 **a** 的行的第二列，其数字为 1。因此，**a** 的 ASCII 码是十六进制数 61。下图用简单的形式说明了这个过程：

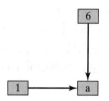

ASCII 控制字符　　0 至 31 的字符码被称为 ASCII 控制字符（ASCII control character）。若程序将这些码编写到标准输出（比如在 C++ 中），控制字符就会执行预先定义的动作。表 1-8 列出了该范围内最常用的字符，完整列表参见本书正文前。

数值数据表示的术语　　用精确的术语描述内存中和显示屏上的数值和字符是非常重要的。比如，在内存中用单字节存储十进制数 65，形式为 0100 0001。调试程序可能会将该字节显示为 "41"，这是该数值的十六进制表示。如果这个字节被复制到显存中，则显示屏上可能显示字母 **A**，因为 0100 0001 是字母 **A** 的 ASCII 码。由于数值的解释可以依赖于它出现时的上下文，因此我们为每个数据表示类型分配一个特定的名称，使将来的讨论更加清晰：

- 二进制整数是以其原始格式存储在内

表 1-8　ASCII 控制字符

ASCII 码（十进制）	描述
8	回退符（向左移动一列）
9	水平制表符（向前跳过 n 列）
10	换行符（移动到下一个输出行）
12	换页符（移动到下一个打印页）
13	回车符（移动到最左边的输出列）
27	换码字符

存中的整数，以备用于计算。二进制整数的存储形式为 8 位的倍数（如 8、16、32 或 64）。

- ASCII 数字字符串是一串 ASCII 字符，比如 "123" 或 "65"。这是一种简单的数值表示法，表 1-9 以十进制数 65 为例，列出了这种表示法能使用的各种形式。

表 1-9 数字字符串的类型

格式	数值
二进制数字字符串	"0100 0001"
十进制数字字符串	"65"
十六进制数字字符串	"41"
八进制数字字符串	"101"

1.3.9 二进制编码的十进制数

十进制值可用两种常规的形式存储，通常称为压缩 BCD（packed BCD）和非压缩 BCD（unpacked BCD），其中 BCD 是指二进制编码的十进制数（binary-coded decimal）。这两种表示依赖于这样的事实，即一位十进制数字最多用 4 位二进制位就可以表示，范围从 0000 到 1001。

非压缩 BCD 在非压缩 BCD 中，一个十进制数字用一个字节编码。例如，值 1 234 567 可存储为一组字节 01、02、03、04、05、06 和 07，这里用 16 进制格式。如果在该序列中高位数字先出现，则称之为大端序（big-endian），反之则称之为小端序（little-endian）。用非压缩 BCD 格式表示的数值可以是任意长度的，并且容易转换成可显示的 ASCII 字符（将每个字节加上 30h 即可）。例如，若将 30h 加到非压缩 BCD 数 7 上，得到的结果（37h）就是可显示字符 "7" 的 ASCII 码。

压缩 BCD 在压缩 BCD 格式中，每个二进制字节要编码两个十进制数字。例如 1 234 567 可存储为一组字节（这里用 16 进制表示）01、23、45 和 67。由于原数有奇数个数字，故第一个字节的高 4 位全为零，或者它们也可用来表示该数的正负号。（表明一个数是正数还是负数有标准的 4 位模式，但我们不在此讨论。）

二进制编码的十进制数常用于要求精确表示数值的时候。在诸如 Java 和 C++ 语言中，浮点数的某些舍入特性使其很难做相等比较。小的舍入误差会在重复计算中被放大。然而，BCD 值有着几乎无限的精度和范围。Java 类库中的 BigInteger 类就是一个好的例子。

1.3.10 本节回顾

1. 下列哪个是无符号二进制整数 1111 1000 的十进制表示？
   - a. 238
   - b. 248
   - c. 278
   - d. 以上都不对

2. 下列哪个是无符号二进制整数 1100 1010 的十进制表示？
   - a. 202
   - b. 302
   - c. 422
   - d. 以上都不对

3. 要表示无符号十进制整数 65 和 409，所需要的最少二进制位数分别是多少？
   - a. 65 需要 8 位，409 需要 10 位
   - b. 65 需要 6 位，409 需要 8 位
   - c. 65 需要 7 位，409 需要 9 位
   - d. 以上都不对

4. 下列哪个是二进制数 0011 0101 1101 1010 和 1100 1110 1010 0011 的十六进制表示？
   - a. 35DA 和 CEA3
   - b. 35DA 和 CEB3
   - c. 35EA 和 CEA3
   - d. 以上都不对

5. 下列哪个是十六进制数 A4693FBC 的二进制表示？

a. 1010 0100 0111 1001 0011 1111 1011 1100
b. 1010 0100 0110 1001 0111 1111 1011 1100
c. 1010 0110 0110 1001 0011 1101 1011 1100
d. 1010 0100 0110 1001 0011 1111 1011 1100

1.4 布尔表达式

布尔代数（Boolean algebra）针对**真**（true）和**假**（false）值定义了一组操作。它的发明者是 19 世纪中叶的数学家乔治·布尔（George Boole）。在数字计算机发明的早期，人们发现布尔代数可用来描述数字电路的设计。同时，在计算机程序中，布尔表达式被用来表示逻辑运算。

一个布尔表达式（Boolean expression）包括一个布尔运算符以及一个或多个操作数。每个布尔表达式都意味着一个为真或假的值。以下为运算符集合：

- 非（NOT）：标记为 ¬ 或 ~ 或 '
- 与（AND）：标记为 ∧ 或 ·
- 或（OR）：标记为 ∨ 或 +

NOT 是一元运算符，其他运算符都是二元的。布尔表达式的操作数也可以是布尔表达式。示例如下：

表达式	描述
$\neg X$	NOT X
$X \wedge Y$	X AND Y
$X \vee Y$	X OR Y
$\neg X \vee Y$	(NOT X) OR Y
$\neg (X \wedge Y)$	NOT (X AND Y)
$X \wedge \neg Y$	X AND (NOT Y)

NOT NOT 运算符将布尔值取反。它可用数学符号书写为 $\neg X$，其中，X 是一个变量（或表达式），其值为真（T）或假（F）。下面的真值表列出了对变量 X 进行 NOT 运算后的所有可能输出。左边为输入，右边为输出：

X	$\neg X$
F	T
T	F

在真值表中，可用 0 表示假，用 1 表示真。

AND 布尔运算符 AND 需要两个操作数，用符号表示为 $X \wedge Y$。下面的真值表列出了对变量 X 和 Y 进行 AND 运算后所有可能的输出：

X	Y	$X \wedge Y$
F	F	F
F	T	F
T	F	F
T	T	T

当两个输入都为真时，输出才为真。这与 C++ 和 Java 的复合布尔表达式中的逻辑 AND 相对应。

在汇编语言中，AND 运算通常是按位进行的。如下例所示，X 中的每一位都与 Y 中的相应位进行 AND 运算：

```
X:      11111111
Y:      00011100
X ∧ Y:  00011100
```

如图 1-2 所示，结果值 0001 1100 中的每一位表示的是 X 和 Y 相应位的 AND 运算结果。

OR 布尔运算符 OR 需要两个操作数，用符号表示为 $X \vee Y$。下面的真值表列出了对变量 X 和 Y 进行 OR 运算后所有可能的输出：

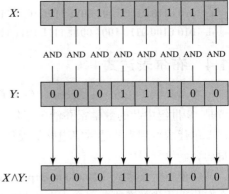

图 1-2 两个二进制整数进行按位 AND 运算

X	Y	$X \vee Y$
F	F	F
F	T	T
T	F	T
T	T	T

当两个输入都为假时，输出才为假。这个真值表与 C++ 和 Java 的复合布尔表达式中的逻辑 OR 对应。

OR 运算符也是按位操作。在下例中，X 的每一位与 Y 的对应位进行 OR 运算，结果为 1111 1100：

```
X:      11101100
Y:      00011100
X ∨ Y:  11111100
```

如图 1-3 所示，每一位都独立进行了 OR 运算，生成结果中的对应位。

运算符优先级 运算符优先级（operator precedence）规则用于指示在多运算符表达式中先执行哪个运算。在包含多运算符的布尔表达式中，优先级是非常重要的。如下表所示，NOT 运算符具有最高优先级，然后是 AND 和 OR 运算符。可以使用括号来强制指定表达式的求值顺序：

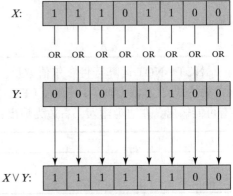

图 1-3 两个二进制整数进行按位 OR 运算

表达式	运算顺序
$\neg X \vee Y$	NOT，然后 OR
$\neg (X \vee Y)$	OR，然后 NOT
$X \vee (X \wedge Z)$	AND，然后 OR

1.4.1 布尔函数的真值表

布尔函数（Boolean function）接收布尔输入，生成布尔输出。对任何布尔函数都可以构造一个真值表，以展示全部可能的输入和输出。下面这些真值表都表示包含两个输入变量 X

和 Y 的布尔函数。右侧是函数的输出：

示例1：$\neg X \vee Y$

X	$\neg X$	Y	$\neg X \vee Y$
F	T	F	T
F	T	T	T
T	F	F	F
T	F	T	T

示例2：$X \wedge \neg Y$

X	Y	$\neg Y$	$X \wedge \neg Y$
F	F	T	F
F	T	F	F
T	F	T	T
T	T	F	F

示例3：$(Y \wedge S) \vee (X \wedge \neg S)$

X	Y	S	$Y \wedge S$	$\neg S$	$X \wedge \neg S$	$(Y \wedge S) \vee (X \wedge \neg S)$
F	F	F	F	T	F	F
F	T	F	F	T	F	F
T	F	F	F	T	T	T
T	T	F	F	T	T	T
F	F	T	F	F	F	F
F	T	T	T	F	F	T
T	F	T	F	F	F	F
T	T	T	T	F	F	T

示例3的布尔函数描述了一个多路选择器（multiplexer），这是一种数字组件，利用一个选择位（S）在两个输入（X和Y）中选择一个。如果S为假，函数输出（Z）就和X相同；如果S为真，函数输出就和Y相同。下面是多路选择器的框图：

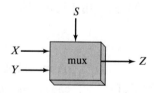

1.4.2 本节回顾

1. 布尔表达式 (T ∧ F) ∨ T 的值是什么？
   a. 真　　　　　　　　b. 假
2. 布尔表达式 ¬(F ∨ T) 的值是什么？
   a. 真　　　　　　　　b. 假
3. 布尔表达式 ¬F ∨ ¬T 的值是什么？
   a. 真　　　　　　　　b. 假
4. 判断真假：在表达式 $X \vee Y \wedge Z$ 中，OR 运算先于 AND 运算进行。
   a. 真　　　　　　　　b. 假
5. 判断真假：在表达式 ¬$Y \wedge Z$ 中，NOT 运算后于 AND 运算进行。
   a. 真　　　　　　　　b. 假

1.5 本章小结

本书侧重于使用 MS-Windows 平台进行 x86 处理器编程，内容涉及计算机体系结构、机器语言和低层编程的基本原理。你将学到足够的汇编语言，以测试自己掌握的关于当前使用最广泛的微处理器系列的知识。

在阅读本书之前，读者应至少完成了一门大学计算机编程课程或与之相当的课程。

汇编器是一种程序，用于把源代码程序从汇编语言转换为机器语言。与之配合的程序称为链接器，它把汇编器生成的各个文件组合成一个可执行程序。第三种程序称为调试器，为程序员提供一种追踪程序执行过程并检查内存内容的途径。

通过本书你将学习到如下概念：应用于 32 位和 64 位 Intel 处理器的基本计算机架构；基本布尔逻辑；x86 处理器如何管理内存；高级语言编译器如何将其语句转换为汇编语言和原生机器代码；高级语言如何在机器级实现算术表达式、循环和逻辑结构；以及有符号和无符号整数、实数和字符的数据表示。

汇编语言与机器语言是一对一的关系，即一条汇编语言指令对应一条机器语言指令。汇编语言不可移植，因为它是与具体处理器系列绑定的。

编程语言是一种工具，用于创建独立的应用程序或者部分应用程序。有些应用程序（如设备驱动和硬件接口例程）更适合使用汇编语言，而其他应用程序（如多平台商业和科学应用）用高级语言则更容易编写。

在展示计算机体系结构中的每一层如何表示为一个机器抽象时，虚拟机概念是一种有效的方式。每层可以由硬件或软件构成，在任何一层上编写的程序都可以由其下一层进行翻译或解释。虚拟机概念可以与真实世界中的计算机层次相关联，包括数字逻辑、指令集架构、汇编语言和高级语言。

二进制和十六进制数对在机器级工作的程序员来说是非常重要的记数工具。因此，必须理解如何操作各种数制及其之间的转换，以及计算机如何生成字符表示。

本章介绍了布尔运算符 NOT、AND 和 OR。一个布尔表达式包括布尔运算符以及一个或多个操作数。真值表是一种有效的方法，用于展示布尔函数所有可能的输入和输出。

1.6 关键术语

ASCII（美国信息交换标准码）
ASCII control characters（ASCII 控制字符）
ASCII digit string（ASCII 数字字符串）
assembler（汇编器）
assembly language（汇编语言）
binary-coded decimal（BCD）（二进制编码的十进制）
binary digit string（二进制数字字符串）
binary integer（二进制整数）
bit（位/比特）
Boolean algebra（布尔代数）
Boolean expression（布尔表达式）
Boolean function（布尔函数）

character set（字符集）
code point（Unicode）（码点）
debugger（调试器）
device driver（设备驱动程序）
exabyte（艾字节）
gigabyte（吉字节）
hexadecimal integer（十六进制整数）
high-level language（高级语言）
instruction set architecture（ISA）（指令集架构）
Java Native Interface（JNI）（Java 本地接口）
kilobyte（千字节）
least significant bit（LSB）（最低有效位）
machine language（机器语言）

megabyte（兆字节）
microcode interpreter（微代码解释器）
microprogram（微程序）
Microsoft Macro Assembler（MASM）（Microsoft 宏汇编器）
most significant bit（MSB）（最高有效位）
multiplexer（多路选择器）
null-terminated string（空结束的字符串）
one-to-many relationship（一对多关系）
operator precedence（运算符优先级）
packed BCD（压缩的 BCD）
petabyte（拍字节）
registers（寄存器）
signed binary integer（有符号的二进制整数）

terabyte（太字节）
Unicode（统一码）
Unicode Transformation Format（UTF）（Unicode 转换格式）
unpacked BCD（非压缩的 BCD）
unsigned binary integer（无符号二进制整数）
UTF-8（8 位编码的 UTF）
UTF-16（16 位编码的 UTF）
UTF-32（32 位编码的 UTF）
virtual machine（VM）（虚拟机）
virtual machine concept（虚拟机概念）
Visual Studio
yottabyte（尧字节）
zettabyte（泽字节）

1.7 复习题和练习

1.7.1 简答题

1. 在一个 8 位二进制整数中，哪一位是最高有效位（MSB）？
2. 下列无符号二进制整数的十进制表示分别是什么？
   a. 0011 0101　　　　　b. 1001 0110　　　　　c. 1100 1100
3. 下列每组二进制整数的和分别是多少？
   a. 1010 1111 + 1101 1011　　　　　b. 1001 0111 + 1111 1111
   c. 0111 0101 + 1010 1100
4. 计算二进制减法 0000 1101 - 0000 0111。
5. 下列每种数据类型各包含多少位？
   a. 字　　　　　b. 双字　　　　　c. 四字　　　　　d. 双四字
6. 表示下列无符号十进制整数时，需要的最少二进制位数分别是多少？
   a. 4 095　　　　　b. 65 534　　　　　c. 42 319
7. 下列二进制数的十六进制表示分别是什么？
   a. 0011 0101 1101 1010　　　　　b. 1100 1110 1010 0011　　　　　c. 1111 1110 1101 1011
8. 下列十六进制数的二进制表示分别是什么？
   a. 0126F9D4　　　　　b. 6ACDFA95　　　　　c. F69BDC2A
9. 下列十六进制整数的无符号十进制表示分别是什么？
   a. 3A　　　　　b. 1BF　　　　　c. 1001
10. 下列十六进制整数的无符号十进制表示分别是什么？
    a. 62　　　　　b. 4B3　　　　　c. 29F
11. 下列有符号十进制整数的 16 位十六进制表示分别是什么？
    a. -24　　　　　b. -331
12. 下列有符号十进制整数的 16 位十六进制表示分别是什么？
    a. -21　　　　　b. -45
13. 将下列 16 位十六进制有符号整数转换为十进制数。
    a. 6BF9　　　　　b. C123

14. 将下列 16 位十六进制有符号整数转换为十进制数。
    a. 4CD2   b. 8230
15. 下列有符号二进制数的十进制表示分别是什么？
    a. 1011 0101   b. 0010 1010   c. 1111 0000
16. 下列有符号二进制数的十进制表示分别是什么？
    a. 1000 0000   b. 1100 1100   c. 1011 0111
17. 下列有符号十进制整数的 8 位二进制（补码）表示分别是什么？
    a. −5   b. −42   c. −16
18. 下列有符号十进制整数的 8 位二进制（补码）表示分别是什么？
    a. −72   b. −98   c. −26
19. 下列每对十六进制整数的和分别是多少？
    a. 6B4 + 3FE   b. A49 + 6BD
20. 下列每对十六进制整数的和分别是多少？
    a. 7C4 + 3BE   b. B69 + 7AD
21. ASCII 字符大写"B"的十六进制和十进制表示分别是什么？
22. ASCII 字符大写"G"的十六进制和十进制表示分别是什么？
23. 挑战：129 位无符号整数能表示的最大十进制值是多少？
24. 挑战：86 位有符号整数能表示的最大十进制值是多少？
25. 构造一个真值表，表示布尔函数 ¬(A ∨ B) 所有可能的输入和输出。
26. 构造一个真值表，表示布尔函数 ¬A ∧ ¬B 所有可能的输入和输出。说明此表与 25 题真值表中最右列之间的关系。听说过德摩根定理（De Morgan's Theorem）吗？
27. 如果一个布尔函数有 4 个输入，则其真值表需要多少行？
28. 4 输入的多路选择器需要多少个选择位？

1.7.2 算法题

下列的编程练习可以选择任何高级编程语言。但是，不要调用内置的库函数来自动完成这些任务（例如标准 C 库中的 sprintf 和 sscanf 函数）。

1. 编写一个函数，该函数接收一个 16 位二进制整数的字符串，函数的返回值为该字符串的整数值。
2. 编写一个函数，该函数接收一个 32 位十六进制整数的字符串，函数的返回值为该字符串的整数值。
3. 编写一个函数，该函数接收一个整数，函数的返回值是包含该整数二进制表示的字符串。
4. 编写一个函数，该函数接收一个整数，函数的返回值是包含该整数十六进制表示的字符串。
5. 编写一个函数，该函数实现以 b 为基数的两个数字字符串相加，其中 $2 \leq b \leq 10$。每个字符串可包含多达 1 000 个数字。函数返回和数，其形式为相同基数的字符串。
6. 编写一个函数，该函数实现两个十六进制字符串相加，每个字符串包含多达 1 000 个数字。函数返回一个十六进制字符串来表示输入之和。
7. 编写一个函数，该函数实现单个十六进制数字与长度为 1 000 个数字的十六进制数字字符串的乘法。函数返回一个十六进制字符串来表示乘积。
8. 编写一个 Java 程序，实现如下计算，然后用 javap -c 命令对代码进行反汇编。为每行代码添加注释，尽量猜测该行代码的目的。

```
int Y;
int X = (Y + 4) * 3;
```

9. 设计实现无符号二进制整数的减法。用 1000 1000−0000 0101=1000 0011 来检验你的方法。再用至少两组其他的整数来检验你的方法，每组都是较大数减去较小数。

第 2 章
Assembly Language for x86 Processors, Eighth Edition

x86 处理器架构

本章着重于与 x86 汇编语言相关的底层硬件。有说法认为，汇编语言是与机器直接交流的理想软件工具。如果这是真的，那么汇编程序员就必须非常熟悉处理器的内部架构和功能。本章将讨论指令执行时处理器内部发生的一些基本操作，以及操作系统如何加载和执行程序，并通过样本母板布局来了解 x86 系统的硬件环境，最后还讨论了在应用程序与操作系统之间，层次化输入/输出是如何工作的。本章的所有主题都为开始编写汇编语言程序提供了硬件基础。

2.1 一般概念

本章描述了 x86 处理器系列的架构，以及从程序员的角度看到的主机系统。其中包括了所有的 Intel IA-32 和 Intel 64 处理器，如 Intel 的奔腾（Pentium）和酷睿双核（Core-Duo）处理器，还包括了 Advanced Micro Devices（AMD）的处理器，如速龙（Athlon）、羿龙（Phenom）、皓龙（Opteron）和 AMD64。汇编语言是学习计算机如何工作的极好工具，它需要读者具备计算机硬件的工作知识。为此，本章的概念和详细信息将帮助你理解自己所写的汇编代码。

本章在所有微机系统都使用的概念与 x86 处理器的特点之间进行了平衡。你将来可能要面对各种处理器，因此，本章呈现的是通用概念。同时，为了避免造成对机器架构的肤浅理解，本章也关注 x86 处理器的特性，这将为你在汇编语言编程方面打下坚实的基础。

> 若希望了解更多关于 Intel IA-32 架构的知识，可参阅《Intel 64 与 IA-32 架构软件开发者手册》的卷 1：基础架构（*Intel 64 and IA-32 Architectures Software Developer's Manual, Volume 1: Basic Architecture*）。该文档可以从 Intel 网站免费下载（www.intel.com）。

2.1.1 基本微机设计

图 2-1 给出了一台假想微机的基本设计。中央处理单元（Central Processor Unit，CPU）是进行算术和逻辑运算的部件，包含了有限数量的存储位置——称为寄存器（register），一个高频时钟，一个控制单元，以及一个算术逻辑单元。

- 时钟（clock）对 CPU 内部操作与其他系统组件进行同步。
- 控制单元（Control Unit，CU）协调参与机器指令执行的步骤序列。
- 算术逻辑单元（Arithmetic Logic Unit，ALU）执行算术运算，如加法和减法，以及逻辑运算，如 AND（与）、OR（或）和 NOT（非）。

CPU 通过母板上 CPU 插座的引脚与计算机其他部分相连。大多数引脚连接的是数据总线、控制总线和地址总线。内存存储单元（memory storage unit）用于在程序运行时保存指令和数据。存储单元接收来自 CPU 的数据请求，将数据从随机访问存储器（Random Access Memory，RAM）传输到 CPU，且可从 CPU 传输到内存。由于所有的数据处理都在 CPU 内进行，因此保存在内存中的程序在执行前必须被复制到 CPU 中。程序指令在被复制到 CPU 时，可以一次复制一条，也可以一次复制多条。

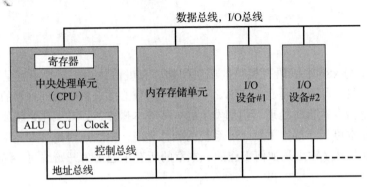

图 2-1　微机框图

总线（bus）是一组并行传输线，用于将数据从计算机的一个部分传送到另一个部分。一个计算机系统通常包含四类总线：数据、输入/输出（I/O）、控制，以及地址。数据总线（data bus）在 CPU 与内存之间传输指令和数据。I/O 总线在 CPU 与系统输入/输出设备之间传输数据。控制总线（control bus）采用二进制信号对所有连接在系统总线上的设备动作进行同步。当前执行指令在 CPU 与内存之间传输数据时，地址总线（address bus）用于保持指令和数据的地址。

时钟　与 CPU 和系统总线相关的每一个操作都是由一个恒定频率的内部时钟来同步的。机器指令的基本时间单位是机器周期（machine cycle）或时钟周期（clock cycle）。一个时钟周期的时长是一个完整时钟脉冲所需要的时间。在下图中，一个时钟周期被描绘为两个相邻下降沿之间的时间：

时钟周期的持续时间用时钟速度的倒数来计算，而时钟速度则用每秒的振荡数来衡量。例如，一个每秒振荡 10 亿次（1 GHz）的时钟，其时钟周期为十亿分之一秒（1 纳秒）。

执行一条机器指令最少需要 1 个时钟周期，有些指令需要的时钟数则超过了 50 个。由于在 CPU、系统总线及内存电路之间存在速度差异，因此，需要访问内存的指令常常有空的时钟周期，被称为等待状态（wait state）。

2.1.2　指令执行周期

一条机器指令不会神奇地一下子就执行完成。CPU 需要经过一系列预先定义好的步骤才能执行完成一条机器指令，这称为指令执行周期（instruction execution cycle）。假设现在指令指针寄存器中保存着要执行指令的地址，执行的步骤如下：

1. 首先，CPU 从被称为指令队列（instruction queue）的内存区域中**取得指令**，之后立即将指令指针递增。

2. 其次，CPU 根据指令的二进制位模式对其进行**译码**。指令的位模式可能会表示该指令有操作数（输入值）。

3. 如果有操作数，CPU 就从寄存器和内存中**取得操作数**。有时，这还涉及地址计算。

4. 再次，使用步骤 3 得到的操作数，CPU **执行**该指令。此步骤还更新一些状态标志，如零标志（Zero）、进位标志（Carry）及溢出标志（Overflow）。

5. 最后，如果输出操作数也是该指令的一部分，则 CPU 还需要将执行**结果存放**在该操作数中。

通常将上述听起来很复杂的过程简化为三个步骤：**取指**（fetch）、**译码**（decode）和**执行**（execute）。**操作数**（operand）是指操作的输入或输出的值。例如，表达式 $Z=X+Y$ 有两个输入操作数（X 和 Y），一个输出操作数（Z）。

图 2-2 是一个典型 CPU 中的数据流框图。该图有助于展示在指令执行周期中各部件之间的互动关系。为了从内存读取程序指令，需要将其地址放到地址总线上。然后，内存控制器将所需要的代码放到数据总线上，使得代码高速缓存（code cache）能得到它。指令指针的值决定了下一条将要执行的指令。指令由指令译码器（instruction decoder）分析，并产生适当的数字信号送往控制单元，来协调 ALU 和浮点单元。虽然图中没有画出控制总线，但其上载有信号，并在系统时钟的作用下协调 CPU 不同部件之间的数据传输。

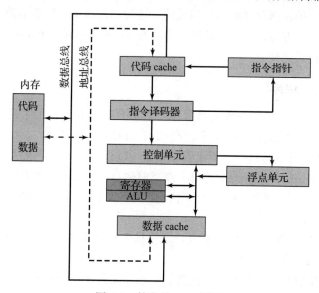

图 2-2　简化的 CPU 框图

2.1.3　读取内存

一般来说，计算机从内存读取数据比访问内部寄存器要慢得多。这是因为从内存读取一个值，需要经过四个步骤：

1. 将想要读取值的地址放到地址总线上。
2. 将处理器的 RD（读）引脚置为有效（改变 RD 的值）。
3. 等待一个时钟周期，以便存储器芯片给予响应。
4. 将数据从数据总线复制到目的操作数。

上述每一步一般需要一个时钟周期（clock cycle），时钟周期是一种时间度量，所衡量的是处理器内部以固定速率走时的时钟节拍。计算机的 CPU 常常按其时钟速度来描述。例如，速度为 1.2 GHz 意味着时钟走时或振荡速率为每秒 12 亿次。因此，考虑到每个时钟周期仅持续 1/1 200 000 000 秒，4 个时钟周期也是相当快的。但是，与 CPU 寄存器相比，这个速度还是慢多了，因为访问寄存器通常只需要 1 个时钟周期。

幸运的是，CPU 设计者很早之前就已经预料到，计算机内存会成为速度瓶颈，因为大多数程序都需要访问变量。他们想出了一个聪明的办法来减少读写内存的时间——将大部分近期使用过的指令和数据存放在被称为 cache 的高速存储器中。其思想是，程序更可能会反复访问相同的内存和指令，因此，用 cache 保存这些值就能使它们能快速被访问到。此外，当 CPU 开始执行一个程序时，它会预先将后续（比如）一千条指令加载到 cache 中，这个行为是基于这样一种假设：这些指令很快就会被用到。如果恰巧在某个代码块中有一个循环，这些指令就会在 cache 中。当处理器能够在 cache 存储器中发现想要的数据时，则称为 cache 命中（cache hit）。反之，如果 CPU 在 cache 中没有找到数据，则称为 cache 缺失（cache miss）。

x86 系列中的 cache 存储器有两种类型：一级 cache（或称主 cache）位于 CPU 上；二级 cache（或称次 cache）速度略慢，通过高速数据总线与 CPU 相连。这两种 cache 以最优化方式一起工作。

cache 存储器比传统 RAM 速度快是有原因的——cache 存储器是由一种被称为静态 RAM（static RAM）的特殊存储器芯片构成的。这种芯片昂贵，但是不需要为保持其内容而不断地进行刷新。另一方面，传统存储器，即动态 RAM（dynamic RAM），就必须经常刷新。它的速度慢很多，但是更便宜。

2.1.4 加载并执行程序

在程序运行之前，必须用一种工具程序将其加载到内存，这种工具程序称为程序加载器（program loader）。加载后，操作系统必须将 CPU 指向程序的入口点（program's entry point），即程序开始执行的地址。以下步骤是对这一过程的更详细分解：

- 操作系统（Operating System，OS）在当前磁盘目录下搜索程序的文件名。如果找不到，则在预定目录列表（称为路径（path））下搜索文件名。如果 OS 找不到程序文件名，它会发出一个出错消息。
- 如果找到程序文件，OS 就从磁盘目录中检索程序文件的基本信息，包括文件大小，及其在磁盘驱动器上的物理位置。
- OS 确定内存中下一个可使用的位置，将程序文件加载到内存中。它为该程序分配内存块，并将程序大小和位置信息加入一个表中（有时称该表为描述符表（descriptor table））。此外，OS 可能会调整程序内指针的值，使得它们包含程序数据的地址。
- OS 开始执行程序的第一条机器指令（程序入口点）。一旦程序开始执行，就被称为一个进程（process）。OS 为这个进程分配一个标识号（进程 ID），用于在执行期间对其进行跟踪。
- 进程自行运行。OS 的工作就是追踪进程的执行，并响应其对系统资源的请求。这些资源包括内存、磁盘文件，以及输入/输出设备等。
- 当进程结束时，它将被从内存中移除。

> 提示：如果你正在使用某个版本的 Microsoft Windows，按下〈Ctrl+Alt+Delete〉组

合键，然后选择任务管理器（Task Manager）选项。在任务管理器窗口中可以查看应用程序和进程的列表。应用程序列表中列出了当前正在运行的完整程序名称，比如 Windows Explorer，或者 Microsoft Visual C++。如果单击进程（Processes）选项卡，则会看见一长串进程名。其中的每个进程都是一个独立于其他进程而正在运行的小程序。可以连续追踪每个进程使用的 CPU 时间和内存用量。在某些情况下，选定一个进程名称后，按下〈Delete〉键就可以关闭该进程。

2.1.5 本节回顾

1. 中央处理单元（CPU）包含寄存器和哪些其他基本元件？
   a. 指令指针、算术逻辑单元及时钟
   b. 控制单元、算术逻辑单元及指令总线
   c. 控制单元、算术逻辑单元及时钟
   d. 数据总线、控制总线及指令总线
2. 中央处理单元通过哪三种总线与计算机系统的其他部分相连？
   a. 数据、指令及控制总线
   b. 数据、地址及控制总线
   c. 数据、指令及地址总线
   d. 控制、数据及执行总线
3. 为什么访问存储器比访问寄存器要耗费更多的机器周期？
   a. 传统的存储器是在 CPU 的外部，响应访问请求就更慢。
   b. 寄存器使用静态 RAM，而传统存储器使用较慢的动态 RAM。
   c. 传统的存储器位于数据总线上，而寄存器则连接到指令总线。
4. 指令执行周期包含哪三个基本步骤？
   a. 译码指令、前移指令指针、取得数据
   b. 前移指令指针、取得指令、执行指令
   c. 取得指令、译码指令、执行指令
5. 判断真假：在指令执行周期中，当用到存储器操作数时，则还需要取得存储器操作数和前移数据指针这两个步骤。
   a. 真
   b. 假
6. 下面列出了当 CPU 读数据值时所要求的四个动作（a, b, c, d），选择其中动作顺序正确的选项。
   a. 等待一个时钟周期，以便存储器做出响应。
   b. 将操作数的地址放到地址总线上。
   c. 将数据从数据总线复制到目的操作数。
   d. 置处理器的 RD 引脚为有效状态。
   b, a, c, d
   a, b, c, d
   b, d, a, c
   c, a, b, d

2.2 32 位 x86 处理器

本节着重于所有 x86 处理器基本架构的特点。这些处理器包括 Intel IA-32 系列中的成员和所有 32 位 AMD 处理器。

2.2.1 操作模式

x86 处理器有三个主要的操作模式：保护模式、实地址模式和系统管理模式。还有一个子模式，叫作虚拟 8086（virtual-8086）模式，是保护模式的一种特殊情况。这里简要介绍一下每种模式：

保护模式 保护模式（protected mode）是处理器的本地状态，在这种模式下，所有的指令和特性都是可用的。程序都被分配了被称为段（segment）的独立内存区域，而处理器会阻止程序访问其被分配段之外的内存。

虚拟 8086 模式 在保护模式下，处理器可以安全地执行实地址模式软件，如 MS-DOS

程序，其运行在类似于沙箱的环境，称为虚拟 8086 模式（virtual-8086 mode）。也就是说，如果一个程序崩溃了或是试图向系统内存区域写数据，将不会影响到同一时间正在运行的其他程序。现代操作系统可以同时执行多个独立的虚拟 8086 会话。

实地址模式 实地址模式（real-address mode）实现了早期 Intel 处理器的编程环境，但增加了一些额外的特性，如切换到其他模式的功能。当程序需要直接访问系统内存和硬件设备时，这种模式就很有用。当前版本的 Windows 操作系统不支持实地址模式。

系统管理模式 系统管理模式（System Management Mode，SMM）向其宿主机操作系统提供了实现诸如电源管理和系统安全等功能的机制。这些功能通常是由计算机制造商实现的，他们会为了一个特定的系统设置而定制处理器。

2.2.2 基本执行环境

地址空间

在一个运行于保护模式下的 32 位处理器中，一个任务或程序最大可以寻址 4GB 的线性地址空间。从 P6 处理器开始，一种被称为扩展物理寻址（extended physical addressing）的技术使得可以被寻址的物理内存空间增加到 64GB。与之形成对比的是，实地址模式的程序只能寻址 1MB 空间。如果一个处于保护模式下的处理器运行多个虚拟 8086 模式的程序，则每个程序各自拥有自己的 1MB 内存空间。

基本程序执行寄存器

寄存器是直接位于 CPU 内的高速存储位置，其设计的访问速度远高于传统存储器。例如，当为了提高速度而优化一个循环时，循环计数器会保存在寄存器中而不是在变量中。图 2-3 展示的就是基本程序执行寄存器（basic program execution register）。图中有 8 个通用寄存器，6 个段寄存器，一个处理器状态标志寄存器（EFLAGS），以及一个指令指针寄存器（EIP）。

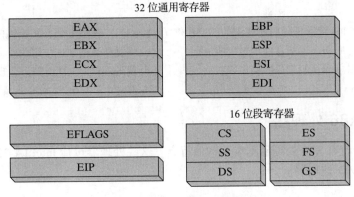

图 2-3 基本程序执行寄存器

通用寄存器 通用寄存器（general-purpose register）主要用于算术运算和数据传送。如图 2-4 所示，EAX 寄存器的低 16 位可用名字 AX 表示。

一些寄存器的组成部分可以作为 8 位值访问。例如，AX 寄存器的高 8 位被称为 AH，而低 8 位被称为 AL。同样的重叠关系也存在于 EAX、EBX、ECX 和 EDX 寄存器中：

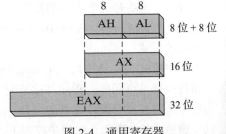

图 2-4 通用寄存器

32 位	16 位	8 位（高）	8 位（低）
EAX	AX	AH	AL
EBX	BX	BH	BL
ECX	CX	CH	CL
EDX	DX	DH	DL

剩下的通用寄存器只能用 32 位或 16 位名称来访问，如下表所示：

32 位	16 位	32 位	16 位
ESI	SI	EBP	BP
EDI	DI	ESP	SP

特殊用法　某些通用寄存器有特殊用法：

- 乘法指令和除法指令自动使用 EAX。它常常被称为扩展的累加器寄存器（extended accumulator register）。
- CPU 自动使用 ECX 作为循环计数器。
- ESP 用于寻址堆栈（一种系统内存结构）上的数据。它极少用于一般的算术运算和数据传送，通常被称为扩展的堆栈指针寄存器（extended stack pointer register）。
- ESI 和 EDI 用于高速内存传输指令，有时也被称为扩展的源变址寄存器（extended source index register）和扩展的目的变址寄存器（extended destination index register）。
- EBP 被高级语言用来访问堆栈中的函数参数和局部变量。除了高级编程，它不应该用于一般的算术运算和数据传送。它常常被称为扩展的帧指针寄存器（extended frame pointer register）。

段寄存器　在 x86 的保护模式下，段寄存器（segment register）中存放的是指向段描述符表的指针。一些段中存放程序指令（代码），其他段存放变量（数据），还有一个堆栈段（stack segment）存放的是局部函数变量和函数参数。

指令指针　指令指针（EIP）寄存器中包含下一条将要执行的指令的地址。某些机器指令能控制 EIP，使程序分支并转移到一个新位置上。

EFLAGS 寄存器　EFLAGS（或 Flags）寄存器包含独立的二进制位，用于控制 CPU 的操作，或是反映一些 CPU 操作的结果。有些指令可以测试和操作各个处理器标志。

> 对于一个标志，当它等于 1 时，称为置位（或置 1）；当它等于 0 时，称为清零（或复位）。

控制标志　控制标志（control flag）用于控制 CPU 的操作。例如，它们能使得：CPU 每执行一条指令后就中断，当检测到算术运算溢出时就中断，进入虚拟 8086 模式，以及进入保护模式。

程序可通过设置 EFLAGS 寄存器中的各个位来控制 CPU 的操作，比如，方向标志和中断标志。

状态标志　状态标志（status flag）反映了 CPU 执行的算术和逻辑运算的结果。包括：溢出标志、符号标志、零标志、辅助进位标志、奇偶标志和进位标志。在下述说明中，标志的缩写紧跟在标志名称之后：

- 当无符号算术运算的结果太大，在目的处无法放下时，则将进位标志（CF）置位。

- 当有符号算术运算的结果太大或太小，在目的处无法放下时，则将溢出标志（OF）置位。
- 当算术或逻辑运算产生的结果为负时，则将符号标志（SF）置位。
- 当算术或逻辑运算产生的结果为零时，则将零标志（ZF）置位。
- 当算术运算在 8 位操作数中产生了位 3 向位 4 的进位时，则将辅助进位标志（AC）置位。
- 当结果的最低有效字节包含偶数个 1 时，则将奇偶标志（PF）置位；否则，将 PF 清零。一般来说，当数据有可能被修改或损坏时，该标志用于进行错误检测。

MMX 寄存器

在实现高级多媒体和通信应用时，MMX 技术改进了 Intel 处理器的性能。8 个 64 位 MMX 寄存器支持被称为单指令多数据（Single-Instruction，Multiple-Data，SIMD）的特殊指令。顾名思义，MMX 指令对 MMX 寄存器中的数据值进行并行运算。虽然，它们看上去是独立的寄存器，但 MMX 寄存器名实际上是浮点单元中使用的相同寄存器的别名。

XMM 寄存器

x86 架构还包含 8 个 128 位的寄存器，被称为 XMM 寄存器，它们被用于对指令集进行流 SIMD 扩展。

浮点单元

浮点单元（Floating-Point Unit，FPU）执行高速浮点算术运算。之前为了实现这个目的，需要一个单独的协处理器芯片。从 Intel486 开始，FPU 已经集成到主处理器芯片上了。FPU 中有 8 个浮点数据寄存器，分别命名为 ST(0)、ST(1)、ST(2)、ST(3)、ST(4)、ST(5)、ST(6) 及 ST(7)。其余的控制寄存器和指针寄存器如图 2-5 所示。

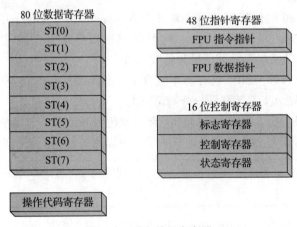

图 2-5　浮点单元寄存器

2.2.3　x86 内存管理

x86 处理器按照 2.2.1 节中讨论的基本操作模式来管理内存。保护模式是最可靠、最强大的，但是它对应用程序直接访问系统硬件有着严格的限制。

在实地址模式下，只能寻址 1MB 的内存，地址从 00000H 到 FFFFFH。处理器一次只能运行一个程序，但可以暂时中断该程序以便处理来自外部设备的请求（称为中断（interrupt））。应用程序允许访问内存的任何位置，包括那些直接与系统硬件相关的地址。MS-DOS 操作系统在实地址模式下运行，Windows 95 和 98 能够被引导进入这种模式。

在保护模式下，处理器可以同时运行多个程序，它为每个进程（运行中的程序）分配总共 4GB 的内存。每个程序都分配有自己的保留内存区域，程序之间禁止意外访问其他程序的代码和数据。MS-Windows 和 Linux 运行在保护模式下。

在虚拟 8086 模式下，计算机运行在保护模式下，并创建一个自身带有 1MB 地址空间的虚拟 8086 机器来模拟一个运行于实地址模式的 80x86 计算机。例如，在 Windows NT 和 2000 下，当打开一个命令窗口时，就创建了一个虚拟 8086 机器。同一时间可以运行多个这样的窗口，并且每个窗口都不受其他窗口动作的影响。在大多数 Windows 操作系统的当前版本下，某些需要直接访问计算机硬件的 MS-DOS 程序不能运行在虚拟 8086 模式下。

实地址模式和保护模式的更多细节将在第 11 章中加以详述。

2.2.4 本节回顾

1. x86 处理器的 3 个基本操作模式是什么？
    a. 实地址模式、保护模式和扩展模式
    b. 实地址模式、保护模式和虚拟 8086 模式
    c. 系统管理模式、实地址模式和保护模式
2. 除了 EAX、EBX、ECX 和 EDX 以外，其他 32 位通用寄存器的名字是什么？
    a. EIP、ESI、EDI
    b. ESI、EDI、ESP、EBP
    c. ESI、EDI
    d. EFLAGS、EIP、ESP、EBP
3. 判断真假：ECX 寄存器常常用作循环计数器。
    a. 真
    b. 假
4. 下面哪个选项列出了 CPU 状态标志的名字？
    a. 溢出、奇偶、方向、符号
    b. 符号、零、进位、溢出、奇偶
    c. 中断、零、进位、符号
    d. 辅助进位、符号、指令、零
5. 判断真假：EIP，或者指令指针寄存器，包含了最后一条被执行指令的地址。
    a. 真
    b. 假

2.3 64 位 x86-64 处理器

本节重点关注所有使用 x86-64 指令集的 64 位处理器的基本架构细节。这些处理器包括 Intel 64 和 AMD64 处理器系列。指令集是已讨论的 x86 指令集的 64 位扩展。以下为一些基本特征：

1. 向后兼容 x86 指令集。
2. 地址长度为 64 位，虚拟地址空间为 2^{64} 字节。在当前芯片的实现中，仅使用了地址的低 48 位。
3. 可以使用 64 位通用寄存器，允许指令具有 64 位整数操作数。
4. 比 x86 多了 8 个通用寄存器。
5. 使用 48 位物理地址空间，支持高达 256TB 的 RAM。

另一方面，当处理器运行于本地 64 位模式时，是不支持 16 位实模式或虚拟 8086 模式的。（有一种仍支持 16 位编程的传统模式（legacy mode），但是在 Microsoft Windows 64 位版本中不可用。）

> **注意**：尽管 x86-64 指的是指令集，但从现在开始也可以将其看作是处理器类型。为了学习汇编语言，没有必要考虑支持 x86-64 的处理器之间的硬件实现差异。

第一个使用 x86-64 的 Intel 处理器是 Xeon，之后还有许多其他的处理器，包括 Core i5 和 Core i7。AMD 处理器中使用 x86-64 的例子有 Opteron 和 Athlon 64。你可能还听说过另一个来自 Intel 的 64 位架构，称为 IA-64，后来改名为 Itanium。IA-64 指令集与 x86 和 x86-64 完全不同。Itanium 处理器常常用于高性能数据库和网络服务器。

2.3.1 64 位操作模式

Intel 64 架构引入了一个新的模式，称为 IA-32e。从技术上看，这个模式包含两个子模式：兼容模式（compatibility mode）和 64 位模式（64-bit mode）。不过将它们称为模式而不是子模式更方便些，因此，以后称其为模式。

兼容模式

当运行在兼容模式（也称为 32 位模式）下时，现有的 16 位和 32 位应用程序通常不用重新编译就可以运行。但是，16 位 Windows（Win16）和 DOS 应用程序不能运行在 64 位 Microsoft Windows 下。与早期的 Windows 版本不同，64 位 Windows 没有虚拟 DOS 机器子系统来利用处理器的功能以切换到虚拟 8086 模式。

64 位模式

在 64 位模式下，处理器运行的是使用 64 位线性地址空间的应用程序。这是 64 位 Microsoft Windows 的本地模式，该模式能使用 64 位的指令操作数。

2.3.2 基本的 64 位执行环境

在 64 位模式下，虽然处理器目前只支持 48 位的地址，但在理论上，地址可大到 64 位。从寄存器来看，与 32 位处理器最主要的区别如下：

- 16 个 64 位通用寄存器（在 32 位模式下只有 8 个通用寄存器）
- 8 个 80 位浮点寄存器
- 1 个 64 位状态标志寄存器，称为 RFLAGS（只使用了低 32 位）
- 1 个 64 位指令指针寄存器，称为 RIP

回顾前文，32 位标志寄存器和指令指针寄存器分别称为 EFLAGS 和 EIP。此外，还有一些在讨论 x86 处理器时提过的，用于多媒体处理的特殊寄存器：

- 8 个 64 位 MMX 寄存器
- 16 个 128 位 XMM 寄存器（在 32 位模式下只有 8 个 XMM 寄存器）

通用寄存器

在描述 32 位处理器时介绍过通用寄存器，它们是作为算术运算、传送数据和循环遍历数据等指令的基本操作数。通用寄存器可以访问 8 位、16 位、32 位或 64 位操作数（通过使用特殊前缀）。

在 64 位模式下，操作数的默认大小是 32 位，并且有 8 个通用寄存器。但是，通过给每条指令加上 REX（寄存器扩展）前缀，操作数的长度可以达到 64 位，并且还可以使用总共 16 个通用寄存器。可使用 32 位模式下的全部寄存器，再加上 8 个被编号的寄存器，即 R8 到 R15。表 2-1 展示了在使用 REX 前缀的情况下可用的寄存器。

表 2-1 当使用 REX 前缀时，64 位模式的操作数大小

操作数大小	可用寄存器
8 位	AL、BL、CL、DL、DIL、SIL、BPL、SPL、R8L、R9L、R10L、R11L、R12L、R13L、R14L、R15L

(续)

操作数大小	可用寄存器
16 位	AX、BX、CX、DX、DI、SI、BP、SP、R8W、R9W、R10W、R11W、R12W、R13W、R14W、R15W
32 位	EAX、EBX、ECX、EDX、EDI、ESI、EBP、ESP、R8D、R9D、R10D、R11D、R12D、R13D、R14D、R15D
64 位	RAX、RBX、RCX、RDX、RDI、RSI、RBP、RSP、R8、R9、R10、R11、R12、R13、R14、R15

还有一些需要记住的细节：

- 在 64 位模式下，单条指令不能同时访问高字节寄存器（如 AH、BH、CH 和 DH）和新字节寄存器的低字节（如 DIL）。
- 在 64 位模式下，32 位 EFLAGS 寄存器被 64 位 RFLAGS 寄存器所取代。这两个寄存器共享相同的低 32 位，而 RFLAGS 的高 32 位是不使用的。
- 32 位模式和 64 位模式的状态标志是相同的。

2.3.3 本节回顾

1. 判断真假：目前 x86-64 处理器的实现有 48 位物理地址空间，可支持达 256TB 的 RAM。
   a. 真　　　　　　　　b. 假
2. 判断真假：x86-64 处理器有一个传统模式，能支持 16 位处理，且可以在当前版本的 Microsoft Windows 中使用这种模式。
   a. 真　　　　　　　　b. 假
3. 判断真假：在 64 位模式下，默认的操作数大小是 32 位，且有 8 个通用寄存器。
   a. 真　　　　　　　　b. 假
4. 判断真假：寄存器 RAX 和 EAX 都可以用在 64 位程序中。
   a. 真　　　　　　　　b. 假
5. 判断真假：寄存器 DIL 的长度是 16 位。
   a. 真　　　　　　　　b. 假
6. 判断真假：寄存器 EFLAGS 和 RFLAGS 在低 32 位上包含相同的值。
   a. 真　　　　　　　　b. 假

2.4 典型 x86 计算机的组件

首先我们通过考察一个传统母板的配置以及围绕 CPU 的芯片集来了解 x86 是如何与其他组件集成在一起的。然后讨论内存、I/O 端口和常见的设备接口。最后说明汇编语言程序如何利用系统硬件、固件，并调用操作系统函数来执行不同访问层次的 I/O 操作。母板和芯片集包（chipset packages）总在变化，所以我们不用最新款的硬件，而是讨论一个已经存在一段时间的系统配置示例。

2.4.1 母板

母板（motherboard）是微型计算机的心脏，它是一个平面电路板，其上集成了 CPU、支持处理器（芯片集（chipset））、主存、I/O 接口、电源接口，以及扩展插槽。各种组件通过总线，即一组直接蚀刻在母板上的导线，进行互连。目前 PC 市场上有几十种母板，它们在扩展功能、集成部件和速度方面存在着差异。下述组件一般都会出现在 PC 母板上：

- CPU 插座。根据其支持的处理器类型，插座具有不同的形状和尺寸。

- 存储器插槽（SIMM 或 DIMM），用于放置小型插入式内存条。
- 基本输入–输出系统（Basic Input-Output System，BIOS）计算机芯片，保存系统软件。
- CMOS RAM，用一个小的圆形电池为其持续供电。
- 大容量存储设备的接口，如硬盘驱动器和 CD-ROM。
- 用于连接外部设备的 USB 接口。
- 键盘和鼠标端口。
- PCI 总线接口，用于声卡、显卡、数据采集卡和其他 I/O 设备。

以下是可选组件：

- 集成声音处理器。
- 并行和串行设备接口。
- 集成网络适配器。
- 用于高速显卡的 AGP 总线接口。

在典型的传统系统中，还有以下一些重要的支持处理器：

- 浮点单元处理浮点数和扩展整数运算。
- 8284/82C284 时钟发生器（clock generator），简称时钟，以恒定速率振荡。时钟发生器同步 CPU 与计算机的其他部分。
- 8259A 可编程中断控制器（Programmable Interrupt Controller，PIC），处理来自硬件设备的外部中断，比如键盘、系统时钟及磁盘驱动器。这些设备能中断 CPU，并使其立即响应它们的请求。
- 8253 可编程间隔定时器/计数器（Programmable Interval Timer/Counter），每秒中断系统 18.2 次，更新系统日期和时钟，并控制扬声器。它还负责不断刷新内存，因为 RAM 存储器芯片只能将其数据保存几毫秒。
- 通用串行总线（Universal Serial Bus，USB）控制器，在连接到 USB 端口的设备之间来回传输数据。

PCI 和 PCI Express 总线架构

历史上，外设部件互联（Peripheral Component Interconnect，PCI）总线为 CPU 和其他系统设备提供了连接桥，这些设备包括硬盘驱动器、内存、显卡、声卡和网卡。PCI Express 总线在设备、内存和处理器之间提供了双向串行连接。与网络类似，它用独立的"通道"传送数据包。该总线已得到显卡的广泛支持，并已多年应用于高速数据传输。

母板芯片集

母板芯片集（motherboard chipset）是一组处理器芯片的集合，这些芯片被设计为在特定类型的母板上共同工作。各种芯片集已实现了增强处理能力、多媒体功能或者减少功耗等特性。以 Intel P965 Express 芯片集为例，该芯片集与 Intel Core 2 Duo 和 Pentium D 处理器一起，已在桌面 PC 上应用很多年。下面是它的一些特性：

- Intel 快速内存访问（Fast Memory Access）使用了更新的内存控制中心（Memory Controller Hub，MCH）。它能以 800MHz 的时钟速度访问双通道 DDR2 存储器。
- I/O 控制中心（Intel ICH8/R/DH）使用 Intel 矩阵存储技术（Matrix Storage Technology，MST）来支持多个串行 ATA 设备（磁盘驱动器）。
- 支持多个 USB 端口、多个 PCI Express 插槽、联网，以及 Intel 静音系统技术。
- 高清晰音频芯片提供了数字声音功能。

如图 2-6 所示，母板厂商以特定芯片集为中心来制造产品。例如，Asus 公司的 P5B-E P965 母板就使用了 P965 芯片集。

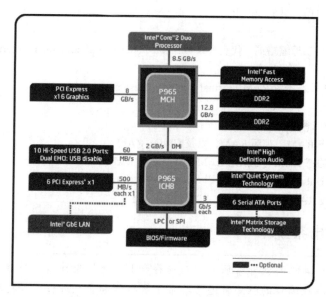

图 2-6　Intel 965 Express 芯片集框图

2.4.2　内存

在基于 Intel 的系统中，多年来使用的是几种基本类型的内存：只读存储器（ROM）、可擦除可编程只读存储器（EPROM）、动态随机访问存储器（DRAM）、静态 RAM（SRAM）、视频 RAM（VRAM），以及互补金属氧化物半导体（CMOS）RAM：

- ROM 永久烧录在芯片上，并且不能被擦除。
- EPROM 能用紫外线缓慢擦除，并重新编程。
- DRAM，通常称为主存，是在程序运行时保存程序和数据的部件。该部件价格不贵，但是每毫秒都要进行刷新，以避免丢失其内容。有些系统使用的是 ECC（错误检查和纠正）存储器。
- SRAM 主要用于昂贵、高速的 cache 存储器。它不需要刷新，CPU 的 cache 存储器就使用了 SRAM。
- VRAM 保存视频数据。它是双端口的，允许一个端口持续刷新显示器，同时另一个端口将数据写到显示器上。
- CMOS RAM 在系统母板上，保存系统配置信息。它由电池供电，因此当计算机电源关闭后，其内容仍能保留。

2.4.3　本节回顾

1. 判断真假：SRAM 用于 CPU 高速缓冲存储器的原因是：其快速并且不需要经常刷新。
   a. 真　　　　　　　　b. 假
2. 判断真假：VRAM 保存可显示的视频数据。当使用 CRT 监视器时，VRAM 是双端口的，允许一个端口持续刷新显示器，同时另一个端口向显示器写数据。
   a. 真　　　　　　　　b. 假

3. 判断真假：CMOS RAM 在计算机被关闭后，失去其数据。
   a. 真　　　　　　　　b. 假
4. 判断真假：PCI 接口用于显卡和声卡。
   a. 真　　　　　　　　b. 假
5. 判断真假：PCI 是首字母缩略词，代表外设部件接口（peripheral component interface）。
   a. 真　　　　　　　　b. 假
6. 判断真假：VRAM 代表虚拟 RAM（virtual random access memory）。
   a. 真　　　　　　　　b. 假
7. 给出本章中提到的四种 RAM 的名字。
   a. 动态 RAM、静态 RAM、视频 RAM，以及 CMOS RAM。
   b. 易失性 RAM、静态 RAM、CMOS RAM，以及虚拟 RAM。
   c. 动态 RAM、静态 RAM、虚拟 RAM，以及 CMOS RAM。
   d. 主存 RAM、2 级 RAM、视频 RAM，以及静态 RAM。

2.5 输入 / 输出系统

> **提示**：由于计算机游戏非常密集地对内存和 I/O 进行操作，从而推动计算机达到其最大性能。擅长游戏编程的程序员通常非常了解视频和音频硬件，并根据硬件特性优化他们编写的代码。

2.5.1 I/O 访问层次

应用程序通常是从键盘和磁盘文件读取输入，而将输出写到屏幕和文件中。完成 I/O 不需要直接访问硬件——可以通过调用操作系统的函数来实现。与第 1 章中描述的虚拟机概念相似，I/O 可在不同层次上访问，主要有以下三个层次：

- **高级语言函数**：高级编程语言，如 C++ 或 Java，包含了执行 I/O 的函数。这些函数具有可移植性，因为它们在各种不同的计算机系统中工作，并不依赖于任何一个操作系统。
- **操作系统**：程序员能够从被称为操作系统应用编程接口（Application Programming Interface，API）的库中调用操作系统函数。操作系统提供高级操作，比如，向文件写入字符串，从键盘读取字符串，以及分配内存块。
- **BIOS**：基本输入–输出系统是一组能直接与硬件设备通信的低级子例程集合。BIOS 由计算机制造商安装，并加以定制以适应计算机硬件。操作系统通常与 BIOS 通信。

设备驱动程序　设备驱动程序允许操作系统与硬件设备和系统 BIOS 直接通信。例如，设备驱动程序可能接收来自 OS 的请求来读取一些数据，而满足该请求的方法是，执行设备固件中的代码，用设备特有的方式来读取数据。设备驱动程序有两种安装方法：（1）在特定的硬件设备被连接到计算机之前；（2）设备已被连接并且被识别之后。对于后一种方法，OS 识别设备名称和签名，然后在计算机上定位并安装设备驱动软件。

我们可以通过展示一个应用程序在屏幕上显示字符串的过程，来更好地了解 I/O 层次结构（图 2-7）。该过程包含以下步骤：
1. 应用程序的一条语句调用 HLL 库函数，将字符串写到标准输出。
2. 库函数（第 3 层）调用操作系统函数，传递一个字符串指针。

3. 操作系统函数（第 2 层）用一个循环来调用 BIOS 子例程，向其传递每个字符的 ASCII 码和颜色。操作系统调用另一个 BIOS 子例程，将光标移动到屏幕的下一个位置上。

4. BIOS 子例程（第 1 层）接收一个字符，将其映射到一个特定的系统字体，并把该字符发送到与显卡相连的硬件端口。

5. 显卡（第 0 层）为视频显示器产生定时硬件信号，以控制光栅扫描并显示像素。

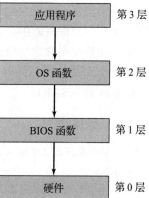

图 2-7 输入/输出操作的访问层次

在多层次上编程 汇编语言程序在输入/输出编程领域有着强大的能力和灵活性，可以从以下访问层次中选择并进行编程（图 2-8）：

- 第 3 层：调用库函数来执行通用文本 I/O 和基于文件的 I/O。例如，我们也随本书提供了一个这样的库。
- 第 2 层：调用操作系统函数来执行通用文本 I/O 和基于文件的 I/O。如果 OS 使用了图形用户界面，就有函数能以与设备无关的方式显示图形。
- 第 1 层：调用 BIOS 函数来控制设备具体特性，如颜色、图形、声音、键盘输入和低层磁盘 I/O。
- 第 0 层：从硬件端口发送和接收数据，对特定设备有绝对控制权。这个方式不能广泛用于各种硬件设备，因此不具可移植性。不同的设备常常使用不同的硬件端口，因此，程序代码必须针对每种具体类型的设备进行定制。

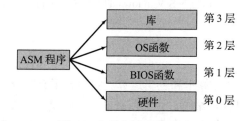

图 2-8 汇编语言访问层次

如何进行权衡？控制与可移植性之间的权衡是首要的。第 2 层（OS）工作在任何一个运行同样操作系统的计算机上。如果 I/O 设备缺少某些功能，则 OS 将尽最大可能接近想要的结果。第 2 层速度不是特别快，因为每个 I/O 调用在执行前，都必须经过好几个层次。

第 1 层（BIOS）在所有具有标准 BIOS 的系统上工作，但是在这些系统上不会产生同样的结果。例如，两台计算机可能会有不同分辨率的视频显示功能。在第 1 层上的程序员需要编写代码来检测用户的硬件设置，并调整输出格式与之匹配。第 1 层运行得比第 2 层快，因为它仅在硬件的上一层。

第 0 层（硬件）与如串行端口这样的通用设备一起工作，或是与由知名厂商生产的特定的 I/O 设备一起工作。这个层次上的程序必须扩展它们的编码逻辑以应对 I/O 设备的多样性。实模式的游戏程序就是最典型的例子，因为它们通常需要取得计算机的控制权。第 0 层的程序能以硬件所允许的最快速度运行。

举个例子，假设要用音频控制设备来播放一个 WAV 文件。在 OS 层上，就不需要了解已安装设备的类型，也不用关心设备卡的非标准特性。在 BIOS 层上，就要查询声卡（使用其已安装的设备驱动软件），找出它是否属于某一类具有已知特性的声卡。在硬件层上，就需要针对具体型号的声卡对程序进行微调，以利用每种声卡的特性。

通用操作系统极少允许应用程序直接访问系统硬件，因为这样做就无法同时运行多个程序。相反，硬件只能由设备驱动程序按照谨慎控制的方式进行访问。另一方面，专用设备的小型操作系统则常常与硬件直接相连。这样做是为了减少操作系统代码占用的内存量，并且这些操作系统几乎总是每次只运行单个程序。最后一个允许程序直接访问硬件的 Microsoft 操作系统是 MS-DOS，它每次只能运行一个程序。

2.5.2 本节回顾

1. 在计算机系统的 4 个输入/输出层次中，哪一个最具有通用性和可移植性？
   a. BIOS 层　　　　　b. 操作系统层　　　　　c. 应用程序层　　　　　d. 硬件层
2. 以下哪个不是 BIOS 层输入/输出操作的特征？
   a. BIOS 函数与系统硬件直接通信　　　　　b. BIOS 函数由操作系统调用
   c. BIOS 函数从应用程序层调用　　　　　　d. BIOS 函数根据计算机硬件定制
3. 下面哪个回答解释了为什么设备驱动程序是必需的？
   a. BIOS 与系统硬件直接通信
   b. 新设备一直被发明出来，并常常具有在编写 BIOS 时没有预料到的功能
   c. 设备驱动程序提供了比操作系统函数更快的吞吐量
   d. 设备驱动程序的函数可被应用程序直接调用
4. 在显示字符串的例子中，操作系统与显卡之间存在的是哪个层次？
   a. 操作系统层　　　　　b. 硬件层　　　　　c. BIOS 层
5. 判断真假：在同一台计算机上，运行 MS-Windows 的 BIOS 与运行 Linux 的 BIOS 可能不同。
   a. 真　　　　　b. 假

2.6 本章小结

中央处理单元（CPU）处理算术和逻辑运算。它包含了有限数量的被称为寄存器的存储位置、一个高频时钟用于同步其操作、一个控制单元，以及一个算术逻辑单元。内存存储单元用于在计算机程序运行时，保存指令和数据。总线是一组并行线路，在计算机各个部件之间传输数据。

一条机器指令的执行可以分为一序列独立的操作，称为指令执行周期。3 个主要操作分别为取指、译码及执行。指令周期中的每一步都至少要耗费一个系统时钟节拍，称为时钟周期。加载和执行过程描述了程序如何由操作系统定位，加载入内存，再由操作系统执行。

x86 处理器系列有三种基本操作模式：保护模式、实地址模式，以及系统管理模式。此外，虚拟 8086 模式是保护模式的一个特例。Intel64 处理器系列有两种基本操作模式：兼容模式和 64 位模式。在兼容模式下，处理器可以运行 16 位和 32 位的应用程序。

寄存器是在 CPU 内被命名的存储位置，其访问速度比常规内存要快得多。以下是对寄存器类型的简要描述：

- 通用寄存器主要用于算术运算、数据传送及逻辑运算。
- 段寄存器用于存放预先分配的内存区域的基址，这些内存区域被称为段。
- 指令指针寄存器存放的是下一条要执行的指令的地址。
- 标志寄存器由独立的二进制位组成，这些位用于控制 CPU 的操作，并反映 ALU 操

作的结果。

x86 有一个 FPU，专门用于高速浮点指令的执行。

微型计算机的心脏是它的母板，母板上有 CPU、支持处理器、主存、I/O 接口、电源接口及扩展插槽。PCI 总线为 Pentium 处理器提供了方便的升级途径。大多数母板集成了一套微处理器和控制器，称为芯片集。芯片集在很大程度上决定了计算机的能力。

PC 中使用了几种基本类型的存储器：ROM、EPROM、动态 RAM（DRAM）、静态 RAM（SRAM）、视频 RAM（VRAM），以及 CMOS RAM。

与虚拟机概念相似，I/O 是通过不同层次的访问来完成的。库函数在最高层，操作系统在次高层。BIOS 是一组函数，能与硬件设备直接通信。程序也可以直接访问 I/O 设备。

2.7 关键术语

32-bit mode（32 位模式）
64-bit mode（64 位模式）
address bus（地址总线）
application programming interface（API）（应用编程接口）
arithmetic logic unit（ALU）（算术逻辑单元）
auxiliary carry flag（辅助进位标志）
basic program execution registers（基本程序执行寄存器）
BIOS（basic input-output system）（基本输入–输出系统）
bus（总线）
cache（高速缓存）
carry flag（进位标志）
central processor unit（CPU）（中央处理单元）
clock（时钟）
clock cycle（时钟周期）
code cache（代码高速缓存）
compatibility mode（兼容模式）
control bus（控制总线）
control flags（控制标志）
control unit（控制单元）
data bus（数据总线）
data cache（数据高速缓存）
device drivers（设备驱动程序）
dynamic RAM（动态随机访问存储器）
EFLAGS register（EFLAGS 寄存器）
extended physical addressing（扩展物理寻址）
Flags register（标志寄存器）

floating-point unit（浮点单元）
general-purpose registers（通用寄存器）
instruction decoder（指令译码器）
instruction execution cycle（指令执行周期）
instruction queue（指令队列）
instruction pointer（指令指针）
interrupt flag（中断标志）
Level-1 cache（1 级高速缓存）
Level-2 cache（2 级高速缓存）
machine cycle（机器周期）
memory storage unit（内存存储单元）
MMX registers（MMX 寄存器）
motherboard（母板）
motherboard chipset（母板芯片集）
operating system（OS）（操作系统）
overflow flag（溢出标志）
parity flag（奇偶标志）
PCI（peripheral component interconnect）（外设部件互联）
PCI express
process（进程）
process ID（进程 ID）
program entry point（程序入口点）
program loader（程序加载器）
programmable interrupt controller（PIC）（可编程中断控制器）
programmable interval timer/counter（可编程间隔定时器/计数器）
programmable parallel port（可编程并行端口）

protected mode（保护模式）
random access memory（RAM）（随机访问存储器）
read-only memory（ROM）（只读存储器）
real-address mode（实地址模式）
register（寄存器）
segment registers（段寄存器）
sign flag（符号标志）
single-instruction，multiple-data（SIMD）（单指令多数据）
static RAM（静态随机访问存储器）
status flags（状态标志）
system management mode（SMM）（系统管理模式）
Task Manager（任务管理器）
Universal Serial Bus（USB）controller（通用串行总线控制器）
virtual-8086 mode（虚拟8086模式）
wait states（等待状态）
XMM registers（XMM 寄存器）
zero flag（零标志）

2.8　复习题

1. 在 32 位模式下，除了堆栈指针（ESP）寄存器，还有哪个寄存器指向堆栈上的变量？
2. 说出至少 4 个 CPU 状态标志。
3. 当无符号数算术运算的结果超过目的位置的大小时，应置位哪个标志？
4. 当有符号数算术运算的结果对目的位置而言太大或太小时，应置位哪个标志？
5. （真/假）：当寄存器操作数为 32 位，并且使用 REX 前缀时，则程序可以使用 R8D 寄存器。
6. 当算术或逻辑运算产生负数结果时，应置位哪个标志？
7. CPU 的哪个部件执行浮点算术运算？
8. 在 32 位处理器中，每个浮点数据寄存器包含多少位？
9. （真/假）：x86-64 指令集向后兼容 x86 指令集。
10. （真/假）：在当前 64 位芯片实现方式下，所有 64 位都用于寻址。
11. （真/假）：Itanium 指令集与 x86 指令集完全不同。
12. （真/假）：静态 RAM 一般比动态 RAM 便宜。
13. （真/假）：加上 REX 前缀就可以使用 64 位 RDI 寄存器。
14. （真/假）：在本地 64 位模式下，可以使用 16 位实模式，但是不能使用虚拟 8086 模式。
15. （真/假）：x86-64 处理器比 x86 处理器多 4 个通用寄存器。
16. （真/假）：64 位版本的 Microsoft Windows 不支持虚拟 8086 模式。
17. （真/假）：DRAM 只能用紫外线擦除。
18. （真/假）：在 64 位模式下，可以使用多达 8 个浮点寄存器。
19. （真/假）：总线是两端连接在母板上的塑料电缆，但没有直接位于母板上。
20. （真/假）：CMOS RAM 与静态 RAM 相同，也就是说，不需要额外的电源和刷新周期就可以保持其内容。
21. （真/假）：PCI 接口用于显卡和声卡。
22. （真/假）：8259A 是一种控制器接口，用于处理来自硬件设备的外部中断。
23. 汇编语言程序在哪个（或哪些）层次上可以控制输入/输出？
24. 为什么游戏程序常常将声音输出直接发送到声卡的硬件端口？

第 3 章
Assembly Language for x86 Processors, Eighth Edition

汇编语言基础

本章侧重于 Microsoft 汇编程序的基本组成部分。你将会了解到如何定义常量和变量，数值和字符串字面量的标准格式，以及怎样汇编并运行你的第一个程序。本章特别强调 Visual Studio 调试器，它是理解程序如何工作的极好工具。本章重要的一点是，一次前进一步，在进入到下一步之前，掌握每一个细节。夯实基础，这将对后续章节的学习有极大的帮助。

3.1 基本语言元素

3.1.1 第一个汇编语言程序

汇编语言以隐晦难懂而闻名，但是本书从另一个角度来看它——它是一种几乎提供了全部信息的语言。你可以看到正在发生的所有事情，甚至在 CPU 中的寄存器和标志！但是，在拥有这种能力的同时，程序员必须负责管理数据表示的细节和指令的格式。你工作在一个具有大量详细信息的层次。现在以一个简单的汇编语言程序为例，来了解其工作过程。程序执行两个数相加，并将结果保存在寄存器中。程序名称为 AddTwo：

```
1: main PROC
2:     mov eax,5              ; 将 5 送入到 eax 寄存器
3:     add eax,6              ; 将 6 加到 eax 寄存器
4:
5:     INVOKE ExitProcess,0   ; 结束程序
6: main ENDP
```

虽然在每行代码前插入行号有助于讨论，但是在编写汇编程序时，实际并不需要输入行号。此外，目前不要试图输入并运行这个程序，因为它还缺少一些重要的声明，本章稍后将介绍相关内容。

我们来逐行仔细查看这段程序：第 1 行开始 main 过程（主过程），这是程序的入口点。第 2 行将整数 5 放入 eax 寄存器中。第 3 行将 6 加到 EAX 的值上，得到新值 11。第 5 行调用 Windows 服务（也称为函数）ExitProcess 来停止程序，并将控制权交还给操作系统。第 6 行是主过程结束的标记。

程序中还包含注释，它总是用分号开头。程序的顶部省略了一些声明，稍后会予以说明，不过从本质上说，这是一个可以运行的程序。它不会在屏幕上显示任何东西，但是我们可以借助被称为调试器的工具程序来运行它，调试器可以按每次一行代码的方式执行程序，并可查看寄存器的值。本章的后面将展示如何进行这个操作。

添加一个变量

现在我们让这个程序变得有趣些，将加法运算的结果保存在变量 sum 中。要实现这一点，需要增加一些标记，或者叫声明，用来标识程序的代码区和数据区：

```
1: .data
2: sum DWORD 0                ; 创建一个变量，取名 sum
```

```
 3:
 4:    .code                      ; 这是代码区
 5: main PROC
 6:    mov eax,5                  ; 将 5 送入到 eax 寄存器
 7:    add eax,6                  ; 将 6 加到 eax 寄存器
 8:    mov sum,eax
 9:
10:    INVOKE ExitProcess,0       ; 结束程序
11: main ENDP
```

变量 sum 在第 2 行进行了声明,其大小为 32 位,使用了关键字 DWORD。有很多这样表示大小的关键字,其作用或多或少与数据类型相似。但与你可能熟悉的类型如 int、double 和 float 等相比,则并没有那么具体。这些关键字只规定了大小,并不检查变量中存放的内容。记住,你拥有完全控制权。

顺便说一下,那些被 .code 和 .data 伪指令标记的代码区和数据区,被称为段。段是一个被指定的存储区,用于存放程序代码、程序变量(数据)以及堆栈。后面,我们还将学到第三种段,称为堆栈。

接下来,我们更深入地研究汇编语言的细节,展示如何声明字面量(又称常量)、标识符、伪指令和指令。你可能需要反复阅读本章来记住这些内容,但是这个时间是绝对值得付出的。贯穿本章,当提到汇编器使用的语法规则时,实际指的是 Microsoft MASM 汇编器使用的语法规则。其他汇编器使用的是不同的语法规则,但本章将忽略它们。每次提到汇编器时不再重复印刷 MASM 这个词,这可能至少会节约下(世界上某个地方的)一棵树。

3.1.2 整数字面量

整数字面量(integer literal,又称为整数常量(integer constant))由一个可选的前置符号、一个或多个数字,以及一个可选的表明其基数的基数字符构成:

```
[{+ | -}] digits [ radix ]
```

> 本书使用 Microsoft 语法表示。方括号 [..] 内的元素是可选的,大括号 {..} 内的元素用 | 字符分隔,且必须要选择其中一个元素。用斜体标识的元素是有明确定义或描述的项。

例如,26 就是一个有效的整数字面量。它没有基数,所以假设是十进制形式。如果想要表示十六进制数 26,就将其写为 26h。类似地,数值 1101 被看作是十进制值,除非在其末尾添加 "b",使其成为 1101b(二进制)。下表列出了可能的基数值:

h	十六进制	r	编码的实数
q/o	八进制	t	十进制(备用)
d	十进制	y	二进制(备用)
b	二进制		

下面这些整数字面量声明中带有各种基数。每行都含有注释:

```
26                ; 十进制
26d               ; 十进制
11010011b         ; 二进制
42q               ; 八进制
42o               ; 八进制
1Ah               ; 十六进制
0A3h              ; 十六进制
```

以字母开头的十六进制字面量必须加个前置 0，以免汇编器将其解释为标识符。前面那列数中的十六进制值 A3h 就属于这种情况，必须写成 0A3h。

3.1.3 常整数表达式

常整数表达式（constant integer expression）是一种数学表达式，它包含了整数字面量和算术运算符。每个表达式的求值结果必须是一个整数，并可用 32 位（从 0 到 FFFF FFFFh）的形式来存放。表 3-1 列出了算术运算符，并按照从最高（1）到最低（4）的优先顺序排列。对常整数表达式而言重要的是，要意识到它们只在汇编时求值。从现在开始，我们将它们简称为整数表达式。

表 3-1 算术运算符

运算符	名称	优先级
( )	括号	1
+, -	一元正、负号	2
*, /	乘法，除法	3
MOD	模运算	3
+, -	加法，减法	4

运算符优先级（operator precedence）是指，当一个表达式包含两个或多个运算符时，这些操作的执行顺序。下面展示的是在一些表达式中，操作的执行顺序：

```
4 + 5 * 2              乘法，加法
12 -1 MOD 5            模运算，减法
-5 + 2                 一元负号，加法
(4 + 2) * 6            加法，乘法
```

下面给出了一些有效表达式和它们的值：

表达式	值
16/5	3
-（3+4）*（6-1）	-35
-3 + 4 * 6-1	20
25 MOD 3	1

> 建议：在表达式中使用圆括号来表明运算顺序，这样就不用记住运算符优先级规则了。

3.1.4 实数字面量

实数字面量（real number literal，也称为浮点字面量（floating-point literal））表示为十进制实数或编码的（十六进制）实数。十进制实数包含一个可选的符号，其后跟随一个整数，一个十进制小数点，一个可选的表示小数部分的整数，以及一个可选的指数：

[sign]integer.[integer][exponent]

符号和指数的格式如下：

```
sign              {+, -}
exponent          E[{+, -}]integer
```

下面是一些有效的十进制实数：

```
2.
+3.0
-44.2E+05
26.E5
```

至少需要一个数字和一个十进制小数点。

编码的实数（encoded real）表示的是十六进制实数，采用 IEEE 浮点数格式表示短实数（参见第 12 章）。例如，十进制数 +1.0 用二进制表示为：

```
0011 1111 1000 0000 0000 0000 0000 0000
```

在汇编语言中，同样的值可以编码为短实数：

```
BF800000r
```

暂时还不会用到实数常量，因为大多数 x86 指令集是专门针对整数处理的。不过，第 12 章将会说明如何用实数，即浮点数，进行算术运算。这是非常有趣，且非常有技术性的。

3.1.5 字符字面量

字符字面量（character literal）是指用单引号或双引号括起来的一个字符。汇编器在内存中保存的是该字符的二进制 ASCII 码。例如：

```
'A'
"d"
```

回想第 1 章，字符字面量在内部保存为整数，使用 ASCII 编码序列。因此，当写出字符常量"A"时，它在内存中作为数值 65（或 41h）存放。本书正文前有完整的 ASCII 码表，务必时常查阅一下。

3.1.6 字符串字面量

字符串字面量（string literal）是用单引号或双引号括起来的一个字符（含空格符）序列：

```
'ABC'
'X'
"Good night, Gracie"
'4096'
```

当以下面例子中的方式使用时，嵌入引号也是允许的：

```
"This isn't a test"
'Say "Good night," Gracie'
```

正如字符常量以整数形式存放一样，字符串字面量在内存中的存储形式为整数字节值的序列。例如，字符串字面量"ABCD"包含四个字节 41h、42h、43h 和 44h。

3.1.7 保留字

保留字（reserved word）是在源代码程序中的字，具有由汇编语言语法所确定的特殊意义，它只能在正确的上下文中使用。在默认情况下，保留字不区分大小写。例如，MOV 与 mov、Mov 是相同的。保留字有不同的类型：

- 指令助记符，如 MOV、ADD 和 MUL。
- 寄存器名称，如 EAX 和 BX。
- 伪指令，告诉汇编器如何汇编程序，如 INVOKE 或 ENDP。
- 属性，提供变量和操作数的大小和使用信息。例如 BYTE 和 WORD。
- 运算符，在常量表达式中使用。
- 预定义符号，在汇编时返回常整数值。

附录 A 是常用的保留字列表。

3.1.8 标识符

标识符（identifier）是由程序员选择的名称，它用于标识变量、常量、过程或代码标号。标识符的形成有以下规则：

- 可以包含 1 至 247 个字符。
- 不区分大小写。
- 第一个字符必须为字母（A…Z，a…z）、下划线（_）、@、? 或 $。其后的字符也可以是数字。
- 标识符不能与汇编器保留字相同。

> **提示**：可以在运行汇编器时，通过添加 -Cp 命令行切换项来使所有关键字和标识符区分大小写。

一般来说，正如在高级编程语言代码中那样，标识符使用描述性名称是一个好主意。尽管汇编语言指令简短且隐晦，但没理由使标识符也变得难以理解。下面是一些命名良好的名称：

```
lineCount    firstValue    index    line_count
myFile       xCoord        main     x_Coord
```

下面的名称虽然合法，但是不可取：

```
_lineCount   $first   @myFile
```

一般情况下，应避免用符号 @ 和下划线作为第一个字符，因为它们既用于汇编器，也用于高级语言编译器。

3.1.9 伪指令

伪指令（directive）是嵌入到源代码中的命令，由汇编器识别和执行。伪指令不在运行时执行，但是它们可以定义变量、宏和过程。伪指令能为程序段分配名称，并执行许多其他与汇编器相关的常规任务。默认情况下，伪指令不区分大小写。例如，.data、.DATA 及 .Data 是等同的。

下面的例子有助于表明伪指令和指令的区别。DWORD 伪指令告诉汇编器在程序中为一个双字变量保留空间。另一方面，MOV 指令在运行时执行，将 myVar 的内容复制到 EAX 寄存器中：

```
myVar   DWORD 26
mov     eax,myVar
```

尽管 Intel 处理器所有的汇编器都使用相同的指令集，但是通常它们有着不同的伪指令集。比如，Microsoft 汇编器的 REPT 伪指令对于其他一些汇编器就是无法识别的。

定义程序段　汇编器伪指令的一个重要功能是定义程序段。如下面的例子，一个段可用于定义变量，并用 .data 伪指令进行标识：

```
.data
```

.code 伪指令标识的程序区包含的是可执行指令：

```
.code
```

.stack 伪指令标识的程序区定义运行时堆栈，并设置其大小：

```
.stack 100h
```
附录 A 包含了一个对于伪指令和操作符有用的参考。

3.1.10 指令

指令（instruction）是一种语句，它在程序被汇编后可执行。汇编器将指令翻译为机器语言字节，并且在运行时由 CPU 加载和执行。一条指令包含四个基本部分：

- 标号（可选）
- 指令助记符（必需）
- 操作数（通常是必需的）
- 注释（可选）

不同部分的位置安排如下所示：

[标号 :]　　助记符　　[操作数]　　[; 注释]

下面分别了解一下每个部分，先从标号字段开始。

标号

标号（label）是一种标识符，是指令和数据的位置标记。标号位于指令的前端，表示指令的地址。同样，标号也位于变量的前端，表示变量的地址。标号有两种类型：数据标号和代码标号。

数据标号（data label）标识变量的位置，为在代码中引用该变量提供了一种便捷的方法。比如，下面定义了一个名为 count 的变量：

```
count DWORD 100
```

汇编器为每个标号分配一个数值地址。可在一个标号后面定义多个数据项。在下面的例子中，array 定义了第一个数值（1024）的位置，其他数值在内存中的位置紧随其后：

```
array   DWORD 1024, 2048
        DWORD 4096, 8192
```

变量将在 3.4.2 节中解释，MOV 指令将在 4.1.4 节中解释。

程序代码区（指令所在处）中的标号必须以冒号（:）结束。代码标号（code label）用作跳转和循环指令的目标。例如，下面的 JMP（跳转）指令将程序控制传递至由标号 target 标识的位置，从而创建了一个循环：

```
target:
    mov     ax,bx
    ...
    jmp     target
```

代码标号可以与指令在同一行上，也可以自成一行：

```
L1: mov     ax,bx
L2:
```

标号命名规则与 3.1.8 节中描述的标识符命名规则一致。只要每个标号在包含它的过程中是唯一的，就可以多次使用相同的标号。过程的编写将在第 5 章讨论。

指令助记符

指令助记符（instruction mnemonic）是标识一条指令的短单词。在英语中，助记符是帮助记忆的手段。类似地，汇编语言指令助记符，如 mov、add 和 sub，提示了所执行操作的

类型。下面是一些指令助记符的例子:

助记符	描述
MOV	传送(分配)数值
ADD	两个数值相加
SUB	从一个数值中减去另一个数值
MUL	两个数值相乘
JMP	跳转到一个新位置
CALL	调用一个过程

操作数

操作数(operand)是指令输入或输出的数值。汇编语言指令可有 0 到 3 个操作数,每个操作数可以是寄存器、内存操作数、整数表达式,以及输入/输出端口。寄存器名称在第 2 章讨论过,整数表达式在 3.1.2 节讨论过。内存操作数(memory operand)是一种指令操作数,它隐含地引用了存储位置。生成内存操作数有不同的方法,比如使用变量名、带方括号的寄存器,详细内容将在后面讨论。变量名暗示了变量地址,并指示计算机使用给定地址的内存内容。下表列出了一些操作数示例:

示例	操作数类型
96	整数字面量
2+4	整数表达式
eax	寄存器
count	内存

现在来考虑一些有不同数量的操作数的汇编语言指令示例。比如,STC 指令没有操作数:

```
stc              ; 将进位标志置位
```

INC 指令有一个操作数:

```
inc eax          ; EAX 加 1
```

MOV 指令有两个操作数:

```
mov count,ebx    ; 将 EBX 传送到 count
```

操作数有固有顺序。当指令有多个操作数时,通常第一个操作数被称为目的操作数(destination operand),第二个操作数被称为源操作数(source operand)。一般来说,目的操作数的内容由指令修改。比如,在 MOV 指令中,数据就是从源操作数复制到目的操作数。

IMUL 指令有三个操作数,第一个是目的操作数,第二个和第三个是进行乘法的源操作数:

```
imul eax, ebx, 5
```

在这个例子中,EBX 乘以 5,结果存放在 EAX 寄存器中。

注释

注释是程序编写者与源代码阅读者交流程序设计信息的重要途径。程序清单的开始部分通常包含如下信息:

- 程序意图的说明
- 程序创建者和/或修改者的名字

- 程序创建和修改的日期
- 程序实现的技术说明

注释有两种说明方法：

- 单行注释，用分号（;）开始。汇编器将忽略在同一行上分号之后的所有字符。
- 块注释，用 COMMENT 伪指令和一个用户指定的符号开始。汇编器将忽略其后所有的文本行，直到该用户指定的符号出现为止。示例如下：

```
COMMENT !
    本行是注释。
    本行也是注释。
!
```

也可以使用任何其他符号，只要该符号不出现在注释行中：

```
COMMENT &
    本行是注释。
    本行也是注释。
&
```

当然，应该在整个程序中提供注释，尤其是代码意图不太明显的地方。

NOP（空操作）指令

最安全（也是最无用）的指令是 NOP（空操作）。它在程序空间中占有一个字节，但是不做任何操作。它有时被编译器和汇编器用来将代码对齐到有效的地址边界上。在下面的例子中，第一条 MOV 指令生成了 3 个字节的机器代码。NOP 指令把第三条指令的地址对齐到双字边界（均匀的 4 的倍数）：

```
00000000  66 8B C3      mov ax,bx
00000003  90            nop              ; 对齐下一条指令
00000004  8B D1         mov edx,ecx
```

对于 x86 处理器的设计，从均匀的双字地址处加载代码和数据速度更快。

3.1.11 本节回顾

1. 下面的哪一个回答表示十进制值 -35 的十六进制和二进制格式，并符合 MASM 语法？
   a. DEh, 1101 1100b   b. DDh, 1101 1101b   c. CDh, 1100 1101b
2. 判断真假：A5h 是一个有效的十六进制字面量。
   a. 真   b. 假
3. 判断真假：在整数表达式中，乘法运算符（*）比除法运算符（/）具有更高的优先级。
   a. 真   b. 假
4. 判断真假：字符串字面量必须被包括在单引号中。
   a. 真   b. 假
5. 在使用 MASM 语法的情况下，下面的哪一个选项是以正确的方式显示了实数字面量 -6.2×10^4？
   a. -6.2+04E   b. 6.2E-E04   c. -6.2E+04
6. 保留字可以是指令助记符、属性、操作符、预定义符号，以及_____。

3.2 示例：整数加减法

3.2.1 AddTwo 程序

现在再来查看一下本章开始给出的 AddTwo 程序，并添加必要的声明使其成为完全可运行的程序。请记住，这里出现的行号不是程序的组成部分：

```
 1: ; AddTwo.asm——将两个 32 位整数相加
 2: ; 第 3 章示例
 3:
 4: .386
 5: .model flat,stdcall
 6: .stack 4096
 7: ExitProcess PROTO,  dwExitCode:DWORD
 8:
 9: .code
10: main PROC
11:    mov   eax, 5         ; 将 5 传送到寄存器 eax
12:    add   eax, 6         ; 将 6 加到寄存器 eax
13:
14:    INVOKE ExitProcess,0
15: main ENDP
16: END main
```

第 4 行是 .386 伪指令，它表示这是一个 32 位程序，能访问 32 位的寄存器和地址。第 5 行选择了程序的内存模型（flat），并确定了对过程的调用规约（称为 stdcall），其原因是 32 位 Windows 服务要求使用 stdcall 规约（第 8 章解释 stdcall 是如何工作的）。第 6 行为运行时堆栈保留了 4096 字节的存储空间，每个程序都必须有一定的存储空间。

第 7 行声明了 ExitProcess 函数的原型，它是一个标准的 Windows 服务。一个函数原型（function prototype）包括函数名、PROTO 关键字、一个逗号，以及一个输入参数列表。ExitProcess 的输入参数名称为 dwExitCode，可以将其看作为给 Windows 操作系统的返回值。若返回值为零，则通常表示程序执行成功；若返回任何其他的整数值，则一般都表示一个错误代码。因此，可以将自己的汇编程序看作是被操作系统调用的子例程或进程。当程序即将结束时，调用 ExitProcess，并向操作系统返回一个整数以表示该程序运行良好。

> **更多信息**：你可能会好奇，为什么操作系统想要知道程序是否成功完成。理由如下：与按序执行一些程序相比，系统管理员常常会创建脚本文件。在脚本文件中的每一个点上，系统管理员都需要知道最近执行的程序是否失败，这样就可以在必要时退出该脚本。脚本通常如下例所示，其中，ErrorLevel 1 表示前一步的过程返回码大于或等于 1：
>
> ```
> call program_1
> if ErrorLevel 1 goto FailedLabel
> call program_2
> if ErrorLevel 1 goto FailedLabel
> :SuccessLabel
> Echo Great, everything worked!
> ```

现在回到 AddTwo 程序清单。第 16 行用 end 伪指令来标记要汇编的最后一行，同时它也标识了程序入口点（main）。程序的入口点是程序执行的第一条语句。标号 main 在第 10 行进行了声明，它标记了程序开始执行的地址。

汇编伪指令回顾

现在回顾在示例程序中使用过的一些最重要的汇编伪指令。首先是 .model 伪指令，它告诉汇编器使用哪一种内存模型：

```
.model flat,stdcall
```

32 位程序总是使用平面内存模型（flat memory model），它与处理器的保护模式相关联。保护模式在第 2 章已经介绍过。参数 stdcall 在调用过程时告诉汇编器如何管理运行时堆栈。这是个复杂的问题，将在第 8 章进行探讨。然后是 .stack 伪指令，它告诉汇编器要为程

序的运行时堆栈保留多少内存字节:

```
.stack 4096
```

数值 4096 可能比将要用到的字节数多，但是对处理器的内存管理系统而言，这正好对应一个内存页的大小。所有的现代程序在调用子例程时都会用到堆栈——首先，用来保存传递的参数；其次，用来保存代码调用函数时的地址。函数调用结束后，CPU 利用这个地址返回到函数被调用时的程序点。此外，运行时堆栈还可以保存局部变量，也就是在函数内定义的变量。.model 伪指令必须出现在 .stack、.code 和 .data 伪指令之前。

.code 伪指令标记一个程序代码区的起点，代码区包含了可执行指令。通常，.code 的下一行是程序的入口点声明，按照惯例，一般会是一个名为 main 的过程。程序的入口点是指程序要执行的第一条指令的位置。用以下两行来传递这个信息：

```
.code
main PROC
```

ENDP 伪指令标记一个过程的结束。程序过程名为 main，则 endp 必须使用同样的名称：

```
main ENDP
```

最后，END 伪指令标记一个程序的结束，并要引用程序入口点：

```
END main
```

如果在 END 伪指令后面还有更多行代码，它们都会被汇编器忽略。可以在这里放任何内容，如程序注释、代码副本等，都无关紧要。

3.2.2 运行和调试 AddTwo 程序

使用 Visual Studio 可以很方便地编辑、构建和运行汇编语言程序。本书的示例文件目录中有一个 Project32 文件夹，其中包含了一个 Visual Studio 2012 Windows 控制台项目，并已经按照 32 位汇编语言编程进行了配置。（另一个名为 Project64 的文件夹则按照 64 位汇编进行了配置。）接下来的讲解，是按照 Visual Studio 2012 来说明如何打开示例项目，并创建 AddTwo 程序的：

1. 打开 Project32 文件夹，双击 Project.sln 文件。这样就启动了计算机上安装的最新版本 Visual Studio。

2. 打开 Visual Studio 中 Solution Explorer 窗口。它应该已经是可见的，如果不是的话，可以在 View 菜单中选择 Solution Explorer 使其可见。

3. 在 Solution Explorer 窗口右键点击项目名称，在上下文菜单中选择 Add，再在弹出的菜单中选择 New Item。

4. 在 Add New Item 对话窗口中（见图 3-1），将文件命名为 AddTwo.asm，填写 Location 项为该文件选择一个合适的磁盘文件夹。

5. 单击 Add 按钮以保存文件。

6. 输入程序源代码，如下所示。这里不要求关键字一定要大写：

```
; AddTwo.asm ——将两个 32 位整数相加。

.386
.model flat,stdcall
.stack 4096
ExitProcess PROTO, dwExitCode:DWORD
```

```
.code
main PROC
  mov eax,5
  add eax,6

  INVOKE ExitProcess,0
main ENDP
END main
```

7. 在 Project 菜单中选择 Build Project，查看 Visual Studio 工作区底部的出错消息。该窗口被称为错误列表（Error List）窗口。图 3-2 展示了打开并汇编以后的示例程序。注意，当没有出错时，窗口底部的状态栏会显示 Build succeeded。

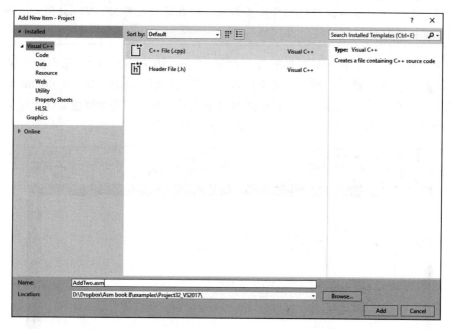

图 3-1　向 Visual Studio 项目中添加一个新的源代码文件

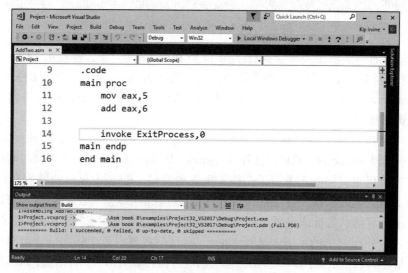

图 3-2　构建 Visual Studio 项目

调试演示

下面将演示 AddTwo 程序的一个调试会话示例。我们还未向读者展示直接在控制台窗口中显示变量值的方法，因此，我们将在调试会话中运行程序。

运行和调试程序的一种方法是在 Debug 菜单中选择 Step Over。根据 Visual Studio 的配置不同，〈F10〉功能键或者〈Shift+F8〉组合键也会执行 Step Over 命令。

开始调试会话的另一种方法是在程序语句上设置断点，方法是在代码窗口左侧灰色垂直条中单击，一个红色大圆点就会出现以标识这个断点位置。然后就可以从 Debug 菜单中选择 Start Debugging 来运行程序。

> 提示：如果试图在非执行代码行设置断点，则在运行程序时，Visual Studio 会将断点前移至下一条可执行代码行处。

图 3-3 显示了调试会话开始时的程序。在第 11 行，即第一条 MOV 指令处设置了一个断点，调试器已暂停在该行，而该行还未执行。当调试器被激活时，Visual Studio 窗口底部的状态栏变为橙色。当调试器停止并返回到编辑模式时，状态栏变为蓝色。这个视觉提示是有用的，因为在调试器运行时，无法对程序进行编辑或保存。

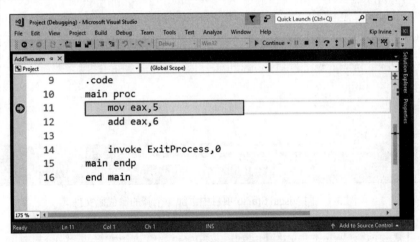

图 3-3 调试器暂停在一个断点处

图 3-4 显示的调试器已经单步执行了第 11 行和第 12 行，正暂停在第 14 行。将鼠标悬停在 EAX 寄存器名称上，就可以查看其当前的内容（11）。结束程序运行的方法是在工具栏上单击 Continue 按钮，或者是单击（工具栏右侧的）红色 Stop Debugging 按钮。

自定义调试接口

在调试时可以自定义调试接口。例如，如果要显示 CPU 寄存器，实现的方法是，在 Debug 菜单中选择 Windows，然后再选择 Registers。图 3-5 显示了与之前相同的调试会话，其中 Registers 窗口可见，同时还关闭了一些不重要的窗口。EAX 中显示的数值为 0000 000B，是十进制数 11 的十六进制表示。图中已经绘制了箭头指向该值。在 Registers 窗口中，EFL 寄存器包含了所有的状态标志设置（零标志、进位标志、溢出标志等）。如果在 Registers 窗口中右键单击，并在弹出的菜单中选择 Flags，则窗口将显示各个标志值。示例如图 3-6 所示，标志值从左到右依次为：OV（溢出标志）、UP（方向标志）、EI（中断标志）、PL（符号标志）、ZR（零标志）、AC（辅助进位标志）、PE（奇偶标志）及 CY（进位标志）。这些标志的准确含义将在第 4 章加以解释。

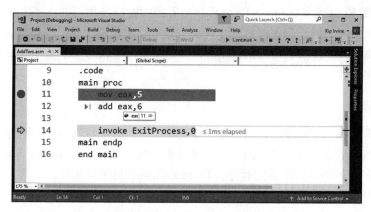

图 3-4　在调试器中执行完第 11 行和第 12 行后

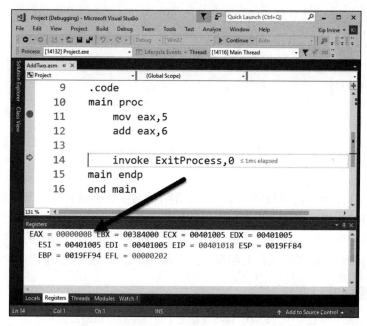

图 3-5　在调试会话中添加 Registers 窗口

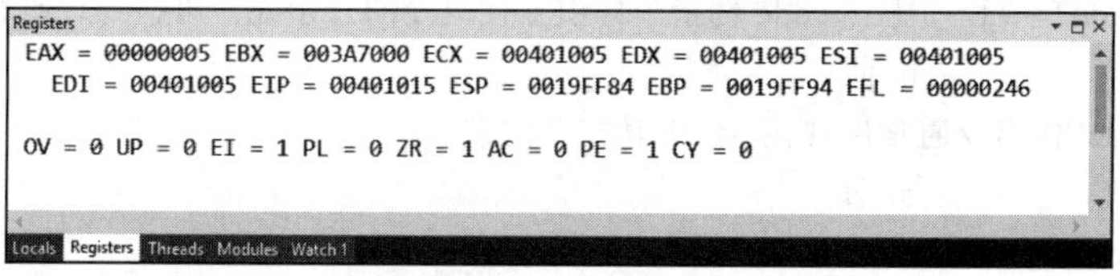

图 3-6　在 Registers 窗口中显示 CPU 状态标志

Registers 窗口的一个重要特点是，在单步执行程序时，任何被当前指令修改了数值的寄存器都会变为红色。

> 提示：本书的网站（asmirvine.com）中有教程，用来展示如何汇编和调试汇编语言程序。

当在 Visual Studio 中运行一个汇编语言程序时，它是在控制台窗口中启动的。这个窗口与从 Windows 的 Start 菜单运行 cmd.exe 程序所看到的窗口是相同的。或者，还可以在项目的 Debug\Bin 文件夹中打开命令提示符，直接从命令行运行应用程序。如果这样做，就只能看见程序的输出，其中包括了写入到控制台窗口的文本。寻找与 Visual Studio 项目具有相同名称的可执行文件名。

3.2.3 程序模板

汇编语言程序有一个简单的结构，并且变化很小。当开始编写一个新程序时，可以从一个空壳程序开始，里面有所有基本的元素。通过填写缺失部分，并在新名字下保存该文件就可以避免输入多余的内容。下面的程序（Template.asm）易于自定义。注意，插入的注释标明你自己的代码该添加到哪里。关键字大小写均可：

```
; 程序模板(Template.asm)
.386
.model flat,stdcall
.stack 4096
ExitProcess PROTO, dwExitCode:DWORD

.data
    ; 在这里声明变量
.code
main PROC
    ; 在这里写代码

    INVOKE ExitProcess,0
main ENDP
END main
```

使用注释 在注释中包括程序说明、程序作者的名字、创建日期，以及后续修改信息，这是一个非常好的主意。这种文档对任何阅读程序清单的人（包括程序员自己，在几个月或几年之后）都是有帮助的。许多程序员发现，在程序编写几年后，他们必须先重新熟悉自己的代码才能进行修改。如果你正在上编程课，老师可能会要求坚持使用这些附加信息。

3.2.4 本节回顾

1. 判断真假：在 AddTwo 程序中，ENDP 伪指令标记了程序中被汇编的最后一行。
   a. 真　　　　　　　　　b. 假
2. 判断真假：在 AddTwo 程序中，.code 伪指令标识了代码段的开始处，可执行代码存放在这里。
   a. 真　　　　　　　　　b. 假
3. 判断真假：.model 伪指令通常出现在 .stack 伪指令之前。
   a. 真　　　　　　　　　b. 假
4. 判断真假：.data 伪指令总是必需的。
   a. 真　　　　　　　　　b. 假
5. 判断真假：.stack 伪指令总是必需的。
   a. 真　　　　　　　　　b. 假
6. 在 AddTwo 程序中，哪个寄存器保存了和数？_____
7. 下面的哪条语句停止了程序的执行？
   a. END　　　　　　　b. INVOKE ExitProcess,0　　　　　　c. ENDP

3.3 汇编、链接和运行程序

用汇编语言编写的源程序不能直接在其目标计算机上执行，必须通过翻译或汇编将其转换为可执行代码。实际上，汇编器与编译器（compiler）十分相似，编译器是一类程序，用于将 C++ 或 Java 程序翻译为可执行代码。

汇编器生成包含机器语言的文件，称为目标文件（object file）。这个文件还不能执行，它必须传递给另一个被称为链接器（linker）的程序，从而生成可执行文件（executable file）。这个文件就能够在操作系统命令提示符下执行。

3.3.1 汇编 – 链接 – 执行周期

图 3-7 总结了编辑、汇编、链接及执行汇编语言程序的过程。以下是每一个步骤的详细描述：

步骤 1：编程者用**文本编辑器**（text editor）创建一个 ASCII 文本文件，称之为源文件（source file）。

步骤 2：**汇编器**读取源文件，并生成目标文件，该目标文件是对程序的机器语言翻译。或者，它也会生成列表文件（listing file）。只要出现任何错误，就必须返回步骤 1，修改程序。

步骤 3：**链接器**读取目标文件，并检查以发现该程序是否包含了任何对链接库（link library）中的过程的调用。**链接器**从链接库中复制任何被请求的过程，将其与目标文件结合，以生成可执行文件。

步骤 4：操作系统**加载器**（loader）将可执行文件读入内存，并使 CPU 分支到该程序的起始地址，然后程序就开始执行。

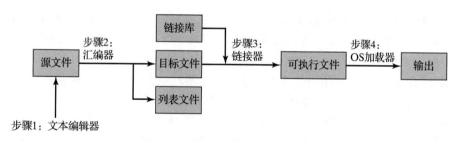

图 3-7　汇编 – 链接 – 执行周期

参见本书作者网站（www.asmirvine.com）中的"Getting Started"主题，获取关于使用 Microsoft Visual Studio 对汇编语言程序进行汇编、链接及运行的详细指令。

3.3.2 列表文件

列表文件包含了带有行号的程序源文件的副本、每条指令的数值地址、每条指令的机器代码字节（用十六进制表示），以及符号表。符号表中包含了程序中所有标识符的名称、段及相关信息。高级程序员有时会利用列表文件来获得程序的详细信息。图 3-8 展示了 AddTwo 程序的部分列表文件。现在让我们更细致地查看这个文件。第 1 行至第 7 行没有可执行代码，因此它们原封不动地从源文件中直接复制过来。第 9 行显示代码段的起始地址为 0000 0000（在 32 位程序中，地址显示为 8 个十六进制数字）。这个地址是相对于程序内存占用起点而言的，但是，当程序加载到内存中时，这个地址就会转换为绝对内存地址。此时，该程序就会从这个地址开始，比如 0004 0000h。

```
1:    ; AddTwo.asm—将两个 32 位整数相加
2:    ; 第 3 章示例
3:
4:    .386
5:    .model flat,stdcall
6:    .stack 4096
7:    ExitProcess PROTO,dwExitCode:DWORD
8:
9:    00000000                          .code
10:   00000000                          main PROC
11:   00000000  B8 00000005             mov eax,5
12:   00000005  83 C0 06                add eax,6
13:
14:                                     invoke  ExitProcess,0
15:   00000008  6A 00                   push    +000000000h
16:   0000000A  E8 00000000 E           call    ExitProcess
17:   0000000F                          main ENDP
18:                                     END main
```

图 3-8　AddTwo 列表文件摘录

第 10 行和第 11 行也显示了相同的开始地址 0000 0000，因为在第 11 行上的是第一条可执行语句 MOV 指令。请注意在第 11 行中，地址和源代码之间出现了几个十六进制字节，这些字节（B8 0000 0005）代表的是机器代码指令（B8），以及指令赋值给 EAX 的 32 位常数值（0000 0005）：

```
11:    00000000   B8  00000005   mov eax,5
```

数值 B8 也称为操作代码（operation code），或简称为操作码（opcode），因为它表示特定的机器指令，即将一个 32 位整数送入 eax 寄存器。第 12 章将非常详细地解释 x86 机器指令的结构。

第 12 行也是一条可执行指令，起始偏移量为 0000 0005。这个偏移量就是与程序起始地址的距离，即 5 个字节。也许你能猜出来这个偏移量是怎么计算出来的。

第 14 行包含了 invoke 伪指令。注意第 15 行和第 16 行是如何插入到这段代码中的，这是因为 INVOKE 伪指令使得汇编器生成第 15 行和第 16 行的 PUSH 和 CALL 语句。第 5 章将讨论如何使用 PUSH 和 CALL。

图 3-8 中展示的列表文件示例说明机器指令是以整数值序列的形式加载到内存的，在这里用十六进制表示：B8、0000 0005、83、C0、06、6A、00、EB 和 0000 0000。每个数中包含的数字个数表明位的个数：2 个数字就是 8 位，4 个数字就是 16 位，8 个数字就是 32 位，以此类推。所以，本例中机器指令长度正好是 15 个字节（2 个 4 字节值和 7 个 1 字节值）。

每当你想确认汇编器是否按照程序生成了正确的机器代码字节时，列表文件就是最好的资源。如果是刚开始学习机器代码指令是如何生成的，列表文件也是一个极好的教学工具。

> 提示：若想要 Visual Studio 生成列表文件，可在打开项目时按下述步骤操作：在 Project 菜单中选择 Properties，在 Configuration Properties 下，选择 Microsoft Macro Assembler。然后选择 Listing File。在对话窗口中，设置 Generate Preprocessed Source Listing 为 Yes，设置 List All Available Information 为 Yes。对话窗口如图 3-9 所示。

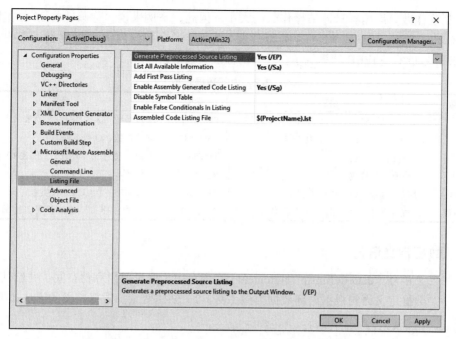

图 3-9　配置 Visual Studio 以生成列表文件

列表文件的其余部分包含了结构和联合列表，以及过程、参数和局部变量。这里没有显示这些元素，但在后续章节中将对它们进行讨论。

3.3.3　本节回顾

1. 下面的哪个选项列出了 Microsoft MASM 汇编器生成的所有类型的文件？
   a. 目标文件　　　　　　　　　　　　　　b. 目标文件和可执行文件
   c. 目标文件和列表文件　　　　　　　　　d. 可执行文件
2. 判断真假：链接器从链接库中抽取已汇编的过程，并将其插入到可执行程序中。
   a. 真　　　　　　　b. 假
3. 判断真假：程序源代码被修改后，必须再次进行汇编和链接才能按照修改的内容执行。
   a. 真　　　　　　　b. 假
4. 操作系统的哪一部分读取和执行程序？
   a. 任务管理器　　　　b. 加载器　　　　c. 启动程序　　　　d. 链接器
5. 下面的哪一个选项列出了 Microsoft 链接器产生的所有类型的文件？
   a. 目标文件　　　　　　　　　　　　　　b. 目标文件和可执行文件
   c. 目标文件和列表文件　　　　　　　　　d. 可执行文件

3.4　定义数据

3.4.1　内部数据类型

汇编器识别一组基本的内部数据类型（intrinsic data type），并按照数据大小（字节、字、双字等）、是否有符号以及是整数还是实数来描述其类型。这些类型有相当程度的重叠，例如，DWORD 类型（32 位，无符号整数）就可以和 SDWORD 类型（32 位，有符号整数）相互交换。你可能会说，程序员用 SDWORD 告诉程序阅读者，这个值是有符号的，但汇编器并未强制这样做。汇编器只评估操作数的大小。因此，举例来说，你只能将 32 位整数指定为 DWORD、SDWORD 或 REAL4 类型。表 3-2 列出了全部的内部数据类型，有些表项中的 IEEE 符号指的是 IEEE 计算机学会发布的标准实数格式。

表 3-2 内部数据类型

类型	用法	类型	用法
BYTE	8 位无符号整数，B 代表字节	FWORD	48 位整数（保护模式中的远指针）
SBYTE	8 位有符号整数，S 代表有符号	QWORD	64 位整数，Q 代表四（字）
WORD	16 位无符号整数	TBYTE	80 位（10 字节）整数，T 代表 10 字节
SWORD	16 位有符号整数	REAL4	32 位（4 字节）IEEE 短实数
DWORD	32 位无符号整数，D 代表双（字）	REAL8	64 位（8 字节）IEEE 长实数
SDWORD	32 位有符号整数，SD 代表有符号双（字）	REAL10	80 位（10 字节）IEEE 扩展实数

3.4.2 数据定义语句

数据定义语句（data definition statement）在内存中为变量留出存储空间，并给其一个可选的名字。数据定义语句根据内部数据类型（表 3-2）创建变量。数据定义的语法如下所示：

```
[name] directive initializer [,initializer] . . .
```

下面是数据定义语句的一个例子：

```
count DWORD 12345
```

名字 分配给变量的名字，是可选的，必须遵守标识符规则（参见 3.1.8 节）。

伪指令 数据定义语句中的伪指令可以是 BYTE、WORD、DWORD、SBTYE、SWORD，或任何其他在表 3-2 中列出的类型。此外，还可以是任何如表 3-3 所示的传统数据定义伪指令。

表 3-3 传统的数据伪指令

伪指令	用法
DB	8 位整数
DW	16 位整数
DD	32 位整数或实数
DQ	64 位整数或实数
DT	定义 80 位（10 字节）整数

初始化值 数据定义中至少要有一个初始化值（initializer），即使该值为 0，其目的是给变量赋予一个起始值或初值。如果还有其他初始化值的话，要用逗号分隔。对整数数据类型而言，初始化值是整数字面量或整数表达式，并且在大小上要匹配变量的类型，如 BTYE 或 WORD。如果不想对变量进行初始化（赋予随机的数值），可以用符号？作为初始化值。所有初始化值，无论其格式如何，都由汇编器转换为二进制数据。比如，初始化值 0011 0010b、32h 和 50d 都具有相同的二进制值。

3.4.3 向 AddTwo 程序添加一个变量

本章开始时介绍了 AddTwo 程序，现在创建它的一个新版本，并称之为 AddTwoSum。这个版本引入了变量 sum，它出现在完整的程序清单中：

```
1: ; AddTwoSum.asm—第 3 章示例
2:
3:     .386
4:     .model flat,stdcall
5:     .stack 4096
6: ExitProcess PROTO, dwExitCode:DWORD
7:
8:     .data
```

```
 9:       sum DWORD 0
10:
11:   .code
12:   main PROC
13:       mov eax,5
14:       add eax,6
15:       mov sum,eax
16:
17:       INVOKE ExitProcess,0
18:   main ENDP
19:   END main
```

可以在第13行设置断点,每次执行一行,在调试器中单步运行该程序。在执行完第15行后,将鼠标悬停在变量 sum 上,查看其值。或者打开一个 Watch 窗口,打开过程如下:在 Debug 菜单中选择 Windows(在调试会话过程中),选择 Watch,并在四个可用选项(Watch1、Watch2、Watch3 或 Watch4)中选择一个。然后,用鼠标高亮显示 sum 变量,将其拖拉到 Watch 窗口中。图 3-10 展示了一个例子,其中用大箭头指向了在执行第15行后 sum 的当前值。

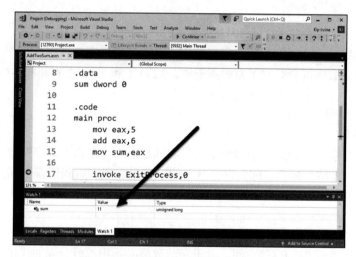

图 3-10　在调试会话中使用 Watch 窗口

3.4.4　定义 BYTE 和 SBYTE 数据

BYTE(定义字节)和 SBYTE(定义有符号字节)伪指令为一个或多个无符号或有符号的数值分配存储空间。每个初始化值必须能被容纳到 8 位存储中。例如:

```
value1    BYTE    'A'         ; 字符字面量
value2    BYTE    0           ; 最小无符号字节
value3    BYTE    255         ; 最大无符号字节
value4    SBYTE   -128        ; 最小有符号字节
value5    SBYTE   +127        ; 最大有符号字节
```

问号(?)初始化值使得变量未被初始化,这意味着在运行时才会为该变量分配一个值。

```
value6 BYTE ?
```

可选的名字是一个标号,标识了从该变量所在段的开始到该变量的偏移量。例如,如果 value1 在数据段中偏移量为 0000 处,并占用一个字节,则 value2 就自动位于偏移量为 0001 处。

```
value1 BYTE 10h
value2 BYTE 20h
```

DB 伪指令也可以定义有符号或无符号的 8 位变量：

```
val1 DB 255              ; 无符号字节
val2 DB -128             ; 有符号字节
```

多初始化值

如果同一个数据定义中使用了多个初始化值，则它的标号只指出第一个初始化值的偏移量。在下面的例子中，假设 list 的偏移量为 0000，那么，数值 10 的偏移量就为 0000，20 的偏移量为 0001，30 的偏移量为 0002，40 的偏移量为 0003：

```
list BYTE 10,20,30,40
```

偏移量	数值
0000:	10
0001:	20
0002:	30
0003:	40

图 3-11 将 list 显示为字节序列，每个字节都给出了其偏移量。

不是所有的数据定义都需要标号。比如，要在 list 字节数组后面继续扩展，就可以在下一行定义后加的字节：

```
list    BYTE 10,20,30,40
        BYTE 50,60,70,80
        BYTE 81,82,83,84
```

图 3-11 一个字节序列的内存布局

在单个数据定义中，其初始化值可以使用不同的基数。字符和字符串字面量也可以自由混合。在下面的例子中，list1 和 list2 有相同的内容：

```
list1   BYTE 10, 32, 41h, 00100010b
list2   BYTE 0Ah, 20h, 'A', 22h
```

定义字符串

要定义一个字符串，就用单引号或双引号将其括起来。最常见的字符串类型是用一个空字节（值为 0）作为结束标记，称为以空结束的字符串，很多编程语言中都使用这种类型的字符串：

```
greeting1   BYTE "Good afternoon",0
greeting2   BYTE 'Good night',0
```

每个字符占一个字节的存储空间。对于字节数值必须用逗号分隔的规则而言，字符串是一个例外。如果没有这个例外，greeting1 就会被定义为：

```
greeting1 BYTE 'G','o','o','d' . . . .etc.
```

这就显得过于冗长。一个字符串可以分为多行，并且不用为每一行都提供标号：

```
greeting1 BYTE "Welcome to the Encryption Demo program "
  BYTE "created by Kip Irvine.",0dh,0ah
  BYTE "If you wish to modify this program, please "
  BYTE "send me a copy.",0dh,0ah,0
```

十六进制代码 0Dh 和 0Ah 也被称为 CR/LF（回车换行符）或行结束字符（end-of-line character）。当向标准输出写时，它们将光标移动到当前行的下一行的左列。

行连续字符（\）将源代码的两行连接成一条语句，它必须是一行的最后一个字符。下面的语句是等效的：

```
greeting1 BYTE "Welcome to the Encryption Demo program "
```

和

```
greeting1 \
BYTE "Welcome to the Encryption Demo program "
```

DUP 操作符

DUP 操作符使用整数表达式作为计数器，为多个数据项分配存储空间。在为字符串或数组分配存储空间时，这个操作符尤其有用，并且可以使用初始化或非初始化数据：

```
BYTE  20   DUP(0)            ; 20个字节，都等于0
BYTE  20   DUP(?)            ; 20个字节，未初始化
BYTE   4   DUP("STACK")      ; 20个字节，具体为："STACKSTACKSTACKSTACK"
```

3.4.5 定义 WORD 和 SWORD 数据

WORD（定义字）和 SWORD（定义有符号字）伪指令为一个或多个 16 位整数创建存储空间：

```
word1   WORD    65535        ; 最大的无符号值
word2   SWORD   -32768       ; 最小的有符号值
word3   WORD    ?            ; 未初始化，无符号数
```

也可以使用传统的 DW 伪指令：

```
val1    DW      65535        ; 无符号数
val2    DW      -32768       ; 有符号数
```

16 位字数组   通过列举元素或使用 DUP 操作符来创建字数组。下面的数组包含了一组数值：

```
myList  WORD  1,2,3,4,5
```

图 3-12 是一个数组在内存中的示意图，假设 myList 起始于偏移量 0000。由于每个数值占两个字节，因此其地址递增量为 2。

DUP 操作符为声明数组提供了一种方便的方式：

```
array WORD 5 DUP(?)          ; 5个数值，未初始化
```

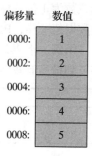

图 3-12   16 位字数组的内存布局

3.4.6 定义 DWORD 和 SDWORD 数据

DWORD（定义双字）和 SDWORD（定义有符号双字）伪指令为一个或多个 32 位整数分配存储空间：

```
val1 DWORD     12345678h     ; 无符号数
val2 SDWORD    -2147483648   ; 有符号数
val3 DWORD     20 DUP(?)     ; 无符号数组
```

传统的 DD 伪指令也可以用来定义双字数据：

```
val1 DD    12345678h         ; 无符号数
val2 DD   -2147483648        ; 有符号数
```

DWORD 还可用于声明一种变量，这种变量包含的是另一个变量的 32 位偏移量。如下所示，pVal 包含的就是 val3 的偏移量：

```
pVal DWORD val3
```

32 位双字数组   现在创建一个双字数组，并明确地初始化它的每一个值：

```
myList DWORD 1,2,3,4,5
```

图 3-13 给出了这个数组在内存中的示意图,假设 myList 起始于偏移量 0000,偏移量的增量为 4。

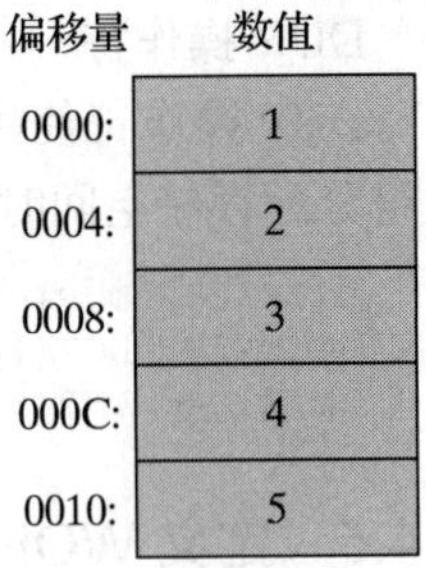

3.4.7 定义 QWORD 数据

QWORD(定义四字)伪指令为 64 位(8 字节)数值分配存储空间:

```
quad1 QWORD 1234567812345678h
```

传统的 DQ 伪指令也可以用来定义四字数据:

```
quad1 DQ 1234567812345678h
```

偏移量	数值
0000:	1
0004:	2
0008:	3
000C:	4
0010:	5

图 3-13　32 位双字数组的内存布局

3.4.8 定义压缩的 BCD(TBYTE)数据

Intel 将一个压缩的 BCD 整数存放在一个 10 字节的包中。每个字节(除了最高字节外)包含两个十进制数字。在低 9 个字节中,每半个字节都存放了一个十进制数字。在最高字节中,最高位表示该数的符号。如果最高字节为 80h,则该数为负数;如果最高字节为 00h,则该数为正数。整数的范围是 -999 999 999 999 999 999 到 +999 999 999 999 999 999。与其他数据值一样,BCD 以小端序存储(最低字节存放在变量的起始偏移量处)。

示例　下表列出了正、负十进制数 1234 的十六进制存储字节,排列顺序是从最低有效字节到最高有效字节:

十进制数值	存储字节
+1234	34 12 00 00 00 00 00 00 00 00
-1234	34 12 00 00 00 00 00 00 00 80

MASM 使用 TBYTE 伪指令来声明压缩 BCD 变量。常量初始化值必须是十六进制的,因为汇编器不会自动将十进制初始化值转换为 BCD 码。下面的两个例子展示了十进制数 -1234 有效和无效的表达方式:

```
intVal  TBYTE  800000000000000001234h    ; 有效的
intVal  TBYTE  -1234                     ; 无效的
```

第二个例子无效的原因是 MASM 将常量编码为二进制整数,而不是压缩 BCD 整数。

如果想要将一个实数编码为压缩 BCD 码,可以先用 FLD 指令将该实数加载到浮点寄存器栈,再用 FBSTP 指令将其转换为压缩 BCD 码,该指令会把数值舍入到最接近的整数:

```
.data
posVal REAL8 1.5
bcdVal TBYTE ?

.code
fld   posVal           ; 加载到浮点堆栈上
fbstp bcdVal           ; 舍入为最近的压缩 BCD 数 2
```

如果 posVal 等于 1.5,结果的 BCD 值就是 2。第 7 章将学习如何用压缩 BCD 值进行算术运算。

3.4.9 定义浮点类型

REAL4 定义 4 字节单精度浮点变量,REAL8 定义 8 字节双精度数值,而 REAL10 定义

10 字节扩展精度数值。每个伪指令都需要一个或多个实常数初始化值：

```
rVal1       REAL4    -1.2
rVal2       REAL8    3.2E-260
rVal3       REAL10   4.6E+4096
ShortArray  REAL4    20 DUP(0.0)
```

表 3-4 描述了每一种标准实数类型的最少有效数字个数和近似范围：

表 3-4　标准实数类型

数据类型	有效数字	近似范围
短实数	6	1.18×10^{-38} 到 3.40×10^{38}
长实数	15	2.23×10^{-308} 到 1.79×10^{308}
扩展精度实数	19	3.37×10^{-4932} 到 1.18×10^{4932}

DD、DQ 和 DT 伪指令也可以定义实数：

```
rVal1 DD -1.2              ; 短实数
rVal2 DQ 3.2E-260          ; 长实数
rVal3 DT 4.6E+4096         ; 扩展精度实数
```

> **说明**：MASM 汇编器包含了诸如 **REAL4** 和 **REAL8** 数据类型，这些类型表明数值是实数。更准确地说，这些数值是浮点数，其精度和范围都是有限的。从数学的角度来看，实数的精度和大小是无限的。

3.4.10　变量相加程序

到目前为止，本章的示例程序实现了存储在寄存器中的整数相加。既然对如何定义数据有了一定的了解，就可以对这个程序进行修改，使之实现三个整数变量的相加，并将和数存放到第四个变量中。

```
 1: ; AddVariables.asm—第 3 章示例
 2:
 3:      .386
 4:      .model flat,stdcall
 5:      .stack 4096
 6:      ExitProcess PROTO, dwExitCode:DWORD
 7:
 8:      .data
 9:      firstval    DWORD 20002000h
10:      secondval   DWORD 11111111h
11:      thirdval    DWORD 22222222h
12:      sum         DWORD 0
13:
14:      .code
15:      main PROC
16:          mov eax,firstval
17:          add eax,secondval
18:          add eax,thirdval
19:          mov sum,eax
20:
21:          INVOKE ExitProcess,0
22:      main ENDP
23:      END main
```

注意，已经用非零数值对三个变量进行了初始化（9～11 行）。16～18 行进行变量相加。x86 指令集不允许将一个变量直接与另一个变量相加，但是允许一个变量与一个寄存器相加。这就是为什么 16～17 行用 EAX 作累加器的原因：

```
16:      mov eax,firstval
17:      add eax,secondval
```

第 17 行之后，EAX 中包含了 firstval 与 secondval 之和。接着，第 18 行把 thirdval

加到 EAX 中的和数上：

```
18:     add eax,thirdval
```

最后，在第 19 行，和数被复制到变量 sum 中：

```
19:     mov sum,eax
```

作为练习，鼓励在调试会话中运行本程序，并在每条指令执行后检查每个寄存器。最终的和数应为十六进制的 5333 5333。

> 提示：在调试会话过程中，如果想要变量显示为十六进制，则按下述步骤操作：将鼠标在变量或寄存器上悬停片刻，直到一个灰色矩形框出现在鼠标下，右键点击该矩形框，在弹出菜单中选择 Hexadecimal Display。

3.4.11 小端序

x86 处理器在内存中按小端序（从低到高）存储和检索数据。最低有效字节存放在分配给该数据的第一个内存地址中，剩余的字节存放在随后的连续内存位置中。考虑一个双字 1234 5678h。如果将其存放在偏移量为 0000 的位置，则 78h 存放在第一个字节，56h 存放在第二个字节，余下字节的存放地址偏移量为 0002 和 0003，如图 3-14 所示。

其他一些计算机系统采用的是大端序（从高到低）。图 3-15 的示例展示了 1234 5678h 从偏移量 0 开始以大端序存储。

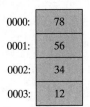

图 3-14　数值 1234 5678h 的小端序表示　　图 3-15　数值 1234 5678h 的大端序表示

3.4.12 声明未初始化数据

.data? 伪指令声明未初始化数据。当定义大量未初始化数据时，.data? 伪指令减少了编译后程序的大小。例如，下述代码是高效率的声明：

```
.data
smallArray DWORD 10 DUP(0)          ; 40 个字节
.data?
bigArray DWORD 5000 DUP(?)          ; 20 000 个字节，未初始化
```

而另一方面，下述代码生成的编译后程序将会多出 20 000 个字节：

```
.data
smallArray DWORD 10 DUP(0)          ; 40 个字节
bigArray DWORD 5000 DUP(?)          ; 20 000 个字节
```

混合代码与数据　汇编器允许在程序中进行代码与数据之间的来回切换。比如，你想要声明一个变量，使其只能在程序的局部区域内使用。下述示例在两个代码语句之间插入了一个名为 temp 的变量：

```
.code
mov eax,ebx
.data
temp DWORD ?
.code
mov temp,eax
...
```

尽管 `temp` 声明的出现似乎打断了可执行指令流，MASM 还是会把 `temp` 放在数据段中，并与存放编译后代码的段分隔开。但同时，混用 .code 和 .data 伪指令会导致程序变得难以阅读。

3.4.13 本节回顾

1. 下面的哪一个语句正确地声明了一个 16 位无符号整数变量，并为其赋予了特定的初始值？
   a. first WORD?　　　　　b. second SWORD 26　　c. third SDWORD 32　　d. fourth BYTE 26
2. 下面的哪一个语句正确地声明了一个 8 位有符号整数变量，并为其赋予了特定的初始值？
   a. first WORD ?　　　　 b. second SBYTE 26　　 c. third WORD 32　　　d. fourth BYTE 26
3. 下面的哪一个语句正确地声明了一个 32 位有符号整数变量，并为其赋予了特定的初始值？
   a. first DWORD ?　　　 b. second DW 26　　　 c. third SDWORD ?　　 d. fourth SWORD 26
4. 判断真假：下面的声明正确地为一个数据标号赋予了一组 8 位整数。

   `list BYTE 10,-20,30,40`

   a. 真　　　　　　　　　b. 假
5. 判断真假：下面的声明正确地为一个数据标号赋予了一组 32 位整数。

   `list DWORD, 6ABh, 0FFFFFFFFh, 9CDh`

   a. 真　　　　　　　　　b. 假
6. 判断真假：下面的声明正确地为一个数据标号赋予了一组 16 位整数。

   ```
   list    WORD 10,20,30,40
           WORD 50,60,70,80
           WORD 81,82,83,84
   ```

   a. 真　　　　　　　　　b. 假
7. 判断真假：下面的声明创建了一个包含"ABCABCABC"的字符串。

   `BYTE DUP("ABC", 3)`

   a. 真　　　　　　　　　b. 假
8. 判断真假：下面的声明创建了一个 48 位的整数变量。

   `maxSum QWORD ?`

   a. 真　　　　　　　　　b. 假
9. 判断真假：在下面的数据声明中，字节 32h 存放在变量的起始偏移量处。

   `intVal WORD 6A32h`

   a. 真　　　　　　　　　b. 假

3.5 符号常量

符号常量（symbolic constant，也称为符号定义（symbolic definition）），是通过将标识符（一个符号）与整数表达式或某种文本相关联来创建的。符号不预留存储空间，它们只在汇编器扫描程序时使用，并且在运行时不会改变。下表总结了符号与变量之间的不同：

	符号	变量
使用存储空间吗?	否	是
运行时数值会改变吗?	否	是

我们将展示如何用等号伪指令(=)来创建符号以表示整数表达式,还将使用 EQU 和 TESTEQU 伪指令来创建符号以表示任意文本。

3.5.1 等号伪指令

等号伪指令(equal-sign directive)把一个符号名称与一个整数表达式相关联(参见 3.1.3 节),其语法如下:

```
name = expression
```

通常,表达式是一个 32 位的整数值。当程序进行汇编时,在汇编器预处理阶段,所有出现的 name 都会被替换为 expression。假设下面的语句出现在一个源代码文件开始的位置附近:

```
COUNT = 500
```

然后,假设在其后 10 行的位置有如下语句:

```
mov eax, COUNT
```

那么,当文件被汇编时,MASM 将扫描这个源文件,并生成相应的代码行:

```
mov eax, 500
```

为什么使用符号? 我们可以完全跳过 COUNT 符号,简单地直接用字面量 500 来编写 MOV 指令,但是经验表明,如果使用符号就会使程序更易于阅读和维护。设想,如果 COUNT 在整个程序中运用多次,则在之后,我们就能容易地重新定义它的值:

```
COUNT = 600
```

假如再次对该源文件进行汇编,则所有出现的 COUNT 都将会自动被替换为 600。

当前位置计数器 符号 $ 被称为当前位置计数器(current location counter),它是所有符号中最重要的符号之一。例如,下面的语句声明了一个变量 selfPtr,并将其初始化为该变量的偏移量:

```
selfPtr DWORD $
```

键盘定义 程序经常定义符号以识别常用的数值键盘码。比如,27 是〈 Esc 〉键的 ASCII 码:

```
Esc_key = 27
```

在该程序的后面,如果语句使用这个符号而不是整数字面量,就会具有更强的自描述性。使用

```
mov al,Esc_key         ; 好的风格
```

而非

```
mov al,27              ; 坏的风格
```

使用 DUP 操作符　3.4.4 节说明了怎样使用 DUP 操作符为数组和字符串创建存储空间。为了简化程序的维护，DUP 使用的计数器应该是符号常量。在下例中，如果已经定义了 COUNT，就可以用于下面的数据定义中：

```
array dword COUNT DUP(0)
```

重定义　用 = 定义的符号，在同一程序内可以被重新定义。下例展示了当 COUNT 改变数值后，汇编器如何计算它的值：

```
COUNT = 5
mov al,COUNT          ; AL = 5
COUNT = 10
mov al,COUNT          ; AL = 10
COUNT = 100
mov al,COUNT          ; AL = 100
```

对如 COUNT 这样的符号，其值的改变不会影响语句在运行时的执行顺序。相反，在汇编器预处理阶段，符号会根据汇编器对源代码的顺序处理来改变其数值。

3.5.2　计算数组和字符串的大小

在使用数组时，我们通常想要知道它的大小。下例使用常量 ListSize 来声明 list 的大小：

```
list BYTE 10,20,30,40
ListSize = 4
```

显式声明数组的大小会导致编程错误，尤其是如果后续还会插入或删除数组元素。声明数组大小更好的方法是，让汇编器来计算这个值。$ 操作符（当前位置计数器）返回当前程序语句的偏移量。在下例中，从当前位置计数器（$）中减去 list 的偏移量，就得到 ListSize：

```
list BYTE 10,20,30,40
ListSize = ($ - list)
```

ListSize 必须紧跟在 list 的后面。下面的例子中，计算得到的 ListSize 值（24）就过大，原因是 var2 占用的存储空间，影响了当前位置计数器与 list 偏移量之间的距离：

```
list BYTE 10,20,30,40
var2 BYTE 20 DUP(?)
ListSize = ($ - list)
```

不要手动计算字符串的长度，让汇编器做这件事：

```
myString BYTE "This is a long string, containing"
         BYTE "any number of characters"
myString_len = ($ - myString)
```

字数组和双字数组　当要计算元素数量的数组中包含的不是字节时，就应该用数组总的大小（按字节计）除以单个元素的大小。比如，在下例中，由于数组中的每个字要占 2 个字节（16 位），因此，应该将地址范围除以 2：

```
list WORD 1000h,2000h,3000h,4000h
ListSize = ($ - list) / 2
```

类似地，双字数组中每个元素长 4 个字节，因此，其总长度除以 4 才能得到数组元素的个数：

```
list DWORD 10000000h, 20000000h, 30000000h, 40000000h
ListSize = ($ - list) / 4
```

3.5.3 EQU 伪指令

EQU 伪指令将一个符号名称与一个整数表达式或一个任意文本相关联，它有 3 种格式：

name EQU *expression*
name EQU *symbol*
name EQU *<text>*

在第一种格式中，expression 必须是一个有效的整数表达式（参见 3.1.3 节）。在第二种格式中，symbol 是一个已存在的符号名称，已经用 = 或 EQU 定义过。在第三种格式中，任何文本都可以出现在括号 <…> 内。当汇编器在程序后面遇到 name 时，就用整数值或文本来代替符号。

当定义的求值结果为非整数值时，EQU 非常有用。比如，可以使用 EQU 定义实数常量：

```
PI EQU <3.1416>
```

示例 下面的例子将一个符号与一个字符串相关联，然后用该符号创建一个变量：

```
pressKey EQU <"Press any key to continue . . . ",0>
.
.
.data
prompt BYTE    pressKey
```

示例 假设想定义一个符号以计算一个 10×10 整数矩阵的元素个数。现在用两种不同的方式来定义符号，一种用整数表达式，另一种用文本表达式。然后将两个符号都用于数据定义：

```
matrix1 EQU 10 * 10
matrix2 EQU <10 * 10>
.data
M1 WORD matrix1
M2 WORD matrix2
```

汇编器将为 M1 和 M2 生成不同的数据定义。matrix1 中的整数表达式将被计算，并赋值给 M1。而 matrix2 中的文本则直接复制到 M2 的数据定义中：

```
M1 WORD 100
M2 WORD 10 * 10
```

不能重定义 与 =（等号）伪指令不同的是，在同一源代码文件中，用 EQU 定义的符号不能被重新定义。这个限制可以防止现有符号在无意中被赋予新的值。

3.5.4 TEXTEQU 伪指令

TEXTEQU 伪指令，类似于 EQU，创建了文本宏（text macro）。它有 3 种格式：第一种分配的是文本；第二种分配的是已有文本宏的内容；第三种分配的是常整数表达式：

name TEXTEQU *<text>*
name TEXTEQU *textmacro*
name TEXTEQU *%constExpr*

例如，变量 prompt1 使用了文本宏 continueMsg：

```
continueMsg TEXTEQU <"Do you wish to continue (Y/N)?">
.data
prompt1 BYTE continueMsg
```

文本宏可以相互构建。如下例所示,count 被赋予一个整数表达式,其中包含 rowSize。然后,符号 move 被定义为 mov。最后,用 move 和 count 创建 setupAL:

```
rowSize    = 5
count      TEXTEQU %(rowSize * 2)
move       TEXTEQU <mov>
setupAL    TEXTEQU <move al,count>
```

因此,语句

```
setupAL
```

就会被汇编为

```
mov al,10
```

用 TEXTEQU 定义的符号随时可以被重新定义。

3.5.5 本节回顾

1. 判断真假:下面的语句使用等号伪指令正确地声明了一个符号常量,使其包含〈Backspace〉键的 ASCII 码 (08h):

   `BACKSPACE = 08h`

   a. 真　　　　　　　　b. 假

2. 判断真假:下面的语句使用等号伪指令正确地声明了一个名为 SecondsInDay 的符号常量,并为其分配一个算术表达式以计算 24 小时包含的秒数。

   `SecondsInDay = 24 * 60 * 60`

   a. 真　　　　　　　　b. 假

3. 参见下面给出的数组定义:

   `myArray WORD 20 DUP(?)`

   下面的哪条语句会使得汇编器计算数组的字节数,并将结果值赋给名为 ArraySize 的符号常量?
   a. ArraySize = (myArray + $)　　b. ArraySize = ($ − myArray)　　c. ArraySize = SIZEOF myArray

4. 判断真假:参见这个数组定义:

   `myArray DWORD 30 DUP(?)`

   下面的语句正确地计算了数组元素的个数,并将结果值赋给名为 ArraySize 的符号常量:

   `ArraySize = ($ - myArray) / 2`

   a. 真　　　　　　　　b. 假

5. 判断真假:下面的语句正确地使用 TEXTEQU 表达式将汇编器关键字 PROC 重新定义为 PROCEDURE:

   `PROCEDURE TEXTEQU <PROC>`

   a. 真　　　　　　　　b. 假

6. 判断真假:下面的代码示例正确地使用 TEXTEQU 为一个字符串常量创建了一个名为 Sample 的符号,然后在定义一个名为 MyString 的字符串变量时使用了该符号:

   ```
   Sample TEXTEQU <"This is a string">
   Sample BYTE MyString
   ```

   a. 真　　　　　　　　b. 假

7. 判断真假:下面的语句正确地使用 TEXTEQU 将符号 SetupESI 分配给代码语句,而该代码语句

的功能是将 myArray 的偏移量传送到 ESI 寄存器:

`SetupESI TEXTEQU <mov esi, OFFSET myArray>`

a. 真　　　　　　　　b. 假

3.6　64 位编程介绍

本书着重于 32 位编程,因为它涵盖了机器级编程所需要的所有典型技巧。但与此同时,我们生活在 64 位的世界,应用程序要利用 64 位指令的强大处理能力。MASM 支持 64 位代码,所有完整版本的 Visual Studio 都会同步安装 64 位版本的汇编器。从本章开始,之后的每一章都将给出一些示例程序的 64 位版本,并讨论 Irvine64 子例程库。

我们回到本章前面给出的 AddTwoSum 程序,将其按 64 位编程来修改:

```
 1: ; AddTwoSum_64.asm—第 3 章示例。
 2:
 3: ExitProcess PROTO
 4:
 5: .data
 6: sum DWORD 0
 7:
 8: .code
 9: main PROC
10:     mov   eax,5
11:     add   eax,6
12:     mov   sum,eax
13:
14:     mov   ecx,0
15:     call ExitProcess
16: main ENDP
17: END
```

上述程序与本章前面给出的 32 位版本的不同之处如下所示:

- 32 位 AddTwoSum 程序中使用了下列三行代码,而 64 位版本中则没有:

```
.386
.model flat,stdcall
.stack 4096
```

- 在 64 位程序中,使用 PROTO 关键字的语句不带参数,新的第 3 行代码如下所示:

`ExitProcess PROTO`

而之前 32 位版本的代码如下:

`ExitProcess PROTO,dwExitCode:DWORD`

- 14～15 行使用了两条指令(mov 和 call)来结束程序。32 位版本则使用一条 INVOKE 语句实现同样的功能。64 位版本的 MASM 不支持 INVOKE 伪指令。
- 在第 17 行,END 伪指令没有指定程序入口点,而 32 位程序则指定了。

使用 64 位寄存器

如果需要执行超过 32 位整数的算术运算,就可以使用 64 位寄存器和变量。例如,下述步骤令示例程序使用 64 位数值:

- 在第 6 行,定义 sum 变量时,将 DWORD 修改为 QWORD。
- 在 10～12 行,将 EAX 寄存器改变为其 64 位版本的 RAX。

下面是修改后的 6～12 行:

```
 6: sum QWORD 0
 7:
 8: .code
 9: main PROC
10:     mov rax,5
11:     add rax,6
12:     mov sum,rax
```

选择编写 32 位还是 64 位汇编程序，很大程度上是个人喜好问题。但是，需要记住：为了运行 64 位程序，必须运行 64 位版本的 Windows。

本书作者网站（asmirvine.com）上提供了说明，帮助你在 64 位编程时配置 Visual Studio。

3.7 本章小结

常整数表达式是数学表达式，涉及整数字面量、符号常量及算术运算符。运算符优先级是指当表达式有两个或更多个运算符时，隐含的运算顺序。

字符字面量是用引号括起来的单个字符。汇编器将字符转换为一个字节，其中包含的是该字符的二进制 ASCII 码。字符串字面量是用引号括起来的字符序列，可以选择用空字节结束。

汇编语言有一组保留字，它们含义特殊且只能用于正确的上下文中。标识符是程序员选择的名称，用于标识变量、符号常量、过程及代码标号。标识符不能是保留字。

伪指令是嵌入在源代码中的命令，并由汇编器进行解释。指令是源代码语句，由处理器在运行时执行。指令助记符是短关键字，用于标识指令执行的操作。标号是一种标识符，用作指令或数据的位置标记。

操作数是传递给指令的数值。一条汇编语言指令可有 0～3 个操作数，每一个都可以是寄存器、内存操作数、整数表达式或输入/输出端口号。

程序包括了若干程序段，分别称为代码段、数据段和堆栈段。代码段包含了可执行指令；堆栈段存放过程的参数、局部变量及返回地址；数据段存放变量。

源文件包含了汇编语言语句。列表文件包含了程序源代码的副本，再加上行号、偏移地址、翻译的机器代码及符号表，适合打印。源文件用文本编辑器创建。汇编器是一种程序，它读取源文件，并生成目标文件和列表文件。链接器也是一种程序，它读取一个或多个目标文件，并生成可执行文件。后者由操作系统加载器来执行。

MASM 识别内部数据类型，每一种类型都描述了一组数值，这些数值能赋值给指定类型的变量和表达式：

- BYTE 和 SBYTE 定义 8 位变量。
- WORD 和 SWORD 定义 16 位变量。
- DWORD 和 SDWORD 定义 32 位变量。
- QWORD 和 TBYTE 分别定义 8 字节和 10 字节变量。
- REAL4、REAL8 和 REAL10 分别定义 4 字节、8 字节和 10 字节实数变量。

数据定义语句为变量预留内存空间，并可以选择性地给变量分配一个名称。如果一个数据定义有多个初始化值，则它的标号仅指向第一个初始化值的偏移量。在创建字符串数据定义时，要用引号将字符序列括起来。DUP 操作符用常量表达式作为计数器，生成重复的存储分配。当前位置计数器操作符（$）用于地址计算表达式中。

x86 处理器用小端序在内存中存储和检索数据：变量的最低有效字节存储在其起始（最低）地址中。

符号常量（或符号定义）将标识符与一个整数或文本表达式关联起来。有 3 个伪指令能够创建符号常量：

- 等号伪指令（=）将符号名称与常整数表达式相关联。
- EQU 和 TESTEQU 伪指令将符号名称与常整数表达式或某种任意的文本相关联。

3.8 关键术语

3.8.1 术语

assembler（汇编器）
big-endian order（大端序）
character literal（字符字面量）
code label（代码标号）
code segment（代码段）
compiler（编译器）
constant integer expression（常整数表达式）
current location counter（当前位置计数器）
data definition statement（数据定义语句）
data label（数据标号）
data segment（数据段）
decimal real（十进制实数）
directive（伪指令）
encoded real（编码实数）
equal-sign directive（等号伪指令）
end-of-line characters（行尾字符）
executable file（可执行文件）
flat memory model（平面内存模型）
floating-point literal（浮点字面量）
function prototype（函数原型）
identifier（标识符）
initializer（初始化值）
instruction（指令）
instruction mnemonic（指令助记符）

integer constant（整数常量）
integer literal（整数字面量）
intrinsic data type（内部数据类型）
label（标号）
linker（链接器）
link library（链接库）
listing file（列表文件）
little-endian order（小端序）
memory operand（内存操作数）
object file（目标文件）
operand（操作数）
operation code（操作代码）
operator precedence（运算符优先级）
packed binary coded decimal（压缩二进制编码的十进制数，压缩 BCD）
program entry point（程序入口点）
program segment（程序段）
real number literal（实数字面量）
reserved word（保留字）
source file（源文件）
stack segment（堆栈段）
string literal（字符串字面量）
symbolic constant（符号常量）
text macro（文本宏）

3.8.2 指令、操作符及伪指令

+	（加法，一元正号）	END
=	（赋值，相等比较）	ENDP
/	（除法）	DUP
*	（乘法）	EQU
()	（括号）	MOD

− （减法，一元负号）	MOV
ADD	NOP
BYTE	PROC
CALL	SBYTE
.code	SDWORD
COMMENT	.stake
.data	TEXTEQU
DWORD	

3.9 复习题和练习

3.9.1 简答题

1. 举例说明三种不同的指令助记符。
2. 什么是调用规约？如何在汇编语言声明中使用它？
3. 如何在程序中为堆栈预留空间？
4. 解释为什么术语汇编器语言（assembler language）不太正确。
5. 解释大端序和小端序之间的区别，并在网络上查找该术语的起源。
6. 为什么在代码中使用符号常量而不是整数字面量？
7. 源文件与列表文件的区别是什么？
8. 数据标号与代码标号的区别是什么？
9. （真/假）：标识符不能以数字开头。
10. （真/假）：十六进制字面量可以写为 0x3A。
11. （真/假）：汇编语言伪指令在运行时执行。
12. （真/假）：汇编语言伪指令可以写为大写字母和小写字母的任意组合。
13. 说出汇编语言指令的四个基本组成部分。
14. （真/假）：MOV 是指令助记符的例子。
15. （真/假）：代码标号后面要跟冒号（:），但数据标号则不是。
16. 给出块注释的例子。
17. 当编写访问变量的指令时，为什么使用数值地址不是一个好主意？
18. 必须向 ExitProcess 过程传递什么类型的参数？
19. 哪个伪指令用来结束一个过程？
20. 在 32 位模式下，END 伪指令中的标识符有什么用？
21. PROTO 伪指令的作用是什么？
22. （真/假）：目标文件由链接器生成。
23. （真/假）：列表文件由汇编器生成。
24. （真/假）：链接库在生成可执行文件之前被加到程序中。
25. 哪个数据伪指令创建 32 位有符号整数变量？
26. 哪个数据伪指令创建 16 位有符号整数变量？
27. 哪个数据伪指令创建 64 位无符号整数变量？
28. 哪个数据伪指令创建 8 位有符号整数变量？
29. 哪个数据伪指令创建 10 字节压缩 BCD 变量？

3.9.2 算法题

1. 定义 4 个符号常量分别以十进制、二进制、八进制及十六进制的格式表示整数 25。

2. 通过反复试错的方法，查明一个程序是否能有多个代码段和数据段。
3. 创建一个数据定义，将一个双字按大端序存放在内存中。
4. 试发现用 DWORD 类型定义一个变量时，是否能向其赋负数值。这说明了汇编器在类型检查方面的什么问题？
5. 编写一个程序，包含两条指令：（1）EAX 寄存器加 5；（2）EDX 寄存器加 5。生成列表文件并检查由汇编器生成的机器代码。发现这两条指令的不同之处了吗？如果有，是什么？
6. 给定数值 4567 89ABh，按小端序列出其字节内容。
7. 声明一个数组，其中包含 120 个未初始化的无符号双字数值。
8. 声明一个字节数组，并将其初始化为字母表的前 5 个字母。
9. 声明一个 32 位有符号整数变量，并将其初始化为最小的十进制负数。（提示：参见第 1 章的整数范围。）
10. 声明一个 16 位无符号整数变量 wArray，并使用 3 个初始化值。
11. 声明一个字符串变量，包含你最喜欢颜色的名字，并将其初始化为以空结束的字符串。
12. 声明一个未初始化的数组 dArray，包含 50 个有符号双字。
13. 声明一个字符串变量，包含单词"TEST"并重复 500 次。
14. 声明一个数组 bArray，包含 20 个无符号字节，并将其所有元素都初始化为 0。
15. 对于下面的双字变量，显示在内存中各个字节的顺序（从最低字节到最高字节）：

```
val1 DWORD 87654321h
```

3.10 编程练习

★ 1. 整数表达式的计算

参考 3.2 节中的程序 AddTwo，编写程序，利用寄存器计算表达式：A=(A+B)-(C+D)。将整数值赋值给寄存器 EAX、EBX、ECX 及 EDX。

★ 2. 符号整数常量

编写程序，为一周的七天定义符号常量。创建一个数组变量，并用这些符号常量作为其初始化值。

★★ 3. 数据定义

编写程序，对 3.4 节中表 3-2 中列出的每一个数据类型进行定义，并将每个变量都初始化为与其数据类型一致的数值。

★ 4. 符号文本常量

编写程序，为若干个字符串字面量（括在引号之间的一些字符）定义符号名称，并将每个符号名称都用于变量定义。

★★★★ 5. AddTwoSum 的列表文件

生成 AddTwoSum 程序的列表文件，并为每条指令的机器代码字节编写说明。某些字节值的含义可能需要猜测。

★★★★ 6. AddVariables 程序

修改 AddVariables 程序使其使用 64 位变量。描述汇编器产生的语法错误，并说明为解决这些错误所采取的步骤。

第 4 章

Assembly Language for x86 Processors, Eighth Edition

数据传送、寻址及算术运算

本章介绍进行数据传送和算术运算的一些基本指令。本章的大量篇幅都用于介绍基本寻址模式，如直接寻址、立即寻址，以及使处理数组成为可能的间接寻址。同时，还展示了如何创建循环和如何使用一些基本操作符，如 OFFSET、PTR 及 LENGTHOF。阅读本章后，你将具有除条件语句之外的汇编语言基本操作知识。

4.1 数据传送指令

4.1.1 引言

数据传送指令（data transfer instruction）将数据从源操作数复制到目的操作数。当用 Java 或 C++ 这样的语言编程时，编译器产生的大量语法错误消息很容易让初学者感到心烦。编译器执行严格的类型检查，以帮助你避免犯像变量和数据不匹配这样的错误。另一方面，只要处理器的指令集允许，汇编器就能完成任何操作请求。换句话说，汇编语言使你能将注意力集中在数据存储和机器具体细节上。编写汇编语言代码时，必须要了解处理器的限制。x86 处理器具有众所周知的复杂指令集（complex instruction set），因此，它为完成任务提供了很多种方式。

如果花时间深入学习本章提供的资料，则阅读本书余下的内容会更加顺利。随着示例程序越来越复杂，需要依赖对本章介绍的基础工具的掌握。

4.1.2 操作数类型

第 3 章介绍过 x86 指令格式：

[label:] mnemonic [operands][; comment]

指令可有 0 个、1 个、2 个或 3 个操作数。这里，为了清晰起见，省略掉了标号和注释字段：

```
mnemonic
mnemonic [destination]
mnemonic [destination],[source]
mnemonic [destination],[source-1],[source-2]
```

操作数有 3 种基本类型：
- 立即操作数——使用数值或字符字面量表达式
- 寄存器操作数——使用 CPU 内已命名的寄存器
- 内存操作数——引用内存位置

表 4-1 描述了标准操作数类型。表中使用了简单的操作数符号（32 位模式下），这些符号来自 Intel 手册并进行了改编。从现在开始，本书将用这些符号来描述每条指令的语法。

表 4-1　32 位模式下的指令操作数符号

操作数	描述
reg8	8 位通用寄存器：AH、AL、BH、BL、CH、CL、DH、DL
reg16	16 位通用寄存器：AX、BX、CX、DX、SI、DI、SP、BP
reg32	32 位通用寄存器：EAX、EBX、ECX、EDX、ESI、EDI、ESP、EBP
reg	任意通用寄存器
sreg	16 位段寄存器：CS、DS、SS、ES、FS、GS
imm	8 位、16 位或 32 位立即数
imm8	8 位立即数，字节型数值
imm16	16 位立即数，字型数值
imm32	32 位立即数，双字型数值
reg/mem8	8 位操作数，可以是 8 位通用寄存器或内存字节
reg/mem16	16 位操作数，可以是 16 位通用寄存器或内存字
reg/mem32	32 位操作数，可以是 32 位通用寄存器或内存双字
mem	8 位、16 位或 32 位内存操作数

4.1.3　直接内存操作数

直接内存操作数（direct memory operand）是一种操作数标识符，它引用了数据段内的特定偏移量。例如，如下变量 var1 的声明，表示该变量的大小属性为字节，值为十六进制的 10：

```
.data
var1 BYTE 10h
```

可以编写指令，通过内存操作数的地址来解析（查找）这些操作数。假设 var1 的地址偏移量为 10400h，如下指令将该变量的值复制到 AL 寄存器中：

```
mov al var1
```

该指令会被汇编为如下的机器指令：

```
A0 00010400
```

该机器指令的第一个字节是操作代码（即操作码）。其余部分是 var1 的 32 位十六进制地址。虽然在编程时有可能只使用数值地址，但是像 var1 这样的符号名字会使内存访问更容易。

> **另一种表示法**。一些程序员更喜欢使用下面这种直接操作数的表示法，因为括号意味着解析操作：
>
> ```
> mov  al,[var1]
> ```
>
> MASM 允许这种表示法，因此只要你愿意就可以在程序中使用。由于太多的程序（包括那些来自 Microsoft 的程序）印刷时都没有用括号，所以本书只在出现算术表达式时才使用这种带括号的表示法：
>
> ```
> mov  al,[var1 + 5]
> ```
>
> （这称为直接偏移量操作数，将在 4.1.8 节中作为一个主题进行详细讨论。）

4.1.4 MOV 指令

MOV 指令将数据从源操作数复制到目的操作数。作为数据传送指令，它几乎用在每个程序中。在它的基本格式中，第一个操作数是目的操作数，第二个操作数是源操作数：

```
MOV destination,source
```

其中，目的操作数的内容会改变，而源操作数不会改变。这种数据从右到左的移动与 C++ 或 Java 中的赋值语句相似：

```
dest = source;
```

在几乎所有的汇编语言指令中，左边的操作数是目的操作数，而右边的操作数是源操作数。只要遵守如下原则，MOV 指令在使用操作数方面是非常灵活的：

- 两个操作数必须是同样大小。
- 两个操作数不能都是内存操作数。
- 指令指针寄存器（IP、EIP 或 RIP）不能作为目的操作数。

下面是 MOV 指令的标准格式：

```
MOV reg,reg
MOV mem,reg
MOV reg,mem
MOV mem,imm
MOV reg,imm
```

内存到内存 单条 MOV 指令不能用于直接将数据从一个内存位置传送到另一个内存位置。在将源操作数的值赋给内存操作数之前，必须先将该数值传送给一个寄存器：

```
.data
var1 WORD ?
var2 WORD ?
.code
mov  ax,var1
mov  var2,ax
```

当将整数常量复制到一个变量或寄存器时，必须考虑该常量需要的最少字节数。表 1-4 给出了无符号整数常量的大小，表 1-7 给出了有符号整数常量的大小。

覆盖值

下述代码示例演示了如何通过使用不同大小的数据来修改同一个 32 位寄存器。当 oneWord 字传送到 AX 时，它就覆盖了 AL 中已有的值。当 oneDword 传送到 EAX 时，它就覆盖了 AX 的值。最后，当 0 被传送到 AX 时，它就覆盖了 EAX 的低半部分。

```
.data
oneByte  BYTE 78h
oneWord  WORD 1234h
oneDword DWORD 12345678h
.code
mov  eax,0              ; EAX = 00000000h
mov  al,oneByte         ; EAX = 00000078h
mov  ax,oneWord         ; EAX = 00001234h
mov  eax,oneDword       ; EAX = 12345678h
mov  ax,0               ; EAX = 12340000h
```

4.1.5 整数的零/符号扩展

将一个较小的值复制到一个较大的操作数

尽管 MOV 指令不能直接将数据从较小的操作数复制到较大的操作数，但程序员可以采用变通的办法实现这类操作。假设要将 count（无符号，16 位）传送到 ECX（32 位），可以先将 ECX 置为 0，然后将 count 传送到 CX：

```
.data
count WORD 1
.code
mov ecx,0
mov cx,count
```

如果对一个有符号整数 –16 采用同样的方法会发生什么呢？

```
.data
signedVal SWORD -16          ; FFF0h (-16)
.code
mov ecx,0
mov cx,signedVal             ; ECX = 0000FFF0h (+65,520)
```

ECX 中的值（+65 520）与 –16 完全不同。另一方面，如果先将 ECX 设置为 FFFF FFFFh，然后再把 signedVal 复制到 CX，则最后的值就是正确的：

```
mov ecx,0FFFFFFFFh
mov cx,signedVal             ; ECX = FFFFFFF0h (-16)
```

本例得出有效结果的原因是用源操作数的最高位（1）来填充目的操作数 ECX 的高 16 位，这种技术称为**符号扩展**（sign extension）。当然，不能总是假设源操作数的最高位是 1。幸运的是，Intel 的工程师在设计指令集时已经预见到了这个问题，并引入了 MOVZX 和 MOVSX 指令来分别处理无符号整数和有符号整数。

MOVZX 指令

MOVZX 指令（进行零扩展并传送）将源操作数的内容复制到目的操作数，并把目的操作数零扩展到 16 位或 32 位。这条指令只用于无符号整数，有三种不同的形式：

```
MOVZX    reg32,reg/mem8
MOVZX    reg32,reg/mem16
MOVZX    reg16,reg/mem8
```

（操作数符号的含义见表 4-1。）在这三种形式中，第一个操作数（寄存器）是目的操作数，第二个操作数是源操作数。注意，源操作数不能是常量。下例将二进制数 1000 1111 进行零扩展并传送到 AX：

```
.data
byteVal BYTE 10001111b
.code
movzx   ax,byteVal           ; AX = 0000000010001111b
```

图 4-1 展示了如何将源操作数进行零扩展，并送入 16 位目的操作数。

下面的例子中的操作数都是各种大小的寄存器：

```
mov     bx,0A69Bh
movzx   eax,bx               ; EAX = 0000A69Bh
movzx   edx,bl               ; EDX = 0000009Bh
movzx   cx,bl                ; CX  = 009Bh
```

下面的例子中的源操作数是内存操作数，产生的结果是一样的：

```
.data
byte1   BYTE  9Bh
word1   WORD  0A69Bh
.code
movzx   eax,word1            ; EAX = 0000A69Bh
movzx   edx,byte1            ; EDX = 0000009Bh
movzx   cx,byte1             ; CX  = 009Bh
```

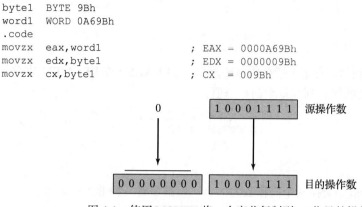

图 4-1　使用 MOVZX 将一个字节复制到 16 位目的操作数

MOVSX 指令

MOVSX 指令（带符号扩展的传送）将源操作数的内容复制到目的操作数，并将该值符号扩展到 16 位或 32 位。这条指令只用于有符号整数，有三种不同的形式：

```
MOVSX   reg32,reg/mem8
MOVSX   reg32,reg/mem16
MOVSX   reg16,reg/mem8
```

操作数进行符号扩展的方法是，在目的操作数的全部扩展位上重复（复制）长度较小操作数的最高位。下面的例子将二进制数 1000 1111b 进行符号扩展并传送到 AX：

```
.data
byteVal BYTE 10001111b
.code
movsx   ax,byteVal            ; AX = 1111111110001111b
```

如图 4-2 所示，复制最低 8 位，同时，将源操作数的最高位复制到目的操作数高 8 位的每一位上。

如果一个十六进制常数的最高有效数字大于 7，它的最高位就等于 1。在下面的例子中，传送到 BX 的十六进制数值为 A69B，因此，最开始的数字"A"就意味着最高位是 1。（A69B 前面的 0 只是为了表示上的方便，用于防止汇编器将常数误认为是标识符。）

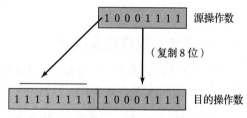

图 4-2　使用 MOVSX 将一个字节复制到 16 位目的操作数

```
mov     bx,0A69Bh
movsx   eax,bx                ; EAX = FFFFA69Bh
movsx   edx,bl                ; EDX = FFFFFF9Bh
movsx   cx,bl                 ; CX  = FF9Bh
```

4.1.6　LAHF 和 SAHF 指令

LAHF（将状态标志装入到 AH）指令将 EFLAGS 寄存器的低字节复制到 AH。被复制的标志有：符号标志、零标志、辅助进位标志、奇偶标志及进位标志。使用这条指令，可以容易地将标志的副本保管在变量中：

```
.data
saveflags BYTE ?
.code
lahf                        ; 将标志装入到 AH
mov saveflags,ah            ; 将标志保存到变量中
```

SAHF（将 AH 保存到状态标志）指令将 AH 复制到 EFLAGS（或 RFLAGS）寄存器的低字节。例如，可以获取之前保存到变量中的标志值：

```
mov ah,saveflags            ; 将之前保存的标志装入 AH
sahf                        ; 再复制到标志寄存器
```

4.1.7 XCHG 指令

XCHG（交换数据）指令交换两个操作数的内容。该指令有三种形式：

```
XCHG    reg,reg
XCHG    reg,mem
XCHG    mem,reg
```

除了不接受立即操作数（immediate operand）作为操作数以外，XCHG 指令操作数的规则与 MOV 指令操作数的规则（参见 4.1.4 节）是一样的。在数组排序应用中，XCHG 指令提供了一种简单的方式来交换两个数组元素。下面是一些使用 XCHG 指令的例子：

```
xchg    ax,bx               ; 交换 16 位寄存器
xchg    ah,al               ; 交换 8 位寄存器
xchg    var1,bx             ; 交换 16 位内存操作数和 BX
xchg    eax,ebx             ; 交换 32 位寄存器
```

如果要交换两个内存操作数，则用寄存器作为临时存储，将 MOV 指令与 XCHG 指令结合起来使用：

```
mov     ax,val1
xchg    ax,val2
mov     val1,ax
```

4.1.8 直接 – 偏移量操作数

可以在变量名加上一个位移，从而创建一个直接 – 偏移量操作数（direct-offset operand）。这样就可以访问那些没有显式标号的内存位置。假设现有一个字节数组 arrayB：

```
arrayB  BYTE 10h,20h,30h,40h,50h
```

如果用 arrayB 作为 MOV 指令的源操作数，则自动传送数组的第一个字节：

```
mov     al,arrayB           ; AL = 10h
```

通过在 arrayB 的偏移量上加 1 就可以访问该数组的第二个字节：

```
mov     al,[arrayB+1]       ; AL = 20h
```

如果加 2 就可以访问该数组的第三个字节：

```
mov     al,[arrayB+2]       ; AL = 30h
```

形如 arrayB+1 这样的表达式通过在数据标号名字上加整数常量以形成所谓的有效地址（effective address）。有效地址外面的括号表明，通过解析这个表达式就可以得到该内存地址所指示的内容。汇编器并不要求在地址表达式之外加括号，但为了清晰明了，我们强烈

建议使用括号。

MASM 没有内置的有效地址范围检查。在下面的例子中，假设数组 arrayB 有 5 个字节，而指令访问的是该数组范围之外的一个内存字节。其结果是一种难以发觉的逻辑错误，因此，在检查数组引用时要格外小心：

```
mov    al,[arrayB+20]              ; AL = ??
```

字和双字数组　在 16 位字的数组中，每个数组元素的偏移量比前一个元素多 2 个字节。这就是为什么在下面的例子中，数组 ArrayW 加 2 才能指向该数组的第二个元素：

```
.data
arrayW WORD 100h,200h,300h
.code
mov    ax,arrayW                   ; AX = 100h
mov    ax,[arrayW+2]               ; AX = 200h
```

类似地，在双字数组中，第一个元素偏移量加 4 才能指向第二个元素，如下面代码所示：

```
.data
arrayD DWORD 10000h,20000h
.code
mov    eax,arrayD                  ; EAX = 10000h
mov    eax,[arrayD+4]              ; EAX = 20000h
```

4.1.9　传送数据的示例

我们结合本章目前为止介绍的所有指令，包括：MOV、XCHG、MOVSX 和 MOVZX，来展示字节、字及双字是如何受到影响的。下面的每个示例中还包括一些直接 – 偏移量操作数。

元素为 16 位数值的数组的复制：

```
  .data
  arrayW WORD 100h,200h,300h
  .code
1 mov ax,arrayW                    ; AX = 0100h
2 mov ax,[arrayW+2]                ; AX = 0200h
```

下面是逐行描述：

1. 将 arrayW 的第一个数值复制到 AX 寄存器。
2. 将 arrayW 的第二个数值复制到 AX 寄存器。

直接 – 偏移量寻址的演示：

```
  .data
  arrayD DWORD 10000h,20000h
  .code
1 mov eax,arrayD                   ; EAX = 10000h
2 mov eax,[arrayD+4]               ; EAX = 20000h
```

下面是逐行描述：

1. 将 arrayD 的第一个数值复制到 EAX 寄存器。
2. 将 arrayD 的第二个数值复制到 EAX 寄存器。

MOVZX 指令的演示：

```
1    mov      bx,0A69Bh
2    movzx    eax,bx               ; EAX = 0000A69Bh
3    movzx    edx,bl               ; EDX = 0000009Bh
4    movzx    cx,bl                ; CX = 009Bh
```

下面是逐行描述：

1. 用常数值初始化 BX。
2. 将 BX 复制到 EAX 的低 16 位，用零填充 EAX 的高 16 位。
3. 将 BL 复制到 EDX 的低 8 位，用零填充 EDX 的高 24 位。
4. 将 BL 复制到 CX 的低 8 位，用零填充 CX 的高 8 位。

MOVSX 指令的演示：

```
1       mov     bx,0A69Bh
2       movsx   eax,bx          ; EAX = FFFFA69Bh
3       movsx   edx,bl          ; EDX = FFFFFF9Bh
4       mov     bl,7Bh
5       movsx   cx,bl           ; CX = 007Bh
```

下面是逐行描述：

1. 用负的常数值（最高位=1）初始化 BX。
2. 将 BX 复制到 EAX 的低 16 位，用 BX 的最高位值填充 EAX 的高 16 位。
3. 将 BL 复制到 EDX 的低 8 位，用 BL 的最高位值填充 EDX 的高 24 位。
4. 用正的常数值（最高位=0）初始化 BL。
5. 将 BL 复制到 CX 的低 8 位，用 BL 的最高位值填充 CX 的高 8 位。

内存到内存交换的演示：

```
.data
val1 WORD 1000h
val2 WORD 2000h
.code
1       mov     ax,val1
2       xchg    ax,val2         ; AX = 2000h, val2 = 1000h
3       mov     val1,ax         ; val1 = 2000h
```

下面是逐行描述：

1. 将变量 val1 复制到 AX。
2. 交换 AX 和 val2。
3. 将 AX 复制到 val1。

直接 – 偏移量寻址（字节数组）的演示：

```
.data
arrayB BYTE 10h,20h,30h,40h,50h
.code
1       mov     al,arrayB       ; AL = 10h
2       mov     al,[arrayB+1]   ; AL = 20h
3       mov     al,[arrayB+2]   ; AL = 30h
```

下面是逐行描述：

1. 将 arrayB 的第一个字节复制到 AL。
2. 将 arrayB 的第二个字节复制到 AL。
3. 将 arrayB 的第三个字节复制到 AL。

直接 – 偏移量寻址（字数组）的演示：

```
.data
arrayW WORD 100h,200h,300h
.code
1       mov     ax,arrayW       ; AX = 100h
2       mov     ax,[arrayW+2]   ; AX = 200h
```

下面是逐行描述：

1. 将 arrayW 的第一个字复制到 AX。
2. 将 arrayW 的第二个字复制到 AX。

直接–偏移量寻址（双字数组）的演示：

```
    .data
arrayD DWORD 10000h,20000h
    .code
1   mov     eax,arrayD          ; EAX = 10000h
2   mov     eax,[arrayD+4]      ; EAX = 20000h
```

下面是逐行描述：

1. 将 arrayD 的第一个双字复制到 EAX。
2. 将 arrayD 的第二个双字复制到 EAX。

在 Visual Studio 调试器中显示 CPU 标志

要想在调试期间显示 CPU 状态标志，可以在 Debug 菜单中选择 Windows，再在 Windows 菜单中选择 Registers。在 Registers 窗口内，右键选择下拉列表中的 Flags。要想查看这些菜单选项，必须处于调试程序状态。下表是 Registers 窗口中用到的标志符号：

标志名称	溢出	方向	中断	符号	零	辅助进位	奇偶	进位
符号	OV	UP	EI	PL	ZR	AC	PE	CY

每个标志可取值 0（清零）或 1（置 1）。示例如下：

```
OV = 0  UP = 0  EI = 1
PL = 0  ZR = 1  AC = 0
PE = 1  CY = 0
```

调试程序期间，当单步执行代码时，每当指令修改了某个标志的值，该标志就会显示为红色。可以通过单步执行指令并密切观察这些标志值的变化来了解指令是如何影响标志的。

4.1.10 本节回顾

1. 下面的哪个选项列出了操作数的三种基本类型？
   - a. 寄存器，立即数，内存
   - b. 变址，寄存器，立即数
   - c. 内存，立即数，间接
   - d. 间接，寄存器，内存直接
2. 判断真假：MOV 指令中的第二个操作数是目的操作数。
   - a. 真   b. 假
3. 判断真假：EIP 寄存器不能作为 MOV 指令的目的操作数。
   - a. 真   b. 假
4. 判断真假：操作数用 reg/mem32 来表示是指明该操作数必须是任何大小的寄存器，或者是 32 位内存操作数。
   - a. 真   b. 假
5. 判断真假：操作数用 imm16 来表示是指明该操作数必须是 16 位立即数（常数）。
   - a. 真   b. 假
6. 判断真假：XCHG 指令交换两个内存操作数的值。
   - a. 真   b. 假
7. 判断真假：SAHF 指令将 AH 寄存器的内容复制到 EFLAGS（RFLAGS）寄存器的低字节。
   - a. 真   b. 假

8. 判断真假：LAHF 指令将 AH 寄存器的内容复制到 EFLAGS（RFLAGS）寄存器的高字节。
   a. 真　　　　　　　　b. 假

4.2 加法和减法

算术运算是汇编语言中一个大得惊人的主题！本节重点在于加法和减法，乘法和除法将在第 7 章讨论，浮点算术运算将在第 12 章讨论。

我们先从最简单、最有效率的指令开始：INC（递增）和 DEC（递减）指令，即加 1 和减 1。然后我们将转到能提供更多操作能力的 ADD、SUB 和 NEG（非）指令。最后，我们将讨论算术运算指令如何影响 CPU 的状态标志（进位标志、符号标志、零标志等）。请记住，汇编语言就是关于这些细节的内容。

4.2.1 INC 和 DEC 指令

INC（递增）和 DEC（递减）指令分别表示将寄存器或内存操作数加 1 和减 1。语法如下：

```
INC reg/mem
DEC reg/mem
```

下面是一些例子：

```
.data
myWord WORD 1000h
.code
inc  myWord              ; myWord = 1001h
mov  bx,myWord
dec  bx                  ; BX = 1000h
```

溢出标志、符号标志、零标志、辅助进位标志，以及奇偶标志会根据目的操作数的值而发生变化。INC 和 DEC 指令不影响进位标志（这是一件奇怪的事情）。

4.2.2 ADD 指令

ADD 指令将源操作数加到目的操作数，其语法为：

```
ADD dest,source
```

源操作数不会被操作所改变，相加之和存放在目的操作数中。ADD 的操作数类型与 MOV 指令的相同，规则如下：

- 两个操作数的大小必须相同。
- 两个操作数不能都是内存操作数。
- 指令指针寄存器（IP、EIP 或 RIP）不能是目的操作数。

下面的操作数类型是 ADD 指令所允许的：

```
ADD    reg,reg
ADD    mem,reg
ADD    reg,mem
ADD    mem,imm
ADD    reg,imm
```

下面简短的代码示例实现的是将两个 32 位整数相加：

```
.data
var1 DWORD 10000h
var2 DWORD 20000h
```

```
.code
mov  eax,var1            ; EAX = 10000h
add  eax,var2            ; EAX = 30000h
```

进位标志、零标志、符号标志、溢出标志、辅助进位标志,以及奇偶标志根据存入目的操作数的数值而发生变化。4.2.6 节将解释这些标志如何发生作用。

4.2.3 SUB 指令

SUB 指令从目的操作数中减去源操作数。该指令的可能操作数与 ADD 的相同。指令的语法为:

```
SUB dest,source
```

下面是两个 32 位整数相减的简短代码示例:

```
.data
var1 DWORD 30000h
var2 DWORD 10000h
.code
mov  eax,var1            ; EAX = 30000h
sub  eax,var2            ; EAX = 20000h
```

进位标志、零标志、符号标志、溢出标志、辅助进位标志,以及奇偶标志根据存入目的操作数的数值而进行变化。

4.2.4 NEG 指令

NEG(非)指令通过将操作数转换成为其补码而使操作数的符号取反。下述操作数可以用于该指令:

```
NEG reg
NEG mem
```

(回忆一下,将目的操作数按位取反再加 1,就可以得到这个数的补码。)

进位标志、零标志、符号标志、溢出标志、辅助进位标志,以及奇偶标志根据存入目的操作数的数值而进行变化。

4.2.5 实现算术表达式

有了 ADD、SUB 和 NEG 指令,就有办法实现汇编语言中的算术表达式,表达式包括加法、减法及取反。也就是说,当遇到下述表达式时,就可以模拟 C++ 编译器的做法:

```
Rval = -Xval + (Yval - Zval);
```

现在来看看,汇编语言是如何实现这条语句的。这里将使用如下的有符号 32 位变量:

```
Rval SDWORD ?
Xval SDWORD 26
Yval SDWORD 30
Zval SDWORD 40
```

当转换表达式时,先计算每个项,最后再将所有项结合起来。首先,对 Xval 的副本进行取反,并存入一个寄存器:

```
; 第 1 项: -Xval
mov  eax,Xval
neg  eax                 ; EAX = -26
```

然后，将 Yval 复制到一个寄存器中，再减去 Zval：

```
; 第 2 项: (Yval - Zval)
mov    ebx,Yval
sub    ebx,Zval            ; EBX = -10
```

最后，将两个项（EAX 和 EBX 中的内容）相加：

```
; 两项相加并保存:
add    eax,ebx
mov    Rval,eax            ; -36
```

4.2.6 加减法影响的标志

当执行算术运算指令时，我们常常想要了解结果的一些情况。它是负数、正数还是零？对目的操作数来说，它是太大，还是太小？这些问题的答案有助于发现计算错误，否则可能会导致程序的错误行为。我们使用 CPU 状态标志的值来检查算术运算的结果，还使用这些值触发条件分支指令，这是程序逻辑的基本工具。下面是对第 2 章介绍过的状态标志的简要概述。

- 进位标志表明无符号整数溢出。比如，如果指令的目的操作数为 8 位，而指令产生的结果大于二进制的 1111 1111，则进位标志置 1。
- 溢出标志表明有符号整数溢出。比如，如果指令的目的操作数为 16 位，但其产生的负数结果小于十进制的 −32 768，则溢出标志置 1。
- 零标志表明操作结果为 0。比如，如果两个值相等的操作数相减，则零标志置 1。
- 符号标志表明操作产生的结果为负数。如果目的操作数的最高有效位（MSB）为 1，则符号标志置 1。
- 奇偶标志表明，在执行一条算术或布尔运算指令后，目的操作数最低有效字节中 1 的个数是否为偶数。
- 当目的操作数的最低有效字节中的位 3 有进位时，辅助进位标志置 1。

> 要在调试时显示 CPU 的状态标志值，可以打开 Registers 窗口，右键点击该窗口，并选择 Flags。

无符号数运算：零标志、进位标志及辅助进位标志

当算术运算结果等于 0 时，零标志置 1。下面的例子展示了执行 SUB、INC 及 DEC 指令后，目的寄存器和零标志的状态：

```
mov    ecx,1
sub    ecx,1                ; ECX = 0, ZF = 1
mov    eax,0FFFFFFFFh
inc    eax                  ; EAX = 0, ZF = 1
inc    eax                  ; EAX = 1, ZF = 0
dec    eax                  ; EAX = 0, ZF = 1
```

加法和进位标志 如果将加法和减法分开考虑，则进位标志的操作是最容易解释的。当两个无符号整数相加时，进位标志是目的操作数最高有效位进位的副本。直观上，如果和数超过了目的操作数的存储大小，就可以认为 CF=1。在下面的例子中，ADD 指令将进位标志置 1，原因是相加的和数（100h）超过了 AL 的大小：

```
mov    al,0FFh
add    al,1                 ; AL = 00, CF = 1
```

图 4-3 展示了在 0FFh 上加 1 时，操作数的位是如何变化的。AL 最高有效位的进位被复

制到进位标志。

另一方面，如果 AX 的值为 00FFh，则对其加 1 后，能装入到 16 位中，且进位标志清 0：

```
mov  ax,00FFh
add  ax,1              ; AX = 0100h, CF = 0
```

但是，如果 AX 的值为 FFFFh，则对其加 1 后，AX 的高位就会产生进位：

```
mov  ax,0FFFFh
add  ax,1              ; AX = 0000, CF = 1
```

减法和进位标志　当从较小的无符号整数中减去较大的无符号整数时，减法运算就会将进位标志置 1。图 4-4 展示了当操作数为 8 位时，计算 1 减去 2 会出现的情况。下面是相应的汇编代码：

```
mov  al,1
sub  al,2              ; AL = FFh, CF = 1
```

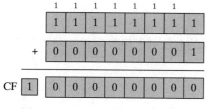

图 4-3　0FFh 加 1 使进位标志置 1

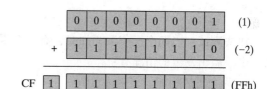

图 4-4　1 减去 2 使进位标志置 1

> **提示**：INC 和 DEC 指令不影响进位标志。在非零操作数上应用 NEG 指令总是会将进位标志置 1。

辅助进位标志　辅助进位（AC）标志表明目的操作数的位 3 有进位或借位。它主要用于二进制编码的十进制数（BCD）算术运算，也可以用于其他情况。假设要将 0Fh 加 1，和数（10h）在位 4 上为 1，这就是位 3 的进位：

```
mov  al,0Fh
add  al,1              ; AC = 1
```

算术运算如下：

```
  00001111
+ 00000001
----------
  00010000
```

奇偶标志　当目的操作数的最低有效字节中有偶数个 1 时，奇偶标志（PF）置 1。下例中的 ADD 和 SUB 指令就改变了 AL 的奇偶性：

```
mov  al,10001100b
add  al,00000010b      ; AL = 10001110, PF = 1
sub  al,10000000b      ; AL = 00001110, PF = 0
```

执行了 ADD 指令后，AL 的值为 1000 1110（4 个 0，4 个 1），PF=1。执行了 SUB 指令后，AL 的值包含了奇数个 1，因此奇偶标志等于 0。

有符号数运算：符号标志和溢出标志

符号标志　当有符号算术运算结果为负数时，符号标志置 1。下面的例子展示的是较小的 4 减去较大的 5：

```
mov  eax,4
sub  eax,5                    ; EAX = -1, SF = 1
```

可以简单地认为，符号标志就是目的操作数最高位的副本。下面的例子展示了当产生负数结果时，BL 中的十六进制值：

```
mov  bl,1                     ; BL = 01h
sub  bl,2                     ; BL = FFh (-1), SF = 1
```

溢出标志　当有符号算术运算结果使目的操作数发生上溢或下溢时，则将溢出标志置 1。例如，从第 1 章我们就知道，有符号字节的最大整数值为 +127，再加 1 就会导致结果变为负数：

```
mov  al,+127
add  al,1               ; OF = 1
```

类似地，最小负整数字节值为 −128，再减 1 就发生下溢。如果目的操作数不能容纳一个有效的算术运算结果，则溢出标志就被置 1：

```
mov  al,-128
sub  al,1               ; OF = 1
```

加法测试　当两个操作数相加时，有一个很容易的方法可以用来判断是否发生了有符号数溢出。溢出发生的情况有：

- 两个正数相加，结果为负数
- 两个负数相加，结果为正数

如果两个加数的符号相反，则永远不会发生溢出。

硬件如何检测溢出　在加法或减法运算后，CPU 用一种有趣的机制来确定溢出标志的状态。将计算结果的最高有效位产生的进位与向最高位产生的进位进行异或操作，异或的结果存入溢出标志。如图 4-5 所示，两个 8 位二进制数 1000 0000 和 1111 1110 相加，产生进位 CF=1，而向最高位（位 7）的进位 =0。这样，1 XOR 0=1，即 OF=1。

			1	0	0	0	0	0	0	0
		+	1	1	1	1	1	1	1	0
CF	1		0	1	1	1	1	1	1	0

图 4-5　溢出标志如何设置的演示

NEG 指令　如果目的操作数不能正确存储，则 NEG 指令就会产生无效的结果。例如，如果将 −128 存放到 AL 中并试图对其求反，正确的结果（+128）无法存入 AL。溢出标志置 1，表示 AL 中存放的是无效的结果：

```
mov al,-128             ; AL = 10000000b
neg al                  ; AL = 10000000b, OF = 1
```

另一方面，如果对 +127 求反，则结果是有效的，溢出标志清 0：

```
mov al,+127             ; AL = 01111111b
neg al                  ; AL = 10000001b, OF = 0
```

> CPU 如何知道一个算术运算是有符号的还是无符号的？答案似乎有点愚蠢：它不知道！在算术运算之后，不论哪个标志与之相关，CPU 都会使用一组布尔规则来设置所有的状态标志。你（程序员）要根据执行操作的类型来决定哪些标志需要分析，哪些可以忽略。

4.2.7　示例程序（AddSubTest）

下面的 AddSubTest 程序利用 ADD、SUB、INC、DEC 及 NEG 指令实现了各种算术表达式，并展示了相关状态标志是如何受到影响的：

```
; 加法和减法        (AddSubTest.asm)
.386
.model flat,stdcall
.stack 4096
ExitProcess proto,dwExitCode:dword
.data
Rval SDWORD ?
Xval SDWORD 26
Yval SDWORD 30
Zval SDWORD 40
.code
main PROC
    ; INC 和 DEC
    mov   ax,1000h
    inc   ax                  ; 1001h
    dec   ax                  ; 1000h
    ; 表达式: Rval = -Xval +(Yval - Zval)
    mov   eax,Xval
    neg   eax                 ; -26
    mov   ebx,Yval
    sub   ebx,Zval            ; -10
    add   eax,ebx
    mov   Rval,eax            ; -36
    ; 零标志示例:
    mov   cx,1
    sub   cx,1                ; ZF = 1
    mov   ax,0FFFFh
    inc   ax                  ; ZF = 1
    ; 符号标志示例:
    mov   cx,0
    sub   cx,1                ; SF = 1
    mov   ax,7FFFh
    add   ax,2                ; SF = 1
    ; 进位标志示例:
    mov   al,0FFh
    add   al,1                ; CF = 1, AL = 00
    ; 溢出标志示例:
    mov   al,+127
    add   al,1                ; OF = 1
    mov   al,-128
    sub   al,1                ; OF = 1

    INVOKE ExitProcess,0
main ENDP
END main
```

4.2.8 本节回顾

本节的问题使用下面的数据。每个新的问题都假设前面的问题未改变变量数值。

```
.data
val1 BYTE 10h
val2 WORD 8000h
val3 DWORD 0FFFFh
val4 WORD 7FFFh
```

1. 下面的哪条语句修改了 val2 的内容?

   a. add val2,2   b. add 2,val2

   c. add [val2],2   d. 第 1 个和第 3 个答案是正确的

2. 判断真假：下面的指令序列实现的是 val2 减去 val4。

   ```
   mov ax,val4
   sub val2,ax
   ```

   a. 真　　　　　　　　b. 假

3. 判断真假：下面的指令序列实现的是 val2 减去 val1。

   ```
   sub val2,val1
   ```

   a. 真　　　　　　　　b. 假

4. 判断真假：下面的指令序列实现的是 val2 减去 val4。

   ```
   sub [val2],[val4]
   ```

   a. 真　　　　　　　　b. 假

5. 判断真假：下面的指令序列实现的是 val2 减去 val1。

   ```
   mov ax,0
   mov al,val1
   sub val2,ax
   ```

   a. 真　　　　　　　　b. 假

6. 判断真假：如果用 ADD 指令实现 val1 加 1，则 CF = 0 且 ZF = 0（缩写：CF = 进位标志，ZF = 零标志，OF = 溢出标志）。

   a. 真　　　　　　　　b. 假

7. 判断真假：如果用 ADD 指令实现 val2 加 1，则 CF = 1 且 ZF = 0。

   a. 真　　　　　　　　b. 假

8. 判断真假：如果用 ADD 指令实现 val3 加 1，则 CF = 1 且 ZF = 0。

   a. 真　　　　　　　　b. 假

9. 判断真假：如果用 ADD 指令实现 val4 加 1，则 SF = 1 且 OF = 1。

   a. 真　　　　　　　　b. 假

10. 判断真假：如果用 SUB 指令实现 val2 减 1，则 SF = 0 且 OF = 1。

    a. 真　　　　　　　　b. 假

4.3 与数据相关的操作符和伪指令

操作符和伪指令不是可执行指令，而是由汇编器进行解释。可以使用一些汇编语言伪指令来获取数据地址和大小等方面的特征信息：

- OFFSET 操作符返回的是一个变量与其所在段起始地址之间的距离。
- PTR 操作符可以覆盖操作数的默认大小。
- TYPE 操作符返回的是一个操作数或数组中每个元素的大小（按字节数计）。
- LENGHTOF 操作符返回的是数组中元素的个数。
- SIZEOF 操作符返回的是数组初始化时使用的字节数。

此外，LABEL 伪指令提供了一种方法，能用不同大小的属性重新定义同一个变量。本章的操作符和伪指令只代表 MASM 支持的一小部分操作符，完整的列表参见附录 D。

4.3.1 OFFSET 操作符

OFFSET 操作符返回数据标号的偏移量。这个偏移量表示的是按字节计算该数据标号距离数据段起始地址的距离。图 4-6 显示了在数据段内名为 myByte 的变量。

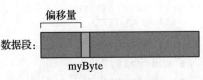

图 4-6　名为 myByte 的变量

OFFSET 示例

下面的例子声明了三种不同类型的变量：

```
.data
bVal    BYTE    ?
wVal    WORD    ?
dVal    DWORD   ?
dVal2   DWORD   ?
```

如果 `bVal` 在偏移量为 0040 4000（十六进制）的位置，则 OFFSET 操作符的返回值如下：

```
mov     esi,OFFSET bVal         ; ESI = 00404000h
mov     esi,OFFSET wVal         ; ESI = 00404001h
mov     esi,OFFSET dVal         ; ESI = 00404003h
mov     esi,OFFSET dVal2        ; ESI = 00404007h
```

OFFSET 也可以应用于直接 – 偏移量操作数。假设 `myArray` 包含 5 个 16 位的字。下面的 MOV 指令首先得到 `myArray` 的偏移量，然后加 4，再将形成的结果地址传送给 ESI。因此，可以说 ESI 指向数组中的第 3 个整数：

```
.data
myArray WORD 1,2,3,4,5
.code
mov     esi,OFFSET myArray + 4
```

还可以用一个变量的偏移量来初始化另一个双字变量，从而有效地创建一个指针。在下例中，`pArray` 就指向 `bigArray` 的起始地址：

```
.data
bigArray DWORD 500 DUP(?)
pArray DWORD bigArray
```

下面的指令将指针的值装入 ESI 中，这样，ESI 寄存器就可以指向数组的起始地址：

```
mov     esi,pArray
```

4.3.2 ALIGN 伪指令

ALIGN 伪指令将一个变量对齐到字节边界、字边界、双字边界或段落边界。语法如下：

ALIGN *bound*

bound 可取值 1、2、4、8 或 16。当取值为 1 时，下一个变量对齐于 1 字节边界（默认情况）。当取值为 2 时，下一个变量对齐于偶数地址。当取值为 4 时，下一个变量地址为 4 的倍数。当取值为 16 时，下一个变量地址为 16 的倍数，即一个段落的边界。为了满足对齐要求，汇编器会在变量前插入一个或多个空字节。为什么要费事地对齐数据呢？因为 CPU 处理偶数地址的数据要比处理奇数地址的数据更快。

在下面的例子中，`bVal` 随意地位于偏移量为 0040 4000 的位置。在 `wVal` 之前插入了 ALIGN 2 伪指令，这使得 `wVal` 对齐于偶数偏移量：

```
bVal    BYTE    ?           ; 00404000h
ALIGN 2
wVal    WORD    ?           ; 00404002h
bVal2   BYTE    ?           ; 00404004h
ALIGN 4
dVal    DWORD   ?           ; 00404008h
dVal2   DWORD   ?           ; 0040400Ch
```

注意，dVal 的偏移量原本是 0040 4005，但是 ALIGN 4 伪指令使它的偏移量成为 0040 4008。

4.3.3 PTR 操作符

PTR 操作符可以覆盖一个已经被声明过的操作数的大小。只有在试图用不同于汇编器认定的大小属性来访问操作数时，这个操作符才是必需的。

例如，假设想要将一个双字变量 myDouble 的低 16 位传送给 AX。由于操作数大小不匹配，汇编器不允许这种传送：

```
.data
myDouble DWORD 12345678h
.code
mov    ax,myDouble              ; 错误
```

然而，使用 WORD PTR 操作符就能将低位字（5678h）送入 AX：

```
mov    ax,WORD PTR myDouble
```

为什么送入 AX 的不是 1234h？原因是，x86 处理器采用的是小端序存储格式（参见 3.4.9 节），即低位字节存放在变量的起始地址。在图 4-7 中，myDouble 的内存布局用三种方式显示：第一种是以双字显示，第二种是以两个字显示（5678h 和 1234h），最后一种是以四个字节显示（78h、56h、34h 和 12h）。

双字	字	字节	偏移量	
12345678	5678	78	0000	myDouble
		56	0001	myDouble + 1
	1234	34	0002	myDouble + 2
		12	0003	myDouble + 3

图 4-7　myDouble 的内存布局

无论变量是如何定义的，都可以用三种方法中的任何一种来访问内存。例如，如果 myDouble 开始于偏移量 0000，则存储在该地址的 16 位值是 5678h。我们也可以使用如下指令取得位于 myDouble+2 处的字 1234h：

```
mov ax,WORD PTR [myDouble+2]                  ; 1234h
```

类似地，用 BYTE PTR 操作符能够将 myDouble 中的单个字节传送到 BL：

```
mov bl,BYTE PTR myDouble                      ; 78h
```

注意，PTR 必须与一个标准的汇编数据类型结合使用，这些类型包括：BYTE、SBYTE、WORD、SWORD、DWORD、SDWORD、FWORD、QWORD 及 TBYTE。

将较小的值送入较大的目的操作数　我们可能需要将两个较小的值从内存传送到一个较大的目的操作数。在下面例子中，第一个字复制到 EAX 的低半部分，第二个字复制到高半部分。而 DWORD PTR 操作符就能实现这种操作：

```
.data
wordList WORD 5678h,1234h
.code
mov eax,DWORD PTR wordList                    ; EAX = 12345678h
```

4.3.4 TYPE 操作符

TYPE 操作符返回变量的单个元素的大小，以字节为单位计算。例如，TYPE 对字节操作得 1，对字操作得 2，对双字操作得 4，对四字操作得 8。下面是每种情况的例子：

```
.data
var1 BYTE  ?
var2 WORD  ?
var3 DWORD ?
var4 QWORD ?
```

下表显示了每个 TYPE 表达式的值。

表达式	值
TYPE var1	1
TYPE var2	2
TYPE var3	4
TYPE var4	8

4.3.5 LENGTHOF 操作符

LENGTHOF 操作符计算数组中元素的个数，数组是由与其标号在同一行出现的那些数值来定义的。以下面数据为例：

```
.data
byte1    BYTE  10,20,30
array1   WORD  30 DUP(?),0,0
array2   WORD  5 DUP(3 DUP(?))
array3   DWORD 1,2,3,4
digitStr BYTE  "12345678",0
```

如果在数组定义中出现了嵌套的 DUP 操作符，则 LENGTHOF 返回的是两个计数值的乘积。下表列出了每个 LENGTHOF 表达式返回的数值：

表达式	值
LENGTHOF byte1	3
LENGTHOF array1	30+2
LENGTHOF array2	5*3
LENGTHOF array3	4
LENGTHOF digitStr	9

如果数组定义占据了多个程序行，则 LENGTHOF 只针对第一行定义的数据。若有如下数据定义，则 LENGHTOF myArray 的返回值为 5：

```
myArray BYTE 10,20,30,40,50
        BYTE 60,70,80,90,100
```

另外，也可以在第一行结尾处用逗号，并在下一行继续进行数组初始化。比如有如下数据，则 LENGHOF myArray 的返回值为 10：

```
myArray BYTE 10,20,30,40,50,
             60,70,80,90,100
```

4.3.6 SIZEOF 操作符

SIZEOF 操作符的返回值等于 LENGTHOF 与 TYPE 的返回值的乘积。在下例中，intArray 数组的 TYPE=2，LENGTHOF=32，因此，SIZEOF intArray=64：

```
.data
intArray WORD 32 DUP(0)
```

```
        .code
        mov     eax,SIZEOF intArray             ; EAX = 64
```

4.3.7 LABEL 伪指令

LABEL 伪指令可以插入一个标号，并定义它的大小属性，但不为这个标号分配存储空间。LABEL 可以使用所有的标准大小属性，如 BYTE、WORD、DWORD、QWORD 或 TBYTE。LABEL 通常的用法是，为在数据段中定义的下一个变量提供另一个名称和大小属性。如下例所示，在变量 val32 之前定义了一个名为 val16 的标号，属性为 WORD：

```
        .data
val16   LABEL   WORD
val32   DWORD   12345678h
        .code
        mov     ax,val16                        ; AX = 5678h
        mov     dx,[val16+2]                    ; DX = 1234h
```

val16 是一个内存位置的别名，val16 与 val32 共享这个内存位置。LABEL 伪指令自身不分配内存。

有时需要用两个较小的整数构成一个较大的整数，如下例所示，两个 16 位变量组成一个 32 位值并装入到 EAX 中：

```
        .data
LongValue LABEL DWORD
val1    WORD    5678h
val2    WORD    1234h
        .code
        mov     eax,LongValue                   ; EAX = 12345678h
```

4.3.8 本节回顾

1. 判断真假：OFFSET 操作符总是返回 16 位值。
   a. 真   b. 假
2. 判断真假：PTR 操作符返回变量的 32 位地址。
   a. 真   b. 假
3. 判断真假：TYPE 操作符对双字操作数返回 4。
   a. 真   b. 假
4. 判断真假：LENGTHOF 操作符返回操作数中的字节数。
   a. 真   b. 假
5. 判断真假：SIZEOF 操作符返回操作数中的字节数。
   a. 真   b. 假

4.4 间接寻址

直接寻址很少用于数组处理，因为用常数偏移量来寻址多个数组元素时，直接寻址并不实用。取而代之的是使用寄存器作为指针（称为间接寻址（indirect addressing））并控制该寄存器的值。如果一个操作数使用的是间接寻址，就称之为间接操作数（indirect operand）。

4.4.1 间接操作数

保护模式　任何一个 32 位通用寄存器（EAX、EBX、ECX、EDX、ESI、EDI、EBP 及

ESP）用括号括起来就成为间接操作数。寄存器中包含的是数据的地址。在下面例子中，ESI 存放的是 byteVal 的偏移量。MOV 指令使用间接操作数作为源操作数，解析 ESI 中的偏移量，并将一个字节送入 AL：

```
.data
byteVal BYTE 10h
.code
mov esi,OFFSET byteVal
mov al,[esi]                    ; AL = 10h
```

如果目的操作数使用间接寻址，则新值将存入由寄存器指向的内存位置。在下面的例子中，BL 寄存器的内容被复制到 ESI 指向的内存位置中：

```
mov [esi],bl
```

PTR 与间接操作数一起使用　一个操作数的大小可能无法从指令的上下文直接看出来。下面的指令会导致汇编器产生"operand must have size"（操作数必须有大小）的报错消息：

```
inc [esi]                       ; 错误：操作数必须有大小
```

汇编器不知道 ESI 指向的是字节、字、双字，或其他数据大小。PTR 操作符则可以确定操作数的大小，如下例所示：

```
inc BYTE PTR [esi]
```

4.4.2 数组

间接操作数是步进遍历数组的理想工具。在下例中，arrayB 有 3 个字节，随着 ESI 的递增，它能顺序指向每一个字节：

```
.data
arrayB  BYTE 10h,20h,30h
.code
mov esi,OFFSET arrayB
mov al,[esi]                    ; AL = 10h
inc esi
mov al,[esi]                    ; AL = 20h
inc esi
mov al,[esi]                    ; AL = 30h
```

如果数组是 16 位整数类型，则 ESI 加 2 就可以顺序访问每个数组元素：

```
.data
arrayW  WORD 1000h,2000h,3000h
.code
mov esi,OFFSET arrayW
mov ax,[esi]                    ; AX = 1000h
add esi,2
mov ax,[esi]                    ; AX = 2000h
add esi,2
mov ax,[esi]                    ; AX = 3000h
```

看一下实际地址是有益的，就好像在使用调试器。假设 arrayW 处于偏移量 10200h，下面的示意图展示的是 ESI 的初始值与数组数据的关系：

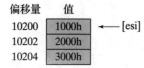

示例:32 位整数相加　下面的代码示例实现的是将 3 个双字相加。由于双字是 4 个字节,因此,ESI 要加 4 才能顺序指向每个数组值。

假设 arrayD 处于偏移量 10200h,下面的示意图展示的是 ESI 的初始值与数组数据的关系:

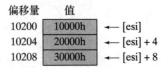

演示:访问双字数组

```
        .data
arrayD DWORD 10000h,20000h,30000h
        .code
1       mov   esi,OFFSET arrayD
2       mov   eax,[esi]              ; EAX = 10000h
3       add   esi,4
4       add   eax,[esi]              ; EAX = 20000h
5       add   esi,4
6       add   eax,[esi]              ; EAX = 30000h
```

逐行描述如下:

1. ESI 指向数组的第一个元素。
2. arrayD 的第一个值被复制到 EAX。
3. ESI 指向数组的第二个元素。
4. arrayD 的第二个值被复制到 EAX。
5. ESI 指向数组的第三个元素。
6. arrayD 的第三个值被复制到 EAX。

4.4.3 变址操作数

变址操作数(indexed operand)是指在寄存器上加上常量,从而产生一个有效地址。任何 32 位通用寄存器都可用作变址寄存器。MASM 允许使用以下两种基本格式(括号是符号表示的一部分):

constant[reg]
[constant + reg]

变址操作数能以两种不同格式之一出现,即或者是变量名与寄存器相结合,或者是整数常量与寄存器相结合。在前一种格式中,变量名由汇编器转换为常量,表示变量的偏移量。下面的例子显示了两种表示形式:

arrayB[esi]	[arrayB + esi]
arrayD[ebx]	[arrayD + ebx]

变址操作数非常适合用于数组处理。在访问第一个数组元素之前,变址寄存器应初始化为 0:

```
.data
arrayB BYTE 10h,20h,30h
.code
mov   esi,0
mov   al,arrayB[esi]              ; AL = 10h
```

本例中，第二条 mov 指令将 ESI 和 arrayB 的偏移量相加，表达式 [arrayB+ESI] 产生的地址被解析，并将相应内存中的字节复制到 AL。

加上位移 先前介绍过，变址寻址有两种基本格式，第一种是变量名与寄存器相结合。现在我们来看第二种格式，即寄存器与常数偏移量相结合，使用哪种结合顺序都可以。变址寄存器保存数组或结构的基地址，常量标识各个数组元素的偏移量。下面的代码示例展示了对一个 16 位整数数组如何使用这种形式：

```
.data
arrayW WORD 1000h,2000h,3000h
.code
mov   esi,OFFSET arrayW
mov   ax,[esi]            ; AX = 1000h
mov   ax,[esi+2]          ; AX = 2000h
mov   ax,[esi+4]          ; AX = 3000h
mov   ax,[4+esi]          ; AX = 3000h
```

使用 16 位寄存器 在实地址模式的程序中，只能使用有限的几个 16 位寄存器（即 SI、DI、BX 及 BP）作为变址操作数。下面是一些例子：

```
mov   al,arrayB[si]
mov   ax,arrayW[di]
mov   eax,arrayD[bx]
```

与间接操作数的情况一样，要避免使用 BP 寄存器，除非是对堆栈数据寻址。

变址操作数中的比例因子

在计算偏移量时，变址操作数必须考虑数组中每个元素的大小。在下面的例子中，使用了双字数组，就可将下标（3）乘以 4（双字的大小）来生成数组元素 400h 的偏移量：

```
.data
arrayD DWORD 100h, 200h, 300h, 400h
.code
mov esi,3 * TYPE arrayD        ; arrayD[3] 的偏移量
mov eax,arrayD[esi]            ; EAX = 400h
```

x86 指令集提供了一种计算偏移量的方法，即使用比例因子（scale factor）。比例因子是数组元素的大小（字 =2，双字 =4，四字 =8）。现在对先前的例子进行修改，将数组下标（3）送入 ESI，然后 ESI 乘以双字的比例因子（4）：

```
.data
arrayD DWORD 1,2,3,4
.code
mov esi,3                      ; 下标
mov eax,arrayD[esi*4]          ; EAX = 4
```

TYPE 操作符能让变址更加灵活，它可以让 arrayD 在之后重新定义为其他类型：

```
mov esi,3                              ; 下标
mov eax,arrayD[esi*TYPE arrayD]        ; EAX = 4
```

4.4.4 指针

一个变量如果包含的是另一个变量的地址，则该变量就称为指针（pointer）。指针是操作数组和数据结构的极好工具，因为它包含的地址在运行时是可以修改的。例如，可以使用系统调用来分配（保留）一个内存块，再把这个块的地址保存在一个变量中。指针的大小受处理器当前模式（32 位或 64 位）的影响。在下例的 32 位模式代码中，ptrB 包含了

arrayB 的偏移量：

```
.data
arrayB byte 10h,20h,30h,40h
ptrB dword arrayB
```

我们还可以用 OFFSET 操作符来定义 ptrB，从而使这种关系更加明确：

```
ptrB dword OFFSET arrayB
```

本书中的 32 位程序使用的是 32 位指针，因此，它们保存在双字变量中。这里有两个例子：ptrB 包含 arrayB 的偏移量，ptrW 包含 arrayW 的偏移量：

```
arrayB  BYTE    10h,20h,30h,40h
arrayW  WORD    1000h,2000h,3000h
ptrB    DWORD   arrayB
ptrW    DWORD   arrayW
```

> 高级语言刻意隐藏了指针的物理细节，这是因为机器架构不同，指针的实现也有差异。在汇编语言中，由于面对的是单一实现，因此在物理层上检查和使用指针更为容易。

使用 TYPEDEF 操作符

TYPEDEF 操作符可以创建用户定义类型，在定义变量时，这些类型与内置类型处于同样的背景中。TYPEDEF 是创建指针变量的理想工具。例如，下面的声明创建了一个新的数据类型 PBYTE，它就是一个指向 8 位数据的指针：

```
PBYTE TYPEDEF PTR BYTE
```

这样的声明通常放在靠近程序开始的地方，在数据段之前，使得接下来就可以用 PBYTE 来定义变量：

```
.data
arrayB BYTE 10h,20h,30h,40h
ptr1    PBYTE ?                     ; 未初始化
ptr2    PBYTE arrayB                ; 指向数组
```

示例程序：指针　下面的程序（pointers.asm）使用 TYPEDEF 创建了 3 个指针类型（PBYTE、PWORD 和 PDWORD）。此外，程序还创建了几个指针，为其赋值几个数组偏移量，并解析了这些指针：

```
TITLE Pointers                              (Pointers.asm)
  .386
  .model flat,stdcall
  .stack 4096
  ExitProcess proto,dwExitCode:dword
  ; 创建用户定义类型。
  PBYTE   TYPEDEF PTR BYTE            ; 指向字节的指针
  PWORD   TYPEDEF PTR WORD            ; 指向字的指针
  PDWORD  TYPEDEF PTR DWORD           ; 指向双字的指针
  .data
  arrayB BYTE 10h,20h,30h
  arrayW WORD 1,2,3
  arrayD DWORD 4,5,6
  ; 创建一些指针变量。
  ptr1 PBYTE arrayB
```

```
        ptr2 PWORD arrayW
        ptr3 PDWORD arrayD
        .code
        main PROC
        ; 使用指针访问数据。
            mov   esi,ptr1
            mov   al,[esi]                      ; 10h
            mov   esi,ptr2
            mov   ax,[esi]                      ; 1
            mov   esi,ptr3
            mov   eax,[esi]                     ; 4
            invoke   ExitProcess,0
        main ENDP
        END main
```

4.4.5 本节回顾

1. 判断真假：任何一个 32 位通用寄存器都可以用作间接操作数。
    a. 真　　　　　　　　b. 假
2. 判断真假：EBX 寄存器通常是保留的，用于寻址堆栈。
    a. 真　　　　　　　　b. 假
3. 判断真假：下面的指令是合法的：

    ```
    inc [esi]
    ```

    a. 真　　　　　　　　b. 假
4. 判断真假：下面的代码将数值 3 传送到 EAX：

    ```
    .data
    array DWORD 1,2,3,4
    .code
    mov   esi,8
    mov   eax,array[esi]
    ```

    a. 真　　　　　　　　b. 假
5. 判断真假：下面的指令是合法的：

    ```
    add  WORD PTR[esi+2],20
    ```

    a. 真　　　　　　　　b. 假
6. 判断真假：下面的代码将数值 2 传送到 EAX：

    ```
    .data
    array DWORD 1,2,3,4
    .code
    mov   esi,0
    mov   eax,array[esi*2]
    ```

    a. 真　　　　　　　　b. 假
7. 见下面的代码清单，在指令序列的右侧填充所得到的目的寄存器的值：

    ```
    .data
    myBytes     BYTE 10h,20h,30h,40h
    myWords     WORD 8Ah,3Bh,72h,44h,66h
    myDoubles   DWORD 1,2,3,4,5
    myPointer   DWORD myDoubles
    .code
    mov   esi,OFFSET myBytes
    mov   al,[esi]                     ; AL =
    mov   al,[esi+3]                   ; AL =
    mov   esi,OFFSET myWords + 2
    ```

```
        mov     ax,[esi]                    ; AX =
        mov     edi,8
        mov     edx,[myDoubles + edi]       ; EDX =
        mov     edx,myDoubles[edi]          ; EDX =
        mov     ebx,myPointer
        mov     eax,[ebx+4]                 ; EAX =
```

8. 见下面的代码清单，在指令序列的右侧填充所得到的目的寄存器的值：

```
        .data
        myBytes     BYTE 10h,20h,30h,40h
        myWords     WORD 8Ah,3Bh,72h,44h,66h
        myDoubles   DWORD 1,2,3,4,5
        myPointer   DWORD myDoubles
        .code
        mov     esi,OFFSET myBytes
        mov     ax,[esi]                    ; AX =
        mov     eax,DWORD PTR myWords       ; EAX =
        mov     esi,myPointer
        mov     ax,[esi+2]                  ; AX =
        mov     ax,[esi+6]                  ; AX =
        mov     ax,[esi-4]                  ; AX =
```

4.5 JMP 和 LOOP 指令

在默认情况下，CPU 顺序加载和执行程序。但是，当前指令有可能是有条件的，也就是说，它根据 CPU 状态标志（零标志、符号标志、进位标志等）的值，把控制转向程序中新的位置。汇编语言程序使用条件指令来实现如 IF 语句和循环这样的高级语句。每个条件语句都包括一个可能向不同内存地址的转移（跳转）。控制转移，或称为分支（branch），是改变语句执行顺序的一种方式。有两种基本类型的转移：

- 无条件转移（unconditional transfer）：无论什么情况，控制都会转移到新位置。新地址被加载到指令指针寄存器，使得程序从新地址继续执行。JMP 指令实现这种转移。
- 条件转移（conditional transfer）：如果某种条件为真，则程序分支执行。各种条件转移指令可以组合起来，形成条件逻辑结构。CPU 基于 ECX 和 Flags 寄存器的内容来解释真/假条件。

4.5.1 JMP 指令

JMP 指令无条件跳转到目的地址，该地址用代码标号来标识，并被汇编器转换为偏移量。语法如下所示：

```
JMP destination
```

当 CPU 执行一个无条件转移时，目的地址的偏移量被送入到指令指针寄存器，使得程序从新位置开始继续执行。

创建一个循环　JMP 指令提供了一种简单的方法来创建循环，即跳转到循环开始时的标号：

```
top:
    .
    .
    jmp top             ; 重复无限循环
```

JMP 是无条件的，因此上述循环会无休止地进行下去，除非找到其他方法退出循环。

4.5.2 LOOP 指令

LOOP 指令,正式的名称是根据 ECX 计数器循环(Loop According to ECX Counter),将语句块重复执行特定次数。ECX 自动作为计数器,每重复循环一次就递减 1。语法如下所示:

```
LOOP destination
```

循环目的地址必须在距离当前位置计数器的 -128 到 +127 字节范围内。LOOP 指令的执行有两个步骤:第一步,将 ECX 减 1;第二步,将 ECX 与 0 比较。如果 ECX 不等于 0,则跳转到标号 destination。否则,如果 ECX 等于 0,则不发生跳转,控制将被传递到循环后面的指令。

在下面的例子中,每次循环都将 AX 加 1。当循环结束时,AX=5,ECX=0:

```
        mov   ax,0
        mov   ecx,5
L1:
        inc   ax
        loop  L1
```

一个常见的编程错误是,在循环开始之前,无意地将 ECX 初始化为 0。如果发生了这种情况,LOOP 指令将 ECX 减 1 后,其值就变为 FFFF FFFFh,循环次数就变成了 4 294 967 296! 如果循环计数器是 CX(在实地址模式下),则循环次数为 65 536。

偶尔,你可能会创建一个过大的循环,以至于超过了 LOOP 指令允许的相对跳转范围。下面给出的是 MASM 产生的一条出错消息,其原因是 LOOP 指令的目标标号太远了:

```
error A2075: jump destination too far : by 14 byte(s)
```

极少会在循环内部显式地修改 ECX。如果这样做,LOOP 指令可能无法按预期工作。在下面的例子中,ECX 在循环内部递增。这样 ECX 的值永远不能达到 0,因此循环也永远不会停止:

```
top:
        .
        .
        inc   ecx
        loop  top
```

如果需要在循环中修改 ECX,则可以在循环开始时,将 ECX 的值保存在变量中,再在 LOOP 指令之前恢复被保存的计数值:

```
.data
count DWORD ?
.code
        mov   ecx,100           ; 设置循环计数值
top:
        mov   count,ecx         ; 保存计数值
        .
        mov   ecx,20            ; 修改 ECX
        .
        mov   ecx,count         ; 恢复循环计数值
        loop  top
```

嵌套循环 当在一个循环中再创建一个循环时,就必须特别考虑外层的循环计数器 ECX,可以将它保存在一个变量中:

```
.data
count DWORD ?
.code
    mov    ecx,100          ; 设置外层循环计数值
L1:
    mov    count,ecx        ; 保存外层循环计数值
    mov    ecx,20           ; 设置内层循环计数值
L2:
    .
    .
    .
    loop   L2               ; 重复内层循环
    mov    ecx,count        ; 恢复外层循环计数值
    loop   L1               ; 重复外层循环
```

作为一般规则，难以编写多于两重的嵌套循环。如果使用的算法需要深层的循环嵌套，可将一些内层循环用子例程来实现。

4.5.3 在 Visual Studio 调试器中显示数组

在调试期间，如果想要显示数组的内容，做法如下：从 Debug 菜单，依次选择 Debug → Windows → Memory → Memory 1，则出现内存窗口，可以用鼠标拖动并停靠在 Visual Studio 工作区的任何一边。还可以右键单击该窗口的标题栏，表明要这个窗口浮动在编辑窗口之上。在内存窗口上端的 Address 栏里，输入 & 字符和数组名称，然后按〈Enter〉键。比如，&myArray 就是一个有效的地址表达式。内存窗口将显示从这个数组地址开始的一块内存，如图 4-8 所示。

如果数组的值是双字，则可以在内存窗口中，单击右键并在弹出的菜单里选择 4-byte integer。还有不同的格式可供选择，

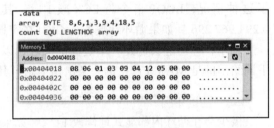

图 4-8 使用调试器的内存窗口来显示数组

包括 Hexadecimal Display、有符号十进制整数（称为 Signed Display），或者无符号十进制整数（称为 Unsigned Display）。图 4-9 显示了所有的选项。

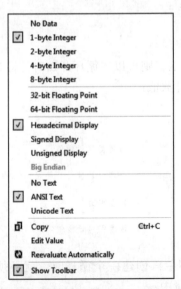

图 4-9 调试器内存窗口的弹出菜单

4.5.4 整数数组求和

在刚开始编程时，几乎没有比计算数组元素总和更常见的任务了。在汇编语言中，实现数组求和的步骤如下：

1. 将数组地址存放到一个寄存器中，该寄存器将作为变址操作数使用。
2. 将循环计数器初始化为数组的长度。
3. 将用来存放累加和的寄存器赋值为 0。
4. 创建标号以标记循环开始的地方。
5. 在循环体内，将一个数组元素加到和数上。
6. 指向数组的下一个元素。
7. 用 LOOP 指令重复循环。

步骤 1 到步骤 3 可以按照任何顺序执行。下面的短程序实现了对一个 32 位整数数组的求和。在各个注释行中都用步骤编号进行了标记。

```
; 数组求和                              (SumArray.asm)
.386
.model flat,stdcall
.stack 4096
ExitProcess proto,dwExitCode:dword
.data
intarray DWORD 10000h,20000h,30000h,40000h
.code
main PROC
    mov edi,OFFSET intarray         ; 1: EDI = intarray 的地址
    mov ecx,LENGTHOF intarray       ; 2: 初始化循环计数器
    mov eax,0                       ; 3: sum = 0
L1:                                 ; 4: 标记循环的开始
    add eax,[edi]                   ; 5: 加上一个整数
    add edi,TYPE intarray           ; 6: 指向下一个元素
    loop L1                         ; 7: 重复直至 ECX = 0

    invoke ExitProcess,0
main ENDP
END main
```

4.5.5 复制字符串

程序常常要将大块数据从一个位置复制到另一个位置。这些数据可能是数组或字符串，但是它们可以包含任何类型的对象。现在看看在汇编语言中如何实现这种操作，用循环来复制一个字符串，而字符串表示为带有一个空终止值的字节数组。变址寻址很适合这种操作，因为可以用同一个变址寄存器来引用两个字符串。目标字符串必须有足够的空间来接收被复制的字符，包括最后的空字节：

```
; 复制字符串                            (CopyStr.asm)
.386
.model flat,stdcall
.stack 4096
ExitProcess proto,dwExitCode:dword
.data
source BYTE "This is the source string",0
target BYTE SIZEOF source DUP(0)
.code
main PROC
```

```
            mov    esi,0                    ; 变址寄存器
            mov    ecx,SIZEOF source        ; 循环计数器
    L1:
            mov    al,source[esi]           ; 从源字符串获得一个字符
            mov    target[esi],al           ; 存放到目标字符串
            inc    esi                      ; 移到下一个字符
            loop   L1                       ; 对整个字符串重复进行
            invoke ExitProcess,0
    main ENDP
    END main
```

MOV 指令不能有两个内存操作数，所以，每个源字符串字符先送入 AL，然后再从 AL 送入目标字符串。

4.5.6 本节回顾

1. 判断真假：JMP 是条件转移指令。
   a. 真　　　　　　　　　b. 假

2. 在循环开始之前，如果 ECX 初始化为 0，则 LOOP 指令要循环多少次？（假设在循环体内，没有其他指令修改 ECX。）
   a. 0 次　　　　　b. 65 536 次　　　　　c. 4 294 967 296 次　　　　d. 无法确定

3. 判断真假：LOOP 指令首先检查 ECX 是否不等于 0，然后 ECX 减 1，再跳转到目的标号。
   a. 真　　　　　　　　　b. 假

4. 判断真假：LOOP 指令的跳转目标必须在当前位置的前后 256 个字节范围内。
   a. 真　　　　　　　　　b. 假

5. 判断真假：LOOP 指令的执行过程为：ECX 减 1；如果 ECX 不等于 0，LOOP 就跳转到目的标号。
   a. 真　　　　　　　　　b. 假

6. 在实地址模式中，LOOP 指令使用哪一个寄存器作为计数器？_____

7. 在实地址模式中，LOOPD 指令使用哪一个寄存器作为计数器？_____

8. 当下面代码执行时，给出的哪个答案选项是 EAX 的最终值？
```
            mov    eax,0
            mov    ecx,10           ; 外层循环计数器
    L1:
            mov    eax,3
            mov    ecx,5            ; 内层循环计数器
    L2:
            add    eax,5
            loop   L2               ; 重复内层循环
            loop   L1               ; 重复外层循环
```
   a. 10h　　　　　　　　　　　　　　　　　　b. 1Ch
   c. 50h　　　　　　　　　　　　　　　　　　d. 循环不会停止，所以 EAX 的值无法确定

9. 当下面代码执行时，给出的哪个答案选项是 EAX 的最终值？
```
            mov    eax,0
            mov    ecx,10
    L1:     push   ecx
            mov    eax,3
            mov    ecx,5
    L2:     add    eax,5
            loop   L2
            pop    ecx
            loop   L1
```
   a. 10h　　　　　　　b. 1Ch　　　　　　　c. 50h

4.6 64 位编程

4.6.1 MOV 指令

64 位模式下的 MOV 指令与 32 位模式下的 MOV 指令有很多共同点，只有几点区别，在此讨论一下。立即操作数（常数）可以是 8 位、16 位、32 位或 64 位。下面是一个 64 位的示例：

```
mov     rax,0ABCDEF0AFFFFFFFFh      ; 64 位立即操作数
```

当将一个 32 位常数送入 64 位寄存器时，目的操作数的高 32 位（位 32～63）被清零（等于 0）：

```
mov     rax,0FFFFFFFFh              ; rax = 00000000FFFFFFFF
```

当向 64 位寄存器送入 16 位或 8 位常数时，其高位也被清零：

```
mov     rax,06666h                  ; 位 16～63 清零
mov     rax,055h                    ; 位 8～63 清零
```

然而，当将内存操作数送入 64 位寄存器时，则结果会有所不同。例如，传送一个 32 位内存操作数到 EAX（RAX 的低半部分），就会清零 RAX 的高 32 位：

```
.data
myDword DWORD 80000000h
.code
mov     rax,0FFFFFFFFFFFFFFFFh
mov     eax,myDword                 ; RAX = 0000000080000000
```

但是，当将 8 位或 16 位内存操作数送入 RAX 的低位时，则目的寄存器的高位不受影响：

```
.data
myByte BYTE 55h
myWord WORD 6666h
.code
mov     ax,myWord                   ; 位 16～63 不受影响
mov     al,myByte                   ; 位 8～63 不受影响
```

MOVSXD 指令（带符号扩展的传送）允许源操作数为 32 位的寄存器或内存操作数。下面的指令使得 RAX 的值为 FFFF FFFF FFFF FFFFh：

```
mov     ebx,0FFFFFFFFh
movsxd  rax,ebx
```

OFFSET 操作符产生 64 位地址，必须用 64 位寄存器或变量来保存。在下例中，使用的是 RSI 寄存器：

```
.data
myArray WORD 10,20,30,40
.code
mov     rsi,OFFSET myArray
```

在 64 位模式中，LOOP 指令用 RCX 作为循环计数器。

有了这些基本概念，就可以编写许多 64 位模式的程序了。大多数情况下，如果一直使用 64 位整数变量或 64 位寄存器，编程就比较容易。ASCII 码字符串是一种特殊情况，因为它们总是包含着字节。通常在处理它们时，采用间接或变址寻址方式。

4.6.2 64 位版本的 SumArray 程序

我们在 64 位模式下重写 SumArray 程序，该程序计算 64 位整数数组的总和。首先，

用QWORD伪指令创建一个四字数组，然后将所有32位寄存器名字更换为64位寄存器名字。完整的程序清单如下所示：

```
; 数组求和                                  (SumArray_64.asm)
ExitProcess PROTO
.data
intarray    QWORD   1000000000000h,2000000000000h,
            QWORD   3000000000000h,4000000000000h
.code
main PROC
        mov     rdi,OFFSET intarray     ; RDI = intarray 的地址
        mov     rcx,LENGTHOF intarray   ; 初始化循环计数器
        mov     rax,0                   ; sum = 0
L1:                                     ; 标记循环的开始
        add     rax,[rdi]               ; 加上一个整数
        add     rdi,TYPE intarray       ; 指向下一个元素
        loop    L1                      ; 重复直至 RCX = 0
        mov     ecx,0                   ; ExitProcess 返回值
        call    ExitProcess
main ENDP
END
```

4.6.3 加法和减法

在64位模式下，ADD、SUB、INC及DEC指令影响CPU的状态标志，其方式与在32位模式下一致。在下面的例子中，将1加到RAX寄存器中存放的一个32位数，每一位都向左产生进位，因此，在位32生成1：

```
mov rax,0FFFFFFFFh      ; 填充低 32 位
add rax,1               ; RAX = 100000000h
```

知道操作数的大小总是有好处的。当仅使用寄存器操作数的一部分时，寄存器的其他部分是没有被修改的。如下例所示，AX中的16位总和翻转为全0，但是不影响RAX的高位。这是因为该操作仅使用16位寄存器（AX和BX）：

```
mov rax,0FFFFh          ; RAX = 000000000000FFFF
mov bx,1
add ax,bx               ; RAX = 0000000000000000
```

类似地，在下面的例子中，由于AL中的和数产生的进位不会进入RAX的其他位，所以执行ADD指令后，RAX等于0：

```
mov rax,0FFh            ; RAX = 00000000000000FF
mov bl,1
add al,bl               ; RAX = 0000000000000000
```

相同的原则也适用于减法。在下面的代码段中，对EAX中的0减1，会使得RAX低32位变为-1（FFFF FFFFh）。同样，对AX中的0减1，会使得RAX低16位等于-1（FFFFh）。

```
mov rax,0               ; RAX = 0000000000000000
mov ebx,1
sub eax,ebx             ; RAX = 00000000FFFFFFFF
mov rax,0               ; RAX = 0000000000000000
mov bx,1
sub ax,bx               ; RAX = 000000000000FFFF
```

当指令包含间接操作数时，必须使用64位通用寄存器。记住，必须要使用PTR操作符

以明确目标操作数的大小。下面是一些例子，其中一个就包含了 64 位目标操作数：

```
dec BYTE  PTR [rdi]         ; 8 位目标操作数
inc WORD  PTR [rbx]         ; 16 位目标操作数
inc QWORD PTR [rsi]         ; 64 位目标操作数
```

在 64 位模式下，可以对变址操作数使用比例因子，与在 32 位模式下一致。如果要处理 64 位整数数组，采用比例因子 8，则示例如下：

```
.data
array QWORD 1,2,3,4
.code
mov  esi,3                  ; 下标
mov  rax,array[rsi*8]       ; RAX = 4
```

在 64 位模式下，指针变量存放的是 64 位偏移量。在下面的例子中，ptrB 变量存放了 arrayB 的偏移量：

```
.data
arrayB BYTE 10h,20h,30h,40h
ptrB QWORD arrayB
```

或者，还可以用 OFFSET 操作符来定义 ptrB，使这个关系更加清晰：

```
ptrB QWORD OFFSET arrayB
```

4.6.4 本节回顾

1. 判断真假：将常数值 0FFh 送入 RAX 寄存器，就会清零其位 8 ~ 63。
   a. 真　　　　　　　　b. 假
2. 判断真假：一个 32 位常数可以被送入 64 位寄存器中，但是 64 位常数不可以。
   a. 真　　　　　　　　b. 假
3. 执行下列指令后，RCX 的值是多少？用十六进制，且仅使用数字和大写字母给出答案：_____
   ```
   mov rcx,1234567800000000h
   sub ecx,1
   ```
4. 执行下列指令后，RCX 的值是多少？用十六进制，且仅使用数字和大写字母给出答案：_____
   ```
   mov rcx,1234567800000000h
   add rcx,0ABABABABh
   ```
5. 执行下列指令后，AL 的值是多少？用十六进制，且仅使用数字和大写字母给出答案：_____
   ```
   .data
   bArray BYTE 10h,20h,30h,40h,50h
   .code
   mov rdi,OFFSET bArray
   dec BYTE PTR [rdi+1]
   inc rdi
   mov al,[rdi]
   ```
6. 执行下列指令后，RCX 的值是多少？用十六进制，且仅使用数字和大写字母给出答案：_____
   ```
   mov rcx,0DFFFh
   mov bx,3
   add cx,bx
   ```

4.7 本章小结

MOV 是数据传送指令，将源操作数复制到目的操作数。MOVZX 指令将一个较小的操

作数零扩展为较大的操作数。MOVSX 指令将一个较小的操作数符号扩展为较大的操作数。XCHG 指令交换两个操作数的内容，指令中至少有一个操作数必须是寄存器。

操作数类型　本章介绍了下列的操作数类型：
- 直接操作数是变量的名字，表示该变量的地址。
- 直接–偏移量操作数是在变量名上加位移，生成新的偏移量。这个新的偏移量就可用来访问内存数据。
- 间接操作数是存放了数据地址的寄存器。通过将寄存器名用方括号括起来（如 [esi]），程序就能解析该地址，并检索内存数据。
- 变址操作数将常量与间接操作数相组合。常量与寄存器值相加，就解析出结果偏移量。例如，[array+esi] 和 array[esi] 都是变址操作数。

以下的算术运算指令是重要的：
- INC 指令将操作数加 1。
- DEC 指令将操作数减 1。
- ADD 指令将源操作数加到目的操作数。
- SUB 指令从目的操作数减去源操作数。
- NEG 指令将操作数的符号翻转。

当把简单的算术表达式转换为汇编语言时，利用标准运算符优先级规则来选择先计算哪个表达式。

状态标志　以下的 CPU 状态标志受算术运算的影响：
- 当算术运算的结果为负时，符号标志置 1。
- 当无符号算术运算的结果对于目的操作数来说太大时，进位标志置 1。
- 执行算术或布尔指令后，奇偶标志能立即反映出目的操作数的最低有效字节中 1 的个数是否为偶数。
- 当目的操作数的位 3 发生进位或借位时，辅助进位标志置 1。
- 当算术运算的结果为 0 时，零标志置 1。
- 当有符号算术运算的结果超过目的操作数的范围时，溢出标志置 1。

操作符　以下是汇编语言中常用的操作符：
- OFFSET 操作符返回的是变量与其所在段的首地址的距离（按字节数计）。
- PTR 操作符覆盖一个已声明变量的大小。
- TYPE 操作符返回的是单个变量或数组中单个元素的大小（按字节数计）。
- LENGTHOF 操作符返回的是数组中元素的个数。
- SIZEOF 操作符返回的是数组初始化的字节数。
- TYPEDEF 操作符创建用户定义类型。

循环　JMP（跳转）指令无条件分支到另一个位置。LOOP（根据 ECX 计数器循环）指令用于计数型循环。在 32 位模式下，LOOP 用 ECX 作为计数器；在 64 位模式下，用 RCX 作为计数器。

MOV 指令的操作在 32 位模式和 64 位模式下几乎相同。然而，向 64 位寄存器传送常数和内存操作数的规则有点难以处理。只要有可能，在 64 位模式下尽量使用 64 位操作数，间接操作数和变址操作数也总是使用 64 位寄存器。

4.8 关键术语

4.8.1 术语

conditional transfer（条件转移）
data transfer instruction（数据传送指令）
direct memory operand（直接内存操作数）
direct-offset operand（直接–偏移量操作数）
effective address（有效地址）
immediate operand（立即操作数）
indexed operand（变址操作数）

indirect operand（间接操作数）
memory operand（内存操作数）
pointer（指针）
scale factor（比例因子）
sign extension（符号扩展）
unconditional transfer（无条件转移）

4.8.2 指令、操作符及伪指令

ADD
ALIGN
DEC
INC
JMP
LABEL
LAHF
LENGTHOF
LOOP
MOV
MOVSX

MOVZX
NEG
OFFSET
PTR
SAHF
SIZEOF
SUB
TYPE
TYPEDEF
XCHG

4.9 复习题和练习

4.9.1 简答题

1. 执行下列标记为 (a) 和 (b) 的指令后，EDX 的值分别为多少？

    ```
    .data
    one WORD 8002h
    two WORD 4321h
    .code
    mov   edx,21348041h
    movsx edx,one                    ; (a)
    movsx edx,two                    ; (b)
    ```

2. 执行下列指令后，EAX 的值是多少？

    ```
    mov eax,1002FFFFh
    inc ax
    ```

3. 执行下列指令后，EAX 的值是多少？

    ```
    mov eax,30020000h
    dec ax
    ```

4. 执行下列指令后，EAX 的值是多少？

    ```
    mov eax,1002FFFFh
    neg ax
    ```

5. 执行下列指令后,奇偶标志的值是什么?

   ```
   mov al,1
   add al,3
   ```

6. 执行下列指令后,EAX 和符号标志的值分别是什么?

   ```
   mov eax,5
   sub eax,6
   ```

7. 下列的代码中,AL 中的值是一个有符号字节。解释溢出标志如何帮助(或无法帮助)确定 AL 中的最终值是否在有符号数的有效范围内?

   ```
   mov al,-1
   add al,130
   ```

8. 执行下列指令后,RAX 的值是多少?

   ```
   mov rax,44445555h
   ```

9. 执行下列指令后,RAX 的值是多少?

   ```
   .data
   dwordVal DWORD 84326732h
   .code
   mov rax,0FFFFFFFF00000000h
   mov eax,dwordVal
   ```

10. 执行下列指令后,EAX 的值是多少?

    ```
    .data
    dVal DWORD 12345678h
    .code
    mov ax,3
    mov WORD PTR dVal+2,ax
    mov eax,dVal
    ```

11. 执行下列指令后,EAX 的值是多少?

    ```
    .data
    dVal DWORD ?
    .code
    mov dVal,12345678h
    mov ax,WORD PTR dVal+2
    add ax,3
    mov WORD PTR dVal,ax
    mov eax,dVal
    ```

12. (是 / 否):如果正数与负数相加,是否可能使溢出标志置 1?
13. (是 / 否):如果两个负数相加,结果为正数,溢出标志是否会置 1?
14. (是 / 否):执行 NEG 指令是否能将溢出标志置 1?
15. (是 / 否):符号标志和零标志是否能同时置 1?

    问题 16 ~ 19 使用如下的变量定义:

    ```
    .data
    var1 SBYTE -4,-2,3,1
    var2 WORD 1000h,2000h,3000h,4000h
    var3 SWORD -16,-42
    var4 DWORD 1,2,3,4,5
    ```

16. 判断下述每条语句是否为有效指令:

    a. mov ax,var1　　　b. mov ax,var2　　　c. mov eax,var3　　　d. mov var2,var3

    e. movzx ax,var2　　f. movzx var2,al　　g. mov ds,ax　　　　h. mov ds,1000h

17. 顺序执行下列指令，则每条指令的目的操作数的十六进制值是多少？

    ```
    mov al,var1              ; a.
    mov ah,[var1+3]          ; b.
    ```

18. 顺序执行下列指令，则每条指令的目的操作数的值是多少？

    ```
    mov ax,var2              ; a.
    mov ax,[var2+4]          ; b.
    mov ax,var3              ; c.
    mov ax,[var3-2]          ; d.
    ```

19. 顺序执行下列指令，则每条指令的目的操作数的值是多少？

    ```
    mov    edx,var4          ; a.
    movzx  edx,var2          ; b.
    mov    edx,[var4+4]      ; c.
    movsx  edx,var1          ; d.
    ```

4.9.2 算法题

1. 有一名为 three 的双字变量，编写序列 MOV 指令以交换该变量的高位字和低位字。
2. 用不超过 3 条的 XCHG 指令对 4 个 8 位寄存器的值进行重排序，将其顺序从 A、B、C、D 调整为 B、C、D、A。
3. 被传输的消息通常包含一个奇偶位，其值与数据字节结合在一起，使得 1 的位数为偶数。假设 AL 寄存器中的消息字节的值为 0111 0101，如何用奇偶标志结合一条算术运算指令来判断该消息字节的奇偶性？
4. 编写代码，用字节操作数实现两个负整数相加，并使溢出标志置 1。
5. 编写连续的两条指令，用加法使零标志和进位标志同时置 1。
6. 编写连续的两条指令，用减法使进位标志置 1。
7. 用汇编语言实现算术表达式：EAX=-val2+7-val3+val1。假设 val1、val2 及 val3 都是 32 位整数变量。
8. 编写循环代码，在一个双字数组中进行迭代，并用带比例因子的变址寻址来计算该数组元素的总和。
9. 用汇编语言实现算术表达式：AX=(val2+BX)-val4。假设 val2 和 val4 都是 16 位整数变量。
10. 编写连续的两条指令，使进位标志和溢出标志同时置 1。
11. 编写指令序列，展示在执行 INC 和 DEC 指令后，如何用零标志来指示无符号溢出的情况。

    问题 12 ~ 18 使用如下数据定义：

    ```
    .data
    myBytes   BYTE    10h,20h,30h,40h
    myWords   WORD    3 DUP(?),2000h
    myString  BYTE    "ABCDE"
    ```

12. 在给定数据中插入一条伪指令，将 myBytes 对齐到偶数地址。
13. 下列每条指令执行后，EAX 的值分别是多少？

    ```
    mov eax,TYPE myBytes         ; a.
    mov eax,LENGTHOF myBytes     ; b.
    mov eax,SIZEOF myBytes       ; c.
    mov eax,TYPE myWords         ; d.
    mov eax,LENGTHOF myWords     ; e.
    mov eax,SIZEOF myWords       ; f.
    mov eax,SIZEOF myString      ; g.
    ```

14. 编写一条指令将 myBytes 的前两个字节送入 DX 寄存器，使寄存器的值为 2010h。
15. 编写一条指令将 myWords 的第二个字节送入 AL 寄存器。

16. 编写一条指令将 myBytes 的全部四个字节送入 EAX 寄存器。
17. 在给定数据中插入一条 LABEL 伪指令，使得 myWords 能直接送入 32 位寄存器。
18. 在给定数据中插入一条 LABEL 伪指令，使得 myBytes 能直接送入 16 位寄存器。

4.10 编程练习

下面的练习可以在 32 位模式或 64 位模式下完成。

★ **1. 将大端序转换为小端序**

使用下面的变量和 MOV 指令编写程序，将数值从 bigEndian 复制到 littleEndian，从而颠倒字节的顺序。数据的 32 位值理解为 1234 5678h。

```
.data
bigEndian BYTE 12h,34h,56h,78h
littleEndian DWORD?
```

★★ **2. 交换数组元素对**

使用循环和变址寻址编写程序，交换元素个数为偶数的数组中的每个数值对。即元素 i 与元素 $i+1$ 交换，元素 $i+2$ 与元素 $i+3$ 交换，以此类推。

★★ **3. 数组元素值间隔之和**

使用循环和变址寻址编写程序，计算连续数组元素的间隔总和。数组元素为双字，按非递减次序排列。比如，若数组为 {0, 2, 5, 9, 10}，则元素间隔为 2、3、4 和 1，间隔之和等于 10。

★★ **4. 将字数组复制到双字数组**

使用循环编写程序，将一个无符号字（16 位）数组的所有元素复制到无符号双字（32 位）数组。

★★ **5. 斐波那契数**

使用循环编写程序，计算斐波那契（Fibonacci）数列的前 7 个数值，计算公式如下：
$$Fib(1) = 1, Fib(2) = 1, Fib(n) = Fib(n-1)+Fib(n-2)。$$

★★★ **6. 数组反向**

使用带有间接或变址寻址的循环来编写程序，实现整数数组元素的位置颠倒。不能将元素复制到其他数组。考虑到数值大小和类型在将来可能发生变化，用 SIZEOF、TYPE 及 LENGTHOF 操作符尽可能增加程序的灵活性。

★★★ **7. 将字符串复制为相反顺序**

使用循环和间接寻址编写程序，将一个字符串从 source 复制到 target，并使字符顺序颠倒。使用的变量如下：

```
source BYTE "This is the source string",0
target BYTE SIZEOF source DUP('#')
```

★★★ **8. 数组元素移位**

使用循环和变址寻址编写代码，将一个 32 位整数数组中的元素向前（向右）循环移动一个位置，数组最后一个元素的值移动到第一个位置上。例如，数组 [10, 20, 30, 40] 移位后转换为 [40, 10, 20, 30]。

第 5 章

Assembly Language for x86 Processors, Eighth Edition

过 程

本章将介绍过程，也称为子例程或函数。过程（procedure）是一个具有明确开始和结束标记的代码块，其在程序的某一点被调用，完成后再返回调用点。任何具有一定规模的程序都需要被划分为几个部分，其中某些部分要被多次使用。你将会发现参数（过程的输入值）可以由寄存器传递，也将了解到为了追踪过程的调用位置，CPU 使用的运行时堆栈。最后，我们将介绍本书提供的两个代码库，分别称为 Irvine32 和 Irvine64，其中包含了有用的工具用以简化输入/输出。你将首次输出信息到控制台窗口，该窗口就是使用 MS-Windows 命令行接口时打开的文本窗口。

5.1 堆栈操作

如果将 10 个餐盘叠起来，如下图所示，其结果就称为堆栈。虽然有可能从这个堆栈的中间移出一个盘子，但是从顶端移出更容易。新的盘子可以叠加到栈顶，但若不付出相当大的努力，是不能加到底部或中部的（图 5-1）：

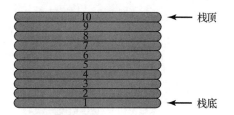

图 5-1 盘子叠成的堆栈

堆栈数据结构（stack data structure）的原理与堆叠盘子相同：新的数据值添加到栈顶，删除现有值也在栈顶移除。一般来说，堆栈对各种各样的编程应用都是有用的结构，并且也易于用面向对象的编程方法来实现。堆栈常常被称为后进先出结构（Last-In, First-Out, LIFO），因为最后进入堆栈的值总是第一个从堆栈中取出。

本章将特别关注运行时堆栈。它直接由 CPU 中的硬件支持，是过程调用和返回机制的基本部分。大部分时候，就称它为堆栈。

5.1.1 运行时堆栈（32 位模式）

运行时堆栈（runtime stack）是一个由 CPU 直接管理的内存数组，用于跟踪子例程的返回地址、过程参数、局部变量，以及其他与子例程相关的数据。在 32 位模式下，ESP 寄存器（称为堆栈指针（stack pointer））存放的是堆栈中某个位置的 32 位偏移量。我们很少直接操作 ESP，而是通过如 CALL、RET、PUSH 及 POP 这样的指令对其间接修改。

ESP 总是指向添加或压入（push）栈顶的最后一个数值。作为演示，我们从只包含一个数值的堆栈开始。在图 5-2 中，ESP 包含的内容是十六进制数

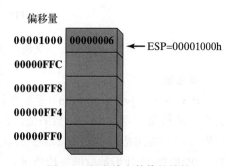

图 5-2 包含单个数值的堆栈

0000 1000，它是最近压入堆栈的数值（0000 0006）的偏移量。在图中，当堆栈指针值减少时，栈顶也随之下移。

上图中，每个堆栈位置都是 32 位长，这是 32 位模式下程序运行的情形。

> 这里讨论的运行时堆栈与数据结构课程中讨论的堆栈抽象数据类型（Abstract Data Type，ADT）是不同的。运行时堆栈工作于系统层，处理子例程调用。堆栈 ADT 是编程结构，通常用如 C++ 或 Java 这样的高级编程语言编写，用于实现基于后进先出操作的算法。

压入操作

压入操作（push operation）根据指令操作数的大小将堆栈指针减小适当的数值，并将要压入堆栈的数复制到堆栈指针指向的堆栈位置。例如，如果操作数是 32 位，则将堆栈指针减 4。图 5-3 展示了将 0000 00A5 压入堆栈的结果，堆栈中已经有一个数值（0000 0006）。注意，ESP 寄存器总是指向最后压入堆栈的数据项。图中显示的堆栈顺序与之前示例给出的盘子堆栈顺序相反，这是因为运行时堆栈在内存中是向下生长的，即从高地址向低地址扩展。入栈之前，ESP=0000 1000h；入栈之后，ESP=0000 0FFCh。图 5-4 显示了总共压入 4 个整数之后该堆栈的情况。

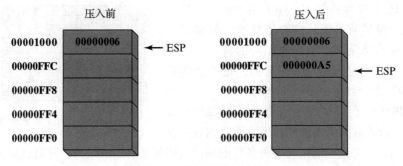

图 5-3 将整数压入堆栈

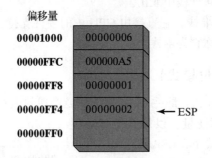

图 5-4 压入数值 0000 0001 和 0000 0002 之后的堆栈

弹出操作

弹出操作（pop operation）返回堆栈指针所指向数值的一个副本，并根据指令操作数的大小将堆栈指针增加一个适当的值。例如，对于 32 位操作数，堆栈指针就增加 4。数值弹出堆栈后，堆栈指针增加（按堆栈元素大小）并指向堆栈中下一个最高位置。图 5-5 展示了数值 0000 0002 弹出前后的堆栈情况。

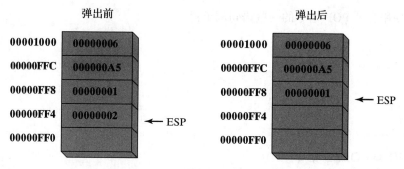

图 5-5 从运行时堆栈中弹出一个数值

ESP 之下（较低的地址）的堆栈区域在逻辑上是空白的，当前程序下一次执行任何将数值入栈的指令都可以覆盖这个区域。

堆栈应用

运行时堆栈在程序中有一些重要的用途：

- 当寄存器用于多个用途时，堆栈可以作为寄存器的一个方便的临时保存区。在寄存器被修改后，还可以恢复其初始值。
- 当执行 CALL 指令时，CPU 将当前子例程的返回地址保存在堆栈中。
- 当调用子例程时，其输入数值被称为参数（argument），通过将其压入堆栈来实现参数传递。
- 堆栈为子例程内的局部变量提供临时存储区域。

5.1.2 PUSH 和 POP 指令

当讨论 PUSH 和 POP 指令时，暂时仅指 32 位的 x86 指令，后续，我们再给出 64 位的例子。

PUSH 指令

PUSH 指令首先减少 ESP 的值，再将源操作数复制到堆栈。如果操作数是 16 位，则 ESP 减 2；如果操作数是 32 位，则 ESP 减 4。PUSH 指令有 3 种格式：

```
PUSH reg/mem16
PUSH reg/mem32
PUSH imm32
```

下面是使用有效 PUSH 指令的一些语句例子：

```
.data
my16Val WORD   1234h
my32Val DWORD  12345678h
.code
push bx
push my16Val
push eax
push my32Val
push 3423424h
```

POP 指令

POP 指令首先将 ESP 指向的堆栈元素内容复制到一个 16 位或 32 位的目的操作数中，再增加 ESP 的值。如果操作数是 16 位，则 ESP 加 2；如果操作数是 32 位，则 ESP 加 4：

```
POP reg/mem16
POP reg/mem32
```

下面是使用有效 POP 指令的一些语句例子：

```
.data
my16Val WORD   ?
my32Val DWORD  ?
.code
pop bx
pop my16Val
pop eax
pop my32Val
```

PUSHFD 和 POPFD 指令

PUSHFD 指令将 32 位 EFLAGS 寄存器内容压入堆栈，而 POPFD 指令则将栈顶单元内容弹出到 EFLAGS 寄存器：

```
pushfd
popfd
```

不能用 MOV 指令把标志复制给一个变量，因此，PUSHFD 就是保存标志的最佳途径。有时为标志做备份是有用的，这样就可以在之后将这些标志恢复成原来的值。我们常常会用 PUSHFD 和 POPFD 围住一个代码块：

```
pushfd                          ;保存标志
;
;这里是任何语句序列
;
popfd                           ;恢复标志
```

当以这种方式使用入栈和出栈指令时，必须确保程序的执行路径不会跳过 POPFD 指令。随着程序的不断修改，可能很难记住所有入栈和出栈指令的位置。

一种较不容易出错的保存和恢复标志的方法是，将它们压入堆栈后，立即弹出给一个变量：

```
.data
saveFlags DWORD ?
.code
pushfd                          ;将标志压入堆栈
pop saveFlags                   ;复制到一个变量
```

下列语句从同一个变量恢复标志内容：

```
push saveFlags                  ;将保存的标志压入堆栈
popfd                           ;复制到标志
```

PUSHAD、PUSHA、POPAD 及 POPA

PUSHAD 指令按照 EAX、ECX、EDX、EBX、ESP（执行 PUSHAD 之前的值）、EBP、ESI 及 EDI 的顺序，将所有 32 位通用寄存器压入堆栈。POPAD 指令按照相反的顺序将同样的寄存器弹出堆栈。与之相似，PUSHA 指令按顺序（AX、CX、DX、BX、SP、BP、SI 及 DI）将 16 位通用寄存器压入堆栈。POPA 指令按照相反的顺序将同样的寄存器弹出堆栈。在 16 位模式下，只能使用 PUSHA 和 POPA 指令。（16 位编程将在第 14～16 章讨论。）

如果编写的过程需要修改 32 位寄存器的值，可以在过程开始和结束时分别使用 PUSHAD 和 POPAD 指令来保存和恢复寄存器的内容。下面的代码片段展示了一种常见模式：

```
MySub PROC
    pushad                      ;保存通用寄存器
    .
    .
    mov eax,...
```

```
        mov  edx,...
        mov  ecx,...
        .
        .
        .
        popad                           ;恢复通用寄存器
        ret
MySub ENDP
```

必须要指出，上述示例有一个重要的例外：当过程将结果返回到一个或多个寄存器时，就不应使用 PUSHA 和 PUSHAD。假设下述 ReadValue 过程返回一个整数到 EAX，则调用 POPAD 就会覆盖 EAX 中的返回值：

```
ReadValue PROC
        pushad                          ;保存通用寄存器
        .
        .
        mov eax,return_value
        .
        .
        popad                           ;错误：覆盖了 EAX！
        ret
ReadValue ENDP
```

示例：字符串反转

我们来看一个这样的程序：在一个字符串上循环，将每个字符压入堆栈。再将这些字母从堆栈中弹出（按相反顺序），并保存回至同一个字符串变量。由于堆栈是 LIFO（后进先出）结构，字符串中的字母顺序就被翻转：

```
; 字母串反转                (RevStr.asm)
.386
.model flat,stdcall
.stack 4096
ExitProcess PROTO,dwExitCode:DWORD
.data
aName BYTE "Abraham Lincoln",0
nameSize = ($ - aName) - 1
.code
main PROC
;将名字压入堆栈。
        mov    ecx,nameSize
        mov    esi,0

L1:     movzx  eax,aName[esi]           ;取得字符
        push   eax                      ;压入堆栈
        inc    esi
        loop   L1

;从堆栈中弹出名字，顺序相反。
;并保存到数组 aName。
        mov    ecx,nameSize
        mov    esi,0

L2:     pop    eax                      ;取得字符
        mov    aName[esi],al            ;保存到字符串中
        inc    esi
        loop   L2

        INVOKE ExitProcess,0
main ENDP
END main
```

5.1.3 本节回顾

1. 在 32 位模式中,哪个寄存器指向最近压入堆栈的值?
   a. EBP　　　　　　　　b. ESP　　　　　　　　c. SP　　　　　　　　d. BP
2. 判断真假:运行时堆栈是唯一由 CPU 直接管理的堆栈类型。例如,它保存被调过程的返回地址。
   a. 真　　　　　　　　b. 假
3. 堆栈被称为 LIFO 结构,其原因是:
   a. 从堆栈中弹出的最后一个数值就是压入堆栈中的第一个数值。
   b. 从堆栈中弹出的最后一个数值就是最近压入堆栈中的数值。
4. 当一个 32 位数值被压入堆栈时,ESP 会发生什么变化?
   a. ESP 递增 1　　　　b. ESP 递减 1　　　　c. ESP 递增 4　　　　d. ESP 递减 4
5. 判断真假:过程中的局部变量是在堆栈上创建的。
   a. 真　　　　　　　　b. 假
6. 判断真假:PUSH 指令可以用立即数作为操作数。
   a. 真　　　　　　　　b. 假

5.2 定义和使用过程

如果你已经学习过高级编程语言,就会知道将程序划分为子例程(subroutine)是多么有用。一个复杂的问题通常要被分解为相互独立的任务,这样才易于被理解、实现以及有效地测试。在汇编语言中,通常用术语过程来指代子例程。在其他语言中,子例程常被称为方法或函数。

就面向对象编程而言,单个类中的函数或方法大致相当于封装在一个汇编语言模块中的过程和数据的集合。汇编语言出现的时间远早于面向对象编程,因此它没有面向对象编程中的形式化结构。汇编程序员必须在程序中实行自己的形式化结构。

5.2.1 PROC 伪指令

定义过程

我们非正式地将过程定义为一个以返回语句结束的、已命名的语句块。过程用 PROC 和 ENDP 伪指令来声明,并且必须为其分配一个名字(有效的标识符)。目前为止,我们所有编写的程序都包含了一个 main 过程,例如:

```
main PROC
  .
  .
main ENDP
```

当要创建的过程不是程序的启动过程时,就用 RET 指令来结束它。RET 强制 CPU 返回到该过程被调用的地方:

```
sample PROC
    .
    .
    ret
sample ENDP
```

过程中的标号

在默认情况下,代码标号只在其被声明的过程内可见,这个规则常常影响到跳转和循环

指令。在下面的例子中,Destination 标号必须与 JMP 指令位于同一个过程中:

```
jmp Destination
```

解决这个限制的方法是声明全局标号(global label),即在名字后面加双冒号(::):

```
Destination::
```

就程序设计而言,跳转或循环到当前过程之外不是个好主意。过程用自动方式返回并调整运行时堆栈,如果直接跳出过程,则运行时堆栈很容易被破坏。关于运行时堆栈的更多信息可参阅 8.2 节。

示例:三个整数求和

我们创建一个 SumOf 过程来计算三个 32 位整数之和。假设在过程调用之前,相关整数已经赋值给 EAX、EBX 及 ECX。过程将和数返回到 EAX 中:

```
SumOf PROC
    add    eax,ebx
    add    eax,ecx
    ret
SumOf ENDP
```

过程文档

为程序添加清晰可读的文档是需要培养的一个好习惯。以下是对可放在每个过程开头的信息的一些建议:

- 该过程实现的所有任务的描述。
- 输入参数及其用法的列表,并用如**接收**(Receives)这样的词来标记。如果有输入参数对其数值有特殊要求,也要在这里列出来。
- 过程返回的所有数值的描述,并用如**返回**(Returns)这样的词来标记。
- 所有特殊要求的列表,这些要求称为先决条件(precondition),必须在过程被调用之前满足,可用**要求**(Requires)来标记。例如,对一个画图形线条的过程来说,一个有用的先决条件是视频显示适配器必须已经处于图形模式。

> 上述选择的描述性标号,如接收、返回和要求,不是绝对的,也常常使用其他有用的名字。

针对这些建议,我们对 SumOf 过程添加合适的文档:

```
;--------------------------------------------------------
; SumOf
;
;计算并返回三个 32 位整数的和。
;接收:EAX、EBX 和 ECX,这三个整数可以是有符号数或者无符号数。
;返回:EAX = 和数
;--------------------------------------------------------
SumOf PROC
    add    eax,ebx
    add    eax,ecx
    ret
SumOf ENDP
```

用如 C 和 C++ 这样的高级语言编写的函数,通常用 AL 返回 8 位的值,用 AX 返回 16 位的值,用 EAX 返回 32 位的值。

5.2.2 CALL 和 RET 指令

CALL 指令调用一个过程，使处理器从新的内存位置开始执行。过程使用 RET（从过程返回）指令将处理器转回到该过程被调用的程序点上。CALL 指令将其返回地址压入堆栈，并将被调过程的地址复制到指令指针寄存器。当过程准备返回时，RET 指令将返回地址从堆栈弹回到指令指针寄存器。在 32 位模式下，CPU 执行在内存中由 EIP（指令指针寄存器）指向的指令。在 16 位模式下，则由 IP 指向指令。

调用和返回示例

假设在 main 过程中，CALL 语句位于偏移量为 0000 0020 处。通常，这条指令需要 5 个字节的机器码，因此，下一条语句（本例中为一条 MOV 指令）就位于偏移量为 0000 0025 处：

```
            main PROC
00000020        call MySub
00000025        mov  eax,ebx
```

然后，假设 MySub 中的第一条可执行指令位于偏移量为 0000 0040 处：

```
            MySub PROC
00000040        mov eax,edx
                .
                .
                ret
            MySub ENDP
```

当 CALL 指令执行时（图 5-6），调用之后的地址（0000 0025）被压入堆栈，MySub 的地址被装入到 EIP。执行 MySub 中的全部指令直到 RET 指令。当执行 RET 指令时，由 ESP 指向的堆栈数值被弹出到 EIP（图 5-7 中的步骤 1）。在步骤 2 中，ESP 递增从而指向堆栈中先前的值（步骤 2）。

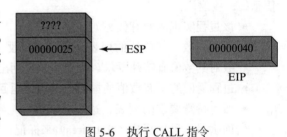

图 5-6 执行 CALL 指令

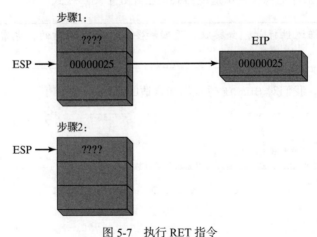

图 5-7 执行 RET 指令

5.2.3 嵌套过程调用

当被调过程在返回之前又调用了另一个过程时，就发生了嵌套过程调用（nested procedure

call)。假设 main 过程调用了过程 Sub1。当 Sub1 执行时，它又调用了过程 Sub2。当 Sub2 执行时，它又调用了过程 Sub3。整个情况如图 5-8 所示。

当 Sub3 末尾的 RET 指令执行时，将 stack[ESP] 中的数值弹出到指令指针寄存器中，使得执行从 call Sub3 指令的后面指令处恢复执行。下图显示的是在 Sub3 中的 RET 指令执行之前的堆栈情况：

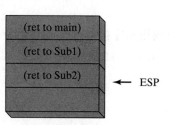

返回之后，ESP 指向栈顶的下一个堆栈项。当 Sub2 末尾的 RET 指令将要执行时，堆栈如下所示：

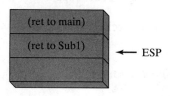

最后，当 Sub1 返回时，stack[ESP] 的内容弹出到指令指针寄存器，继续在 main 中执行：

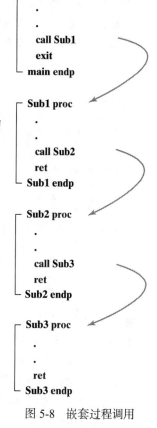

经过以上的讨论，希望你能理解，堆栈有益于记忆信息，包括嵌套过程调用。一般来说，堆栈结构用于程序必须按照特定顺序返回的情况。

图 5-8 嵌套过程调用

5.2.4 向过程传递寄存器参数

如果编写的过程要执行一些标准操作，如整数数组求和，那么，在过程内包含对特定变量名的引用就不是一个好主意。如果这样做了，该过程就只能用于一个数组。更好的方法是将数组的偏移量传递给过程，还要传递一个指定数组元素个数的整数。我们已将这些内容定义为参数（或者称为输入参数（input parameter））。在汇编语言中，经常用通用寄存器传递参数。

在前面的章节中，我们创建了一个简单的过程 SumOf，计算在 EAX、EBX 和 ECX 中的整数之和。在 main 中调用 SumOf 之前，将数值赋值给 EAX、EBX 和 ECX：

```
        .data
theSum  DWORD ?
        .code
main PROC
        mov     eax,10000h              ;参数
        mov     ebx,20000h              ;参数
        mov     ecx,30000h              ;参数
        call    Sumof                   ; EAX =(EAX + EBX + ECX)
        mov     theSum,eax              ;保存和数
```

在 CALL 语句之后，可以选择将 EAX 中的和数复制给一个变量。

5.2.5 示例：整数数组求和

在用 C++ 或 Java 编写的循环程序中，一种常见的循环类型是计算整数数组之和。这在汇编语言中很容易实现，并且可以通过采取适当的代码编写方式，使其运行得尽可能地快。例如，在循环内可以使用寄存器而非变量。

现在创建一个过程 ArraySum，从一个调用程序接收两个参数：一个指向 32 位整数数组的指针，以及一个数组元素个数的计数值。该过程计算和数，并用 EAX 返回数组之和：

```
;------------------------------------------------------
; ArraySum
;
;计算 32 位整数数组的元素总和。
;接收：ESI = 数组偏移量
;      ECX = 数组中元素个数
;返回：EAX = 数组元素的和数
;------------------------------------------------------
ArraySum PROC
    push  esi                    ;保存 ESI 和 ECX
    push  ecx
    mov   eax,0                  ;将和数置为 0
L1: add   eax,[esi]              ;将每个整数加到和数中
    add   esi,TYPE DWORD         ;指向下一个整数
    loop  L1                     ;按数组大小重复执行

    pop   ecx                    ;恢复 ECX 和 ESI
    pop   esi
    ret                          ;和数在 EAX 中
ArraySum ENDP
```

这个过程没有特别指定数组名称和大小，可以用于任何需要计算 32 位整数数组之和的程序。只要有可能，就应该编写具有灵活性和适应性的程序。

测试 Array Sum 过程

下面的程序通过调用和向其传递 32 位整数数组的偏移量和长度来测试 ArraySum 过程。调用 ArraySum 之后，程序将过程的返回值保存在变量 theSum 中。

```
;测试 ArraySum 过程              (TestArraySum.asm)
.386
.model flat, stdcall
.stack 4096
ExitProcess PROTO, dwExitCode:DWORD
.data
array DWORD 10000h,20000h,30000h,40000h,50000h
theSum DWORD ?

.code
main PROC
    mov   esi,OFFSET array       ;ESI 指向数组
    mov   ecx,LENGTHOF array     ;ECX = 数组元素个数
    call  ArraySum               ;计算和数
    mov   theSum,eax             ;返回值在 EAX 中

    INVOKE ExitProcess,0
main ENDP
;------------------------------------------------------
; ArraySum
```

```
;计算 32 位整数数组元素的总和。
;接收：ESI = 数组偏移量
;     ECX = 数组元素的个数
;返回：EAX = 数组元素的总和
;------------------------------------------------
ArraySum PROC
    push    esi                     ;保存 ESI 和 ECX
    push    ecx
    mov     eax,0                   ;总和置为 0
L1:
    add     eax,[esi]               ;将每个整数加到总和
    add     esi,TYPE DWORD          ;指向下一个整数
    loop    L1                      ;按数组大小重复执行
    pop     ecx                     ;恢复 ECX 和 ESI
    pop     esi
    ret                             ;和数在 EAX 中
ArraySum ENDP
END main
```

5.2.6 保存和恢复寄存器

在 ArraySum 例子中，ECX 和 ESI 在过程开始时被压入堆栈，在过程结束时被弹出堆栈。对于大多数要修改寄存器的过程来说，这是典型的操作。在可能的情况下，我们要保存和恢复会被过程修改的寄存器，这样主调程序就能确保其原来的寄存器值不会被覆盖。例外情况是用作返回数值的寄存器，通常是 EAX，不要将其压入和弹出堆栈。

USES 操作符

USES 操作符与 PROC 伪指令一起使用，能方便地列出在过程中要修改的所有寄存器的名字。USES 指示汇编器做两件事情：第一，在过程开始时生成 PUSH 指令，将寄存器中的值保存到堆栈；第二，在过程结束时生成 POP 指令，从堆栈恢复寄存器的值。USES 操作符紧跟在 PROC 之后，其后是位于同一行上的寄存器列表，表项之间用空格符或制表符（不是逗号）分隔。

5.2.5 节给出的 ArraySum 过程使用 PUSH 和 POP 指令来保存和恢复 ESI 和 ECX。USES 操作符能够更容易地实现同样的功能：

```
ArraySum PROC USES esi ecx
    mov     eax,0                   ;将和数置为 0
L1:
    add     eax,[esi]               ;将每个整数加到和数
    add     esi,TYPE DWORD          ;指向下一个整数
    loop    L1                      ;按数组大小重复执行
    ret                             ;和数在 EAX 中
ArraySum ENDP
```

汇编器生成的相应代码展示了使用 USES 的效果：

```
ArraySum PROC
    push    esi
    push    ecx
    mov     eax,0                   ;将和数置为 0
L1:
    add     eax,[esi]               ;将每个整数加到和数
    add     esi,TYPE DWORD          ;指向下一个整数
    loop    L1                      ;按数组大小重复执行
```

```
    pop     ecx
    pop     esi
    ret
ArraySum ENDP
```

> **调试提示**：当使用 Microsoft Visual Studio 调试器时，可以查看由 MASM 高级操作符和伪指令生成的隐藏机器指令。在 Debugging 窗口中点击右键，选择 Go To Disassembly。该窗口显示程序源代码，以及由汇编器生成的隐藏机器指令。

例外 当过程利用寄存器（通常是 EAX）返回数值时，保存寄存器的现有规则有一个重要的例外。在这种情况下，返回寄存器不应被压入和弹出堆栈。例如，下面例子中的 SumOf 过程将 EAX 压入和弹出堆栈，导致过程的返回值丢失：

```
SumOf PROC                          ;三个整数的和
    push    eax                     ;保存 EAX
    add     eax,ebx                 ;计算三个整数
    add     eax,ecx                 ;EAX、EBX 及 ECX 的和
    pop     eax                     ;丢失和数！
    ret
SumOf ENDP
```

5.2.7 本节回顾

1. 判断真假：PROC 伪指令标识过程的开始，END 伪指令标识过程的结束。
   a. 真   b. 假
2. 判断真假：可以在现有的过程中定义一个过程。
   a. 真   b. 假
3. 判断真假：如果在过程中省略 RET 指令，执行就会进入到过程后面的下一个内存地址。
   a. 真   b. 假
4. 判断真假：USES 操作符指示汇编器，在过程开始处生成 PUSH 指令，用来将寄存器中的值保存到堆栈。但是，你应该负责将 POPAD 指令加入到过程结束处，用来恢复寄存器原来的值。
   a. 真   b. 假
5. CALL 指令将哪个偏移量压入堆栈？
   a. CALL 指令的前面指令的地址
   b. 当前 CALL 指令的地址
   c. 紧跟 CALL 指令的下一条指令的地址

5.3 链接到外部库

如果花时间的话，你就能用汇编语言编写出详细的输入 / 输出代码。这很像从头开始制造汽车，然后就可以驾车出行。这个工作可能很有趣但也很耗时！在第 11 章，将有机会了解在 MS-Windows 保护模式下是如何处理输入 / 输出的。这是极大的乐趣，当看到那些可用的工具时，一个新的世界就展现在你的眼前。不过现在，在学习汇编语言的基础时，输入 / 输出应该是容易的。5.3 节将展示如何调用本书的链接库 Irvine32.lib 和 Irvine64.obj。完整的链接库源代码可以在本书作者的网站（asmirvine.com）上获取。它应该安装在本书的安装文件夹（通常命名为 C:\Irvine）下的 Examples\Libs32 子文件夹中。

Irvine32 链接库只能用于 32 位模式下运行的程序。它包含了链接到 MS-Windows API

的过程，用来生成输入/输出。对 64 位应用程序来说，Irvine64 链接库的限制更多，仅限于基本的显示和字符串操作。

5.3.1 背景信息

链接库是一种文件，包含了已经汇编为机器代码的过程。链接库开始时是一个或多个源代码文件，这些文件被汇编为目标文件。目标文件就被插入到链接库文件中。假设一个程序通过调用过程 WriteString 在控制台窗口显示一个字符串，则该程序的源代码必须包含 PROTO 伪指令以标识 WriteString 过程：

```
WriteString proto
```

然后，CALL 指令执行 WriteString：

```
call WriteString
```

当程序进行汇编时，汇编器不指定 CALL 指令的目标地址，该地址将由链接器指定。链接器在链接库中寻找 WriteString，并将适当的机器指令从库中复制到程序的可执行文件中。此外，它将 WriteString 的地址插入到 CALL 指令中。如果调用的过程不在链接库中，链接器就发出出错消息，且不会生成可执行文件。

链接命令选项 链接器工具将一个程序的目标文件与一个或多个目标文件以及链接库结合在一起。例如，下述命令就将 hello.obj 与 irvine32.lib 和 kernel32.lib 库文件链接起来：

```
link hello.obj irvine32.lib kernel32.lib
```

链接 32 位程序 kernel32.lib 文件是 Microsoft Windows 平台软件开发包（software development kit）的一部分，它包含了 kernel32.dll 文件中的系统函数的链接信息。kernel32.dll 文件是 MS-Windows 的一个基本组成部分，被称为动态链接库（dynamic link library）。它包含的可执行函数能执行基于字符的输入/输出。图 5-9 展示了 kernel32.lib 如何成为通向 kernel32.dll 的桥梁。

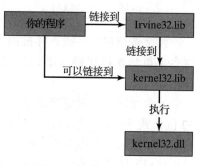

图 5-9 链接 32 位程序

从第 1 章到第 10 章，程序都链接到 Irvine32.lib 或者 Irvine64.obj。第 11 章将说明如何将程序直接链接到 kernel32.lib。

5.3.2 本节回顾

1. 判断真假：链接库由汇编语言源代码组成。
   a. 真　　　　　　　　　　b. 假
2. 判断真假：当调用位于外部链接库中的过程时，需要用 PROTO 伪指令。
   a. 真　　　　　　　　　　b. 假
3. 判断真假：链接器工具将程序源代码文件与一个或多个目标文件以及链接库相结合。
   a. 真　　　　　　　　　　b. 假
4. kernel32.dll 是什么类型的文件？
   a. 可执行程序　　　　　b. 静态库　　　　　　c. 动态链接库

5.4 Irvine32 库

5.4.1 创建库的动机

汇编语言编程没有 Microsoft 认可的标准库。在 20 世纪 80 年代早期，程序员第一次开始为 x86 处理器编写汇编语言时，常用的是 MS-DOS 操作系统。这些 16 位程序能调用 MS-DOS 函数进行简单的输入/输出。即使是在那时，如果想在控制台上显示一个整数，也要编写一个相当复杂的过程，将整数的内部二进制表示转换为 ASCII 字符序列。下面是一个用伪代码表示的常见算法：

初始化：

```
令 n 等于该二进制值
令缓冲区为 char[size] 数组
```

步骤：

```
i = size -1                    ;缓冲区的最后一个位置
repeat
    r = n mod 10               ;余数
    n = n / 10                 ;整数除法
    digit = r OR 30h           ;将 r 转换为 ASCII 码数字
    buffer[i--] = digit        ;保存到 buffer 中
until n = 0
if n is negative
    buffer[i] = "-"            ;插入负号
while i > 0
    print buffer[i]
    i++
```

数字按照逆序生成，并被插入到缓冲区，从后往前移动。然后，数字按照正序写到控制台。虽然这段代码简单到足以用 C/C++ 实现，但若用汇编语言实现，还需要一些高级技巧。

专业程序员通常更愿意建立自己的库，这样做是一种极好的学习体验。在 Windows 的 32 位模式下，用汇编语言编写的输入/输出库能直接调用操作系统。这个学习曲线相当陡峭，对编程初学者提出了一些挑战。因此，Irvine32 库的设计旨在为初学者提供简单的输入/输出接口。随着对本书各章的继续学习，你将获得创建自己的库的知识和技巧。只要承认库的原始作者，你就能自由地修改和重用库。表 5-1 包含了 Irvine32 库中过程的完整列表。

表 5-1 Irvine32 库中的过程

过程	描述
CloseFile	关闭之前已经打开的磁盘文件
Clrscr	清理控制台窗口，并将光标置于左上角
CreateOutputFile	为输出模式下的写操作创建新的磁盘文件
Crlf	向控制台窗口中写一个行结束序列
Delay	将程序暂停执行指定的 n 毫秒
DumpMem	以十六进制形式，向控制台窗口写内存块
DumpRegs	以十六进制形式显示 EAX、EBX、ECX、EDX、ESI、EDI、EBP、ESP、EFLAGS 及 EIP 寄存器。也显示最常见的 CPU 状态标志
GetCommandTail	将程序的命令行参数（称为命令尾（command tail））复制到一个字节数组
GetDateTime	从系统获取当前日期和时间

(续)

过程	描述
GetMaxXY	获取控制台窗口缓冲区的行数和列数
GetMseconds	获取从午夜开始经过的毫秒数
GetTextColor	获取当前控制台窗口中前景和背景的文本颜色
GotoXY	将光标定位到控制台窗口内指定的行和列
IsDigit	如果 AL 寄存器中包含了十进制数字（0～9）的 ASCII 码，则零标志置 1
MsgBox	显示一个弹出消息框
MsgBoxAsk	在弹出消息框中显示一个 yes/no 问题
OpenInputFile	打开一个已有的磁盘文件作为输入
ParseDecimal32	将一个无符号十进制整数字符串转换为 32 位二进制数
ParseInteger32	将一个有符号十进制整数字符串转换为 32 位二进制数
Random32	生成一个 32 位的伪随机整数，其范围为 0~FFFF FFFFh
Randomize	用一个特定的值作为随机数生成器的种子
RandomRange	在指定范围内生成一个伪随机整数
ReadChar	等待从键盘输入字符，并返回该字符
ReadDec	从键盘读取一个无符号的 32 位十进制整数，以回车键结束
ReadFromFile	将输入磁盘文件读入缓冲区
ReadHex	从键盘读取一个 32 位十六进制整数，以回车键结束
ReadInt	从键盘读取一个有符号 32 位十进制整数，以回车键结束
ReadKey	无需等待输入即从键盘输入缓冲区读取一个字符
ReadString	从键盘读取字符串，以回车键结束
SetTextColor	设置之后向控制台输出文本的前景色和背景色
Str_compare	比较两个字符串
Str_copy	将源字符串复制到目的字符串
Str_length	用 EAX 返回字符串的长度
Str_trim	从字符串删除不需要的字符
Str_ucase	将字符串转换为大写字母
WaitMsg	显示消息并等待按键
WriteBin	以 ASCII 二进制格式向控制台窗口写一个无符号 32 位整数
WriteBinB	以字节、字或双字格式向控制台窗口写一个二进制整数
WriteChar	向控制台窗口写一个字符
WriteDec	以十进制格式，向控制台窗口写一个无符号 32 位整数
WriteHex	以十六进制格式，向控制台窗口写一个 32 位整数
WriteHexB	以十六进制格式，向控制台窗口写一个字节、字或双字整数
WriteInt	以十进制格式，向控制台窗口写一个有符号 32 位整数
WriteStackFrame	向控制台窗口写当前过程的堆栈帧
WriteStackFrameName	向控制台窗口写当前过程的名称和堆栈帧
WriteString	向控制台窗口写一个以空字节结束的字符串
WriteToFile	将缓冲区内容写入输出文件
WriteWindowsMsg	显示字符串，其中包含 MS-Windows 产生的最近一次错误

5.4.2 Win32 控制台窗口

Win32 控制台窗口（console window）（或命令窗口（command window））是在显示命令

提示符时，由 MS-Windows 创建的一个纯文本窗口。

若想手动在 Microsoft Windows 中显示控制台窗口，就在桌面上单击 Start 按钮，并在 Start Search 框中输入 cmd，然后按回车键。控制台窗口打开后，通过右键点击窗口左上角的系统菜单，就可以重新设置控制台窗口缓冲区的大小，从弹出菜单中选择 Properties，然后修改数值，如图 5-10 所示。

还可以选择不同的字体大小和颜色。默认的控制台窗口为 25 行 × 80 列，使用 mode 命令可以修改其行数和列数。例如，在命令提示符下输入以下内容，则将控制台窗口设置为 30 行 × 40 列：

```
mode con cols=40 lines=30
```

文件句柄（file handle）是一个 32 位整数，Windows 操作系统用它来标识当前打开的文件。当用户程序调用一个 Windows 服务来打开或创建文件时，操作系统就创建一个新的文件句柄，

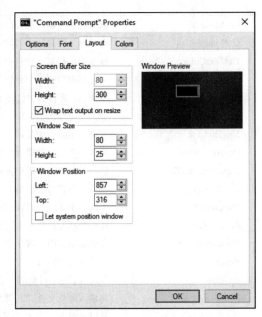

图 5-10　修改控制台窗口的属性

并使其对用户程序可用。每当程序调用 OS 服务方法来读写该文件时，就必须将这个文件句柄作为参数传递至服务方法。

注意：如果用户程序调用 Irvine32 库中的过程，就必须总是将这个 32 位数值压入运行时堆栈。如果不这样做，被库调用的 Win32 控制台函数就不会正确地工作。

5.4.3　各个过程的描述

本节将描述 Irvine32 库中的每个过程是如何使用的。我们会忽略一些更高级的过程，它们将在后续章节中给予解释。

CloseFile　CloseFile 过程关闭之前已经创建或打开的文件（参见 CreateOutputFile 和 OpenInputFile）。该文件用一个 32 位整数句柄来标识，句柄由 EAX 传递。如果文件成功关闭，则 EAX 中的返回值为非零。该过程的调用示例如下：

```
mov     eax,fileHandle
call    CloseFile
```

Clrscr　Clrscr 过程清理控制台窗口。该过程通常在程序开始和结束时被调用。如果在其他时候调用这个过程，需要先调用 WaitMsg 来暂停程序，这样就可以让用户在屏幕被清理之前，阅读屏幕上的已有信息。调用示例如下：

```
call    WaitMsg                    ;"按任意键"
call    Clrscr
```

CreateOutputFile　CreateOutputFile 过程创建一个新的磁盘文件，并将其打开以进行写入。当调用该过程时，将文件名的偏移量送入 EDX。当过程返回后，如果文件创建成功，则 EAX 将包含一个有效的文件句柄（32 位整数）；否则，EAX 将等于 INVALID_HANDLE_VALUE（一个预定义的常量）。调用示例如下：

```
.data
filename BYTE "newfile.txt",0
.code
mov    edx,OFFSET filename
call CreateOutputFile
```

下面的伪代码描述的是调用 CreateOutputFile 之后，可能会出现的结果：

```
if EAX = INVALID_HANDLE_VALUE
    文件未成功创建
else
    EAX = 打开文件的句柄
endif
```

Crlf Crlf 过程在控制台窗口中将光标定位在下一行的开始位置。它写了一个包含 ASCII 字符代码 0Dh 和 0Ah 的字符串。调用示例如下：

```
call   Crlf
```

Delay Delay 过程将程序暂停指定的毫秒数。在调用 Delay 之前，将预定的时间间隔送入 EAX。调用示例如下：

```
mov    eax,1000                        ;1 秒
call   Delay
```

DumpMen DumpMen 过程用十六进制的形式向控制台窗口写一段内存区域。将内存区域起始地址放入 ESI，单元数量放入 ECX，单元大小放入 EBX（1= 字节，2= 字，4= 双字）。下面的调用示例用十六进制形式显示包含了 11 个双字的数组：

```
.data
array DWORD 1,2,3,4,5,6,7,8,9,0Ah,0Bh
.code
main PROC
    mov    esi,OFFSET array            ;起始偏移量
    mov    ecx,LENGTHOF array          ;单元数量
    mov    ebx,TYPE array              ;双字格式
    call   DumpMem
```

产生的输出如下所示：

```
00000001  00000002  00000003  00000004  00000005  00000006
00000007  00000008  00000009  0000000A  0000000B
```

DumpRegs DumpRegs 过程用十六进制形式显示寄存器 EAX、EBX、ECX、EDX、ESI、EDI、EBP、ESP、EIP 及 EFL（EFLAGS）的内容，也显示进位标志、符号标志、零标志、溢出标志、辅助进位标志及奇偶标志的值。调用示例如下：

```
call DumpRegs
```

示例输出如下所示：

```
EAX=00000613  EBX=00000000  ECX=000000FF  EDX=00000000
ESI=00000000  EDI=00000100  EBP=0000091E  ESP=000000F6
EIP=00401026  EFL=00000286  CF=0   SF=1   ZF=0   OF=0   AF=0   PF=1
```

EIP 显示的数值是调用 DumpRegs 指令的下一条指令的偏移量。DumpRegs 在调试程序时很有用，因为它显示了 CPU 的快照。该过程没有输入参数和返回值。

GetCommandTail GetCommandTail 过程将程序命令行复制到一个以空结束的字符串。如果命令行为空，则进位标志置 1，否则进位标志清零。该过程能让程序用户在命令行上传

递参数。假设程序 Encrypt.exe 读取输入文件 file1.txt，并产生输出文件 file2.txt。在运行该程序时，用户可以在命令行上传递这两个文件名：

```
Encrypt file1.txt file2.txt
```

当 Encrypt 程序启动时，它可以调用 GetCommandTail 来检索这两个文件名。当调用 GetCommandTail 时，EDX 必须包含一个数组的偏移量，该数组至少要有 129 个字节。调用示例如下：

```
    .data
cmdTail BYTE 129 DUP(0)        ;空缓冲区
    .code
    mov     edx,OFFSET cmdTail
    call    GetCommandTail     ;填充缓冲区
```

当在 Visual Studio 中运行应用程序时，有一种方法可以传递命令行参数。从 Project 菜单中，选择 <projectname>Properties。在 Property Pages 窗口中，展开 Configuration Properties 选项，选择 Debugging。然后，在右边 Command Arguments 面板的编辑行中输入程序的命令参数。

GetMaxXY　　GetMaxXY 过程获取控制台窗口缓冲区的大小。如果控制台窗口缓冲区大于可视窗口尺寸，则自动出现滚动条。GetMaxXY 没有输入参数。当过程返回时，DX 寄存器包含了缓冲区的列数，AX 寄存器包含了缓冲区的行数。每个数值的可能范围都不超过 255，这也许会小于实际窗口缓冲区的大小。调用示例如下：

```
    .data
rows    BYTE ?
cols    BYTE ?
    .code
    call    GetMaxXY
    mov     rows,al
    mov     cols,dl
```

GetMseconds　　GetMseconds 过程获取主机从午夜开始经历的毫秒数，并返回该值至 EAX 中。该过程是度量事件之间的时间的极好工具。过程不需要输入参数。下面的例子调用了 GetMseconds，并保存了返回值。循环执行之后，代码第二次调用 GetMseconds，并将两次返回的时间值相减，差值就是循环的大致执行时间：

```
    .data
startTime DWORD ?
    .code
call GetMseconds
mov  startTime,eax
L1:
    ;(循环体)
    loop L1
call GetMseconds
sub  eax,startTime             ;EAX = 以毫秒计的循环时间
```

GetTextColor　　GetTextColor 过程获取控制台窗口当前的前景色和背景色，没有输入参数。它将背景色返回到 AL 的高四位，将前景色返回到 AL 的低四位。调用示例如下：

```
    .data
color byte ?
    .code
    call    GetTextColor
    mov     color,AL
```

Gotoxy Gotoxy 过程将光标定位到控制台窗口的指定行和列。当调用该过程时,将 *Y* 坐标(行号)传递到 DH,将 *X* 坐标(列号)传递到 DL。调用示例如下:

```
mov     dh,10                   ;第 10 行
mov     dl,20                   ;第 20 列
call    GotoXY                  ;定位光标
```

用户可能已经修改了控制台窗口大小,因此可以调用 GetMaxXY 来获得当前窗口的行数和列数。

IsDigit IsDigit 过程确定 AL 中的数值是否为一个有效十进制数字的 ASCII 码。调用该过程时,将一个 ASCII 字符传递到 AL。如果 AL 包含的是一个有效的十进制数字,则该过程将零标志置 1;否则,将零标志清零。调用示例如下:

```
mov     AL,somechar
call    IsDigit
```

MsgBox MsgBox 过程显示一个图形化的弹出消息框,并带有可选的说明文字(当程序运行于控制台窗口时有效)。过程用 EDX 传递一个字符串的偏移量,该字符串将显示在消息框中。还可以用 EBX 传递消息框标题字符串的偏移量,如果想要标题为空,则置 EBX 为 0。调用示例如下:

```
.data
caption BYTE "Dialog Title", 0
HelloMsg BYTE "This is a pop-up message box.", 0dh,0ah
        BYTE "Click OK to continue...", 0
.code
mov     ebx,OFFSET caption
mov     edx,OFFSET HelloMsg
call    MsgBox
```

示例输出如下:

MsgBoxAsk MsgBoxAsk 过程显示带有 Yes 和 No 按钮的图形化的弹出消息框(当程序运行于控制台窗口时有效)。过程用 EDX 传递问题字符串的偏移量,该问题字符串将显示在消息框中。还可以用 EBX 传递消息框标题字符串的偏移量,如果想要标题为空,则置 EBX 为 0。MsgBoxAsk 用返回至 EAX 中的整数表示用户选择的是哪个按钮。返回值有两个选择,都是预先定义的 Windows 常量:IDYES(值为 6)或 IDNO(值为 7)。调用示例如下:

```
.data
caption BYTE "Survey Completed",0
question BYTE "Thank you for completing the survey."
  BYTE 0dh,0ah
  BYTE "Would you like to receive the results?",0
.code
mov     ebx,OFFSET caption
mov     edx,OFFSET question
call    MsgBoxAsk
;(检查 EAX 中的返回值)
```

示例输出如下:

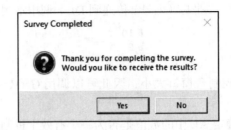

OpenInputFile　OpenInputFile 过程打开一个已存在的文件作为输入。过程用 EDX 传递文件名的偏移量。当过程返回时,如果文件成功打开,则 EAX 就包含有效的文件句柄;否则,EAX 等于 INVALID_HANDLE_VALUE(一个预定义的常量)。

调用示例如下:

```
.data
filename BYTE "myfile.txt",0
.code
mov   edx,OFFSET filename
call  OpenInputFile
```

以下的伪代码描述了调用 OpenInputFile 后的可能结果:

```
if EAX = INVALID_HANDLE_VALUE
    文件未成功打开
else
    EAX = 打开文件的句柄
endif
```

ParseDecimal32　ParseDecimal32 过程将一个无符号十进制整数字符串转换为 32 位二进制数。非数字字符之前所有的有效数字都需转换,忽略前导空格。过程用 EDX 传递字符串的偏移量,用 ECX 传递字符串的长度,用 EAX 返回二进制数值。调用示例如下:

```
.data
buffer BYTE "8193"
bufSize = ($ - buffer)
.code
mov   edx,OFFSET buffer
mov   ecx,bufSize
call  ParseDecimal32              ;返回 EAX
```

- 如果整数为空,则 EAX=0 且 CF=1
- 如果整数仅包含空格,则 EAX=0 且 CF=1
- 如果整数大于 $2^{32}-1$,则 EAX=0 且 CF=1
- 否则,EAX 中保存转换后的整数,且 CF=0

参阅 **ReadDec** 过程的描述,详细了解进位标志是如何受到影响的。

ParseInteger32　ParseInteger32 过程将一个有符号十进制整数字符串转换为 32 位二进制数。字符串开始到第一个非数字字符之间所有的有效数字都需转换,忽略前导空格。过程用 EDX 传递字符串的偏移量,用 ECX 传递字符串的长度,用 EAX 返回二进制数值。调用示例如下:

```
.data
buffer BYTE "-8193"
bufSize = ($ - buffer)
.code
```

```
        mov     edx,OFFSET buffer
        mov     ecx,bufSize
        call    ParseInteger32              ;返回 EAX
```

字符串可能包含一个前导加号或减号，但其后只能为十进制数字。如果数值不能表示为 32 位有符号整数（范围为 –2 147 483 648 到 +2 147 483 647），则溢出标志置 1，且在控制台显示一个出错消息。

Random32　Random32 过程生成一个 32 位伪随机整数并用 EAX 返回该数。当被反复调用时，Random32 就会生成一个模拟的随机数序列。这些数由一个简单的函数产生，该函数有一个输入称为种子（seed）。函数在公式中利用种子生成第一个随机数值，后续每个随机数的生成都使用前次生成的随机数作为种子。下述代码段展示了一个调用 Random32 的例子：

```
        .data
        randVal DWORD ?
        .code
        call    Random32
        mov     randVal,eax
```

Randomize　Randomize 过程对 Random32 和 RandomRange 过程的起始种子值进行初始化。种子的值等于一天中的时间，精度为 1/100 秒。每次运行程序并调用 Random32 和 RandomRange 时，生成的随机数序列都是独有的。而 Randomize 过程只需要在程序开始处调用一次。下面的例子生成了 10 个随机整数：

```
        call    Randomize
        mov     ecx,10
L1:     call    Random32
        ;此处使用或显示在 EAX 中的随机数值
        loop    L1
```

RandomRange　RandomRange 过程生成一个在 0 至 $n-1$ 范围内的随机整数，其中 n 是输入参数，用 EAX 寄存器传递。生成的随机数也用 EAX 返回。下面的例子生成了一个范围在 0 到 4 999 之间的随机整数，并将其放在变量 randVal 中。

```
        .data
        randVal DWORD ?
        .code
        mov     eax,5000
        call    RandomRange
        mov     randVal,eax
```

ReadChar　ReadChar 过程从键盘读取一个字符，并用 AL 寄存器返回，字符不在控制台窗口中回显。调用示例如下：

```
        .data
        char BYTE ?
        .code
        call ReadChar
        mov  char,al
```

如果用户按下的是扩展键，如功能键、方向键、〈Ins〉键或〈Del〉键，则过程就将 AL 清零，而 AH 包含的就是键盘扫描码。本书正文前给出了扫描码列表。EAX 的高半部分没有保存。下述伪代码描述了调用 ReadChar 之后可能出现的结果：

```
if 按下了扩展键
    AL = 0
    AH = 键盘扫描码
```

```
else
    AL = ASCII 键值
endif
```

ReadDec ReadDec 过程从键盘读取一个 32 位无符号十进制整数，并用 EAX 返回该值，忽略前导空格。返回值为第一个非数字字符之前所有的有效数字。比如，如果用户输入 123ABC，则 EAX 中的返回值为 123。下面是一个调用示例：

```
.data
intVal DWORD ?
.code
call ReadDec
mov  intVal,eax
```

ReadDec 以下列的方式影响进位标志：

- 如果整数为空，则 EAX=0 且 CF=1
- 如果整数大于 $2^{32}-1$，则 EAX=0 且 CF=1
- 否则，EAX 中保存转换后的整数，且 CF=0

ReadFromFile ReadFromFile 过程将一个输入磁盘文件的内容读取到内存缓冲区中。当调用 ReadFromFile 时，用 EAX 传递打开文件的句柄，用 EDX 传递缓冲区的偏移量，用 ECX 传递读取的最大字节数。当 ReadFromFile 返回时，要查看进位标志的值：如果 CF 清零，则 EAX 包含了从文件中读取的字节数；如果 CF 置 1，则 EAX 包含了以数值表示的系统错误代码。调用 WriteWindowsMsg 过程可以获得该错误的文本表示。在下面的例子中，从文件读取的 5 000 个字节被复制到缓冲区变量。假设文件已经打开，且 EAX 包含了文件句柄：

```
.data
BUFFER_SIZE = 5000
buffer BYTE BUFFER_SIZE DUP(?)
bytesRead DWORD ?

.code
mov  edx,OFFSET buffer    ;指向缓冲区
mov  ecx,BUFFER_SIZE      ;读取的最大字节数
call ReadFromFile         ;读文件
```

如果此时进位标志清零，则可以执行如下指令：

```
mov  bytesRead,eax        ;实际读取的字节数
```

但是，如果此时进位标志置 1，就可以调用 WriteWindowsMsg 过程来显示一个字符串，其中包含了错误代码以及该应用最近产生错误的描述：

```
call WriteWindowsMsg
```

ReadHex ReadHex 过程从键盘读取一个 32 位十六进制整数，并用 EAX 返回相应的二进制值。对无效字符不进行错误检查。对于数字 A 到 F，大小写字母都可以使用。最多能够输入 8 个数字（超出的字符被忽略），忽略前导空格。调用示例如下：

```
.data
hexVal DWORD ?
.code
call ReadHex
mov  hexVal,eax
```

ReadInt ReadInt 过程从键盘读取一个 32 位有符号整数，并用 EAX 返回该值。用户可以输入前置加号或减号，而其后只能为数字。如果输入的数值不能表示为 32 位有符号数

（范围为 -2 147 483 648 至 +2 147 483 647），则 ReadInt 将溢出标志置 1，并显示一个出错消息。返回值是从所有的有效数字计算得出的，直至第一个非数字字符。例如，如果用户输入 +123ABC，则返回值为 +123。调用示例如下：

```
.data
intVal SDWORD ?
.code
call    ReadInt
mov     intVal,eax
```

ReadKey ReadKey 过程执行无等待键盘检查。也就是说，它检查键盘输入缓冲区以查看用户是否有按键操作。如果没有发现键盘数据，则零标志置 1。如果 ReadKey 发现有按键操作，则将零标志清零，且向 AL 赋值 0 或一个 ASCII 码。若 AL 为 0，则表示用户可能按下了一个特殊键（功能键、方向键等）。AH 寄存器包含了虚拟扫描码，DX 包含了虚拟键码，EBX 包含了键盘标志位。下述伪代码描述了调用 ReadKey 时的各种结果：

```
if 无键盘数据          then
    ZF = 1
else
    ZF = 0
    if AL = 0 then
        按下了扩展键，且 AH = 虚拟扫描码，DX =
        虚拟键码，EBX = 键盘标志位
    else
        AL = 按键的ASCII 码
    endif
endif
```

当调用 ReadKey 时，EAX 和 EDX 的高半部分会被覆盖。

ReadString ReadString 过程从键盘读取一个字符串，直到用户输入回车键才停止。过程用 EDX 传递缓冲区的偏移量，用 ECX 传递用户能输入的最大字符数加 1（为终止空字节保留空间）的数值。过程用 EAX 返回用户输入的字符数。示例调用如下：

```
.data
buffer BYTE 21 DUP(0)               ;输入缓冲区
byteCount DWORD ?                   ;存放计数器
.code
mov     edx,OFFSET buffer           ;指向缓冲区
mov     ecx,SIZEOF buffer           ;指定最大字符数
call    ReadString                  ;输入字符串
mov     byteCount,eax               ;字符数量
```

ReadString 在内存中字符串的末尾处自动插入一个 null 终止符。若用户输入字符串 "ABCDEFG"，buffer 中的前 8 个字节的十六进制形式和 ASCII 形式如下所示：

41 42 43 44 45 46 47 00	ABCDEFG

输入该字符串后，变量 `byteCount` 等于 7。

SetTextColor SetTextColor 过程（仅在 Irvine32 库中）设置输出文本的前景色和背景色。当调用 SetTextColor 时，将颜色属性赋值给 EAX。下列预定义的颜色常量都可以用于前景色和背景色：

black（黑）= 0	red（红）= 4	gray（灰）= 8	lightRed（淡红）= 12
blue（蓝）= 1	magenta（洋红）= 5	lightBlue（淡蓝）= 9	lightMagenta（淡洋红）= 13
green（绿）= 2	brown（棕）= 6	lightGreen（淡绿）= 10	yellow（黄）= 14
cyan（青）= 3	lightGray（淡灰）= 7	lightCyan（淡青）= 11	white（白）= 15

颜色常量在 Irvine32.inc 文件中定义。要获得完整的颜色字节值，可将背景色乘以 16 再加上前景色。例如，下述常量表示在蓝色背景上的黄色字符：

```
yellow + (blue * 16)
```

下列语句在蓝色背景上设置白色：

```
mov    eax,white + (blue * 16)
call   SetTextColor
```

另一种表示颜色常量的方法是使用 SHL 操作符，将背景色左移 4 位再加上前景色。

```
yellow + (blue SHL 4)
```

移位是在汇编时执行的，因此 SHL 只能用常数作操作数。第 7 章将会学习如何在运行时进行整数移位。在第 16 章的 16.3.2 节中对视频属性有详细说明。

Str_length Str_length 过程返回以空结束的字符串的长度。过程用 EDX 传递字符串的偏移量，用 EAX 返回字符串的长度。调用示例如下：

```
.data
buffer BYTE "abcde",0
bufLength DWORD ?
.code
mov    edx,OFFSET buffer        ;指向字符串
call   Str_length               ;EAX = 5
mov    bufLength,eax            ;保存字符串长度
```

WaitMsg WaitMsg 过程显示"Press any key to continue..."消息，并等待用户按键。若想在数据滚动和消失之前暂停屏幕显示，这个过程就很有用。该过程没有输入参数。调用示例如下：

```
call WaitMsg
```

WriteBin WriteBin 过程以 ASCII 二进制格式向控制台窗口写一个整数。过程用 EAX 传递该整数。为了便于阅读，二进制位以四位一组的形式进行显示。调用示例如下：

```
mov    eax,12346AF9h
call   WriteBin
```

示例代码的输出显示如下：

```
0001 0010 0011 0100 0110 1010 1111 1001
```

WriteBinB WriteBinB 过程以 ASCII 二进制格式向控制台窗口写一个 32 位整数。过程用 EAX 寄存器传递该整数，用 EBX 表示以字节数（1、2 或 4）计的显示大小。为了便于阅读，二进制位以四位一组的形式显示。调用示例如下：

```
mov    eax,00001234h
mov    ebx,TYPE WORD           ;2 个字节
call   WriteBinB               ;显示 0001 0010 0011 0100
```

WriteChar WriteChar 过程向控制台窗口写一个字符，并用 AL 传递该字符（即其 ASCII 码）。调用示例如下：

```
mov    al,'A'
call   WriteChar               ;显示："A"
```

WriteDec WriteDec 过程以十进制格式向控制台窗口写一个 32 位无符号整数，且无前置 0。过程用 EAX 寄存器传递该整数。调用示例如下：

```
        mov     eax,295
        call    WriteDec                    ;显示："295"
```

WriteHex WriteHex 过程以 8 数字十六进制格式向控制台窗口写一个 32 位无符号整数。如有需要，插入前置 0。过程用 EAX 传递该整数。调用示例如下：

```
        mov     eax,7FFFh
        call    WriteHex                    ;显示："00007FFF"
```

WriteHexB WriteHexB 过程以十六进制格式向控制台窗口写一个 32 位无符号整数，如有需要，插入前置 0。过程用 EAX 传递该整数，用 EBX 表示显示格式的字节数（1、2 或 4）。调用示例如下：

```
        mov     eax,7FFFh
        mov     ebx,TYPE WORD               ;2 个字节
        call    WriteHexB                   ;显示："7FFF"
```

WriteInt WriteInt 过程以十进制格式向控制台窗口写一个 32 位有符号整数，有前置符号，无前置 0。过程用 EAX 传递该整数。调用示例如下：

```
        mov     eax,216543
        call    WriteInt                    ;显示："+216543"
```

WriteString WriteString 过程向控制台窗口写一个以空结束的字符串。过程用 EDX 传递字符串的偏移量。调用示例如下：

```
        .data
        prompt BYTE "Enter your name: ",0
        .code
        mov     edx,OFFSET prompt
        call    WriteString
```

WriteToFile WriteToFile 过程将缓冲区的内容写到一个输出文件。过程用 EAX 传递有效的打开文件句柄，用 EDX 传递缓冲区的偏移量，用 ECX 传递写入的字节数。当过程返回时，如果 EAX 大于 0，则其包含了写入的字节数；否则，发生错误。下述代码调用了 WriteToFile：

```
        BUFFER_SIZE = 5000
        .data
        fileHandle  DWORD ?
        buffer      BYTE BUFFER_SIZE DUP(?)
        .code
        mov     eax,fileHandle
        mov     edx,OFFSET buffer
        mov     ecx,BUFFER_SIZE
        call    WriteToFile
```

下面的伪代码描述了调用 WriteToFile 之后如何对 EAX 中的返回值进行处理：

```
if EAX = 0 then
    写文件时发生错误
    调用 WriteWindowsMessage 查看错误
else
    EAX = 写到文件的字节数
endif
```

WriteWindowsMsg 当执行对系统函数的调用时，WriteWindowsMsg 过程向控制台窗口写一个字符串，其中包含了应用程序最近产生的出错信息。调用示例如下：

```
        call WriteWindowsMsg
```

下面是消息字符串的例子：

```
Error 2: The system cannot find the file specified.
```

5.4.4 库测试程序

教程：库测试 #1

在这个实操的教程中，将编写一个程序来演示带屏幕颜色的整数输入/输出。

步骤 1：用标准头部开始程序：

```
;库测试 #1：整数输入/输出 (InputLoop.asm)
;测试如下过程：Clrscr、Crlf、DumpMem、ReadInt、SetTextColor、
;WaitMsg、WriteBin、WriteHex, 以及 WriteString。
INCLUDE Irvine32.inc
```

步骤 2：声明常量 COUNT，以确定程序循环的次数。然后再定义两个常量 BlueTextOnGray 和 DefaultColor，用以在之后改变控制台窗口的颜色。背景色存放在颜色字节的高 4 位，前景（文本）色存放在颜色字节的低 4 位。虽然还没有讨论移位指令，但可以通过把背景色乘以 16 的方法将其移位到颜色属性字节的高 4 位：

```
.data
COUNT = 4
BlueTextOnGray = blue + (lightGray * 16)
DefaultColor = lightGray + (black * 16)
```

步骤 3：用十六进制常数声明一个有符号双字整数数组。此外，还要定义一个字符串，在程序需要用户输入整数时作为提示：

```
arrayD SDWORD 12345678h,1A4B2000h,3434h,7AB9h
prompt BYTE "Enter a 32-bit signed integer: ",0
```

步骤 4：在代码区声明 main 过程，编写代码将 EAX 初始化为淡灰色背景上的蓝色文本。程序执行至此后，SetTextColor 能改变写到窗口的所有文本前景色和背景色的属性：

```
.code
main PROC
    mov   eax,BlueTextOnGray
    call  SetTextColor
```

若想设置控制台窗口的背景色为新的颜色，必须先使用 Clrscr 过程清屏：

```
call  Clrscr                    ;清屏
```

> 接下来，程序将显示由变量 arrayD 所定义的内存中的一组双字数值。DumpMem 过程需要用 ESI、EBX 及 ECX 寄存器传递参数。

步骤 5：将 arrayD 的偏移量赋值给 ESI，用于标识要显示的数据区的起始位置：

```
mov   esi,OFFSET arrayD
```

步骤 6：EBX 被赋值一个整数以指定每个数组元素的大小。由于要显示的是双字数组，所以 EBX 等于 4。该值由表达式 TYPE arrayD 返回：

```
mov   ebx,TYPE arrayD           ;双字 = 4 字节
```

步骤 7：ECX 必须用 LENGTHOF 操作符设置为被显示单元的个数。然后，当调用

DumpMem 时，过程就有了其所需要的所有信息：

```
mov   ecx,LENGTHOF arrayD    ;arrayD 中的单元数量
call  DumpMem                ;显示内存
```

下图展示了 DumpMem 产生的输出：

```
Dump of offset 00405000
---------------------------
12345678   1A4B2000   00003434   00007AB9
```

> 接下来，将要求用户输入 4 个有符号整数。每输入一个整数，该数就将以有符号十进制、十六进制及二进制形式重新显示出来。

步骤 8：调用 Crlf 过程输出一个空行。然后，将 ECX 初始化为常量 COUNT，使其成为后续循环的计数器：

```
call  Crlf
mov   ecx,COUNT
```

步骤 9：程序需要显示一个字符串以要求用户输入一个整数。将字符串的偏移量赋值给 EDX，并调用 WriteString 过程。然后，调用 ReadInt 过程接收用户输入，该数将自动保存到 EAX：

```
L1: mov   edx,OFFSET prompt
    call  WriteString
    call  ReadInt              ;将整数输入到 EAX
    call  Crlf                 ;显示新的一行
```

步骤 10：调用 WriteInt 过程，将 EAX 中的整数显示为有符号十进制格式。再调用 Crlf 将光标移动到下一个输出行：

```
call  WriteInt                ;显示为有符号十进制数
call  Crlf
```

步骤 11：调用 WriteHex 和 WriteBin 过程，将同一个整数（仍保存在 EAX 中）显示为十六进制和二进制格式：

```
call  WriteHex                ;显示为十六进制数
call  Crlf
call  WriteBin                ;显示为二进制数
call  Crlf
call  Crlf
```

步骤 12：插入一条 Loop 指令，使程序从标号 L1 处开始循环。该指令先将 ECX 减 1，仅当 ECX 不等于 0 时，跳转到标号 L1 处：

```
Loop  L1                      ;重复循环
```

步骤 13：循环结束后，想显示一条 "Press any key…" 的消息，然后暂停输出，等待用户按键。若要实现这个功能，可调用 WaitMsg 过程：

```
call  WaitMsg                 ;"Press any key…"
```

步骤 14：在程序结束之前，将控制台窗口属性恢复为默认颜色（黑色背景上的淡灰色字符）。

```
mov   eax, DefaultColor
call  SetTextColor
call  Clrscr
```

程序结束的几行代码如下所示。本程序及之后的程序将使用简化的命令 exit 来代替前面几章使用的语句 INVOKE ExitProcess。Exit 语句在 Irvine32.inc 文件中定义：

```
        exit
main ENDP
END main
```

按照用户输入的 4 个整数，程序余下的输出如下所示：

```
Enter a  32-bit signed  integer: -42
-42
FFFFFFD6
1111  1111  1111  1111  1111  1111  1101  0110
Enter a 32-bit signed integer: 36

+36
00000024
0000 0000 0000 0000 0000 0000 0010 0100

Enter a 32-bit signed integer: 244324

+244324
0003BA64
0000 0000 0000 0011 1011 1010 0110 0100

Enter a 32-bit signed integer: -7979779

-7979779
FF863CFD
1111 1111 1000 0110 0011 1100 1111 1101
```

完整的程序清单如下所示，其中添加了一些注释行：

```
;库测试 #1：整数输入/输出            (InputLoop.asm)
;测试如下过程：Clrscr、Crlf、DumpMem、ReadInt、SetTextColor、
;WaitMsg、WriteBin、WriteHex，以及 WriteString。
INCLUDE Irvine32.inc

.data
COUNT = 4
BlueTextOnGray = blue + (lightGray * 16)
DefaultColor = lightGray + (black * 16)
arrayD SDWORD 12345678h,1A4B2000h,3434h,7AB9h
prompt BYTE "Enter a 32-bit signed integer: ",0
.code
main PROC

;选择淡灰色背景上的蓝色文本
        mov    eax,BlueTextOnGray
        call   SetTextColor
        call   Clrscr                   ;清屏

        ;使用 DumpMem 显示数组
        mov    esi,OFFSET arrayD        ;起始偏移量
        mov    ebx,TYPE arrayD          ;双字 = 4 字节
        mov    ecx,LENGTHOF arrayD      ;arrayD 中的单元数量
        call   DumpMem                  ;显示内存

        ;要求用户输入序列有符号整数
        call   Crlf                     ;新的一行
```

```
        mov     ecx,COUNT
L1: mov     edx,OFFSET prompt
        call    WriteString
        call    ReadInt                 ;输入整数到 EAX
        call    Crlf                    ;新的一行

;以十进制、十六进制及二进制显示整数
        call    WriteInt                ;显示为有符号十进制数
        call    Crlf
        call    WriteHex                ;显示为十六进制数
        call    Crlf
        call    WriteBin                ;显示为二进制数
        call    Crlf
        call    Crlf
        Loop    L1                      ;重复循环

;将控制台窗口恢复为默认颜色
        call    WaitMsg                 ;"Press any key..."
        mov     eax,DefaultColor
        call    SetTextColor
        call    Clrscr

        exit
main ENDP
END main
```

库测试 #2：随机整数

现在来看第二个库测试程序，演示链接库的随机数生成功能，并引入 CALL 指令（将在 5.5 节全面讲解）。首先，程序随机生成 10 个范围在 0 到 4 294 967 294 之间的无符号整数。其次，程序生成 10 个范围在 –50 到 +49 之间的有符号整数：

```
;链接库测试 #2                          (TestLib2.asm)
;测试 Irvine32 库中的过程
INCLUDE Irvine32.inc

TAB = 9                                 ;Tab 的 ASCII 码
.code
main PROC
        call Randomize                  ;初始化随机数生成器
        call Rand1
        call Rand2
        exit
main ENDP

Rand1 PROC
;生成 10 个伪随机整数
        mov     ecx,10                  ;循环 10 次
L1:     call    Random32                ;生成随机整数
        call    WriteDec                ;写无符号十进制数
        mov     al,TAB                  ;水平制表符
        call    WriteChar               ;写制表符
        loop    L1

        call    Crlf
        ret
Rand1 ENDP

Rand2 PROC
;生成 10 个在 -50 到 +49 之间的伪随机整数
        mov     ecx,10                  ;循环 10 次
```

```
L1:     mov   eax,100              ;数值范围：0 到 99
        call  RandomRange          ;生成随机整数
        sub   eax,50               ;数值范围：-50 到 +49
        call  WriteInt             ;写有符号十进制数
        mov   al,TAB               ;水平制表符
        call  WriteChar            ;写制表符
        loop  L1

        call  Crlf
        ret
Rand2 ENDP
END main
```

程序的示例输出如下所示：

3221236194	2210931702	974700167	367494257	2227888607
926772240	506254858	1769123448	2288603673	736071794
-34 +27	+38 -34	+31 -13	-29 +44	-48 -43

库测试 #3：性能计时

汇编语言常常用于优化对程序性能非常关键的代码。本书链接库中的 GetMseconds 过程能返回从午夜开始经历的毫秒数。在第 3 个库测试程序中，调用 GetMseconds，执行一个嵌套循环，并再一次调用 GetMSeconds。两次过程调用的返回值的差值就给出了嵌套循环所耗费的时间：

```
; 链接库测试 #3                     (TestLib3.asm)
; 计算嵌套循环的执行时间
INCLUDE Irvine32.inc
.data
OUTER_LOOP_COUNT = 3
startTime DWORD ?
msg1 byte "Please wait...",0dh,0ah,0
msg2 byte "Elapsed milliseconds: ",0
.code
main PROC
        mov   edx,OFFSET msg1       ;"Please wait..."
        call  WriteString

; 保存起始时间
        call  GetMSeconds
        mov   startTime,eax

; 开始外层循环
        mov   ecx,OUTER_LOOP_COUNT
L1:     call  innerLoop
        loop  L1

; 计算执行时间
        call  GetMSeconds
        sub   eax,startTime

; 显示执行时间
        mov   edx,OFFSET msg2       ;"Elapsed milliseconds: "
        call  WriteString
        call  WriteDec              ;写毫秒数
        call  Crlf

        exit
main ENDP
```

```
    innerLoop PROC
        push    ecx                     ;保存当前 ECX 的值
        mov     ecx,0FFFFFFFFh          ;设置循环计数器
L1:     mul     eax                     ;消耗一些时钟周期
        mul     eax
        mul     eax
        loop    L1                      ;重复内层循环

        pop     ecx                     ;恢复 ECX 被保存的值
        ret
    innerLoop ENDP
END main
```

在 Intel Core Duo 处理器上运行该程序得到的示例输出如下：

```
Please wait...
Elapsed milliseconds: 4974
```

程序的详细分析

现在仔细研究一下库测试 #3 程序。main 过程在控制台窗口中显示字符串"Please wait..."：

```
main PROC
    mov     edx,OFFSET msg1             ;"Please wait..."
    call    WriteString
```

当调用 GetMSeconds 时，过程将从午夜开始经历的毫秒数返回到 EAX 寄存器中。该数值被保存到一个变量中以备后续使用：

```
    call    GetMSeconds
    mov     startTime,eax
```

接着，基于常量 OUTER_LOOP_COUNT 的值创建一个循环。该值被送入 ECX，用于之后在 LOOP 指令中使用：

```
    mov     ecx,OUTER_LOOP_COUNT
```

循环开始于标号 L1 处，在这里调用 innerLoop 过程。这条 CALL 指令将一直重复，直到 ECX 递减至 0 为止：

```
L1: call    innerLoop
    loop    L1
```

innerLoop 过程用指令 PUSH 将 ECX 保存到堆栈，再对其赋新值（PUSH 和 POP 指令已在 5.1.2 节讨论过）。然后，循环本身的指令用来消耗一些时钟周期：

```
innerLoop PROC
    push    ecx                         ;保存当前 ECX 的值

    mov     ecx,0FFFFFFFFh              ;设置循环计数器
L1: mul     eax                         ;消耗一些时钟周期
    mul     eax
    mul     eax
    loop    L1                          ;重复内层循环
```

此时，LOOP 指令将 ECX 递减至 0，因此先前被保存的 ECX 值弹出堆栈。在即将结束过程时，ECX 中的值与进入过程时相同。PUSH 和 POP 序列是必要的，因为 main 过程在调用 innerLoop 过程时是用 ECX 作为循环计数器的。下面是 innerLoop 的最后几行：

```
    pop     ecx                         ;恢复 ECX 原来保存的值
    ret
innerLoop ENDP
```

循环结束后，回到 main 过程，调用 GetMSeconds，用 EAX 返回其结果。现在要做的就是用该值减去开始时间，从而获得两次调用 GetMSeconds 之间所经历的毫秒数：

```
    call GetMSeconds
    sub  eax,startTime
```

程序显示一个新的字符串消息，然后显示 EAX 中的整数，此即经历的毫秒数：

```
        mov   edx,OFFSET msg2       ;"Elapsed milliseconds:"
        call  WriteString
        call  WriteDec              ;显示 EAX 中的值
        call  Crlf
        exit
main ENDP
```

5.4.5 本节回顾

1. 链接库中的哪个过程在指定范围内生成随机整数？
2. 链接库中的哪个过程显示 "Press [Enter] to continue..." 并等待用户按下〈Enter〉键？
3. 判断真假：下面的代码序列使程序暂停 700 毫秒。

    ```
    mov  eax,700
    call Delay
    ```

    a. 真   b. 假

4. 链接库中的哪个过程以十进制格式向控制台窗口写无符号整数？
5. 链接库中的哪个过程将光标定位到控制台窗口的指定位置？
6. 编写在使用 Irvine32 库时所需的 INCLUDE 伪指令。
7. Irvine32.inc 文件中包含哪些类型的代码？
    a. 编译后的库格式目标代码
    b. 汇编语言指令，如 MOV 和 ADD
    c. PROTO 语句（过程原型）和常量定义
8. 下面的哪个选项是 DumpMem 过程需要的输入参数？
    a. EAX = 数据偏移量，ECX = 数据单元数量，EDX = 数据单元大小
    b. ESI = 数据偏移量，ECX = 数据单元数量，EBX = 数据单元大小
    c. ESI = 数据偏移量，EBX = 数据单元数量，ECX = 数据单元大小
    d. ECX = 数据偏移量，EAX = 数据单元数量，EBX = 数据单元大小
9. 下面的哪个选项是 ReadString 过程需要的输入参数？
    a. ESI 包含字节数组的偏移量，EBX 包含要读取字符的最大数量。
    b. ESI 包含字节数组的偏移量，ECX 包含要读取字符的最大数量。
    c. EDX 包含字节数组的偏移量，ECX 包含要读取字符的最大数量。
10. 判断真假：DumpRegs 过程既显示寄存器的内容也显示处理器状态标志的内容。

    a. 真   b. 假

11. 判断真假：下面的代码片段中包含这样的语句：提示用户输入标识号，并将用户的输入存入一个字节数组。

    ```
    .data
    str1  BYTE "Enter identification number: ",0
    idStr BYTE 15 DUP(?)
    .code
    mov  ebx,OFFSET str1
    call WriteString
    mov  eax,OFFSET idStr
    ```

```
mov   ecx,(SIZEOF idStr) - 1
call  ReadString
```

a. 真   b. 假

5.5 64 位汇编编程

5.5.1 Irvine64 库

本书提供了一个能支持 64 位编程的最小链接库，其中包含了如下过程：

- **Crlf**：向控制台写一个行结束序列。
- **Random64**：在 0~2^{64}-1 范围内，生成一个 64 位的伪随机整数。用 RAX 寄存器返回该随机数值。
- **Randomize**：用一个特定的值作为随机数生成器的种子。
- **ReadInt64**：从键盘读取一个 64 位有符号整数，用回车键结束。用 RAX 寄存器返回该数值。
- **ReadString**：从键盘读取一个字符串，用回车键结束。过程用 RDX 传递输入缓冲区的偏移量，用 RCX 传递用户可输入的最大字符数加 1（用于保存 null 结束字节）后的值。返回值（在 RAX 中）为用户实际输入的字符数。
- **Str_compare**：比较两个字符串。过程将源字符串的指针传递给 RSI，将目的字符串的指针传递给 RDI。用与 CMP（比较）指令一样的方式设置零标志和进位标志。
- **Str_copy**：将一个源字符串复制到目标指针指定的位置。将源字符串的偏移量传递给 RSI，目标偏移量传递给 RDI。
- **Str_length**：用 RAX 寄存器返回一个以空结束的字符串的长度，并用 RCX 传递字符串的偏移量。
- **WriteInt64**：将 RAX 寄存器中的内容显示为 64 位有符号十进制整数，并加上前置加号或减号。过程无返回值。
- **WriteHex64**：将 RAX 寄存器中的内容显示为 64 位十六进制整数。过程无返回值。
- **WriteHexB**：将 RAX 寄存器中的内容显示为 1 字节、2 字节、4 字节或 8 字节的十六进制整数。将显示的大小（1、2、4 或 8）传递给 RBX 寄存器。过程无返回值。
- **WriteString**：显示一个以空结束的 ASCII 字符串，并将字符串的 64 位偏移量传递给 RDX。过程无返回值。

尽管该库比 32 位库小很多，但它还是包含了许多基本工具，使得程序更具交互性。随着学习的深入，本书还鼓励你用自己的代码来扩展该链接库。Irvine64 链接库保留了 RBX、RBP、RDI、RSI、R12、R13、R14 及 R15 寄存器的值，而 RAX、RCX、RDX、R8、R9、R10 及 R11 寄存器的值则通常不会保留。

5.5.2 调用 64 位子例程

若要调用自己编写的子例程，或是 Irvine64 库中的子例程，则需要将输入参数送入寄存器，并执行 CALL 指令。例如：

```
mov   rax,12345678h
call  WriteHex64
```

另外，要在自己程序的顶部用 PROTO 伪指令指定要调用的该程序外部的每个过程：

```
ExitProcess    PROTO              ;位于 Windows API
WriteHex64     PROTO              ;位于 Irvine64 库
```

5.5.3　x64 调用规约

Microsoft 在 64 位程序中遵循统一的方案来传递参数和调用过程，称为 Microsoft x64 调用规约（Microsoft x64 calling convention）。该规约被 C/C++ 编译器和 Windows 应用编程接口（API）所采用。只有在调用 Windows API 中的函数或用 C/C++ 编写的函数时，才会用到这个调用规约。下面是该调用规约的一些基本特性：

1. 由于地址长度为 64 位，CALL 指令将 RSP（堆栈指针）寄存器减 8。
2. 传递给过程的前四个参数依序放入 RCX、RDX、R8 及 R9 寄存器中。如果只传递一个参数，则将其放入 RCX。如果还有第二个参数，则将其放入 RDX，以此类推。其他额外的参数，则按照从左到右的顺序压入堆栈。
3. 主调程序在运行时堆栈上分配至少 32 个字节的影子空间（shadow space），这样，被调过程才可以有选择性地将寄存器参数保存在该区域中。
4. 当调用子例程时，RSP 必须对齐到 16 字节边界（16 的倍数）。CALL 指令将 8 字节的返回地址压入堆栈，因此，除了已经减去的影子空间的 32 之外，主调程序还必须从堆栈指针中减去 8。我们很快就会在示例中展示这些操作是如何实现的。

x64 调用规约的其他细节将在第 8 章给予介绍，届时会更详细地讨论运行时堆栈。这里有个好消息：在调用 Irvine64 链接库中的子例程时，不必非要使用 Microsoft x64 调用规约，而只需在调用 Windows API 函数时才会使用它。

5.5.4　调用过程的示例程序

现在编写一小段程序，使用 Microsoft x64 调用规约来调用子例程 `AddFour`。该子例程将四个参数寄存器（RCX、RDX、R8 及 R9）中的值相加，并将和数保存到 RAX。由于过程通常使用 RAX 返回结果，因此，当从子例程返回时，主调程序也期望返回值在该寄存器中。通过这种方式，就可以说这个子例程是一个函数，因为它接收了四个输入并（确切地）产生了一个输出。

```
 1: ; 在 64 位模式下调用子例程        (CallProc_64.asm)
 2: ; 第 5 章示例
 3:
 4: ExitProcess PROTO
 5: WriteInt64 PROTO              ;Irvine64 库
 6: Crlf PROTO                    ;Irvine64 库
 7:
 8: .code
 9: main PROC
10:     sub  rsp,8                ;对齐堆栈指针
11:     sub  rsp,20h              ;为影子参数保留 32 个字节
12:
13:     mov  rcx,1                ;按序传递 4 个参数
14:     mov  rdx,2
15:     mov  r8,3
16:     mov  r9,4
17:     call AddFour              ;在 RAX 中寻找返回值
18:     call WriteInt64           ;显示数值
19:     call Crlf                 ;输出回车/换行
20:
21:     mov  ecx,0
```

```
22:     call ExitProcess
23: main ENDP
24:
25: AddFour PROC
26:     mov rax,rcx
27:     add rax,rdx
28:     add rax,r8
29:     add rax,r9        ;和数在 RAX 中
30:     ret
31: AddFour ENDP
32:
33: END
```

现在来看看本例中的其他一些细节：第 10 行将堆栈指针对齐到均匀的 16 字节的边界。为什么要这样做？在 OS 调用 main 过程之前，假设堆栈指针是对齐 16 字节边界的。然后，当操作系统通过调用 main 过程来启动该程序时，CALL 指令将 8 字节的返回地址压入堆栈。将堆栈指针再减去 8，使其减少成 16 的倍数。

可以在 Visual Studio 调试器中运行该程序，并查看 RSP 寄存器（堆栈指针）中改变的数值。通过这个方法，就能够看到显示在图 5-11 中的十六进制数值。该图只展示了每个地址的低 32 位，因为高 32 位全为零：

1. 在执行第 10 行前，RSP=01AFE48。这表示在 OS 调用本程序之前，RSP 等于 01AFE50（CALL 指令将堆栈指针减 8）。

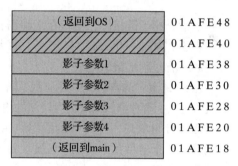

图 5-11　CallProc_64 程序的运行时堆栈

2. 在执行第 10 行后，RSP=01AFE40，表示堆栈正确地对齐到 16 字节边界。

3. 在执行第 11 行后，RSP=01AFE20，表示 32 个字节的影子空间被保留，其地址范围是从 01AFE20 到 01AFE3F。

4. 在 AddFour 过程内，RSP=01AFE18，表示主调程序的返回地址已经压入堆栈。

5. 从 AddFour 返回后，RSP 再一次等于 01AFE20，与调用 AddFour 之前的值相同。

与调用 ExitProcess 来结束程序相比，我们或许可以选择执行一条 RET 指令，这将返回到启动本程序的进程。当然，这就要求将堆栈指针恢复到其在 main 过程开始执行时的位置。下面的代码行能替代 CallProc_64 程序的第 21 ~ 22 行：

```
21:     add rsp,28h       ;恢复堆栈指针
22:     mov ecx,0         ;进程返回码
23:     ret               ;返回到 OS
```

> **提示**：当使用 Irvine64 库时，将 Irvine64.obj 文件添加到你的 Visual Studio 项目中。在 Visual Studio 中的操作步骤为：在 Solution Explorer 窗口中右键点击项目名称，选择 Add，选择 Existing Item，再选择 Irvine64.obj 文件名。

5.5.5　本节回顾

1. 判断真假：对于每个要从 Irvine64 库中调用的 64 位过程，必须在程序顶部加上一条 PROTO 伪指令。

   a. 真　　　　　　　　b. 假

2. 判断真假：只要调用 64 位过程，就必须遵循 Microsoft x86 调用规约，即使是调用 Irvine64 库中的例程也必须如此。
   a. 真　　　　　　　　　　b. 假
3. 判断真假：根据 Microsoft x86 调用规约，CALL 指令将 RSP 减 8。
   a. 真　　　　　　　　　　b. 假
4. 判断真假：根据 Microsoft x86 调用规约，传递到过程的前 4 个参数依次存放在 RCX、RDX、RAX 及 RBX 寄存器中。
   a. 真　　　　　　　　　　b. 假
5. 判断真假：Microsoft x86 调用规约规定，主调程序的责任是在运行时堆栈上分配至少 16 个字节的影子空间，这样，被调过程才可以有选择性地将寄存器参数保存在该区域中。
   a. 真　　　　　　　　　　b. 假

5.6　本章小结

本章介绍了链接库，使得在汇编语言应用程序中更易于处理输入/输出。

表 5-1 列出了 Irvine32 链接库中的大多数过程。在本书网站（www.asmirvine.com）上可以获取所有过程的最新列表。

在 5.4.4 节中的库测试程序演示了若干个 Irvine32 库的输入/输出函数。程序生成并显示了一组随机数、寄存器转储及内存转储的内容，并演示了各种格式的整数及字符串的输入/输出。

运行时堆栈是一种特殊的数组，用于暂时存放地址和数据。ESP 寄存器存放了一个 32 位偏移量，指向堆栈中的某个位置。由于进入堆栈中的最后一个数是第一个出栈的，因此堆栈被称为 LIFO（后进先出）结构。压入操作将一个数复制到堆栈。弹出操作将一个数从堆栈中取出并将其复制到寄存器或变量。堆栈通常用来存放过程返回地址、过程参数、局部变量、以及过程内使用的寄存器。

PUSH 指令首先递减堆栈指针，然后将源操作数复制到堆栈上。POP 指令首先将 ESP 指向的堆栈内容复制到目的操作数，然后递增 ESP 的值。

PUSHAD 指令将 32 位通用寄存器压入堆栈，PUSHA 指令将 16 位通用寄存器压入堆栈。POPAD 指令将堆栈中的数据弹出到 32 位通用寄存器中，POPA 指令将堆栈中的数据弹出到 16 位通用寄存器中。PUSHA 和 POPA 只能用于 16 位编程。

PUSHFD 指令将 32 位 EFLAGS 寄存器压入堆栈，POPFD 将堆栈中的数据弹出到 EFLAGS 寄存器。PUSHF 和 POPF 对 16 位 FLAGS 寄存器进行同样的操作。

RevStr 程序（5.1.2 节）用堆栈来颠倒字符串中字符的顺序。

过程是用 PROC 和 ENDP 伪指令声明的、被命名的代码块，并用 RET 指令结束执行。在 5.2.1 节中给出的 SumOf 过程，其功能是计算三个整数之和。CALL 指令通过将过程的地址插入到指令指针寄存器来执行该过程。当过程结束时，RET（从过程返回）指令又将处理器带回到程序中过程被调用时的位置。嵌套过程调用发生在一个被调过程在其返回前又调用了另一个过程时。

代码标号后跟一个冒号，表示只在包含它的过程中可见。而后跟 :: 的代码标号则是全局标号，其所在的源程序文件中的任何一条语句都可以访问它。

5.2.5 节中给出的 ArraySum 过程，其功能是计算并返回数组元素之和。

与 PROC 伪指令一起使用的 USES 操作符，能列出过程修改的全部寄存器。汇编器生成代码，用来在过程开始时将寄存器的内容压入堆栈，并在过程返回前弹出到寄存器。

5.7 关键术语

5.7.1 术语

arguments（参数）
console window（控制台窗口）
file handle（文件句柄）
global label（全局标号）
input parameter（输入参数）
last-in, first-out（LIFO）（后进先出）
link library（链接库）

nested procedure call（嵌套过程调用）
precondition（先决条件）
pop operation（弹出操作）
procedure（过程）
push operation（压入操作）
runtime stack（运行时堆栈）
stack pointer register（堆栈指针寄存器）

5.7.2 指令、操作符及伪指令

ENDP
POP
POPA
POPAD
POPFD
PROC

PUSH
PUSHA
PUSHAD
PUSHFD
RET
USES

5.8 复习题和练习

5.8.1 简答题

1. 哪条指令将全部的 32 位通用寄存器压入堆栈？
2. 哪条指令将 32 位 EFLAGS 寄存器压入堆栈？
3. 哪条指令将堆栈内容弹出到 EFLAGS 寄存器？
4. 挑战：另一个汇编器（名为 NASM）允许 PUSH 指令列出多个指定的寄存器。为什么这种方法可能会比 MASM 中的 PUSHAD 指令要好？下面是一个 NASM 示例：

   PUSH EAX EBX ECX

5. 挑战：假设 MASM 没有 PUSH 指令，另外编写两条指令来完成与 push eax 同样的操作。
6. （真 / 假）：RET 指令将栈顶内容弹出到指令指针寄存器。
7. （真 / 假）：Microsoft 汇编器不允许嵌套过程调用，除非在过程定义中使用了 NESTED 操作符。
8. （真 / 假）：在保护模式下，每个过程调用至少使用 4 个字节的堆栈空间。
9. （真 / 假）：当向过程传递 32 位参数时，不能使用 ESI 和 EDI 寄存器。
10. （真 / 假）：ArraySum 过程（5.2.5 节）接收一个指向任何双字数组的指针。
11. （真 / 假）：USES 操作符能列出所有在过程中被修改的寄存器。
12. （真 / 假）：USES 操作符只能产生 PUSH 指令，因此必须自己编写 POP 指令。
13. （真 / 假）：用 USES 操作符列出的寄存器必须用逗号分隔寄存器名。
14. 修改 ArraySum 过程（5.2.5 节）中的哪（些）条语句，能使之计算 16 位字数组的累加和？编写该版本的 ArraySum 并进行测试。
15. 执行下列指令后，EAX 的最终数值是什么？

```
       push 5
       push 6
       pop  eax
       pop  eax
```

16. 运行如下示例代码时，下面哪个选项对执行情况的陈述是正确的?

```
 1: main PROC
 2:     push 10
 3:     push 20
 4:     call Ex2Sub
 5:     pop eax
 6:     INVOKE ExitProcess,0
 7: main ENDP
 8:
 9: Ex2Sub PROC
10:     pop eax
11:     ret
12: Ex2Sub ENDP
```

a. 到第 6 行代码, EAX 将等于 10　　　　b. 到第 10 行代码, 程序将因运行时错误而停止

c. 到第 6 行代码, EAX 将等于 20　　　　d. 到第 11 行代码, 程序将因运行时错误而停止

17. 运行如下示例代码时，下面哪个选项对执行情况的陈述是正确的?

```
 1: main PROC
 2:     mov  eax,30
 3:     push eax
 4:     push 40
 5:     call Ex3Sub
 6:     INVOKE ExitProcess,0
 7: main ENDP
 8:
 9: Ex3Sub PROC
10:     pusha
11:     mov eax,80
12:     popa
13:     ret
14: Ex3Sub ENDP
```

a. 到第 6 行代码, EAX 将等于 40　　　　b. 到第 6 行代码, 程序将因运行时错误而停止

c. 到第 6 行代码, EAX 将等于 30　　　　d. 到第 13 行代码, 程序将因运行时错误而停止

18. 运行如下示例代码时，下面哪个选项对执行情况的陈述是正确的?

```
 1: main PROC
 2:     mov eax,40
 3:     push offset Here
 4:     jmp Ex4Sub
 5:   Here:
 6:     mov eax,30
 7:     INVOKE ExitProcess,0
 8: main ENDP
 9:
10: Ex4Sub PROC
11:     ret
12: Ex4Sub ENDP
```

a. 到第 7 行代码, EAX 将等于 30　　　　b. 到第 4 行代码, 程序将因运行时错误而停止

c. 到第 6 行代码, EAX 将等于 30　　　　d. 到第 11 行代码, 程序将因运行时错误而停止

19. 运行如下示例代码时，下面哪个选项对执行情况的陈述是正确的?

```
 1: main PROC
 2:     mov  edx,0
```

```
 3:        mov eax,40
 4:        push eax
 5:        call Ex5Sub
 6:        INVOKE ExitProcess,0
 7: main ENDP
 8:
 9: Ex5Sub PROC
10:        pop eax
11:        pop edx
12:        push eax
13:        ret
14: Ex5Sub ENDP
```

a. 到第 6 行代码，EAX 将等于 40   b. 到第 13 行代码，程序将因运行时错误而停止

c. 到第 6 行代码，EAX 将等于 0   d. 到第 11 行代码，程序将因运行时错误而停止

20. 执行以下代码时，哪些数值将被写入数组？

```
.data
array DWORD 4 DUP(0)
.code
main PROC
     mov eax,10
     mov esi,0
     call proc_1
     add esi,4
     add eax,10
     mov array[esi],eax
     INVOKE ExitProcess,0
main ENDP

proc_1 PROC
     call proc_2
     add esi,4
     add eax,10
     mov array[esi],eax
     ret
proc_1 ENDP

proc_2 PROC
     call proc_3
     add esi,4
     add eax,10
     mov array[esi],eax
     ret
proc_2 ENDP

proc_3 PROC
     mov array[esi],eax
     ret
proc_3 ENDP
```

5.8.2 算法题

下列习题可以用 32 位或 64 位代码解答。

1. 编写序列语句，仅用 PUSH 和 POP 指令来交换 EAX 和 EBX（或 64 位模式下的 RAX 和 RBX）寄存器中的值。

2. 假设想要子例程返回到一个地址，该地址在内存中比当前堆栈中的返回地址高 3 个字节。编写序列指令，插入在该子例程中 RET 指令之前，以完成这个任务。

3. 高级语言的函数常常在堆栈中的返回地址之下，立刻声明局部变量。在汇编语言子例程开端编写一条指令，用来保留 2 个双字整数变量的空间。然后，对这两个局部变量分别赋值 1000h 和 2000h。

4. 编写序列语句，用变址寻址方式将双字数组中的一个元素复制到同一数组中较前的位置上。
5. 编写序列语句，显示子例程的返回地址。应确保无论怎样修改堆栈，子例程都能返回到主调程序。

5.9 编程练习

为解答编程练习而编写程序时，要尽量使用多个过程。除非你的指导者另有规定，否则遵循本书采用的风格和命名规约。在每个过程的开始处和难理解的地方使用解释性注释。

★ 1. **显示带颜色的文本**

用循环结构编写一个程序，用四种不同的颜色显示同一个字符串。调用本书链接库的 SetTextColor 过程。可以选择任何颜色，但你会发现改变前景色是最容易的。

★★ 2. **链接数组项**

假设给定 3 个数据项，分别指定了一个列表的起始索引、一个字符数组，以及一个链接索引数组。要求编写程序遍历这些链接并定位字符。对于每个被定位的字符，将其复制到一个新的数组中。假设使用如下的示例数据，且各数组的索引都从 0 开始：

```
start = 1
chars:   H  A  C  E  B  D  F  G
links:   0  4  5  6  2  3  7  0
```

这样，（依次）复制到输出数组的数值为 A、B、C、D、E、F、G 和 H。将字符数组声明为 BYTE 类型，而为了使问题更有趣，将链接数组声明为 DWORD 类型。

★ 3. **简单加法（1）**

编写一个程序实现：清屏，将鼠标定位到屏幕中心附近，提示用户输入两个整数，将两数相加，并显示和数。

★★ 4. **简单加法（2）**

以前一题编写的程序为起点，在新程序中，采用循环结构将上述同样的步骤重复 3 次，且每次循环迭代后清屏。

★ 5. **BetterRandomRange 过程**

Irvine32 库的 RandomRange 过程在 0 ~ N–1 范围内生成一个伪随机整数。你的任务是编写该过程的改进版，在 M ~ N–1 范围内生成一个整数。主调程序用 EBX 传递 M，用 EAX 传递 N。若将该过程称为 BetterRandomRange，则下述代码为测试示例：

```
mov   ebx,-300          ;下界
mov   eax,100           ;上界
call  BetterRandomRange
```

编写一个简短的测试程序，在循环结构中调用 BetterRandomRange，并循环 50 次。显示每次随机生成的数值。

★★ 6. **随机字符串**

创建一个过程，生成长度为 L 的随机字符串，字符全为大写字母。调用该过程时，用 EAX 传递长度 L 的值，并传递一个指针指向用于存放该随机字符串的字节数组。编写测试程序调用该过程 20 次，并在控制台窗口中显示字符串。

★ 7. **随机屏幕位置**

编写一个程序，在屏幕 100 个随机位置上显示一个字符，计时延迟为 100 毫秒。提示：使用 GetMaxXY 过程来确定控制台窗口的当前大小。

★★ 8. **颜色矩阵**

编写一个程序，以所有可能的前景色和背景色的组合（16×16=256）来显示一个字符。颜色编号为 0 到 15，因此，可以用嵌套循环来产生所有可能的组合。

★★★ **9. 递归过程**

当一个过程调用其自身时，称之为直接递归（direct recursion）。当然，你不会希望一个过程永远在调用其自身，因为运行时堆栈会被占满。所以，必须用某种方法来限制递归。编写程序来调用一个递归过程。在该过程中，用计数器加 1 的方式来验证其执行的次数。用调试器执行编写的程序，在程序结束时，查看计数器的值。向 ECX 传递一个值以指定所允许连续递归的次数。只能使用 LOOP 指令（不能使用后续章节中的其他条件语句），寻求使递归过程以固定次数调用其自身的方法。

★★★ **10. 斐波那契生成器**

编写一个过程，生成含有 N 个数值的斐波那契（Fibonacci）数列，并将它们保存到一个双字数组中。输入的参数为双字数组指针和要生成数值个数的计数器。编写一个测试程序调用该过程，传递 N=47。数组中的第一个值为 1，最后一个值为 2 971 215 073。使用 Visual Studio 调试器打开并查看数组内容。

★★★ **11. 找出 K 的倍数**

利用一个大小为 N 的字节数组，编写一个过程，找出所有小于 N 的 K 的倍数。在程序开始时，将该数组中的所有元素都初始化为零，然后，每计算出一个倍数，就将相应的数组元素置 1。过程对其要修改的任何寄存器都要进行保存和恢复。分别以 K=2 和 K=3 调用该过程。令 N=50，在调试器中运行程序并验证数组数值是否正确。注意：该过程在寻找素数时是一个有用的工具。寻找素数的一个有效算法被称为埃拉托色尼筛选法（Sieve of Eratosthenes）。在第 6 章学习条件语句之后，就能实现这个算法了。

第 6 章

Assembly Language for x86 Processors, Eighth Edition

条 件 处 理

本章将向汇编语言工具箱中引入一项重要的内容，即赋予程序决策能力。几乎每个程序都需要这种能力。首先，我们介绍布尔运算，由于其能影响 CPU 的状态标志，因而是所有决策语句的核心。然后，我们将说明如何使用条件跳转和循环指令，CPU 的状态标志由它们来解释。接着，我们将展示如何用本章介绍的工具来实现理论计算机科学中最基本的结构之一：有限状态机。本章最后展示的是 MASM 对于 32 位编程的内置逻辑结构。

允许做决策的编程语言可以改变控制流，使用的技术被称为条件分支（conditional branching）。高级语言中的每个 IF 语句、switch 语句或条件循环都有内置的分支逻辑。汇编语言虽然原始，却提供了决策逻辑所需的所有工具。在本章中，我们将了解从高级条件语句到低级实现代码是如何转换的。

涉及硬件设备的程序必须能按位操作数值。单个位要能被测试、清零和置位。数据加密和压缩也依赖于位运算。我们将展示如何在汇编语言中执行这些运算。

6.1 布尔和比较指令

第 1 章介绍了四种基本的布尔代数运算：AND、OR、XOR 及 NOT。采用汇编语言指令时，这些运算可以在二进制位上实现。这些运算在布尔表达式（boolean expression）的层级上也是重要的，比如在 IF 语句中。首先，我们来看按位运算指令。这里使用的技术也可以用于操作硬件设备的控制位、实现通信协议，或者加密数据，这里只列举了几种应用。Intel 指令集包含了 AND、OR、XOR 及 NOT 指令，它们直接在二进制位上实现布尔运算，如表 6-1 所示。此外，TEST 指令是一种非破坏性的布尔 AND 运算。

表 6-1 若干布尔指令

指令	描述
AND	源操作数和目的操作数之间进行布尔与运算
OR	源操作数和目的操作数之间进行布尔或运算
XOR	源操作数和目的操作数之间进行布尔异或运算
NOT	对目的操作数进行布尔非运算
TEST	源操作数和目的操作数之间进行隐含的布尔与运算，并适当地设置 CPU 标志

6.1.1 CPU 状态标志

布尔指令影响零标志、进位标志、符号标志、溢出标志及奇偶标志。下面简单回顾一下这些标志的含义：

- 当运算结果等于 0 时，零标志置 1。
- 当运算在目的操作数的最高位产生进位时，进位标志置 1。
- 符号标志是目的操作数高位的副本，如果标志置 1，表示是负数；标志清零，表示是正数（零假设为正）。
- 当指令产生的结果超出了有符号目的操作数的范围时，溢出标志置 1。
- 当指令在目的操作数低字节中产生了偶数个 1 时，奇偶标志置 1。

6.1.2 AND 指令

AND 指令在两个操作数的对应位之间执行（按位）布尔与（AND）运算，并将结果存放在目的操作数中：

```
AND destination,source
```

下列是被允许的操作数组合，但立即操作数不能超过 32 位：

```
AND reg,reg
AND reg,mem
AND reg,imm
AND mem,reg
AND mem,imm
```

操作数可以是 8 位、16 位、32 位或 64 位，但两个操作数必须是同样大小。对于两个操作数的每一对对应位，都运用如下运算规则：如果两个位都是 1，则结果位等于 1；否则，结果位等于 0。下表是来自第 1 章的真值表，有两个输入位 x 和 y，表的第三列是表达式 $x \wedge y$ 的值：

x	y	$x \wedge y$
0	0	0
0	1	0
1	0	0
1	1	1

AND 指令能清零操作数中的一个或多个位，同时又不影响其他位。该技术称为位屏蔽（bit mask），就像在粉刷房子时，用遮盖胶带将不用粉刷的地方（如窗户）盖起来一样。例如，假设要将一个控制字节从 AL 寄存器复制到硬件设备，并且当控制字节的位 0 和位 3 等于 0 时，该设备复位。那么，如果想在不修改 AL 其他位的条件下复位设备，可以写下面的指令：

```
and AL,11110110b         ; 位 0 和位 3 清零，其他位不变
```

例如，假设 AL 初始化为二进制数 1010 1110，将其与 1111 0110 进行 AND 运算后，AL 等于 1010 0110：

```
mov al,10101110b
and al,11110110b         ; AL 中的结果 = 1010 0110
```

标志　AND 指令总是清零溢出标志和进位标志，并根据目的操作数的值来修改符号标志、零标志和奇偶标志。例如，假设下面的指令产生结果 0 并存放在 EAX 寄存器，在这种情况下，零标志就会置 1：

```
and eax,1Fh
```

将字符转换为大写

AND 指令提供了一种简单的方法将字符从小写转换为大写。比较大写 A 和小写 a 的 ASCII 码，显然只有位 5 不同：

```
0 1 1 0 0 0 0 1 = 61h ('a')
0 1 0 0 0 0 0 1 = 41h ('A')
```

其他的字母字符具有同样的关系。如果将任何一个字符与二进制数 1101 1111 进行 AND，则除位 5 外的所有位都保持不变，而位 5 清零。在下面的例子中，数组中的所有字符都被转换为大写：

```
    .data
array BYTE 50 DUP(?)
    .code
        mov ecx,LENGTHOF array
        mov esi,OFFSET array
L1: and  BYTE PTR [esi],11011111b   ;位5清零
        inc  esi
        loop L1
```

6.1.3 OR 指令

OR 指令在两个操作数的对应位之间执行（按位）布尔或（OR）运算，并将结果存放在目的操作数中：

```
    OR destination,source
```

OR 指令的操作数组合与 AND 指令的相同：

```
OR reg,reg
OR reg,mem
OR reg,imm
OR mem,reg
OR mem,imm
```

操作数可以是 8 位、16 位、32 位或 64 位，但两个操作数必须是同样大小。对两个操作数的每一对对应位而言，只要有一个输入位是 1，则输出位就是 1。下面的真值表（出自第 1 章）描述了布尔表达式 $x \vee y$：

x	y	$x \vee y$
0	0	0
0	1	1
1	0	1
1	1	1

当需要在不影响其他位的情况下，将操作数中的一个或多个位置 1 时，OR 指令尤其有用。例如，假设计算机与伺服电机相连，并通过将控制字节的位 2 置 1 来启动电机。假设该控制字节存放在 AL 寄存器中，其中每一个位都包含重要信息，那么，下面的指令就只将位 2 置 1：

```
or AL,00000100b           ;位2置1,其他位不变
```

例如，如果 AL 初始化为二进制数 1110 0011，将它与 0000 0100 进行 OR 运算，其结果等于 1110 0111：

```
mov al,11100011b
or  al,00000100b          ; AL 中的结果 = 1110 0111
```

标志 OR 指令总是清零进位标志和溢出标志，并根据目的操作数的值来修改符号标志、零标志和奇偶标志。比如，可以将一个数与它自身（或 0）进行 OR 运算，以获取该数值的某些信息：

```
    or    al,al
```
零标志和符号标志对 AL 中内容的指示信息如下所示：

零标志	符号标志	AL 中的值
清 0	清 0	大于 0
置 1	清 0	等于 0
清 0	置 1	小于 0

6.1.4　位映射集

有些应用操作的对象是从一个有限全集中选出来的项目的集合。比如公司里的雇员，或者气象监测站的环境读数。在这些情景中，二进制位可以指定集合的隶属关系。位映射集（bit-mapped set）就实现了一个序列的二进制位与集合隶属之间一对一的对应关系。与如 Java HashSet 那样持有指针或引用以指向容器内的对象不同，应用程序可以用位向量（bit vector，即有序的位序列）将一个二进制数中的位映射到数组中的对象。

例如，下面二进制数的位从右边 0 号开始，到左边 31 号为止，指明数组元素 0、1、2 和 31 是集合 SetX 的成员：

```
SetX = 10000000 00000000 00000000 00000111
```

（为提高可读性，字节间已分开。）通过在特定成员的位置与 1 进行 AND 运算，就可以容易地检测出集合隶属关系：

```
mov eax,SetX
and eax,10000b        ;元素 [4] 是集合 SetX 的成员吗？
```

如果本例中的 AND 指令将零标志清零，就可以知道元素 [4] 是 SetX 的成员。

补集

集合的补集可以用 NOT 指令生成，NOT 指令将所有位都取反。因此，上例中 SetX 的补集可以用下面的指令在 EAX 中生成：

```
mov eax,SetX
not eax               ;SetX 的补集
```

交集

AND 指令生成的位向量表示两个集合的交集。下面的代码生成集合 SetX 和 SetY 的交集，并将其保存到 EAX 中：

```
mov eax,SetX
and eax,SetY
```

SetX 和 SetY 交集的生成过程如下所示：

```
        10000000000000000000000000000111    (SetX)
AND     10000101010000000001110110001l      (SetY)
        --------------------------------
        10000000000000000000000000000011    (交集)
```

很难想象还有更快捷的方法生成交集。对于更大的集合来说，其所需要的位超过了单个寄存器的容量，就需要用循环来实现所有位的 AND 运算。

并集

OR 指令生成的位图表示两个集合的并集。下面的代码在 EAX 中生成集合 SetX 和 SetY

的并集：

```
mov eax,SetX
or  eax,SetY
```

OR 指令生成 SetX 和 SetY 并集的过程如下所示：

```
     10000000000000000000000000000111 (SetX)
OR   10000010101000000000111011000011 (SetY)
     --------------------------------
     10000010101000000000111011000111 （并集）
```

6.1.5　XOR 指令

XOR 指令在两个操作数的对应位之间执行布尔异或（XOR）运算，并将结果保存到目的操作数中：

```
XOR  destination,source
```

XOR 指令的操作数组合和大小与 AND 指令及 OR 指令的相同。对于两个操作数每一对的对应位都应用如下规则：如果两个位的值相同（同为 0 或同为 1），则结果位为 0；否则，结果位为 1。下面的真值表描述了布尔表达式 $x \oplus y$：

x	y	$x \oplus y$
0	0	0
0	1	1
1	0	1
1	1	0

一个位若与 0 异或则值保持不变，若与 1 异或则被改变（取反）。某数若与相同的操作数进行两次 XOR 运算，则结果仍为该数本身。下面的真值表显示，当位 x 与位 y 进行了两次异或运算，结果仍为 x 的初始值：

x	y	$x \oplus y$	$(x \oplus y) \oplus y$
0	0	0	0
0	1	1	0
1	0	1	1
1	1	0	1

在 6.2.4 节中将会发现，XOR 运算的这种"可逆转"性质使其成为简单加密（对数据进行编码使其成为密文）的理想工具。

标志　XOR 指令总是清零溢出标志和进位标志，并根据目的操作数的值来修改符号标志、零标志和奇偶标志。

检查奇偶标志　奇偶性检查是在二进制数上执行的功能，即计算该数中 1 的个数。如果计算结果为偶数，则称该数的奇偶性为偶；如果结果为奇数，则称该数的奇偶性为奇。在 x86 处理器中，当进行按位运算或算术运算时，若目的操作数的最低字节的奇偶性为偶，则奇偶标志置 1。反之，若奇偶性为奇，则奇偶标志清 0。一个既能检查数的奇偶性，又不会改变其值的有效方法是，将该数与 0 进行异或运算：

```
mov al,10110101b           ; 1 的个数为 5 = 奇偶性为奇
xor al,0                   ; 奇偶标志清 0（奇）
```

```
mov al,11001100b              ;1 的个数为 4 = 奇偶性为偶
xor al,0                      ;奇偶标志置 1(偶)
```

Visual Studio 用 PE=1 表示奇偶性为偶，PE=0 表示奇偶性为奇。

16 位奇偶性 对 16 位整数来说，可以通过将其高字节和低字节进行异或运算来检测该数的奇偶性：

```
mov ax,64C1h                  ; 0110 0100 1100 0001
xor ah,al                     ;奇偶标志置 1(偶)
```

将每个寄存器中的置 1 位（等于 1 的位）想象为一个 8 位集合中的成员。XOR 指令将两个集合交集中的成员清 0，并形成了其余位的并集。该并集的奇偶性与整个 16 位整数的奇偶性相同。

那么，32 位数值的情况如何呢？如果将数值的字节从 B_0 到 B_3 进行编号，则计算奇偶性的表达式为：B_0 XOR B_1 XOR B_2 XOR B_3。

6.1.6 NOT 指令

NOT 指令切换（翻转）操作数中的所有位，其结果被称为反码（one's complement），所允许的操作数类型如下所示：

```
NOT reg
NOT mem
```

例如，F0h 的反码是 0Fh：

```
mov al,11110000b
not al                        ; AL = 00001111b
```

标志 NOT 指令不影响标志。

6.1.7 TEST 指令

TEST 指令在两个操作数的对应位之间进行隐含的 AND 运算，并根据目的操作数的值设置符号标志、零标志和奇偶标志。TEST 指令与 AND 指令唯一的不同之处是，TEST 指令不修改目的操作数。TEST 指令允许的操作数组合与 AND 指令的相同。当要查明操作数中单个位是否置位时，TEST 指令非常有用。

示例：多位测试 TEST 指令能同时检查多个位。假设想要知道 AL 寄存器的位 0 和位 3 是否置 1，可以使用如下指令：

```
test al,00001001b             ;测试位 0 和位 3
```

（本例中的值 0000 1001 称为位掩码，它是 1 和 0 的某种模式，能在位映射字段中隐藏某些位，同时暴露其他位。）从下面的数据集例子中，可以推断只有当所有测试位都清 0 时，零标志才置 1：

```
0 0 1 0 0 1 0 1   <- 输入值
0 0 0 0 1 0 0 1   <- 测试值
0 0 0 0 0 0 0 1   <- 结果：ZF = 0
0 0 1 0 0 1 0 0   <- 输入值
0 0 0 0 1 0 0 1   <- 测试值
0 0 0 0 0 0 0 0   <- 结果：ZF = 1
```

标志 TEST 指令总是清零溢出标志和进位标志，其修改符号标志、零标志和奇偶标志的方法与 AND 指令的相同。

6.1.8 CMP 指令

考察了所有按位运算指令后，现在来讨论逻辑（布尔）表达式中使用的指令。最常见的布尔表达式都涉及某种类型的比较操作，下面的伪代码片段显示出这种情况：

```
if A > B ...
while X > 0 and X < 200 ...
if check_for_error( N ) = true
```

x86 汇编语言用 CMP 指令比较整数。字符码也是整数，因此可以用 CMP 指令。浮点数需要特殊的比较指令，相关内容将在第 12 章介绍。

CMP（比较）指令执行从目的操作数中减去源操作数的隐含减法运算，并且不修改任何操作数：

```
CMP destination,source
```

CMP 使用的操作数组合与 AND 指令的相同。

标志 CMP 指令按照减法实际发生后目的操作数的值来修改溢出、符号、零、进位、辅助进位及奇偶等标志。当比较两个无符号操作数时，零标志和进位标志指明了两个操作数之间的关系，如下所示：

CMP 结果	ZF	CF
目的操作数 < 源操作数	0	1
目的操作数 > 源操作数	0	0
目的操作数 = 源操作数	1	0

当比较两个有符号操作数时，则符号标志、零标志和溢出标志指明了两个操作数之间的关系，如下所示：

CMP 结果	标志
目的操作数 < 源操作数	SF ≠ OF
目的操作数 > 源操作数	SF = OF
目的操作数 = 源操作数	ZF = 1

CMP 指令是创建条件逻辑结构的有用工具。当 CMP 后面紧跟条件跳转指令时，就成为 IF 语句的汇编语言等价体。

示例 下面用三个代码片段来说明标志是如何受到 CMP 指令影响的。当 AX=5，并与 10 进行比较时，则进位标志置 1，原因是 5-10 需要借位：

```
mov ax,5
cmp ax,10                    ; ZF = 0 且 CF = 1
```

将 1000 与 1000 比较会将零标志置 1，因为目的操作数减去源操作数等于 0：

```
mov ax,1000
mov cx,1000
cmp cx,ax                    ; ZF = 1 且 CF = 0
```

将 105 与 0 进行比较会清 0 零标志和进位标志，因为 105-0 的结果是一个非零的正数。

```
mov si,105
cmp si,0                     ; ZF = 0 且 CF = 0
```

6.1.9 置位和清零各个 CPU 标志

如何能方便地置位和清零零标志、符号标志、进位标志及溢出标志？有几种方式，其中一些需要修改目的操作数。若要将零标志置位，就将操作数与 0 进行 TEST 或 AND 运算；若要将零标志清零，则将操作数与 1 进行 OR 运算：

```
test al,0              ;零标志置1
and  al,0              ;零标志置1
or   al,1              ;零标志清0
```

TEST 指令不修改操作数，而 AND 指令则会修改目的操作数。若要将符号标志置位，就将操作数的最高位与 1 进行 OR 运算；若要将符号标志清零，则将操作数的最高位与 0 进行 AND 运算：

```
or  al,80h             ;符号标志置1
and al,7Fh             ;符号标志清0
```

若要将进位标志置位，用 STC 指令；若要将进位标志清零，则用 CLC 指令：

```
stc                    ;进位标志置1
clc                    ;进位标志清0
```

若要将溢出标志置位，就将两个正数相加使之产生负的和数；若要将溢出标志清零，则将操作数与 0 进行 OR 运算：

```
mov al,7Fh             ; AL = +127
inc al                 ; AL = 80h(-128), OF=1
or  eax,0              ;清零溢出标志
```

6.1.10 64 位模式下的布尔指令

在大多数情况下，64 位指令在 64 位模式下的操作方式与在 32 位模式下是一样的。例如，如果源操作数是常数，且长度小于 32 位，而目的操作数是一个 64 位寄存器或内存操作数，那么，目的操作数中所有的位都会受到影响：

```
.data
allones QWORD 0FFFFFFFFFFFFFFFFh
.code
    mov  rax,allones            ; RAX = FFFFFFFFFFFFFFFF
    and  rax,80h                ; RAX = 0000000000000080
    mov  rax,allones            ; RAX = FFFFFFFFFFFFFFFF
    and  rax,8080h              ; RAX = 0000000000008080
    mov  rax,allones            ; RAX = FFFFFFFFFFFFFFFF
    and  rax,808080h            ; RAX = 0000000000808080
```

但是，如果源操作数是 32 位常数或寄存器，则目的操作数中就只有低 32 位会受到影响。在下面的例子中，只有 RAX 的低 32 位被修改了：

```
mov  rax,allones               ; RAX = FFFFFFFFFFFFFFFF
and  rax,80808080h             ; RAX = FFFFFFFF80808080
```

当目的操作数是内存操作数时，得到的结果是一样的。显然，32 位操作数是一种特殊的情况，必须与其他大小的操作数分开考虑。

6.1.11 本节回顾

1. 判断真假：下面的指令清零 AX 的高 8 位，而没有改变 AX 的低 8 位。

```
and ax,00FFh
```

  a. 真   b. 假

2. 下面的哪个指令选项将 AX 的高 8 位置 1，而不改变 AX 的低 8 位？

  a. xor ax, 00FFh   b. or ax,0F0h   c. or ax,0FF00h   d. or ax,FF00h

3. 下面的哪个指令选项将 AL 中的位 0、位 4 及位 5 取反而不改变任何其他的位？

  a. or al,110001b   b. xor al,11001b

  c. xor al,110001b   d. test al,11001b

4. 判断真假：下面的指令总是对 EAX 中的所有位取反。

  not eax,0FFFFFFFFh

  a. 真   b. 假

5. 下面的哪个指令选项实现了这样的功能：若 EAX 中的 32 位值为偶数，则将零标志置位；若 EAX 中的值为奇数，则将零标志清零。

  a. test eax, 2   b. test eax, 1   c. and eax, 3   d. or eax, 1

6. 下面的哪个指令选项实现了这样的功能：若 EAX 中的 32 位值为奇数，则将零标志置位；若 EAX 中的值为偶数，则将零标志清零。

  a. test eax, 2   b. test eax, 1   c. xor eax, 1   d. or eax, 1

7. 下面的哪个语句选项实现了这样的功能：将 AL 中的大写字母转换为小写；但若 AL 中包含的已是小写字母，则不修改 AL。

  a. sub al, 00100000b   b. add al, 00100000b

  c. and al, 11011111b   d. or al, 00100000b

6.2 条件跳转

6.2.1 条件结构

  x86 指令集中没有像 IF、ELSE 和 ENDIF 这样面向模块的条件指令，但能用比较和跳转的组合来实现有用的条件结构。执行条件结构需要两个步骤：第一步，用如 CMP、AND 或 SUB 这样的指令来修改 CPU 的状态标志；第二步，用条件跳转指令来测试标志，并使程序分支到一个新的地址。下面是一些例子。

  示例 1 本例中的 CMP 指令将 EAX 与 0 进行比较，如果该 CMP 指令将零标志置 1，则 JZ（为零跳转）指令就跳转到标号 L1：

```
    cmp   eax,0
    jz    L1                    ;若 ZF = 1 则跳转
    .
    .
L1:
```

  示例 2 本例中的 AND 指令对 DL 寄存器执行按位与运算，并影响零标志。如果零标志清零，则 JNZ（非零跳转）指令跳转：

```
    and   dl,10110000b
    jnz   L2                    ;若 ZF = 0 则跳转
    .
    .
L2:
```

6.2.2 Jcond 指令

  当状态标志条件为真时，条件跳转指令（conditional jump instruction）就分支到目的标号；否则，当标志条件为假时，就执行紧跟在条件跳转后面的那条指令。语法如下：

```
Jcond destination
```

cond 是指确认一个或多个标志状态的标志条件。下面的例子基于进位标志和零标志：

JC	有进位（进位标志置 1）跳转
JNC	无进位（进位标志清 0）跳转
JZ	为零（零标志置 1）跳转
JNZ	非零（零标志清 0）跳转

CPU 状态标志最常见的设置方式是通过算术运算、比较及布尔运算指令实现的。条件跳转指令评估标志状态，并利用它们来决定是否应该跳转。

使用 CMP 指令 假设当 EAX=5 时，想跳转到标号 L1。在下面的例子中，如果 EAX=5，CMP 指令就将零标志置位；之后，由于零标志为 1，JE 指令就跳转到 L1：

```
cmp eax,5
je  L1                      ;如果相等则跳转
```

（JE 指令总是根据零标志的值进行跳转。）如果 EAX 不等于 5，CMP 就将零标志清零，JE 指令就不会跳转。

在下面的例子中，由于 AX 小于 6，所以 JL 指令跳转到标号 L1：

```
mov ax,5
cmp ax,6
jl  L1                      ;如果小于则跳转
```

在下面的例子中，由于 AX 大于 4，所以发生跳转：

```
mov ax,5
cmp ax,4
jg  L1                      ;如果大于则跳转
```

6.2.3 条件跳转指令的类型

x86 指令集有大量的条件跳转指令。它们能比较有符号和无符号整数，并根据单个 CPU 标志的值来执行操作。条件跳转指令可以分为四个组：

- 基于特定标志的值进行跳转
- 基于两个操作数是否相等，或者基于 RCX、ECX 或 CX 的值进行跳转
- 基于无符号操作数的比较结果进行跳转
- 基于有符号操作数的比较结果进行跳转

表 6-2 展示了基于零标志、进位标志、溢出标志、奇偶标志及符号标志的跳转。

表 6-2 基于特定标志值的跳转

助记符	描述	标志 / 寄存器
JZ	如果为零则跳转	ZF=1
JNZ	如果非零则跳转	ZF=0
JC	如果有进位则跳转	CF=1
JNC	如果无进位则跳转	CF=0
JO	如果有溢出则跳转	OF=1
JNO	如果无溢出则跳转	OF=0
JS	如果符号位为 1 则跳转	SF=1

(续)

助记符	描述	标志/寄存器
JNS	如果符号位为 0 则跳转	SF=0
JP	如果奇偶标志为 1（奇偶性为偶）则跳转	PF=1
JNP	如果奇偶标志为 0（奇偶性为奇）则跳转	PF=0

相等性比较

表 6-3 列出了基于评估相等性的跳转指令。在有些情况下，要进行两个操作数的比较；在其他情况下，则是基于 CX、ECX 或 RCX 的值进行跳转。表中的符号 leftOp 和 rightOp 分别代表 CMP 指令中的左（目的）操作数和右（源）操作数：

```
CMP leftOp,rightOp
```

操作数的名字反映了代数关系运算符的操作数顺序。例如，在表达式 $X < Y$ 中，X 称为 leftOp，Y 称为 rightOp。

表 6-3　基于相等性的跳转

指令	描述	指令	描述
JE	如果相等（leftOp = rightOp）则跳转	JECXZ	如果 ECX = 0 则跳转
JNE	如果不相等（leftOp ≠ rightOp）则跳转	JRCXZ	如果 RCX = 0 则跳转（64 位模式）
JCXZ	如果 CX = 0 则跳转		

尽管 JE 指令等效于 JZ（为零跳转），JNE 指令等效于 JNZ（非零跳转），但最好还是选择最能表明编程意图的助记符（JE 或 JZ），以说明是比较两个操作数还是检查特定的状态标志。

下面的代码示例使用了 JE、JNE、JCXZ 及 JECXZ 指令。仔细考察注释，以确保理解为什么条件跳转得以实现（或没有实现）。

示例 1
```
mov edx,0A523h
cmp edx,0A523h
jne L5              ;不发生跳转
je  L1              ;发生跳转
```

示例 2
```
mov bx,1234h
sub bx,1234h
jne L5              ;不发生跳转
je  L1              ;发生跳转
```

示例 3
```
mov cx,0FFFFh
inc cx
jcxz L2             ;发生跳转
```

示例 4
```
xor  ecx,ecx
jecxz L2            ;发生跳转
```

无符号数比较

基于无符号数比较的跳转如表 6-4 所示。操作数的名称反映了其顺序，如表达式（leftOp < rightOp）。表 6-4 中的跳转仅在比较无符号数时才有意义，有符号操作数使用不同

类的跳转指令。

表 6-4 基于无符号数比较的跳转

指令	描述	指令	描述
JA	如果多于则跳转（若 leftOp > rightOp）	JB	如果少于则跳转（若 leftOp < rightOp）
JNBE	如果不是少于或等于则跳转（与 JA 相同）	JNAE	如果不是多于或等于则跳转（与 JB 相同）
JAE	如果多于或等于则跳转（若 leftOp ≥ rightOp）	JBE	如果少于或等于则跳转（若 leftOp ≤ rightOp）
JNB	如果不少于则跳转（与 JAE 相同）	JNA	如果不多于则跳转（与 JBE 相同）

有符号数比较

表 6-5 列出了基于有符号数比较的跳转。下面的指令序列展示了两个有符号数值的比较：

```
mov  al,+127           ; 十六进制值为 7Fh
cmp  al,-128           ; 十六进制值为 80h
ja   IsAbove           ; 不发生跳转，因为 7Fh < 80h
jg   IsGreater         ; 发生跳转，因为 +127 > -128
```

JA 是为无符号数比较而设计的指令，它不发生跳转是因为无符号数 7Fh 小于无符号数 80h。另一方面，JG 是为有符号数比较而设计的指令，它发生跳转是因为 +127 大于 −128。

表 6-5 基于有符号数比较的跳转

指令	描述	指令	描述
JG	如果大于则跳转（若 leftOp > rightOp）	JL	如果小于则跳转（若 leftOp < rightOp）
JNLE	如果不是小于或等于则跳转（与 JG 相同）	JNGE	如果不是大于或等于则跳转（与 JL 相同）
JGE	如果大于或等于则跳转（若 leftOp ≥ rightOp）	JLE	如果小于或等于则跳转（若 leftOp ≤ rightOp）
JNL	如果不小于则跳转（与 JGE 相同）	JNG	如果不大于则跳转（与 JLE 相同）

在下面的代码示例中，考察注释，以确保理解为什么跳转得以实现（或没有实现）：

示例 1

```
mov  edx,-1
cmp  edx,0
jnl  L5                ; 不发生跳转（-1 >= 0 为假）
jnle L5                ; 不发生跳转（-1 > 0 为假）
jl   L1                ; 发生跳转（-1 < 0 为真）
```

示例 2

```
mov  bx,+32
cmp  bx,-35
jng  L5                ; 不发生跳转（+32 <= -35 为假）
jnge L5                ; 不发生跳转（+32 < -35 为假）
jge  L1                ; 发生跳转（+32 >= -35 为真）
```

示例 3

```
mov  ecx,0
cmp  ecx,0
jg   L5                ; 不发生跳转（0 > 0 为假）
jnl  L1                ; 发生跳转（0 >= 0 为真）
```

示例 4

```
mov  ecx,0
cmp  ecx,0
jl   L5                ; 不发生跳转（0 < 0 为假）
jng  L1                ; 发生跳转（0 <= 0 为真）
```

6.2.4 条件跳转应用

测试状态位 汇编语言最适合的事情之一就是位测试。通常，我们不想改变被测试位的数值，但却想修改 CPU 状态标志的值。条件跳转指令常常用这些状态标志来决定是否将控制转向代码标号。例如，假设有一个名为 status 的 8 位内存操作数，它包含了与计算机相连的一个外设的状态信息。如果该操作数的位 5 等于 1，表示外设离线，则下面的指令就跳转到标号：

```
mov   al,status
test  al,00100000b          ; 测试位 5
jnz   DeviceOffline
```

如果位 0、1 或 4 中的任意一位被置 1，则下面的语句就跳转到标号：

```
mov   al,status
test  al,00010011b          ; 测试位 0、1 和 4
jnz   InputDataByte
```

如果位 2、3 和 7 都置 1 才跳转到标号，则需要 AND 和 CMP 指令：

```
mov   al,status
and   al,10001100b          ; 屏蔽位 2、3 和 7
cmp   al,10001100b          ; 所有位都置 1？
je    ResetMachine          ; 是：跳转到标号
```

两个整数中的较大者 下面的代码比较 EAX 和 EBX 中的两个无符号整数，并将其中较大的数送入 EDX：

```
    mov edx,eax             ; 假设 EAX 更大
    cmp eax,ebx             ; 如果 EAX >= EBX
    jae L1                  ; 跳转到 L1
    mov edx,ebx             ; 否则，将 EBX 传送到 EDX
L1:                         ; EDX 包含了较大的整数
```

三个整数中的最小者 下面的指令比较分别存放于三个变量 V1、V2 和 V3 中的无符号 16 位整数，并将其中最小的数送入 AX：

```
.data
V1 WORD ?
V2 WORD ?
V3 WORD ?
.code
    mov ax,V1               ; 假设 V1 最小
    cmp ax,V2               ; 如果 AX <= V2
    jbe L1                  ; 跳转到 L1
    mov ax,V2               ; 否则，将 V2 传送到 AX
L1: cmp ax,V3               ; 如果 AX <= V3
    jbe L2                  ; 跳转到 L2
    mov ax,V3               ; 否则，将 V3 传送到 AX
L2:
```

循环直到按下按键 在下面的 32 位代码中，循环会持续运行，直到用户按下一个标准的字母数字键。如果当前输入缓冲区中没有按键，那么 Irvine32 库中的 ReadKey 就会将零标志置位：

```
.data
char BYTE ?
.code
L1: mov eax,10              ; 创建 10 毫秒的延迟
    call Delay
```

```
        call  ReadKey                 ; 检查按键
        jz    L1                      ; 如果没有按键则重复
        mov   char,AL                 ; 保存字符
```

上述代码在循环中插入了一个 10 毫秒的延迟,以便 MS-Windows 有时间处理事件消息。如果省略这个延迟,则按键可能会被忽略。

应用:数组的顺序查找

在数组中查找满足某些准则的数值是常见的编程任务。例如,下述程序就是在一个 16 位整数数组中寻找第一个非零数值。如果找到,则显示该数值;否则,显示一条消息,说明没有发现非零数值:

```
; 扫描数组                              (ArrayScan.asm)
; 扫描数组以查找第一个非零数值。
INCLUDE Irvine32.inc
.data
intArray    SWORD  0,0,0,0,1,20,35,-12,66,4,0
;intArray   SWORD  1,0,0,0               ;候补测试数据
;intArray   SWORD  0,0,0,0               ;候补测试数据
;intArray   SWORD  0,0,0,1               ;候补测试数据
noneMsg     BYTE  "A non-zero value was not found",0
```

> 本程序包含了可以替换的测试数据,它们已经被注释出来。取消各个注释行,就可以用不同的数据配置来测试程序。

```
.code
main PROC
        mov   ebx,OFFSET intArray      ; 指向数组
        mov   ecx,LENGTHOF intArray    ; 循环计数器
L1:     cmp   WORD PTR [ebx],0         ; 将数值与 0 比较
        jnz   found                    ; 找到一个数值
        add   ebx,2                    ; 指向下一个
        loop  L1                       ; 继续循环
        jmp   notFound                 ; 没有找到

found:                                 ; 显示数值
        movsx eax,WORD PTR[ebx]
        call  WriteInt                 ; 符号扩展,并送入 EAX
        jmp   quit

notFound:                              ; 显示"没有找到"消息
        mov   edx,OFFSET noneMsg
        call  WriteString

quit:
        call  Crlf
        exit
main ENDP
END main
```

应用:简单的字符串加密

XOR 指令有一个有趣的性质。如果一个整数 X 与 Y 进行 XOR,其结果值再次与 Y 进行 XOR,则最终的结果就是 X:

$$((X \oplus Y) \oplus Y) = X$$

XOR 的可逆性质为简单形式的数据加密提供了一种简便的途径:明文(plain text)消息转换为加密字符串,该加密字符串被称为密文(cipher text),加密方法是将该明文消息的每

个字符都与被称为密钥(key)的第三个字符串进行按位 XOR 运算。消息的观看者可以用密钥解密密文,从而生成原始的明文。

示例程序 下面将演示一个使用对称加密(symmetric encryption)的简单程序,对称加密就是用同一个密钥既实现加密又实现解密的过程。在运行时,下述步骤依次发生:
1. 用户输入明文。
2. 程序使用单字符密钥对明文加密,产生密文并显示在屏幕上。
3. 程序解密密文,产生初始明文并显示出来。

下面是该程序的输出示例:

程序清单 完整的程序清单如下所示:

```
; 加密程序                              (Encrypt.asm)
INCLUDE Irvine32.inc
KEY = 239                              ; 在1~255之间的任意一值
BUFMAX = 128                           ; 缓冲区的最大容量

.data
sPrompt  BYTE "Enter the plain text:",0
sEncrypt BYTE "Cipher text:    ",0
sDecrypt BYTE "Decrypted:      ",0
buffer   BYTE BUFMAX+1 DUP(0)
bufSize  DWORD ?

.code
main PROC
    call InputTheString         ; 输入明文
    call TranslateBuffer        ; 加密缓冲区
    mov  edx,OFFSET sEncrypt
    call DisplayMessage         ; 显示加密后的消息
    call TranslateBuffer        ; 解密缓冲区
    mov  edx,OFFSET sDecrypt
    call DisplayMessage         ; 显示解密后的消息
    exit
main ENDP

;----------------------------------------------------
InputTheString PROC
;
; 提示用户输入明文字符串。
; 保存字符串及其长度。
; 接收:无
; 返回:无
;----------------------------------------------------
    pushad                      ; 保存32位寄存器
    mov  edx,OFFSET sPrompt     ; 显示提示
    call WriteString
    mov  ecx,BUFMAX             ; 最大字符个数
    mov  edx,OFFSET buffer      ; 指向缓冲区
    call ReadString             ; 输入字符串
    mov  bufSize,eax            ; 保存长度
    call Crlf
    popad
    ret
```

```
        InputTheString ENDP
        ;------------------------------------------------
        DisplayMessage PROC
        ;
        ; 显示加密或解密消息。
        ; 接收:EDX 指向消息
        ; 返回:无
        ;------------------------------------------------
            pushad
            call    WriteString
            mov     edx,OFFSET buffer       ; 显示缓冲区
            call    WriteString
            call    Crlf
            call    Crlf
            popad
            ret
        DisplayMessage ENDP
        ;------------------------------------------------
        TranslateBuffer PROC
        ;
        ; 通过将每个字节与密钥字节进行 XOR 来转换字符串。
        ; 接收:无
        ; 返回:无
        ;------------------------------------------------
            pushad
            mov     ecx,bufSize             ; 循环计数器
            mov     esi,0                   ; 缓冲区索引 0
        L1:
            xor     buffer[esi],KEY         ; 转换一个字节
            inc     esi                     ; 指向下一个字节
            loop L1
            popad
            ret
        TranslateBuffer ENDP
        END main
```

永远不要使用单字符密钥来加密重要数据,因为这样太容易被破译了。本章习题建议使用多字符密钥来对明文进行加密和解密。

6.2.5 本节回顾

1. 下面的哪个选项列出了仅适用于无符号整数比较的跳转指令?
   a. JG、JL、JLE 和 JGE   b. JA、JB、JAE 和 JBE   c. JE、NE、JG 和 JL   d. 以上都不是
2. 下面的哪个选项列出了仅适用于有符号整数比较的跳转指令?
   a. JG、JL、JLE 和 JGE   b. JA、JB、JAE 和 JBE   c. JE、JNE、JG 和 JL   d. 以上都不是
3. 哪条无符号条件跳转指令与 JNAE 等效? _____
4. 哪条无符号条件跳转指令与 JNA 指令等效? _____
5. 哪条有符号条件跳转指令与 JNGE 指令等效? _____
6. 判断真假:下面的代码会跳转到标号 Target:

   ```
   mov ax,8109h
   cmp ax,26h
   jg  Target
   ```

   a. 真   b. 假
7. 判断真假:下面的代码会跳转到标号 Target:

   ```
   mov ax,0D4h
   ```

```
cmp  ax,26h
ja   Target
```

a. 真　　　　　　　　b. 假

6.3 条件循环指令

6.3.1 LOOPZ 和 LOOPE 指令

LOOPZ（为零循环）指令几乎与 LOOP 指令相同，只是有一个附加条件：零标志必须置1，才能使控制转向目的标号。指令语法如下：

```
LOOPZ destination
```

LOOPE（相等循环）指令等价于 LOOPZ，它们共享相同的操作码。这两条指令执行如下任务：

```
ECX = ECX - 1
若 ECX > 0 且 ZF = 1，则跳转到目的地址
```

否则，不发生跳转，控制传递到下一条指令。LOOPZ 和 LOOPE 不影响任何状态标志。在 32 位模式下，ECX 是循环计数器；在 64 位模式下，RCX 是循环计数器。

6.3.2 LOOPNZ 和 LOOPNE 指令

LOOPNZ（非零循环）指令与 LOOPZ 相对应。当 ECX 中的无符号数值大于零（减 1 之后）且零标志清零时，循环继续。指令语法如下：

```
LOOPNZ destination
```

LOOPNE（不等循环）指令等价于 LOOPNZ，它们共享相同的操作码。这两条指令执行如下任务：

```
ECX = ECX - 1
若 ECX > 0 且 ZF = 0，则跳转到目的地址
```

否则，不发生跳转，控制传递到下一条指令。

示例　下面的代码片段（来自 Loopnz.asm 示例程序）扫描数组中的每一个数，直到发现一个非负数（符号位为 0）为止。注意，在执行 ADD 指令前将标志压入了堆栈，因为 ADD 会修改标志。然后在执行 LOOPNZ 指令之前，用 POPFD 恢复这些标志：

```
.data
array SWORD -3,-6,-1,-10,10,30,40,4
sentinel SWORD 0
.code
    mov   esi,OFFSET array
    mov   ecx,LENGTHOF array
L1: test  WORD PTR [esi],8000h    ; 测试符号位
    pushfd                         ; 将标志压入堆栈
    add   esi,TYPE array           ; 移动到下一个位置
    popfd                          ; 从堆栈中弹出标志
    loopnz L1                      ; 继续循环
    jnz   quit                     ; 没有发现非负数
    sub   esi,TYPE array           ; ESI 指向发现的值
quit:
```

如果发现一个非负数，ESI 最终会指向该数值。如果循环没有找到一个正数，则只有当

ECX=0 时才终止循环。在这种情况下，JNZ 指令跳转到标号 quit，且 ESI 指向 sentinel 的值（0），其在内存中的位置紧接着该数组。

6.3.3 本节回顾

1. 判断真假：只有当零标志被清零时，LOOPE 指令才跳转到标号。
   a. 真   b. 假
2. 判断真假：在 32 位模式下，当 ECX 大于零且零标志被清零时，LOOPNZ 指令跳转到标号。
   a. 真   b. 假
3. 判断真假：LOOPZ 指令的目的标号必须处于紧跟在 LOOPZ 后面的指令的 −128 到 +127 字节范围之内。
   a. 真   b. 假
4. 下面的代码序列包含一个循环，其功能是在数组中寻找第一个非负的数值，若零标志被清零则使 ESI 指向该数值。代码缺少一行，用下划线字符标示：

```
.data
array SWORD 3,5,14,-3,-6,-1,-10,10,30,40,4
sentinel SWORD 0
.code
     mov    esi,OFFSET array
     mov    ecx,LENGTHOF array
next: _____
     pushfd
     add    esi,TYPE array
     popfd
     loopz  next
     jz     quit
     sub    esi,TYPE array
```

应该将下面的哪一个代码行插入到程序中以完成程序任务？
   a. test WORD PTR [esi],8000h   b. test WORD PTR [esi],0FFFFh
   c. or WORD PTR [esi],8000h   d. xor WORD PTR [esi],8000h
5. 在 6.3.2 节中的 LOOPNZ 示例根据 sentinel 的值来处理找不到正数的情况。如果去掉 sentinel，且找不到想要的数值，会发生什么情况？
   a. ESI 最终会指向数组末尾之外，但程序会继续运行，不发生错误。
   b. ESI 将指向数组的最后一个元素，但循环在 ECX = 0 时仍会停止，所以没有运行时错误的危险。
   c. ESI 最终会指向数组末尾之外。由于 ESI 指向未定义的内存位置，程序运行于可能导致运行时错误的危险中。

6.4 条件结构

我们将条件结构（conditional structure）定义为能在不同的逻辑分支中触发选择的一个或多个条件表达式。每一个分支都执行不同的指令序列。毫无疑问，你在高级编程语言中已经使用过条件结构，但是你可能并不了解语言编译器是如何将条件结构转换为低级机器代码的。现在我们就来讨论这个转换过程。

6.4.1 块结构的 IF 语句

IF 结构包含一个布尔表达式，其后有两个语句列表：一个是当表达式为真时执行，另一个是当表达式为假时执行：

```
if（布尔表达式）
    语句列表1
else
    语句列表2
```

语句中的 else 部分是可选的。在汇编语言中，是用多个步骤来实现这种结构的。首先，对布尔表达式求值，使得某个 CPU 状态标志受到影响。其次，根据相关 CPU 状态标志的值，构建一系列跳转将控制传递给两个语句列表。

示例 1 在下面的 C++ 代码中，如果 op1 等于 op2，则执行两条赋值语句：

```cpp
if( op1 == op2 )
{
    X = 1;
    Y = 2;
}
```

我们用 CMP 指令后跟条件跳转指令将该 IF 语句转换为汇编语言。由于 op1 和 op2 都是内存操作数（变量），因此，在执行 CMP 之前，要将其中的一个操作数送入寄存器。下面的代码尽可能高效地实现了 IF 语句，实现的方式为：当布尔逻辑条件为真时，代码"落到"两条要执行的 MOV 指令：

```
    mov   eax,op1
    cmp   eax,op2         ; op1 == op2？
    jne   L1              ; 否：跳过后续指令
    mov   X,1             ; 是：对 X 和 Y 赋值
    mov   Y,2
L1:
```

如果用 JE 来实现 == 操作符，生成的代码就有些不紧凑（用了 6 条指令，而非 5 条指令）：

```
    mov   eax,op1
    cmp   eax,op2         ; op1 == op2？
    je    L1              ; 是：跳转到 L1
    jmp   L2              ; 否：跳过赋值语句
L1: mov   X,1             ; 对 X 和 Y 赋值
    mov   Y,2
L2:
```

> 从上面的例子可以看出，相同的条件结构可用多种方式转换成汇编语言。本章给出的编译后代码示例只代表一种假想的编译器可能产生的结果。

示例 2 在 NTFS 文件存储系统中，磁盘簇的大小取决于磁盘卷的总容量。如下面的伪代码所示，如果卷的大小（用变量 terrabytes 存放）不超过 16TB，则簇的大小设置为 4 096；否则，簇的大小设置为 8 192：

```
clusterSize = 8192;
if terrabytes < 16
    clusterSize = 4096;
```

下面就是用汇编语言实现该伪代码的一种方式：

```
    mov   clusterSize,8192      ; 假设是较大的簇
    cmp   terrabytes, 16        ; 小于 16TB？
    jae   next
    mov   clusterSize,4096      ; 切换到较小的簇
next:
```

示例 3 下面的伪代码语句有两个分支：

```
if op1 > op2
    call Routine1
else
    call Routine2
end if
```

下面是用汇编语言对这段伪代码的转换,假设 op1 和 op2 是有符号双字变量。当进行变量比较时,必须将其中一个送入寄存器:

```
    mov   eax,op1          ;将 op1 送入寄存器
    cmp   eax,op2          ;op1 > op2?
    jg    A1               ;是:调用 Routine1
    call  Routine2         ;否:调用 Routine2
    jmp   A2               ;退出 IF 语句
A1: call  Routine1
A2:
```

白盒测试

复杂的条件语句可能有多条执行路径,这使其难以通过审查(查看代码)来进行调试。程序员经常使用一种称为白盒测试(white box testing)的技术,来验证子例程的输入和相应的输出。白盒测试需要源代码,并对输入变量进行不同的赋值。对每个输入组合,都要手动跟踪源代码,并验证其执行路径和子例程产生的输出。我们通过实现下面的嵌套 IF 语句来看看如何用汇编语言进行这种测试:

```
if op1 == op2
  if X > Y
    call Routine1
  else
    call Routine2
  end if
else
  call Routine3
end if
```

下面是汇编语言转换的可能结果,并加上了用作参照的行号。程序反转了初始条件(op1==op2),并立即跳转到 ELSE 部分。剩下要转换的内容是内层 IF-ELSE 语句:

```
1:         mov   eax,op1
2:         cmp   eax,op2          ; op1 == op2?
3:         jne   L2               ; 否:调用 Routine3
; 处理内层 IF-ELSE 语句。
4:         mov   eax,X
5:         cmp   eax,Y ; X > Y?   ;X > Y?
6:         jg    L1               ;是:调用 Routine1
7:         call  Routine2         ;否:调用 Routine2
8:         jmp   L3               ;并退出
9:  L1:    call  Routine1         ;调用 Routine1
10:        jmp   L3               ;并退出
11: L2:    call  Routine3
12: L3:
```

在下面的代码示例中,将针对 op1、op2、X 及 Y 使用三种不同数值的组合对汇编代码进行演示。

示例 1 op1 ≠ op2 且 X < Y

```
    .data
        op1   DWORD   3
        op2   DWORD   5
```

```
        X       DWORD   30
        Y       DWORD   40
    .code
1       mov     eax,op1
2       cmp     eax,op2
3       jne     L2

        ; 处理内层 IF-ELSE 语句。
4       mov     eax,X
5       cmp     eax,Y           ; X > Y ?
6       jg      L1              ; 是：调用 Routine1
7       call    Routine2        ; 否：调用 Routine2
8       jmp     L3              ; 并退出
9   L1: call    Routine1        ; 调用 Routine1
10      jmp     L3              ; 并退出
11  L2: call    Routine3
12  L3:
```

下面是对执行路径的逐行描述：

1. 将 op1 赋值给 EAX
2. 检查 op1 与 op2 是否相等
3. 由于 op1 ≠ op2，发生向 L2 的跳转
11. Routine3 被调用

示例 2　op1 = op2 且 X > Y

```
.data
    op1     DWORD   3
    op2     DWORD   3
    X       DWORD   40
    Y       DWORD   30
.code
1       mov     eax,op1
2       cmp     eax,op2
3       jne     L2

        ; 处理内层 IF-ELSE 语句。
4       mov     eax,X
5       cmp     eax,Y           ; X > Y ?
6       jg      L1              ; 是：调用 Routine1
7       call    Routine2        ; 否：调用 Routine2
8       jmp     L3              ; 并退出
9   L1: call    Routine1        ; 调用 Routine1
10      jmp     L3              ; 并退出
11  L2: call    Routine3
12  L3:
```

下面是对执行路径的逐行描述：

1. 将 op1 赋值给 EAX
2. 检查 op1 与 op2 是否相等
3. 由于 op1 = op2，不发生向 L2 的跳转
4. 将 X 存入 EAX
5. 将 EAX 与 Y 进行比较
6. X > Y，所以发生向 L1 的跳转
9. Routine1 被调用
10. 跳转到 L3

示例3 op1 = op2 且 X < Y

```
        .data
            op1     DWORD   3
            op2     DWORD   3
            X       DWORD   30
            Y       DWORD   40
        .code
1           mov     eax,op1
2           cmp     eax,op2
3           jne     L2

            ; 处理内层 IF-ELSE 语句。

4           mov     eax,X
5           cmp     eax,Y           ; X > Y?
6           jg      L1              ; 是：调用 Routine1
7           call    Routine2        ; 否：调用 Routine2
8           jmp     L3              ; 并退出
9   L1:     call    Routine1        ; 调用 Routine1
10          jmp     L3              ; 并退出
11  L2:     call    Routine3
12  L3:
```

下面是对执行路径的逐行描述：

1. 将 op1 赋值给 EAX
2. 检查 op1 与 op2 是否相等
3. 由于 op1 = op2，不发生向 L2 的跳转
4. 将 X 存入 EAX
5. 将 EAX 与 Y 进行比较
6. X ≤ Y，所以不发生向 L1 的跳转
7. Routine2 被调用
8. 跳转到 L3

表 6-6 给出了代码示例的白盒测试结果。前四列对 op1、op2、X 及 Y 进行测试赋值。第 5 列和第 6 列对产生的执行路径进行了验证。

表 6-6 测试嵌套 IF 语句

op1	op2	X	Y	执行的行序列	调用
10	20	30	40	1, 2, 3, 11, 12	Routine3
10	20	40	30	1, 2, 3, 11, 12	Routine3
10	10	30	40	1, 2, 3, 4, 5, 6, 7, 8, 12	Routine2
10	10	40	30	1, 2, 3, 4, 5, 6, 9, 10, 12	Routine1

6.4.2 复合表达式

逻辑 AND 运算符

复合表达式（compound expression）包含了两个或更多个子表达式。我们暂时将子表达式限制为布尔表达式，并用 AND、OR 和 NOT 将其连接。汇编语言易于实现包含 AND 运算符的复合表达式。考虑下面的伪代码，假设其中进行比较的是无符号整数：

```
if (al > bl) AND (bl > cl)
    X = 1
end if
```

短路求值 下面是使用短路求值（short-circuit evaluation）（AND）的简单实现，其中，如果第一个表达式为假，则不需计算第二个表达式，这是高级语言的规范：

```
        cmp   al,bl              ; 第一个表达式
        ja    L1
        jmp   next
L1:     cmp   bl,cl              ; 第二个表达式
        ja    L2
        jmp   next
L2:     mov   X,1                ; 两个都为真：将 X 置为 1
next:
```

通过将第一条 JA 指令替换为 JBE，就能将代码减少到 5 条指令：

```
        cmp   al,bl              ; 第一个表达式
        jbe   next               ; 如果为假则退出
        cmp   bl,cl              ; 第二个表达式
        jbe   next               ; 如果为假则退出
        mov   X,1                ; 两个都为真
next:
```

若第一个 JBE 不发生跳转，CPU 就直接执行第二个 CMP 指令，这就使代码量减少 29%（指令数从 7 条减少到 5 条）。

逻辑 OR 运算符

当复合表达式包含的子表达式是用 OR 运算符连接的，那么只要其中一个子表达式为真，则整个复合表达式为真。以下面的伪代码为例：

```
if (al > bl) OR (bl > cl)
    X = 1
```

在下面的实现中，如果第一个表达式为真，则代码分支到 L1；否则，代码直接执行第二个 CMP 指令。第二个表达式反转了 > 运算符，使用 JBE 指令：

```
        cmp   al,bl              ; 1: 比较 AL 与 BL
        ja    L1                 ; 如果为真，则跳过第二个表达式
        cmp   bl,cl              ; 2: 比较 BL 与 CL
        jbe   next               ; 假：跳过下一条语句
L1:     mov   X,1                ; 真：置 X = 1
next:
```

对于一个给定的复合表达式，有多种方式将其用汇编语句实现。例如，可以试一试用短路求值（OR）：如果第一个布尔表达式的求值结果为真，则跳过复合表达式的第二个部分。

6.4.3 WHILE 循环

WHILE 循环在执行语句块之前先进行条件测试。只要循环条件保持为真，语句块就重复执行。下面是用 C++ 编写的循环：

```
while( val1 < val2 )
{
    val1++;
    val2--;
}
```

在用汇编语言实现该结构时，便捷的方法是改变循环条件，当条件为真时，就跳转到 endwhile。假设 val1 和 val2 都是变量，那么，在循环开始时必须将其中一个变量送入寄存器，并且要在结束时恢复该变量的值：

```
        mov   eax,val1           ; 将变量复制到 EAX
```

```
beginwhile:
    cmp     eax,val2            ; 如果不是(val1 < val2)
    jnl     endwhile            ; 退出循环
    inc     eax                 ; val1++;
    dec     val2                ; val2--;
    jmp     beginwhile          ; 重复循环
endwhile:
    mov     val1,eax            ; 将新值存入val1
```

在循环内部，EAX 替代 val1，对 val1 的引用必须通过 EAX。JNL 的使用意味着 val1 和 val2 是有符号整数。

示例：嵌套在循环内的 IF 语句

高级语言尤其善于表示嵌套的控制结构。在下面的 C++ 代码中，一个 IF 语句嵌套在 WHILE 循环内部。它计算数组中所有大于 sample 值的元素之和：

```
int array[] = {10,60,20,33,72,89,45,65,72,18};
int sample = 50;
int ArraySize = sizeof array / sizeof sample;
int index = 0;
int sum = 0;
while( index < ArraySize )
{
   if( array[index] > sample )
   {
      sum += array[index];
   }
   index++;
}
```

在用汇编语言编写该循环之前，先用图 6-1 的流程图描述其逻辑。为了简化转换过程，并通过减少内存访问次数来加速执行，图中用寄存器来代替变量：EDX=sample、EAX=sum、ESI=index，以及 ECX=ArraySize（常量）。标号名称也已经添加到图形框上。

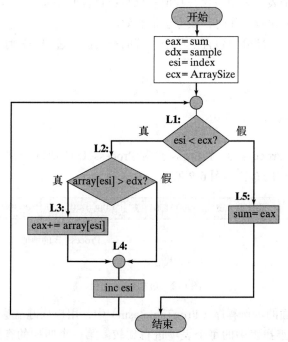

图 6-1　包含 IF 语句的循环

汇编代码　由流程图生成汇编代码最容易的方法就是对每个流程图框编写单独的代码。注意流程图中的标签与下面的源代码所使用的标签之间的直接关联（参阅示例程序 Flowchart.asm）：

```
.data
sum DWORD 0
sample DWORD 50
array DWORD 10,60,20,33,72,89,45,65,72,18
ArraySize = ($ - array) / TYPE array

.code
main PROC
    mov   eax,0                  ; 和数
    mov   edx,sample
    mov   esi,0                  ; 索引
    mov   ecx,ArraySize
L1: cmp   esi,ecx                ; 如果 esi < ecx
    jl    L2
    jmp   L5
L2: cmp   array[esi*4], edx      ; 如果 array[esi] > edx
    jg    L3
    jmp   L4
L3: add   eax,array[esi*4]
L4: inc   esi
    jmp   L1
L5: mov   sum,eax
```

6.4 节末尾的一道复习题将提供改进上述代码的机会。

6.4.4　表驱动的选择

表驱动的选择（table-driven selection）是用查表来代替多路选择结构的一种方法。使用该方法，需要新建一个表，表中包含查找值和标号或过程的偏移量，然后必须用循环来查找这个表。当要做大量的比较操作时，该方法最有效。

例如，下面是表的一部分，包含了单个字符的查找值和过程的地址：

```
.data
CaseTable BYTE      'A'          ; 查找值
    DWORD Process_A              ; 过程的地址
    BYTE  'B'
    DWORD Process_B
    (etc.)
```

假设 Process_A、Process_B、Process_C 和 Process_D 的地址分别是 120h、130h、140h 和 150h。上表在内存中的布置如图 6-2 所示。

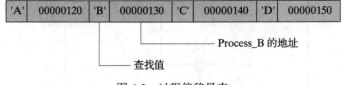

图 6-2　过程偏移量表

示例程序　在下面的示例程序（ProcTable.asm）中，用户从键盘输入一个字符，通过使用循环，将该字符与查找表中的每个表项进行比较。第一个匹配的查找值将会产生一个调

用，调用对象是紧跟在该查找值后面的过程偏移量。每个过程都将不同字符串的偏移量装入 EDX，并在循环过程中显示：

```
;  过程偏移量表                                    (ProcTable.asm)
;  本程序包含了一个表，由多个过程的偏移量组成。
;  本程序使用该表来执行间接过程调用。
INCLUDE Irvine32.inc
.data
CaseTable   BYTE   'A'              ; 查找值
            DWORD Process_A         ; 过程的地址
EntrySize  = ($ - CaseTable)
            BYTE   'B'
            DWORD Process_B
            BYTE   'C'
            DWORD Process_C
            BYTE   'D'
            DWORD Process_D
NumberOfEntries = ($ - CaseTable) / EntrySize
prompt BYTE "Press capital A,B,C,or D: ",0
```

为每个过程定义一个单独的消息字符串：

```
msgA BYTE "Process_A",0
msgB BYTE "Process_B",0
msgC BYTE "Process_C",0
msgD BYTE "Process_D",0
.code
main PROC
    mov  edx,OFFSET prompt         ; 要求用户输入
    call WriteString
    call ReadChar                  ; 读取字符至 AL
    mov  ebx,OFFSET CaseTable      ; 使 EBX 指向表
    mov  ecx,NumberOfEntries       ; 循环计数器
L1:
    cmp  al,[ebx]                  ; 发现匹配项？
    jne  L2                        ; 否：继续
    call NEAR PTR [ebx + 1]        ; 是：调用过程
```

这个 CALL 指令调用过程，过程地址存储在 EBX+1 指向的内存位置中。像这样的间接调用需要使用 NEAR PTR 操作符。

```
    call WriteString               ; 显示消息
    call Crlf
    jmp  L3                        ; 退出查找
L2:
    add  ebx,EntrySize             ; 指向下一个表项
    loop L1                        ; 重复，直至 ECX = 0
L3:
    exit
main ENDP
```

下面的每个过程将不同字符串的偏移量装入 EDX：

```
Process_A PROC
    mov  edx,OFFSET msgA
    ret
```

```
    Process_A ENDP
    Process_B PROC
        mov    edx,OFFSET msgB
        ret
    Process_B ENDP
    Process_C PROC
        mov    edx,OFFSET msgC
        ret
    Process_C ENDP
    Process_D PROC
        mov    edx,OFFSET msgD
        ret
    Process_D ENDP
    END main
```

表驱动的选择涉及一些初始化开销,但它能减少编写的代码量。一个表就能处理大量的比较,而且与长序列的比较、跳转及 CALL 指令相比,它更容易修改。甚至在运行时,表还可以重新配置。

6.4.5 本节回顾

1. 哪个代码序列用汇编语言正确地实现了下面的伪代码?假设寄存器中的值是无符号的。
   (val1 和 X 是 32 位变量。)

   if ebx > ecx
       X = 1

   a. 序列 1:
   ```
       cmp    ebx,ecx
       ja     next
       mov    X,1
   next:
   ```

   b. 序列 2:
   ```
       cmp    ebx,ecx
       jae    next
       mov    X,1
   next:
   ```

   c. 序列 3:
   ```
       cmp    ebx,ecx
       jna    next
       mov    X,1
   next:
   ```

2. 哪个代码序列用汇编语言正确地实现了下面的伪代码?假设寄存器中的值是无符号的。
   (val1 和 X 是 32 位变量。)

   if edx <= ecx
       X = 1
   else
       X = 2

   a. 序列 1:
   ```
       cmp    edx,ecx
       jnbe   L1
       mov    X,1
   ```

```
        jmp     next
L1:     mov     X,2
next:
```

b. 序列2：

```
        cmp     edx,ecx
        jnae    L1
        mov     X,1
        jb      next
L1:     mov     X,2
next:
```

c. 序列3：

```
        cmp     edx,ecx
        jna     L1
        mov     X,1
        jbe     next
L1:     mov     X,2
next:
```

3. 在6.4.4节中的过程偏移量表程序中，为什么如下面这样声明 NumberOfEntries 不是个好主意？

```
NumberOfEntries = 4
```

   a. 之后对表的修改会自动改变 NumberOfEntries 的值。
   b. 之后对表的修改会改变表的总体大小，需要手动更改 NumberOfEntries。程序员有时会忘记更改。
   c. 如果以后决定修改每个表元素的大小，NumberOfEntries 就不正确了。

6.5 应用：有限状态机

有限状态机（Finite-State Machine，FSM）是一个图，其中每个顶点（节点）表示一个假想机器的状态。机器或者程序根据某些输入来改变状态。用图来表示 FSM 相当简明，图中的矩形（或圆形）称为节点（node），而节点之间带箭头的线段称为边（edge）或弧（arc）。

图6-3给出了一个简单的例子。每个节点代表一个程序状态，每个边代表从一个状态到另一个状态的转换。一个节点被指定为初始状态（initial state），在图中用一个输入箭头表示。其余的状态可用数字或字母来标示。一个或多个状态被指定为终止状态（terminal state），用粗方框表示。终止状态表示程序到此停止且不产生错误。有限状态机是有向图（directed graph）一般结构的特例。有向图是一组节点，这些节点用具有特定方向的边连接。

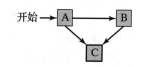

图6-3 简单的有限状态机

6.5.1 验证输入字符串

读取输入流的程序往往要通过执行一定量的错误检查来验证其输入。比如，编程语言编译器可以用 FSM 来扫描源程序，并将文字和符号转换为标记（token），通常是关键字、算术运算符及标识符。

当使用 FSM 来检查输入字符串的有效性时，通常是逐个字符地读取输入。每个字符都用图中的一条边（转换）来表示。FSM 用两种方法来检测非法输入序列：

- 下一个输入字符没有对应从当前状态开始的任何一个转换。
- 已到输入末尾，但当前状态却是非终止状态。

字符串示例　现在根据下面的两条规则来验证一个输入字符串：

- 该字符串必须以字母 "x" 开始，以字母 "z" 结束。
- 第一个和最后一个字符之间可以有零个或多个字母，其范围是 {'a'…'y'}。

图 6-4 的 FSM 图显示了上述语法。每一个转换都是由特定类型的输入来标识。例如，仅当从输入流中读取到字母 "x" 时，才完成状态 A 到状态 B 的转换。输入任何非 "z" 的字母，都会使状态 B 转换为其自身。而仅当从输入流中读取到字母 "z" 时，才会发生状态 B 到状态 C 的转换。

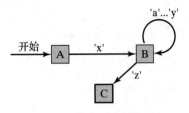

图 6-4　字符串的有限状态机

如果输入流已到末尾，而程序仍在状态 A 或状态 B，就发生错误状况，因为仅有状态 C 被标记为终止状态。下面的输入字符串就能被该 FSM 辨识：

```
xaabcdefgz
xz
xyyqqrrstuvz
```

6.5.2　验证有符号整数

图 6-5 显示的 FSM 能用于解析有符号整数。输入包括一个可选的前置符号，其后跟着一序列数字。图中没有给出数字的最大个数。

有限状态机可以容易地转换为汇编语言代码。图中的每个状态（A、B、C…）在程序中代表一个标号。在每个标号处执行的操作如下：

1. 调用输入程序从输入读取下一个字符。
2. 如果该状态是终止状态，则检查用户是否已按下 〈Enter〉键以结束输入。

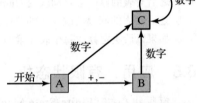

图 6-5　有符号十进制整数的有限状态机

3. 一个或多个比较指令检查从该状态发出的每个可能的转换。每个比较指令后跟着一个条件跳转指令。

例如，在状态 A，下面的代码读取下一个输入字符并检查到状态 B 的可能转换：

```
StateA:
    call  Getnext               ;读取下一个字符至 AL
    cmp   al,'+'                ;前置 + 号？
    je    StateB                ;去状态 B
    cmp   al,'-'                ;前置 - 号？
    je    StateB                ;去状态 B
    call  IsDigit               ;如果 AL 包含的是数字，则置 ZF = 1
    jz    StateC                ;去状态 C
    call  DisplayErrorMsg       ;发现无效输入
    jmp   Quit
```

现在更详细地考察一下这段代码。首先，代码调用 Getnext，从控制台输入读取下一个字符并送入 AL 寄存器。接着检查前置 + 或 - 符号，先将 AL 的值与字符"+"进行比较，如果匹配，就跳转到标号 StateB：

```
StateA:
    call  Getnext               ;读取下一个字符至 AL
    cmp   al,'+'                ;前置 + 号？
    je    StateB                ;去状态 B
```

这时，再看一下图 6-5，发现只有输入 + 或 - 时，才发生状态 A 到状态 B 的转换。所以，代码还必须检查减号：

```
cmp     al,'-'                  ; 前置 - 号?
je      StateB                  ; 去状态 B
```

如果不可能发生到状态 B 的转换，则可以检查 AL 寄存器中是否为数字，若是的话可以转换到状态 C。对 IsDigit 过程（来自本书的链接库中）的调用会使当 AL 包含数字时，将零标志置 1：

```
call    IsDigit                 ; 如果 AL 包含的是数字, 则置 ZF = 1
jz      StateC                  ; 去状态 C
```

最后，从状态 A 没有其他可能的转换。如果发现 AL 中的字符既不是前置符号又不是数字，程序就会调用 DisplayErrorMsg（在控制台显示一条出错消息），然后跳转到标号 Quit 处：

```
call    DisplayErrorMsg         ; 发现无效输入
jmp     Quit
```

标号 Quit 标识程序的出口，位于主过程的结尾：

```
Quit:
    call Crlf
    exit
main ENDP
```

完整的有限状态机程序　下面的程序实现了图 6-5 所示的有符号整数的 FSM：

```
; 有限状态机                      (Finite.asm)
INCLUDE Irvine32.inc

ENTER_KEY = 13
.data
InvalidInputMsg BYTE "Invalid input",13,10,0

.code
main PROC
    call Clrscr

StateA:
    call Getnext                 ; 读取下一个字符至 AL
    cmp  al,'+'                  ; 前置 + 号?
    je   StateB                  ; 去状态 B
    cmp  al,'-'                  ; 前置 - 号?
    je   StateB                  ; 去状态 B
    call IsDigit                 ; 如果 AL 包含的是数字, 则置 ZF = 1
    jz   StateC                  ; 去状态 C
    call DisplayErrorMsg         ; 发现无效输入
    jmp  Quit

StateB:
    call Getnext                 ; 读取下一个字符至 AL
    call IsDigit                 ; 如果 AL 包含的是数字, 则置 ZF = 1
    jz   StateC
    call DisplayErrorMsg         ; 发现无效输入
    jmp  Quit

StateC:
    call Getnext                 ; 读取下一个字符至 AL
    call IsDigit                 ; 如果 AL 包含的是数字, 则置 ZF = 1
    jz   StateC
    cmp  al,ENTER_KEY            ; 按下 Enter 键?
    je   Quit                    ; 是: 退出
```

```
        call DisplayErrorMsg            ; 否：发现无效输入
        jmp  Quit
Quit:
        call Crlf
        exit
main ENDP

;------------------------------------------------
Getnext PROC
;
; 从标准输入读取字符。
; 接收：无
; 返回：AL 存放该字符
;------------------------------------------------
        call ReadChar                   ; 从键盘输入
        call WriteChar                  ; 回显在屏幕上
        ret
Getnext ENDP
;------------------------------------------------
DisplayErrorMsg PROC
;
; 显示出错消息，表明输入流包含非法输入。
; 接收：无
; 返回：无
;------------------------------------------------
        push edx
        mov  edx,OFFSET InvalidInputMsg
        call WriteString
        pop  edx
        ret
DisplayErrorMsg ENDP
END main
```

IsDigit 过程 有限状态机示例程序调用了 IsDigit 过程，该过程属于本书的链接库。现在来看看 IsDigit 的源代码，程序接收 AL 寄存器作为输入，其返回值是对零标志的设置：

```
;---------------------------------------------------------------------------
IsDigit PROC
;
; 确定在 AL 中的字符是否是有效的十进制数字。
; 接收：AL = 字符
; 返回：如果 AL 包含有效的十进制数字，ZF = 1；否则，ZF = 0。
;---------------------------------------------------------------------------
        cmp  al,'0'
        jb   ID1                        ; 当发生跳转时，ZF = 0
        cmp  al,'9'
        ja   ID1                        ; 当发生跳转时，ZF = 0
        test ax,0                       ; 置 ZF = 1
ID1:    ret
IsDigit ENDP
```

在查看 IsDigit 的代码之前，可以先回顾一下十进制数字的十六进制 ASCII 码，如下表所示。由于这些值是连续的，因此，只需要检查开始值和末尾值：

字符	'0'	'1'	'2'	'3'	'4'	'5'	'6'	'7'	'8'	'9'
ASCII 码（十六进制）	30	31	32	33	34	35	36	37	38	39

在 IsDigit 过程中，开始的两条指令将 AL 寄存器中的字符与数字 0 的 ASCII 码进行比较。如果字符的 ASCII 码小于 0 的 ASCII 码，程序就跳转到标号 ID1：

```
    cmp al,'0'
    jb  ID1                                    ; 当发生跳转时, ZF = 0
```

然而，有人可能会问，如果 JB 将控制传递给标号 ID1，那么，如何知道零标志的状态呢？答案就在 CMP 的工作方式中——它执行隐含的减法运算，从 AL 寄存器的字符中减去 0 的 ASCII 码（30h）。如果 AL 中的值较小，则进位标志置位，零标志清零（可以用调试器单步执行这段代码以验证该事实）。JB 指令就设计成在 CF=1 且 ZF=0 时，将控制传递给一个标号。

接下来，IsDigit 过程中的代码将 AL 与数字 9 的 ASCII 码进行比较。如果 AL 的值较大，代码就跳转到同一个标号：

```
    cmp al,'9'
    ja  ID1                                    ; 当发生跳转时, ZF = 0
```

如果 AL 中字符的 ASCII 码大于数字 9 的 ASCII 码（39h），则清零进位标志和零标志。这也正好是使得 JA 指令将控制传递到目标标号的标志组合。

如果两个跳转都没有发生（JA 或 JB），就认为 AL 中的字符确实是一个数字，则插入一条指令以确保将零标志置位。将任何数值与 0 进行 test 操作，意味着执行一次隐含的与全位为 0 的 AND 运算，其结果必然为 0：

```
    test ax,0                                  ; 置 ZF = 1
```

前面 IsDigit 中的 JA 和 JB 指令跳转到紧跟 TEST 指令后的标号。所以，如果发生跳转，零标志将被清零。下面再次给出完整的过程：

```
Isdigit PROC
    cmp  al,'0'
    jb   ID1                                   ; 当发生跳转时, ZF = 0
    cmp  al,'9'
    ja   ID1                                   ; 当发生跳转时, ZF = 0
    test ax,0                                  ; 置 ZF = 1
ID1: ret
Isdigit ENDP
```

在实时或高性能应用中，程序员常常利用硬件特性对其代码进行充分的优化。IsDigit 过程就是这种方法的例子，它使用 JB、JA 及 TEST 对标志进行设置，本质上返回的是一个布尔结果。

6.5.3 本节回顾

1. 判断真假：有限状态机是树型数据结构的具体应用。
   a. 真　　　　　　　　b. 假
2. 判断真假：在有限状态机的图中，每个节点代表单个状态。
   a. 真　　　　　　　　b. 假
3. 在有限状态机的图中，边代表什么？
   a. 每条边是从一个状态到另一个状态的转换，转换由某个输入引起。
   b. 每条边是一个状态，而节点是转换。
   c. 节点和边都可以是转换，只要它们被正确地标记。
4. 判断真假：在图 6-5 的有符号整数的有限状态机中，当输入由"+5"组成时，就会到达状态 C。
   a. 真　　　　　　　　b. 假
5. 在图 6-5 的有符号整数的有限状态机中，在负号后面可以有多少个数字？

a. 无数字　　　　　　b. 不超过 1 个数字　　　c. 不超过 2 个数字　　　d. 无限个数字

6. 判断真假：在有限状态机中，当已经没有输入且当前状态是非终止状态时，有限状态机就会进入错误状态。

a. 真　　　　　　　　b. 假

6.6 条件控制流伪指令（可选主题）

在 32 位模式下，MASM 包含了一些高级条件控制流伪指令（conditional control flow directive），这有助于简化条件语句的编写。遗憾的是，这些伪指令不能用于 64 位模式。在对代码进行汇编之前，汇编器执行预处理步骤。在该步骤中，汇编器识别如 .CODE、.DATA 这样的伪指令以及一些用于条件控制流的伪指令。表 6-7 列出了这些伪指令。

表 6-7　条件控制流伪指令

伪指令	描述
.BREAK	生成代码以终止 .WHILE 或 .REPEAT 块
.CONTINUE	生成代码以跳转到 .WHILE 或 .REPEAT 块的顶端
.ELSE	当 .IF 条件为假时，开始执行的语句块
.ELSEIF condition	生成代码以测试 condition，并执行其后的语句，直到 .ENDIF 伪指令或另一个 .ELSEIF 伪指令
.ENDIF	终止 .IF、.ELSE 或 .ELSEIF 伪指令后面的语句块
.ENDW	终止 .WHILE 伪指令后面的语句块
.IF condition	如果 condition 为真，则生成代码来执行语句块
.REPEAT	生成代码以重复执行语句块，直到 condition 变为真
.UNTIL condition	生成代码以重复执行 .REPEAT 和 .UNTIL 之间的语句块，直到 condition 变为真
.UNTILCXZ	生成代码以重复执行 .REPEAT 和 .UNTILCXZ 之间的语句块，直到 CX 等于零
.WHILE condition	只要 condition 为真，就生成代码来执行 .WHILE 和 .ENDW 之间的语句块

6.6.1 创建 IF 语句

.IF、.ELSE、.ELSEIF 及 .ENDIF 伪指令使得对多分支逻辑的编码变得容易。它们使汇编器在后台生成 CMP 和条件跳转指令，这些指令显示在输出列表文件（progname.1st）中。语法如下所示：

```
.IF condition1
    statements
[.ELSEIF condition2
    statements ]
[.ELSE
    statements ]
.ENDIF
```

方括号表示 .ELSEIF 和 .ELSE 是可选的，而 .IF 和 .ENDIF 则是必需的。condition（条件）是布尔表达式，使用与 C++ 和 Java 相同的运算符（比如 <、>、== 和 !=）。表达式在运行时求值。下面是一些有效条件的例子，使用的是 32 位寄存器和变量：

```
eax > 10000h
val1 <= 100
val2 == eax
val3 != ebx
```

下面是复合条件的例子：

```
(eax > 0) && (eax > 10000h)
(val1 <= 100) || (val2 <= 100)
(val2 != ebx) && !CARRY?
```

表 6-8 列出了所有的关系和逻辑运算符。

表 6-8 运行时的关系和逻辑运算符

运算符	描述
expr1 == expr2	当 expr1 等于 expr2 时，返回"真"
expr1 != expr2	当 expr1 不等于 expr2 时，返回"真"
expr1 > expr2	当 expr1 大于 expr2 时，返回"真"
expr1 ≥ expr2	当 expr1 大于或等于 expr2 时，返回"真"
expr1 < expr2	当 expr1 小于 expr2 时，返回"真"
expr1 ≤ expr2	当 expr1 小于或等于 expr2 时，返回"真"
! expr	当 expr 为假时，返回"真"
expr1 && expr2	对 expr1 与 expr2 执行逻辑 AND 运算
expr1 || expr2	对 expr1 与 expr2 执行逻辑 OR 运算
expr1 & expr2	对 expr1 与 expr2 执行按位 AND 运算
CARRY?	若进位标志置 1，则返回"真"
OVERFLOW?	若溢出标志置 1，则返回"真"
PARITY?	若奇偶标志置 1，则返回"真"
SIGN?	若符号标志置 1，则返回"真"
ZERO?	若零标志置 1，则返回"真"

> 在使用 MASM 条件伪指令之前，应确保彻底了解了如何用纯汇编语言实现条件分支指令。此外，当包含条件伪指令的程序被汇编时，要查看列表文件以确认 MASM 生成的代码确实是你想要的。

生成 ASM 代码 当使用如 .IF 和 .ELSE 这样的高级伪指令时，汇编器会为你编写代码。例如，编写一条 .IF 伪指令来比较 EAX 与变量 `val1`：

```
mov eax,6
.IF eax > val1
  mov result,1
.ENDIF
```

假设 `val1` 和 `result` 是 32 位无符号整数，当汇编器读到前述代码时，就将它们扩展为下述汇编语言指令。用 Visual Studio 调试器运行程序就可以查看这些指令，操作为：点击右键，选择 Go to Disassembly。

```
        mov   eax,6
        cmp   eax,val1
        jbe   @C0001         ; 根据比较无符号数的结果跳转
        mov   result,1
@C0001:
```

标号名 @C0001 由汇编器创建，这样可以确保在同一个过程中的所有标号都具有唯一性。

> 要控制 MASM 生成的代码是否显示在源列表文件中，可以在 Visual Studio 中配置 Project 的属性。步骤如下：在 Project 菜单中，选择 Project Properties，选择 Microsoft Macro Assembler，选择 Listing File，再设置 Enable Assembly Generated Code Listing 为 Yes。

6.6.2 有符号数和无符号数的比较

当使用 .IF 伪指令来比较数值时,必须清楚 MASM 是如何生成条件跳转的。如果比较包含了一个无符号变量,则在生成代码中插入一条无符号条件跳转指令。以下还是前面的例子,比较 EAX 和无符号双字变量 val1:

```
.data
val1 DWORD    5
result DWORD ?
.code
    mov eax,6
    .IF eax > val1
        mov result,1
    .ENDIF
```

汇编器用 JBE(无符号跳转)指令对其进行扩展:

```
    mov eax,6
    cmp eax,val1
    jbe @C0001              ; 根据比较无符号数的结果跳转
    mov result,1
@C0001:
```

有符号整数的比较 如果 .IF 伪指令比较的是有符号变量,则在生成代码中插入一条有符号条件跳转指令。例如,val2 为有符号双字:

```
.data
val2 SDWORD -1
result DWORD ?
.code
    mov eax,6
    .IF eax > val2
        mov result,1
    .ENDIF
```

因此,汇编器用 JLE 指令生成代码,即根据比较有符号数的结果跳转:

```
    mov eax,6
    cmp eax,val2
    jle @C0001              ; 根据比较有符号数的结果跳转
    mov result,1
@C0001:
```

寄存器的比较 或许会有一个问题:如果两个寄存器进行比较,情况会如何?显然,汇编器不能确定寄存器中的数值是有符号的还是无符号的:

```
mov eax,6
mov ebx,val2
.IF eax > ebx
    mov result,1
.ENDIF
```

生成的如下代码显示出,汇编器将其默认为无符号数比较(注意使用的是 JBE 指令):

```
    mov  eax,6
    mov  ebx,val2
    cmp  eax, ebx
    jbe  @C0001
    mov  result,1
@C0001:
```

6.6.3 复合表达式

很多复合布尔表达式使用逻辑 OR 和 AND 运算符。当使用 .IF 伪指令时，符号 || 是逻辑 OR 运算符：

```
.IF expression1 || expression2
    statements
.ENDIF
```

类似地，符号 && 是逻辑 AND 运算符：

```
.IF expression1 && expression2
    statements
.ENDIF
```

下面的程序示例中将使用逻辑 OR 运算符。

SetCursorPosition 示例

下面的例子中给出的 `SetCursorPosition` 过程，根据两个输入参数 DH 和 DL（参见 SetCur.asm）执行范围检查。Y 坐标（DH）的范围必须为 0～24。X 坐标（DL）的范围必须为 0～79。无论发现哪个坐标超出范围，都显示一条出错消息：

```
SetCursorPosition PROC
; 设置光标位置。
; 接收: DL = X 坐标, DH = Y 坐标。
; 检查 DL 和 DH 的范围。
; 返回: 无
;------------------------------------------------
.data
BadXCoordMsg BYTE "X-Coordinate out of range!",0Dh,0Ah,0
BadYCoordMsg BYTE "Y-Coordinate out of range!",0Dh,0Ah,0
.code
    .IF (dl < 0) || (dl > 79)
        mov edx,OFFSET BadXCoordMsg
        call WriteString
        jmp quit
    .ENDIF

    .IF (dh < 0) || (dh > 24)
        mov edx,OFFSET BadYCoordMsg
        call WriteString
        jmp quit
    .ENDIF
    call Gotoxy
quit:
    ret
SetCursorPosition ENDP
```

当 MASM 对 SetCursorPosition 进行预处理时，生成的代码如下：

```
.code
; .IF (dl < 0) || (dl > 79)

    cmp   dl, 000h
    jb    @C0002
    cmp   dl, 04Fh
    jbe   @C0001

@C0002:
    mov   edx,OFFSET BadXCoordMsg
```

```
        call    WriteString
        jmp     quit
; .ENDIF

@C0001:
; .IF (dh < 0) || (dh > 24)
        cmp     dh, 000h
        jb      @C0005
        cmp     dh, 018h
        jbe     @C0004

@C0005:
        mov     edx,OFFSET BadYCoordMsg
        call    WriteString
        jmp     quit
; .ENDIF

@C0004:
        call    Gotoxy
quit:
```

大学注册示例

假设有一个大学生想要进行课程注册。现在用两个准则来决定该生是否能注册：第一个准则是学生的平均成绩，范围为 0~400，其中 400 是可能的最高成绩；第二个准则是学生期望获得的学分。可以使用多分支结构，包括 .IF、.ELSEIF 和 .ENDIF。示例（参见 Regist.asm）如下：

```
.data
TRUE = 1
FALSE = 0
gradeAverage    WORD 275            ; 测试值
credits         WORD 12             ; 测试值
OkToRegister    BYTE ?
.code
    mov OkToRegister,FALSE
    .IF gradeAverage > 350
      mov OkToRegister,TRUE
    .ELSEIF (gradeAverage > 250) && (credits <= 16)
      mov OkToRegister,TRUE
    .ELSEIF (credits <= 12)
      mov OkToRegister,TRUE
    .ENDIF
```

汇编器生成的相应代码如表 6-9 所示，用 Microsoft Visual Studio 调试器的 Dissassembly 窗口可以查看该表（为了便于阅读，已对其进行了一些清理）。在对程序进行汇编时，使用命令行的 /Sg 可选项可以在源列表文件中显示 MASM 生成的代码。被定义的常量（如当前代码示例中的 TRUE 或 FALSE）的大小为 32 位。因此，当一个常量被送入 BYTE 类型的地址时，MASM 会插入 BYTE PTR 操作符。

表 6-9 注册示例，MASM 生成的代码

```
        mov   byte ptr OkToRegister,FALSE
        cmp   word ptr gradeAverage,350
        jbe   @C0006
        mov   byte ptr OkToRegister,TRUE
        jmp   @C0008
@C0006:
        cmp   word ptr gradeAverage,250
        jbe   @C0009
```

```
            cmp    word ptr credits,16
            ja     @C0009
            mov    byte ptr OkToRegister,TRUE
            jmp    @C0008
    @C0009:
            cmp    word ptr credits,12
            ja     @C0008
            mov    byte ptr OkToRegister,TRUE
    @C0008:
```

6.6.4 用 .REPEAT 和 .WHILE 创建循环

除了用 CMP 和条件跳转指令外，还可以用 .REPEAT 和 .WHILE 伪指令编写循环。使用之前表 6-8 列出的条件表达式，.REPEAT 伪指令执行循环体，然后测试 .UNTIL 伪指令后面的运行时条件：

```
.REPEAT
    statements
.UNTIL condition
```

而 .WHILE 伪指令在执行循环体之前测试条件：

```
.WHILE condition
    statements
.ENDW
```

示例：下述语句使用 .WHILE 伪指令显示数值 1 到 10。循环之前，计数器寄存器（EAX）被初始化为 0。然后，循环体内的第一条语句将 EAX 加 1。当 EAX 等于 10 时，.WHILE 伪指令分支到循环体外。

```
    mov eax,0
.WHILE eax < 10
    inc   eax
    call WriteDec
    call Crlf
.ENDW
```

下述语句使用 .REPEAT 伪指令显示数值 1 到 10：

```
    mov eax,0
.REPEAT
    inc   eax
    call WriteDec
    call Crlf
.UNTIL eax == 10
```

示例：包含 IF 语句的循环

本章前面的 6.4.3 节展示了如何编写汇编语言代码来实现嵌套 IF 语句的 WHILE 循环。伪代码如下：

```
while( op1 < op2 )
{
    op1++;
    if( op1 == op3 )
      X = 2;
    else
      X = 3;
}
```

下面是用 .WHILE 和 .IF 伪指令实现这段伪代码。由于 op1、op2 及 op3 是变量，为了避免任何指令出现两个内存操作数，将它们送入寄存器：

```
.data
X    DWORD 0
op1 DWORD 2               ; 测试数据
op2 DWORD 4               ; 测试数据
op3 DWORD 5               ; 测试数据
.code
    mov eax,op1
    mov ebx,op2
    mov ecx,op3
    .WHILE eax < ebx
      inc eax
      .IF eax == ecx
          mov X,2
      .ELSE
          mov X,3
      .ENDIF
    .ENDW
```

6.7 本章小结

AND、OR、XOR、NOT 及 TEST 指令被称为按位指令（bitwise instruction），因为它们的操作在位（bit）级。源操作数中的每一位都与目的操作数的相同位相匹配：
- 当两个输入位都为 1 时，AND 指令产生的结果为 1。
- 当至少有一个输入位为 1 时，OR 指令产生的结果为 1。
- 只有当两个输入位不同时，XOR 指令产生的结果为 1。
- TEST 指令对目的操作数执行隐含的 AND 运算，并设置标志。目的操作数不变。
- NOT 指令将目的操作数的每一位取反。

CMP 指令将目的操作数与源操作数进行比较。它执行隐含的减法，从目的操作数中减去源操作数，并根据结果修改 CPU 状态标志。通常，CMP 后面紧跟一条条件跳转指令，用来将控制传递给代码标号。

本章给出了四种类型的条件跳转指令：
- 表 6-2 列出了基于特定标志值的跳转，如：JC（有进位跳转）、JZ（为零跳转）及 JO（溢出跳转）。
- 表 6-3 列出了基于是否相等的跳转，如：JE（相等跳转）、JNE（不相等跳转）、JECXZ（若 EXC=0 则跳转）及 JRCXZ（若 RXC=0 则跳转）。
- 表 6-4 列出了基于无符号整数比较的条件跳转，如：JA（多于则跳转）、JB（少于则跳转）及 JAE（多于或等于则跳转）。
- 表 6-5 列出了基于有符号整数比较的跳转，如：JL（小于则跳转）和 JG（大于则跳转）。

在 32 位模式下，当零标志置位，且 ECX 大于零时，LOOPZ（LOOPE）指令重复循环。当零标志清零，且 ECX 大于零时，LOOPNZ（LOOPNE）指令重复循环。在 64 位模式下，LOOPZ 和 LOOPNZ 指令使用的是 RCX 寄存器。

加密（encryption）是对数据进行编码处理，解密（decryption）是对数据进行解码处理。XOR 指令可用于执行简单的加密和解密。

流程图是用视图展示程序逻辑的一种有效工具。利用流程图作为模型，可以容易地编写汇编语言代码。给流程图中的每个符号都赋予标号，并在汇编源代码中使用同样的标号是有益的。

有限状态机是一种有效的工具，用于验证包含可识别字符的字符串，比如有符号整数。如果 FSM 中的每个状态都用标号表示，则用汇编语言实现 FSM 相对比较容易。

.IF、.ELSE、.ELSEIF 及 .ENDIF 伪指令用来计算运行时表达式，并能极大地简化汇编语言的编写。当编写复杂的复合布尔表达式时，它们尤为有用。还可以利用 .WHILE 和 .REPEAT 伪指令创建条件循环。

6.8 关键术语

6.8.1 术语

bit-mapped set（位映射集）
bit mask（位屏蔽）
bit vector（位向量）
boolean expression（布尔表达式）
compound expression（复合表达式）
conditional branching（条件分支）
conditional control flow directives（条件控制流伪指令）
conditional structure（条件结构）
decryption（解密）
directed graph（有向图）

encryption（加密）
finite-state machine（FSM）（有限状态机）
logical AND operator（逻辑 AND 运算符）
logical OR operator（逻辑 OR 运算符）
short-circuit evaluation（AND）（短路求值 AND）
short-circuit evaluation（OR）（短路求值 OR）
symmetric encryption（对称加密）
terminal state（终止状态）
table-driven selection（表驱动的选择）
white box testing（白盒测试）

6.8.2 指令、操作符及伪指令

AND	JRCXZ	JNL
.BREAK	JG	JNP
CMP	JGE	JNS
.CONTINUE	JL	JNZ
.ELSE	JLE	LOOPE
.ELSEIF	JP	LOOPNE
.ENDIF	JS	LOOPZ
.ENDW	JZ	LOOPNZ
.IF	JNA	NOT
JA	JNAE	OR
JAE	JNB	.REPEAT
JB	JNBE	TEST
JBE	JNC	.UNTIL
JC	JNE	.UNTILCXZ
JE	JNG	.WHILE
JECXZ	JNGE	XOR

6.9 复习题和练习

6.9.1 简答题

1. 执行下面指令后,BX 中的值是多少?

    ```
    mov bx,0FFFFh
    and bx,6Bh
    ```

2. 执行下面指令后,BX 中的值是多少?

    ```
    mov bx,91BAh
    and bx,92h
    ```

3. 执行下面指令后,BX 中的值是多少?

    ```
    mov bx,0649Bh
    or bx,3Ah
    ```

4. 执行下面指令后,BX 中的值是多少?

    ```
    mov bx,029D6h
    xor bx,8181h
    ```

5. 执行下面指令后,EBX 中的值是多少?

    ```
    mov ebx,0AFAF649Bh
    or  ebx,3A219604h
    ```

6. 执行下面指令后,RBX 中的值是多少?

    ```
    mov rbx,0AFAF649Bh
    xor rbx,0FFFFFFFFh
    ```

7. 在下面的指令序列中,在指定的地方给出 AL 中产生结果的二进制值:

    ```
    mov al,01101111b
    and al,00101101b        ; a.
    mov al,6Dh
    and al,4Ah              ; b.
    mov al,00001111b
    or  al,61h              ; c.
    mov al,94h
    xor al,37h              ; d.
    ```

8. 在下面的指令序列中,在指定的地方给出 AL 中产生结果的十六进制值:

    ```
    mov al,7Ah
    not al                  ; a.
    mov al,3Dh
    and al,74h              ; b.
    mov al,9Bh
    or  al,35h              ; c.
    mov al,72h
    xor al,0DCh             ; d.
    ```

9. 在下面的指令序列中,在指定的地方给出进位标志、零标志和符号标志的值:

    ```
    mov   al,00001111b
    test  al,00000010b      ; a. CF=  ZF=  SF=
    mov   al,00000110b
    cmp   al,00000101b      ; b. CF=  ZF=  SF=
    mov   al,00000101b
    cmp   al,00000111b      ; c. CF=  ZF=  SF=
    ```

10. 哪条条件跳转指令根据 ECX 的内容执行分支?
11. JA 和 JNBE 指令是如何受到零标志和进位标志的影响的?

12. 执行下面代码后，EDX 的最终值是多少？

    ```
    mov edx,1
    mov eax,7FFFh
    cmp eax,8000h
    jl  L1
    mov edx,0
    L1:
    ```

13. 执行下面代码后，EDX 的最终值是多少？

    ```
    mov edx,1
    mov eax,7FFFh
    cmp eax,8000h
    jb  L1
    mov edx,0
    L1:
    ```

14. 执行下面代码后，EDX 的最终值是多少？

    ```
    mov edx,1
    mov eax,7FFFh
    cmp eax,0FFFF8000h
    jl  L2
    mov edx,0
    L2:
    ```

15. （真/假）：以下代码将跳转到标号 Target。

    ```
    mov eax,-30
    cmp eax,-50
    jg  Target
    ```

16. （真/假）：以下代码将跳转到标号 Target。

    ```
    mov eax,-42
    cmp eax,26
    ja  Target
    ```

17. 执行下面指令后，RBX 中的值是多少？

    ```
    mov rbx,0FFFFFFFFFFFFFFFFh
    and rbx,80h
    ```

18. 执行下面指令后，RBX 中的值是多少？

    ```
    mov rbx,0FFFFFFFFFFFFFFFFh
    and rbx,808080h
    ```

19. 执行下面指令后，RBX 中的值是多少？

    ```
    mov rbx,0FFFFFFFFFFFFFFFFh
    and rbx,80808080h
    ```

6.9.2 算法题

1. 编写一条指令将 AL 中的 ASCII 数字转换为相应的二进制数。如果 AL 中包含的已经是二进制值（00h ~ 09h），则不进行转换。
2. 编写指令计算 32 位内存操作数的奇偶性。提示：使用本节前面给出的公式：B_0 XOR B_1 XOR B_2 XOR B_3。
3. 给定两个位映射集 SetX 和 SetY，编写一个指令序列，在 EAX 中生成一个位串，以表示属于 SetX 但不属于 SetY 的成员。
4. 编写指令，使得当 DX 中的无符号整数小于或等于 CX 中的整数时，跳转到标号 L1。
5. 编写指令，使得当 AX 中的有符号整数大于 CX 中的整数时，跳转到标号 L2。

6. 编写指令，首先清零 AL 的位 0 和位 1，若目的操作数等于零，则代码跳转到标号 L3；否则，跳转到标号 L4。

7. 用汇编语言实现下面的伪代码。使用短路求值，并假设 val1 和 X 是 32 位变量。

   ```
   if( val1 > ecx ) AND ( ecx > edx )
       X = 1
   else
       X = 2;
   ```

8. 用汇编语言实现下面的伪代码。使用短路求值，并假设 X 是 32 位变量。

   ```
   if( ebx > ecx ) OR ( ebx > val1 )
       X = 1
   else
       X = 2
   ```

9. 用汇编语言实现下面的伪代码。使用短路求值，并假设 X 是 32 位变量。

   ```
   if( ebx > ecx AND ebx > edx) OR ( edx > eax )
       X = 1
   else
       X = 2
   ```

10. 用汇编语言实现下面的伪代码。使用短路求值，并假设 A、B 和 N 是 32 位有符号整数。

    ```
    while N > 0
      if N != 3 AND (N < A OR N > B)
          N = N - 2
      else
          N = N - 1
    end while
    ```

6.10 编程练习

6.10.1 对代码测试的建议

在对本章及后续章节的编程练习所编写的代码进行测试时，我们有如下一些建议：

- 在第一次测试程序时，总是用调试器单步执行程序。小细节很容易被忽略，调试器会让你看到实际在发生什么。
- 若要使用有符号数组，应确保其中包含一些负数值。
- 如果指定了输入数值的范围，则测试数据应包括在边界的前、中和后的数值。
- 使用不同长度的数组来创建多个测试实例。
- 当编写程序向数组进行写入时，Visual Studio 调试器是评估程序正确性的最好工具。使用调试器的 Memory 窗口显示数组，可选择以十六进制或十进制表示。
- 调用被测试的过程之后，立刻再次调用该过程以验证其是否保存了所有的寄存器。下面是一个例子：

  ```
  mov     esi,OFFSET array
  mov     ecx,count
  call    CalcSum     ; 返回和数到 EAX 中
  call    CalcSum     ; 再次调用以查看寄存器是否被保存
  ```

  通常 EAX 中会有一个返回值，故 EAX 当然是无法保存的。基于这个原因，通常不用 EAX 作为输入参数。

- 如果打算向过程传递多个数组，则应确保不在过程中引用数组名，而是在调用过程之前，将数组偏移量送入 ESI 或 EDI。这就意味着在过程内将使用间接寻址（形如 [esi] 或 [edi]）。
- 如果需要创建仅用于过程内的变量，可在变量的前面使用 .data 伪指令，然后在其后使用 .code 伪指令。示例如下：

```
MyCoolProcedure PROC
.data
sum SDWORD ?
.code
    mov sum,0
    (etc.)
```

与 C++ 或 Java 语言中的局部变量不同，该变量仍然全局可见。不过，既然该变量是在过程内声明的，显然不打算在其他地方使用。当然，必须用运行时指令来初始化过程内使用的变量，因为过程将会被调用多次。再次调用过程时，你不会想要它有任何残留的数值。

6.10.2 习题描述

★ **1. 填充数组**

创建一个过程，用 N 个随机整数填充一个双字数组，这些数必须在从 j 到 k 的范围内，包括 j 和 k。当调用过程时，传递的参数为：保存数据的数组指针、N、j 和 k 的值。在对该过程的多次调用之间，保存所有寄存器的值。编写测试程序，用不同的 j 和 k 值调用该过程两次，并利用调试器验证结果。

★★ **2. 指定范围内的数组元素求和**

创建一个过程，返回 $j \sim k$ 范围（包含 j 和 k）内所有数组元素之和。编写测试程序调用该过程两次，传递的参数为：有符号双字数组的指针、数组的大小、j 和 k 的值。用寄存器 EAX 返回和数，且在对过程的两次调用之间，保存其他所有寄存器的值。

★★ **3. 评估测验得分**

创建过程 CalcGrade，接收 0 ~ 100 范围内的一个整数值，并用 AL 寄存器返回一个大写字母。在对该过程的多次调用之间，保存其他所有寄存器的值。该过程按照如下的各个范围来返回字母：

分数范围	字母等级
90 ~ 100	A
80 ~ 89	B
70 ~ 79	C
60 ~ 69	D
0 ~ 59	F

编写测试程序，在 50~100 范围内生成 10 个随机整数。每次生成一个整数，都将其传递给 CalcGrade 过程。可以使用调试器测试程序，或者若使用本书的链接库就可以显示每个整数及其对应的字母等级。（本程序要求使用 Irvine32 链接库，因为要用到 RandomRange 过程。）

★★ **4. 大学注册**

以 6.6.3 节的大学注册示例为基础，实现下述功能：

- 用 CMP 和条件跳转指令重新编写代码（取代 .IF 和 .ELSEIF 伪指令）。
- 对学分值执行范围检查：学分不能小于 1 也不能大于 30。如果发现无效输入，则显示适当的出错消息。
- 提示用户输入平均成绩和学分值。
- 显示消息，给出评估结果，如"The student can register"或"The student cannot register"。

（本程序要求使用 Irvine32 链接库。）

★ **5. 布尔计算器（1）**

创建程序，其功能为简单的 32 位整数布尔计算器，并显示一个菜单，提示用户从以下列表中选择一项：

1. x AND y

2. *x* OR *y*

3. NOT *x*

4. *x* XOR *y*

5. Exit program（退出程序）

　　当用户做出了选择，就调用过程显示将要执行的运算名称。必须使用 6.4.4 节给出的表驱动的选择技术来实现该过程（习题 6 将实现这些运算）。（本程序要求使用 Irvine32 链接库。）

★★★ 6. 布尔计算器（2）

继续编写习题 5 的程序，实现如下过程：

- AND_op：提示用户输入两个十六进制整数，对其进行 AND 运算，并以十六进制格式显示结果。
- OR_op：提示用户输入两个十六进制整数，对其进行 OR 运算，并以十六进制格式显示结果。
- NOT_op：提示用户输入一个十六进制整数，对其进行 NOT 运算，并以十六进制格式显示结果。
- XOR_op：提示用户输入两个十六进制整数，对其进行 XOR 运算，并以十六进制格式显示结果。

（本程序要求使用 Irvine32 链接库。）

★★ 7. 概率和颜色

　　编写程序，从 3 种不同的颜色中随机选择一种用来在屏幕上显示文本。使用循环显示 20 行文本，每行随机选择一种颜色。每种颜色出现的概率为：白色 =30%，蓝色 =10%，绿色 =60%。建议：生成一个在 0～9 之间的随机数，如果该数在 0～2（包含 0 和 2）之间，则选择白色；如果该数等于 3，则选择蓝色；如果该数在 4～9（包含 4 和 9）之间，则选择绿色。通过将程序运行 10 次对其进行测试。每次都观察文本行颜色的分布是否匹配要求的概率。（本程序要求使用 Irvine32 链接库。）

★★★ 8. 消息加密

　　按以下方式修改 6.2.4 节的加密程序：创建包含多个字符的密钥。使用该密钥，通过将密钥与消息的对应字节进行按位 XOR 运算，来对明文进行加密和解密。按需要重复多次使用密钥，直到明文中的全部字节都完成转换。例如，假设密钥为"ABXmv#7"，则密钥与明文字节之间的对应关系如下图所示：

明文	T	h	i	s	_	i	s	_	a	_	P	l	a	i	n	t	e	x	t	_	m	e	s	s	a	g	e	（等）
密钥	A	B	X	m	v	#	7	A	B	X	m	v	#	7	A	B	X	m	v	#	7	A	8	X	m	v	#	7

（重复密钥，直至其与明文长度相等）

★★ 9. PIN 验证

　　银行用个人身份识别码（Personal Identification Number，PIN）对每个客户进行唯一标识。假设银行对客户的 5- 数字 PIN 中的每个数字都指定一个可接受数值的范围，下表给出了 PIN 中从左到右编号的每个数字的可接受数值范围。由此可见，PIN 52413 是有效的，而 PIN 43534 是无效的，因为第一个数字在范围之外。同样，由于 64532 最后一个数字的原因，也是无效的。

数字序号	范围
1	5~9
2	2~5
3	4~8
4	1~4
5	3~6

　　本题的任务是创建过程 Validate_PIN：接收一个字节数组的指针，该数组包含一个 5- 数字的 PIN。定义两个数组用来保存取值范围的最小值和最大值，并用这些数组来验证传递给过程的 PIN 的每个数字。若有任何一个数字超出有效范围，则立刻在 EAX 寄存器中返回该数字的位置（在 1~5 之间）。如果整个 PIN 都是有效的，则在 EAX 中返回 0。在对该过程的多次调用之间，要保存其他所有寄存器的值。编写测试程序，使用有效和无效的字节数组，调用 Validate_PIN 至少四次。在调

试器中运行程序，每次调用过程后，验证 EAX 中的返回值是否有效。或者选择使用本书的链接库，可以在每次过程调用后的控制台上显示"Valid"或"Invalid"。

★★★★ **10. 奇偶性检查**

　　数据传输系统和文件子系统常常依靠计算数据块的奇偶性（偶或奇）来进行错误检测。本题的任务是创建一个过程，如果字节数组的奇偶性为偶，则用 EAX 返回 True；如果为奇，则用 EAX 返回 False。换句话说，要计算整个数组中的所有位，所得结果为偶或奇。在对该过程的多次调用之间，要保存其他所有寄存器的值。编写测试程序，调用该过程两次，每次都向其传递数组指针和数组长度。EAX 中的过程返回值应为 1（True）或 0（False）。对于测试数据，创建两个至少包含 10 个字节的数组，一个奇偶性为偶，另一个奇偶性为奇。

> 提示：在本章的前面展示了如何通过对字节序列反复使用 XOR 指令，以确定其奇偶性。因此，建议使用循环结构。但要注意的是，某些机器指令会影响奇偶标志，而其他指令则不会。具体可查看附录 B 中的各条指令。循环结构中检查奇偶性的代码应注意保存和恢复奇偶标志的状态，以避免程序代码无意间修改了该标志。

第 7 章
Assembly Language for x86 Processors, Eighth Edition

整数算术运算

本章将介绍汇编语言的最大优势之一：x86 二进制移位和循环移位指令。实际上，位操作是计算机图形学、数据加密和硬件控制的固有部分。实现位操作的指令是功能强大的工具，但在高级语言中只能实现部分功能，而且由于高级语言要求与平台无关，所以这些指令在一定程度上被弱化了。

本章将展示应用移位操作的多种方法，包括优化的乘法和除法。贯穿本章，在讨论如乘法和除法这样的算术运算时，假设操作数和输出结果都是整数。浮点数的运算将在第 12 章讲解。

并非所有的高级编程语言都支持任意长度的整数算术运算。但是，x86 汇编语言指令却使处理几乎任何长度的加减法成为可能。本章还将介绍一些专用指令，用于在二进制编码的十进制数（BCD）和整数字符串上执行算术运算。

7.1 移位和循环移位指令

移位指令与第 6 章介绍的按位操作指令一起，形成了汇编语言最显著的特点之一。位移动（bit shifting）意味着在操作数内向左或向右移动。x86 处理器在这方面提供了极其丰富的指令集（见表 7-1），这些指令都影响溢出标志和进位标志。

表 7-1 移位和循环移位指令

指令	含义	指令	含义
SHL	左移	SHL	左移
SHR	右移	RCL	带进位的循环左移
SAL	算术左移	RCR	带进位的循环右移
SAR	算术右移	SHLD	双精度左移
ROL	循环左移	SHRD	双精度右移
ROR	循环右移		

7.1.1 逻辑移位和算术移位

移动操作数的位有两种方式。第一种是逻辑移位（logical shift），空出来的位用 0 填充。如下图所示，通过将每一位移动到下一个更低的位置上，就将一个字节逻辑右移了一位。注意，位 7 即最高位被填充为 0，而位 0 被复制到进位标志：

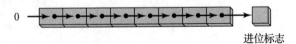

下图所示为二进制数 1100 1111 逻辑右移一位，得到 0110 0111：

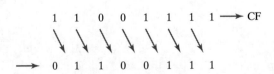

另一种移位方式是算术移位（arithmetic shift），空出来的位用原数据的符号位填充：

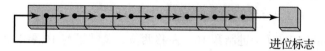

进位标志

例如，二进制数 1100 1111，符号位为 1。算术右移一位后，得到 1110 0111：

7.1.2 SHL 指令

SHL（左移）指令将目的操作数逻辑左移一位，最低位用 0 填充，最高位移入进位标志，而进位标志中原来的值被丢弃：

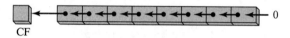

若将二进制数 1100 1111 左移 1 位，该数就变为 1001 1110：

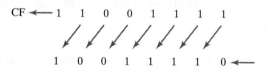

SHL 的第一个操作数是目的操作数，第二个操作数是移位次数：

```
SHL  destination,count
```

下面列出了该指令允许的操作数类型：

```
SHL  reg,imm8
SHL  mem,imm8
SHL  reg,CL
SHL  mem,CL
```

x86 处理器允许 imm8 为 0 ～ 255 中的任何整数。另外，也可以用 CL 寄存器保存移位计数。上述格式也适用于 SHR、SAL、SAR、ROR、ROL、RCR 及 RCL 指令。

示例 在下面的指令中，BL 被左移一位。最高位复制到进位标志，最低位填充 0：

```
mov  bl,8Fh                  ; BL = 10001111b
shl  bl,1                    ; CF = 1, BL = 00011110b
```

当一个数多次进行左移时，进位标志保存的是最后移出最高有效位（MSB）的位。在下面的例子中，位 7 没有留在进位标志中，因为它被位 6（0）替换了：

```
mov  al,10000000b
shl  al,2                    ; CF = 0, AL = 00000000b
```

类似地，当一个数多次进行右移时，进位标志保存的是最后移出最低有效位（LSB）的位。

按位乘法 当数值进行左移（向 MSB 移动）时，就是执行了按位乘法（bitwise multiplication）。例如，SHL 可以执行乘以 2 的幂的乘法运算。任何操作数左移 n 位，就会将该数乘以 2^n。例如，将整数 5 左移一位就得到 $5 \times 2^1 = 10$：

```
mov  dl,5
shl  dl,1
```
移位前: `00000101` = 5
移位后: `00001010` = 10

若二进制数 0000 1010（十进制数 10）左移两位，其结果与 10 乘以 2^2 相同：

```
mov  dl,10                ; 移位前: 00001010
shl  dl,2                 ; 移位后: 00101000
```

7.1.3 SHR 指令

SHR（右移）指令将目的操作数逻辑右移一位，最高位用 0 填充，最低位复制到进位标志，而进位标志中原来的值被丢弃：

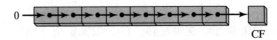

SHR 与 SHL 的指令格式相同。在下面的例子中，AL 中的最低位 0 被复制到进位标志，而最高位用 0 填充：

```
mov  al,0D0h              ; AL = 11010000b
shr  al,1                 ; AL = 01101000b, CF = 0
```

在多次移位操作中，最后一个移出位 0（LSB）的位进入进位标志：

```
mov  al,00000010b
shr  al,2                 ; AL = 00000000b, CF = 1
```

按位除法 当数值进行右移（向 LSB 移动）时，就完成了按位除法（bitwise division）。将一个无符号整数右移 n 位，就是将该数除以 2^n。下面的语句就是将 32 除以 2^1，结果为 16：

```
mov  dl,32
shr  dl,1
```
移位前: `00100000` = 32
移位后: `00010000` = 16

下面的例子实现的是 64 除以 2^3：

```
mov  al,01000000b         ; AL = 64
shr  al,3                 ; 除以 8, AL = 00001000b
```

若想通过移位方法实现有符号数的除法，可以使用 SAR 指令，因为该指令会保留操作数的符号位。

7.1.4 SAL 和 SAR 指令

SAL（算术左移）指令的操作与 SHL 指令一样。每次移动，SAL 都将目的操作数中的每一位移动到相邻的较高位上，而最低位用 0 填充，最高位移入进位标志，该标志原来的值被丢弃：

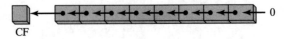

如果将二进制数 1100 1111 算术左移一位，就得到 1001 1110：

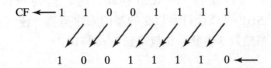

SAR（算术右移）指令将目的操作数进行算术右移：

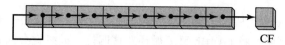

SAL 和 SAR 指令的操作数类型与 SHL 和 SHR 指令的相同。移位可以重复执行，其次数由第二个操作数给出的计数器给定：

```
SAR  destination,count
```

下面的例子展示了 SAR 如何复制符号位。执行指令前 AL 的符号位为负，执行指令后该位移动到右边的位上：

```
mov  al,0F0h            ; AL = 11110000b (-16)
sar  al,1               ; AL = 11111000b (-8), CF = 0
```

有符号数的除法　使用 SAR 指令，就可以将有符号操作数除以 2 的幂。下面的例子就是将 −128 除以 2^3，商为 −16：

```
mov  dl,-128            ; DL = 10000000b
sar  dl,3               ; DL = 11110000b
```

AX 符号扩展到 EAX　假设 AX 中为有符号整数，现要将其符号位扩展到 EAX。首先将 EAX 左移 16 位，再将其算术右移 16 位：

```
mov  ax,-128            ; EAX = ????FF80h
shl  eax,16             ; EAX = FF800000h
sar  eax,16             ; EAX = FFFFFF80h
```

7.1.5　ROL 指令

以循环方式移位即为按位循环移位（bitwise rotation）。在一些类型的循环移位中，从数的一端移出的位立即复制到该数的另一端。另一种类型的循环移位则是将进位标志作为移动位的中间点。

ROL（循环左移）指令将每个位都向左移。最高位复制到进位标志和最低位。该指令的格式与 SHL 指令的相同：

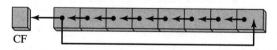

按位循环移位不丢弃任何位。从数的一端循环出去的位会出现在该数的另一端。在下面的例子中，注意最高位如何复制到进位标志和位 0：

```
mov  al,40h             ; AL = 01000000b
rol  al,1               ; AL = 10000000b, CF = 0
rol  al,1               ; AL = 00000001b, CF = 1
rol  al,1               ; AL = 00000010b, CF = 0
```

多次循环移位　当循环次数大于 1 时，进位标志保存的是最后循环移出 MSB 的位：

```
mov  al,00100000b
rol  al,3               ; CF = 1, AL = 00000001b
```

位组交换　利用 ROL 可以交换一个字节的高四位（位 4 ~ 7）和低四位（位 0 ~ 3）。例如，26h 向任何方向循环移动 4 位都成为 62h：

```
mov  al,26h
rol  al,4                    ; AL = 62h
```

当对多字节整数以四位为单位进行循环移位时，其效果相当于一次向右或向左移动一个十六进制数字位置。例如，将 6A4Bh 反复循环左移四位，最终就会回到初始值：

```
mov  ax,6A4Bh
rol  ax,4                    ; AX = A4B6h
rol  ax,4                    ; AX = 4B6Ah
rol  ax,4                    ; AX = B6A4h
rol  ax,4                    ; AX = 6A4Bh
```

7.1.6 ROR 指令

ROR（循环右移）指令将所有位都向右移，最低位复制到进位标志和最高位。该指令的格式与 SHL 指令的相同：

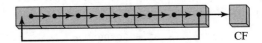

在下面的例子中，注意最低位如何复制到进位标志和结果的最高位：

```
mov  al,01h                  ; AL = 00000001b
ror  al,1                    ; AL = 10000000b, CF = 1
ror  al,1                    ; AL = 01000000b, CF = 0
```

多次循环移位　当循环次数大于 1 时，进位标志保存的是最后循环移出 LSB 的位：

```
mov  al,00000100b
ror  al,3                    ; AL = 10000000b, CF = 1
```

7.1.7 RCL 和 RCR 指令

RCL（带进位循环左移）指令将每一位都向左移，进位标志复制到 LSB，而 MSB 复制到进位标志：

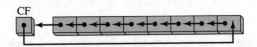

如果将进位标志想象为操作数最高位的附加位，则 RCL 就像是循环左移操作。在下面的例子中，CLC 指令清零进位标志。第一条 RCL 指令将 BL 的最高位移入到进位标志，其他位都向左移一位。第二条 RCL 指令将进位标志移入到最低位，其他位都向左移一位：

```
clc                          ; CF = 0
mov  bl,88h                  ; CF,BL = 0 10001000b
rcl  bl,1                    ; CF,BL = 1 00010000b
rcl  bl,1                    ; CF,BL = 0 00100001b
```

从进位标志恢复一个位　RCL 能恢复之前移入进位标志的位。下面的例子通过将 testval 的最低位移入到进位标志以对其进行检查。如果 testval 的最低位为 1，则发生跳转；如果最低位为 0，则用 RCL 将该数恢复为初始值：

```
.data
testval BYTE  01101010b
.code
shr  testval,1               ; 将 LSB 移入到进位标志
```

```
jc    exit                    ; 如果进位标志为1，则退出
rcl   testval,1               ; 否则，恢复该数原值
```

RCR 指令　RCR（带进位循环右移）指令将每一位都向右移，进位标志复制到 MSB，而 LSB 复制到进位标志：

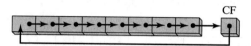

与 RCL 的情况一样，可将该整数呈现为一个 9 位的值，其中进位标志位于 LSB 的右边，这样更有助于理解。

下面的示例代码用 STC 将进位标志置 1，然后对 AH 寄存器执行一次带进位循环右移操作：

```
stc                           ; CF = 1
mov   ah,10h                  ; AH, CF = 00010000 1
rcr   ah,1                    ; AH, CF = 10001000 0
```

7.1.8　有符号数溢出

当有符号数操作产生的结果超出了目的操作数的容量时，就会发生有符号数溢出（signed overflow）。如果对有符号整数进行移位或循环移位一个位，所产生的结果超出了目的操作数的有符号整数范围，则溢出标志置 1。换句话说，就是该数的符号位反转。在下面的例子中，8 位寄存器中的正整数（+127）循环左移后变为负数（-2）：

```
mov   al,+127                 ; AL = 01111111b
rol   al,1                    ; OF = 1, AL = 11111110b
```

类似地，当 -128 向右移动一位时，溢出标志置 1。AL 中结果（+64）的符号位与原数的相反：

```
mov   al,-128                 ; AL = 10000000b
shr   al,1                    ; OF = 1, AL = 01000000b
```

如果移位或循环移位的次数大于 1，则溢出标志的值无定义。

7.1.9　SHLD/SHRD 指令

SHLD（双精度左移）指令将目的操作数向左移动指定的位数。移位形成的空位由源操作数的最高有效位填充。源操作数不受影响，但是符号标志、零标志、辅助进位标志、奇偶标志及进位标志会受影响：

```
SHLD  dest, source, count
```

下图展示的是 SHLD 移动一位的执行过程。源操作数的最高位复制到目的操作数的最低位上，目的操作数的所有位都向左移动：

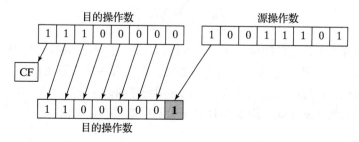

SHRD（双精度右移）指令将目的操作数向右移动指定的位数。移动形成的空位由源操作数的最低有效位填充：

SHRD dest, source, count

下图展示的是 SHRD 移动一位的执行过程：

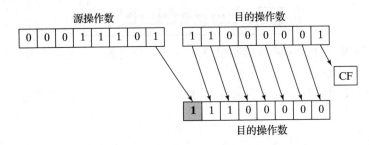

下面的指令格式可应用于 SHLD 和 SHRD。目的操作数可以是寄存器或内存操作数，源操作数必须是寄存器。移位次数操作数可以是 CL 寄存器或者 8 位立即操作数：

```
SHLD   reg16,reg16,CL/imm8
SHLD   mem16,reg16,CL/imm8
SHLD   reg32,reg32,CL/imm8
SHLD   mem32,reg32,CL/imm8
```

示例 1 下面的语句将 wval 左移 4 位，并将 AX 的高 4 位移入 wval 的低 4 位：

```
.data
wval WORD 9BA6h

.code
mov   ax,0AC36h
shld  wval,ax,4                         ; wval = BA6Ah
```

数据的移动过程如下图所示：

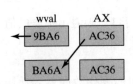

示例 2 下面的例子将 AX 右移 4 位，并将 DX 的低 4 位移入 AX 的高 4 位：

```
mov   ax,234Bh
mov   dx,7654h
shrd  ax,dx,4
```

当为了在屏幕上重新定位图像而必须将成组的位进行左右移动时，可用 SHLD 和 SHRD 处理位映射图像。另一种可能的应用是数据加密，因为有些加密算法中涉及位移动。最后，当对很长的整数执行快速的乘法或除法时，也会用到这两条指令。

下面的代码示例展示了如何用 SHRD 将一个双字数组右移 4 位：

```
            .data
            array DWORD 648B2165h,8C943A29h,6DFA4B86h,91F76C04h,8BAF9857h
            .code
                mov     bl,4                        ; 移位次数
                mov     esi,OFFSET array            ; 数组的偏移量
                mov     ecx,(LENGTHOF array) - 1    ; 数组元素个数
            L1: push    ecx                         ; 保存循环计数器
                mov     eax,[esi + TYPE DWORD]
                mov     cl,bl                       ; 移位次数
                shrd    [esi],eax,cl                ; EAX 移入 [ESI] 的高位

                add     esi,TYPE DWORD              ; 指向下一对双字
                pop     ecx                         ; 恢复循环计数器
                loop    L1

                shr     DWORD PTR [esi],4           ; 对最后一个双字移位
```

7.1.10 本节回顾

1. 下面的哪条语句将 EBX 的每个位都左移一位，并将最高位复制到进位标志和最低位？
   a. SHL   b. RCR   c. ROL   d. RCL
2. 下面的哪条语句将 EAX 的每个位都右移一位，且将最高位用 0 填充，而将最低位复制到进位标志？
   a. SHR eax,1   b. ROR eax, 1   c. RCR eax,1   d. 以上答案都不对
3. 下列哪个选项是执行下面的指令后 AX 包含的十六进制值？

   ```
   mov ax,36B5h
   ror ax,4
   ```

   a. 563B   b. 536B   c. B536   d. 6B53
4. 下列哪个选项是执行下面的指令后 AX 包含的十六进制值？

   ```
   mov ax,36B5h
   shr ax,3
   ```

   a. 07D7   b. 06D6   c. 0C2B   d. 0A6B
5. 哪条指令能完成下面的操作？其中 CF 是指进位标志。
   操作前：CF, AL = 1 11010101
   操作后：CF, AL = 1 10101011
   a. RCR   b. RCL   c. ROR   d. ROL
6. 下列哪个答案选项是执行下面的指令后 AX 包含的十六进制值？

   ```
   mov ax,36B5h
   shl ax,3
   ```

   a. B6A4   b. B5A8   c. D5B4   d. D6A2
7. 下列哪个答案选项是执行下面的指令后 AX 包含的十六进制值？

   ```
   mov ax,36B5h
   ror ax,3
   ```

   a. A6D6   b. 0AB6   c. 0D6B   d. AD6B

7.2 移位和循环移位的应用

当程序需要将一个数的位从一部分移动到另一部分时，汇编语言是极好的工具。有时，我们将数位的子集移动到位 0，以便分离这些位的值。本节将展示一些常见且易于实现的移位和循环移位应用。更多的应用参见本章习题。

7.2.1 多个双字的移位

对已经被分割为字节、字或双字数组的扩展精度整数可以进行移位操作。操作之前，必须知道该数组元素是如何存放的。保存整数的一种常见方式被称为小端序。其工作方式如下：将最低位字节存放到数组的起始地址，然后从该字节开始依序把高位字节存放到下一个顺序的内存位置中。除了可以将数组作为字节序列存放外，还可以将其作为字序列和双字序列存放。如果是后两种形式，则字节和字之间仍然是小端序，因为 x86 机器是按照小端序存放字和双字的。

下面的步骤展示了如何将一个字节数组右移一位：

步骤 1：将位于 [ESI+2] 的最高字节右移，并自动将其最低位复制到进位标志。

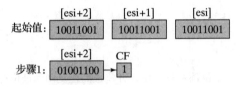

步骤 2：将 [ESI+1] 循环右移，即用进位标志填充最高位，而将最低位移入进位标志：

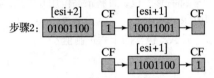

步骤 3：将 [ESI] 循环右移，即用进位标志填充最高位，而将最低位移入进位标志：

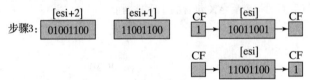

步骤 3 完成后，所有的位都向右移动了一位：

```
         [esi+2]    [esi+1]    [esi]
         01001100   11001100   11001100
```

下面的代码片段来自 Multishift.asm 程序，实现的是上述各个步骤：

```
.data
ArraySize = 3
array BYTE ArraySize DUP(99h)    ; 每个半字节都是 1001
.code
main PROC
    mov esi,0
    shr array[esi+2],1            ; 高字节
    rcr array[esi+1],1            ; 中间字节，包括进位标志
    rcr array[esi],1              ; 低字节，包括进位标志
```

虽然这个例子只对 3 个字节进行了移位，但能容易地修改成对字数组或双字数组的移位。利用循环，可以对任意大小的数组进行移位。

7.2.2 通过移位做乘法

为了获得更优的性能，程序员有时会使用移位而非 MUL 指令来实现整数乘法。当乘数

是 2 的幂时，SHL 指令执行的就是无符号乘法。这里将无符号乘法（unsigned multiplication）定义为两个无符号数相乘。将一个无符号整数左移 n 位就是将其乘以 2^n。任何其他的乘数都可以表示为 2 的幂之和。例如，若将 EAX 中的无符号数乘以 36，则可以将 36 写为 2^5+2^2，再运用乘法分配律：

```
EAX * 36 = EAX * (2⁵ + 2²)
         = EAX * (32 + 4)
         = (EAX * 32) + (EAX * 4)
```

下图展示了计算乘法 123×36 并得到乘积 4428 的过程：

```
          01111011         123
     ×    00100100          36
          01111011         123 SHL 2
     +  01111011           123 SHL 5
        0001000101001100   4428
```

注意一个有趣的地方，乘数（36）的位 2 和位 5 都为 1，而整数 2 和 5 又是需要移位的次数。利用这一点，下面的代码片段使用 SHL 和 ADD 指令实现了 123 乘以 36：

```
mov  eax,123
mov  ebx,eax
shl  eax,5              ; 乘以 2⁵
shl  ebx,2              ; 乘以 2²
add  eax,ebx            ; 乘积相加
```

作为本章的编程练习，要求将该例子一般化，并编写一个过程，使用移位和加法将任意两个 32 位无符号整数相乘。

7.2.3 显示二进制位

一种常见的编程任务是将二进制整数转换为 ASCII 码二进制字符串并显示出来。SHL 指令适用于这个要求，因为每次将操作数左移时，都会将操作数的最高位复制到进位标志。下面的 BinToAsc 过程是该功能的一个简单实现：

```
;-----------------------------------------------------
BinToAsc PROC
;
; 将 32 位二进制整数转换为 ASCII 码二进制字符串。
; 接收：EAX = 二进制整数，ESI 指向缓冲区
; 返回：缓冲区用 ASCII 码二进制数字填充
;-----------------------------------------------------
    push  ecx
    push  esi

    mov   ecx,32                  ; EAX 的位数
L1: shl   eax,1                   ; 将高位移入进位标志
    mov   BYTE PTR [esi],'0'      ; 选择 0 作为默认数字
    jnc   L2                      ; 如果没有进位，则跳转到 L2
    mov   BYTE PTR [esi],'1'      ; 否则，将 1 送入缓冲区
L2: inc   esi                     ; 下一个缓冲区位置
    loop  L1                      ; 将下一位左移
    pop   esi
    pop   ecx
    ret
BinToAsc ENDP
```

7.2.4 提取文件日期字段

当存储空间是稀缺资源时，系统软件常常将多个数据字段打包为一个整数。要获取这些数据，应用程序常需要提取被称为位串（bit string）的位序列。例如，在实地址模式下，MS-DOS 的功能 57h 用 DX 返回文件的日期戳（日期戳显示的是该文件最后被修改的日期）。其中，位 0～位 4 表示的是 1～31 的日数，位 5～位 8 表示的是月份，位 9～位 15 表示的是年份。如果一个文件最后被修改的日期是 1999 年 3 月 10 日，则 DX 寄存器中该文件的日期戳如下图所示（年份相对于 1980 年）：

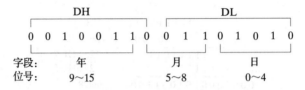

要提取一个位串，就将这些位移到寄存器的低位部分，再清掉其他无关的位。下面的代码示例从一个日期戳整数中提取日数字段，先复制 DL，然后屏蔽掉不属于该字段的位：

```
    mov   al,dl                ; 复制DL
    and   al,00011111b         ; 清零位5~位7
    mov   day,al               ; 保存到day中
```

要提取月份字段，就将位 5～位 8 移到 AL 的低位部分，再屏蔽其他位，最后将 AL 复制到变量中：

```
    mov   ax,dx                ; 复制DX
    shr   ax,5                 ; 右移5位
    and   al,00001111b         ; 清零位4~位7
    mov   month,al             ; 保存到month中
```

年份字段（位 9～位 15）完全包含在 DH 寄存器中，将其复制到 AL，再右移 1 位：

```
    mov   al,dh                ; 复制DH
    shr   al,1                 ; 右移一位
    mov   ah,0                 ; 将AH清零
    add   ax,1980              ; 年份相对于1980年
    mov   year,ax              ; 保存到year中
```

7.2.5 本节回顾

1. 假设想要编写汇编语言指令，用二进制乘法计算 EAX 乘以 24。下面的哪个代码序列能完成这个任务？

   a. 序列：

   ```
   mov ebx,eax
   shr eax,4
   shr ebx,3
   add eax,ebx
   ```

   b. 序列：

   ```
   mov ebx,eax
   shl eax,5
   shl ebx,2
   add eax,ebx
   ```

   c. 序列：

   ```
   mov ebx,eax
   shl eax,4
   ```

```
    shl ebx,1
    add eax,ebx
```

d. 序列：

```
    mov ebx,eax
    shl eax,4
    shl ebx,3
    add eax,ebx
```

2. 假设想要编写汇编语言指令，用二进制乘法计算 EAX 乘以 21。如果将其表示为（EAX * 16）+(EAX * 4）+ EAX，则下述代码缺失两行：

```
    mov ebx,eax
    mov ecx,eax
    shl eax,4
    _____
    _____
    add eax,ecx
```

下面的哪个指令序列能正确地补上缺失的语句行？

a. 序列：

```
    shl ebx,4
    add ebx,eax
```

b. 序列：

```
    shl ebx,2
    add eax,ebx
```

c. 序列：

```
    shl ebx,4
    add eax,ebx
```

d. 序列：

```
    shl ebx,3
    add eax,eax
```

3. 应如何修改 7.2.3 节的 BinToAsc 过程，使之反向显示二进制位？
   a. 将标号 L1 处的指令修改为 shr eax,1
   b. 将标号 L1 处的指令修改为 ror eax,1
   c. 将标号 L2 处的指令修改为 dec esi
   d. 将标号 L2 处的指令修改为 add esi,2

4. 假设文件目录项的时间戳字段结构为：位 0～位 4 为秒数，位 5～位 10 为分钟数，位 11～位 15 为小时数。假设 DX 已经包含了时间戳数据，下面的哪个指令序列正确地提取出分钟信息并将其复制到字节变量 bMinutes 中？

a. 序列：

```
    shr   dx,4
    and   dl,00111101b
    mov   bMinutes,dl
```

b. 序列：

```
    shr   dx,5
    and   dl,00001111b
    mov   bMinutes,dl
```

c. 序列：

```
    shr   dx,5
    and   dl,00111111b
    mov   bMinutes,dl
```

d. 序列:
```
shr  dx,4
or   dl,11000000b
mov  bMinutes,dl
```

7.3 乘法和除法指令

在 32 位模式下,整数乘法可以执行 32 位、16 位或 8 位的运算。在 64 位模式下,还可以使用 64 位操作数。MUL 和 IMUL 指令分别执行无符号整数和有符号整数的乘法。DIV 指令执行无符号整数除法,IDIV 指令执行有符号整数除法。

7.3.1 无符号整数乘法(MUL)

在 32 位模式下,MUL(无符号整数乘法)指令有三种形式:第一种将 8 位操作数与 AL 寄存器相乘;第二种将 16 位操作数与 AX 寄存器相乘;第三种将 32 位操作数与 EAX 寄存器相乘。乘数和被乘数的大小必须一致,乘积的大小则是它们的两倍。这三种格式都接收寄存器和内存操作数,但不接收立即操作数:

```
MUL  reg/mem8
MUL  reg/mem16
MUL  reg/mem32
```

MUL 指令中的单操作数是乘数。表 7-2 按照乘数的大小列出了默认的被乘数和乘积。由于目的操作数是被乘数和乘数大小的两倍,因此不会发生溢出。如果乘积的高半部分不为零,则 MUL 会将进位标志和溢出标志置

表 7-2 MUL 的操作数

被乘数	乘数	乘积
AL	reg/mem8	AX
AX	reg/mem16	DX:AX
EAX	reg/mem32	EDX:EAX

1。因为进位标志通常用于无符号数的算术运算,所以在此关注这个问题。例如,当 AX 乘以一个 16 位操作数时,乘积存放在 DX 和 AX 寄存器组合中。其中,乘积的高 16 位存放在 DX 中,低 16 位存放在 AX 中。如果 DX 不等于零,则进位标志置 1,表明目的操作数的低半部分容纳不了整个乘积。

> 有个很好的理由要求在执行 MUL 后检查进位标志,即确认是否可以安全地忽略乘积的高半部分。

MUL 示例

下述语句实现了 AL 乘以 BL,并将乘积存放在 AX 中。由于 AH(乘积的高半部分)等于零,因此进位标志被清零(CF=0):

```
mov  al,5h
mov  bl,10h
mul  bl              ; AX = 0050h, CF = 0
```

下图展示了寄存器内容的变化:

AL   BL   AX   CF
[05] × [10] → [0050] [0]

下述语句实现了 16 位值 2000h 乘以 0100h。由于乘积的高半部分(存放于 DX)不等于

零，因此进位标志被置位：

```
    .data
val1 WORD 2000h
val2 WORD 0100h
    .code
    mov   ax,val1          ; AX = 2000h
    mul   val2             ; DX:AX = 00200000h, CF = 1
```

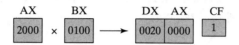

下述语句实现了 12345h 乘以 1000h，产生的 64 位乘积存放在 EDX 和 EAX 寄存器组合中。由于 EDX 中存放的乘积高半部分为零，因此进位标志被清零：

```
mov   eax,12345h
mov   ebx,1000h
mul   ebx              ; EDX:EAX = 0000000012345000h, CF = 0
```

下图展示了寄存器内容的变化：

在 64 位模式下使用 MUL

在 64 位模式下，MUL 指令可以使用 64 位操作数。一个 64 位寄存器或内存操作数与 RAX 相乘，产生 128 位乘积并存放到 RDX:RAX 寄存器中。在下面的例子中，RAX 乘以 2，就是将 RAX 中的每一位都左移一位。RAX 的最高位溢出到 RDX 寄存器，使得 RDX 的值为 0000 0000 0000 0001h：

```
mov   rax,0FFFF0000FFFF0000h
mov   rbx,2
mul   rbx              ; RDX:RAX = 00000000000000001FFFE0001FFFE0000
```

在下面的例子中，RAX 乘以一个 64 位内存操作数。该寄存器的值乘以 16，因此，其中的每个十六进制数字都左移一个位置（一次移动 4 个二进制位就相当于乘以 16）。

```
    .data
multiplier QWORD 10h
    .code
    mov   rax,0AABBBBCCCCDDDDh
    mul   multiplier       ; RDX:RAX = 000000000000000000AABBBBCCCCDDDD0h
```

7.3.2 有符号整数乘法（IMUL）

IMUL（有符号整数乘法）指令执行有符号整数的乘法。这里，有符号乘法（signed multiplication）定义为两个有符号数相乘。与 MUL 指令不同，IMUL 会保留乘积的符号，实现的方法是将乘积低半部分的最高位符号扩展到乘积的高半部分。x86 指令集支持三种格式的 IMUL 指令：单操作数、双操作数及三操作数。在单操作数格式中，乘数和被乘数大小相同，而乘积的大小是它们的两倍。

单操作数格式　单操作数格式将乘积存放在 AX、DX:AX 或 EDX:EAX 中：

```
IMUL   reg/mem8          ; AX = AL * reg/mem8
IMUL   reg/mem16         ; DX:AX = AX * reg/mem16
IMUL   reg/mem32         ; EDX:EAX = EAX * reg/mem32
```

与 MUL 指令的情况一样，乘积的存储大小使得溢出不会发生。同时，如果乘积的高半部分不是其低半部分的符号扩展，则进位标志和溢出标志置 1（符号扩展的术语解释见第 4 章，即将某数的最高位复制到其所在变量或寄存器的所有高位中）。可以利用这个信息来决定是否忽略乘积的高半部分。

双操作数格式（32 位模式） 32 位模式中的双操作数型 IMUL 指令将乘积存放在第一个操作数中，该操作数必须是寄存器。第二个操作数（乘数）可以是寄存器、内存操作数或立即操作数。16 位格式如下所示：

```
IMUL    reg16,reg/mem16
IMUL    reg16,imm8
IMUL    reg16,imm16
```

32 位操作数类型如下所示，乘数可以是 32 位寄存器、32 位内存操作数或立即操作数（8 位或 32 位）：

```
IMUL    reg32,reg/mem32
IMUL    reg32,imm8
IMUL    reg32,imm32
```

双操作数格式将乘积截取成目的操作数的长度。如果丢失了有效数字，则溢出标志和进位标志置 1。因此，在执行了有两个操作数的 IMUL 运算后，要确保检查这些标志之一。

三操作数格式 32 位模式下的三操作数格式将乘积保存在第一个操作数中。第二个操作数可以是 16 位寄存器或内存操作数，并与第三个操作数相乘，而第三个操作数是一个 8 位或 16 位的立即操作数：

```
IMUL    reg16,reg/mem16,imm8
IMUL    reg16,reg/mem16,imm16
```

而 32 位寄存器或内存操作数可以与 8 位或 32 位立即操作数相乘：

```
IMUL    reg32,reg/mem32,imm8
IMUL    reg32,reg/mem32,imm32
```

如果执行 IMUL 后，乘积的有效数字丢失，则溢出标志和进位标志置 1。因此，在执行了有三个操作数的 IMUL 运算后，要确保检查这些标志之一。

在 64 位模式下使用 IMUL

在 64 位模式下，IMUL 指令可以使用 64 位操作数。在单操作数格式中，64 位寄存器或内存操作数与 RAX 相乘，产生一个 128 位且符号扩展的乘积存放到 RDX:RAX 寄存器中。在下面的例子中，RBX 与 RAX 相乘，产生 128 位的乘积 −16。

```
mov     rax,-4
mov     rbx,4
imul    rbx                         ; RDX = 0FFFFFFFFFFFFFFFFh, RAX = -16
```

也就是说，十进制数 −16 在 RAX 中表示为十六进制 FFFF FFFF FFF0，而 RDX 只包含了 RAX 的最高位，即符号位的扩展。

在 64 位模式中也可以使用三操作数格式。在下面例子中，被乘数 −16 乘以 4，生成 RAX 中的乘积 −64：

```
.data
multiplicand QWORD -16
.code
imul rax, multiplicand, 4           ; RAX = FFFFFFFFFFFFFFC0 (-64)
```

无符号乘法 无论是有符号数还是无符号数，乘积的低半部分是相同的，因此双操作数和三操作数的 IMUL 指令也可以用于无符号乘法。但这样做有点不便，即进位标志和溢出标志将无法表示乘积的高半部分是否为零。

IMUL 示例

下面的指令执行 48 乘以 4，产生乘积 +192 并保存在 AX 中。虽然乘积是正确的，但是 AH 不是 AL 的符号扩展，因此溢出标志置位：

```
mov    al,48
mov    bl,4
imul   bl                           ; AX = 00C0h, OF = 1
```

下面的指令执行 -4 乘以 4，产生乘积 -16 并保存在 AX 中。AH 是 AL 的符号扩展，因此溢出标志清零：

```
mov    al,-4
mov    bl,4
imul   bl                           ; AX = FFF0h, OF = 0
```

下面的指令执行 48 乘以 4，产生乘积 +192 并保存在 DX:AX 中。DX 是 AX 的符号扩展，因此溢出标志清零：

```
mov    ax,48
mov    bx,4
imul   bx                           ; DX:AX = 000000C0h, OF = 0
```

下面的指令执行 32 位有符号乘法（4 823 424*-423），产生乘积 -2 040 308 352 并保存在 EDX:EAX 中。因为 EDX 是 EAX 的符号扩展，因此溢出标志清零：

```
mov    eax,+4823424
mov    ebx,-423
imul   ebx                          ; EDX:EAX = FFFFFFFF86635D80h, OF = 0
```

下面的指令展示了双操作数格式：

```
.data
word1    SWORD  4
dword1   SDWORD 4
.code
mov    ax,-16                       ; AX = -16
mov    bx,2                         ; BX = 2
imul   bx,ax                        ; BX = -32
imul   bx,2                         ; BX = -64
imul   bx,word1                     ; BX = -256
mov    eax,-16                      ; EAX = -16
mov    ebx,2                        ; EBX = 2
imul   ebx,eax                      ; EBX = -32
imul   ebx,2                        ; EBX = -64
imul   ebx,dword1                   ; EBX = -256
```

双操作数和三操作数 IMUL 指令的目的操作数大小与乘数大小相同。因此，有可能发生有符号溢出。执行这些类型的 IMUL 指令后，总要检查溢出标志。下面的双操作数指令展示了有符号溢出，因为 -64 000 不能装入到 16 位的目的操作数中：

```
mov    ax,-32000
imul   ax,2                         ; OF = 1
```

下面的指令展示的是三操作数格式，包括了有符号溢出的例子：

```
.data
```

```
word1    SWORD  4
dword1   SDWORD 4
.code
imul  bx,word1,-16                ; BX = word1 * -16
imul  ebx,dword1,-16              ; EBX = dword1 * -16
imul  ebx,dword1,-2000000000      ; 有符号溢出!
```

7.3.3 测量程序执行时间

程序员常常发觉用测量执行时间的方法来比较一段代码与另一段代码的性能是有用的。Microsoft Windows API 为此提供了必要的工具，而 Irvine32 库中的 GetMseconds 过程使其更加方便使用。该过程获取自午夜后系统经历的毫秒数。在下面的代码示例中，首先调用 GetMseconds 记录系统的开始时间，然后调用想要测量其执行时间的过程（FirstProcedureToTest），最后再次调用 GetMseconds，并计算当前毫秒数与开始时间的差值：

```
.data
startTime DWORD ?
procTime1 DWORD ?
procTime2 DWORD ?
.code
call GetMseconds              ; 获得开始时间
mov  startTime,eax
.
call FirstProcedureToTest
.
call GetMseconds              ; 获得结束时间
sub  eax,startTime            ; 计算经历的时间
mov  procTime1,eax            ; 保存经历的时间
```

当然，两次调用 GetMseconds 会消耗一点执行时间。但在衡量两种代码实现之间的性能比时，这点开销微不足道。这里再调用另一个要测试的过程，并保存其执行时间（procTime2）：

```
call GetMseconds              ; 获得开始时间
mov  startTime,eax
.
call SecondProcedureToTest
.
call GetMseconds              ; 获得结束时间
sub  eax,startTime            ; 计算经历的时间
mov  procTime2,eax            ; 保存经历的时间
```

现在，procTime1 和 procTime2 的比值就表示这两个过程的相对性能。

MUL 和 IMUL 与移位的比较

对于较老式的 x86 处理器，用移位操作实现乘法与用 MUL 和 IMUL 指令实现乘法之间有着显著的性能差异。可以用 GetMseconds 过程来比较这两种类型乘法的执行时间。下面的两个过程重复执行乘法，并用常量 LOOP_COUNT 决定重复的次数：

```
mult_by_shifting PROC
;
; 使用 SHL 执行 EAX 乘以 36,执行次数为 LOOP_COUNT。
;
     mov  ecx,LOOP_COUNT
L1:  push eax                 ; 保存初始 EAX
     mov  ebx,eax
     shl  eax,5
     shl  ebx,2
     add  eax,ebx
```

```
                pop     eax                         ; 恢复 EAX
                loop    L1
                ret
mult_by_shifting ENDP

mult_by_MUL PROC
;
; 使用 MUL 执行 EAX 乘以 36，执行次数为 LOOP_COUNT。
;
                mov     ecx,LOOP_COUNT
L1:             push    eax                         ; 保存初始 EAX
                mov     ebx,36
                mul     ebx
                pop     eax                         ; 恢复 EAX
                loop    L1
                ret
mult_by_MUL ENDP
```

下面的代码调用 multi_by_shifting，并显示计时结果。完整的代码实现可参见本书第 7 章示例中的 CompareMult.asm 程序：

```
.data
LOOP_COUNT = 0FFFFFFFFh
.data
intval DWORD 5
startTime DWORD ?
.code
call    GetMseconds                 ; 获得开始时间
mov     startTime,eax
mov     eax,intval                  ; 开始乘法
call    mult_by_shifting
call    GetMseconds                 ; 获得结束时间
sub     eax,startTime
call    WriteDec                    ; 显示经历的时间
```

用同样的方式调用 mult_by_MUL，在传统的 4GHz 奔腾 4 处理器上的计时结果为：SHL 方法的执行时间是 6.078 秒，MUL 方法的执行时间是 20.718 秒。也就是说，使用 MUL 指令速度会慢 241%。然而，在更近期的处理器上运行相同的程序，调用两个函数的计时时间是完全一样的。这个例子说明，Intel 在近期的处理器中已经大大优化了 MUL 和 IMUL 指令。

7.3.4 无符号整数除法（DIV）

在 32 位模式下，DIV（无符号整数除法）指令执行 8 位、16 位及 32 位的无符号整数除法。无符号除法（unsigned division）定义为一个无符号数除以另一个无符号数。其中，除数为单个寄存器或内存操作数。格式如下：

```
DIV     reg/mem8
DIV     reg/mem16
DIV     reg/mem32
```

下表给出了被除数、除数、商及余数之间的关系：

被除数	除数	商	余数
AX	reg/mem8	AL	AH
DX:AX	reg/mem16	AX	DX
EDX:EAX	reg/mem32	EAX	EDX

在 64 位模式下，DIV 指令用 RDX:RAX 做被除数，用 64 位寄存器和内存操作数做除

数，商存放在 RAX 中，余数存放在 RDX 中。

DIV 示例

下面的指令执行 8 位无符号除法（83h/2），产生的商为 41h，余数为 1：

```
mov    ax,0083h            ; 被除数
mov    bl,2                ; 除数
div    bl                  ; AL = 41h, AH = 01h
```

下图展示了寄存器内容的变化：

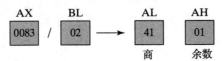

下述指令执行 16 位无符号除法（8003h/100h），产生的商为 80h，余数为 3。DX 包含的是被除数的高位部分，因此在执行 DIV 指令之前，必须将其清零：

```
1  mov    dx,0
2  mov    ax,8003h
3  mov    cx,100h
4  div    cx                ; 结果：  AX = 0080h, DX = 0003h
```

下面是逐行描述：

1. 清零被除数的高位字
2. 将被除数赋值给 AX
3. 将除数赋值给 CX
4. DX:AX 除以 CX

下图展示了寄存器内容的变化：

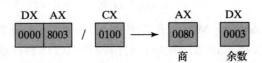

下面的代码示例执行 32 位无符号除法，使用内存操作数作为除数：

```
.data
dividend QWORD 0000000800300020h
divisor  DWORD 00000100h
.code
1  mov    edx,DWORD PTR dividend + 4
2  mov    eax,DWORD PTR dividend
3  div    divisor
```

下面是逐行描述：

1. 赋值被除数的高位双字
2. 赋值被除数的低位双字
3. 将 EDX:EAX 除以除数（结果：EAX = 0800 3000h，EDX = 0000 0020h）

下图展示了寄存器内容的变化：

在下面的 64 位除法代码示例中，生成的商（0108 0000 0000 3330h）在 RAX 中，余数

（0000 0000 0000 0020h）在 RDX 中：

```
.data
dividend_hi    QWORD   0000000000000108h
dividend_lo    QWORD   0000000033300020h
divisor        QWORD   0000000000010000h
.code
1  mov   rdx, dividend_hi
2  mov   rax, dividend_lo
3  div   divisor
```

下面是逐行描述：

1. 送入被除数的高位双字
2. 送入被除数的低位双字
3. 将 RDX:RAX 除以除数（结果：RAX = 0108 0000 0000 3330 且 RDX = 0000 0000 0000 0020）

注意，由于被 64K 除，被除数中的每个十六进制数字要右移四个位置（若被 16 除，则每个数字只需右移一个位置）。

7.3.5 有符号整数除法（IDIV）

有符号除法就是将一个有符号数除以另一个有符号数。有符号整数除法与无符号除法几乎相同，只有一个重要的区别：在进行除法之前，必须将被除数进行符号扩展。为了说明为何有此必要，我们先不这么做。下面的代码使用 MOV 将 -101 赋值给 AX，即 DX:AX 的低半部分：

```
.data
wordVal SWORD -101          ; FF9Bh
.code
mov    dx,0
mov    ax,wordVal           ; DX:AX = 0000FF9Bh
mov    bx,2                 ; BX 是除数
idiv   bx                   ; 将 DX:AX 除以 BX（有符号运算）
```

然而，32 位被除数 DX:AX 等于 +65 435 而不是期望的 -101，显然 IDIV 指令产生的商是不正确的。因此，必须在执行除法前，使用 CWD（字转换为双字）指令将 AX 符号扩展到 DX:AX 中。下面是正确的代码：

```
.data
wordVal SWORD -101          ; FF9Bh
.code
mov    dx,0
mov    ax,wordVal           ; DX:AX = 0000FF9Bh
cwd                         ; DX:AX = FFFFFF9Bh (-101)
mov    bx,2
idiv   bx                   ; AX = FFCEh (-50)
```

我们来考察一下 x86 的一组符号扩展指令，然后再将它们应用于有符号整数除法的示例中。

符号扩展指令（CBW、CWD 和 CDQ）

Intel 提供了三个符号扩展指令：CBW、CWD 和 CDQ。CBW（字节转换为字）指令将 AL 的符号位扩展到 AH，保留了数据的符号。在下面的例子中，9Bh（AL 中）和 FF9Bh（AX 中）都等于十进制的 -101：

```
.data
byteVal SBYTE -101           ; 9Bh
.code
   mov   al,byteVal          ; AL = 9Bh
   cbw                        ; AX = FF9Bh
```

CWD（字转换为双字）指令将 AX 的符号位扩展到 DX：

```
.data
wordVal SWORD -101           ; FF9Bh
.code
   mov   ax,wordVal          ; AX = FF9Bh
   cwd                        ; DX:AX = FFFFFF9Bh
```

CDQ（双字转换为四字）指令将 EAX 的符号位扩展到 EDX：

```
.data
dwordVal SDWORD -101         ; FFFFFF9Bh
.code
   mov   eax,dwordVal
   cdq                        ; EDX:EAX = FFFFFFFFFFFFFF9Bh
```

IDIV 指令

IDIV 指令执行有符号整数的除法，其操作数与 DIV 指令相同。执行 8 位除法之前，被除数（AX）必须进行完全的符号扩展。余数的符号总是与被除数相同。

示例 1　下面的指令将 −48 除以 5。执行 IDIV 后，AL 中的商为 −9，AH 中的余数为 −3：

```
.data
byteVal SBYTE -48            ; 十六进制数 D0
.code
1  mov   al,byteVal
2  cbw
3  mov   bl,+5
4  idiv  bl
```

下面是逐行描述：

1. 将被除数的低半部分移入到 AL
2. 将 AL 扩展到 AH
3. 将除数移入到 BL
4. 将 AX 除以 BL（AL = −9）

下图展示了 AL 是如何通过 CBW 指令符号扩展到 AX 的：

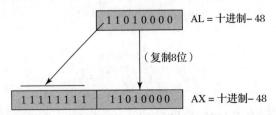

为了理解被除数符号扩展的必要性，我们在不使用符号扩展的情况下重复之前的例子。下面的代码将 AH 初始化为 0，这样它的值就是已知的，然后在没有使用 CBW 预处理被除数的情况下直接做除法。进行除法之前，AX=00D0h（十进制数 208）。IDIV 将这个数除以 5，产生的商为十进制数 41，余数为 3。这当然不是正确的答案。

示例代码：

```
.data
```

```
byteVal SBYTE -48             ; 十六进制数 D0
.code
1   mov    ah,0                ; 被除数的高半部分
2   mov    al,byteVal          ; 被除数的低半部分
3   mov    bl,+5
4   idiv   bl                  ; AL = 41, AH = 3
```

下面是逐行描述：

1. 将被除数的高半部分置为 0
2. 将被除数的低半部分移入到 AL
3. BL 是除数
4. 在不使用符号扩展的情况下将 AX 除以 BL，以此表明得到的商不正确。

示例 2 16 位除法要求将 AX 符号扩展到 DX。下面的例子将 −5000 除以 256：

```
.data
wordVal SWORD -5000
.code
1   mov    ax,wordVal
2   cwd
3   mov    bx,+256
4   idiv   bx
```

下面是逐行描述：

1. 将被除数的低半部分移入到 AX
2. 将 AX 符号扩展到 DX
3. BX 是除数
4. 将 DX:AX 除以 BX，商 AX = −19，余数 DX = −136

示例 3 32 位除法要求将 EAX 符号扩展到 EDX。下面的例子将 50000 除以 −256：

```
.data
dwordVal SDWORD +50000
.code
1   mov    eax,dwordVal
2   cdq
3   mov    ebx,-256
4   idiv   ebx
```

下面是逐行描述：

1. 将被除数的低双字移入到 EAX
2. 将 EAX 符号扩展到 EDX
3. 将除数移入到 EBX
4. 将 EDX:EAX 除以 EBX（商 EAX = −195，余数 EDX = +80）

> 执行 DIV 和 IDIV 后，所有算术运算的状态标志值都没有定义。

除法溢出

如果除法操作数产生的商无法装入目的操作数，则会导致除法溢出（divide overflow）。这将引起处理器异常并暂停当前程序。例如，下面的指令会产生除法溢出，因为商（100h）对 8 位的 AL 目的寄存器来说太大了：

```
mov  ax,1000h
mov  bl,10h
div  bl                       ; AL装不下100h
```

执行这段代码时,Visual Studio 会产生如图 7-1 所示的错误对话框。如果试图执行除以零的代码,也会出现类似的对话窗口。

图 7-1 除法溢出错误示例

在此有个建议:使用 32 位除数和 64 位被除数来减少出现除法溢出的概率。在下面的代码中,除数为 EBX,被除数在 EDX 和 EAX 组成的 64 位寄存器组合中:

```
mov     eax,1000h
cdq
mov     ebx,10h
div     ebx                     ; EAX = 00000100h
```

为了防止除以零的操作,应在进行除法之前检查除数,如下面代码所示:

```
mov     ax,dividend
mov     bl,divisor
cmp     bl,0                    ; 检查除数
je      NoDivideZero            ; 为零? 显示错误
div     bl                      ; 非零: 继续
.
.
NoDivideZero:                   ;(显示 "Attempt to divide by zero")
```

7.3.6 实现算术表达式

第 4 章介绍了如何用加法和减法指令实现算术表达式,现在还可以再加上乘法和除法指令。初看上去,实现算术表达式的工作似乎最好是留给编译器的编写者,但是动手研究一下会学到很多东西。例如,可以学习编译器是如何优化代码的。此外,与典型编译器在乘法运算后再检查乘积大小相比,还能实现更好的错误检查。当将两个 32 位操作数相乘时,大多数高级语言编译器都会忽略乘积的高 32 位。但在汇编语言中,如果乘积无法装入 32 位寄存器,则可以经由进位标志和溢出标志获知此事。对这些标志的使用方法在 7.4.1 节和 7.4.2 节给予解释。

> 提示:有两种简易的方法来查看 C++ 编译器生成的汇编代码:一种方法是在用 Visual Studio 调试时,在调试窗口中点击右键,选择 Go to Disassembly。另一种方法是在 Project 菜单中选择 Properties 来生成一个列表文件。在 Configuration Properties 下,选择 Microsoft Macro Assembler,再选择 Listing File。在对话窗口中,将 Generate Preprocessed Source Listing 设置为 Yes,List All Available Information 也设置为 Yes。

示例 1 使用 32 位无符号整数,用汇编语言实现下面的 C++ 语句:

```
var4 = (var1 + var2) * var3;
```

这是个简明的问题,因为可以从左到右来处理(先加法再乘法)。在执行了第二条指令后，EAX 存放的是 var1 与 var2 之和。在第三条指令中，EAX 乘以 var3，乘积存放在 EAX 中：

```
1    mov    eax,var1
2    add    eax,var2
3    mul    var3
4    jc     tooBig
5    mov    var4,eax
6    jmp    next
7  tooBig:
```

下面是逐行描述：

1. 将第一个变量复制到 EAX
2. 现在 EAX 包含了变量的和
3. 将 EAX 乘以 var3
4. 如果进位标志指示无符号溢出，则跳转到错误标号
5. 将和数复制到 var4
6. 跳过显示出错消息的代码
7. 出错消息代码的起始点

如果 MUL 指令产生的乘积大于 32 位，则 JC 指令跳转到用来处理错误的标号处。

示例 2　使用 32 位无符号整数实现下面的 C++ 语句：

```
var4 = (var1 * 5) / (var2 - 3);
```

在本例中，有两个用括号括起来的子表达式。左边的子表达式可以分配给 EDX:EAX，因此不必检查溢出。右边的子表达式分配给 EBX，最后用除法完成整个表达式：

```
1    mov    eax,var1
2    mov    ebx,5
3    mul    ebx
4    mov    ebx,var2
5    sub    ebx,3
6    div    ebx
7    mov    var4,eax
```

下面是逐行描述：

1. 表达式左边部分：准备乘法
2. EBX 将作为乘数
3. 将 EAX 乘以 EBX，乘积存放于 EDX:EAX
4. 开始计算表达式的右边部分：EBX = var2
5. 将 EBX 减去 3
6. 将 EDX:EAX 除以 EBX，乘积存放于 EAX
7. 将表达式的最终值存放于 var4

示例 3　使用 32 位有符号整数实现下面的 C++ 语句：

```
var4 = (var1 * -5) / (-var2 % var3);
```

与之前的例子相比，这个例子稍有点棘手。我们先从右边的子表达式开始，并将其保存在 EBX 中，作为左边子表达式的除数。由于操作数是有符号的，因此必须将被除数符号扩展到 EDX，再使用 IDIV 指令：

```
1   mov   eax,var2
2   neg   eax
3   cdq
4   idiv  var3
5   mov   ebx,edx
6   mov   eax,-5
7   imul  var1
8   idiv  ebx
9   mov   var4,eax
```

下面是逐行描述：

1. 从右边部分的表达式开始
2. 将 EAX 中的 var2 值取反
3. 将被除数符号扩展到 EDX
4. 将 EDX:EAX 除以 var3，产生的余数放在 EDX 中
5. 将右边部分表达式的值存放在 EBX 中
6. 开始计算左边部分的表达式
7. 将 var1 乘以 -5，乘积存放在 EDX:EAX 中
8. 将 EDX:EAX 除以 EBX（EBX 在第 1~5 行中计算出来）
9. 将商保存到 var4

7.3.7 本节回顾

1. 判断真假：当执行 MUL 指令和单操作数 IMUL 指令时，可能会发生溢出。
   a. 真　　　　　　　　b. 假
2. 判断真假：当低位寄存器可完全容纳乘积时，IMUL 将乘积符号扩展到高位乘积寄存器，而 MUL 则是将乘积进行零扩展。
   a. 真　　　　　　　　b. 假
3. 判断真假：当执行 IMUL 指令时，只有在乘积的高半部分不是低半部分的符号扩展时，进位标志和溢出标志才会置 1。
   a. 真　　　　　　　　b. 假
4. 当 EBX 是 DIV 指令的操作数时，哪个寄存器（或寄存器组合）存放商？
   a. EDX:EAX　　　b. EDX　　　c. EAX　　　d. AX
5. 当 BX 是 DIV 指令的操作数时，哪个寄存器存放商？
   a. AX　　　b. EAX　　　c. DX　　　d. AL
6. 当 BL 是 MUL 指令的操作数时，哪个寄存器存放乘积？
   a. DX:AX　　　b. EAX　　　c. AX　　　d. EDX
7. 当执行下面的代码时，AX 的最终十进制值是什么？

```
.data
dividend   WORD -5678
divisor    WORD 10
.code
    mov   ax,dividend
    cwd
    mov   bx,divisor
    idiv  bx
```

   a. -678　　　b. -567　　　c. 567　　　d. 5 678

7.4 扩展的加减法

扩展精度加减法（extended precision addition and subtraction）是对几乎没有大小限制的数进行加减法的技术。例如，在 C++ 中，没有标准运算符允许将两个 1024 位整数相加。但在汇编语言中，ADC（带进位加法）和 SBB（带借位减法）指令就很适合进行这类运算。

7.4.1 ADC 指令

ADC（带进位加法）指令将源操作数和进位标志的值都加到目的操作数中。该指令的格式与 ADD 指令一样，且操作数的大小必须相同：

```
ADC   reg,reg
ADC   mem,reg
ADC   reg,mem
ADC   mem,imm
ADC   reg,imm
```

例如，下面的指令将两个 8 位整数相加（FFh+FFh），产生的 16 位和数存入 DL:AL，其值为 01FEh：

```
mov   dl,0
mov   al,0FFh
add   al,0FFh                    ; AL = FEh
adc   dl,0                       ; DL/AL = 01FEh
```

下图展示了这两个数相加过程中的数据活动情况。首先，FFh 与 AL 相加，生成的 FEh 存入 AL 寄存器，并将进位标志置 1。然后将 0 和进位标志加到 DL 寄存器中：

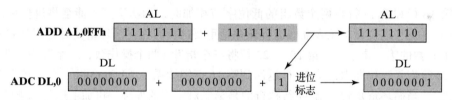

类似地，下面的指令将两个 32 位整数相加（FFFF FFFFh+ FFFF FFFFh），产生的 64 位和数存入 EDX:EAX，其值为 0000 0001 FFFF FFFEh：

```
mov   edx,0
mov   eax,0FFFFFFFFh
add   eax,0FFFFFFFFh
adc   edx,0
```

7.4.2 扩展加法的示例

下面演示过程 Extended_Add，该过程实现两个大小相同的扩展整数的加法。利用循环，该过程将两个扩展整数当作平行数组进行遍历。在对两个数组中每个匹配的数值对进行相加时，都加上循环中前一次迭代的加法所产生的进位标志。在该实现中，假设整数存储在字节数组中，不过本例可容易地修改为双字数组的加法。

该过程用 ESI 和 EDI 接收两个指针，分别指向参与加法的两个整数。EBX 寄存器指向用于存放和数的缓冲区，该缓冲区的先决条件是必须比两个加数的长度大一个字节。此外，过程还用 ECX 接收最长加数的长度。数值必须按小端序存放，即每个数组的最低字节存放在该数组的起始偏移量处。过程的代码如下所示，并添加了代码行号以便于详细讨论：

```
1:    ;------------------------------------------------------
2:    Extended_Add PROC
3:    ;
4:    ; 计算两个以字节数组存放的扩展整数之和。
5:    ;
6:    ; 接收：ESI 和 EDI 指向两个整数，
7:    ;       EBX 指向存放和数的变量，
8:    ;       ECX 表示要相加的字节数。
9:    ; 和数的存储区必须比输入操作数长一个字节。
10:   ;
11:   ; 返回：无
12:   ;------------------------------------------------------
13:       pushad
14:       clc                             ; 清零进位标志
15:
16:   L1: mov    al,[esi]                 ; 获取第一个整数
17:       adc    al,[edi]                 ; 与第二个整数相加
18:       pushfd                          ; 保存进位标志
19:       mov    [ebx],al                 ; 保存部分和
20:       add    esi,1                    ; 三个指针都前进一步
21:       add    edi,1
22:       add    ebx,1
23:       popfd                           ; 恢复进位标志
24:       loop   L1                       ; 重复循环
25:
26:       mov    byte ptr [ebx],0         ; 清零和数的高字节
27:       adc    byte ptr [ebx],0         ; 加上可能的进位
28:       popad
29:       ret
30:   Extended_Add ENDP
```

当第 16 行和第 17 行将两个数组的低位字节相加时，加法运算可能会将进位标志置 1。因此，第 18 行将进位标志压入堆栈进行保存是重要的，因为在循环重复时会用到它。第 19 行保存了和数的第一个字节，第 20 ~ 22 行将三个指针（两个操作数，一个和数）都前进一步。第 23 行恢复进位标志，第 24 行返回到第 16 行继续循环（LOOP 指令不会修改 CPU 的状态标志）。当循环重复时，第 17 行执行的是第二对字节的加法，再加上进位标志的值。因此，如果第一次循环过程产生了进位，则第二次循环就要加上该进位。该循环按此方式持续进行，直到所有的字节都完成了加法。最后的第 26 行和第 27 行检查操作数的最高字节相加是否产生了进位，并将该进位值加到和数操作数额外多出来的字节中。

下面的代码示例调用了 Extended_Add，并向其传递两个 8 字节的整数。注意要为和数多分配一个字节：

```
.data
op1 BYTE 34h,12h,98h,74h,06h,0A4h,0B2h,0A2h
op2 BYTE 02h,45h,23h,00h,00h,87h,10h,80h
sum BYTE 9 DUP(0)

.code
main PROC
    mov    esi,OFFSET op1                ; 第一个操作数
    mov    edi,OFFSET op2                ; 第二个操作数
    mov    ebx,OFFSET sum                ; 和数操作数
    mov    ecx,LENGTHOF op1              ; 字节数
    call   Extended_Add

; 显示和数。

    mov    esi,OFFSET sum
```

```
        mov     ecx,LENGTHOF sum
        call    Display_Sum
        call    Crlf
```

上面的程序产生的输出如下所示,该加法产生了一个进位:

```
0122C32B0674BB5736
```

过程 Display_Sum(来自同一个程序)按照正确的顺序显示和数,即从最高字节开始依次显示到最低字节:

```
Display_Sum PROC
    pushad
    ; 指向最后一个数组元素
    add     esi,ecx
    sub     esi,TYPE BYTE
    mov     ebx,TYPE BYTE
L1: mov     al,[esi]            ; 获取数组字节
    call    WriteHexB           ; 显示该字节
    sub     esi,TYPE BYTE       ; 指向前一个字节
    loop    L1
    popad
    ret
Display_Sum ENDP
```

7.4.3 SBB 指令

SBB(带借位减法)指令从目的操作数中减去源操作数和进位标志的值。可使用的操作数与 ADC 指令相同。下面的示例代码用 32 位操作数实现 64 位减法。设置 EDX:EAX 的值为 0000 0007 0000 0001h,并从该值中减去 2。低 32 位先执行减法,并将进位标志置位,然后高 32 位再进行减法,包括减去进位标志:

```
mov     edx,7           ; 高半部分
mov     eax,1           ; 低半部分
sub     eax,2           ; 减去 2
sbb     edx,0           ; 减去高半部分
```

图 7-2 展示了这两个减法步骤中的数据活动。首先,EAX 减 2,产生差值 FFFF FFFFh 并存放在 EAX 中。由于是从较小的数中减去较大的数,因此需要借位,从而将进位标志置 1。然后,用 SBB 指令从 EDX 中减去 0 和进位标志。

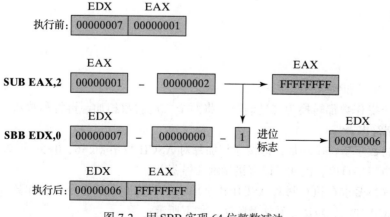

图 7-2 用 SBB 实现 64 位整数减法

7.4.4 本节回顾

1. 判断真假：ADC 指令将源操作数和进位标志加到目的操作数。
   a. 真　　　　　　　　　b. 假
2. 判断真假：SBB 指令从目的操作数中减去源操作数和进位标志。
   a. 真　　　　　　　　　b. 假
3. 执行下面的指令后，EDX 和 EAX 中的值是什么？

   ```
   mov   edx,10h
   mov   eax,0A0000000h
   add   eax,20000000h
   adc   edx,0
   ```

   a. EAX = 10000000h，EDX = 00000010h　　　b. EAX = C0000000h，EDX = 00000100h
   c. EAX = 1C0000000h，EDX = 00000010h　　　d. EAX = C0000000h，EDX = 00000010h

4. 执行下面的指令后，EDX 和 EAX 中的值是什么？

   ```
   mov   edx,100h
   mov   eax,80000000h
   sub   eax,90000000h
   sbb   edx,0
   ```

   a. EAX = 00000000h，EDX = 100000FFh　　　b. EAX = F0000000h，EDX = 000000FFh
   c. EAX = 10000000h，EDX = F00000FFh　　　d. EAX = F0000001h，EDX = 000000F0h

5. 执行下面的指令后，DX 中的值是什么（注意：STC 将进位标志置 1）？

   ```
   mov   dx,5
   stc
   mov   ax,10h
   adc   dx,ax
   ```

   a. DX = 0015h　　　b. DX = 0115h　　　c. DX = 0160h　　　d. DX = 0016h

7.5 ASCII 和非压缩十进制算术运算

（这里讨论的指令只适用于在 32 位模式下的编程。）到目前为止，本书讨论的整数算术运算处理的都是二进制数。虽然 CPU 用二进制运算，但也能在 ASCII 十进制字符串上执行算术运算。使用后者进行运算，既便于用户输入也便于在控制台窗口显示，而无须转换成二进制数。假设程序要用户输入两个数，并将它们相加。若用户输入 3402 和 1256，则程序的输出如下所示：

```
输入第一个数：  3402
输入第二个数：  1256
和数：          4658
```

在计算并显示和数时有两种选择：

1. 将两个操作数都转换为二进制数，将两个二进制数相加，再将和数从二进制转换为 ASCII 数字字符串。
2. 直接将数字字符串相加，即按序相加每对 ASCII 数字（2+6、0+5、4+2 及 3+1）。和数为 ASCII 数字字符串，因此可以直接显示在屏幕上。

第二种选择要求在执行每对 ASCII 数字加法后，用专用的指令调整和数。有四个指令用于处理 ASCII 加法、减法、乘法及除法，如下所示：

AAA	（加法后的 ASCII 调整）
AAS	（减法后的 ASCII 调整）
AAM	（乘法后的 ASCII 调整）
AAD	（除法前的 ASCII 调整）

ASCII 十进制数和非压缩十进制数　非压缩十进制整数的高 4 位总是为零，而 ASCII 十进制数的高 4 位则等于 0011b。在任何情况下，这两种类型的整数的每个数字都占用一个字节。下面的例子展示了 3402 在两种格式下是如何存放的：

（所有数值都是十六进制）

尽管 ASCII 算术运算执行得比二进制算术运算要慢，但是它有两个明显的优点：
- 无须在执行算术运算之前对串格式进行转换。
- 使用假设的十进制小数点，使实数操作不会在做浮点数运算时存在舍入误差。

ASCII 加法和减法允许操作数为 ASCII 格式或非压缩十进制格式，而乘法和除法只能使用非压缩十进制数。

7.5.1　AAA 指令

在 32 位模式下，AAA（加法后的 ASCII 调整）指令调整执行 ADD 或 ADC 指令后的二进制运算结果。假设两个 ASCII 数字相加产生的二进制结果存放在 AL 中，则 AAA 将 AL 转换为两个非压缩十进制数字并存入 AH 和 AL。一旦成为非压缩格式，通过将 AH 和 AL 与 30h 进行 OR 运算，便可容易地将它们转换为 ASCII 码。

下面的例子展示了如何用 AAA 指令正确地将 ASCII 数字 8 和 2 相加。在执行加法之前，必须将 AH 清零，否则它将影响 AAA 返回的结果。最后一条指令将 AH 和 AL 转换为 ASCII 数字：

```
mov    ah,0
mov    al,'8'          ; AX = 0038h
add    al,'2'          ; AX = 006Ah
aaa                    ; AX = 0100h (对结果做 ASCII 调整)
or     ax,3030h        ; AX = 3130h = '10' (转换为 ASCII 码)
```

使用 AAA 进行多字节加法

现在来查看一个过程，其功能为将带有隐含小数点的 ASCII 十进制数值相加。由于每次数字相加的进位都要传递到更高的位置，因此，过程的实现要比想象的更复杂一点。在下面的伪代码中，acc 代表一个 8 位的累加寄存器：

```
esi (index) = 第一个数的长度 -1
edi (index) = 第一个数的长度
ecx = 第一个数的长度
将进位标志置 0
Loop
    acc = first_number[esi]
将之前的进位加到 acc
将进位保存到 carry1
    acc += second_number[esi]
将进位与 carry1 进行 OR 运算
```

```
        sum[edi] = acc
        dec edi
Until ecx == 0
将最后的进位数字保存到 sum
```

进位数字必须被转换为 ASCII 码。当将进位数字与第一个操作数相加时，必须用 AAA 来调整结果。程序清单如下：

```
; ASCII 加法                              (ASCII_add.asm)
; 在隐含固定十进制小数点的字符串上执行 ASCII 算术运算。
INCLUDE Irvine32.inc
DECIMAL_OFFSET = 5                       ; 相对于字符串右侧的偏移量
.data
decimal_one BYTE "100123456789765"       ; 1001234567.89765
decimal_two BYTE "900402076502015"       ; 9004020765.02015
sum BYTE (SIZEOF decimal_one + 1) DUP(0),0

.code
main PROC
; 从最后一个数字的位置开始。
    mov    esi,SIZEOF decimal_one - 1
    mov    edi,SIZEOF decimal_one
    mov    ecx,SIZEOF decimal_one
    mov    bh,0                          ; 将进位值清零
L1: mov    ah,0                          ; 在加法运算前清零 AH
    mov    al,decimal_one[esi]           ; 获取第一个数字
    add    al,bh                         ; 加上之前的进位
    aaa                                  ; 调整和数 (AH = 进位)
    mov    bh,ah                         ; 将进位保存到 carry1
    or     bh,30h                        ; 转换成 ASCII 码
    add    al,decimal_two[esi]           ; 加上第二个数字
    aaa                                  ; 调整和数 (AH = 进位)
    or     bh,ah                         ; 将进位与 carry1 进行 OR 运算
    or     bh,30h                        ; 转换成 ASCII 码
    or     al,30h                        ; 将 AL 转换为 ASCII 码
    mov    sum[edi],al                   ; 将其保存到 sum 中
    dec    esi                           ; 后退一个数字
    dec    edi
    loop   L1
    mov    sum[edi],bh                   ; 保存最后一个进位数字

; 将和数显示为字符串。
    mov    edx,OFFSET sum
    call   WriteString
    call   Crlf

    exit
main ENDP
END main
```

程序的输出如下所示，显示了没有十进制小数点的和数：

```
1000525533291780
```

7.5.2 AAS 指令

在 32 位模式下，AAS（减法后的 ASCII 调整）指令紧随 SUB 或 SBB 指令之后，这两条指令将两个非压缩十进制数相减，并将结果保存到 AL。AAS 指令使 AL 中的结果与 ASCII 数字表示一致。仅当减法产生负数结果时，调整才是必需的。例如，下面的语句实现 ASCII 码数字 8 减去 9：

```
.data
val1 BYTE '8'
val2 BYTE '9'
.code
mov  ah,0
mov  al,val1          ; AX = 0038h
sub  al,val2          ; AX = 00FFh
aas                   ; AX = FF09h
pushf                 ; 保存进位标志
or   al,30h           ; AX = FF39h
popf                  ; 恢复进位标志
```

执行 SUB 指令后，AX 等于 00FFh。AAS 指令将 AL 转换为 09h，AH 减 1 等于 FFh，并把进位标志置 1。

7.5.3 AAM 指令

在 32 位模式下，AAM（乘法后的 ASCII 调整）指令将 MUL 产生的二进制乘积转换为非压缩十进制数。乘法只能使用非压缩十进制数。下面的例子实现 5 乘以 6，并调整 AX 中的结果。调整后，AX=0300h，即 30 的非压缩十进制数的表示：

```
.data
ascVal BYTE 05h,06h
.code
mov  bl,ascVal        ; 第一个操作数
mov  al,[ascVal+1]    ; 第二个操作数
mul  bl               ; AX = 001Eh
aam                   ; AX = 0300h
```

7.5.4 AAD 指令

在 32 位模式下，AAD（除法前的 ASCII 调整）指令将 AX 中的非压缩十进制被除数转换为二进制，为执行 DIV 指令做准备。下面的例子将非压缩 0307h 转换为二进制数，然后除以 5。DIV 指令在 AL 中生成商 07h，在 AH 中生成余数 02h：

```
.data
quotient  BYTE ?
remainder BYTE ?
.code
mov  ax,0307h         ; 被除数
aad                   ; AX = 0025h
mov  bl,5             ; 除数
div  bl               ; AX = 0207h
mov  quotient,al
mov  remainder,ah
```

7.5.5 本节回顾

1. 下面的哪条指令将 AX 中的 2-数字非压缩十进制整数转换为 ASCII 码十进制数？
   a. or ax,3030h   b. or ax,3000h   c. and ax,0F0Fh   d. or ax,0F0F0h
2. 下面的哪条指令将 AX 中的 2-数字 ASCII 码十进制整数转换为非压缩十进制格式？
   a. xor ax,3030h   b. or ax,0303h   c. and ax,0F0F0h   d. and ax,0F0Fh
3. 下面的哪个序列将 AX 中的 2-数字 ASCII 码十进制整数转换为二进制数？
   a. or ax,3030h   b. or ax,0303h   c. and ax,0F0Fh   d. or ax,0F0Fh
      aad   aad   aad   aad

4. 下面的哪条指令将 AX 中的无符号二进制整数转换为非压缩十进制数？
   a. aad　　　　　　b. aam　　　　　　c. aaa　　　　　　d. aas

7.6 压缩十进制的算术运算

（这里讨论的指令仅适用于 32 位模式下的编程。）压缩二进制编码的十进制整数，或者称为压缩的 BCD 整数，在每个字节中存放两个十进制数字。回忆一下在第 1 章中讲到的关于二进制编码的十进制整数的内容。为了简化代码编写，我们只使用无符号 BCD 数。数值以小端序存放，最低十进制数字存放在最低地址，每个数字用 4 位表示。如果有奇数个数字，则最高的半字节用零填充。存储的大小可变：

```
bcd1 QWORD 2345673928737285h    ; 十进制数 2 345 673 928 737 285
bcd2 DWORD 12345678h            ; 十进制数 12 345 678
bcd3 DWORD 08723654h            ; 十进制数 8 723 654
bcd4 WORD 9345h                 ; 十进制数 9 345
bcd5 WORD 0237h                 ; 十进制数 237
bcd6 BYTE 34h                   ; 十进制数 34
```

压缩十进制存储至少有两个优点：
- 数据几乎可有任意个数的有效数字。这使得能以极高的精度执行计算。
- 将压缩十进制数转换为 ASCII 码（或者反之）相对简单。

DAA（加法后的十进制调整）和 DAS（减法后的十进制调整）这两条指令对加法和减法运算后的结果进行调整。遗憾的是，目前对于乘法和除法还没有这样的指令。在这些情况下，数值必须是非压缩的，执行乘法或除法后，再重新压缩。

7.6.1 DAA 指令

在 32 位模式下，DAA（加法后的十进制调整）指令将 ADD 或 ADC 指令产生在 AL 中的和数转换为压缩十进制格式。例如，下面的指令将压缩十进制数 35 和 48 相加。二进制和数（7Dh）被调整为 83h，即 35 和 48 的压缩十进制和数。

```
mov   al,35h
add   al,48h              ; AL = 7Dh
daa                       ; AL = 83h（调整后的结果）
```

DAA 的内部逻辑可参阅 Intel 指令集参考手册。

示例　下面的程序将两个 16 位压缩十进制整数相加，并将和数保存在一个压缩双字中。加法要求和数变量的存储空间比操作数多一个数字：

```
; 压缩十进制示例                       (AddPacked.asm)
; 演示压缩十进制的加法。
INCLUDE Irvine32.inc
.data
packed_1 WORD 4536h
packed_2 WORD 7207h
sum DWORD ?

.code
main PROC
; 初始化和数及索引。
    mov   sum,0
    mov   esi,0
; 低字节相加。
    mov   al,BYTE PTR packed_1[esi]
```

```
        add     al,BYTE PTR packed_2[esi]
        daa
        mov     BYTE PTR sum[esi],al
; 高字节相加,包括进位。
        inc     esi
        mov     al,BYTE PTR packed_1[esi]
        adc     al,BYTE PTR packed_2[esi]
        daa
        mov     BYTE PTR sum[esi],al
; 如果还有最终进位,也加上该进位。
        inc     esi
        mov     al,0
        adc     al,0
        mov     BYTE PTR sum[esi],al
; 用十六进制显示和数。
        mov     eax,sum
        call    WriteHex
        call    Crlf
        exit
main ENDP
END main
```

毋庸讳言,这个程序包含重复代码,建议使用循环结构。本章的一道习题将会要求编写一个过程,实现任意大小的压缩十进制整数的相加。

7.6.2 DAS 指令

在 32 位模式下,DAS(减法后的十进制调整)指令将 SUB 或 SBB 指令在 AL 中产生的结果转换为压缩十进制格式。例如,下面的语句将压缩十进制数 85 减去 48,并调整结果:

```
mov     bl,48h
mov     al,85h
sub     al,bl           ; AL = 3Dh
das                     ; AL = 37h (调整后的结果)
```

DAS 的内部逻辑可参阅 Intel 指令集参考手册。

7.6.3 本节回顾

1. 判断真假:当压缩十进制加法的和数大于 99 时,DAA 指令会将进位标志置 1。
   a. 真   b. 假
2. 判断真假:当较大的压缩十进制数减去较小的压缩十进制数时,DAS 指令会将进位标志置 1。
   a. 真   b. 假
3. 当两个长度为 n 字节的压缩十进制整数相加时,必须为和数保留多少存储字节?
   a. $n-1$ 个字节   b. $n+1$ 个字节   c. n 个字节
4. 执行下面的指令后,AL 和进位标志的值是什么?

```
mov     al,56h
add     al,92h
daa
```

   a. AL = E8h, CF = 1   b. AL = 48h, CF = 1   c. AL = E8h, CF = 0   d. AL = 08h, CF = 1
5. 执行下面的指令后,AL 和进位标志的值是什么?

```
mov     al,56h
sub     al,92h
das
```

   a. AL = 64h, CF = 1   b. AL = 64h, CF = 0   c. AL = C4h, CF = 1   d. AL = C4h, CF = 0

7.7 本章小结

与前面的章节介绍的按位操作指令一样，移位指令也是汇编语言最显著的特点之一。对一个数移位就意味着将它的位向右移或向左移。

SHL（左移）指令将目的操作数的每一位都向左移动，最低位用 0 填充。SHL 最大的用途之一是执行高速的与 2 的幂相乘。将任何操作数左移 n 位就是将该数乘以 2^n。SHR（右移）指令则是将每一位都向右移动，最高位用 0 替代。将任何操作数右移 n 位就是将该数除以 2^n。

SAL（算术左移）和 SAR（算术右移）是专为进行有符号数移位而设计的移位指令。

ROL（循环左移）指令将每一位向左移动，并将最高位复制到进位标志和最低位。ROR（循环右移）指令将每一位向右移动，并将最低位复制到进位标志和最高位。

RCL（带进位循环左移）指令将每一位都左移，并将进位标志复制到移位结果的最低位，而将最高位复制到进位标志。RCR（带进位循环右移）指令将每一位都右移，并将最低位复制到进位标志，而将原来的进位标志复制到结果的最高位。

x86 处理器可使用 SHLD（双精度左移）和 SHRD（双精度右移）指令，它们对大整数的移位尤其有效。

在 32 位模式下，MUL 指令将一个 8 位、16 位或 32 位的操作数与 AL、AX 或 EAX 相乘。在 64 位模式下，还可以与 RAX 寄存器相乘。IMUL 指令执行有符号整数的乘法，有三种格式：单操作数、双操作数和三操作数。

在 32 位模式下，DIV 指令执行 8 位、16 位或 32 位无符号整数的除法。在 64 位模式下，还可以执行 64 位的除法。IDIV 指令执行有符号整数的除法，其格式与 DIV 指令相同。

CBW（字节转换为字）指令将 AL 的符号位扩展到 AH 寄存器。CDQ（双字转换为四字）指令将 EAX 的符号位扩展到 EDX 寄存器。CWD（字转换为双字）指令将 AX 的符号位扩展到 DX 寄存器。

扩展的加法和减法是指加减任意大小的整数，ADC 和 SBB 指令可用于实现这种加法和减法。ADC(带进位加法)指令将源操作数和进位标志的值加到目的操作数。SBB(带借位减法)指令从目的操作数中减去源操作数和进位标志的值。

ASCII 十进制整数在每个字节中存放一个数字，编码为 ASCII 数字。AAA（加法后的 ASCII 调整）指令将 ADD 或 ADC 指令产生的二进制结果转换为 ASCII 十进制。AAS（减法后的 ASCII 调整）指令将 SUB 或 SBB 指令产生的二进制结果转换为 ASCII 十进制。所有这些指令都只能用于 32 位模式。

非压缩十进制整数在每个字节中存放一个十进制数字，表示为二进制数值。AAM（乘法后的 ASCII 调整）指令将 MUL 指令产生的二进制乘积转换为非压缩十进制数。AAD（除法前的 ASCII 调整）指令将非压缩十进制被除数转换为二进制，为执行 DIV 指令做准备。所有这些指令都只能用于 32 位模式。

压缩十进制整数在每个字节中存放两个十进制数字。DAA（加法后的十进制调整）指令将 ADD 或 ADC 指令产生的二进制结果转换为压缩十进制数。DAS（减法后的十进制调整）指令将 SUB 或 SBB 指令产生的二进制结果转换为压缩十进制数。所有这些指令都只能用于 32 位模式。

7.8 关键术语

7.8.1 术语

arithmetic shift（算术移位）
bit shifting（移位）
bitwise division（按位除法）
bitwise multiplication（按位乘法）
bitwise rotation（按位循环移位）
divide overflow（除法溢出）
little-endian order（array）（小端序）（数组）

logical shift（逻辑移位）
signed division（有符号除法）
signed multiplication（有符号乘法）
signed overflow（有符号溢出）
unsigned division（无符号除法）
unsigned multiplication（无符号乘法）

7.8.2 指令、操作符及伪指令

AAA	DAS	SAL
AAD	DIV	SAR
AAM	IDIV	SBB
AAS	IMUL	SHL
ADC	MUL	SHLD
CBW	RCL	SHR
CDQ	RCR	SHRD
CWD	ROL	
DAA	ROR	

7.9 复习题和练习

7.9.1 简答题

1. 在下面的代码序列中，给出执行每条移位或循环移位指令后 AL 的值：

```
mov al,0D4h
shr al,1             ; a.
mov al,0D4h
sar al,1             ; b.
mov al,0D4h
sar al,4             ; c.
mov al,0D4h
rol al,1             ; d.
```

2. 在下面的代码序列中，给出执行每条移位或循环移位指令后 AL 的值：

```
mov al,0D4h
ror al,3             ; a.
mov al,0D4h
rol al,7             ; b.
stc
mov al,0D4h
rcl al,1             ; c.
stc
mov al,0D4h
rcr al,3             ; d.
```

3. 执行下面的操作后，AX 和 DX 的内容是什么？

```
mov dx,0
mov ax,222h
mov cx,100h
mul cx
```

4. 执行下面的操作后，AX 的内容是什么？

```
mov ax,63h
mov bl,10h
div bl
```

5. 执行下面的操作后，EAX 和 EDX 的内容是什么？

```
mov eax,123400h
mov edx,0
mov ebx,10h
div ebx
```

6. 执行下面的操作后，AX 和 DX 的内容是什么？

```
mov ax,4000h
mov dx,500h
mov bx,10h
div bx
```

7. 执行下面的操作后，BX 的内容是什么？

```
mov bx,5
stc
mov ax,60h
adc bx,ax
```

8. 描述下面的代码在 64 位模式下运行时所产生的输出：

```
.data
dividend_hi  QWORD 00000108h
dividend_lo  QWORD 33300020h
divisor      QWORD 00000100h
.code
mov  rdx,dividend_hi
mov  rax,dividend_lo
div  divisor
```

9. 下面的程序要做的是 val1 减去 val2，找出并纠正所有的逻辑错误（CLC 清零进位标志）：

```
.data
val1    QWORD 20403004362047A1h
val2    QWORD 055210304A2630B2h
result  QWORD 0
.code
    mov  cx,8               ; 循环计数器
    mov  esi,val1           ; 设置起始索引
    mov  edi,val2
    clc                     ; 清零进位标志
top:
    mov  al,BYTE PTR[esi]   ; 获取第一个数
    sbb  al,BYTE PTR[edi]   ; 减去第二个数
    mov  BYTE PTR[esi],al   ; 保存结果
    dec  esi
    dec  edi
    loop top
```

10. 在 64 位模式下执行下面的指令后，RAX 中的十六进制内容是什么？

```
.data
multiplicand QWORD 0001020304050000h
.code
imul rax,multiplicand, 4
```

7.9.2 算法题

1. 编写移位指令序列，使得 AX 符号扩展到 EAX。也就是说，将 AX 的符号位复制到 EAX 的高 16 位。不要使用 CWD 指令。
2. 假设指令集没有循环移位指令，说明如何用 SHR 和条件跳转指令将 AL 寄存器循环右移一位。
3. 编写一条逻辑移位指令，使得 EAX 乘以 16。
4. 编写一条逻辑移位指令，使得 EBX 除以 4。
5. 编写一条循环移位指令，交换 DL 寄存器的高 4 位和低 4 位。
6. 编写一条 SHLD 指令，将 AX 寄存器的最高位移入到 DX 的最低位，并将 DX 左移一位。
7. 编写指令序列，将三个内存字节右移一位。使用如下数据：

    `byteArray BYTE 81h,20h,33h`

8. 编写指令序列，将三个内存字左移一位。使用如下数据：

    `wordArray WORD 810Dh, 0C064h,93ABh`

9. 编写指令，将 −5 乘以 3，并把结果存入到一个 16 位变量 `val1`。
10. 编写指令，将 −276 除以 10，并把结果存入到一个 16 位变量 `val1`。
11. 使用 32 位无符号操作数，用汇编语言实现下面的 C++ 表达式：

    `val1 = (val2 * val3) / (val4 - 3)`

12. 使用 32 位有符号操作数，用汇编语言实现下面的 C++ 表达式：

    `val1 = (val2 / val3) * (val1 + val2)`

13. 编写一个过程，将 8 位无符号二进制数值显示为十进制格式。用 AL 传递该二进制数值，其输入范围限制为十进制 0 ~ 99。能从本书的链接库中调用的过程只有 WriteChar。过程应包含约 8 条指令。调用示例如下：

    ```
    mov   al,65            ; 范围限制: 0 ~ 99
    call  showDecimal8
    ```

14. 挑战：假设两个未知的 ASCII 十进制数字相加，其结果 0072h 在 AX 中，且辅助进位标志置 1。用 Intel 64 和 IA-32 指令集参考手册来判断 AAA 指令会产生怎样的输出，并对答案给予解释。
15. 挑战：假设给定 n 和 y 的值，在只能使用 SUB、MOV 和 AND 指令的条件下，展示如何计算 x=n mod y。可以假设 n 为任意的 32 位无符号整数，y 为 2 的幂。
16. 挑战：编写代码计算 EAX 寄存器中有符号整数的绝对值，要求只能使用 SAR、ADD 和 XOR 指令（不能使用有条件跳转）。提示：对一个数取负数可通过将该数加 −1，然后对结果求反码来实现。此外，如果一个整数与全 1 进行 XOR 运算，则其为 1 的位被取反；而如果一个整数与全 0 进行 XOR 运算，则该整数不变。
17. 编写含两条指令的序列，将 AX 中的最低位移入到 BX 的最高位，但不能使用 SHRD 指令。然后，使用 SHRD 完成同样的操作。
18. 挑战：编写一个 `CountBits` 过程，计算 EBX 寄存器中 1 的个数，并将得到的计数值存入 EAX 寄存器。
19. 挑战：计算 EAX 中 32 位数的奇偶性的一种方法是：使用循环将每个位移入到进位标志中，并累加进位标志被置 1 的次数。编写代码实现该方法，并相应地设置奇偶标志。

7.10 编程练习

★ 1. 显示 ASCII 十进制数

编写名为 `WriteScaled` 的过程，输出隐含十进制小数点的 ASCII 十进制数。假设数据定义

如下,其中 DECIMAL_OFFSET 表示十进制小数点必须插在数据右起的第 5 位上:

```
DECIMAL_OFFSET = 5
.data
decimal_one BYTE "100123456789765"
```

WrireSclaed 显示的数据如下所示:

1001234567.89765

当调用 WrireSclaed 时,传递的参数为:EDX 为数的偏移量,ECX 为数的长度,EBX 为小数点的偏移量。编写测试程序,向 WriteSclaed 过程传递三个不同大小的数。

★ **2. 扩展减法过程**

编写名为 Extended_Sub 的过程,实现任意大小的两个二进制整数的减法。这两个整数的存储空间大小必须相同,且为 32 位的倍数。编写测试程序向该过程传递若干个整数对,每个数至少 10 个字节长。

★★ **3. 压缩十进制转换**

编写名为 PackedToAsc 的过程,将 4 字节的压缩十进制整数转换为 ASCII 十进制数字字符串。向过程传递压缩整数和存放 ASCII 数字的缓冲区地址。编写一个简短的测试程序,向过程传递至少 5 个压缩十进制整数。

★★ **4. 利用循环移位操作进行加密**

编写一个过程,通过将明文的每个字节向不同方向循环移动不同的位数来对其进行简单加密。例如,下面的数组表示一个密钥,负数表示循环左移,正数表示循环右移。每个位置的整数表示循环移动的位数:

```
key BYTE -2, 4, 1, 0, -3, 5, 2, -4, -4, 6
```

该过程对明文消息进行循环,并将密钥分配给消息的前 10 个字节。明文每个字节循环移位的次数由其对应的密钥值来指定。然后,再将密钥分配给消息的下一组 10 个字节,并重复前述过程。编写测试程序,用两组不同的数据集调用加密过程两次,以对其进行测试。

★★★ **5. 素数**

编写程序,使用埃拉托色尼筛选法生成 2~1000 之间的所有素数并显示所有找到的素数值。可以在互联网上找到很多相关文章。

★★★ **6. 最大公约数**

两个整数的最大公约数(Greatest Common Divisor,GCD)是指能整除这两个数的最大整数。求最大公约数的算法涉及在循环中进行整数除法,如下面的伪代码所示:

```
int GCD(int x, int y)
{
    x = abs(x)                    // 绝对值
    y = abs(y)
    do {
        int n = x % y
        x = y
        y = n
    } while (y > 0)
    return x
}
```

用汇编语言实现该函数,并编写测试程序,调用该函数若干次,每次向其传递不同的数值,并在屏幕上显示全部结果。

★★★ **7. 按位乘法**

编写名为 BitwiseMultiply 的过程,仅使用移位和加法指令,实现任意 32 位无符号整数与 EAX 相乘。过程用 EBX 寄存器传递整数,用 EAX 寄存器返回乘积。编写简单的测试程序,调用该过程并显示乘积（假设乘积不会超过 32 位）。编写该程序有相当的挑战性。一种可能的方法是使用循环将乘数右移，并跟踪记录在进位标志被置 1 之前移动发生的次数，然后将该移动次数运用到 SHL 指令中，且将被乘数作为目的操作数。重复该过程，直至乘数中最后一个为 1 的位。

★★★ 8. **压缩整数的加法**

扩展 7.6.1 节的 AddPacked 过程，使其实现两个任意大小（但长度必须相同）的压缩十进制整数的加法。编写测试程序，向 AddPacked 传递若干对整数：4 字节的、8 字节的及 16 字节的。建议用如下的寄存器向过程传递参数：

ESI—指向第一个数的指针
EDI—指向第二个数的指针
EDX—指向和数的指针
ECX—相加的字节数

第 8 章
Assembly Language for x86 Processors, Eighth Edition

高级过程

8.1 引言

本章将介绍子例程调用的底层结构，重点关注运行时堆栈。第 5 章将运行时堆栈（以下简称为堆栈）描述为由 CPU 直接管理的内存数组，用于跟踪记录子例程的返回地址、过程参数、局部变量，以及其他与子例程相关的数据。本章的内容对 C 和 C++ 程序员是有益的，因为对运行在操作系统或设备驱动程序层的低层例程进行调试时，他们经常要检查堆栈中的内容。

大多数现代编程语言在调用子例程之前都会将子例程的参数压入堆栈。同样，子例程也通常把它们的局部变量保存到堆栈。本章学习的详细内容与 C++ 和 Java 知识相关，将展示如何以数值或引用的形式传递参数，如何创建和撤销局部变量，以及如何实现递归。在本章结束时，将解释 Microsoft 汇编语言文档（MASM）所使用的不同内存模型和语言说明符。参数既可以用寄存器传递也可以用堆栈传递。在 64 位模式下，Microsoft 确立了 Microsoft x64 调用规约。

编程语言用不同的术语指代子例程。例如，在 C 和 C++ 中，子例程被称为函数（function）。在 Java 中，被称为方法（method）。在 MASM 中，则被称为过程（procedure）。在本章开始，当提到一般原则时，使用泛称子例程（subroutine），而在提到具体汇编语言代码示例时，使用术语过程指代子例程。本章后面的部分将展示典型子例程调用的低层实现，这些子例程调用可能会出现在 C 和 C++ 中。

主调程序向子例程传递的数值，称为实参（argument）。当这些数值由被调子例程接收时，称为形参（parameter）。

8.2 堆栈帧

8.2.1 堆栈参数

在之前的章节中，子例程接收的是寄存器参数，比如在 Irvine32 链接库中就是如此。本章将展示子例程如何用堆栈接收参数。在 32 位模式下，堆栈参数（stack parameter）总是由 Windows API 函数使用。而在 64 位模式下，Windows 函数接收的是寄存器参数和堆栈参数的组合。

堆栈帧（stack frame）或称活动记录（activation record）是一块堆栈的保留区域，用于存放被传递的参数、子例程的返回地址、局部变量以及被保存的寄存器。创建堆栈帧的步骤如下：

1. 如果有被传递的参数，则将其压入堆栈。
2. 调用子例程，使该子例程的返回地址被压入堆栈。
3. 当子例程开始执行时，EBP 被压入堆栈。

4. 设置 EBP 等于 ESP。从这时开始，EBP 就作为该子例程所有参数的引用基址。
5. 如果有局部变量，就递减 ESP 以便在堆栈中为这些变量预留空间。
6. 如果需要保存寄存器，就将其压入堆栈。

程序的内存模型及其对参数传递规约的选择直接影响堆栈帧的结构。

学习使用堆栈传递参数有个好的理由：几乎所有的高级语言都使用它们。例如，如果想在 32 位 Windows 应用编程接口中调用函数，就必须用堆栈传递参数。而 64 位程序则使用不同的参数传递规约，我们将在第 11 章讨论。

8.2.2 寄存器参数的缺点

多年来，Microsoft 在 32 位程序中采用的一种参数传递规约，称为 fastcall。如同这个名字所暗示的，只要在调用子例程之前简单地将参数放入寄存器中，就会提升某些运行效率。另一种方式是将参数压入堆栈，但执行得慢一些。典型的参数寄存器包括 EAX、EBX、ECX 和 EDX，不常用的有 EDI 和 ESI。遗憾的是，这些寄存器也用于存放数据值，如循环计数值以及参与计算的操作数。因此，在被过程调用之前，任何作为参数的寄存器必须先被压入堆栈，然后再向其赋值过程参数，并且在过程返回后恢复其原始值。例如，下面是从 Irvine32 链接库中调用 DumpMem 的示例：

```
    push    ebx                     ;保存寄存器值
    push    ecx
    push    esi
    mov     esi,OFFSET array        ;起始偏移量
    mov     ecx,LENGTHOF array      ;大小，按单元数计
    mov     ebx,TYPE array          ;双字格式
    call    DumpMem                 ;显示内存
    pop     esi                     ;恢复寄存器值
    pop     ecx
    pop     ebx
```

这些额外的入栈和出栈操作不仅会让代码混乱，还有可能消除性能优势，而这些优势正是通过使用寄存器参数所期望获得的！此外，程序员还要非常小心地将 PUSH 与相应的 POP 进行匹配，即使代码存在多个执行路径时也要如此。例如，在下面的代码中，如果第 8 行的 EAX 等于 1，那么过程在第 17 行就不会返回到其主调程序，原因是三个寄存器的值还留在堆栈中。

```
 1:    push    ebx                     ;保存寄存器值
 2:    push    ecx
 3:    push    esi
 4:    mov     esi,OFFSET array        ;起始偏移量
 5:    mov     ecx,LENGTHOF array      ;大小，按单元数计
 6:    mov     ebx,TYPE array          ;双字格式
 7:    call    DumpMem                 ;显示内存
 8:    cmp     eax,1                   ;错误标志被置位？
 9:    je      error_exit              ;被置位，退出
10:
11:    pop     esi                     ;恢复寄存器值
12:    pop     ecx
13:    pop     ebx
14:    ret
15:    error_exit:
16:    mov     edx,offset error_msg
17:    ret
```

应该意识到，这样的错误不容易定位，除非是耗费很多时间检查代码。

堆栈参数提供了一种灵活的途径，而不需要寄存器参数，只要在调用子例程之前，将参数压入堆栈即可。例如，如果 DumpMem 使用了堆栈参数，就可以用如下代码对其进行调用：

```
push    TYPE array
push    LENGTHOF array
push    OFFSET array
call    DumpMem
```

在调用子例程时，两种常规类型的参数会被压入堆栈：

- 值参数（变量和常量的值）
- 引用参数（变量的地址）

值传递　当一个参数通过数值传递时，该值的副本会被压入堆栈。假设调用一个名为 AddTwo 的子例程，向其传递两个 32 位整数：

```
.data
val1    DWORD 5
val2    DWORD 6
.code
push    val2
push    val1
call    AddTwo
```

在执行 CALL 指令前，堆栈如下图所示：

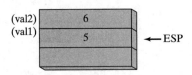

用 C++ 编写的等效函数调用则为

```
int sum = AddTwo( val1, val2 );
```

观察发现，参数以相反的顺序压入堆栈，这是 C 和 C++ 语言的规约。

引用传递　通过引用来传递的参数包含的是对象的地址（偏移量）。下面的语句调用 Swap，并通过引用传递了两个参数：

```
push    OFFSET val2
push    OFFSET val1
call    Swap
```

在调用 Swap 之前，堆栈如下图所示：

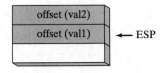

在 C/C++ 中，等效函数调用传递的是参数 val1 和 val2 的地址：

```
Swap( &val1, &val2 );
```

传递数组　高级语言总是通过引用向子例程传递数组。也就是说，它们将数组的地址压入堆栈，然后子例程从堆栈获得该地址，并用其访问数组。没有通过值来传递数组的原因显而易见，因为要将数组的每个元素分别压入堆栈，这种操作不仅速度很慢，而且会耗尽宝贵的堆栈空间。下面的语句用正确的方法向子例程 `ArrayFill` 传递了数组的偏移量：

```
.data
array   DWORD 50 DUP(?)
.code
push    OFFSET array
call    ArrayFill
```

8.2.3 访问堆栈参数

在函数调用期间，高级语言有多种方式初始化和访问参数。以 C 和 C++ 语言为例，程序以序言（prologue）开始，其中包含一些语句，用来保存 EBP 寄存器并将 EBP 指向栈顶。这些语句还可能将某些寄存器压入堆栈，并且在函数返回时恢复其值。在函数的收尾（epilogue）部分，恢复 EBP 寄存器，并用 RET 指令返回到主调程序。

AddTwo 示例　下面是用 C 编写的 AddTwo 函数，接收两个值传递的整数，并返回这两个数之和：

```
int AddTwo( int x, int y )
{
    return x + y;
}
```

现在用汇编语言实现同样的功能。在其序言部分，AddTwo 将 EBP 压入堆栈，以保存其现有值：

```
AddTwo PROC
     push   ebp
```

接下来，设置 EBP 的值等于 ESP，这样 EBP 就成为 AddTwo 堆栈帧的基址指针：

```
AddTwo PROC
     push   ebp
     mov    ebp,esp
```

执行了上面的两条指令后，堆栈帧的内容如下图所示。而形如 AddTwo（5,6）的函数调用会先把第一个参数压入堆栈，再把第二个参数压入堆栈：

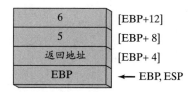

AddTwo 还可以将其他寄存器压入堆栈而不通过 EBP 改变堆栈参数的偏移量。ESP 的数值会改变，而 EBP 则不会。

基址-偏移量寻址　可以使用基址-偏移量寻址（base-offset addressing）方式访问堆栈参数。其中，EBP 是基址寄存器，偏移量是常数。通常，32 位值返回至 EAX。AddTwo 的实现如下所示，参数相加后，在 EAX 中返回它们的和数：

```
AddTwo PROC
     push   ebp
     mov    ebp,esp             ;堆栈帧的基址
     mov    eax,[ebp + 12]      ;第二个参数
     add    eax,[ebp + 8]       ;第一个参数
     pop    ebp
     ret
AddTwo ENDP
```

显式的堆栈参数

若堆栈参数的引用表达式形如 [ebp+8]，则称为显式的堆栈参数（explicit stack parameter）。该术语的含义是：汇编代码显式地将参数的偏移量声明为一个常量。有些程序员定义符号常量来表示显式的堆栈参数，以使其代码更具易读性：

```
y_param EQU [ebp + 12]
x_param EQU [ebp + 8]
AddTwo PROC
    push    ebp
    mov     ebp,esp
    mov     eax,y_param
    add     eax,x_param
    pop     ebp
    ret
AddTwo ENDP
```

清理堆栈

子例程返回时，必须将参数从堆栈中清除。否则将导致内存泄露，堆栈就会被破坏。例如，假设下面的语句在 main 中调用 AddTwo：

```
push    6
push    5
call    AddTwo
```

假设 AddTwo 有两个参数留在堆栈中，下图所示为调用返回后的堆栈：

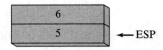

main 内部试图忽略这个问题，并希望程序能正常结束。但是，如果循环调用 AddTwo，堆栈就会溢出。因为每次调用都会占用 12 个字节的堆栈空间——每个参数需要 4 个字节，再加上 4 个字节留给 CALL 指令的返回地址。如果在 main 中调用 Example1，而 Example1 又调用 AddTwo，就会导致更严重的问题：

```
main PROC
    call    Example1
    exit
main ENDP

Example1 PROC
    push    6
    push    5
    call    AddTwo
    ret                     堆栈被破坏！
Example1 ENDP
```

当 Example1 中的 RET 指令将要执行时，ESP 指向整数 5 而不是能将其带回 main 的返回地址：

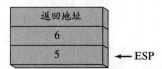

RET 指令将数值 5 加载到指令指针寄存器，并试图将控制转移到内存地址为 5 的位置。假设这个地址在程序代码的边界之外，则处理器将发出运行时异常，通知 OS 终止程序。

8.2.4 32 位调用规约

本节将给出 Windows 环境中两种最常用的 32 位编程调用规约。调用规约（calling convention）就是在调用子例程和从子例程返回时，传递参数和清理堆栈的标准顺序。首先，C 调用规约（C calling convention）由 C 编程语言确立，C 语言曾用于创建 Unix 和 Windows。然后，是 STDCALL 调用规约（STDCALL calling convention），它描述了调用 Windows API 函数的协议。这两种规约都是重要的，因为在 C 和 C++ 程序中会调用汇编函数，而汇编语言程序也会调用许多 Windows API 函数。

C 调用规约　　C 调用规约用于 C 和 C++ 编程语言。子例程的参数按逆序压入堆栈，因此，C 程序在做如下的函数调用时，先将 B 压入堆栈，再将 A 压入堆栈：

```
AddTwo( A, B )
```

C 调用规约用一种简单的方法来解决堆栈清理问题：当程序调用子例程时，在 CALL 指令的后面紧跟一条语句使堆栈指针（ESP）加上一个数，该数的值等于子例程参数所占堆栈空间的总和。下面的例子在执行 CALL 指令之前，将两个参数（5 和 6）压入堆栈：

```
Example1 PROC
    push    6
    push    5
    call    AddTwo
    add     esp,8               ;从堆栈中清理参数
    ret
Example1 ENDP
```

因此，用 C/C++ 编写的程序总是在子例程返回后，在主调程序中将参数从堆栈中移除。

STDCALL 调用规约　　另一种从堆栈删除参数的常用方法是使用 STDCALL 规约。如下所示的 AddTwo 过程给 RET 指令提供了一个整数参数，这使得在返回到主调过程后，ESP 会加上数值 8。这个整数必须与过程参数占用的堆栈空间字节数相等：

```
AddTwo PROC
    push    ebp
    mov     ebp,esp             ;堆栈帧的基址
    mov     eax,[ebp + 12]      ;第二个参数
    add     eax,[ebp + 8]       ;第一个参数
    pop     ebp
    ret     8                   ;清理堆栈
AddTwo ENDP
```

需要指出的是，STDCALL 与 C 相似，参数是按逆序入栈的。通过在 RET 指令中加入参数，STDCALL 减少了子例程调用产生的代码量（减少了一条指令），并确保主调程序永远不会忘记清理堆栈。另一方面，C 调用规约允许子例程声明不同数量的参数，而主调者可以决定传递多少个参数。C 语言的 `printf` 函数就是一个例子，其参数数量取决于初始字符串参数中格式说明符的个数：

```
int x = 5;
float y = 3.2;
char z = 'Z';
printf("Printing values: %d, %f, %c", x, y, z);
```

C 编译器将参数按逆序压入堆栈。函数的实现没有一个简便的方式对 RET 指令中的常量进行编码以清理堆栈。因此，这个责任就留给了主调者。

当调用 32 位 Windows API 函数时，Irvine32 链接库使用 STDCALL 调用规约。而

Irvine64 链接库使用的是 x64 调用规约。

> 以下，我们假设所有过程示例都使用 STDCALL，除非明确说明使用了其他规约。

保存和恢复寄存器

子例程常常在修改寄存器之前将其当前内容保存到堆栈。这是一个好的做法，因为可以在子例程返回之前恢复寄存器的原始值。理想情况下，相关寄存器应在设置 EBP 等于 ESP 之后被压入堆栈，这有助于避免修改当前堆栈参数的偏移量。例如，假设下面的过程 MySub 有一个堆栈参数。在 EBP 被设置为堆栈帧基址后，ECX 和 EDX 入栈，然后将该堆栈参数装入 EAX：

```
MySub PROC
    push    ebp                 ;保存基址指针
    mov     ebp,esp             ;堆栈帧的基址
    push    ecx
    push    edx                 ;保存 EDX
    mov     eax,[ebp+8]         ;获取堆栈参数
    .
    .
    pop     edx                 ;恢复被保存的寄存器
    pop     ecx
    pop     ebp                 ;恢复基址指针
    ret                         ;清理堆栈
MySub ENDP
```

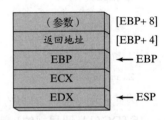

图 8-1　MySub 过程的堆栈帧

EBP 被初始化后，在整个过程期间内容保持不变。ECX 和 EDX 的入栈不会影响到已入栈参数与 EBP 之间的位移量，因为堆栈在 EBP 的下面增长（如图 8-1 所示）。

8.2.5　局部变量

高级语言中，在单个子例程内部创建、使用和撤销的变量被称为局部变量（local variable）。局部变量在堆栈上创建，通常位于基址指针（EBP）之下。虽然在汇编时不能给它们分配默认值，但是能在运行时对其进行初始化。可以在汇编语言中使用与 C 和 C++ 相同的技术创建局部变量。

示例　下面的 C++ 函数声明了局部变量 X 和 Y：

```
void MySub()
{
    int X = 10;
    int Y = 20;
}
```

如果这段代码被编译为机器语言，就能看出局部变量是如何分配的。每个堆栈项都默认为 32 位，因此，每个变量的存储大小都要向上取整为 4 的倍数。两个局部变量一共要保留 8 个字节：

变量	字节数	堆栈偏移量
X	4	EBP-4
Y	4	EBP-8

下面 MySub 函数的反汇编结果（由调试器显示）展示了 C++ 程序如何创建局部变量、如何对局部变量赋值，以及如何从堆栈中删除这些局部变量。该例使用了 C 调用规约：

```
MySub PROC
    push    ebp
    mov     ebp,esp
    sub     esp,8                   ;创建局部变量
    mov     DWORD PTR [ebp-4],10    ;X
    mov     DWORD PTR [ebp-8],20    ;Y
    mov     esp,ebp                 ;从堆栈中删除局部变量
    pop     ebp
    ret
MySub ENDP
```

初始化局部变量后，函数的堆栈帧如图 8-2 所示

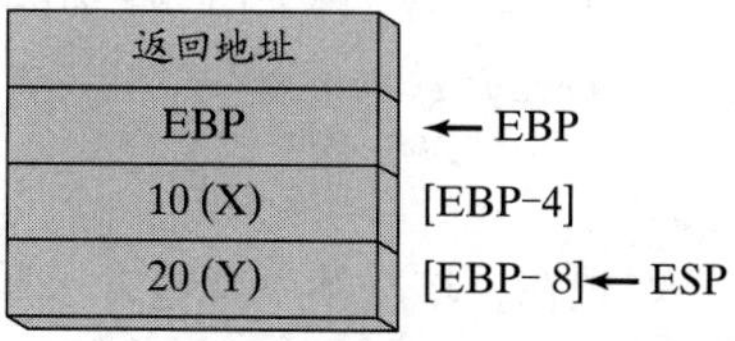

结束前，函数通过将 EBP 的值赋给堆栈指针以完成对其重置，该操作的结果就是将局部变量从堆栈中删除：

```
    mov     esp,ebp                 ;从堆栈中删除局部变量
```

返回地址	
EBP	← EBP
10 (X)	[EBP-4]
20 (Y)	[EBP-8] ← ESP

图 8-2　创建局部变量后的堆栈帧

如果省略这一步，POP EBP 指令就会将 EBP 置为 20，而 RET 指令就会分支到内存地址为 10 的位置，导致程序因出现处理器异常而停止。以下版本的 MySub 就是这种情况：

```
MySub PROC
    push    ebp
    mov     ebp,esp
    sub     esp,8                   ;创建局部变量
    mov     DWORD PTR [ebp-4],10    ;X
    mov     DWORD PTR [ebp-8],20    ;Y
    pop     ebp
    ret                             ;返回到无效地址！
MySub ENDP
```

局部变量符号　为了使程序更易读，可以为每个局部变量的偏移量定义一个符号，并在代码中使用：

```
X_local EQU DWORD PTR [ebp-4]
Y_local EQU DWORD PTR [ebp-8]
MySub PROC
    push    ebp
    mov     ebp,esp
    sub     esp,8                   ;为局部变量保留空间
    mov     X_local,10              ;X
    mov     Y_local,20              ;Y
    mov     esp,ebp                 ;从堆栈中删除局部变量
    pop     ebp
    ret
MySub ENDP
```

8.2.6　引用参数

引用参数（reference parameter）通常由过程用基址 – 偏移量寻址（从 EBP）方式进行访问。由于每个引用参数都是一个指针，故通常作为一个间接操作数放入寄存器中。例如，假设堆栈地址 [ebp+12] 处存放了一个数组指针，则下面的语句将该指针复制到 ESI 中：

```
    mov esi,[ebp+12]                ;指向数组
```

ArrayFill 示例　下面将要展示的 `ArrayFill` 过程用 16 位整数的伪随机序列填充数组。它接收两个参数：指向数组的指针和数组长度。第一个为引用传递，第二个为值传递。调用

示例如下：

```
.data
count = 100
array WORD count DUP(?)
.code
    push    OFFSET array
    push    count
    call    ArrayFill
```

在 `ArrayFill` 内部，用如下的序言代码对堆栈帧指针（EBP）进行了初始化：

```
ArrayFill PROC
    push    ebp
    mov     ebp,esp
```

现在，堆栈帧中就包含了数组的偏移量、数量、返回地址以及保存的 EBP：

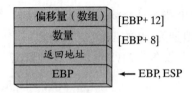

`ArrayFill` 保存通用寄存器，获取参数，并填充数组：

```
ArrayFill PROC
    push    ebp
    mov     ebp,esp
    pushad                          ;保存寄存器
    mov     esi,[ebp+12]            ;数组偏移量
    mov     ecx,[ebp+8]             ;数组长度
    cmp     ecx,0                   ;ECX == 0?
    je      L2                      ;是：跳过循环
L1:
    mov     eax,10000h              ;随机数范围 0-FFFFh
    call    RandomRange             ;该过程来自链接库
    mov     [esi],ax                ;在数组中插入值
    add     esi,TYPE WORD           ;指向下一个元素
    loop    L1
L2: popad                           ;恢复寄存器
    pop     ebp
    ret     8                       ;清理堆栈
ArrayFill ENDP
```

8.2.7 LEA 指令

LEA 指令返回间接操作数的地址。由于间接操作数包含一个或多个寄存器，因此在运行时才计算其偏移量。为了展示如何使用 LEA，现在来看下面的 C++ 程序，该程序声明了一个局部字符数组 `myString`，并引用它为数组赋值：

```
void makeArray( )
{
    char myString[30];
    for( int i = 0; i < 30; i++ )
        myString[i] = '*';
}
```

与之等效的汇编语言代码在堆栈中为 myString 分配空间，并将地址赋值给 ESI，ESI 即

作为一个间接操作数。虽然数组只有 30 个字节，但是 ESP 还是递减了 32 以对齐到双字边界。现在注意如何用 LEA 将数组地址赋值给 ESI：

```
makeArray PROC
    push    ebp
    mov     ebp,esp
    sub     esp,32              ;myString 位于 EBP-30 处
    lea     esi,[ebp-30]        ;装入 myString 的地址
    mov     ecx,30              ;循环计数器
L1: mov     BYTE PTR [esi],'*'  ;填充一个位置
    inc     esi                 ;指向下一个元素
    loop    L1                  ;继续循环，直至 ECX = 0
    add     esp,32              ;删除数组（恢复 ESP）
    pop     ebp
    ret
makeArray ENDP
```

用 OFFSET 获取堆栈参数的地址是不可能的，因为 OFFSET 只适用于编译时的已知地址。下面的语句无法汇编：

```
mov    esi,OFFSET [ebp-30]      ;错误
```

8.2.8 ENTER 和 LEAVE 指令

ENTER 指令为被调过程自动创建堆栈帧。它为局部变量保留堆栈空间，并将 EBP 保存到堆栈。具体来说，它执行三个动作：

- 将 EBP 压入堆栈（push ebp）
- 将 EBP 设置为堆栈帧的基址（mov ebp, esp）
- 为局部变量保留空间（sub esp, numbytes）

ENTER 有两个操作数：第一个是常量，指定为局部变量保留堆栈空间的字节数；第二个指定过程的词法嵌套级（lexical nesting level）。

```
mov    esi,OFFSET [ebp-30]      ;错误
```

这两个操作数都是立即数。numbytes 总是向上舍入为 4 的倍数，使 ESP 对齐到双字边界。nestinglevel 确定从主调过程的堆栈帧复制到当前堆栈帧的堆栈帧指针的个数。在示例程序中，nestinglevel 总为 0。Intel 手册解释了 ENTER 指令如何在模块结构化语言中支持多级嵌套。

示例 1 下面的例子声明了一个没有局部变量的过程：

```
MySub PROC
    enter 0,0
```

它与如下指令等效：

```
MySub PROC
    push    ebp
    mov     ebp,esp
```

示例 2 ENTER 指令为局部变量保留了 8 个字节的堆栈空间：

```
MySub PROC
    enter 8,0
```

它与如下指令等效：

```
MySub PROC
    push    ebp
    mov     ebp,esp
    sub     esp,8
```

图 8-3 为执行 ENTER 指令前后的堆栈帧示意图。

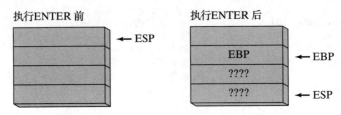

图 8-3　执行 ENTER 指令前后的堆栈帧示意图

> 如果使用 ENTER 指令，那么，强烈建议在同一个过程的结尾处使用 LEAVE 指令。否则，为局部变量创建的堆栈空间不会被释放。这将会导致 RET 指令从堆栈中弹出错误的返回地址。

LEAVE 指令　LEAVE 指令结束一个过程的堆栈帧。它与之前 ENTER 指令的操作相反，即恢复过程被调用时 ESP 和 EBP 的值。再次以 MySub 过程为例，可编码如下：

```
MySub PROC
    enter   8,0
    .
    .
    leave
    ret
MySub ENDP
```

下面是与之等效的指令序列，其功能是为局部变量保留和删除 8 个字节的空间：

```
MySub PROC
    push    ebp
    mov     ebp,esp
    sub     esp,8
    .
    .
    mov     esp,ebp
    pop     ebp
    ret
MySub ENDP
```

8.2.9　LOCAL 伪指令

可以猜测，Microsoft 创建 LOCAL 伪指令是作为 ENTER 指令的高级替代。LOCAL 通过名字声明一个或多个变量，并赋予其大小属性（另一方面，ENTER 只是为局部变量保留一块未命名的堆栈空间）。若使用 LOCAL 伪指令，则它必须出现在紧跟 PROC 伪指令后面的行上。其语法如下所示：

```
LOCAL varlist
```

varlist 是变量定义的列表，用逗号分隔表项，可跨越多行。每个变量定义采用如下形式：

```
label:type
```

其中，标号可以为任意有效的标识符，类型可以是标准类型（WORD、DWORD等），也可以是用户定义类型（结构和其他用户定义类型将在第 10 章加以描述）。

示例　MySub 过程包含一个局部变量 var1，其类型为 BYTE：

```
MySub PROC
    LOCAL var1:BYTE
```

BubbleSort 过程包含一个双字局部变量 temp 和一个类型为 BYTE 的变量 SwapFlag：

```
BubbleSort PROC
    LOCAL temp:DWORD, SwapFlag:BYTE
```

Merge 过程包含一个类型为 PTR WORD 的局部变量 pArray，它是一个指向 16 位整数的指针：

```
Merge PROC
    LOCAL pArray:PTR WORD
```

局部变量 TempArray 是一个包含 10 个双字的数组。注意用方括号表示数组的大小：

```
LOCAL TempArray[10]:DWORD
```

MASM 代码生成

当使用 LOCAL 伪指令时，查看 MASM 生成的代码是个好主意。下面的过程 Example1 包含一个双字局部变量：

```
Example1 PROC
    LOCAL temp:DWORD
    mov    eax,temp
    ret
Example1 ENDP
```

MASM 为 Example1 生成如下代码，展示了如何通过将 ESP 减去 4 为双字变量预留空间：

```
push   ebp
mov    ebp,esp
add    esp,0FFFFFFFCh        ;将 -4 加到 ESP
mov    eax,[ebp-4]
leave
ret
```

Example1 的堆栈帧示意图如下所示：

8.2.10　Microsoft x64 调用规约

Microsoft 在 64 位编程中遵循统一的方案来进行参数传递和调用子例程，即 Microsoft x64 调用规约。该规约既用于 C 和 C++ 编译器，也用于 Windows API 库。仅在调用 Windows 函数，或调用 C 及 C++ 函数时，才使用该调用规约。其特点和要求如下所示：

1. 由于地址长度为 64 位，因此 CALL 指令将 RSP（堆栈指针）寄存器的值减去 8。
2. 第一批传递给子例程的四个参数依次存放于寄存器 RCX、RDX、R8 和 R9 中。因此，如果只传递一个参数，它就会被放入 RCX；如果还有第二个参数，它就会被放入 RDX，以此类推。其他参数按照从左到右的顺序入栈。

3. 长度小于 64 位的参数不进行零扩展，因此，其高位的值是不确定的。
4. 如果返回值是长度小于或等于 64 位的整数，则它必须在 RAX 寄存器中返回。
5. 主调程序负责在堆栈中分配至少 32 个字节的影子空间，以便被调子例程可以有选择地将寄存器参数保存在该区域中。
6. 调用子例程时，堆栈指针（RSP）必须对齐到 16 字节的边界。CALL 指令将 8 个字节的返回地址压入堆栈，因此，主调程序除了将堆栈指针减去 32 以存放寄存器参数之外，还要减去 8。
7. 被调子例程结束后，主调程序从堆栈中移除所有的参数和影子空间。
8. 大于 64 位的返回值被置于堆栈中，由 RCX 指向其位置。
9. 寄存器 RAX、RCX、RDX、R8、R9、R10 及 R11 常被子例程改变，因此，如果主调程序要想保存它们的值，应在调用子例程之前将它们压入堆栈，之后再从堆栈弹出。
10. 寄存器 RBX、RBP、RDI、RSI、R12、R13、R14 及 R15 的值必须由子例程保存。

8.2.11 本节回顾

1. 判断真假：子例程的堆栈帧总是包含主调程序的返回地址和子例程的局部变量。
   a. 真　　　　　　　　b. 假
2. 判断真假：数组通过引用来传递，以避免被复制到堆栈。
   a. 真　　　　　　　　b. 假
3. 判断真假：子例程的序言代码总是将 EBP 压入堆栈。
   a. 真　　　　　　　　b. 假
4. 判断真假：局部变量是通过对堆栈指针加上一个正数值来创建的。
   a. 真　　　　　　　　b. 假
5. 判断真假：在 32 位模式下，子例程调用中最后要入栈的参数保存在 EBP+8 的位置。
   a. 真　　　　　　　　b. 假
6. 判断真假：引用传递意味着将参数的地址保存在运行时堆栈中。
   a. 真　　　　　　　　b. 假
7. 堆栈参数的两种常见类型是什么？
   a. 局部参数和全局参数　　　　　　b. 值参数和引用参数
   c. 堆栈帧和活动记录参数　　　　　d. 指针参数和引用参数
8. 考虑下面的 C 语言函数 MySub：
   ```
   void MySub( int a, int b ) { . . . }
   ```
   假设要用汇编语言实现等效的过程，并以下面的几行语句开始：
   ```
   MySub PROC
         push  ebp
         mov   ebp,esp
   ```
   MOV 指令后，有多少个 32 位双字被保存到运行时堆栈？

8.3 递归

递归子例程（recursive subroutine）是指直接或间接调用自身的子例程。递归（recursion），即调用递归子例程的操作，在处理具有重复模式的数据结构时，是一个强大的工具。例如链表和各种类型的连接图，程序都需要重新追踪其路径。

无限递归　递归中最显而易见的类型是子例程调用自身。例如，下面的程序包含一个名

为 Endless 的过程,它不停地重复调用自身:

```
;无限递归                              (Endless.asm)
INCLUDE Irvine32.inc
.data
endlessStr BYTE "This recursion never stops",0
.code
main PROC
    call    Endless
    exit
main ENDP
Endless PROC
    mov     edx,OFFSET endlessStr
    call    WriteString
    call    Endless
    ret                                ;永不执行
Endless ENDP
END main
```

当然,该例没有任何实用价值。每次过程调用自身时,都会占用 4 个字节的堆栈空间,使 CALL 指令将返回地址压入堆栈。RET 指令永远不会执行,堆栈溢出时程序终止。

8.3.1 递归求和

有用的递归子例程总是包含终止条件。当终止条件为真时,程序执行所有待处理的 RET 指令后,堆栈得到释放。举例说明,考虑一个递归过程 CalcSum,它执行整数 1 到 n 的求和,其中 n 是通过 ECX 传递的输入参数。CalcSum 用 EAX 返回和数:

```
;整数求和                              (RecursiveSum.asm)
INCLUDE Irvine32.inc
.code
main PROC
    mov     ecx,5              ;计数值 =5
    mov     eax,0              ;存放和数
    call    CalcSum            ;计算和数
L1: call    WriteDec           ;显示 EAX
    call    Crlf               ;换行
    exit
main ENDP

;-----------------------------------------------------
CalcSum PROC
;计算整数列表的和数
;接收: ECX= 计数值
;返回: EAX= 和数
;-----------------------------------------------------
    cmp     ecx,0              ;检查计数值
    jz      L2                 ;若为零,则退出
    add     eax,ecx            ;否则,加到和数上
    dec     ecx                ;计数值递减
    call    CalcSum            ;递归调用
L2: ret
CalcSum ENDP
end Main
```

CalcSum 的开始两行检查计数值,若 ECX=0,则退出该过程,代码跳过后续的递归调用。当第一次遇到 RET 指令时,返回到前一次对 CalcSum 的调用,而该调用再返回到它的前一次调用,依序前推。表 8-1 给出了 CALL 指令压入堆栈的返回地址(用标号表示),以及与之相应的 ECX(计数值)和 EAX(和数)的值。

表 8-1 堆栈帧和寄存器（CalcSum）

压入堆栈	ECX 的值	EAX 的值	压入堆栈	ECX 的值	EAX 的值
L1	5	0	L2	2	12
L2	4	5	L2	1	14
L2	3	9	L2	0	15

即使是一个简单的递归过程也会使用大量的堆栈空间。每次过程调用发生时最少占用 4 个字节的堆栈空间，因为必须要把返回地址保存到堆栈。

8.3.2 计算阶乘

递归子例程常用堆栈参数来保存临时数据。当递归调用返回时，保存在堆栈中的数据就有用了。下面的例子是计算整数 n 的阶乘。阶乘（factorial）算法计算 n！，其中 n 是无符号整数。第一次调用 factorial 函数时，参数 n 就是初始数值。下面给出的是用 C/C++/Java 语法编写的代码：

```
int function factorial(int n)
{
    if(n == 0)
      return 1;
    else
      return n * factorial(n-1);
}
```

给定任意 n，即可计算 n-1 的阶乘。这样就可以不断减少 n，直到其等于 0。根据定义，0！= 1。在回溯到原始表达式 n！的过程中，就会累积每次乘法产生的乘积。比如计算 5！的递归算法如图 8-4 所示，左列为算法递进过程，右列为算法回溯过程。

示例程序 下面的汇编语言程序包含了过程 Factorial，它用递归来计算阶乘。我们通过堆栈将 n（0 ~ 12 之间的无符号整数）传递给过程 Factorial，返回值在 EAX 中。由于 EAX 是 32 位寄存器，因此，它能容纳的最大阶乘为 12！（479 001 600）。

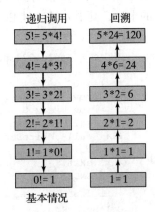

图 8-4 阶乘函数的递归调用

```
;计算阶乘                                      (Fact.asm)
INCLUDE Irvine32.inc
.code
main PROC
    push    5                     ;计算 5！
    call    Factorial             ;计算阶乘 (EAX)
    call    WriteDec              ;显示结果
    call    Crlf
    exit
main ENDP

;-----------------------------------------------
Factorial PROC
;计算阶乘。
;接收: [epd+8]=n，要计算阶乘的数
;返回: eax=n 的阶乘
;-----------------------------------------------
    push    ebp
```

```
            mov     ebp,esp
            mov     eax,[ebp+8]             ;获取 n
            cmp     eax,0                   ;n>0？
            ja      L1                      ;是：继续
            mov     eax,1                   ;否：返回 1 作为 0！的值
            jmp     L2                      ;并返回到主调程序
    L1:     dec     eax
            push    eax
            call    Factorial               ;Factorial(n-1)
    ；以下指令在每次递归调用返回时执行。

    ReturnFact:
            mov     ebx,[ebp+8]             ;获取 n
            mul     ebx                     ;EDX: EAX=EAX*EBX
    L2:     pop     ebp                     ;返回 EAX
            ret     4                       ;清理堆栈
    Factorial ENDP
    END main
```

现在通过跟踪初始值 $N=3$ 的调用过程，来仔细考察 Factorial。按照其程序说明，Factorial 将返回结果赋值给 EAX 寄存器：

```
    push 3
    call Factorial                          ; EAX = 3!
```

Factorial 过程接收一个堆栈参数 N 为初始值，以决定计算哪个数的阶乘。主调程序的返回地址由 CALL 指令自动压入堆栈。Factorial 做的第一件事是将 EBP 压入堆栈，以保存主调程序堆栈的基址指针：

```
    Factorial PROC
        push ebp
```

然后，它必须将 EBP 设置为当前堆栈帧的起始地址：

```
    mov     ebp,esp
```

现在，EBP 和 ESP 都指向栈顶，堆栈包含的堆栈帧如下图所示。其中包含了参数 N、主调程序的返回地址，以及被保存的 EBP 值：

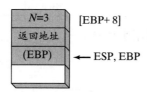

由上图可知，要从堆栈中获取 N 并装入 EAX，代码需要将 EBP 加 8 后进行基址–偏移量寻址：

```
    mov eax,[ebp+8]         ;获取 n
```

然后，代码检查基本情况（base case），即停止递归的条件。如果 N（EAX 当前值）等于 0，则函数返回 1，即 0！的定义值。

```
    cmp     eax,0           ; is n > 0?
    ja      L1              ; 是：继续
    mov     eax,1           ; 否：返回 1 作为 0！的值
    jmp     L2              ; 并返回到主调程序
```

（稍后再查看标号 L2 处的代码。）由于当前 EAX 的值为 3，Factorial 将继续递归调用自身。首先，它从 N 中减去 1，并将新值压入堆栈。该值就作为参数传递给新调用的 Factorial：

```
L1: dec    eax
    push   eax                    ; Factorial(n - 1)
    call   Factorial
```

现在，执行转向 Factorial 的第一行，*N* 是新的值：

```
Factorial PROC
    push   ebp
    mov    ebp,esp
```

现在堆栈存放了第二个堆栈帧，其中 *N* 等于 2：

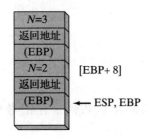

现在 *N* 的值为 2，将其装入 EAX，并与 0 比较。

```
    mov    eax,[ebp+8]            ; 当前 N=2
    cmp    eax,0                  ; 将 N 与 0 比较
    ja     L1                     ; 仍然大于 0
    mov    eax,1                  ; 不执行
    jmp    L2                     ; 不执行
```

N 大于 0，因此继续在标号 L1 处执行。

> **提示**：你可能已经注意到，之前在第一次调用 Factorial 时赋值给 EAX 的值，被新值覆盖了。这说明了一个重要问题：进行过程的递归调用时，应该注意哪些寄存器被修改了。如果需要保存这些寄存器的值，就要在递归调用之前将其压入堆栈，并在调用返回之后将其弹出堆栈。幸运的是，对于 Factorial 过程而言，在递归过程调用之间保存 EAX 的内容并不是必要的。

在 L1 处，将会用递归过程调用来计算 *N*–1 的阶乘。代码将 EAX 减 1，并将结果压入堆栈，再调用 Factorial：

```
L1: dec    eax                    ; N = 1
    push   eax                    ; Factorial(1)
    call   Factorial
```

现在，第三次进入 Factorial，堆栈中有三个活动的堆栈帧：

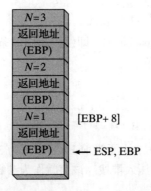

Factorial 过程将 N 与 0 比较，发现 N 大于 0，再次调用 Factorial，此时 N=0。现在堆栈包含了第四个堆栈帧，此时是最后一次进入 Factorial 过程：

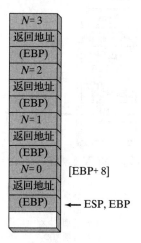

当 Factorial 用 N=0 来调用时，事情变得有趣了。下面的语句导致程序分支到标号 L2。由于 0！=1，因此数值 1 被赋值给 EAX，即 EAX 必须被赋予 Factorial 的返回值：

```
    mov  eax,[ebp+8]        ; EAX=0
    cmp  eax,0              ; n>0?
    ja   L1                 ; 是：继续
    mov  eax,1              ; 否：返回 1 作为 0！的值
    jmp  L2                 ; 并返回到主调程序
```

标号 L2 处的语句如下，它使 Factorial 返回到前一次被调用的位置：

```
L2: pop  ebp                ; 返回 EAX
    ret  4                  ; 清理堆栈
```

此时，如下图所示，最近的帧已经不在堆栈中，且 EAX 的值为 1（零的阶乘）：

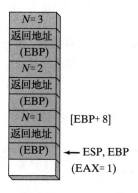

下面的代码行是 Factorial 调用的返回点。它们获取 N 的当前值（存放在堆栈 EBP+8 的位置），将其与 EAX（Factorial 调用的返回值）相乘。现在，EAX 中的乘积就是 Factorial 本次迭代的返回值：

```
ReturnFact:
    mov  ebx,[ebp+8]        ; 获取 n
    mul  ebx                ; EAX = EAX * EBX
L2: pop  ebp                ; 返回 EAX
    ret  4                  ; 清理堆栈
Factorial ENDP
```

（EDX 中乘积的高半部分为全 0，被忽略。）因此，上述代码行第一次执行时，EAX 被赋值为表达式 1×1 的乘积。当执行 RET 语句时，又一个堆栈帧被从堆栈中删除：

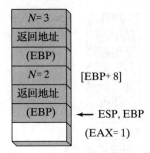

再次执行 CALL 指令后面的语句，将 N（现在等于 2）与 EAX 的值（等于 1）相乘：

```
ReturnFact:
    mov  ebx,[ebp+8]        ; 获取 n
    mul  ebx                ; EDX:EAX= EAX * EBX
L2: pop  ebp                ; 返回 EAX
    ret  4                  ; 清理堆栈
Factorial ENDP
```

现在 EAX 的值等于 2，RET 指令又从堆栈中移除一个堆栈帧：

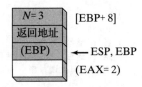

最终，CALL 指令后面的语句最后一次执行，将 N（等于 3）与 EAX 的值（等于 2）相乘：

```
ReturnFact:
    mov  ebx,[ebp+8]        ; 获取 n
    mul  ebx                ; EDX:EAX= EAX * EBX
L2: pop  ebp                ; 返回 EAX
    ret  4                  ; 清理堆栈
Factorial ENDP
```

在 EAX 中的返回值为 6，即为 3！的计算结果，这是第一次调用 Factorial 时寻求的计算。当执行 RET 指令时，最后一个堆栈帧从堆栈中移除。

8.3.3 本节回顾

1. 判断真假：完成给定的同样的任务，递归子例程使用的内存通常少于等效的非递归子例程。
    a. 真   b. 假
2. 在 Factorial 函数中，若没有运行时错误发生，则终止递归的条件是什么？
    a. 当 n 等于 0   b. 当 n 等于 1
    c. 当 n 等于 5！   d. 当堆栈为空
3. 在汇编语言编写的 Factorial 过程中，每次递归调用结束后，要执行下面的哪个指令序列？
    a. 序列：
```
L2: pop  ebp                ; 返回 EAX
    ret  4                  ; 清理堆栈
```
    b. 序列：
```
    mul  ebx                ; EDX:EAX = EAX * EBX
L2: pop  ebp                ; 返回 EAX
    ret  4                  ; 清理堆栈
```

c. 序列:

```
        mov     ebx,[ebp+8]         ; 获取 n
        mul     ebx                 ; EDX:EAX = EAX * EBX
L2:     pop     ebp                 ; 返回 EAX
        ret     4                   ; 清理堆栈
```

4. 如果试图计算 13！，则 Factorial 程序的输出会是什么？
   a. 计算结果值显示为零（0）。
   b. 计算结果值显示为 6 227 020 800。
   c. 计算结果值超过了无符号双字的范围，所以其输出不容易确定。

5. 当使用 Factorial 过程计算 n！时，下面的哪个算式能用于计算所占用堆栈空间的字节数？
   a. $(n+1) \times 8$　　　　b. $(n \times 8)$　　　　c. $(n-1) \times 12$　　　　d. $(n+1) \times 12$

8.4　INVOKE、ADDR、PROC 及 PROTO

在 32 位模式下，INVOKE、PROC 及 PROTO 伪指令为过程的定义和调用提供了强大的工具。ADDR 操作符与这些伪指令一起使用，是定义过程参数的基本工具。在很多方面，这些伪指令都接近高级编程语言提供的便利功能。从教学的角度来看，它们的使用是有争议的，因为它们屏蔽了堆栈的底层结构。在使用这些伪指令之前，详细了解子例程调用的低层机制是明智的。

在某种情况下，使用高级的过程伪指令会得到更好的编程效果——即程序要在多个模块之间执行过程调用时。在这种情况下，PROTO 伪指令对照过程声明来检查参数列表，以帮助汇编器核实过程调用。这个特性促使高级汇编语言程序员利用高级 MASM 伪指令提供的便利。

8.4.1　INVOKE 伪指令

INVOKE 伪指令，仅用于 32 位模式，将参数压入堆栈（按照 MODEL 伪指令的语言说明符所指定的顺序）并调用过程。INVOKE 是 CALL 指令的简便替代，因为它用一行代码就能传递多个参数。常规语法如下：

```
INVOKE procedureName [, argumentList]
```

argumentList 是可选项，它是用逗号分隔并传递给过程的参数列表。例如，使用 CALL 指令，可以在执行若干条 PUSH 指令后调用 DumpArray 过程：

```
push    TYPE array
push    LENGTHOF array
push    OFFSET array
call    DumpArray
```

若使用 INVOKE 等效语句，则代码减少为一行，其中参数按逆序列出（假设遵循 STDCALL 规约）：

```
INVOKE DumpArray, OFFSET array, LENGTHOF array, TYPE array
```

INVOKE 允许几乎任意数量的参数，每个参数也可以独立成行。下面的 INVOKE 语句包含了有用的注释：

```
INVOKE DumpArray,              ; 显示数组
    OFFSET array,              ; 指向数组
    LENGTHOF array,            ; 数组长度
    TYPE array                 ; 数组元素大小
```

参数类型如表8-2所示。

EAX 和 EDX 覆盖 如果向过程传递的参数小于32位，那么，在将参数压入堆栈之前，INVOKE 在扩展参数时常常会使汇编器覆盖 EAX 和 EDX 的内容。为避免这样的行为，可以总是向 INVOKE 传递32位参数；或者也可以在过程调用之前保存 EAX 和 EDX，然后在过程调用之后再恢复它们的值。

表8-2 INVOKE 的参数类型

类型	示例
立即数	10, 3000h, OFFSET mylist, TYPE array
整数表达式	(10*20), COUNT
变量	myLIst, array, myWord, myDword
地址表达式	[myList+2], [ebx+esi]
寄存器	eax, bl, edi
ADDR name	ADDR myList
OFFSET name	OFFSET myList

8.4.2 ADDR 操作符

ADDR 操作符同样在32位模式下可用，在使用 INVOKE 调用过程时，它可以用来传递指针参数。例如，下面的 INVOKE 语句向 `FillArray` 过程传递了 `myArray` 的地址：

```
INVOKE FillArray, ADDR myArray
```

传递给 ADDR 的参数必须是汇编时常量。下面的例子就是错误的：

```
INVOKE mySub, ADDR [ebp+12]     ;错误
```

ADDR 操作符只能与 INVOKE 一起使用，下面的例子也是错误的：

```
mov   esi, ADDR myArray          ;错误
```

示例 下例中的 INVOKE 伪指令调用 `Swap`，并向其传递一个双字数组的前两个元素的地址：

```
.data
Array DWORD 20 DUP(?)
.code
...
INVOKE Swap,
   ADDR Array,
   ADDR [Array+4]
```

假设使用 STDCALL 规约，则汇编器生成的相应代码如下所示：

```
push   OFFSET Array+4
push   OFFSET Array
call   Swap
```

8.4.3 PROC 伪指令

PROC 伪指令的语法

在32位模式下，PROC 伪指令的基本语法如下所示：

label PROC [*attributes*] [USES *reglist*], *parameter_list*

label 是按照第3章介绍的标识符规则，由用户定义的标号。*attributes* 是指下述的任意内容：

[*distance*] [*langtype*] [*visibility*] [*prologuearg*]

表8-3对这些属性逐个进行了描述。

表 8-3　PROC 伪指令的属性字段

属性	描述
distance	NEAR 或 FAR。指定汇编器生成的 RET 指令（RET 或 RETF）的类型
langtype	指定调用规约（参数传递规约），如 C、PASCAL 或 STDCALL。覆盖由 .MODEL 伪指令指定的语言
visibility	指明本过程对其他模块的可见性。选项包括 PRIVATE、PUBLIC（默认）及 EXPORT。若 visibility 为 EXPORT，则链接器将过程名放入分段可执行文件的导出表。EXPORT 也启用了 PUBLIC 可见性
prologuearg	指定一些会影响序言和收尾代码生成的参数

参数列表

PROC 伪指令允许声明的过程带有用逗号分隔的参数名列表。实现的代码在引用参数时，可以用名称，而不是通过计算堆栈偏移量如 [ebp+8]：

```
label PROC [attributes] [USES reglist],
    parameter_1,
    parameter_2,
    .
    .
    parameter_n
```

如果参数列表与 PROC 在同一行，则 PROC 后面的逗号可以省略：

```
label PROC [attributes], parameter_1, parameter_2, . . . , parameter_n
```

每个参数的语法如下：

paramName:*type*

paramName 是分配给参数的任意名称，其作用范围仅限于当前过程（称为局部作用域（local scope））。相同的参数名可以用于多个过程，但却不能作为全局变量或代码标号的名称。type 可以是如下类型之一：BYTE、SBYTE、WORD、SWORD、DWORD、SDWORD、FWORD、QWORD 或 TBYTE。此外，还可以是限定类型（qualified type），如指向现有类型的指针。下面是限定类型的例子：

PTR BYTE	PTR SBYTE
PTR WORD	PTR SWORD
PTR DWORD	PTR SDWORD
PTR QWORD	PTR TBYTE

虽然可以在这些表达式中添加 NEAR 和 FAR 属性，但它们只与更加专用的应用程序相关。限定类型还可用 TYPEDEF 和 STRUCT 伪指令创建，我们将在第 10 章介绍。

示例 1　AddTwo 过程接收两个双字数值，并用 EAX 返回它们的和数：

```
AddTwo PROC,
    val1:DWORD,
    val2:DWORD
    mov     eax,val1
    add     eax,val2
    ret
AddTwo ENDP
```

汇编 AddTwo 时，MASM 生成的汇编语言显示了参数名是如何被转换为相对于 EBP 的偏移量的。由于使用的是 STDCALL，因此对 RET 指令附加了一个常量操作数：

```
AddTwo PROC
    push    ebp
```

```
        mov     ebp, esp
        mov     eax,dword ptr [ebp+8]
        add     eax,dword ptr [ebp+0Ch]
        leave
        ret     8
AddTwo ENDP
```

注意：用指令 ENTER 0, 0 来代替 AddTwo 过程中下面的语句，也一样是正确的：

```
push    ebp
mov     ebp,esp
```

> 提示：要详细查阅 MASM 生成的过程代码，用调试器打开程序，并查看 Disassembly 窗口。

示例 2 FillArray 过程接收一个指向字节数组的指针：

```
FillArray PROC,
    pArray:PTR BYTE
    . . .
FillArray ENDP
```

示例 3 Swap 过程接收两个指向双字的指针：

```
Swap PROC,
    pValX:PTR DWORD,
    pValY:PTR DWORD
    . . .
Swap ENDP
```

示例 4 Read_File 过程接收一个字节指针 pBuffer。它有一个局部双字变量 fileHandle，并将两个寄存器存入堆栈（EAX 和 EBX）：

```
Read_File PROC USES eax ebx,
    pBuffer:PTR BYTE
    LOCAL fileHandle:DWORD

    mov     esi,pBuffer
    mov     fileHandle,eax
    .
    .
    ret
Read_File ENDP
```

MASM 为 Read_File 生成的代码显示了在 EAX 和 EBX 入栈（由 USES 子句指定）前，如何为局部变量（fileHandle）预留堆栈空间：

```
Read_File PROC
    push    ebp
    mov     ebp,esp
    add     esp,0FFFFFFFCh          ; 创建 fileHandle
    push    eax                     ; 保存 EAX
    push    ebx                     ; 保存 EBX
    mov     esi,dword ptr [ebp+8]   ; pBuffer
    mov     dword ptr [ebp-4],eax   ; fileHandle
    pop     ebx
    pop     eax
    leave
    ret     4
Read_File ENDP
```

注意：Read_File 生成代码还可以用如下的方式开始，尽管 Microsoft 没有采用该方法：

```
Read_File PROC
    enter   4,0
    push    eax
    (etc.)
```

ENTER 指令首先保存 EBP，再将其设置为堆栈指针的值，并为局部变量保留空间。

由 PROC 修改的 RET 指令　当 PROC 有一个或多个参数时，默认为 STDCALL 调用协议。假设 PROC 有 n 个参数，则 MASM 生成如下的入口和出口代码：

```
push    ebp
mov     ebp,esp
.
.
leave
ret     (n*4)
```

RET 指令中出现的常数是参数个数乘以 4（因为每个参数都是双字）。若包含了 Irvine32.inc，则默认的规约就是 STDCALL，它是所有 Windows API 函数调用所使用的调用规约。

指定参数传递协议

程序可以调用 Irvine32 链接库过程，反过来也包含能被 C++ 程序调用的过程。为了提供这样的灵活性，PROC 伪指令的属性字段允许程序指定传递参数的语言规约，并且能覆盖 .MODEL 伪指令指定的默认语言规约。下面的例子声明了一个采用 C 调用规约的过程：

```
Example1 PROC C,
    parm1:DWORD, parm2:DWORD
```

若用 INVOKE 执行 Example1，汇编器会生成符合 C 调用规约的代码。同样，如果用 STDCALL 声明 Example1，INVOKE 的生成代码也会符合该语言规约：

```
Example1 PROC STDCALL,
    parm1:DWORD, parm2:DWORD
```

8.4.4　PROTO 伪指令

在 64 位模式下，使用 PROTO 伪指令来说明处于某程序之外的过程，如下面的例子所示：

```
ExitProcess PROTO
.code
mov     ecx,0
call    ExitProcess
```

然而，在 32 位模式下，PROTO 是一个更为有效的方式，因为它可以包含过程参数列表。可以说，PROTO 伪指令为已有过程创建了一个过程原型（procedure prototype）。过程原型声明了过程的名称和参数列表，它还允许在定义过程之前对其进行调用，并验证参数的数量和类型是否与过程的定义相匹配。

MASM 要求 INVOKE 调用的每个过程都有原型。PROTO 必须在 INVOKE 之前首先出现。也就是说，这些伪指令的标准顺序为：

```
MySub PROTO                     ; 过程原型
.
INVOKE MySub                    ; 过程调用

MySub PROC                      ; 过程实现
.
MySub ENDP
```

还有一种方式也是可行的：在程序中，过程的实现出现在该过程的 INVOKE 语句之前。在这种情况下，PROC 就作为它自己的原型：

```
MySub PROC                          ; 过程定义
    .
    .
MySub ENDP
    .
INVOKE MySub                        ; 过程调用
```

假设已经编写了一个特定的过程，其原型就容易创建，即复制 PROC 语句并做如下修改：
- 将 PROC 改为 PROTO。
- 如有 USES 操作符，就把该操作符连同其寄存器列表一起删除。

例如，假设已经创建了 ArraySum 过程：

```
ArraySum PROC USES esi ecx,
    ptrArray:PTR DWORD,             ; 指向数组
    szArray:DWORD                   ; 数组大小
    ; (省略其余的代码行)
ArraySum ENDP
```

下面是与之对应的 PROTO 声明：

```
ArraySum PROTO,
    ptrArray:PTR DWORD,             ; 指向数组
    szArray:DWORD                   ; 数组大小
```

PROTO 伪指令可以覆盖 .MODEL 伪指令中的默认参数传递协议。它必须与过程的 PROC 声明一致：

```
Example1 PROTO C,
    parm1:DWORD, parm2:DWORD
```

汇编时参数检查

PROTO 伪指令帮助汇编器比较过程调用与过程定义的参数列表。这个错误检查不像在 C 和 C++ 语言中那样精确。MASM 检查的是参数的数量是否正确，并在有限的程度上对实参和形参的类型进行匹配。例如，假设 Sub1 的原型声明如下：

```
Sub1 PROTO, p1:BYTE, p2:WORD, p3:PTR BYTE
```

现在定义如下变量：

```
.data
byte_1    BYTE    10h
word_1    WORD    2000h
word_2    WORD    3000h
dword_1   DWORD   12345678h
```

下面就是对 Sub1 的一个有效调用：

```
INVOKE Sub1, byte_1, word_1, ADDR byte_1
```

MASM 为这个 INVOKE 生成的代码表明，参数按逆序被压入堆栈：

```
push    404000h                     ; 指向 byte_1 的指针
sub     esp,2                       ; 用 2 个字节填充堆栈
push    word ptr ds:[00404001h]     ; word_1 的值
mov     al,byte ptr ds:[00404000h]  ; byte_1 的值
push    eax
call    00401071
```

EAX 被覆盖，`sub esp, 2` 指令填充接下来的堆栈项，以扩展到 32 位。

由 MASM 检测的错误 如果实参超过了形参声明的大小，MASM 就会产生错误：

```
INVOKE Sub1, word_1, word_2, ADDR byte_1        ; 参数 1 错误
```

如果调用 Sub1 时使用的参数个数太少或太多，则 MASM 会产生错误：

```
INVOKE Sub1, byte_1, word_2                     ; 错误：参数过少
INVOKE Sub1, byte_1,                            ; 错误：参数过多
   word_2, ADDR byte_1, word_2
```

不由 MASM 检测的错误 如果实参的类型小于形参声明的类型，则 MASM 不会检测出错误：

```
INVOKE Sub1, byte_1, byte_1, ADDR byte_1
```

MASM 会把较小的实参扩展为形参声明的类型大小。在下面由 INVOKE 示例生成的代码中，第二个实参（byte_1）在入栈之前，被扩展并放入 EAX 中：

```
push    404000h                      ; byte_1 的地址
mov     al,byte ptr ds:[00404000h]   ; byte_1 的值
movzx   eax,al                       ; 扩展到 EAX 中
push    eax                          ; 压入堆栈
mov     al,byte ptr ds:[00404000h]   ; byte_1 的值
push    eax                          ; 压入堆栈
call    00401071                     ; 调用 Sub1
```

如果在想要传递指针时传递了一个双字，则不会检测出任何错误。当子例程试图把这个堆栈参数当作指针使用时，这种情况通常会导致运行时错误：

```
INVOKE Sub1, byte_1, word_2, dword_1      ; 检测不出错误
```

ArraySum 示例

现在再来看看第 5 章的 ArraySum 过程，它对一个双字数组求和。当时用寄存器传递参数，现在，可以用 PROC 伪指令来声明堆栈参数：

```
ArraySum PROC USES esi ecx,
    ptrArray:PTR DWORD,         ; 指向数组
    szArray:DWORD               ; 数组大小
        mov   esi,ptrArray      ; 数组地址
        mov   ecx,szArray       ; 数组大小
        mov   eax,0             ; 将和数置为 0
        cmp   ecx,0             ; 长度 = 0 ?
        je    L2                ; 是：退出
L1:     add   eax,[esi]         ; 将每个整数加到和数
        add   esi,4             ; 指向下一个整数
        loop  L1                ; 按数组大小重复
L2:     ret                     ; 和数在 EAX 中
ArraySum ENDP
```

INVOKE 语句调用 ArraySum，传递数组地址和元素个数：

```
.data
array DWORD 10000h,20000h,30000h,40000h,50000h
theSum DWORD   ?
.code
main PROC
    INVOKE ArraySum,
       ADDR array,              ; 数组地址
       LENGTHOF array           ; 元素个数
    mov theSum,eax              ; 保存和数
```

8.4.5 参数分类

过程参数通常按照数据在主调程序与被调过程之间传递的方向来分类：

- 输入：输入参数是指主调程序传递给过程的数据。被调过程不会被要求修改相应的参数变量，即使修改了，其范围也只能局限在自身过程中。
- 输出：当主调程序向过程传递变量地址时，就会产生输出参数。过程用地址来定位变量，并为其赋值。比如，Win32 控制台库中有的 ReadConsole 函数，其功能为从键盘读入一个字符串。主调程序传递一个指向字符串缓冲区的指针，而 ReadConsole 就将用户输入的文本保存到该缓冲区中：

```
.data
buffer BYTE 80 DUP(?)
inputHandle DWORD ?
.code
INVOKE ReadConsole, inputHandle, ADDR buffer,
    (etc.)
```

- 输入/输出：输入/输出参数与输出参数相同，只有一个例外：被调过程预计参数引用的变量中会包含一些数据，并且期望过程通过指针来修改这个变量。

8.4.6 示例：交换两个整数

下面的程序实现两个 32 位整数的交换。Swap 过程有两个输入/输出参数 pValX 和 pValY，它们是要交换数据的地址：

```
; Swap 过程示例                    (Swap.asm)
INCLUDE Irvine32.inc
Swap PROTO, pValX:PTR DWORD, pValY:PTR DWORD

.data
Array DWORD 10000h,20000h

.code
main PROC
    ; 显示交换前的数组:
    mov    esi,OFFSET Array
    mov    ecx,2                ; 计数值 = 2
    mov    ebx,TYPE Array
    call   DumpMem              ; 显示数组值

    INVOKE Swap, ADDR Array, ADDR [Array+4]

    ; 显示交换后的数组:
    call   DumpMem
    exit
main ENDP

;--------------------------------------------------------
Swap PROC USES eax esi edi,
    pValX:PTR DWORD,            ; 第一个整数的指针
    pValY:PTR DWORD             ; 第二个整数的指针
;
; 交换两个 32 位整数的值
; 返回: 无
;--------------------------------------------------------
    mov    esi,pValX            ; 获取指针
    mov    edi,pValY
    mov    eax,[esi]            ; 获取第一个整数
    xchg   eax,[edi]            ; 与第二个整数交换
```

```
        mov     [esi],eax          ; 替换第一个整数
        ret                        ; 在这里，PROC 生成 RET 8
Swap ENDP
END main
```

Swap 过程的两个参数 pValX 和 pValY 都是输入/输出参数。它们的当前值被输入到过程中，而它们的新值也会从过程输出。由于使用了带有参数的 PROC，汇编器会把 Swap 末尾的 RET 指令改为 RET 8（假设调用规约是 STDCALL）。

8.4.7 调试提示

在本节中，我们提请注意在向汇编语言的过程传递参数时会遇到的一些常见错误。希望你永远不会犯这些错误。

参数大小不匹配

数组地址是基于其元素的大小。例如，要访问一个双字数组的第二个元素，需要在其起始地址上加 4。假设要调用 8.4.6 节中的 Swap 过程，就要传递 DoubleArray 前两个元素的指针。如果错误地把第二个元素的地址计算为 DoubleArray+1，则调用 Swap 后，DoubleArray 中的十六进制结果值就不正确：

```
.data
DoubleArray DWORD 10000h,20000h
.code
INVOKE Swap, ADDR [DoubleArray + 0], ADDR [DoubleArray + 1]
```

传递错误类型的指针

当使用 INVOKE 时，要记住汇编器不会验证传递给过程的指针类型。例如，8.4.6 节的 Swap 过程期望接收两个双字指针，假若不小心传递的是指向字节的指针：

```
.data
ByteArray BYTE 10h,20h,30h,40h,50h,60h,70h,80h
.code
INVOKE Swap, ADDR [ByteArray + 0], ADDR [ByteArray + 1]
```

程序可以汇编和运行，但是当 ESI 和 EDI 解析引用值时，就会交换两个 32 位数值。

传递立即数

如果过程有引用参数，则不要向其传递立即数参数。考虑下面的过程，它只有一个引用参数：

```
Sub2 PROC, dataPtr:PTR WORD
        mov     esi,dataPtr        ; 获取地址
        mov     WORD PTR [esi],0   ; 解析引用，赋值为 0
        ret
Sub2 ENDP
```

对下面的 INVOKE 语句进行汇编将导致运行时错误。Sub2 过程接收 1000h 作为指针的值，并解析引用到内存位置 1000h：

```
INVOKE Sub2, 1000h
```

该例子可能会导致一般性保护故障，因为内存位置 1000h 不大可能在该程序的数据段中。

8.4.8 WriteStackFrame 过程

Irvine32 链接库有个很有用的过程 WriteStackFrame，用于显示当前过程堆栈帧的内

容，其中包括过程的堆栈参数、返回地址、局部变量以及被保存的寄存器。该过程由太平洋路德大学（Pacific Lutheran University）的 James Brink 教授慷慨提供，其原型如下：

```
WriteStackFrame PROTO,
    numParam:DWORD,         ; 传递参数的数量
    numLocalVal: DWORD,     ; 双字局部变量的数量
    numSavedReg: DWORD      ; 被保存寄存器的数量
```

下面的代码片段节选自 WriteStackFrame 的演示程序：

```
main PROC
    mov eax, 0EAEAEAEAh
    mov ebx, 0EBEBEBEBh
    INVOKE myProc, 1111h, 2222h    ; 传递两个整数参数
    exit
main ENDP
myProc PROC USES eax ebx,
    x: DWORD, y: DWORD
    LOCAL a:DWORD, b:DWORD
    PARAMS = 2
    LOCALS = 2
    SAVED_REGS = 2
    mov  a,0AAAAh
    mov  b,0BBBBh
    INVOKE WriteStackFrame, PARAMS, LOCALS, SAVED_REGS
```

该调用生成的输出示例如下所示：

```
Stack Frame

00002222 ebp+12 (parameter)
00001111 ebp+8  (parameter)
00401083 ebp+4  (return address)
0012FFF0 ebp+0  (saved ebp) <--- ebp
0000AAAA ebp-4  (local variable)
0000BBBB ebp-8  (local variable)
EAEAEAEA ebp-12 (saved register)
EBEBEBEB ebp-16 (saved register) <--- esp
```

还有一个名为 WriteStackFrameName 的过程，增加了一个参数，用于保存拥有该堆栈帧的过程名：

```
WriteStackFrameName PROTO,
    numParam:DWORD,         ; 传递参数的数量
    numLocalVal:DWORD,      ; 双字局部变量的数量
    numSavedReg:DWORD,      ; 被保存寄存器的数量
    procName:PTR BYTE       ; 空结束的字符串
```

可以在本书安装目录（通常为 C:\Irvine）的 \Examples\Lib32 目录下找到 Irvine32 库的源代码，文件名为 Irvine32.asm。

8.4.9 本节回顾

1. 判断真假：CALL 指令不能包含过程参数。
   a. 真   b. 假
2. 判断真假：INVOKE 伪指令最多能包含 3 个参数。
   a. 真   b. 假
3. 判断真假：INVOKE 伪指令只能传递内存操作数，而不能传递寄存器值。
   a. 真   b. 假

4. 判断真假：PROC 伪指令可以包含 USES 操作符，但 PROTO 伪指令不可以。
   a. 真   b. 假

8.5 创建多模块程序

大型源文件难于管理且汇编速度慢。可以把单个文件拆分为多个包含文件，但是，对其中任何源文件的修改仍需对所有的文件进行整体汇编。更好的方法是把一个程序划分为模块（module）（汇编单位）。每个模块可以单独汇编，因此，对一个模块源代码的修改就只需要重新汇编该模块。链接器将所有汇编后的模块（OBJ 文件）组合为一个可执行文件的速度是相当快的，链接大量目标模块比汇编同样数量的源代码文件花费的时间要少得多。

创建多模块程序有两种常规方法：其一是传统方法，使用 EXTERN 伪指令，或多或少在不同的 x86 汇编器之间可移植；其二是使用 Microsoft 的高级伪指令 INVOKE 和 PROTO，能够简化过程调用，并隐藏一些低层细节。我们将对这两种方法都进行演示，由你来决定使用哪一种。

8.5.1 隐藏和导出过程名

在默认情况下，MASM 令所有的过程都为 public 属性，允许它们能被同一程序中的任何其他模块调用。可以使用限定词 PRIVATE 覆盖该属性：

```
mySub PROC PRIVATE
```

通过令过程为 private 属性，就可以利用封装（encapsulation）原理将过程隐藏在模块中，避免当不同模块有相同过程名时所产生的潜在命名冲突。

OPTION PROC : PRIVATE 伪指令　　在源模块中隐藏过程的另一种方式是，把 OPTION PROC: PRIVATE 伪指令放在文件的顶部，使所有的过程都默认为 private。然后，再用 PUBLIC 伪指令指明那些需要对外部可见的过程：

```
OPTION PROC:PRIVATE
PUBLIC mySub
```

PUBLIC 伪指令接收用逗号分隔的名字列表：

```
PUBLIC sub1, sub2, sub3
```

或者，也可以单独将过程指定为 public 属性：

```
mySub PROC PUBLIC
 .
mySub ENDP
```

如果在程序的启动模块中使用了 OPTION PROC: PRIVATE，就要确保将启动过程（通常为 main）指定为 PUBLIC，否则操作系统加载器就不能发现该启动过程。例如：

```
main PROC PUBLIC
```

8.5.2 调用外部过程

当调用当前模块之外的过程时，要使用 EXTERN 伪指令，它确定过程名和堆栈帧大小。下面的示例程序调用了 sub1，其位于一个外部模块中：

```
INCLUDE Irvine32.inc
EXTERN sub1@0:PROC
```

```
        .code
main PROC
        call    sub1@0
        exit
main ENDP
END main
```

当汇编器在源文件（由 CALL 指令指定）中发现一个缺失的过程时，其默认行为是发出一个错误消息。有了 EXTERN 伪指令，则会告诉汇编器为该过程创建一个空地址，链接器在创建程序的可执行文件时再解析这个缺失的地址。

过程名的后缀 @n 确定了已声明参数占用的堆栈总空间（参见 8.4 节的扩展 PROC 伪指令）。如果使用的是基本 PROC 伪指令，没有声明参数，则 EXTERN 中每个过程名的后缀都为 @0。如果用扩展 PROC 伪指令来声明一个过程，则每个参数要占用 4 个字节。假设现在声明 AddTwo 并带有两个双字参数：

```
AddTwo PROC,
    val1:DWORD,
    val2:DWORD
    . . .
AddTwo ENDP
```

相应的 EXTERN 伪指令为 `EXTERN AddTwo@8:PROC`。或者，也可以用 PROTO 伪指令来代替 EXTERN：

```
AddTwo PROTO,
    val1:DWORD,
    val2:DWORD
```

8.5.3 跨模块使用变量和符号

导出变量和符号

在默认情况下，变量和符号对于包含它们的模块来说是私有的（private）。可以使用 PUBLIC 伪指令导出指定的名字，如下例所示：

```
PUBLIC count, SYM1
SYM1 = 10
.data
count DWORD 0
```

访问外部变量和符号

可以使用 EXTERN 伪指令来访问在外部模块中定义的变量和符号：

```
EXTERN name : type
```

对符号（由 EQU 和 = 定义）而言，type 应为 ABS。对变量而言，type 可以是数据定义属性，如 BYTE、WORD、DWORD 及 SDWORD，包括 PTR。例子如下：

```
EXTERN one:WORD, two:SDWORD, three:PTR BYTE, four:ABS
```

使用带 EXTERNDEF 的 INCLUDE 文件

MASM 有一个很有用的伪指令 EXTERNDEF，可以代替 PUBLIC 和 EXTERN。它可以放在文本文件中，并使用 INCLUDE 伪指令复制到每个程序模块。例如，定义一个文件 vars.inc，并包含如下声明：

```
; vars.inc
EXTERNDEF count:DWORD, SYM1:ABS
```

接着，创建源文件 sub1.asm，其中包含 count 和 SYM1，以及一条用于把 vars.inc 复制到编译流中的 INCLUDE 语句。

```
; sub1.asm
.386
.model flat,STDCALL
INCLUDE vars.inc
SYM1 = 10
.data
count DWORD 0
END
```

由于这不是程序启动模块，故 END 伪指令省略了程序入口点标号，并且不需要为堆栈分配存储空间。

接下来，再创建一个启动模块 main.asm，其中包含 vars.inc，并引用了 count 和 SYM1：

```
; main.asm
.386
.model flat,stdcall
.stack 4096
ExitProcess proto, dwExitCode:dword
INCLUDE vars.inc
.code
main PROC
    mov    count,2000h
    mov    eax,SYM1
    INVOKE ExitProcess,0
main ENDP
END main
```

8.5.4 示例：ArraySum 程序

ArraySum 程序第一次出现在第 5 章，是一个容易划分为模块的程序。现在通过其结构图（图 8-5）来快速回顾一下它的设计。带阴影的矩形表示本书链接库中的过程。main 过程调用 `PromptForIntegers`，`PromptForIntegers` 再调用 `WriteString` 和 `ReadInt`。通常，要跟踪多模块程序的各种文件，最简易的方法就是为这些文件创建单独的磁盘目录。这就是在下一节将要展示的对 ArraySum 程序的做法。

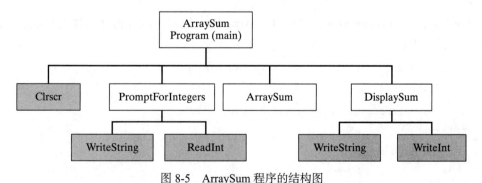

图 8-5　ArraySum 程序的结构图

8.5.5 用 Extern 创建模块

这里将展示多模块 ArraySum 程序的两个版本。本节将使用 EXTERN 伪指令来引用不同模块中的函数。稍后，在 8.5.6 节中将使用 INVOKE、PROTO 及 PROC 的高级功能来实现同样的程序。

PromptForIntegers _prompt.asm 包含了 PromptForIntegers 过程的源代码文件。它显示提示，要求用户输入三个整数，通过调用 ReadInt 输入数值，并将它们插入到数组中：

```asm
; 提示输入整数                    (_prompt.asm)
INCLUDE Irvine32.inc
.code
;-----------------------------------------------------
PromptForIntegers PROC
; 提示用户输入整数数组
; 并用用户输入的整数填充数组。
; 接收：
;    ptrPrompt:PTR BYTE            ; 提示信息的字符串
;    ptrArray:PTR DWORD            ; 指向数组的指针
;    arraySize:DWORD               ; 数组大小
; 返回：无
;-----------------------------------------------------
arraySize  EQU [ebp+16]
ptrArray   EQU [ebp+12]
ptrPrompt  EQU [ebp+8]

    enter 0,0
    pushad                         ; 保存全部寄存器

    mov   ecx,arraySize
    cmp   ecx,0                    ; 数组大小 <= 0？
    jle   L2                       ; 是：退出
    mov   edx,ptrPrompt            ; 提示信息的地址
    mov   esi,ptrArray

L1: call  WriteString              ; 显示字符串
    call  ReadInt                  ; 读取整数至 EAX
    call  Crlf                     ; 到下一个输出行
    mov   [esi],eax                ; 保存到数组
    add   esi,4                    ; 下一个整数
    loop  L1

L2: popad                          ; 恢复全部寄存器
    leave
    ret   12                       ; 恢复堆栈
PromptForIntegers ENDP
END
```

ArraySum _arraysum.asm 模块包含了 ArraySum 过程，该过程计算数组元素之和，并用 EAX 返回结果：

```asm
; ArraySum 过程                    (_arrysum.asm)
INCLUDE Irvine32.inc
.code
;-----------------------------------------------------
ArraySum PROC
;
; 计算 32 位整数数组之和。
; 接收：
;    ptrArray                      ;指向数组的指针
;    arraySize                     ;数组大小（DWORD）
; 返回：EAX = 和数
;-----------------------------------------------------
ptrArray  EQU [ebp+8]
arraySize EQU [ebp+12]
    enter 0,0
```

```
        push    ecx                 ; 不要将 EAX 压入堆栈
        push    esi

        mov     eax,0               ; 将和数置为 0
        mov     esi,ptrArray
        mov     ecx,arraySize
        cmp     ecx,0               ; 数组大小 <= 0?
        jle     L2                  ; 是: 退出
L1:     add     eax,[esi]           ; 将每个整数加到和数
        add     esi,4               ; 指向下一个整数
        loop    L1                  ; 按数组大小重复

L2:     pop     esi
        pop     ecx                 ; 用 EAX 返回和数
        leave
        ret     8                   ; 恢复堆栈
ArraySum ENDP
END
```

DisplaySum _display.asm 模块包含了 DisplaySum 过程，该过程显示一个标号，后跟数组和数：

```
; DisplaySum 过程                    (_display.asm)
INCLUDE Irvine32.inc
.code
;---------------------------------------------------
DisplaySum PROC
; 在控制台显示和数。
; 接收:
;    ptrPrompt                      ; 提示字符串的偏移量
;    theSum                         ; 数组元素和 (DWORD)
; 返回: 无
;---------------------------------------------------
theSum      EQU [ebp+12]
ptrPrompt   EQU [ebp+8]
        enter   0,0
        push    eax
        push    edx

        mov     edx,ptrPrompt       ; 指向提示字符串的指针
        call    WriteString
        mov     eax,theSum
        call    WriteInt            ; 显示 EAX
        call    Crlf

        pop     edx
        pop     eax
        leave
        ret     8                   ; 恢复堆栈
DisplaySum ENDP
END
```

Startup 模块 Sum_main.asm 模块包含了启动过程（main），其中的 EXTERN 伪指令指定了三个外部过程。为了使源代码对用户更加友好，EQU 伪指令重新定义了过程名：

```
ArraySum            EQU ArraySum@0
PromptForIntegers   EQU PromptForIntegers@0
DisplaySum          EQU DisplaySum@0
```

每次过程调用之前，用注释描述参数顺序。该程序使用 STDCALL 参数传递规约：

```
; 整数求和程序                   (Sum_main.asm)

; 多模块示例:
; 本程序由用户输入多个整数,
; 将这些整数存入数组,计算数组元素之和,
; 并显示和数。
INCLUDE Irvine32.inc

EXTERN PromptForIntegers@0:PROC
EXTERN ArraySum@0:PROC, DisplaySum@0:PROC

; 为了方便,重新定义外部符号
ArraySum              EQU ArraySum@0
PromptForIntegers     EQU PromptForIntegers@0
DisplaySum            EQU DisplaySum@0

; 修改 Count, 以改变数组大小:
Count = 3

.data
prompt1 BYTE "Enter a signed integer: ",0
prompt2 BYTE "The sum of the integers is: ",0
array   DWORD   Count DUP(?)
sum     DWORD   ?

.code
main PROC
    call    Clrscr

; PromptForIntegers( addr prompt1, addr array, Count )
    push    Count
    push    OFFSET array
    push    OFFSET prompt1
    call    PromptForIntegers

; sum = ArraySum( addr array, Count )
    push    Count
    push    OFFSET array
    call    ArraySum
    mov     sum,eax

; DisplaySum( addr prompt2, sum )
    push    sum
    push    OFFSET prompt2
    call    DisplaySum
    call    Crlf
    exit
main ENDP
END main
```

本程序的源文件存放在示例程序目录下的 ch08\ModSum32_traditional 文件夹中。接下来,我们将了解如果使用 Microsoft 的 INVOKE 和 PROTO 伪指令, 该程序会发生怎样的变化。

8.5.6 用 INVOKE 和 PROTO 创建模块

在 32 位模式下,可以用 Microsoft 的 INVOKE、PROTO 和扩展 PROC 伪指令(见 8.4 节)来创建多模块程序。与更传统的 CALL 和 EXTERN 相比,它们的主要优势在于:能够将 INVOKE 传递的实参列表与相应的由 PROC 声明的形参列表进行匹配。

现在用 INVOKE、PROTO 和高级 PROC 伪指令重新编写 ArraySum 程序。良好开端的第一步就是为每个外部过程创建含有 PROTO 伪指令的头文件。每个模块都包含该文件(用 INCLUDE 伪指令)且不会增加任何代码量或运行时开销。如果一个模块不调用特定过程,

汇编器就会忽略相应的 PROTO 伪指令。本程序的源代码位于 \ch08\ModSum32_advanced。

sum.inc 头文件　本程序的 sum.inc 头文件如下所示：

```
; (sum.inc)
INCLUDE Irvine32.inc

PromptForIntegers PROTO,
    ptrPrompt:PTR BYTE,     ; 提示字符串
    ptrArray:PTR DWORD,     ; 指向数组的指针
    arraySize:DWORD         ; 数组大小
ArraySum PROTO,
    ptrArray:PTR DWORD,     ; 指向数组的指针
    arraySize:DWORD         ; 数组大小
DisplaySum PROTO,
    ptrPrompt:PTR BYTE,     ; 提示字符串
    theSum:DWORD            ; 数组元素之和
```

_prompt 模块　_prompt.asm 文件用 PROC 伪指令为 PromptForIntegers 过程声明参数，用 INCLUDE 将 sum.inc 复制到本文件：

```
; 提示输入整数                 (_prompt.asm)
INCLUDE sum.inc              ; 获得过程原型
.code
;-----------------------------------------------------
PromptForIntegers PROC,
  ptrPrompt:PTR BYTE,        ; 提示字符串
  ptrArray:PTR DWORD,        ; 指向数组的指针
  arraySize:DWORD            ; 数组大小
;
; 提示用户输入一组整数
; 并用用户输入的整数填充数组
; 返回: 无
;-----------------------------------------------------
    pushad                   ; 保存全部寄存器

    mov  ecx,arraySize
    cmp  ecx,0               ; 数组大小 <= 0?
    jle  L2                  ; 是: 退出
    mov  edx,ptrPrompt       ; 提示信息的地址
    mov  esi,ptrArray

L1: call WriteString         ; 显示字符串
    call ReadInt             ; 读取整数至 EAX
    call Crlf                ; 到下一个输出行
    mov  [esi],eax           ; 保存到数组
    add  esi,4               ; 下一个整数
    loop L1

L2: popad                    ; 恢复全部寄存器
    ret
PromptForIntegers ENDP
END
```

与之前版本的 PromptForIntegers 比较，语句 enter 0, 0 和 leave 不见了，这是因为当 MASM 遇到 PROC 伪指令及其声明的参数时，会生成这两条语句。同样，RET 指令也不需要带常数参数（PROC 会处理好）。

_arraysum 模块　接下来，_arraysum.asm 文件包含了 ArraySum 过程：

```
; ArraySum 过程              (_arrysum.asm)
INCLUDE sum.inc
```

```
.code
;------------------------------------------------
ArraySum PROC,
    ptrArray:PTR DWORD,         ; 指向数组的指针
    arraySize:DWORD             ; 数组大小
;
; 计算一个 32 位整数数组的元素之和。
; 返回: EAX = 和数
;------------------------------------------------
    push ecx                    ; 不将 EAX 压入堆栈
    push esi

    mov  eax,0                  ; 将和数置为 0
    mov  esi,ptrArray
    mov  ecx,arraySize
    cmp  ecx,0                  ; 数组大小 <= 0 ?
    jle  L2                     ; 是: 退出
L1: add  eax,[esi]              ; 将每个整数加到和数中
    add  esi,4                  ; 指向下一个整数
    loop L1                     ; 按数组大小重复执行

L2: pop  esi
    pop  ecx                    ; 用 EAX 返回和数
    ret
ArraySum ENDP
END
```

_display 模块　_display.asm 文件包含了 DisplaySum 过程:

```
; DisplaySum 过程          (_display.asm)

INCLUDE Sum.inc
.code
;------------------------------------------------
DisplaySum PROC,
    ptrPrompt:PTR BYTE,         ; 提示字符串
    theSum:DWORD                ; 数组元素之和
;
; 在控制台上显示和数。
; 返回: 无
;------------------------------------------------
    push eax
    push edx

    mov  edx,ptrPrompt          ; 指向提示信息的指针
    call WriteString
    mov  eax,theSum
    call WriteInt               ; 显示 EAX
    call Crlf

    pop  edx
    pop  eax
    ret
DisplaySum ENDP
END
```

Sum_main 模块　Sum_main.asm (启动模块) 包含了主过程并调用每个其他过程。它使用 INCLUDE 从 sum.inc 中复制过程原型:

```
; 整数求和程序             (Sum_main.asm)

INCLUDE sum.inc
Count = 3
```

```
.data
prompt1 BYTE "Enter a signed integer: ",0
prompt2 BYTE "The sum of the integers is: ",0
array   DWORD   Count DUP(?)
sum     DWORD   ?

.code
main PROC
    call    Clrscr
    INVOKE  PromptForIntegers, ADDR prompt1, ADDR array, Count
    INVOKE  ArraySum, ADDR array, Count
    mov     sum,eax
    INVOKE  DisplaySum, ADDR prompt2, sum
    call    Crlf
    exit
main ENDP
END main
```

小结 我们已经展示了在 32 位模式下创建多模块程序的两种方式——第一种使用的是更传统的 EXTERN 伪指令；第二种使用的是 INVOKE、PROTO 和 PROC 的高级功能。后一种方式中的伪指令简化了很多细节，并为调用 Windows API 函数进行了优化。此外，它们还隐藏了一些细节，因此，你可能更愿意将显式的堆栈参数与 CALL 和 EXTERN 伪指令一起使用。

8.5.7 本节回顾

1. 判断真假：链接 OBJ 模块要比汇编 ASM 源文件快得多。
   a. 真   b. 假
2. 判断真假：将一个大型程序划分为多个短模块会使该程序更难维护。
   a. 真   b. 假
3. 判断真假：在多模块程序中，带标号的 END 语句仅在启动模块中出现一次。
   a. 真   b. 假
4. 判断真假：为了避免语法错误，必须小心不要在过程中包含 PROTO 伪指令，除非该过程确实被实际调用了。
   a. 真   b. 假
5. 判断真假：将 INVOKE 和 PROC 一起使用的主要优势是：可以将 INVOKE 传递的实参列表与相应的由 PROC 声明的形参列表进行匹配。
   a. 真   b. 假

8.6 参数的高级用法（可选主题）

本节将探讨一些不常遇到的情况，这些情况发生于 32 位模式下向堆栈传递参数时。例如，在查看由 C 和 C++ 编译器创建的代码时，就有可能看到这里展示的技术。

8.6.1 受 USES 操作符影响的堆栈

在第 5 章介绍的 USES 操作符列出了要在过程开始处保存、且在结尾处恢复的寄存器名。汇编器自动为每个列出的寄存器生成相应的 PUSH 和 POP 指令。但是必须注意的是，当声明的过程要用常数偏移量来访问其堆栈参数时，比如 [ebp+8]，就不应该使用 USES 操作符。现在举例说明其原因。下面的 MySub1 过程用 USES 操作符来保存和恢复 ECX 和 EDX：

```
MySub1 PROC USES ecx edx
    ret
MySub1 ENDP
```

当 MASM 汇编 `MySub1` 时，生成的代码如下：

```
push ecx
push edx
pop  edx
pop  ecx
ret
```

假设将 USES 与堆栈参数结合使用，如下面的 `MySub2` 过程所示，其参数预期保存在堆栈地址的 EBP+8 处：

```
MySub2 PROC USES ecx edx
    push ebp                    ; 保存基址指针
    mov  ebp,esp                ; 堆栈帧基址
    mov  eax,[ebp+8]            ; 获取堆栈参数
    pop  ebp                    ; 恢复基址指针
    ret  4                      ; 清理堆栈
MySub2 ENDP
```

MASM 为 `MySub2` 生成的相应代码如下：

```
push ecx
push edx
push ebp
mov  ebp,esp
mov  eax,dword ptr [ebp+8]      ; 错误位置!
pop  ebp
pop  edx
pop  ecx
ret  4
```

由于汇编器在过程开始为 ECX 和 EDX 插入 PUSH 指令，改变了堆栈参数的偏移量，从而导致错误的结果。图 8-6 展示了堆栈参数现在必须以 [EBP+16] 来引用的原因。USES 在保存 EBP 之前修改了堆栈，破坏了子例程常用的标准序言代码。

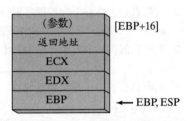

图 8-6　MySub2 过程的堆栈帧

> 提示：本章较早时，给出了 PROC 伪指令声明堆栈参数的高级语法。在那种情况下，USES 操作符不会出现问题。

8.6.2　向堆栈传递 8 位和 16 位参数

在 32 位模式下，当向过程传递堆栈参数时，最好是压入 32 位操作数。虽然也可以将 16 位操作数压入堆栈，但这样做会使 EBP 不能对齐到双字边界，从而可能导致页故障并降低运行时性能。在入栈之前，应该将操作数扩展为 32 位。下面的 Uppercase 过程接收一个字符参数，并用 AL 返回其大写字母：

```
Uppercase PROC
    push ebp
    mov  ebp,esp
    mov  al,[esp+8]             ; AL = 字符
    cmp  al,'a'                 ; 小于 'a' ?
    jb   L1                     ; 是: 什么都不做
```

```
        cmp    al,'z'              ; 大于 'z'?
        ja     L1                  ; 是: 什么都不做
        sub    al,32               ; 否: 转换为大写
L1:
        pop    ebp
        ret    4                   ; 清理堆栈
Uppercase ENDP
```

如果向 Uppercase 传递一个字符字面量，则 PUSH 指令自动将该字符扩展为 32 位：

```
push 'x'
call Uppercase
```

如果传递的是字符变量就需要更小心一些，因为 PUSH 指令不允许操作数为 8 位：

```
.data
charVal BYTE 'x'
.code
push charVal                       ; 语法错误!
call Uppercase
```

因此，要用 MOVZX 将字符扩展到 EAX：

```
movzx eax,charVal                  ; 带扩展的传送
push  eax
call  Uppercase
```

16 位参数示例

假设向之前给出的 AddTwo 过程传递两个 16 位整数。该过程期望的是 32 位值，所以下面的调用会导致错误：

```
.data
word1 WORD 1234h
word2 WORD 4111h
.code
push    word1
push    word2
call    AddTwo                     ; 错误!
```

因此，可以在每个参数入栈之前进行全零扩展。下面的代码正确地调用了 AddTwo：

```
movzx eax,word1
push    eax
movzx eax,word2
push    eax
call    AddTwo                     ; 和数在 EAX 中
```

> 过程的主调程序必须确保其传递的参数与过程期望的参数是一致的。对堆栈参数而言，参数的顺序和大小都很重要！

8.6.3 传递 64 位参数

在 32 位模式下，当通过堆栈向子例程传递 64 位整数参数时，先将参数的高位双字压入堆栈，再将其低位双字压入堆栈，使得整数在堆栈中按照小端序（最低字节在最低地址）存放。这样，子例程就能容易地检索到这些数值，如下面的 WriteHex64 过程，该过程用十六进制显示 64 位整数：

```
WriteHex64 PROC
```

```
        push    ebp
        mov     ebp,esp
        mov     eax,[ebp+12]        ; 高位双字
        call    WriteHex
        mov     eax,[ebp+8]         ; 低位双字
        call    WriteHex
        pop     ebp
        ret     8
WriteHex64 ENDP
```

在下面的 WriteHex64 调用示例中，先将 longVal 的高半部分压入堆栈，再将其低半部分压入堆栈：

```
.data
longVal QWORD 1234567800ABCDEFh
.code
push    DWORD PTR longVal + 4    ; 高位双字
push    DWORD PTR longVal        ; 低位双字
call    WriteHex64
```

图 8-7 显示的是在 EBP 入栈并将 ESP 复制给 EBP 后，WriteHex64 内堆栈帧的示意图。

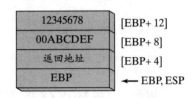

图 8-7　EBP 入栈后的堆栈帧

8.6.4　非双字局部变量

当声明不同大小的局部变量时，LOCAL 伪指令的行为就变得有趣。每个变量都按照其大小来分配空间：8 位的变量分配给下一个可用的字节，16 位的变量分配给下一个偶地址（字对齐），32 位的变量分配给下一个双字对齐的边界。现在来看几个例子。首先，Example1 过程包含一个局部变量 var1，其类型为 BYTE：

```
Example1 PROC
    LOCAL var1:byte

    mov     al,var1              ; [EBP - 1]
    ret
Example1 ENDP
```

由于在 32 位模式下，堆栈偏移量默认为 32 位，因此，var1 可能被认为存放于 EBP-4 的位置。实际上，如图 8-8 所示，MASM 将 EBP 减去 4，并将 var1 置于 EBP-1，其下面的三个字节未被使用（用 nu 标记，表示未被使用）。图中每个方块表示一个字节。

过程 Example2 包含一个双字局部变量，后跟一个字节局部变量：

```
Example2 PROC
    local temp:dword, SwapFlag:BYTE
    .
    .
    ret
Example2 ENDP
```

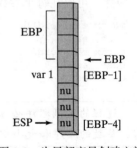

图 8-8　为局部变量创建空间
（Example1 过程）

汇编器为 Example2 生成的代码如下所示。ADD 指令将 ESP 加上 -8，在 ESP 和 EBP 之间为这两个局部变量创建了空间：

```
push    ebp
mov     ebp,esp
```

```
add    esp,0FFFFFFF8h         ; ESP+[-8]
mov    eax,[ebp-4]            ; temp
mov    bl,[ebp-5]             ; SwapFlag
leave
ret
```

虽然 SwapFlag 只是一个字节变量, 但是 ESP 还是会下移到堆栈中下一个双字的位置。图 8-9 以字节为单位详细展示了堆栈的情况: SwapFlag 的确切位置以及位于其下方未被使用的空间 (标记为 nu)。图中每个方块表示一个字节。

如果要创建超过几百个字节的数组作为局部变量, 那么, 一定要使用 STACK 伪指令为堆栈预留足够的空间。比如, 在 Irvine32 链接库中, 预留 4096 个字节的堆栈空间:

```
.stack 4096
```

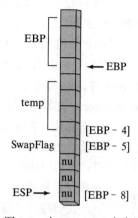

图 8-9 在 Example2 中为局部变量创建空间

如果调用是嵌套的, 则在程序执行的任何时候, 堆栈都必须足够大, 以容纳下全部活跃的局部变量。例如, 在下面的代码中, Sub1 调用 Sub2, Sub2 调用 Sub3, 每个过程都有一个局部数组变量:

```
Sub1 PROC
local array1[50]:dword         ; 200 个字节
call Sub2
.
.
ret
Sub1 ENDP
Sub2 PROC
local array2[80]:word          ; 160 个字节
call Sub3
.
.
ret
Sub2 ENDP
Sub3 PROC
local array3[300]:dword        ; 1200 个字节
.
.
ret
Sub3 ENDP
```

当程序进入 Sub3 时, 堆栈中存放有来自 Sub1、Sub2 和 Sub3 的局部变量。堆栈总共需要 1 560 个字节来存放局部变量, 加上两个过程的返回地址 (8 个字节), 再加上在过程内部已被压入堆栈的所有寄存器。若过程被递归调用, 则占用的堆栈空间大约为其局部变量和参数的大小乘以预计的递归深度。

8.7 Java 字节码 (可选主题)

8.7.1 Java 虚拟机

Java 虚拟机 (Java Virtual Machine, JVM) 是执行已编译的 Java 字节码的系统软件。它是 Java 平台的重要组成部分, 包括程序、规范、库及数据结构, 它们协同工作。Java 字节码 (Java bytecode) 是对已编译的 Java 程序内的机器语言的称呼。

虽然本书讲解的是 x86 处理器的原生汇编语言，但它对学习其他机器架构如何工作也是有教益的。JVM 是基于堆栈机器的最重要实例。JVM 使用堆栈实现数据传送、算术运算、比较以及分支操作，而不是（像 x86 那样）使用寄存器来存放操作数。

JVM 执行的编译后程序包含了 Java 字节码。每个 Java 源程序都必须被编译为 Java 字节码（形式为 .class 文件）后才能执行。包含 Java 字节码的程序可以在任何安装了 Java 运行时软件的计算机系统上执行。

例如，一个名为 Account.java 的 Java 源文件，被编译为文件 Account.class。这个 class 文件的内部是该类中每个方法的字节码流。JVM 可以使用即时编译（just-in-time compilation）技术将类字节码编译为计算机的原生机器语言。

一个正在执行的 Java 方法有自己的堆栈帧来存放局部变量、操作数堆栈、输入参数、返回地址及返回值。堆栈的操作数区域实际位于栈顶，因此，压入该区域的数值可以作为算术和逻辑运算的操作数，以及传递给类方法的参数。

在局部变量被算术运算指令或比较指令使用之前，它们必须被压入堆栈帧的操作数区域。以下，我们称该区域为操作数堆栈（operand stack）。

在 Java 字节码中，每条指令包含 1 个字节的操作码，后跟零个或多个操作数。当使用 Java 反汇编工具显示时，操作码具有名字，如 iload、istore、imul 及 goto。每个堆栈项为 4 个字节（32 位）。

查看被反汇编的字节码

Java 开发工具包（Java Developmant Kit，JDK）中包含工具 javap.exe，可以显示 java.class 文件中的字节码。我们称该操作为文件的反汇编。命令行语法如下所示：

```
javap -c classname
```

例如，若类文件名为 Account.class，则相应的 javap 命令行为：

```
javap -c Account
```

可以在安装的 Java 开发工具包中的 \bin 文件夹下找到 javap.exe 工具。

8.7.2 指令集

原生数据类型

JVM 可识别 7 种原生数据类型，如表 8-4 所示。与 x86 整数一样，所有的有符号整数都是补码格式。但是，它们按照大端序存放，即最高位字节位于每个整数的起始地址（x86 的整数按小端序存放）。IEEE 实数格式将在第 12 章加以描述。

表 8-4　Java 原生数据类型

数据类型	字节数	格式
char	2	Unicode 字符
byte	1	有符号整数
short	2	有符号整数
int	4	有符号整数
long	8	有符号整数
float	4	IEEE 单精度实数
double	8	IEEE 双精度实数

比较指令

比较指令从操作数堆栈的顶端弹出两个操作数，并对它们进行比较，再把比较结果压入堆栈。假设操作数的入栈顺序如下所示：

```
op2    栈顶
op1
```

下表显示的是在比较 op1 和 op2 之后压入堆栈的数值：

op1 与 op2 比较的结果	压入操作数堆栈的数值
op1>op2	1
op1=op2	0
op1<op2	-1

dcmp 指令用于比较双字，fcmp 指令用于比较浮点数。

分支指令

分支指令可以分为条件分支和无条件分支。在 Java 字节码中，无条件分支的例子是 goto 和 jsr。

goto 指令无条件分支到一个标号：

```
goto label
```

jsr 指令调用由标号标识的子例程。其语法如下：

```
jsr label
```

条件分支指令通常检查从操作数堆栈顶弹出的数值。根据该值，指令决定是否分支到给定的标号。比如，当弹出数值小于或等于 0 时，ifle 指令就分支到标号。其语法如下：

```
ifle label
```

类似地，当弹出数值大于 0 时，ifgt 指令就分支到标号。其语法如下：

```
ifgt label
```

8.7.3 Java 反汇编示例

为了帮助理解 Java 字节码是如何工作的，我们将给出用 Java 编写的一系列短代码示例。在下面的这些例子中，请注意不同版本 Java 的字节码清单在细节上可能会有细微的差异。

示例：两个整数相加

下面的 Java 源代码行实现了两个整数相加，并将和数存放在第三个变量中：

```
int A = 3;
int B = 2;
int sum = 0;
sum = A + B;
```

该 Java 代码的反汇编如下：

```
0:    iconst_3
1:    istore_0
2:    iconst_2
3:    istore_1
4:    iconst_0
5:    istore_2
6:    iload_0
7:    iload_1
8:    iadd
9:    istore_2
```

每个编号行表示一条 Java 字节码指令的字节偏移量。在本例中，可以发现每条指令都只有一个字节长，因为指令偏移量是连续编号的。

尽管字节码反汇编一般不包含注释，我们可以自己添加上去。局部变量在堆栈中有其自己的保留区域。当指令执行算术运算和数据传送时，还会使用另一个堆栈，称为操作数堆栈。为了避免在这两个堆栈间产生混淆，我们用索引值来指代变量位置，如 0、1、2 等。

现在来仔细分析字节码。开始的两条指令将一个常数值压入操作数堆栈，并把该值弹出到位置为 0 的局部变量中：

```
0:   iconst_3            // 将常数（3）压入操作数堆栈
1:   istore_0            // 弹出到局部变量 0
```

接下来的四行语句将其他两个常数压入操作数堆栈，并把它们分别弹出到位置为 1 和 2 的局部变量中：

```
2:   iconst_2            // 将常数（2）压入堆栈
3:   istore_1            // 弹出到局部变量 1
4:   iconst_0            // 将常数（0）压入堆栈
5:   istore_2            // 弹出到局部变量 2
```

看过了用来生成字节码的 Java 源代码后，现在就能明白下表显示的是三个变量的位置索引：

位置索引	变量名
0	A
1	B
2	sum

接着，为了执行加法，必须将两个操作数压入操作数堆栈。指令 iload_0 将变量 A 压入堆栈，指令 iload_1 对变量 B 进行相同的操作：

```
6:   iload_0             // 将 A 压入堆栈
7:   iload_1             // 将 B 压入堆栈
```

现在，操作数堆栈包含两个数：

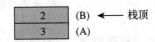

此处并不关心这些例子的实际机器表示，因此堆栈被显示成是向上生长的。每个堆栈示意图中最上面的值即为栈顶。

指令 iadd 将栈顶的两个数相加，并把和数压入堆栈：

```
8:   iadd
```

操作数堆栈就包含了 A 与 B 的和数：

$$\boxed{5} \quad (A+B)$$

指令 istore_2 将栈顶内容弹出到位置 2，其变量名为 sum：

```
9:   istore_2
```

操作数堆栈现在为空。

示例：两个 double 类型的数据相加

下面的 Java 代码片段将两个 double 类型的变量相加，并将和数保存到 sum。该操作与两个整数相加的示例相同，因此，这里主要关注的是处理整数与处理 double 数之间的差异：

```
double A = 3.1;
double B = 2;
double sum = A + B;
```

本例的反汇编字节码如下所示,右边显示的注释由工具程序 javap 插入:

```
0:  ldc2_w    #20;        // double 3.1d
3:  dstore_0
4:  ldc2_w    #22;        // double 2.0d
7:  dstore_2
8:  dload_0
9:  dload_2
10: dadd
11: dstore_4
```

下面对该代码进行分步讨论。处于偏移量 0 的指令 ldc2_w 将一个浮点常数(3.1)从常量池压入操作数堆栈。ldc2 指令总是用两个字节作为常量池区域的索引:

```
0:  ldc2_w    #20;        // double 3.1d
```

处于偏移量 3 的 dstore 指令从操作数堆栈弹出一个 double 数,送入位置为 0 的局部变量。该指令的起始偏移量(3)反映了第一条指令占用的字节数(操作码加上 2 字节索引):

```
3:  dstore_0               // 保存到 A
```

紧跟的分别处于偏移量 4 和 7 的两条指令仿效前面的操作对变量 B 进行初始化:

```
4:  ldc2_w    #22;        // double 2.0d
7:  dstore_2               // 保存到 B
```

指令 dload_0 和 dload_2 将局部变量压入堆栈。其索引指的是 64 位位置(两个变量的堆栈项),因为双字数值的长度是 8 个字节:

```
8:  dload_0
9:  dload_2
```

接下来的指令(dadd)将栈顶的两个 double 值相加,并把和数压入堆栈:

```
10: dadd
```

最后的指令 dstore_4 将栈顶的内容弹出到位置为 4 的局部变量中:

```
11: dstore_4
```

8.7.4 示例:条件分支

了解 JVM 如何处理条件分支是理解 Java 字节码的重要一环。比较操作总是从堆栈顶弹出两个数据,并对它们进行比较,再把整数结果值压入堆栈。条件分支指令常跟在比较操作的后面,利用栈顶的整数值来决定是否分支到目标标号。例如,下面的 Java 代码包含一个简单的 IF 语句,它将两个数值中的一个赋值给一个布尔变量:

```
double A = 3.0;
boolean result = false;
if( A > 2.0 )
    result = false;
else
    result = true;
```

该 Java 代码对应的反汇编码如下所示:

```
 0:    ldc2_w   #26;         // double 3.0d
 3:    dstore_0              // 弹出到 A
 4:    iconst_0              // false = 0
 5:    istore_2              // 保存到 result
 6:    dload_0
 7:    ldc2_w   #22;         // double 2.0d
10:    dcmpl
11:    ifle     19           // 如果 A <= 2.0,则转到 19
14:    iconst_0              // false
15:    istore_2              // result = false
16:    goto     21           // 跳过后面两条语句
19:    iconst_1              // true
20:    istore_2              // result = true
```

开始的两条指令将 3.0 从常量池复制到堆栈,再把它从堆栈弹出到变量 A 中:

```
 0:    ldc2_w   #26;         // double 3.0d
 3:    dstore_0              // 弹出到 A
```

接下来的两条指令将布尔值 false(等于 0)从常量区复制到堆栈,再把它弹出到变量 result 中:

```
 4:    iconst_0              // false = 0
 5:    istore_2              // 保存到 result
```

A(位置 0)的值被压入操作数堆栈,数值 2.0 紧跟其后入栈:

```
 6:    dload_0               // 将 A 压入堆栈
 7:    ldc2_w #22;           // double 2.0d
```

操作数堆栈现在有两个数值:

2.0
3.0	(A)

指令 dcmpl 将两个 double 数弹出堆栈进行比较。由于栈顶的数值(2.0)小于它下面的数值(3.0),因此整数 1 被压入堆栈。

```
10:    dcmpl
```

如果从堆栈弹出的数值小于等于 0,则指令 ifle 就分支到给定的偏移量:

```
11:    ifle     19           // 如果 stack.pop() <= 0,则转到 19
```

这里要回顾一下开始时给出的 Java 源代码示例,若 A>2.0,则赋值为 false:

```
if( A > 2.0 )
    result = false;
else
    result = true;
```

若 A≤2.0,则 Java 字节码就将 IF 语句转到偏移量为 19 的语句,将 result 赋值为 true。同时,如果不发生到偏移量 19 的分支,则由下面的几条指令将 result 赋值为 false:

```
14:    iconst_0              // false
15:    istore_2              // result = false
16:    goto     21           // 跳过后面两条语句
```

处于偏移量 16 的指令 goto 跳过后面两行代码,其作用是将 result 赋值为 true:

```
19:    iconst_1              // true
20:    istore_2              // result = true
```

结论

Java 虚拟机的指令集与 x86 处理器系列的指令集有着显著的不同。它采用面向堆栈的方式来实现计算、比较和分支，与 x86 指令经常使用寄存器和内存操作数形成了鲜明的对比。虽然字节码的符号反汇编码不如 x86 汇编语言那样易于阅读，但是，编译器生成字节码相当容易。每个操作都是原子性的，即只执行一个操作。当 JVM 使用即时编译器时，Java 字节码就在执行前转换为本地机器语言。就这方面来看，Java 字节码与基于精简指令集（RISC）模型的机器语言有大量的共同点。

8.8 本章小结

过程参数有两种基本类型：寄存器参数和堆栈参数。Irvine32 和 Irvine64 链接库使用寄存器参数，对程序执行的速度进行了优化，但寄存器参数在调用程序时容易导致代码混乱。堆栈参数是另一种选择，过程的实参必须由主调程序压入堆栈。

堆栈帧（或活动记录）是为过程的返回地址、传递的参数、局部变量，以及被保存的寄存器所预留的堆栈区域。当运行中的程序开始执行一个过程时就会创建堆栈帧。

当过程参数的副本被压入堆栈时，该参数是通过值来传递的。当参数的地址被压入堆栈时，则它是通过引用来传递的。过程可以通过地址来修改变量。应该通过引用传递数组，以避免将所有的数组元素压入堆栈。

过程参数可以使用 EBP 寄存器的间接寻址来访问。形如 [ebp+8] 的表达式能对堆栈参数的寻址进行高级控制。指令 LEA 返回任何类型的间接操作数的偏移量，它非常适合与堆栈参数一起使用。

ENTER 指令完成堆栈帧，方法是将 EBP 压入堆栈并为局部变量预留空间。LEAVE 指令结束过程的堆栈帧，方法是执行之前 ENTER 指令的逆操作。

直接或间接调用自身的子例程即为递归子例程。递归就是调用递归子例程的行为，在处理具有重复模式的数据结构时，是一种强大的工具。

LOCAL 伪指令在过程内部声明一个或多个局部变量，且必须被置于紧跟在 PROC 伪指令后面的代码行上。与全局变量相比，局部变量有其独特的优势：

- 对局部变量的名字和内容的访问被限制在包含它的过程之内。局部变量有助于调试程序，因为只有有限的几条程序语句能修改局部变量。
- 局部变量的生命周期受限于包含它的过程的执行范围。局部变量能有效地利用内存，因为同样的存储空间也可以被其他变量使用。
- 同一个变量名可以被多个过程使用，而不会发生命名冲突。
- 局部变量可以用在递归过程中，以在堆栈中保存数值。如果使用的是全局变量，则在每次过程调用其自身时，变量数值就会被覆盖。

INVOKE 伪指令（仅限在 32 位模式下）能代替 CALL 指令，它的功能更加强大，可以传递多个参数。用 INVOKE 伪指令调用过程时，ADDR 操作符可用来传递指针。

PROC 伪指令声明一个过程名，并带有已命名参数的列表。PROTO 伪指令为已有过程创建原型。原型用来声明过程的名字和参数列表。

当应用程序全部的源代码都在一个文件中时，不论该程序有多大都是难以管理的。更方便的方法是，将程序划分为多个源代码文件（称为模块），使每个文件都易于查看和编辑。

Java 字节码

Java 字节码是指已编译的 Java 程序内的机器语言。Java 虚拟机（JVM）是执行已编译 Java 字节码的软件。在 Java 字节码中，每条指令都包含一个字节的操作码，其后跟零个或多个操作数。JVM 使用面向堆栈的模型来执行算术运算、数据传送、比较和分支。Java 开发工具包（JDK）包含的工具 javap.exe 可以显示 java.class 文件中字节码的反汇编码。

8.9 关键术语

8.9.1 术语

activation record（活动记录）
C calling convention（C 调用规约）
calling convention（调用规约）
epilogue（收尾）
explicit stack parameter（显式的堆栈参数）
Java bytecodes（Java 字节码）
Java Development Kit（JDK）(Java 开发工具包)
Java Virtual Machine（JVM）(Java 虚拟机)
just-in-time compilation（即时编译）
local variables（局部变量）
Microsoft x64 calling convention（Microsoft x64 调用规约）

operand stack（操作数堆栈）
passing by reference（引用传递）
passing by value（值传递）
prologue（序言）
recursion（递归）
recursive subroutine（递归子例程）
stack frame（堆栈帧）
STDCALL calling convention（STDCALL 调用规约）
reference parameter（引用参数）
stack parameter（堆栈参数）
subroutine（子例程）

8.9.2 指令、操作符及伪指令

ADDR
ENTER
INVOKE
LEA
LEAVE

LOCAL
PROC
PROTO
RET
USES

8.10 复习题和练习

8.10.1 简答题

1. 当过程有堆栈参数和局部变量时，则在过程的收尾部分包含哪些语句？
2. 当 C 函数返回 32 位整数时，返回值保存在哪里？
3. 使用 STDCALL 调用规约的程序在过程调用之后如何清理堆栈？
4. 为什么 LEA 指令比 OFFSET 操作符更强大？
5. 在 8.2.3 节给出的 C++ 示例中，一个 int 类型的变量占用了多少堆栈空间？
6. 与 STDCALL 调用规约相比，C 调用规约有哪些优势？
7. （真/假）：当使用 PROC 伪指令时，所有参数必须列在同一行上。
8. （真/假）：若向一个期望接收字数组指针的过程传递一个变量，而该变量包含的是一个字节数组的偏移量，则汇编器会将其标志为错误。

9. (真/假)：若向一个期望接收引用参数的过程传递了立即数，则会产生一般性保护错误。

8.10.2 算法题

1. 下面是对过程 AddThree 的调用指令序列，该过程将三个双字相加（假设使用的是 STDCALL 调用规约）：

   ```
   push 10h
   push 20h
   push 30h
   call AddThree
   ```

   请画出在 EBP 被压入堆栈后，该过程堆栈帧的示意图。
2. 创建过程 AddThree，接收三个整数参数，计算并用 EAX 寄存器返回它们的和。
3. 声明一个局部变量 pArray，该变量是指向一个双字数组的指针。
4. 声明一个局部变量 buffer，该变量是一个包含 20 个字节的数组。
5. 声明一个局部变量 pwArray，该变量指向一个 16 位无符号整数。
6. 声明一个局部变量 myByte，该变量存放一个 8 位有符号整数。
7. 声明一个局部变量 myArray，该变量是一个包含 20 个双字的数组。
8. 创建一个过程 SetColor，该过程接收两个堆栈参数：forecolor 和 backcolor，并调用 Irvine32 链接库的 SetTextColor 过程。
9. 创建一个过程 WriteColorChar，该过程接收三个堆栈参数：char、forecolor 和 backcolor。该过程使用在 forecolor（前景色）和 backcolor（背景色）中指定的属性来显示单个字符。
10. 编写一个过程 DumpMemory，该过程封装 Irvine32 链接库的 DumpMem 过程。要求使用已声明的参数和 USES 伪指令。该过程被调用的示例为：INVOKE DumpMemory,OFFSET array,LENGTHOF array,TYPE array。
11. 声明一个过程 MultArray，该过程接收两个双字数组指针，以及表示数组元素个数的参数。同时，还要为该过程创建 PROTO 声明。

8.11 编程练习

★ **1. FindLargest 过程**

   创建过程 FindLargest，接收两个参数：一个是指向有符号双字数组的指针，另一个是该数组的长度。该过程必须用 EAX 返回数组中最大成员的值。要求声明过程使用带参数列表的 PROC 伪指令。保存所有会被该过程修改的寄存器（EAX 除外）。编写测试程序调用 FindLargest，并向其传递三个长度不同的数组，这些数组中应包含负数值。并为该过程创建 PROTO 声明。

★★ **2. 棋盘**

   编写程序画一个 8×8 的棋盘，盘面为相互交替的灰色和白色方块。可以使用 Irvine32 链接库的 SetTextColor 和 Gotoxy 过程，避免使用全局变量，使用所有过程中声明的参数。每个过程应简短，只关注单一任务。

★★ **3. 交替变色棋盘**

   本题是习题 2 的延伸。每隔 500 毫秒，将彩色方块变色并再次显示棋盘。使用所有可能的 4 位背景色，重复该过程直到显示棋盘 16 次（整个过程中白色方块保持不变）。

★★ **4. FindThrees 过程**

   创建过程 FindThrees，若数组存在三个连续的数值 3，则过程返回 1；否则返回 0。过程的输入参数列表包括：指向数组的指针和该数组的大小。当声明该过程时，要求使用带参数列表的 PROC 伪指令。要保存所有会被该过程修改的寄存器（EAX 除外）。编写测试程序，用不同的数组调用 FindThrees 若干次。

★★ **5. DifferentInputs 过程**

编写过程 `DifferentInputs`，若其三个输入参数的值不同，则返回 EAX=1；否则返回 EAX=0。声明该过程时，要求使用带参数列表的 PROC 伪指令。为该过程创建 PROTO 声明。编写测试程序，通过传递不同的输入值调用该过程 5 次。

★★ **6. 交换整数**

创建一个随机排序的整数数组。使用 8.4.6 节的 Swap 过程，编写循环程序，实现数组中每一对连续整数的交换。

★★ **7. 最大公约数**

编写 Euclid 算法的递归实现，找出两个整数的最大公约数（GCD）。在代数书中和网上都可以找到对 Euclid 算法的描述。编写测试程序，调用该 GCD 过程 5 次，使用如下整数对：（5，20）、（24，18）、（11，7）、（432，226）和（26，13）。每次过程调用后，显示找到的 GCD。

★★ **8. 匹配元素计数**

编写过程 `CountMatches`，接收两个分别指向有符号双字数组的指针，以及表示两个数组长度的参数。对于第一个数组中的每个元素 x_i，若第二个数组中的相应元素 y_i 与之相等，则计数值加 1。最后，过程用 EAX 返回两个数组匹配元素的个数。编写测试程序，用两对不同的数组指针调用该过程。要求：使用 INVOKE 语句调用过程并传递堆栈参数；为该过程创建 PROTO 声明；保存并恢复任何会被该过程修改的寄存器（EAX 除外）。

★★★ **9. 近似匹配元素计数**

编写过程 `CountNearMatches`，接收两个指向有符号双字数组的指针，表示两个数组长度的参数，以及表示两个匹配元素间最大允许差异（称为 `diff`）的参数。对于第一个数组中的每个元素 x_i，若第二个数组中的相应元素 y_i 与其差异小于或等于 `diff`，则计数值加 1。最后，过程用 EAX 返回近似匹配的数组元素的个数。编写测试程序，用两对不同的数组指针调用该过程。要求：使用 INVOKE 语句调用过程并传递堆栈参数；为该过程创建 PROTO 声明；保存并恢复任何会被该过程修改的寄存器（EAX 除外）。

★★★★ **10. 显示过程参数**

编写过程 `ShowParams`，显示调用它的过程的堆栈中 32 位参数的地址和十六进制数值。参数按照从低地址到高地址的顺序显示。过程的输入只有一个整数，用以表示要显示参数的个数。

例如，假设下述 main 中的语句调用了 MySample，并传递了三个参数：

```
INVOKE MySample, 1234h, 5000h, 6543h
```

然后，在 `MySample` 内部就可以调用 `ShowParams`，并向其传递要显示的参数个数：

```
MySample PROC first:DWORD, second:DWORD, third:DWORD
paramCount = 3
call ShowParams, paramCount
```

该过程将按如下格式显示输出：

```
Stack parameters:
---------------------------
Address 0012FF80 = 00001234
Address 0012FF84 = 00005000
Address 0012FF88 = 00006543
```

第 9 章

字符串和数组

9.1 引言

如果学会有效地处理字符串和数组，就能够掌握代码优化中最常见的领域。研究表明，大多数程序将 90% 的运行时间花费在执行其 10% 的代码上。毫无疑问，这 10% 通常发生在循环中，而循环正是在处理字符串和数组时所要求的结构。本章将以编写高效代码为目的，阐释字符串和数组的处理技术。

本章首先介绍字符串原语指令，它们针对数据块的传送、比较、装入及保存进行过优化。然后是 Irvine32 和 Irvine64 链接库的若干个字符串处理过程，它们的实现与标准 C 字符串库中的实现非常相似。本章的第三部分将展示如何利用高级的间接寻址模式——基址－变址和基址－变址－位移——来操作二维数组。简单的间接寻址已经在 4.4 节中介绍过了。

在 9.5 节中针对整数数组的查找和排序是最有趣的部分。你会发现，可以轻松实现计算机科学中两种常用的基本数组处理算法：冒泡排序和对半查找。不仅在汇编语言中，在 Java 或 C++ 中研究这些算法也是极好的想法。

9.2 字符串原语指令

x86 指令集有五组指令用于处理字节、字和双字数组。虽然它们被称为字符串原语（string primitive），但它们并不局限于字符数组。在 32 位模式下，表 9-1 中的每条指令都隐含使用 ESI、EDI，或是同时使用这两个寄存器来寻址内存。根据指令数据的大小，对累加器的引用隐含使用 AL、AX 或 EAX。因为字符串原语会自动重复并修改数组索引，所以能高效执行。在探讨这种自动行为之前，我们必须先讨论方向标志（direction flag）。方向标志是 CPU 标志寄存器中的一个控制标志，用于确定自动重复指令对其目标地址是递增还是递减。

表 9-1 字符串原语指令

指令	描述
MOVSB、MOVSW、MOVSD	传送字符串数据：将 ESI 寻址的内存数据复制到 EDI 寻址的内存位置
CMPSB、CMPSW、CMPSD	比较字符串：比较两个分别由 ESI 和 EDI 寻址的内存位置的内容
SCASB、SCASW、SCASD	扫描字符串：比较累加器（AL、AX 或 EAX）与 EDI 寻址的内存内容
STOSB、STOSW、STOSD	保存字符串数据：将累加器的内容保存到由 EDI 寻址的内存位置
LODSB、LODSW、LODSD	从字符串装入累加器：将 ESI 寻址的内存数据装入累加器

使用重复前缀 就其自身而言，字符串原语指令只能处理一个或一对内存数值。但如果加上重复前缀（repeat prefix），指令就可以用 ECX 作为计数器重复执行。重复前缀使单条指令能处理整个数组。以下是可使用的重复前缀：

REP	当 ECX > 0 时重复
REPZ、REPE	当零标志置 1 且 ECX > 0 时重复
REPNZ、REPNE	当零标志清零且 ECX > 0 时重复

示例：复制字符串　在下面的例子中，MOVSB 从 string1 传送 10 个字节到 string2。重复前缀在执行 MOVSB 指令之前，首先测试 ECX 是否大于 0。若 ECX=0，则 MOVSB 指令被忽略，控制传递到程序的下一行代码；若 ECX > 0，则 ECX 减 1 并重复执行 MOVSB 指令：

```
    cld                         ; 清零方向标志
    mov   esi,OFFSET string1    ; ESI 指向源字符串
    mov   edi,OFFSET string2    ; EDI 指向目的字符串
    mov   ecx,10                ; 将计数器置为 10
    rep   movsb                 ; 传送 10 个字节
```

在这个例子中，由于方向标志首先被 CLD 指令清零，故当 MOVSB 重复执行时，ESI 和 EDI 自动递增。该行为由 CPU 的方向标志控制。

方向标志　根据方向标志的状态，字符串原语指令对 ESI 和 EDI 进行递增或递减（参见表 9-2）。方向标志可以用 CLD 和 STD 指令显式地修改：

表 9-2　字符串原语指令中方向标志的用法

方向标志的值	对 ESI 和 EDI 的影响	地址序列
清零	递增	低 – 高
置 1	递减	高 – 低

```
    CLD       ; 清零方向标志（前向）
    STD       ; 置 1 方向标志（反向）
```

在执行字符串原语指令之前，若忘记设置方向标志会导致不可预料的行为，因为 ESI 和 EDI 寄存器可能无法按照预期进行递增或递减。

9.2.1　MOVSB、MOVSW 及 MOVSD

MOVSB、MOVSW 及 MOVSD 指令将数据从 ESI 指向的内存位置复制到 EDI 指向的内存位置。这两个寄存器自动地递增或递减（根据方向标志的值）：

MOVSB	传送（复制）字节
MOVSW	传送（复制）字
MOVSD	传送（复制）双字

可以对 MOVSB、MOVSW 及 MOVSD 使用重复前缀。方向标志决定 ESI 和 EDI 是递增还是递减。递增/递减的大小如下表所示：

指令	ESI 和 EDI 增加或减少的数值
MOVSB	1
MOVSW	2
MOVSD	4

示例：复制双字数组　假设从 source 复制 20 个双字整数到 target。数组复制完成后，ESI 和 EDI 将分别指向两个数组范围之外的某个位置（即超出 4 字节）：

```
    .data
    source DWORD 20 DUP(0FFFFFFFFh)
    target DWORD 20 DUP(?)
    .code
    cld                          ; 方向 = 向前
    mov   ecx,LENGTHOF source    ; 设置 REP 计数器
    mov   esi,OFFSET source      ; ESI 指向 source
    mov   edi,OFFSET target      ; EDI 指向 target
    rep   movsd                  ; 复制双字
```

9.2.2 CMPSB、CMPSW 及 CMPSD

CMPSB、CMPSW 及 CMPSD 指令将 ESI 指向的内存操作数与 EDI 指向的内存操作数进行比较：

CMPSB	比较字节
CMPSW	比较字
CMPSD	比较双字

可以将重复前缀与 CMPSB、CMPSW 及 CMPSD 一起使用。方向标志决定 ESI 和 EDI 是递增还是递减。

示例：比较双字　假设用 CMPSD 比较两个双字。在下面的例子中，source 的值小于 target，因此 JA 指令不会跳转到标号 L1。

```
.data
source   DWORD 1234h
target   DWORD 5678h
.code
mov     esi,OFFSET source
mov     edi,OFFSET target
cmpsd                           ; 比较双字
ja      L1                      ; 如果 source > target，则跳转
```

若要比较多个双字，则清零方向标志（正向），将 ECX 初始化作为计数器，并对 CMPSD 使用重复前缀：

```
mov     esi,OFFSET source
mov     edi,OFFSET target
cld                             ; 方向 = 向前
mov     ecx,LENGTHOF source     ; 重复计数器
repe    cmpsd                   ; 当相等时重复
```

REPE 前缀重复比较操作，并自动递增 ESI 和 EDI，直到 ECX 等于 0 或发现一对不相等的双字。

9.2.3 SCASB、SCASW 及 SCASD

SCASB、SCASW 及 SCASD 指令分别将 AL/AX/EAX 中的值与 EDI 寻址的一个字节/字/双字进行比较。这些指令可用于在字符串或数组中寻找数值。结合 REPE（或 REPZ）前缀，当 ECX > 0 且 AL/AX/EAX 的值匹配于内存中每个连续的值时，就继续扫描字符串或数组。REPNE 前缀也进行扫描，直到 AL/AX/EAX 与某个内存数值匹配或者 ECX=0。

扫描是否有匹配字符　下面的例子扫描字符串 alpha，在其中寻找字符 F。如果发现该字符，则 EDI 指向匹配字符后面的一个位置；如果未发现匹配字符，则 JNZ 执行退出：

```
.data
alpha BYTE "ABCDEFGH",0
.code
mov     edi,OFFSET alpha        ; EDI 指向字符串
mov     al,'F'                  ; 寻找字母 F
mov     ecx,LENGTHOF alpha      ; 设置查找计数值
cld                             ; 方向 = 向前
repne   scasb                   ; 当不相等时重复
jnz     quit                    ; 如果未发现字母，则退出
dec     edi                     ; 发现字母：EDI 后退
```

循环之后添加了 JNZ，用以测试由于 ECX=0 且没有找到 AL 中字符而结束循环的可能性。

9.2.4　STOSB、STOSW 及 STOSD

STOSB、STOSW 及 STOSD 指令分别将 AL/AX/EAX 的内容存入 EDI 指向的内存偏移量处。EDI 根据方向标志的状态递增或递减。与 REP 前缀一起使用时，这些指令可用于实现用同一个值填充字符串或数组的全部元素。例如，下面的代码就把 string1 中的每个字节都初始化为 0FFh：

```
.data
Count = 100
string1 BYTE Count DUP(?)
.code
    mov    al,0FFh              ; 要保存的数值
    mov    edi,OFFSET string1   ; EDI 指向目标字符串
    mov    ecx,Count            ; 字符数量
    cld                         ; 方向 = 向前
    rep    stosb                ; 用 AL 的内容填充
```

9.2.5　LODSB、LODSW 及 LODSD

LODSB、LODSW 及 LODSD 指令分别从 ESI 指向的内存地址向 AL/AX/EAX 装入字节、字或双字。ESI 根据方向标志的状态进行递增或递减。LODS 很少与 REP 前缀一起使用，因为装入累加器的新值会覆盖其原来的内容。因而，LODS 一般被用于装入单个数值。在下一个例子中，LODSB 代替如下两条指令（假设方向标志被清零）：

```
    mov    al,[esi]             ; 传送字节到 AL
    inc    esi                  ; 指向下一个字节
```

数组乘法示例　下面的程序将一个双字数组中的每个元素都乘以一个常数。程序同时使用了 LODSD 和 STOSD：

```
; 数组乘法                   (Mult.asm)
; 本程序将一个 32 位整数数组中的每个元素都乘以一个常数值。

INCLUDE Irvine32.inc
.data
array DWORD 1,2,3,4,5,6,7,8,9,10     ; 测试数据
multiplier DWORD 10                  ; 测试数据

.code
main PROC
    cld                              ; 方向 = 向前
    mov    esi,OFFSET array          ; 源数组索引
    mov    edi,esi                   ; 目的数组索引
    mov    ecx,LENGTHOF array        ; 循环计数器
L1: lodsd                            ; 将 [ESI] 装入 EAX
    mul    multiplier                ; 乘以一个数值
    stosd                            ; 将 EAX 保存到 [EDI]
    loop   L1

    exit
main ENDP
END main
```

9.2.6　本节回顾

1. 参照字符串原语，哪个 32 位寄存器被称为累加器？

a. AX　　　　　　　　b. EAX　　　　　　　　c. AL　　　　　　　　d. EDX
2. 哪条指令将累加器中的 32 位整数与 EDI 指向的内存内容进行比较？
   a. STRCMP　　　　　　b. CMP　　　　　　　　c. SCASW　　　　　　d. SCASD
3. STOSD 指令使用哪个变址寄存器？
   a. ESI　　　　　　　　b. EDI　　　　　　　　c. EDX　　　　　　　　d. EBX
4. 哪条指令将数据从 ESI 寻址的内存位置复制到 AX？
   a. LODSW　　　　　　b. MOVSW　　　　　　c. STOSW　　　　　　d. MOVSD
5. 判断真假：若 REPZ 出现在 CMPSB 指令之前，则指令重复执行直至零标志为 1 或者 ECX=0。
   a. 真　　　　　　　　b. 假
6. 判断真假：LODSD 指令总是递增 EDI，因为它不受方向标志的影响。
   a. 真　　　　　　　　b. 假
7. 判断真假：为了验证 ESI 指向的操作数大于 EDI 指向的操作数，应该总是在 CMPSD 指令后面紧跟 JA 指令。
   a. 真　　　　　　　　b. 假

9.3 若干字符串过程

本节将演示来自 Irvine32 链接库的几个过程，这些过程用来处理以空结束的字符串。这些过程与标准 C 库中的函数有着明显的相似性：

```
; 将源字符串复制到目的字符串。
Str_copy PROTO,
    source:PTR BYTE,
    target:PTR BYTE

; 在 EAX 中返回字符串长度（不包括空字节）。
Str_length PROTO,
    pString:PTR BYTE

; 比较 string1 与 string2，
; 并用与 CMP 指令相同的方式设置零标志和进位标志。
Str_compare PROTO,
    string1:PTR BYTE,
    string2:PTR BYTE

; 从字符串中截掉给定的尾部字符。
; 第二个参数是要截掉的字符。
Str_trim PROTO,
    pString:PTR BYTE,
    char:BYTE

; 将字符串转换为大写。
Str_ucase PROTO,
    pString:PTR BYTE
```

9.3.1 Str_compare 过程

Str_compare 过程比较两个字符串，其调用格式如下：

```
INVOKE Str_compare, ADDR string1, ADDR string2
```

它从第一个字节开始按正向比较字符串。该比较是区分大小写的，因为字母的大写和小写的 ASCII 码不相同。该过程没有返回值，但是，若参数为 string1 和 string2，则进位标志和零标志的含义如表 9-3 所示。

表 9-3　Str_compare 过程影响的标志

关系	进位标志	零标志	为真则分支（指令）
string1 < string2	1	0	JB
string1=string2	0	1	JE
string1 > string2	0	0	JA

参见 6.2.8 节对 CMP 指令如何设置进位标志和零标志的解释。下面是 Str_compare 过程的代码清单。演示参见程序 Compare.asm：

```
;---------------------------------------------------------
Str_compare PROC USES eax edx esi edi,
    string1:PTR BYTE,
    string2:PTR BYTE
;
; 比较两个字符串。
; 无返回值，但零标志和进位标志受到影响。
; 影响方式与 CMP 指令相同。
;---------------------------------------------------------
    mov   esi,string1
    mov   edi,string2
L1: mov   al,[esi]
    mov   dl,[edi]
    cmp   al,0                  ; 到 string1 末尾？
    jne   L2                    ; 否
    cmp   dl,0                  ; 是：到 string2 末尾？
    jne   L2                    ; 否
    jmp   L3                    ; 是，退出且 ZF = 1

L2: inc   esi                   ; 指向下一个字符
    inc   edi
    cmp   al,dl                 ; 字符相等？
    je    L1                    ; 是：继续循环
                                ; 否：退出且标志置位

L3: ret
Str_compare ENDP
```

当实现 Str_compare 时，可以使用 CMPSB 指令，但是这条指令要求已知较长字符串的长度，这样就需要两次调用 Str_length 过程。在本例中，在同一个循环内检测两个字符串的空结束符更加容易。当处理已知长度的大型字符串或数组时，CMPSB 最为有效。

9.3.2　Str_length 过程

Str_length 过程用 EAX 寄存器返回字符串的长度。当调用该过程时，要传递字符串的偏移量。例如：

```
INVOKE Str_length, ADDR myString
```

该过程实现如下：

```
Str_length PROC USES edi,
    pString:PTR BYTE            ; 指向字符串的指针
    mov   edi,pString
    mov   eax,0                 ; 字符计数值

L1: cmp   BYTE PTR[edi],0       ; 到字符串末尾？
    je    L2                    ; 是：退出
    inc   edi                   ; 否：指向下一个字符
    inc   eax                   ; 计数值加 1
```

```
        jmp   L1
L2: ret
Str_length ENDP
```

该过程的演示参见程序 Length.asm。

9.3.3 Str_copy 过程

Str_copy 过程将一个以空结束的字符串从源位置复制到目的位置。在调用该过程之前，要确保目的操作数足够大，能够容纳被复制的字符串。该过程的调用语法如下：

```
INVOKE Str_copy, ADDR source, ADDR target
```

该过程无返回值。下面是其实现：

```
;-----------------------------------------------------------
Str_copy PROC USES eax ecx esi edi,
    source:PTR BYTE,            ; 源字符串
    target:PTR BYTE             ; 目的字符串
;
; 将字符串从源地址复制到目的地址。
; 要求：目的字符串必须包含足够的空间以存放复制来的源字符串。
;-----------------------------------------------------------
    INVOKE Str_length,source    ; EAX = 源字符串长度
    mov    ecx,eax               ; REP 次数
    inc    ecx                   ; 空字节，REP 次数加 1
    mov    esi,source
    mov    edi,target
    cld                          ; 方向 = 向前
    rep    movsb                 ; 复制字符串
    ret
Str_copy ENDP
```

该过程的演示参见程序 CopyStr.asm。

9.3.4 Str_trim 过程

Str_trim 过程从以空结束的字符串中移除所有选定的尾部字符。其调用语法如下：

```
INVOKE Str_trim, ADDR string, char_to_trim
```

这个过程的逻辑很有趣，因为需要检查多种可能的情况（以下用 # 作为尾部字符）：

1. 字符串为空。
2. 字符串还包含其他字符，后面跟着一个或多个尾部字符，如 "Hello##"。
3. 字符串只包含一个字符，即尾部字符，如 "#"。
4. 字符串不包含尾部字符，如 "Hello" 或 "H"。
5. 字符串包含一个或多个尾部字符，后面跟随一个或多个非尾部字符，如 "#H" 或 "###Hello"。

可以使用 Str_trim 过程删除字符串尾部的全部空格（或者其他任何重复的字符）。从字符串中截掉字符的最简单方法是，在想要保留的字符后面插入一个空字节，空字节后面的任何字符都会变得无意义。

表 9-4 列出了一些有用的测试实例。对于每个实例，都假设要从字符串中删除 # 字符，表中给出了预期的输出。

表 9-4　用 # 分隔符来测试 Str_trim 过程

输入字符串	预期修改后的字符串
"Hello##"	"Hello"
"#"	""（空字符串）
"Hello"	"Hello"
"H"	"H"
"#H"	"#H"

现在来看一些测试 Str_trim 过程的代码。INVOKE 语句向 Str_trim 传递字符串地址：

```
.data
string_1 BYTE "Hello##",0
.code
INVOKE Str_trim,ADDR string_1,'#'
INVOKE ShowString,ADDR string_1
```

ShowString 过程显示被裁剪后的字符串，并用方括号括起来。这里未给出其代码。过程的输出示例如下：

```
[Hello]
```

更多的例子可参见第 9 章示例中的 Trim.asm。下面给出了 Str_trim 的实现，在要保留的最后一个字符后面插入一个空字节。空字节后面的任何字符都会被字符串处理函数所忽略。

```
;------------------------------------------------------------
; Str_trim
; 从字符串末尾删除所有出现的给定分隔字符。
; 返回: 无
;------------------------------------------------------------
Str_trim PROC USES eax ecx edi,
    pString:PTR BYTE,           ; 指向字符串
    char: BYTE                  ; 要删除的字符

    mov  edi,pString            ; 准备调用 Str_length
    INVOKE Str_length,edi       ; 在 EAX 中返回长度
    cmp  eax,0                  ; 长度等于 0 ?
    je   L3                     ; 是: 即刻退出
    mov  ecx,eax                ; 否: ECX = 字符串长度
    dec  eax
    add  edi,eax                ; 指向最后一个字符
L1: mov  al,[edi]               ; 获取一个字符
    cmp  al,char                ; 该字符是分隔符?
    jne  L2                     ; 否: 插入空字节
    dec  edi                    ; 是: 继续后退
    loop L1                     ; 直至到达字符串起始处
L2: mov  BYTE PTR [edi+1],0     ; 插入一个空字节
L3: ret
Stmr_trim ENDP
```

详细描述

现在仔细考察 Str_trim。该算法从字符串末尾开始，进行反向扫描，寻找第一个非分隔字符。当找到这样的字符后，就在其后面的位置插入一个空字节：

```
ecx = length(str)
if length(str) > 0 then
    edi = length - 1
    do while ecx > 0
```

```
            if str[edi] ≠ delimiter then
              str[edi+1] = null
              break
            else
              edi = edi - 1
            end if
            ecx = ecx - 1
         end do
```

下面逐行查看代码的实现。首先，pString 包含了待裁剪字符串的地址。程序需要知道该字符串的长度，而 Str_length 过程用 EDI 寄存器接收其输入参数：

```
    mov    edi,pString              ; 准备调用 Str_length
    INVOKE Str_length,edi           ; 在 EAX 中返回长度
```

Str_length 过程用 EAX 寄存器返回字符串长度，所以，后面的代码行将它与零进行比较，如果字符串为空，则跳过其余的代码：

```
    cmp    eax,0                    ; 字符串长度等于 0？
    je     L3                       ; 是：即刻退出
```

从现在开始，假设该字符串不为空。ECX 为循环计数器，因此要将字符串的长度赋值给它。由于要将 EDI 指向字符串的最后一个字符，故把 EAX（包含字符串长度）减 1 后再加到 EDI：

```
    mov    ecx,eax                  ; 否：ECX = 字符串长度
    dec    eax
    add    edi,eax                  ; 指向最后一个字符
```

现在 EDI 指向最后一个字符，将该字符复制到 AL 寄存器，并与分隔符比较：

```
L1: mov    al,[edi]                 ; 获取一个字符
    cmp    al,char                  ; 是分隔符吗？
```

如果该字符不是分隔符，则退出循环，并在标号 L2 处插入一个空字节：

```
    jne    L2                       ; 否：插入空字节
```

否则，如果发现了分隔符，则循环继续，逆向查找字符串。实现方法为：将 EDI 后退一个位置，并重复循环：

```
    dec    edi                      ; 是：继续后退
    loop   L1                       ; 直至到达字符串起始处
```

如果整个字符串都由分隔符填充，则循环计数减到零，并继续执行 loop 指令后面的代码行，即标号 L2 处的代码，其在字符串中插入一个空字节：

```
L2: mov    BYTE PTR [edi+1],0       ; 插入一个空字节
```

假如程序控制到达此处的原因是循环计数减为零，则 EDI 就会指向字符串起始字符之前的位置，故表达式 [edi+1] 就指向字符串的第一个字符。

程序执行以两种方式到达标号 L2：其一，在字符串中发现了非分隔符字符；其二，循环计数减为零。标号 L2 后面是标号 L3 处的 RET 指令，用来结束整个过程：

```
L3: ret
Str_trim ENDP
```

9.3.5 Str_ucase 过程

Str_ucase 过程将字符串全部转换为大写字母，无返回值。调用该过程时，要向其传

递字符串的偏移量：

```
INVOKE Str_ucase, ADDR myString
```

过程实现如下：

```
;--------------------------------------------------------
; Str_ucase
; 将以空结束的字符串转换为大写。
; 返回：无
;--------------------------------------------------------
Str_ucase PROC USES eax esi,
pString:PTR BYTE
    mov   esi,pString
L1:
    mov   al,[esi]                  ; 获取字符
    cmp   al,0                      ; 到字符串末尾?
    je    L3                        ; 是：退出
    cmp   al,'a'                    ; 小于"a"?
    jb    L2
    cmp   al,'z'                    ; 大于"z"?
    ja    L2
    and   BYTE PTR [esi],11011111b  ; 转换字符
L2: inc   esi                       ; 下一个字符
    jmp   L1
L3: ret
Str_ucase ENDP
```

（过程演示参见 Ucase.asm 程序。）

9.3.6 字符串库演示程序

下面的 32 位程序（StringDemo.asm）展示了对 Irivne32 链接库中 Str_trim、Str_ucase、Str_compare 及 Str_length 过程的调用示例：

```
; String Library Demo         (StringDemo.asm)

; 字符串库演示                (StringDemo.asm)
; 本程序演示了本书链接库中的字符串处理过程。
INCLUDE Irvine32.inc

.data
string_1 BYTE "abcde////",0
string_2 BYTE "ABCDE",0
msg0     BYTE "string_1 in upper case: ",0
msg1     BYTE "string_1 and string_2 are equal",0
msg2     BYTE "string_1 is less than string_2",0
msg3     BYTE "string_2 is less than string_1",0
msg4     BYTE "Length of string_2 is ",0
msg5     BYTE "string_1 after trimming: ",0

.code
main PROC
    call  trim_string
    call  upper_case
    call  compare_strings
    call  print_length
    exit
main ENDP

trim_string PROC
```

```
        ; 从字符串 string_1 中删除尾部字符。
            INVOKE Str_trim, ADDR string_1, '/'
            mov     edx,OFFSET msg5
            call    WriteString
            mov     edx,OFFSET string_1
            call    WriteString
            call    Crlf
            ret
trim_string ENDP

upper_case PROC
; 将 string_1 转换为大写。
            mov     edx,OFFSET msg0
            call    WriteString
            INVOKE Str_ucase, ADDR string_1
            mov     edx,OFFSET string_1
            call    WriteString
            call    Crlf
            ret
upper_case ENDP

compare_strings PROC
; 比较 string_1 与 string_2。
            INVOKE Str_compare, ADDR string_1, ADDR string_2
            .IF ZERO?
            mov     edx,OFFSET msg1
            .ELSEIF CARRY?
            mov     edx,OFFSET msg2          ; string 1 小于...
            .ELSE
            mov     edx,OFFSET msg3          ; string 2 小于...
            .ENDIF
            call    WriteString
            call    Crlf
            ret
compare_strings  ENDP

print_length PROC
; 显示 string_2 的长度。
            mov     edx,OFFSET msg4
            call    WriteString
            INVOKE Str_length, ADDR string_2
            call    WriteDec
            call    Crlf
            ret
print_length ENDP
END main
```

调用 Str_trim 过程从 string_1 中删除尾部字符，并调用 Str_ucase 过程将该字符串转换为大写字母。String Library Demo 程序的输出如下所示：

```
string_1 after trimming: abcde
string_1 in upper case: ABCDE
string1 and string2 are equal
Length of string_2 is 5
```

9.3.7　Irvine64 库中的字符串过程

本节将说明如何将一些比较重要的字符串处理过程从 Irvine32 链接库转换为 64 位模式。变化非常简单，即删除堆栈参数，并将所有的 32 位寄存器都替换为 64 位寄存器。表 9-5 列出了这些字符串过程及其输入和输出的描述。

表 9-5 Irvine64 链接库中的字符串过程

Str_compare	比较两个字符串
	输入参数：RSI 指向源字符串，RDI 指向目的字符串
	返回值：若源字符串＜目的字符串，则进位标志 CF=1
	若源字符串 = 目的字符串，则零标志 ZF=1；
	若源字符串＞目的字符串，则 CF=0 且 ZF=0
Str_copy	将源字符串复制到目的指针指向的位置
	输入参数：RSI 指向源字符串，RDI 指向被复制字符串将要存放的位置
Str_length	返回以空结束的字符串的长度
	输入参数：RCX 指向字符串
	返回值：RAX 包含了字符串的长度

在 Str_compare 过程中，RSI 和 RDI 是输入参数的合理选择，因为字符串比较循环会用到它们。使用这两个寄存器参数，就无须在过程开始时将输入参数复制到 RSI 和 RDI 寄存器中：

```
;--------------------------------------------------
; Str_compare
; 比较两个字符串
; 接收：RSI 指向源字符串
;       RDI 指向目的字符串
; 返回：若字符串相等，则置 ZF 为 1。
;       若源字符串＜目的字符串，则置 CF 为 1。
;--------------------------------------------------
Str_compare PROC USES rax rdx rsi rdi

L1: mov   al,[rsi]
    mov   dl,[rdi]
    cmp   al,0              ; 到 string1 末尾?
    jne   L2                ; 否
    cmp   dl,0              ; 是：到 string2 末尾?
    jne   L2                ; 否
    jmp   L3                ; 是，退出且 ZF = 1
L2: inc   rsi               ; 指向下一个字符
    inc   rdi
    cmp   al,dl             ; 字符相等?
    je    L1                ; 是：继续循环
                            ; 否：退出且标志置位
L3: ret
Str_compare ENDP
```

注意，PROC 伪指令用 USES 关键字列出了所有在过程开始时要压入堆栈、且在过程返回前要弹出堆栈的寄存器。

Str_copy 过程用 RSI 和 RDI 接收字符串指针：

```
;--------------------------------------------------
; Str_copy
; 复制字符串
; 接收：RSI 指向源字符串
;       RDI 指向目的字符串
; 返回：无
;--------------------------------------------------
Str_copy PROC USES rax rcx rsi rdi

    mov   rcx,rsi              ; 获取源字符串的长度
    call  Str_length           ; 在 RAX 中返回长度
```

```
        mov     rcx,rax                 ; 循环计数器
        inc     rcx                     ; 对于空字节,加 1
        cld                             ; 方向 = 向上
        rep     movsb                   ; 复制字符串
        ret
Str_copy ENDP
```

Str_length 过程用 RCX 接收字符串指针,然后循环扫描该字符串直到发现空字节。字符串长度用 RAX 返回:

```
;------------------------------------------------------
; Str_length
; 获取字符串的长度
; 接收: RCX 指向字符串
; 返回: 字符串长度在 RAX 中
;------------------------------------------------------
Str_length PROC USES rdi
        mov     rdi,rcx                 ; 获取指针
        mov     eax,0                   ; 字符计数
L1:
        cmp     BYTE PTR [rdi],0        ; 到字符串末尾?
        je      L2                      ; 是: 退出
        inc     rdi                     ; 否: 指向下一个字符
        inc     rax                     ; 计数值加 1
        jmp     L1
L2:     ret                             ; 在 RAX 中返回计数值
Str_length ENDP
```

一个简单的测试程序　下面的测试程序调用了 64 位的 Str_length、Str_copy 和 Str_compare 过程。虽然没有编写显示字符串的语句,但是建议在 Visual Studio 调试器中运行,这样就可以查看内存窗口、寄存器和标志。

```
; 测试 Irvine64 字符串过程 (StringLib64Test.asm)
Str_compare     proto
Str_length      proto
Str_copy        proto
ExitProcess     proto
.data
source BYTE "AABCDEFGAABCDFG",0         ; 长度 = 15
target BYTE 20 dup(0)
.code
main PROC
        mov     rcx,offset source
        call    Str_length              ; 在 RAX 中返回长度
        mov     rsi,offset source
        mov     rdi,offset target
        call    str_copy
; 由于刚刚复制了字符串,所以它们应该相等。
        call    str_compare             ; ZF = 1,字符串相等
; 改变目的字符串的第一个字符,再比较两个字符串。
        mov     target,'B'
        call    str_compare             ; CF = 1,源字符串 < 目的字符串

        mov     ecx,0
        call    ExitProcess
main ENDP
```

9.3.8 本节回顾

1. 判断真假：在基址 – 变址操作数中，ESI 必须总是出现在 EDI 之前，而且寄存器必须用方括号括起来。
   a. 真　　　　　　　　　b. 假
2. 判断真假：当达到较长字符串的空终止符时，32 位 Str_compare 过程停止。
   a. 真　　　　　　　　　b. 假
3. 判断真假：32 位 Str_compare 过程不需要使用 ESI 和 EDI 来访问内存。
   a. 真　　　　　　　　　b. 假
4. 判断真假：32 位 Str_length 过程使用 SCASB 来发现字符串末尾的空终止符。
   a. 真　　　　　　　　　b. 假
5. 判断真假：32 位 Str_copy 过程会防止将一个字符串复制到过小的内存区域。
   a. 真　　　　　　　　　b. 假
6. 判断真假：32 位 Str_copy 过程在返回时不会保留主调程序的 EAX 和 ECX 的值。
   a. 真　　　　　　　　　b. 假
7. 判断真假：32 位 Str_trim 过程总是从给定的字符串中删除开头和结尾处的空格字符。
   a. 真　　　　　　　　　b. 假
8. 判断真假：64 位 Str_copy 过程有两个输入参数：RSI 指向源字符串，RDI 指向被复制的字符串要存放的位置。
   a. 真　　　　　　　　　b. 假

9.4 二维数组

9.4.1 行列顺序

从汇编语言程序员的角度来看，二维数组是一维数组的高级抽象。高级语言有两种方法在内存中安置数组的行和列：行主序（row-major order）和列主序（column-major order），如图 9-1 所示。当使用行主序（最常用）时，第一行的元素存放在内存块开始的位置，第一行最后一个元素后面紧跟的是第二行的第一个元素。使用列主序时，第一列的元素存放在内存块开始的位置，第一列最后一个元素后面紧跟的是第二列的第一个元素。

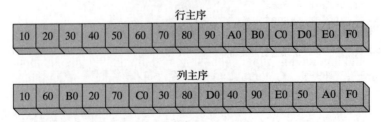

图 9-1　行主序和列主序

如果用汇编语言实现二维数组，可以选择其中的任意一种顺序。本章将使用行主序。如果是为高级语言编写汇编语言子例程，就遵循高级语言文档中指定的顺序。

x86 指令集有两种操作数类型：基址 – 变址和基址 – 变址 – 位移，这两种类型都适用于数组。下面将对它们进行考察并通过例子来展示如何有效地使用它们。

9.4.2 基址-变址操作数

基址-变址操作数（base-index operand）将两个寄存器的值（称为基址和变址）相加，生成一个偏移地址：

[base + index]

其中的方括号是必需的。在32位模式下，任一32位通用寄存器都可以用作基址和变址寄存器（通常避免使用EBP，除非对堆栈寻址）。下面的例子是关于32位模式下基址和变址操作数的各种组合：

```
.data
array WORD 1000h,2000h,3000h
.code
mov     ebx,OFFSET array
mov     esi,2
mov     ax,[ebx+esi]            ; AX = 2000h

mov     edi,OFFSET array
mov     ecx,4
mov     ax,[edi+ecx]            ; AX = 3000h

mov     ebp,OFFSET array
mov     esi,0
mov     ax,[ebp+esi]            ; AX = 1000h
```

二维数组　按行主序访问一个二维数组时，行偏移量存放在基址寄存器中，列偏移量存放在变址寄存器中。例如，下表给出的数组为3行5列：

```
tableB  BYTE  10h, 20h, 30h, 40h, 50h
Rowsize = ($ - tableB)
        BYTE  60h, 70h, 80h, 90h, 0A0h
        BYTE  0B0h, 0C0h, 0D0h, 0E0h, 0F0h
```

该表为行主序，汇编器计算的常量Rowsize是表中每行的字节数。如果想用行列坐标定位表中的某个表项，假设坐标基点为0，那么，位于行1、列2的表项为80h。将EBX设置为该表的偏移量，加上"Rowsize*row_index"，计算出行偏移量，将ESI设置为列索引：

```
row_index = 1
column_index = 2

mov     ebx,OFFSET tableB           ; 表偏移量
add     ebx,RowSize * row_index     ; 行偏移量
mov     esi,column_index
mov     al,[ebx + esi]              ; AL = 80h
```

假设该数组位于偏移量0150h处，则其有效地址表示为EBX+ESI，计算得0157h。图9-2展示了如何通过将EBX加上ESI生成tableB[1, 2]字节的偏移量。如果有效地址指向该程序数据区之外，就会产生运行时错误。

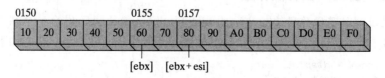

图9-2　用基址-变址操作数寻址数组

计算数组一行之和

基址 – 变址寻址简化了二维数组的很多操作。比如，想要计算一个整数矩阵中一行元素的和。下面的 32 位 calc_row_sum 程序（参见 RowSum.asm）计算一个 8 位整数矩阵中被选中行的和数：

```
;--------------------------------------------------------
; calc_row_sum
; 计算字节矩阵一行之和。
; 接收: EBX = 表偏移量, EAX = 行索引,
;       ECX = 按字节数计的行大小。
; 返回: EAX 存放和数。
;--------------------------------------------------------
calc_row_sum PROC USES ebx ecx edx esi
    mul   ecx                       ; 行索引 * 行大小
    add   ebx,eax                   ; 行偏移量
    mov   eax,0                     ; 累加器
    mov   esi,0                     ; 列索引
L1: movzx edx,BYTE PTR[ebx + esi]   ; 获取一个字节
    add   eax,edx                   ; 加到累加器
    inc   esi                       ; 行中的下一个字节
    loop  L1
    ret
calc_row_sum ENDP
```

BYTE PTR 是需要的，用于表明 MOVZX 指令中操作数的大小。

比例因子

如果是为字数组编写代码，则要将变址操作数乘以比例因子 2。下面的例子定位行 1、列 2 的元素值：

```
tableW  WORD 10h, 20h, 30h, 40h, 50h
RowsizeW = ($ - tableW)
        WORD 60h, 70h, 80h, 90h, 0A0h
        WORD 0B0h, 0C0h, 0D0h, 0E0h, 0F0h
.code
row_index = 1
column_index = 2
mov   ebx,OFFSET tableW             ; 表偏移量
add   ebx,RowSizeW * row_index      ; 行偏移量
mov   esi,column_index
mov   ax,[ebx + esi*TYPE tableW]    ; AX = 0080h
```

本例的比例因子（TYPE tableW）等于 2。类似地，如果数组包含的是双字，则必须使用比例因子 4：

```
tableD DWORD 10h, 20h, ...etc.
.code
mov   eax,[ebx + esi*TYPE tableD]
```

9.4.3 基址 – 变址 – 位移操作数

基址 – 变址 – 位移操作数（base-index-displacement operand）结合一个基址寄存器、一个变址寄存器、一个位移，以及一个可选的比例因子来生成有效地址。格式如下：

```
[base + index + displacement]
displacement[base + index]
```

位移（displacement）可以是变量名或常量表达式。在 32 位模式下，任何 32 位通用寄存

器都可以用作基址和变址寄存器。基址 – 变址 – 位移操作数非常适合处理二维数组。位移可以作为数组名，基址操作数可以存放行偏移量，变址操作数可以存放列偏移量。

双字数组示例　下面的二维数组存放了 3 行 5 列的双字：

```
tableD DWORD    10h,  20h,  30h,  40h,  50h
Rowsize = ($ - tableD)
       DWORD    60h,  70h,  80h,  90h,  0A0h
       DWORD    0B0h, 0C0h, 0D0h, 0E0h, 0F0h
```

`Rowsize` 等于 20（14h）。假设坐标基点为 0，则位于行 1、列 2 的表项为 80h。为了访问该表项，将 EBX 设置为行索引，ESI 设置为列索引：

```
mov  ebx,Rowsize                ; 行索引
mov  esi,2                      ; 列索引
mov  eax,tableD[ebx + esi*TYPE tableD]
```

假设 tableD 开始于偏移量 0150h 处，图 9-3 展示了 EBX 和 ESI 相对于该数组的位置。偏移量为十六进制。

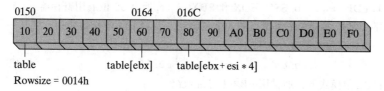

图 9-3　基址 – 变址 – 位移示例

9.4.4　64 位模式下的基址 – 变址操作数

在 64 位模式下，若使用寄存器做索引，则操作数必须使用 64 位寄存器。基址 – 变址操作数和基址 – 变址 – 位移操作数两种方法都可以使用。

下面是一段短程序，它用 get_tableVal 过程在 64 位整数的二维数组中定位一个数值。如果将其与上一节中的 32 位代码进行比较，会发现 ESI 被改变为 RSI，EAX 和 EBX 也成了 RAX 和 RBX。

```
; 64 位模式下的二维数组   (TwoDimArrays.asm)
Crlf          proto
WriteInt64    proto
ExitProcess   proto

.data
table QWORD 1,2,3,4,5
RowSize = ($ - table)
    QWORD 6,7,8,9,10
    QWORD 11,12,13,14,15

.code
main PROC
; 基址 – 变址 – 位移操作数

    mov  rax,1              ; 行索引（基点为 0）
    mov  rsi,4              ; 列索引（基点为 0）
    call get_tableVal       ; 在 RAX 中返回值
    call WriteInt64         ; 并显示返回值
    call Crlf

    mov  ecx,0              ; 结束程序
    call ExitProcess
```

```
main ENDP
;---------------------------------------------------
; get_tableVal
; 返回四字二维数组中给定行和列的元素值。
; 接收：RAX = 行号，RSI = 列号
; 返回：RAX 中的值
;---------------------------------------------------
get_tableVal PROC USES rbx

    mov     rbx,RowSize
    mul     rbx                         ; 乘积（低位部分）= RAX
    mov     rax,table[rax + rsi*TYPE table]
    ret
get_tableVal ENDP
end
```

9.4.5 本节回顾

1. 在 32 位模式下，哪些寄存器可用于基址 – 变址操作数？
   a. 只有 ESI 和 EDI　　　　b. ESI、EDX 和 EBX　　　c. 所有 32 位通用寄存器

2. 假设一个双字二维数组有 3 个逻辑行和 4 个逻辑列。若将 ESI 用作行索引，要从一行移到下一行，则 ESI 应该加上什么值？
   a. 4　　　　　　　　b. 8　　　　　　　　c. 16　　　　　　　　d. 32

3. 判断真假：在 32 位模式下，通常用 EBP 来寻址数组。
   a. 真　　　　　　　　b. 假

4. 判断真假：在使用行主序的二维数组中，第一列出现在内存块的起始处，第一列的最后一个元素后跟第二列的第一个元素。
   a. 真　　　　　　　　b. 假

5. 当对大型二维字节数组求累加和时，假设 EAX 是累加器，ESI 指向当前行，EDI 指向当前列。若要将每个数组元素加到 EAX，则应该采用下面的哪个代码序列？

   a. 代码序列：
   ```
   add    eax,[ebx + esi]
   ```

   b. 代码序列：
   ```
   add    eax,BYTE PTR[ebx + esi]
   ```

   c. 代码序列：
   ```
   movzx  edx,BYTE PTR[ebx + esi]
   add    eax,edx
   ```

   d. 代码序列：
   ```
   add    eax,DWORD PTR[ebx + esi]
   ```

9.5 整数数组的查找和排序

为了找到更好的方法对大规模数据集进行查找和排序，计算机科学家们已经花费了大量的时间和精力。对于某个具体应用而言，与买一台更快的计算机相比，选择更好的算法要管用得多。我们大多数人在学习查找和排序时，使用的是高级语言，如 C++ 和 Java。而汇编语言则为算法学习提供了不同的视角，它能让你看到低层的实现细节。

查找和排序为本章介绍的寻址模式提供了一个尝试的机会。尤其是基址 – 变址寻址会被证明是有用的，因为可以用一个寄存器（比如 EBX）指向数组的基地址，而用另一个寄存器

（比如 ESI）来索引数组中的其他任何位置。这里首先给出的例子是对著名的冒泡排序算法的汇编语言实现。对于大数组的排序而言，它是极为低效的算法，但却是极好的汇编语言编程练习。

9.5.1 冒泡排序

冒泡排序从位置 0 和 1 开始，比较数组的两个数值。如果比较结果为逆序，则交换这两个数。图 9-4 展示了对一个整数数组进行一轮遍历的进展情况。一次冒泡排序过程之后，数组仍没有按序排列，但此时最大数已位于最高索引位置。外层循环开始对该数组再进行一轮遍历。经过 n-1 轮遍历后，数组就必然按序排列。

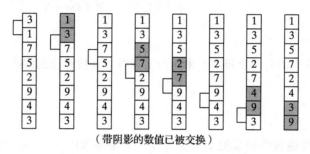

（带阴影的数值已被交换）

图 9-4 对数组的第一轮遍历（冒泡排序）

伪代码 我们先用类似于汇编语言的伪代码来编写一个简化版本的冒泡排序。这里用 N 表示数组大小，cx1 表示外循环计数器，cx2 表示内循环计数器：

```
cx1 = N - 1
while( cx1 > 0 )
{
  esi = addr(array)
  cx2 = cx1
  while( cx2 > 0 )
  {
    if( array[esi] > array[esi+4] )
      exchange( array[esi], array[esi+4] )
    add esi,4
    dec cx2
  }
  dec cx1
}
```

如保存和恢复外循环计数器这样的机械性任务已被刻意忽略。注意内循环计数（cx2）是基于外循环计数（cx1）的当前值，而 cx1 在每轮遍历数组后都会依次递减。

汇编语言 根据伪代码能够很容易地生成与之对应的汇编程序实现，并将其置于带有参数和局部变量的过程中：

```
;-------------------------------------------------------
; BubbleSort
; 使用冒泡排序算法，将一个 32 位有符号整数数组按升序排序。
; 接收：指向数组的指针，数组大小
; 返回：无
;-------------------------------------------------------
BubbleSort PROC USES eax ecx esi,
    pArray:PTR DWORD,          ; 指向数组的指针
    Count:DWORD                ; 数组大小
```

```
            mov     ecx,Count
            dec     ecx                     ; 计数值减 1
    L1:     push    ecx                     ; 保存外循环计数值
            mov     esi,pArray              ; 指向第一个数值
    L2:     mov     eax,[esi]               ; 获取数组元素值
            cmp     [esi+4],eax             ; 比较一对元素值
            jg      L3                      ; 如果 [ESI] <= [ESI+4]，不交换
            xchg    eax,[esi+4]             ; 交换一对元素值
            mov     [esi],eax
    L3:     add     esi,4                   ; 两个指针都向前移动
            loop    L2                      ; 内循环
            pop     ecx                     ; 获取外循环计数值
            loop    L1                      ; 若计数值不为 0，则重复外循环
    L4:     ret
    BubbleSort ENDP
```

现在转向在效率上的另一个极端，来看看实现对半查找算法的编码有多容易，这是迄今发明的最好算法之一。

9.5.2 对半查找

数组查找是日常编程中最常见的一类操作。对小型数组（1 000 个元素或更少）而言，顺序查找（sequential search）是容易做到的，即从数组开始的位置顺序检查每一个元素，直到发现匹配的元素为止。对任意含 n 个元素的数组，顺序查找平均需要比较 $n/2$ 次。如果查找的是小型数组，则执行时间很少。但是，若查找的是有一百万个元素的数组，就需要大量的处理时间。

当要从大型数组中查找一项时，对半查找（binary search）算法尤为有效。但它有一个重要的前提：数组元素必须是按升序或降序排列的。下面的算法假设数组元素是按升序排列的。

在开始查找前，请求用户输入一个整数，将其命名为 searchVal。

1. 被查找数组的范围用下标 first 和 last 来指定。如果 first > last，则退出查找，表明没有找到匹配项。

2. 计算数组中位于下标 first 和 last 之间的中点位置。

3. 将 searchVal 与数组中点位置上的元素值进行比较：
    - 如果数值相等，则将中点送入 EAX，并从过程返回。该返回值表明在数组中发现了匹配值。
    - 否则，如果 searchVal 大于中点元素值，则将 first 重新设置为中点的后一个位置。
    - 或者，如果 searchVal 小于中点元素值，则将 last 重新设置为中点的前一个位置。

4. 返回步骤 1。

对半查找算法惊人高效的原因是它采用了分而治之的策略。每次循环迭代，数量范围都对半分为两个部分。例如，如果想查找一个有 4 200 000 000 个数值的数组，则最多只需要做 32 次比较。

下面是对半查找函数常见的 C++ 语言实现，可用于有符号整数数组：

```
int BinSearch( int values[], const int searchVal, int count )
{
  int first = 0;
  int last = count - 1;
```

```
    while( first <= last )
    {
      int mid = (last + first) / 2;
      if( values[mid] < searchVal )
        first = mid + 1;
      else if( values[mid] > searchVal )
        last = mid - 1;
      else
        return mid;        // 成功
    }
    return -1;             // 未找到
}
```

该 C++ 代码示例的汇编语言实现清单如下所示：

```
;---------------------------------------------------------------
; BinarySearch
; 在一个有符号整数数组中查找一个数值。
; 接收：指向数组的指针，数组大小和查找的数值。
; 返回：如果找到匹配项，EAX = 匹配元素在数组中的位置；否则，EAX = -1。
;---------------------------------------------------------------
BinarySearch PROC USES ebx edx esi edi,
    pArray:PTR DWORD,           ; 指向数组的指针
    Count:DWORD,                ; 数组大小
    searchVal:DWORD,            ; 查找的数值
    LOCAL first:DWORD,          ; first 位置
    last:DWORD,                 ; last 位置
    mid:DWORD                   ; 中点

    mov     first,0             ; first = 0
    mov     eax,Count           ; last = (count - 1)
    dec     eax
    mov     last,eax
    mov     edi,searchVal       ; EDI = searchVal
    mov     ebx,pArray          ; EBX 指向数组

L1: ; 当 first <= last 时
    mov     eax,first
    cmp     eax,last
    jg      L5                  ; 退出查找

; mid = (last + first) / 2
    mov     eax,last
    add     eax,first
    shr     eax,1
    mov     mid,eax

; EDX = values[mid]
    mov     esi,mid
    shl     esi,2               ; 将 mid 乘以 4
    mov     edx,[ebx+esi]       ; EDX = values[mid]

; 若 ( EDX < searchval(EDI) )
    cmp     edx,edi
    jge     L2

;   first = mid + 1
    mov     eax,mid
    inc     eax
    mov     first,eax
    jmp     L4

; 否则，若 ( EDX > searchVal(EDI) )
L2: cmp     edx,edi             ; 可选的
    jle     L3
```

```
; last = mid - 1
    mov     eax,mid
    dec     eax
    mov     last,eax
    jmp     L4

; 否则，返回 mid
L3: mov     eax,mid              ; 找到数值
    jmp     L9                   ; 返回 mid
L4: jmp     L1                   ; 继续循环
L5: mov     eax,-1               ; 查找失败
L9: ret
BinarySearch ENDP
```

测试程序

为了演示本章介绍的冒泡排序和对半查找函数，现在编写一个简单的测试程序来顺序执行如下步骤：

- 用随机整数填充数组
- 显示该数组
- 用冒泡排序对数组排序
- 再次显示数组
- 要求用户输入一个整数
- （在数组中）对半查找用户输入的整数
- 显示对半查找的结果

每个过程都放在独立的源文件中，使得更易于定位和编辑源代码。表 9-6 列出了每个模块及其内容。大多数专业人员编写的程序都会分为独立的代码模块。

表 9-6　冒泡排序 / 对半查找程序中的模块

模块	内容
BinarySearchTest.asm	主模块：包含 main、ShowResults 及 AskForSearchVal 过程。包含程序入口点，并管理总体任务序列
BubbleSort.asm	BubbleSort 过程：在 32 位有符号整数数组上执行冒泡排序
BinarySearch.asm	BinarySearch 过程：在 32 位有符号整数数组上执行对半查找
FillArray.asm	FillArray 过程：用一系列的随机数填充 32 位有符号整数数组
PrintArray.asm	PrintArray 过程：将 32 位有符号整数数组的内容写到标准输出

所有模块中的过程，除了 BinarySearchTest.asm 外，都按照以下方式编写：易于在其他程序中使用而不用做任何修改。这种做法是可取的，因为将来在重用已有代码时可以节约时间。Irvine32 链接库就采用了同样的方法。下面的头文件（BinarySearch.inc）包含了 main 模块调用的过程的原型：

```
; BinarySearch.inc ——冒泡排序 / 对半查找程序中调用的过程的原型。
; 在 32 位有符号整数数组中查找一个整数。
BinarySearch PROTO,
    pArray:PTR DWORD,            ; 指向数组的指针
    Count:DWORD,                 ; 数组大小
    searchVal:DWORD              ; 查找数值

; 用 32 位有符号随机整数填充数组
FillArray PROTO,
    pArray:PTR DWORD,            ; 指向数组的指针
    Count:DWORD,                 ; 元素个数
    LowerRange:SDWORD,           ; 随机数的下限
```

```
    UpperRange:SDWORD              ; 随机数的上限
; 将一个 32 位有符号整数数组写到标准输出
PrintArray PROTO,
    pArray:PTR DWORD,
    Count:DWORD

; 将数组按升序排序
BubbleSort PROTO,
    pArray:PTR DWORD,
    Count:DWORD
```

main 模块，即 BinarySearchTest.asm 的代码清单如下：

```
; 冒泡排序和对半查找            (BinarySearchTest.asm)
; 对一个有符号整数数组进行冒泡排序，并执行对半查找。
; main 模块，调用 BinarySearch、BubbleSort、FillArray 及 PrintArray
INCLUDE Irvine32.inc
INCLUDE BinarySearch.inc       ; 过程原型

LOWVAL = -5000                 ; 最小值
HIGHVAL = +5000                ; 最大值
ARRAY_SIZE = 50                ; 数组大小
.data
array DWORD ARRAY_SIZE DUP(?)
.code
main PROC
    call Randomize

    ; 用随机有符号整数填充数组
    INVOKE FillArray, ADDR array, ARRAY_SIZE, LOWVAL, HIGHVAL

    ; 显示数组
    INVOKE PrintArray, ADDR array, ARRAY_SIZE
    call WaitMsg

    ; 执行冒泡排序，并再次显示数组
    INVOKE BubbleSort, ADDR array, ARRAY_SIZE
    INVOKE PrintArray, ADDR array, ARRAY_SIZE

    ; 演示对半查找
    call    AskForSearchVal        ; 在 EAX 中返回
    INVOKE BinarySearch,
       ADDR array, ARRAY_SIZE, eax
    call ShowResults

    exit
main ENDP

;-----------------------------------------------------------
AskForSearchVal PROC
;
; 提示用户输入一个有符号整数。
; 接收：无
; 返回：EAX = 用户输入的数值
;-----------------------------------------------------------
.data
prompt BYTE "Enter a signed decimal integer "
       BYTE "in the range of -5000 to +5000 "
       BYTE "to find in the array: ",0
.code
    call    Crlf
    mov     edx,OFFSET prompt
    call    WriteString
```

```
        call    ReadInt
        ret
AskForSearchVal ENDP

;--------------------------------------------------------
ShowResults PROC
;
; 显示对半查找的结果值。
; 接收：EAX = 要显示的位置号
; 返回：无
;--------------------------------------------------------
.data
msg1 BYTE "The value was not found.",0
msg2 BYTE "The value was found at position ",0
.code
.IF eax == -1
        mov     edx,OFFSET msg1
        call    WriteString
.ELSE
        mov     edx,OFFSET msg2
        call    WriteString
        call    WriteDec
.ENDIF
        call    Crlf
        call    Crlf
        ret
ShowResults ENDP
END main
```

PrintArray 包含 PrintArray 过程的模块清单如下：

```
; PrintArray 过程        (PrintArray.asm)

INCLUDE Irvine32.inc

.code
;--------------------------------------------------------
PrintArray PROC USES eax ecx edx esi,
        pArray:PTR DWORD,              ; 指向数组的指针
        Count:DWORD                    ; 元素个数
;
; 将一个 32 位有符号十进制整数数组写到标准输出，用逗号分隔
; 接收：指向数组的指针，数组大小
; 返回：无
;--------------------------------------------------------
.data
comma BYTE ", ",0
.code
        mov     esi,pArray
        mov     ecx,Count
        cld                            ; 方向 = 向前
L1:     lodsd                          ; 将 [ESI] 装入 EAX
        call    WriteInt               ; 发送到输出
        mov     edx,OFFSET comma
        call    Writestring            ; 显示逗号
        loop    L1
        call    Crlf
        ret
PrintArray ENDP
END
```

FillArray 包含 FillArray 过程的模块清单如下：

```
; FillArray 过程              (FillArray.asm)
     INCLUDE Irvine32.inc
     .code
;-----------------------------------------------------------
FillArray PROC USES eax edi ecx edx,
     pArray:PTR DWORD,          ; 指向数组的指针
     Count:DWORD,               ; 元素个数
     LowerRange:SDWORD,         ; 下限
     UpperRange:SDWORD          ; 上限
;
; 用从 LowerRange 到 (UpperRange - 1) 之间的一序列 32 位随机有符号整数填充数组。
; 返回: 无
;-----------------------------------------------------------
     mov    edi,pArray          ; EDI 指向数组
     mov    ecx,Count           ; 循环计数器
     mov    edx,UpperRange
     sub    edx,LowerRange      ; EDX = 绝对范围 (0..n)
     cld                        ; 清零方向标志
L1:  mov    eax,edx             ; 获取绝对范围
     call   RandomRange
     add    eax,LowerRange      ; 对结果进行偏移
     stosd                      ; 将 EAX 保存到 [edi]
     loop   L1
     ret
FillArray ENDP
END
```

9.5.3 本节回顾

1. 如果一个数组已经按顺序排列,那么,9.5.1 节的 BubbleSort 过程执行时,其外循环会执行多少次?
   a. n 次   b. $n + 1$ 次   c. $n - 1$ 次   d. 1 次
2. 在 BubbleSort 过程中,第一次遍历数组时内循环要执行多少次?
   a. n 次   b. $n + 1$ 次   c. $n - 1$ 次   d. 1 次
3. 判断真假:在 BubbleSort 过程中,每次外循环执行时,内循环的迭代次数都减 1。
   a. 真   b. 假
4. 判断真假:下面的语句正确地调用了 BubbleSort 过程:

   INVOKE BubbleSort, array, ARRAY_SIZE

   a. 真   b. 假

9.6 Java 字节码:字符串处理(可选主题)

第 8 章介绍了 Java 字节码,并说明了如何将 java.class 文件反汇编为可读的字节码格式。本节将展示 Java 如何处理字符串,以及处理字符串的方法。

示例:寻找子串

下面的 Java 代码定义了一个字符串变量,其中包含一个雇员 ID 和该雇员的姓氏。然后,调用 substring 方法将账号放入第二个字符串变量:

```
String empInfo = "10034Smith";
String id = empInfo.substring(0,5);
```

对该 Java 代码进行反汇编,其字节码显示如下:

```
0: ldc #32;                                // 字符串 10034Smith
```

```
2: astore_0
3: aload_0
4: iconst_0
5: iconst_5
6: invokevirtual #34;          // 方法 java/lang/String.substring
9: astore_1
```

现在分步研究这段代码，并加上自己的注释。ldc 指令将一个对字符串字面量的引用从常量池装入到操作数堆栈。接着，astore_0 指令从运行时堆栈弹出该字符串引用，并把它保存到局部变量 empInfo，其在局部变量区域中的索引为 0：

```
0: ldc #32;                    // 装入字符串字面量：10034Smith
2: astore_0                    // 存入 empInfo（索引 0）
```

接下来，aload_0 指令把对 empInfo 的引用压入操作数堆栈：

```
3: aload_0                     // 将 empInfo 装入堆栈
```

然后，在调用 substring 方法之前，其两个参数（0 和 5）必须压入操作数堆栈。该操作由指令 iconst_0 和 iconst_5 完成：

```
4: iconst_0
5: iconst_5
```

invokevirtual 指令调用 substring 方法，它的引用 ID 号为 34：

```
6: invokevirtual #34;          // 方法 java/lang/String.substring
```

substring 方法将参数弹出堆栈，创建一个新的字符串，并将该字符串的引用压入操作数堆栈。其后的 astore_1 指令把该字符串保存到局部变量区域内索引 1 的位置，也就是名字为 id 的变量所在的位置：

```
9: astore_1
```

9.7　本章小结

为了对内存进行高速访问，对字符串原语指令进行了优化，这些指令包括：
- MOVS：传送字符串数据
- CMPS：比较字符串
- SCAS：扫描字符串
- STOS：保存字符串数据
- LODS：将字符串装入到累加器

当对字节、字或双字进行操作时，每个字符串原语指令都分别加上后缀 B、W 或 D。

重复前缀 REP 使得字符串原语指令重复执行，并能够自动递增或递减变址寄存器。例如，当 REPNE 与 SCASB 一起使用时，它就一直扫描内存字节，直到 EDI 指向的内存数值等于 AL 寄存器的值为止。字符串原语指令的每次迭代执行，都由方向标志 DF 决定变址寄存器是递增还是递减。

字符串和数组实际上是一样的。在较老的编程语言如 C 和 C++ 中，字符串由一组单字节 ASCII 码构成，但是近来的编程语言也允许字符串包含 16 位 Unicode 字符。字符串与数组之间唯一的重要区别就是：字符串通常以一个空字节（包含 0）表示结束。

数组操作是计算密集型的操作，因为它一般会涉及循环算法。大多数程序要花费 80%～90% 的运行时间来执行其代码的一小部分。因此，通过减少循环内部指令的条数和复杂度就可以提高软件的运行速度。由于汇编语言能控制每个细节，所以它是进行代码优化的极好工具。例如，通过用寄存器来代替内存变量，就能够优化代码块，或者可以使用本章介绍的字符串处理指令，而不是用 MOV 和 CMP 指令。

本章介绍了几个有用的字符串处理过程：`Str_copy` 过程将一个字符串复制到另一个字符串，`Str_length` 过程返回字符串的长度，`Str_compare` 比较两个字符串，`Str_trim` 从一个字符串的尾部删除指定字符，`Str_ucase` 将一个字符串转换为大写字母。

基址-变址操作数有助于处理二维数组（表）。可以将基址寄存器设置为表的行地址，将变址寄存器设置为被选择行内的列偏移量。在 32 位模式下，任何 32 位通用寄存器都可以被用作基址和变址寄存器。基址-变址-位移操作数与基址-变址操作数类似，不同之处在于前者还包括数组名：

```
[ebx + esi]              ; 基址 - 变址
array[ebx + esi]         ; 基址 - 变址 - 位移
```

本章还用汇编语言实现了冒泡排序和对半查找。冒泡排序将一个数组中的元素按照升序或降序排列。对于不超过几百个元素的数组来说，它是有效的，但对于较大数组则是低效的。在已按序排列的数组中，对半查找可快速搜索到一个数值，且易于用汇编语言实现。

9.8 关键术语和指令

base-index operand（基址-变址操作数）
base-index-displacement operand（基址-变址-位移操作数）
CMPSB、CMPSW 及 CMPSD
column-major order（列主序）
Direction flag（方向标志）
LODSB、LODSW 及 LODSD

MOVSB、MOVSD 及 MOVSW
REP、REPE、REPNE、REPNZ 及 REPZ
repeat prefix（重复前缀）
row-major order（行主序）
SCASB、SCASD 及 SCASW
STOSB、STOSW 及 STOSD
string primitive（字符串原语）

9.9 复习题和练习

9.9.1 简答题

1. 执行字符串原语时，如何设置方向标志 DF 会使变址寄存器反向遍历内存区？
2. 当重复前缀与 STOSW 一起使用时，变址寄存器递增或递减的值是多少？
3. 何种使用方式将导致 CMPS 指令意义不明？
4. 当方向标志清零且 SCASB 发现匹配的字符时，EDI 指向哪里？
5. 当想要通过扫描数组来寻找某特定字符的第一次出现时，最好使用哪个重复前缀？
6. 在 9.3 节的 Str_trim 过程中，方向标志是如何设置的？
7. 为什么 9.3 节中的 Str_trim 过程要使用 JNE 指令？
8. 如果目标字符串包含一个数字，则 9.3 节中的 Str_ucase 过程会出现什么情况？
9. 如果 9.3 节中的 Str_length 过程使用了 SCASB，则最合适的重复前缀是哪个？
10. 如果 9.3 节中的 Str_length 过程使用了 SCASB，那么，它将如何计算并返回字符串长度？
11. 当一个数组包含 1 024 个元素时，对半查找算法最多需要做多少次比较？
12. 在 9.5 节中的对半查找示例中，其 FillArray 过程为什么必须用 CLD 指令清零方向标志？
13. 在 9.5 节中的 BinarySearch 过程中，为什么可以删除标号 L2 处的语句而不影响结果？
14. 在 9.5 节中的 BinarySearch 过程中，如何做才可能删除标号 L4 处的语句？

9.9.2 算法题

1. 举出一个 32 位模式下的基址 – 变址操作数的例子。
2. 举出一个 32 位模式下的基址 – 变址 – 位移操作数的例子。
3. 假设一个二维双字数组有 3 个逻辑行和 4 个逻辑列。编写表达式，用 ESI 和 EDI 寻址第 2 行第 3 列（行和列都从 0 开始编号）。
4. 编写指令，用 CMPSW 比较两个 16 位数值的数组 `sourcew` 和 `targetw`。
5. 编写指令，用 SCASW 在数组 `wordArray` 中扫描 16 位数值 0100h，并将匹配元素的偏移量复制到 EAX 寄存器。
6. 编写一个指令序列，用 Str_compare 过程确定两个输入字符串中的较大者，并将其写到控制台窗口。
7. 说明如何调用 Str_trim 过程，并从一个字符串中删除所有的尾部字符 "@"。
8. 说明如何修改 Irvine32 链接库中的 Str_ucase 过程，使之将所有字符都转换为小写。
9. 编写 64 位版本的 Str_trim 过程。
10. 举出一个 64 位模式下的基址 – 变址操作数的例子。
11. 假设有一个二维的 32 位整数数组 `myArray`，若 EBX 包含其行索引，EDI 包含其列索引，编写一条语句将指定数组元素的值送入 EAX 寄存器。
12. 假设有一个二维的 64 位整数数组 `myArray`，若 RBX 包含其行索引，RDI 包含其列索引，编写一条语句将指定数组元素的值送入 RAX 寄存器。

9.10 编程练习

下面的练习可以在 32 位模式下或 64 位模式下完成。每个字符串处理过程都假设使用的是以空结束的字符串。即使没有明确的要求，每道练习都要编写一个简短的驱动程序以测试所实现的新过程。

★ **1. 改进 Str_copy 过程**

本章给出的 `Str_copy` 过程没有限制被复制字符的数量。为该过程编写一个新版本（名为 `Str_copyN`），再接收一个输入参数，指定被复制字符数的最大值。

★★ **2. Str_concat 过程**

编写过程 `Str_concat`，将源字符串连接到目的字符串的末尾。目的字符串必须有足够的空间来容纳新的字符。传递源字符串和目的字符串的指针。调用示例如下所示：

```
.data
targetStr BYTE "ABCDE",10 DUP(0)
sourceStr BYTE "FGH",0
.code
INVOKE Str_concat, ADDR targetStr, ADDR sourceStr
```

★★ **3. Str_remove 过程**

编写过程 `Str_remove`，从字符串中删除 *n* 个字符。传递的参数为：要删除字符在字符串中的位置指针，以及指定要删除的字符数量的整数。例如，下面的代码展示了如何从 target 中删除 "xxxx"：

```
.data
target BYTE "abcxxxxdefghijklmop",0
.code
INVOKE Str_remove, ADDR [target+3], 4
```

★★★ **4. Str_find 过程**

编写过程 `Str_find`，在目的字符串中查找第一次出现的源字符串，并返回其位置。输入参数为指向源字符串和指向目的字符串的指针。如果找到匹配字符串，则将零标志 ZF 置 1，并用 EAX 指向目的字符串的匹配位置；否则，ZF 清零，EAX 无定义。例如，下面的代码查找 "ABC"，并用 EAX 返回 "A" 在目的字符串中的位置：

```
.data
target  BYTE  "123ABC342432",0
source  BYTE  "ABC",0
pos     DWORD ?
.code
INVOKE Str_find, ADDR source, ADDR target
jnz    notFound
mov    pos,eax                    ; 保存位置值
```

★★ 5. Str_nextWord 过程

编写过程 `Str_nextWord`，扫描字符串，查找第一次出现的某个分隔符，并将其替换为空字节。输入参数有两个：指向字符串的指针和分隔符。调用之后，如果发现分隔符，则零标志 ZF 置 1，EAX 包含分隔符后一个字符的偏移量；否则，ZF 清零，EAX 无定义。下面的示例代码传递了 `target` 的指针和逗号分隔符：

```
.data
target  BYTE  "Johnson,Calvin",0
.code
INVOKE Str_nextWord, ADDR target, ','
jnz notFound
```

如图 9-5 所示，在调用了 `Str_nextWord` 后，EAX 指向了被找到（并被替换）的逗号后面的那个字符。

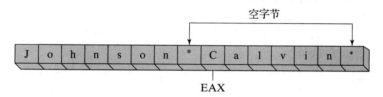

图 9-5　Str_nextWord 示例

★★ 6. 构建频率表

编写过程 `Get_frequencies`，构建一个字符频率表。需向过程输入指向字符串的指针，以及一个数组指针，该数组包含 256 个双字，并已初始化为全 0。每个数组位置都由其对应字符的 ASCII 码进行索引。过程返回时，数组中的每一项包含的是相应字符在字符串中出现的次数。例如，

```
.data
target    BYTE  "AAEBDCFBBC",0
freqTable DWORD 256 DUP(0)
.code
INVOKE Get_frequencies, ADDR target, ADDR freqTable
```

图 9-6 展示了一个字符串和频率表的表项 41（十六进制）到 4B。位置 41 包含数值 2，原因是字母 A（ASCII 码为 41h）在字符串中出现了两次。其他字符也进行类似的计数。频率表可用于数据压缩和其他涉及字符处理的应用。例如，在哈夫曼编码算法（Huffman encoding algorithm）中，与较不常出现的字符相比，最常出现的字符应该用较少的位数来保存。

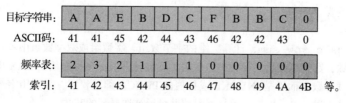

图 9-6　字符频率表的示例

★★★ **7. 埃拉托色尼筛选法**

　　埃拉托色尼筛选法由同名的希腊数学家发明，提供了在给定范围内快速寻找所有素数的方法。该算法创建一个字节数组，并按如下方式在"被标记"的位置上插入 1：从位置 2（2 是素数）开始，数组中所有 2 的倍数的位置都插入 1。接着，对下一个素数 3，用同样的方法处理 3 的倍数。找到 3 之后的素数，该数为 5，再对所有 5 的倍数的位置进行标记。以这种方式持续进行操作，直到找出素数的全部倍数。那么，数组中剩下没有被标记的位置就为素数。编写程序，创建一个含有 65 000 个元素的数组，并显示 2 到 65 000 之间的所有素数。在未初始化的数据段中声明该数组（参见 3.4.11 节），并使用 STOSB 以 0 填充数组。

★ **8. 冒泡排序**

　　向 9.5.1 节中的 BubbleSort 过程添加一个变量，并在进行内循环时，只要有一对数值交换就将其置为 1。若在某次遍历过程中没有发生数值交换，则利用该变量，就可以在排序正常结束之前提前退出该过程（该变量通常被称为交换标志（exchange flag））。

★★ **9. 对半查找**

　　重新编写本章给出的对半查找过程，并使用寄存器表示 mid、first 和 last。添加注释说明寄存器的用法。

★★★ **10. 字母矩阵**

　　编写过程，生成一个 4×4 的矩阵，矩阵元素为随机选择的大写字母。当选择字母时，必须保证被选字母是元音的概率为 50%。编写测试程序，用循环调用该过程 5 次，并在控制台窗口显示每个矩阵。前三次矩阵的示例输出如下所示：

```
D W A L
S I V W
U I O L
L A I I
K X S V
N U U O
O R Q O
A U U T
P O A Z
A E A U
G K A E
I A G D
```

★★★★ **11. 字母矩阵 / 按元音分组**

　　本程序以上一道编程练习生成的字母矩阵为基础。生成一个随机的 4×4 的字母矩阵，其中每个字母都有 50% 的概率为元音字母。遍历矩阵的每一行、每一列和每条对角线，并产生字母组。当一组四个字母中恰好有两个元音字母时，显示该字母组。例如，假设生成的矩阵如下所示：

```
P O A Z
A E A U
G K A E
I A G D
```

　　则程序应显示的字母组为 POAZ、GKAE、IAGD、PAGI、ZUED、PEAD 和 ZAKI。各组内字母的顺序不重要。

★★★★ **12. 数组行求和**

　　编写过程 calc_row_sum，计算二维的字节数组、字数组或双字数组中单行的总和。过程应有如下堆栈参数：数组偏移量、行大小、数组类型和行索引。过程必须在 EAX 中返回和数。要求使用显式的堆栈参数，而不是 INVOKE 或扩展的 PROC。编写程序，分别用字节数组、字数组和双字数组来测试过程。提示用户输入行索引，并显示被选择行的和数。

★★★ 13. 裁剪前导字符

创建 Str_trim 过程的变体，使得主调程序能从字符串中删除所有的前导字符。例如，若使用指向字符串"###ABC"的指针来调用过程，且向过程传递了字符"#"，则结果字符串应为"ABC"。

★★★ 14. 裁剪一组字符

创建 Str_trim 过程的变体，使得主调程序能从字符串的末尾删除一组字符。例如，若使用指向字符串"ABC#$&"的指针来调用过程，且向过程传递了指向过滤字符数组"%#!;$&*"的指针，则结果字符串应为"ABC"。

第 10 章
Assembly Language for x86 Processors, Eighth Edition

结构和宏

10.1 结构

结构（structure）是在逻辑上相关联的一组变量的模板或模式。结构中的变量被称为字段（field）。程序语句可以将结构作为整体进行访问，也可以访问其中的单个字段。结构通常包含不同类型的字段。联合（union）也会将多个标识符结合在一起，但这些标识符会在内存中重叠在同一区域。联合将在 10.1.7 节介绍。

结构提供了一种聚集数据并在过程之间传递的简便方式。例如，假设某一过程的输入参数是由与磁盘驱动器相关的 20 个不同单位的数据所组成，那么，调用这样的过程就很容易出错，因为可能会搞混参数的顺序，或是传递错误的参数个数。取而代之的方法是，可以把这些输入参数放到结构中，并将这个结构的地址传递给过程。这样，使用的堆栈空间最少（只有一个地址），而且被调过程还可以修改结构的内容。

汇编语言中的结构与 C 和 C++ 中的结构在本质上是一样的。只需做一点转换，就可以从 MS-Windows API 库中获得任何结构，并将其用于汇编语言。Visual Studio 调试器能显示各个结构字段。

COORD 结构　Windows API 中定义的 COORD 结构确定了屏幕的 X 和 Y 坐标。相对于结构的起始地址，字段 X 的偏移量为 0，字段 Y 的偏移量为 2：

```
COORD STRUCT
    X WORD ?                     ; 偏移量 00
    Y WORD ?                     ; 偏移量 02
COORD ENDS
```

使用结构要涉及三个连续的步骤：
1. 定义结构。
2. 声明结构类型的一个或多个变量，称为结构变量（structure variable）。
3. 编写用来访问结构字段的运行时指令。

10.1.1 定义结构

定义结构使用的是 STRUCT 和 ENDS 伪指令。在结构内，定义字段使用的语法与定义一般变量的语法相同。结构可以包含几乎任意数量的字段：

```
name STRUCT
    field-declarations
name ENDS
```

字段初始化值　若结构字段有初始化值，则在创建结构变量时就进行赋值。可以使用各种类型的字段初始化值：

- 无定义：操作符？使字段内容无定义。

- 字符串字面量：用引号括起的字符串。
- 整数：整数常量和整数表达式。
- 数组：DUP 操作符可以初始化数组元素。

下面的 Employee 结构描述了雇员信息，其中包含的字段有 ID 号、姓氏、服务年限，以及薪金历史值数组。结构的定义如下所示，该定义必须出现在 Employee 变量声明之前：

```
Employee STRUCT
    IdNum       BYTE "000000000"
    LastName    BYTE 30 DUP(0)
    Years       WORD 0
    SalaryHistory DWORD 0,0,0,0
Employee ENDS
```

下面是对该结构内存布局的线性表示：

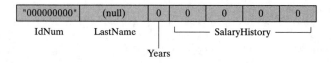

对齐结构字段

为了获得最好的内存 I/O 性能，结构成员应按其数据类型进行地址对齐。否则，CPU 就会花费更多时间来访问这些成员。例如，一个双字成员应对齐到双字边界。表 10-1 列出了 Microsoft C 和 C++ 编译器以及 Win32 API 函数的对齐方式。在汇编语言中，伪指令 ALIGN 会将其后的字段或变量按地址对齐：

```
ALIGN datatype
```

表 10-1 结构成员的对齐方式

成员类型	对齐方式	成员类型	对齐方式
BYTE, SBYTE	对齐到 8 位（字节）边界	REAL4	对齐到 32 位（双字）边界
WORD, SWORD	对齐到 16 位（字）边界	REAL8	对齐到 64 位（四字）边界
DWORD, SDWORD	对齐到 32 位（双字）边界	structure	任何成员的最大对齐要求
QWORD	对齐到 64 位（四字）边界	union	第一个成员的对齐要求

例如，下面的例子就将 myVar 对齐到双字边界：

```
.data
ALIGN DWORD
myVar DWORD ?
```

我们现在来正确地定义 Employee 结构，利用 ALIGN 将 Years 对齐到字（WORD）边界，将 SalaryHistory 对齐到双字（DWORD）边界。字段大小则作为注释呈现：

```
Employee STRUCT
    IdNum       BYTE "000000000"         ; 9
    LastName    BYTE 30 DUP(0)           ; 30
    ALIGN       WORD                     ; 加 1 个字节
    Years       WORD 0                   ; 2
    ALIGN       DWORD                    ; 加 2 个字节
    SalaryHistory DWORD 0,0,0,0          ; 16
Employee ENDS                            ; 共 60 个字节
```

10.1.2 声明结构对象

结构对象可以被声明，并可选择以特定值进行初始化。语法如下，其中 structureType

已经用 STRUCT 伪指令定义过：

identifier structureType < initializer-list >

identifier 的命名规则与 MASM 中其他变量的规则相同。initializer-list 为可选的，但是如果选择使用，该项就是一个用逗号分隔的汇编时常量的列表，它与特定结构字段的数据类型相匹配：

initializer [, initializer] . . .

空的尖括号 <> 使得结构包含的是结构定义的默认字段值。此外，还可以在选定的字段中插入新值。向结构字段中插入值的顺序为从左到右，与结构声明中字段的顺序一致。这两种方法的示例如下，使用的结构是 COORD 和 Employee：

```
.data
point1 COORD <5,10>              ; X = 5, Y = 10
point2 COORD <20>                ; X = 20, Y = ?
point3 COORD <>                  ; X = ?, Y = ?
worker Employee <>               ;（默认的初始化值）
```

可以只覆盖选定字段的初始化值。下面的声明仅覆盖了 Employee 结构的 IdNum 字段，而其他字段仍为默认值：

```
person1 Employee <"555223333">
```

还有一种形式是使用花括号 {…} 而不是尖括号：

```
person2 Employee {"555223333"}
```

若字符串字段初始化值的长度短于字段定义的长度，则多出的位置用空格填充。空字节不会自动插到字符串字段的尾部。通过插入逗号作为位置标记，就可以跳过结构字段。例如，下面的语句就跳过 IdNum 字段，并初始化 LastName 字段：

```
person3 Employee <,"dJones">
```

数组字段使用 DUP 操作符来初始化某些或所有数组元素。如果初始化值比字段短，则多出的位置用零填充。下面的语句只初始化前两个 SalaryHistory 的值，而其他的值则为 0：

```
person4 Employee <,,,2 DUP(20000)>
```

结构数组 使用 DUP 操作符能够创建结构数组。如下所示，AllPoints 中每个元素的 X 和 Y 字段都被初始化为 0：

```
NumPoints = 3
AllPoints COORD NumPoints DUP(<0,0>)
```

对齐结构对象

为获得最好的处理器性能，要将结构对象对齐到最大结构成员的内存边界上。Employee 结构包含双字（DWORD）字段，因此，下面的定义使用了双字对齐：

```
.data
ALIGN DWORD
person Employee <>
```

10.1.3 引用结构对象

使用 TYPE 和 SIZEOF 操作符可以引用结构变量和结构名称。例如，回到之前的 Employee

结构：

```
Employee STRUCT
    IdNum      BYTE "000000000"          ; 9
    LastName BYTE 30 DUP(0)              ; 30
    ALIGN      WORD                      ; 加1个字节
    Years      WORD 0                    ; 2
    ALIGN      DWORD                     ; 加2个字节
    SalaryHistory DWORD 0,0,0,0          ; 16
Employee ENDS                            ; 共60个字节
```

给定数据定义：

```
.data
worker Employee <>
```

则下列所有表达式都返回相同的值：

```
TYPE Employee            ; 60
SIZEOF Employee          ; 60
SIZEOF worker            ; 60
```

> TYPE 操作符（见4.4节）返回的是标识符存储类型（BYTE、WORD 和 DWORD 等）的字节数。LENGTHOF 操作符返回的是数组元素的个数。SIZEOF 操作符则是 LENGTHOF 与 TYPE 的乘积。

对成员的引用

引用已命名的结构成员时，需要用结构变量作为限定符。以 Employee 结构为例，在汇编时生成下述常量表达式：

```
TYPE Employee.SalaryHistory        ; 4
LENGTHOF Employee.SalaryHistory    ; 4
SIZEOF Employee.SalaryHistory      ; 16
TYPE Employee.Years                ; 2
```

以下是对 worker 的运行时引用，它是 Employee 类型的变量：

```
.data
worker Employee <>
.code
mov dx,worker.Years

mov worker.SalaryHistory,20000       ; 第一个薪金
mov [worker.SalaryHistory+4],30000   ; 第二个薪金
```

使用 OFFSET 操作符　可以使用 OFFSET 操作符来获得结构中一个字段的地址：

```
mov edx,OFFSET worker.LastName
```

间接和变址操作数

间接操作数允许用寄存器（如 ESI）对结构成员进行寻址。间接寻址带来了灵活性，尤其是在向过程传递结构地址或者使用结构数组时。当引用间接操作数时需要使用 PTR 操作符：

```
mov esi,OFFSET worker
mov ax,(Employee PTR [esi]).Years
```

下面的语句不能汇编，原因是 Years 自身不能表明其所属的结构：

```
mov ax,[esi].Years                   ; 无效
```

变址操作数　可以用变址操作数访问结构数组。假设 department 是一个包含 5 个 Employee 对象的数组。下述语句访问的是索引位置为 1 的雇员的 Years 字段：

```
.data
department Employee 5 DUP(<>)
.code
mov esi,TYPE Employee                ; 索引 = 1
mov department[esi].Years, 4
```

循环遍历数组　带间接或变址寻址的循环可用于处理结构数组。下面的程序（AllPoints.asm）对 AllPoints 数组的坐标进行赋值：

```
; 循环遍历数组                        (AllPoints.asm)
INCLUDE Irvine32.inc
NumPoints = 3
.data
ALIGN WORD
AllPoints COORD NumPoints DUP(<0,0>)
.code
main PROC
     mov    edi,0                    ; 数组索引
     mov    ecx,NumPoints            ; 循环计数器
     mov    ax,1                     ; X, Y 的起始值
L1:  mov    (COORD PTR AllPoints[edi]).X,ax
     mov    (COORD PTR AllPoints[edi]).Y,ax
     add    edi,TYPE COORD
     inc    ax
     loop   L1
       exit
main ENDP
END main
```

已对齐结构成员的性能

之前已经断言，处理器访问正确对齐的结构成员时效率更高。那么，非对齐字段会对性能有多大影响呢？现在使用本章介绍的 Employee 结构的两个不同版本，进行一个简单的测试。测试将对第一个版本重命名，以便两个版本能在同一个程序中使用：

```
EmployeeBad STRUCT
    IdNum       BYTE "000000000"
    LastName    BYTE 30 DUP(0)
    Years       WORD 0
    SalaryHistory DWORD 0,0,0,0
EmployeeBad ENDS

Employee STRUCT
    IdNum       BYTE "000000000"
    LastName    BYTE 30 DUP(0)
    ALIGN       WORD
    Years       WORD 0
    ALIGN       DWORD
    SalaryHistory DWORD 0,0,0,0
Employee ENDS
```

下面的代码首先获取系统时间，再执行循环以访问结构的字段，最后计算花费的时间。变量 emp 可以声明为 Employee 对象或者 EmployeeBad 对象：

```
.data
ALIGN DWORD
startTime DWORD ?                    ; 对齐 startTime
```

```
    emp Employee <>                    ; 或者: emp EmployeeBad <>
.code
    call    GetMSeconds                ; 获取起始时间
    mov     startTime,eax

    mov     ecx,0FFFFFFFFh             ; 循环计数器
L1: mov     emp.Years,5
    mov     emp.SalaryHistory,35000
    loop    L1

    call    GetMSeconds                ; 获取结束时间
    sub     eax,startTime
    call    WriteDec                   ; 显示花费的时间
```

在这个简单的测试程序（Struct1.asm）中，使用正确对齐的 Employee 结构的执行时间为 6141 毫秒，而使用 EmployeeBad 结构的执行时间为 6203 毫秒。两者相差不大（62 毫秒），可能是因为处理器的内部存储 cache 将对齐问题最小化了。

10.1.4 示例：显示系统时间

MS-Windows 提供了设置屏幕光标位置和获取系统时间的控制台函数。若要使用这些函数，应先为两个预定义的结构 COORD 和 SYSTEMTIME 创建实例：

```
COORD STRUCT
    X WORD ?
    Y WORD ?
COORD ENDS

SYSTEMTIME STRUCT
    wYear WORD ?
    wMonth WORD ?
    wDayOfWeek WORD ?
    wDay WORD ?
    wHour WORD ?
    wMinute WORD ?
    wSecond WORD ?
    wMilliseconds WORD ?
SYSTEMTIME ENDS
```

这两个结构都在 SmallWin.inc 中定义，该文件位于汇编器的 INCLUDE 目录下，并且由 Irvine32.inc 引用。若要获取系统时间（根据本地时区进行调整），则需调用 MS-Windows 的 GetLocalTime 函数，并向其传递 SYSTEMTIME 结构的地址：

```
.data
sysTime SYSTEMTIME <>
.code
INVOKE GetLocalTime, ADDR sysTime
```

接着，从 SYSTEMTIME 结构中获取相应的数值：

```
movzx eax,sysTime.wYear
call  WriteDec
```

> SmallWin.inc 文件位于本书的安装软件文件夹中，其包含的结构定义和函数原型改编自针对 C 和 C++ 程序员的 Microsoft Windows 头文件。它代表了一小部分可能被应用程序调用的函数。

当 Win32 程序产生屏幕输出时，它调用 MS-Windows 的 GetStdHandle 函数来获取标准控制台输出句柄（是一个整数）：

```
.data
consoleHandle DWORD ?
.code
INVOKE GetStdHandle, STD_OUTPUT_HANDLE
mov consoleHandle,eax
```

(常量 STD_OUTPUT_HANDLE 在 SmallWin.inc 中定义。)

若要设置光标位置,则需调用 MS-Windows 的 SetConsoleCursorPosition 函数,并向其传递控制台输出句柄,以及包含 X、Y 字符坐标的 COORD 结构:

```
.data
XYPos COORD <10,5>
.code
INVOKE SetConsoleCursorPosition, consoleHandle, XYPos
```

程序清单   下面的程序(ShowTime.asm)获取系统时间,并将其显示在指定的屏幕位置上。该程序只能在保护模式下运行:

```
; 结构                                    (ShowTime.ASM)
INCLUDE Irvine32.inc
.data
sysTime SYSTEMTIME <>
XYPos COORD <10,5>
consoleHandle DWORD ?
colonStr BYTE ":",0
.code
main PROC
;获取 Win32 控制台的标准输出句柄。
    INVOKE GetStdHandle, STD_OUTPUT_HANDLE
    mov consoleHandle,eax

; 设置光标位置并获取系统时间。
    INVOKE SetConsoleCursorPosition, consoleHandle, XYPos
    INVOKE GetLocalTime, ADDR sysTime

; 显示系统时间(小时:分钟:秒)。
    movzx   eax,sysTime.wHour           ; 小时
    call    WriteDec
    mov     edx,OFFSET colonStr         ; ":"
    call    WriteString
    movzx   eax,sysTime.wMinute         ; 分钟
    call    WriteDec
    call    WriteString
    movzx   eax,sysTime.wSecond         ; 秒
    call    WriteDec
    call    Crlf
    call    WaitMsg                     ; "Press any key ..."
    exit
main ENDP
END main
```

该程序使用了下面的定义,这些定义来自 SmallWin.inc(通过 Irvine32.inc 自动包含进来):

```
STD_OUTPUT_HANDLE EQU -11
SYSTEMTIME STRUCT ...
COORD STRUCT ...
GetStdHandle PROTO,
    nStdHandle:DWORD
GetLocalTime PROTO,
    lpSystemTime:PTR SYSTEMTIME
SetConsoleCursorPosition PROTO,
    nStdHandle:DWORD,
```

```
        coords:COORD
```

下面是程序输出示例，执行时间为下午 12:16：

```
12:16:35
Press any key to continue...
```

10.1.5 结构包含结构

结构还可以包含其他结构的实例。例如，Rectangle 可以根据其左上角和右下角来定义，两者都是 COORD 结构：

```
Rectangle STRUCT
    UpperLeft COORD <>
    LowerRight COORD <>
Rectangle ENDS
```

Rectangle 对象可以被声明为无覆盖或者覆盖各个 COORD 字段。各种表示形式如下所示：

```
rect1 Rectangle < >
rect2 Rectangle { }
rect3 Rectangle { {10,10}, {50,20} }
rect4 Rectangle < <10,10>, <50,20> >
```

下面是对结构字段的直接引用：

```
mov rect1.UpperLeft.X, 10
```

也可以用间接操作数访问结构字段。下面的例子将 10 送入 ESI 指向的结构的左上角 Y 坐标：

```
mov esi,OFFSET rect1
mov (Rectangle PTR [esi]).UpperLeft.Y, 10
```

OFFSET 操作符能返回各个结构字段的指针，包括嵌套字段：

```
mov edi,OFFSET rect2.LowerRight
mov (COORD PTR [edi]).X, 50
mov edi,OFFSET rect2.LowerRight.X
mov WORD PTR [edi], 50
```

10.1.6 示例：醉汉行走

现在，来看一个使用结构的小应用会有所帮助。下面完成一个"醉汉行走"练习，用程序模拟一个不太清醒的教授从计算机科学假期聚会回家的路线（该过程的数学术语为二维随机游走，应用于很多科学研究领域）。利用随机数生成器，选择该教授每一步行走的方向。假设该教授从一个虚构的网格中心开始，其中每个方格代表北、南、东或西方向上的一步。教授按照随机路径通过网格（图 10-1）。

本程序将使用 COORD 结构追踪行走路径上的每一步，它们被保存在一个 COORD 对象的数组中：

```
WalkMax = 50
DrunkardWalk STRUCT
    path COORD WalkMax DUP(<0,0>)
    pathsUsed WORD 0
DrunkardWalk ENDS
```

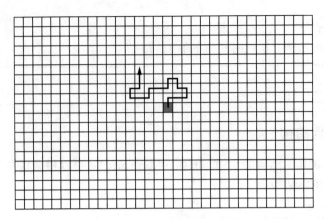

图 10-1 醉汉行走的路径示例

Walkmax 是一个常量，决定在模拟中教授行走的总步数。pathsUsed 字段表示在程序循环结束后，一共行走了多少步。教授每走一步，其位置就被保存在 COORD 对象中，并插入 path 数组中下一个可用的位置。程序在屏幕上显示这些坐标。下面是完整的程序清单，需在 32 位模式下运行：

```
; 醉汉行走                                (Walk.asm)
; 醉汉行走程序。教授从坐标(25,25)处开始，并在附近区域游荡。
INCLUDE Irvine32.inc
WalkMax = 50
StartX = 25
StartY = 25
DrunkardWalk STRUCT
    path COORD WalkMax DUP(<0,0>)
    pathsUsed WORD 0
DrunkardWalk ENDS
DisplayPosition PROTO currX:WORD, currY:WORD
.data
aWalk DrunkardWalk <>
.code
main PROC
    mov  esi,OFFSET aWalk
    call TakeDrunkenWalk
    exit
main ENDP

;--------------------------------------------------------
TakeDrunkenWalk PROC
    LOCAL currX:WORD, currY:WORD
;
; 向随机方向行走(北，南，东，西)。
; 接收：ESI 指向 DrunkardWalk 结构
; 返回：结构用随机数值做了初始化
;--------------------------------------------------------
    pushad
; 使用 OFFSET 操作符获得路径的地址，即 COORD 对象数组的地址，
; 并将其复制到 EDI。
    mov  edi,esi
    add  edi,OFFSET DrunkardWalk.path
    mov  ecx,WalkMax              ;循环计数器
    mov  currX,StartX             ;当前 X 位置
    mov  currY,StartY             ;当前 Y 位置
Again:
    ; 将当前位置插入数组。
```

```
        mov     ax,currX
        mov     (COORD PTR [edi]).X,ax
        mov     ax,currY
        mov     (COORD PTR [edi]).Y,ax
        INVOKE  DisplayPosition, currX, currY
        mov     eax,4                   ;选择一个方向(0-3)
        call    RandomRange
        .IF eax == 0                    ;北
          dec currY
        .ELSEIF eax == 1                ;南
          inc currY
        .ELSEIF eax == 2                ;西
          dec currX
        .ELSE                           ;东    (EAX = 3)
          inc currX
        .ENDIF
        add     edi,TYPE COORD          ;指向下一个 COORD
        loop    Again
Finish:
        mov (DrunkardWalk PTR [esi]).pathsUsed, WalkMax
        popad
        ret
TakeDrunkenWalk ENDP

;-------------------------------------------------------
DisplayPosition PROC currX:WORD, currY:WORD
; 显示当前 X 和 Y 的位置。
;-------------------------------------------------------
.data
commaStr BYTE ",",0
.code
        pushad
        movzx eax,currX                 ;当前 X 位置
        call    WriteDec
        mov     edx,OFFSET commaStr     ;"," 字符串
        call    WriteString
        movzx eax,currY                 ;当前 Y 位置
        call    WriteDec
        call    Crlf
        popad
        ret
DisplayPosition ENDP
END main
```

TakeDrunkenWalk 过程　现在更仔细查看一下 `TakeDrunkenWalk` 过程。过程接收指向 `DrunkardWalk` 结构的指针（ESI），利用 OFFSET 操作符计算 `path` 数组的偏移量，并将其复制到 EDI：

```
        mov     edi,esi
        add     edi,OFFSET DrunkardWalk.path
```

教授初始位置的 *X* 和 *Y* 值（StartX 和 StartY）都被设置为 25，位于 50×50 虚拟网格的中心。循环计数器被初始化：

```
        mov     ecx, WalkMax            ;循环计数器
        mov     currX,StartX            ;当前 X 位置
        mov     currY,StartY            ;当前 Y 位置
```

循环开始时，对 `path` 数组的第一项进行初始化：

```
Again:
        ;将当前位置插入数组。
```

```
        mov     ax,currX
        mov     (COORD PTR [edi]).X,ax
        mov     ax,currY
        mov     (COORD PTR [edi]).Y,ax
```

行走结束时，计数值被插入到 `pathsUsed` 字段，表示总共走了多少步：

```
Finish:
        mov (DrunkardWalk PTR [esi]).pathsUsed, WalkMax
```

在当前版本的程序中，`pathsUsed` 总是等于 `WalkMax`。不过，若在行走过程中发现障碍，如湖泊或建筑物，则情况就会发生变化，循环会在达到 `WalkMax` 之前结束。

10.1.7 声明和使用联合

结构中的每个字段都有相对于结构第一个字节的偏移量，而联合（union）中所有的字段则都起始于同一个偏移量。联合的存储大小等于其最长字段的长度。当不是结构的组成部分时，联合要用 UNION 和 ENDS 伪指令来声明：

```
unionname UNION
    union-fields
unionname ENDS
```

如果联合嵌套在结构内，其语法会有一点不同：

```
structname STRUCT
    structure-fields
    UNION unionname
        union-fields
    ENDS
structname ENDS
```

除了每个字段只能有一个初始化值之外，联合中的字段声明遵循与结构相同的规则。例如，Integer 联合对同一个数据有 3 种不同的大小属性，并将所有的字段都初始化为 0：

```
Integer UNION
    D DWORD 0
    W WORD  0
    B BYTE  0
Integer ENDS
```

具有一致性　　如果使用初始化值，则它们必须为相同的数值。假设 Integer 声明了 3 个不同的初始化值：

```
Integer UNION
    D DWORD 1
    W WORD  5
    B BYTE  8
Integer ENDS
```

假设还声明了一个 Integer 变量 `myInt`，使用了默认初始化值：

```
.data
myInt Integer <>
```

结果发现，myInt.D、myInt.W 和 myInt.B 的值都等于 1。为字段 W 和 B 声明的初始化值会被汇编器忽略。

包含联合的结构　　通过在结构声明中使用联合的名称，就可以将联合嵌套在该结构中。方法如同下面在 `FileInfo` 结构中声明 `FileID` 字段一样：

```
FileInfo STRUCT
     FileID Integer <>
     FileName BYTE 64 DUP(?)
FileInfo ENDS
```

或者，还可以直接在结构中定义联合，方法如同下面定义 FileID 字段一样：

```
FileInfo STRUCT
  UNION FileID
     D DWORD ?
     W WORD ?
     B BYTE ?
  ENDS
  FileName BYTE 64 DUP(?)
FileInfo ENDS
```

声明和使用联合变量　联合变量的声明和初始化方法与结构变量的相同，除了一个重要的差异：至多允许一个初始化值。下面是 Integer 类型变量的例子：

```
val1 Integer <12345678h>
val2 Integer <100h>
val3 Integer <>
```

若要在可执行指令中使用联合变量，就必须给出这些变体字段之一的名称。下面的例子将寄存器的值赋给 Integer 联合字段。注意其可以使用不同大小的操作数：

```
mov val3.B, al
mov val3.W, ax
mov val3.D, eax
```

联合也可以包含结构。有些 MS-Windows 控制台输入函数会使用如下的 INPUT_RECORD 结构，它包含了一个名为 Event 的联合，该联合对几个预定义的结构类型进行选择。EventType 字段表示联合中出现的是哪种 record。每个结构都有不同的布局和大小，但在同一时间只能使用一个：

```
INPUT_RECORD STRUCT
     EventType WORD ?
     ALIGN DWORD
     UNION Event
       KEY_EVENT_RECORD <>
       MOUSE_EVENT_RECORD <>
       WINDOW_BUFFER_SIZE_RECORD <>
       MENU_EVENT_RECORD <>
       FOCUS_EVENT_RECORD <>
     ENDS
INPUT_RECORD ENDS
```

Win32 API 在命名结构时，常使用 RECORD。KEY_EVENT_RECORD 结构的定义如下所示：

```
KEY_EVENT_RECORD STRUCT
    bKeyDown              DWORD  ?
    wRepeatCount          WORD   ?
    wVirtualKeyCode       WORD   ?
    wVirtualScanCode      WORD   ?
    UNION uChar
       UnicodeChar        WORD   ?
       AsciiChar          BYTE   ?
    ENDS
    dwControlKeyState     DWORD  ?
KEY_EVENT_RECORD ENDS
```

INPUT_RECORD 其余的 STRUCT 定义可以在 SmallWin.inc 文件中找到。

10.1.8 本节回顾

本节的所有问题都基于下面的 STRUCT 定义：

```
MyStruct STRUCT
    one WORD 3000h
    two DWORD 20 DUP(0)
MyStruct ENDS
```

1. 使用给定的结构定义，下面哪个答案选项中的语句正确地创建了 MyStruct 对象 temp，并具有默认的字段初始化值。

   a. temp MyStruct <10>　　　　　　　　b. MyStruct temp [ ]

   c. temp MyStruct　　　　　　　　　　 d. temp MyStruct <>

2. 下面哪个答案选项中的语句正确地创建了 MyStruct 对象 temp，并将第一个字段设置为 0？

   a. MyStruct temp <0>　　　　　　　　b. temp MyStruct <0>

   c. MyStruct temp [0,]　　　　　　　d. temp MyStruct <0, >

3. 下面哪个答案选项中的语句正确地声明了 MyStruct 对象，并将第二个字段初始化为包含全零的数组。

   a. firstTry MyStruct <, 20 DUP(0)>

   b. secondTry MyStruct <20 DUP(0)>

   c. thirdTry [, 20 DUP(0)]MyStruct

   d. MyStruct fourthTry [, 20 DUP(0)]

4. 判断真假：下面的语句正确地将一个变量声明为一个包含 20 个 MyStruct 对象的数组。

   `array MyStruct 20 DUP(<>)`

   a. 真　　　　　　　b. 假

5. 判断真假：下面的语句正确地将字段 one 的内容复制到 AX：

   `mov ax, MyStruct.one`

   a. 真　　　　　　　b. 假

6. 判断真假：下面的语句正确地将字段 one 的内容从 MyStruct 对象数组 myList 的第三个元素复制到 AX 寄存器：

   ```
   mov  esi,OFFSET myList
   add  esi,3 * (TYPE myStruct)
   mov  ax,(MyStruct PTR[esi]).one
   ```

   a. 真　　　　　　　b. 假

7. 判断真假：下面的表达式返回了 MyStruct 的字段 two 中的字节数。

   `TYPE SIZEOF MyStruct.two`

   a. 真　　　　　　　b. 假

10.2 宏

10.2.1 概述

宏过程（macro procedure）是一个命名的汇编语句块。一旦定义，它就可以在程序中随意地被多次调用。当调用（invoke）宏过程时，其代码的副本被直接插入到程序中。这种自动代码插入也被称为内联展开（inline expansion）。尽管从技术上来说没有涉及 CALL 指令，但按照习惯仍然说调用（call）宏过程。

> **提示**：Microsoft MASM 手册中用术语宏过程来说明无返回值的宏。还有一种宏函数（macro function）则有返回值。在程序员之间，宏（macro）这个词通常被理解为宏过程。从现在开始，我们就使用宏这个较短的称呼。

放置　宏定义通常出现在程序源代码的开始位置，或者是放在独立的文件中，并用 INCLUDE 伪指令复制到程序里。宏在汇编器的预处理阶段（preprocessing step）被展开。汇编器的预处理阶段对程序的源代码进行初始扫描，寻找任何用于源代码展开的特殊伪指令。在这个阶段中，预处理程序读取宏定义并扫描程序剩余的源代码。每当到了宏被调用的位置，汇编器就将宏的源代码插入到程序中。汇编器在对任何宏调用进行汇编之前，必须先找到宏定义。如果程序定义了宏但却从未调用，则在编译后的程序中不会出现宏代码。

在下面的例子中，宏 `PrintX` 调用了 `Irvine32` 链接库的 `WriteChar` 过程。该定义一般会放置在数据段之前：

```
PrintX MACRO
    mov al,'X'
    call WriteChar
ENDM
```

接着，在代码段中调用该宏：

```
.code
PrintX
```

当预处理程序扫描这个程序并发现 `PrintX` 后，就用如下语句替换宏调用：

```
mov  al,'X'
call WriteChar
```

这里发生了文本替换。虽然宏不够灵活，但后面将展示如何向宏传递实参，令其更有用。

10.2.2 定义宏

宏是用 MACRO 和 ENDM 伪指令定义的，其语法如下所示：

```
macroname MACRO parameter-1, parameter-2...
    statement-list
ENDM
```

关于缩进没有固定的规则，但还是建议对 macroname 和 ENDM 之间的语句进行缩进。同时，建议对宏名使用前缀 m，形成易识别的名称，如 mPutChar, mWriteString 和 mGotoxy。除非宏被调用，否则 MACRO 和 ENDM 伪指令之间的语句不会被汇编。宏定义中可以有任意数量的形参，参数之间用逗号隔开。

宏形参　宏形参（macro parameter）是命名的占位符，对应于主调程序传递的文本实参。实参实际上可能是整数、变量名或其他值，但预处理程序将它们都当作文本。形参不包含类型信息，所以，汇编器的预处理程序不检查实参类型是否正确。如果发生类型不匹配，则会在宏展开之后，被汇编器捕获。

mPutChar 示例　下面的宏 `mPutChar` 接收一个名为 `char` 的输入形参，并通过调用本书链接库的 `WriteChar` 将其显示在控制台：

```
mPutchar MACRO char
    push eax
    mov  al,char
    call WriteChar
```

```
        pop     eax
ENDM
```

10.2.3 调用宏

调用宏的方法是将宏名插入到程序中，后面可跟有宏实参。宏调用语法如下：

macroname argument-1, argument-2, . . .

macroname 必须是源代码中在此之前被定义的宏的名称。每个实参都是文本值，用以替换宏的形参。实参的顺序要与形参一致，但是两者的数量不一定要相同。如果传递的实参量太多，则汇编器会发出警告。如果传递给宏的实参数量太少，则未填充的形参保持为空。

调用 mPutChar 上一节定义了宏 mPutChar。调用 mPutChar 时，可以传递任何字符或 ASCII 码。下面的语句调用了 mPutChar，并向其传递了字母 A：

```
mPutchar 'A'
```

汇编器的预处理程序将这条语句展开为下述代码，以列表文件的形式展示如下：

```
1    push    eax
1    mov     al,'A'
1    call    WriteChar
1    pop     eax
```

左列的 1 表示宏展开的层次，如果在宏的内部又调用了其他的宏，则该值就会递增。下面的循环显示了字母表中前 20 个字母：

```
    mov     al,'A'
    mov     ecx,20
L1:
    mPutchar al              ; 宏调用
    inc     al
    loop    L1
```

该循环由预处理程序展开成为下面的代码（源列表文件中可见），其中，宏调用在其展开代码的前面：

```
    mov     al,'A'
    mov     ecx,20

L1:
    mPutchar al              ; 调用宏
1   push    eax
1   mov     al,al
1   call    WriteChar
1   pop     eax
    inc     al
    loop    L1
```

> **提示**：通常，宏比过程执行得更快，原因是过程的 CALL 和 RET 指令有额外的开销。然而，使用宏也有缺点：重复使用大型宏会增加程序的大小，因为每次宏调用都在程序中插入宏代码的新副本。

调试宏

调试使用了宏的程序是一种特殊挑战。程序汇编之后，检查其列表文件（扩展名为 .LST）以确保每个宏都按要求展开。然后，在 Visual Studio 调试器中启动该程序，在调试窗口点击

右键,从弹出菜单中选择 Go to Disassembly。每个宏调用的后面都紧跟其生成的代码。示例如下:

```
mWriteAt 15,10,"Hi there"
    push    edx
    mov     dh,0Ah
    mov     dl,0Fh
    call    _Gotoxy@0 (401551h)
    pop     edx
    push    edx
    mov     edx,offset ??0000 (405004h)
    call    _WriteString@0 (401D64h)
    pop     edx
```

由于 Irvine32 链接库使用的是 STDCALL 调用规约,因此函数名用下划线(_)开始。

10.2.4 其他宏特性

必要形参

使用 REQ 限定符,可以指定必需的宏形参。如果被调用的宏没有实参与要求的形参相匹配,则汇编器会显示出错消息。如果一个宏有多个必要形参,则每个都要使用 REQ 限定符。在下面的宏 mPutChar 中,char 是必要形参:

```
mPutchar MACRO char:REQ
    push    eax
    mov     al,char
    call    WriteChar
    pop     eax
ENDM
```

宏注释

宏定义中的注释行一般出现在每次宏展开的时候。如果想忽略宏展开时的注释,就在它们前面添加双分号(;;)。示例如下:

```
mPutchar MACRO char:REQ
    push    eax                     ;; 提醒:char 必须包含 8 位
    mov     al,char
    call    WriteChar
    pop     eax
ENDM
```

ECHO 伪指令

在程序汇编时,ECHO 伪指令写一个字符串到标准输出。下面的 mPutChar 在汇编过程中会显示消息 "Expanding the mPutchar macro":

```
mPutchar MACRO char:REQ
    ECHO    Expanding the mPutchar macro
    push    eax
    mov     al,char
    call    WriteChar
    pop     eax
ENDM
```

提示:Visual Studio 控制台窗口不会捕捉 ECHO 伪指令的输出,除非在建立程序时将其配置为生成详细输出。配置方法为:从 Tool 菜单中选择 Options,选择 Projects and Solutions,选择 Build and Run,再从 MSBuild project build output verbosity 下拉列表中

选择 Detailed。另一种方法是，打开命令提示符并汇编程序。首先，执行如下命令，调整 Visual Studio 当前版本的路径：

```
"C:\Program Files (x86)\Microsoft Visual Studio\2017\Community\VC\Auxiliary\Build\vcvars32"
```

然后，输入如下指令，其中 **filename.asm** 是源代码的文件名：

```
ml.exe /c /I "c:\Irvine" filename.asm
```

LOCAL 伪指令

宏定义中常包含标号，并在其代码中对这些标号进行自引用。例如，下面的宏 `makeString` 声明了一个变量 `string`，并将其初始化为一个字符数组：

```
makeString MACRO text
    .data
    string BYTE text,0
ENDM
```

假设两次调用宏：

```
makeString "Hello"
makeString "Goodbye"
```

由于汇编器不允许两个标号有相同的名字，因此产生错误：

```
        makeString "Hello"
1       .data
1       string BYTE "Hello",0
        makeString "Goodbye"
1       .data
1       string BYTE "Goodbye",0      ; 错误!
```

使用 LOCAL 为了避免标号重定义带来的问题，可以对宏定义内的标号应用 LOCAL 伪指令。若标号被标记为 LOCAL，则每次进行宏展开时，预处理程序就将标号名转换为唯一的标识符。下面是使用了 LOCAL 的新版本宏 `makeString`：

```
makeString MACRO text
    LOCAL string
    .data
    string BYTE text,0
ENDM
```

如果与前面一样两次调用宏，则预处理程序生成的代码会将每个 `string` 替换成唯一的标识符：

```
        makeString "Hello"
1       .data
1       ??0000 BYTE "Hello",0
        makeString "Goodbye"
1       .data
1       ??0001 BYTE "Goodbye",0
```

汇编器生成的标号名使用了 *??nnnn* 的形式，其中 *nnnn* 是具有唯一性的整数。LOCAL 伪指令还可以用于宏内的代码标号。

包含代码和数据的宏

宏通常既包含代码又包含数据。例如，下面的宏 `mWrite` 在控制台显示字面字符串：

```
mWrite MACRO text
```

```
        LOCAL string                    ;; 局部标号
        .data
        string BYTE text,0              ;; 定义字符串
        .code
        push edx
        mov  edx,OFFSET string
        call WriteString
        pop  edx
    ENDM
```

下面的语句两次调用宏，并向其传递不同的字符串字面量：

```
mWrite "Please enter your first name"
mWrite "Please enter your last name"
```

汇编器对这两条语句进行展开时，每个字符串都被分配了唯一的标号，且 MOV 指令也做了相应的调整：

```
      mWrite "Please enter your first name"
1     .data
1     ??0000 BYTE "Please enter your first name",0
1     .code
1     push    edx
1     mov     edx,OFFSET ??0000
1     call    WriteString
1     pop     edx
      mWrite "Please enter your last name"
1     .data
1     ??0001 BYTE "Please enter your last name",0
1     .code
1     push    edx
1     mov     edx,OFFSET ??0001
1     call    WriteString
1     pop     edx
```

嵌套宏

被其他宏调用的宏称为嵌套宏（nested macro）。当汇编器的预处理程序遇到对嵌套宏的调用时，会就地将其展开。传递给主调宏的形参也直接传递给嵌套宏。

> **提示**：在创建宏时采用模块化的方式，并保持宏的简短性，以便将其组合成更复杂的宏。这样做有助于减少程序中的代码复制量。

mWriteln 示例　下面的宏 mWriteln 写一个字符串字面量到控制台，并添加行尾符。它调用宏 mWrite 和过程 Crlf：

```
mWriteln MACRO text
    mWrite  text
    call    Crlf
ENDM
```

形参 text 被直接传递给 mWrite。假设用下面的语句调用 mWriteln：

```
mWriteln "My Sample Macro Program"
```

在产生的展开代码中，语句旁边的嵌套级数（2）表明嵌套宏已被调用：

```
      mWriteln "My Sample Macro Program"
2     .data
2     ??0002 BYTE "My Sample Macro Program",0
2     .code
```

```
2    push edx
2    mov  edx,OFFSET ??0002
2    call WriteString
2    pop  edx
1    call Crlf
```

10.2.5 使用本书的宏库(仅 32 位模式)

本书提供的示例程序包含了一个小而实用的 32 位库,只需要在程序的 INCLUDE 后面添加如下一行就可以启用该库:

```
INCLUDE Macros.inc
```

有些宏封装在 Irvine32 链接库的已有过程中,使得传递参数更加容易。其他宏则提供了新的功能,表 10-2 详细描述了每个宏。示例代码在 MacroTest.asm 中。

表 10-2 Macro.inc 库中的宏

宏名	形式参数	描述
mDump	varName, useLabel	用变量名和默认属性显示一个变量
mDumpMem	address, itemCount, componentSize	显示内存区域
mGotoxy	X, Y	在控制台窗口缓冲区设置光标位置
mReadString	varName	从键盘读取一个字符串
mShow	itsName, format	用各种格式显示一个变量或寄存器
mShowRegister	itsName, regValue	显示 32 位寄存器的名称及其十六进制内容
mWrite	text	向控制台窗口写一个字符串字面量
mWriteSpace	count	向控制台窗口写一个或多个空格
mWriteString	buffer	向控制台窗口写一个字符串变量的内容

mDumpMem

宏 mDumpMem 在控制台窗口中显示一块内存区域。向其传递的第一个实参为包含待显示内存偏移量的常量、寄存器或者变量,第二个实参为待显示内存中存储对象的数量,第三个实参为每个存储对象的大小(该宏调用库过程 DumpMem,分别将这三个实参赋值给 ESI、ECX 和 EBX)。现假设有如下的数据定义:

```
.data
array DWORD 1000h,2000h,3000h,4000h
```

下面的语句按照默认属性显示数组:

```
mDumpMem OFFSET array, LENGTHOF array, TYPE array
```

输出为:

```
Dump of offset 00405004
-------------------------------
00001000  00002000  00003000  00004000
```

下面的语句则将同一个数组显示为字节序列:

```
mDumpMem OFFSET array, SIZEOF array, TYPE BYTE
```

输出为:

```
Dump of offset 00405004
-------------------------------
00 10 00 00 00 20 00 00 00 30 00 00 00 40 00 00
```

下面的代码将三个数值压入堆栈,并设置 EBX、ECX 和 ESI 的值,然后使用 mDumpMem 显示堆栈:

```
mov     eax,0AAAAAAAh
push    eax
mov     eax,0BBBBBBBBh
push    eax
mov     eax,0CCCCCCCCh
push    eax
mov     ebx,1
mov     ecx,2
mov     esi,3
mDumpMem esp, 8, TYPE DWORD
```

显示出来的结果堆栈区域表明,宏已经将 EBX、ECX 和 ESI 压入堆栈。跟在这些数值之后的是调用 mDumpMem 之前被压入堆栈的 3 个整数:

```
Dump of offset 0012FFAC
-------------------------------
00000003  00000002  00000001  CCCCCCCC  BBBBBBBB  AAAAAAAA  7C816D4F
0000001A
```

实现 宏代码清单如下:

```
mDumpMem MACRO address:REQ, itemCount:REQ, componentSize:REQ
;
; 用 DumpMem 过程显示一块内存区域。
; 接收:内存偏移量、要显示对象的数量,以及每个内存对象的大小。
; 避免将 EBX、ECX 和 ESI 作为实参传递。
;----------------------------------------------------
    push    ebx
    push    ecx
    push    esi
    mov     esi,address
    mov     ecx,itemCount
    mov     ebx,componentSize
    call    DumpMem
    pop     esi
    pop     ecx
    pop     ebx
ENDM
```

mDump

宏 mDump 用十六进制显示一个变量的地址和内容。传递给它的参数有:变量名和(可选的)一个字符以表明在该变量之后应显示的标号。显示格式自动与变量的大小属性(BYTE、WORD 或 DWORD)匹配。下面的例子展示了对 mDump 的两次调用:

```
.data
diskSize DWORD 12345h
.code
mDump   diskSize              ; 无标号
mDump   diskSize,Y            ; 显示标号
```

当代码执行时,产生如下输出:

```
Dump of offset 00405000
-------------------------------
00012345

Variable name: diskSize
Dump of offset 00405000
```

```
;--------------------------------
  00012345
```

实现 下面是宏 mDump 的代码清单,它又调用了 mDumpMem。代码使用一个新的伪指令 IFNB(若不为空)来发现主调者是否向第二个形参传递了实参(参见 10.3 节):

```
;--------------------------------------------------
mDump MACRO varName:REQ, useLabel
;
; 使用其已知属性显示一个变量。
; 接收: varName 为变量名。
;     如果 useLabel 为非空,则显示变量名。
;--------------------------------------------------
    call Crlf
    IFNB <useLabel>
      mWrite "Variable name: &varName"
    ENDIF
    mDumpMem OFFSET varName, LENGTHOF varName, TYPE varName
ENDM
```

&varName 中的符号 & 是替换操作符(substitution operator),它允许将 varName 形参的值插入到字符串字面量中。详细内容参见 10.3.7 节。

mGotoxy

宏 mGotoxy 在控制台窗口缓冲区内将光标定位在指定的行和列位置上。可以向其传递 8 位立即数、内存操作数和寄存器值:

```
mGotoxy   10,20              ; 立即数
mGotoxy   row,col            ; 内存操作数
mGotoxy   ch,cl              ; 寄存器值
```

实现 下面是宏的源代码清单:

```
;--------------------------------------------------
mGotoxy MACRO X:REQ, Y:REQ
;
; 设置光标在控制台窗口中的位置。
; 接收: X 和 Y 坐标(类型为 BYTE)。避免将 DH 和 DL 作为实参传递。
;--------------------------------------------------
    push  edx
    mov   dh,Y
    mov   dl,X
    call  Gotoxy
    pop   edx
ENDM
```

避免寄存器冲突 当宏的实参是寄存器时,它们有时可能会与宏内使用的寄存器发生冲突。例如,若调用 mGotoxy 时用了 DH 和 DL,就不会生成正确的代码。为了说明原因,现在来查看一下上述参数被替换后的展开代码:

```
1     push  edx
2     mov   dh,dl              ;; 行
3     mov   dl,dh              ;; 列
4     call  Gotoxy
5     pop   edx
```

假设 DL 传递的是 Y 值,DH 传递的是 X 值,则有可能在代码行 3 把列值复制到 DL 之前,代码行 2 就替换了 DH 的原值。

> 提示：只要有可能，在宏定义中应该用注释说明哪些寄存器不能用作实参。

mReadString

宏 mReadSrting 从键盘读取一个字符串，并将其存放到缓冲区。这个宏在内部封装了对 ReadString 库过程的调用。需向其传递缓冲区名：

```
.data
firstName BYTE 30 DUP(?)
.code
mReadString?firstName
```

下面是宏的源代码：

```
;------------------------------------------------------
mReadString MACRO varName:REQ
;
; 从标准输入读到缓冲区。
; 接收：缓冲区名字。避免将 ECX 和 EDX 作为实参传递。
;------------------------------------------------------
    push    ecx
    push    edx
    mov     edx,OFFSET varName
    mov     ecx,SIZEOF varName
    call    ReadString
    pop     edx
    pop     ecx
ENDM
```

mShow

宏 mShow 按照主调程序选择的格式显示任何寄存器或变量的名字和内容。传递给它的是寄存器名，其后可选择性地加上一个字母序列，以表明期望的格式。字母选择如下：H= 十六进制，D= 无符号十进制，I= 有符号十进制，B= 二进制，N= 换行。可以组合多种输出格式，还可以指定多个换行。默认格式为"HIN"。mShow 是一种有用的调试辅助工具，被 DumpRegs 库过程广泛使用。可以将 mShow 当作调试工具，显示重要的寄存器或变量的值。

示例 下面的语句将 AX 寄存器的值显示为十六进制、有符号十进制、无符号十进制及二进制：

```
mov     ax,4096
mShow   AX              ; 默认选项：HIN
mShow   AX,DBN          ; 无符号十进制，二进制，换行
```

输出如下：

```
AX = 1000h +4096d
AX = 4096d  0001 0000 0000 0000b
```

示例 下面的语句在同一输出行上，用无符号十进制格式显示 AX，BX，CX 及 DX：

```
;插入一些测试数值，并显示 4 个寄存器：
mov     ax,1
mov     bx,2
mov     cx,3
mov     dx,4
mShow   AX,D
mShow   BX,D
mShow   CX,D
mShow   DX,DN
```

相应的输出如下：

```
AX = 1d    BX = 2d    CX = 3d    DX = 4d
```

示例　下面的代码调用 mShow，用无符号十进制格式显示 mydword 的内容，后跟换行符：

```
.data
mydword DWORD ?
.code
mShow mydword,DN
```

实现　mShow 的实现代码太长，不便在这里给出，不过可以在本书安装文件夹（C:\Irvine）内的 Macros.inc 文件中找到。在编写 mShow 时，我们已经慎重地在寄存器被宏自身的内部语句修改之前显示其当前值。

mShowRegister

宏 mShowRegister 显示单个 32 位寄存器的名称，并用十六进制格式显示其内容。要传递给它的是想要被显示的寄存器名，其后紧跟寄存器本身。下面的宏调用指定被显示的名称为 EBX：

```
mShowRegister EBX, ebx
```

产生的输出如下：

```
EBX=7FFD9000
```

下面的调用使用尖括号将标号括起来，其原因是标号包含一个嵌入的空格：

```
mShowRegister <Stack Pointer>, esp
```

产生的输出如下：

```
Stack Pointer=0012FFC0
```

实现　宏的源代码如下：

```
;--------------------------------------------------
mShowRegister MACRO regName, regValue
LOCAL tempStr
;
; 显示寄存器的名称和内容。
; 接收：寄存器名，寄存器值。
;--------------------------------------------------
.data
tempStr BYTE " &regName=",0
.code
    push    eax

; 显示寄存器名称
    push    edx
    mov     edx,OFFSET tempStr
    call    WriteString
    pop     edx

; 显示寄存器内容
    mov     eax,regValue
    call    WriteHex
    pop     eax
ENDM
```

mWriteSpace

宏 mWriteSpace 向控制台窗口写一个或多个空格。可以选择性地向其传递一个整数参数，以指定要写的空格数（默认为 1 个）。例如，下面的语句写了 5 个空格：

```
mWriteSpace 5
```

实现 mWriteSpace 的源代码如下：

```
;------------------------------------------------
mWriteSpace MACRO count:=<1>
;
;向控制台窗口写一个或多个空格。
;接收： 一个用来指定空格数的整数。
;默认个数为1。
;------------------------------------------------
LOCAL spaces
.data
spaces BYTE count DUP(' '),0
.code
    push    edx
    mov     edx,OFFSET spaces
    call    WriteString
    pop     edx
ENDM
```

10.3.2 节解释了如何使用宏形参的默认初始化值。

mWriteString

宏 mWriteSrting 向控制台窗口写一个字符串变量的内容。从宏的内部来看，它通过在同一语句行上传递字符串变量名而简化了对 WriteString 的调用。例如：

```
.data
str1 BYTE "Please enter your name: ",0
.code
mWriteString str1
```

实现 mWriteString 的实现如下，它将 EDX 保存到堆栈，然后将字符串偏移量赋值给 EDX，并在过程调用后从堆栈弹出以恢复 EDX 的值：

```
;------------------------------------------------
mWriteString MACRO buffer:REQ
;
; 向标准输出写一个字符串变量。
; 接收：字符串变量的名字。
;------------------------------------------------
    push    edx
    mov     edx,OFFSET buffer
    call    WriteString
    pop     edx
ENDM
```

10.2.6 示例程序：封装器

现在创建一个短程序 Wraps.asm 作为过程封装器来展示之前已介绍的宏。由于每个宏都隐含了大量烦琐的参数传递，因此程序出奇地紧凑。假设目前为止所有已展示的宏都在 Macros.inc 文件内：

```
; 过程封装器宏                              (Wraps.asm)
; 本程序将宏作为库过程的封装器来演示。
; 内容：mGotoxy、mWrite、mWriteString、mReadString 和 mDumpMem。
INCLUDE Irvine32.inc
INCLUDE Macros.inc                  ; 宏定义
.data
```

```
array     DWORD 1,2,3,4,5,6,7,8
firstName BYTE 31 DUP(?)
lastName  BYTE 31 DUP(?)

.code
main PROC
    mGotoxy 0,0
    mWrite <"Sample Macro Program",0dh,0ah>
;   输入用户名。
    mGotoxy 0,5
    mWrite "Please enter your first name: "
    mReadString firstName
    call  Crlf

    mWrite "Please enter your last name: "
    mReadString lastName
    call  Crlf
;   显示用户名。
    mWrite "Your name is "
    mWriteString firstName
    mWriteSpace
    mWriteString lastName
    call  Crlf

;   显示整数数组。
    mDumpMem OFFSET array, LENGTHOF array, TYPE array
    exit
main ENDP
END main
```

程序输出　程序输出的示例如下：

```
Sample Macro Program
Please enter your first name: Joe
Please enter your last name: Smith
Your name is Joe Smith
Dump of offset 00404000
-------------------------------
00000001  00000002  00000003  00000004  00000005
00000006  00000007  00000008
```

10.2.7 本节回顾

1. 判断真假：当一个宏被调用时，CALL 和 RET 指令将被自动插入到汇编程序中。
   a. 真　　　　　　　　　b. 假
2. 判断真假：宏展开是由汇编器的预处理程序完成的。
   a. 真　　　　　　　　　b. 假
3. 判断真假：与不使用参数的宏相比，使用参数的宏的主要优势是：带有参数的宏更易于在多个程序中重用。
   a. 真　　　　　　　　　b. 假
4. 判断真假：只要宏定义在代码段中，它就既能出现在宏调用语句之前，也能出现在宏调用语句之后。
   a. 真　　　　　　　　　b. 假
5. 判断真假：对一个长过程而言，若用包含这个过程代码的宏来代替它，则多次调用该宏通常会增加程序编译后的代码量。
   a. 真　　　　　　　　　b. 假

6. 判断真假：宏不能包含数据定义。
   a. 真　　　　　　　　　b. 假

10.3 条件汇编伪指令

很多不同的条件汇编伪指令（conditional-assembly directive）都可以和宏一起使用，这使得宏更加灵活。可以将条件汇编伪指令的功能看作是：使得一个源代码语句块对于汇编器来说可见或不可见。条件汇编伪指令的常用语法如下所示：

```
IF condition
    statements
[ELSE
    statements]
ENDIF
```

> **提示**：本章给出的常量伪指令不应与 6.7 节介绍的运行时伪指令如 .IF 和 .ENDIF 等相混淆。后者按照运行时的寄存器值和变量值来计算表达式。

表 10-3 列出了更多常用的条件汇编伪指令。若描述某伪指令为允许汇编，则意味着所有的后续语句都会被汇编，直到遇到下一个 ELSE 或 ENDIF 伪指令。必须强调的是，表中列出的伪指令是在汇编时而不是在运行时求值的。

表 10-3　条件汇编伪指令

伪指令	描述
IF expression	若 expression 为真（非零）则允许汇编。可能的关系运算符为 LT、GT、EQ、NE、LE 及 GE
IFB<argument>	若 argument 为空则允许汇编。实参名必须用尖括号（<>）括起来
IFNB<argument>	若 argument 为非空则允许汇编。实参名必须用尖括号（<>）括起来
IFIDN<arg1>,<arg2>	若两个实参相等（相同）则允许汇编。采用区分大小写的比较
IFIDNI<arg1>,<arg2>	若两个实参相等则允许汇编。采用不区分大小写的比较
IFDIF<arg1>,<arg2>	若两个实参不相等则允许汇编。采用区分大小写的比较
IFDIFI<arg1>,<arg2>	若两个实参不相等则允许汇编。采用不区分大小写的比较
IFDEF name	若 name 已定义则允许汇编
IFNDEF name	若 name 未定义则允许汇编
ENDIF	结束以条件汇编伪指令开始的代码块
ELSE	若条件为真，则终止汇编之前的语句；若条件为假，则 ELSE 汇编语句直到下一个 ENDIF
ELSEIF expression	若之前条件伪指令指定的条件为假，而当前表达式为真，则汇编全部语句直到出现 ENDIF
EXITM	立即退出宏，阻止任何后续宏语句的展开

10.3.1 检查缺失的参数

宏能够检查其任何参数是否为空。通常，若宏接收到空实参，则预处理程序在宏展开时会出现无效指令。例如，如果调用宏 mWrtieString 却又不传递实参，那么宏展开在将字符串偏移量传递给 EDX 时，就会出现无效指令。汇编器生成如下语句以检测缺失的操作数，并发出出错消息：

```
mWriteString
1    push edx
1    mov  edx,OFFSET
Macro2.asm(18) : error A2081: missing operand after unary operator
```

```
1       call    WriteString
1       pop     edx
```

为了防止因操作数缺失而导致的错误，可以使用 IFB（if blank）伪指令，若宏实参为空，则其返回值为真。或者，也可以使用 IFNB（if not blank）伪指令，若宏实参不为空，则其返回值为真。现在编写 mWrtieString 的另一个版本，使其在汇编时显示出错消息：

```
mWriteString MACRO string
    IFB <string>
      ECHO -----------------------------------------
      ECHO *   Error: parameter missing in mWriteString
      ECHO *   (no code generated)
      ECHO -----------------------------------------
      EXITM
    ENDIF
    push    edx
    mov     edx,OFFSET string
    call    WriteString
    pop     edx
ENDM
```

（回忆一下 10.2.2 节，当程序被汇编时，ECHO 伪指令向控制台写一个消息。）EXITM 伪指令告诉预处理程序退出宏，且不再展开宏语句。当汇编有缺失参数的程序时，屏幕的输出如下所示：

```
 Assembling: Macro2.asm
-----------------------------------------
*   Error: parameter missing in mWriteString
*   (no code generated)
-----------------------------------------
```

10.3.2 默认参数初始化值

宏可以有默认参数初始化值（default argument initializer）。如果宏在被调用时出现宏实参缺失，就使用默认参数。其语法如下：

paramname := < *argument* >

（操作符前后的空格是可选的。）例如，宏 mWriteln 可以提供含有一个空格的字符串作为其默认参数。如果对其进行无参数调用，它仍然会打印一个空格并后跟换行：

```
mWriteln MACRO text:=<" ">
    mWrite  text
    call    Crlf
ENDM
```

如果将空字符串（""）作为默认参数，则汇编器会产生错误，因此必须在引号之间至少插入一个空格。

10.3.3 布尔表达式

汇编器允许在包含 IF 和其他条件伪指令的常量布尔表达式中使用下列关系运算符：

LT   小于
GT   大于

```
EQ      等于
NE      不等于
LE      小于等于
GE      大于等于
```

10.3.4　IF、ELSE 及 ENDIF 伪指令

IF 伪指令必须后跟一个常量布尔表达式。该表达式可以包含整数常量、符号常量，或者常量宏实参，但不能包含寄存器或变量名。仅使用 IF 和 ENDIF 的语法格式如下：

```
IF expression
    statement-list
ENDIF
```

另一种格式则使用了 IF、ELSE 和 ENDIF：

```
IF expression
    statement-list
ELSE
    statement-list
ENDIF
```

示例：宏 mGotoxyConst　　宏 mGotoxyConst 使用 LT 和 GT 运算符对传递给宏的实参进行范围检查。实参 X 和 Y 必须为常量，还有一个常量符号 ERRS 对发现的错误进行计数。根据 X 的值，可以将 ERRS 设置为 1。根据 Y 的值，可以将 ERRS 加 1。最后，如果 ERRS 大于零，则 EXITM 伪指令退出宏：

```
;-----------------------------------------------------
mGotoxyConst MACRO X:REQ, Y:REQ
;
;将光标位置设置在 X 列、Y 行。
;要求 X 坐标和 Y 坐标为常量表达式，
;范围为 0 <= X < 80 且 0 <= Y < 25。
;-----------------------------------------------------
    LOCAL ERRS                  ;; 局部常量
    ERRS = 0
    IF (X LT 0) OR (X GT 79)
        ECHO Warning: First argument to mGotoxy (X) is out of range.
        ECHO ***********************************************************
        ERRS = 1
    ENDIF
    IF (Y LT 0) OR (Y GT 24)
        ECHO Warning: Second argument to mGotoxy (Y) is out of range.
        ECHO ***********************************************************
        ERRS = ERRS + 1
    ENDIF
    IF ERRS GT 0                ;; 如果发现错误，
     EXITM                      ;; 则退出宏
    ENDIF
    push    edx
    mov     dh,Y
    mov     dl,X
    call    Gotoxy
    pop     edx
ENDM
```

10.3.5　IFIDN 和 IFIDNI 伪指令

IFIDNI 伪指令在两个符号（包括宏参数名）之间执行不区分大小写的匹配，如果它们相

等，则返回真。IFIDN 伪指令执行的是区分大小写的匹配。若要确认宏主调者使用的寄存器参数不会与宏内使用的寄存器发生冲突，则可以使用前者。IFIDNI 的语法如下：

```
IFIDNI <symbol>, <symbol>
    statements
ENDIF
```

IFIDN 的语法与之相同。例如下面的宏 mReadBuf，其第二个参数不能用 EDX，因为当缓冲区的偏移量被送入 EDX 时，原来的值就会被覆盖。对于下面修改版本的宏，如果这个要求不满足，就会显示一条警告消息：

```
;-----------------------------------------------------
mReadBuf MACRO bufferPtr, maxChars
;
; 从键盘读取并送入缓冲区。
; 接收：缓冲区的偏移量，可输入的最多字符数，第二个参数不能是 edx 或 EDX。
;-----------------------------------------------------
    IFIDNI <maxChars>,<EDX>
        ECHO Warning: Second argument to mReadBuf cannot be EDX
        ECHO ************************************************************
        EXITM
    ENDIF
    push    ecx
    push    edx
    mov     edx,bufferPtr
    mov     ecx,maxChars
    call    ReadString
    pop     edx
    pop     ecx
ENDM
```

下面的语句会导致宏产生警告消息，因为 EDX 是其第二个参数：

```
mReadBuf OFFSET buffer,edx
```

10.3.6　示例：矩阵行求和

9.4.2 节展示了如何计算字节矩阵中单个行的总和。第 9 章中的编程练习要求将其扩展到字矩阵和双字矩阵。我们看看能否用宏来简化任务，尽管解决方案有些冗长。首先，给出第 9 章的原始 calc_row_sum 过程：

```
;-----------------------------------------------------
calc_row_sum PROC USES ebx ecx esi
;
; 计算字节矩阵中一行的总和。
; 接收：EBX = 表的偏移量，EAX = 行索引，ECX = 按字节数的行大小。
; 返回：EAX 存放和数。
;-----------------------------------------------------
    mul     ecx                         ; 行索引 * 行大小
    add     ebx,eax                     ; 行偏移量
    mov     eax,0                       ; 累加器
    mov     esi,0                       ; 列索引
L1: movzx   edx, BYTE PTR[ebx + esi]    ; 获取一个字节
    add     eax,edx                     ; 加到累加器
    inc     esi                         ; 行内的下一个字节
    loop    L1
    ret
calc_row_sum ENDP
```

我们从将 PROC 改为 MACRO 开始，删除 RET 指令，并把 ENDP 改为 ENDM。由于没

有与 USES 伪指令等效的宏,因此插入 PUSH 和 POP 指令:

```
mCalc_row_sum MACRO
    push    ebx                         ;保存被修改的寄存器
    push    ecx
    push    esi
    mul     ecx                         ;行索引 * 行大小
    add     ebx,eax                     ;行偏移量
    mov     eax,0                       ;累加器
    mov     esi,0                       ;列索引
L1: movzx   edx,BYTE PTR[ebx + esi]     ;获取一个字节
    add     eax,edx                     ;加到累加器
    inc     esi                         ;行内的下一个字节
    loop    L1
    pop     esi                         ;恢复被修改的寄存器
    pop     ecx
    pop     ebx
ENDM
```

接着,用宏参数代替寄存器参数,并对宏内的寄存器进行初始化:

```
mCalc_row_sum MACRO index, arrayOffset, rowSize
    push    ebx                         ;保存被修改的寄存器
    push    ecx
    push    esi
; 设置需要的寄存器
    mov     eax,index
    mov     ebx,arrayOffset
    mov     ecx,rowSize
    mul     ecx                         ;行索引 * 行大小
    add     ebx,eax                     ;行偏移量
    mov     eax,0                       ;累加器
    mov     esi,0                       ;列索引
L1: movzx   edx,BYTE PTR[ebx + esi]     ;获取一个字节
    add     eax,edx                     ;加到累加器
    inc     esi                         ;行内的下一个字节
    loop    L1
    pop     esi                         ;恢复被修改的寄存器
    pop     ecx
    pop     ebx
ENDM
```

然后,添加一个参数 eltType 来指定数组类型(BYTE、WORD 或 DWORD):

```
mCalc_row_sum MACRO index, arrayOffset, rowSize, eltType
```

复制到 ECX 的参数 rowSize 现在表示的是每行的字节数。如果要用其作为循环计数器,它就必须包含每行的元素(element)个数。因此,对于 16 位数组,就将 ECX 除以 2;对于双字数组,就将 ECX 除以 4。完成该操作的快捷方式为,将 eltType 除以 2,把商作为移位计数器,再将 ECX 右移:

```
shr ecx,(TYPE eltType / 2)      ; byte=0, word=1, dword=2
```

TYPE eltType 就成为 MOVZX 指令中基址 − 变址操作数的比例因子:

```
movzx edx,eltType PTR[ebx + esi*(TYPE eltType)]
```

如果 MOVZX 的右操作数为双字,则指令不会汇编。所以,当 eltType 为 DWORD 时,必须要用 IFIDNI 操作符编写另外一条 MOV 指令:

```
    IFIDNI <eltType>,<DWORD>
       mov   edx,eltType PTR[ebx + esi*(TYPE eltType)]
    ELSE
       movzx edx,eltType PTR[ebx + esi*(TYPE eltType)]
    ENDIF
```

最后要结束宏，记住要将标号 L1 指定为 LOCAL：

```
;-----------------------------------------------------------
mCalc_row_sum MACRO index, arrayOffset, rowSize, eltType
; 计算二维数组中一行的和数。
;
; 接收：行索引、数组的偏移量、每行的字节数，以及数组类型（BYTE、WORD 或 DWORD）。
; 返回：EAX = 和数。
;-----------------------------------------------------------
LOCAL L1
       push   ebx                         ;保存被修改的寄存器
       push   ecx
       push   esi

;   设置需要的寄存器
       mov    eax,index
       mov    ebx,arrayOffset
       mov    ecx,rowSize

;   计算行偏移量
       mul    ecx                         ;行索引 * 行大小
       add    ebx,eax                     ;行偏移量

;   设置循环计数器
       shr    ecx,(TYPE eltType / 2)      ; byte=0, word=1, dword=2

;   初始化累加器和列索引
       mov    eax,0                       ;累加器
       mov    esi,0                       ;列索引
L1:
    IFIDNI <eltType>, <DWORD>
       mov   edx,eltType PTR[ebx + esi*(TYPE eltType)]
    ELSE
       movzx edx,eltType PTR[ebx + esi*(TYPE eltType)]
    ENDIF
       add    eax,edx                     ;加到累加器
       inc    esi
       loop   L1

       pop    esi                         ;恢复被修改的寄存器
       pop    ecx
       pop    ebx
ENDM
```

下面是用字节数组、字数组和双字数组对宏进行调用的示例。参见 rowsum.asm 程序：

```
       .data
tableB   BYTE    10h,    20h,    30h,    40h,    50h
RowSizeB = ($ - tableB)
         BYTE    60h,    70h,    80h,    90h,    0A0h
         BYTE    0B0h,   0C0h,   0D0h,   0E0h,   0F0h
tableW   WORD    10h,    20h,    30h,    40h,    50h
RowSizeW = ($ - tableW)
         WORD    60h,    70h,    80h,    90h,    0A0h
         WORD    0B0h,   0C0h,   0D0h,   0E0h,   0F0h
tableD   DWORD   10h,    20h,    30h,    40h,    50h
RowSizeD = ($ - tableD)
         DWORD   60h,    70h,    80h,    90h,    0A0h
         DWORD   0B0h,   0C0h,   0D0h,   0E0h,   0F0h
```

```
      index DWORD ?
      .code
      mCalc_row_sum index, OFFSET tableB, RowSizeB, BYTE
      mCalc_row_sum index, OFFSET tableW, RowSizeW, WORD
      mCalc_row_sum index, OFFSET tableD, RowSizeD, DWORD
```

10.3.7 特殊操作符

下面四个汇编操作符使宏更加灵活：

&	替换操作符
<>	字面文本操作符
!	字面字符操作符
%	展开操作符

替换操作符（&）

替换操作符（substitution operator）（&）解决对宏内参数名的有歧义引用。其用途可通过宏 mShowRegister（10.2.5 节）展现，该宏的功能是显示一个 32 位寄存器的名称和十六进制的内容。调用示例如下：

```
      .code
      mShowRegister ECX
```

下面是调用 mShowRegister 产生的输出示例：

ECX=00000101

在宏内可以定义包含寄存器名的字符串变量：

```
      mShowRegister MACRO regName
      .data
      tempStr BYTE " regName=",0
```

然而，预处理程序会认为 regName 是字符串字面量的一部分，故不会将其替换为传递给宏的实参值。而如果添加了 & 操作符，它就会强制预处理程序将宏实参（如 ECX）插入到字符串字面量。下面展示的是如何定义 tempStr：

```
      mShowRegister MACRO regName
      .data
      tempStr BYTE " &regName=",0
```

展开操作符（%）

展开操作符（expansion operator）（%）展开文本宏或将常量表达式转换为其文本形式。有若干种方法实现该功能。当与 TEXTEQU 一起使用时，% 操作符计算常量表达式，并将结果转换为整数。在下面的例子中，% 操作符计算表达式（5+count），并返回整数 15（以文本形式）：

```
      count = 10
      sumVal TEXTEQU %(5 + count)       ; = "15"
```

如果宏要求的实参是整数常量，% 操作符就为传递一个整数表达式提供了灵活性。计算这个表达式得到其整数值，然后将该值传递给宏。例如，当调用 mGotoxyConst 时，计算表达式的结果分别为 50 和 7：

```
      mGotoxyConst %(5 * 10), %(3 + 4)
```

预处理程序产生如下语句：

```
1       push    edx
1       mov     dh,7
1       mov     dl,50
1       call    Gotoxy
1       pop     edx
```

% 在一行的开始　　当展开操作符（%）是一行源代码的第一个字符时，它指示预处理程序展开该行上的所有文本宏和宏函数。例如，想要在汇编过程中在屏幕上显示数组大小。下面的尝试不会产生期望的结果：

```
.data
array DWORD 1,2,3,4,5,6,7,8
.code
ECHO The array contains (SIZEOF array) bytes
ECHO The array contains %(SIZEOF array) bytes
```

屏幕输出无效：

```
The array contains (SIZEOF array) bytes
The array contains %(SIZEOF array) bytes
```

而如果用 TEXTEQU 来创建包含（SIZEOF array）的文本宏，则该宏就可以在下一行展开：

```
TempStr TEXTEQU %(SIZEOF array)
%   ECHO The array contains TempStr bytes
```

产生的输出如下所示：

```
The array contains 32 bytes
```

显示行号　　下面的宏 Mul32 将其前两个实参相乘，乘积在第三个实参中返回。其形参可以是寄存器、内存操作数和立即数（乘积除外）：

```
Mul32 MACRO op1, op2, product
        IFIDNI <op2>,<EAX>
            LINENUM TEXTEQU %(@LINE)
            ECHO ---------------------------------------------------
%           ECHO *  Error on line LINENUM: EAX cannot be the second
            ECHO *  argument when invoking the MUL32 macro.
            ECHO ---------------------------------------------------
        EXITM
        ENDIF
        push eax
        mov  eax,op1
        mul  op2
        mov  product,eax
        pop  eax
ENDM
```

Mul32 检查一个重要的要求：EAX 不能作为第二个实参。这个宏有趣的地方是，它显示的是宏被调用位置的行号，这样更易于追踪并解决问题。首先定义文本宏 LINENUM，它引用的 @LINE 是一个预先定义的汇编操作符，其功能为返回当前源代码行的编号：

```
LINENUM TEXTEQU %(@LINE)
```

接着，包含 ECHO 语句的代码行的第一列上的展开操作符（%）使得 LINENUM 被展开：

```
%    ECHO * Error on line LINENUM: EAX cannot be the second
```

假设如下的宏调用发生在程序的第 40 行：

```
MUL32 val1,eax,val3
```

那么，汇编过程中会显示如下信息：

```
--------------------------------------------------
* Error on line 40: EAX cannot be the second
* argument when invoking the MUL32 macro.
--------------------------------------------------
```

在 Macro3.asm 程序中可以查看宏 Mul32 的测试。

字面文本操作符（<>）

字面文本操作符（literal-text operator）(<>)将一个或多个字符和符号组合成一个字面文本，以防止预处理程序把列表中的成员解释为独立的参数。当字符串包含特殊字符时，该操作符尤其有用。否则，如逗号、百分号（%）、与号（&）以及分号（;）这些特殊的字符就有可能被解释为分隔符或者其他操作符。例如，本章前面给出的宏 mWrite 接收一个字符串字面量作为其唯一的实参。如果向其传递如下的字符串，预处理程序就会将其解释为 3 个独立的宏实参：

```
mWrite "Line three", 0dh, 0ah
```

第一个逗号后面的文本会被丢弃，因为宏只需要一个实参。而如果用字面文本操作符将字符串括起来，则预处理程序就会把尖括号内所有的文本当作一个宏实参：

```
mWrite <"Line three", 0dh, 0ah>
```

字面字符操作符（!）

字面字符操作符（literal-character operator）(!)的目的与字面文本操作符的几乎完全一样：强制预处理程序将预先定义的操作符当作普通的字符。在下面的 TEXTEQU 定义中，操作符！防止了符号 > 被当作文本分隔符：

```
BadYValue TEXTEQU <Warning: Y-coordinate is !> 24>
```

警告消息示例　下面的例子有助于说明操作符 %、& 和 ! 是如何工作的。假设已经定义了符号 BadYValue。可以创建宏 ShowWarning，该宏接收一个用引号括起来的文本实参，并将该字面量传递给宏 mWrite。注意替换操作符（&）的使用：

```
ShowWarning MACRO message
    mWrite "&message"
ENDM
```

接着，调用 ShowWarning，并将表达式 %BadYValue 传递给它。% 操作符计算（解析）BadYValue，并生成与之等价的字符串：

```
.code
ShowWarning %BadYValue
```

正如所期望的，程序运行并显示警告消息：

```
    Warning: Y-coordinate is > 24
```

10.3.8 宏函数

宏函数类似于宏过程，也为一列汇编语言语句赋予一个名字。不同的地方在于，宏函数总是通过 EXITM 伪指令返回一个常量（整数或字符串）。在下面的例子中，如果给定的符号已被定义，则宏 IsDefined 返回真（-1）；否则返回假（0）：

```
IsDefined MACRO symbol
    IFDEF symbol
        EXITM <-1>              ;; 真
    ELSE
        EXITM <0>               ;; 假
    ENDIF
ENDM
```

EXITM（退出宏）伪指令停止所有后续的宏展开。

调用宏函数 当调用宏函数时，其实参列表必须用括号括起来。例如，可以调用宏 IsDefined 并向其传递 RealMode，这是一个可能已定义也可能还未定义的符号名：

```
IF IsDefined( RealMode )
    mov   ax,@data
    mov   ds,ax
ENDIF
```

在汇编过程中，如果汇编器在此之前已经遇到过对 RealMode 的定义，它就会汇编这两条指令：

```
mov ax,@data
mov ds,ax
```

同样的 IF 伪指令可以被放在名为 Startup 的宏内：

```
Startup MACRO
    IF IsDefined( RealMode )
       mov   ax,@data
       mov   ds,ax
    ENDIF
ENDM
```

当为多种内存模型设计程序时，如 IsDefined 这样的宏就会有用了。例如，可以用它来决定使用哪个头文件：

```
IF IsDefined( RealMode )
    INCLUDE Irvine16.inc
ELSE
    INCLUDE Irvine32.inc
ENDIF
```

定义 RealMode 符号 剩下的任务就是找到一种方法来定义 RealMode 符号。一种方法是把下面的代码行放在程序的开始位置：

```
RealMode = 1
```

或者，汇编器的命令行有一个定义符号的选项，即使用 -D 开关。下面的 ML 命令定义了 RealMode 符号并为其赋值 1：

```
ML -c -DRealMode=1 myProg.asm
```

而保护模式程序中相应的 ML 命令就没有定义 RealMode 符号：

```
ML -c myProg.asm
```

HelloNew 程序 下面的程序（HelloNew.asm）使用之前介绍的宏，在屏幕上显示一条消息：

```
; 宏函数                        (HelloNew.asm)
INCLUDE Macros.inc
IF IsDefined( RealMode )
     INCLUDE Irvine16.inc
ELSE
     INCLUDE Irvine32.inc
ENDIF
.code
main PROC
     Startup
     mWrite <"This program can be assembled to run ",0dh,0ah>
     mWrite <"in both Real mode and Protected mode.",0dh,0ah>
     exit
main ENDP
END main
```

第 14～16 章介绍实模式编程。16 位实模式程序运行于模拟的 MS-DOS 环境中，使用 Irvine16.inc 头文件和 Irvine16 链接库。

10.3.9 本节回顾

1. 判断真假：伪指令 IFB 用于检查宏参数是否为空。
   a. 真   b. 假
2. 判断真假：伪指令 IFIDN 比较两个文本值，如果它们相等，则返回真。它执行的是区分大小写的比较。
   a. 真   b. 假
3. 判断真假：伪指令 END_MACRO 停止所有后续的宏展开。
   a. 真   b. 假
4. 判断真假：下面的语句正确地定义了一个包含字符 > 的字符串变量：

   ```
   OutOfRangeError TEXTEQU <Warning: Input value must not be !> 10>
   ```
   a. 真   b. 假
5. 判断真假：如果符号尚未被定义，则 IFNIDEF 伪指令返回真。
   a. 真   b. 假
6. 判断真假：只有在 RealMode 符号已被定义时，下面的语句才能使得两个 MOV 语句被汇编：

   ```
   IF_DEFINED RealMode
      mov  ax,@data
      mov  ds,ax
   END_IF
   ```
   a. 真   b. 假

10.4 定义重复语句块

MASM 有许多循环伪指令用于生成重复的语句块：WHILE、REPEAT、FOR 及 FORC。与 LOOP 指令不同，这些伪指令只在汇编时起作用，并使用常量值作为循环条件和计数器：

- WHILE 伪指令根据一个布尔表达式来重复语句块。
- REPEAT 伪指令根据一个计数器的值来重复语句块。
- FOR 伪指令通过遍历一个符号列表来重复语句块。
- FORC 伪指令通过遍历一个字符串来重复语句块。

示例程序 Repeat.asm 演示了上述每一条伪指令。

10.4.1 WHILE 伪指令

只要特定的常量表达式为真，WHILE 伪指令就重复一个语句块。其语法如下：

```
WHILE constExpression
    statements
ENDM
```

下面的代码展示了如何生成 1 到 F000 0000h 之间的斐波那契数，作为汇编时的常数序列：

```
.data
val1 = 1
val2 = 1
DWORD val1                          ; 前两个数值
DWORD val2
val3 = val1 + val2
WHILE val3 LT 0F0000000h
    DWORD val3
    val1 = val2
    val2 = val3
    val3 = val1 + val2
ENDM
```

此代码生成的数值可以在清单（.LST）文件中查看。

10.4.2 REPEAT 伪指令

在汇编时，REPEAT 伪指令将一个语句块重复固定次数。其语法如下：

```
REPEAT constExpression
    statements
ENDM
```

constExpression 是一个无符号整数常量表达式，用于确定重复次数。

REPEAT 的用法与 DUP 在创建数组时的用法类似。在下面的例子中，WeatherReadings 结构中包含一个地点字符串和一个包含了降雨量和湿度读数的数组：

```
WEEKS_PER_YEAR = 52

WeatherReadings STRUCT
    location BYTE 50 DUP(0)
    REPEAT WEEKS_PER_YEAR
      LOCAL rainfall, humidity
      rainfall DWORD ?
      humidity DWORD ?
    ENDM
WeatherReadings ENDS
```

在汇编时，循环重复会导致对降雨量和湿度的重定义，使用 LOCAL 伪指令来避免这种错误。

10.4.3 FOR 伪指令

FOR 伪指令通过迭代遍历用逗号分隔的符号列表来重复一个语句块。列表中的每个符号都会引发循环的一次迭代过程。语法如下：

```
FOR parameter,<arg1,arg2,arg3, . . . >
    statements
ENDM
```

在第一次循环迭代中，parameter 取 arg1 的值；在第二次循环迭代中，parameter 取 arg2 的值；以此类推，直到列表的最后一个实参。

学生注册示例 现在创建一个学生注册的场景，其中，COURSE 结构含有课程编号和学分值，SEMESTER 结构包含一个有 6 门课程的数组和计数器 NumCourses：

```
COURSE STRUCT
    Number  BYTE 9 DUP(?)
    Credits BYTE ?
COURSE ENDS
;一个学期包含一个课程数组。
SEMESTER STRUCT
    Courses COURSE 6 DUP(<>)
    NumCourses WORD ?
SEMESTER ENDS
```

可以使用 FOR 循环定义 4 个 SEMESTER 对象，每个对象都有不同的名字，这些名字从尖括号括起的符号列表中选择：

```
.data
FOR semName,<Fall2013,Spring2014,Summer2014,Fall2014>
    semName SEMESTER <>
ENDM
```

如果检查列表文件，就会发现如下变量：

```
.data
Fall2013 SEMESTER <>
Spring2014 SEMESTER <>
Summer2014 SEMESTER <>
Fall2014 SEMESTER <>
```

10.4.4　FORC 伪指令

FORC 伪指令通过迭代遍历字符串来重复一个语句块。字符串中的每个字符都会引发循环的一次迭代。语法如下：

```
FORC parameter, <string>
    statements
ENDM
```

在第一次循环迭代中，parameter 等于字符串的第一个字符；在第二次迭代中，parameter 等于字符串的第二个字符；以此类推，直到字符串的结尾。下面的例子创建了一个字符查找表，其中包含了几个非字母字符。注意，< 和 > 的前面必须有字面字符操作符（!），以防它们违反 FORC 伪指令的语法：

```
Delimiters LABEL BYTE
FORC code,<@#$%^&*!<!>>
    BYTE "&code"
ENDM
```

生成的数据表如下所示，可以在列表文件中查看：

```
00000000  40 1 BYTE "@"
00000001  23 1 BYTE "#"
00000002  24 1 BYTE "$"
00000003  25 1 BYTE "%"
00000004  5E 1 BYTE "^"
00000005  26 1 BYTE "&"
00000006  2A 1 BYTE "*"
00000007  3C 1 BYTE "<"
00000008  3E 1 BYTE ">"
```

10.4.5 示例：链表

将结构声明与 REPEAT 伪指令结合起来，以指示汇编器创建一个链表数据结构是相当简单的。链表中的每个节点都含有一个数据域和一个链接域：

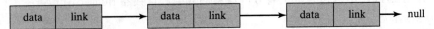

在数据域中，一个或多个变量可以存放每个节点所特有的数据。在链接域中，一个指针包含了链表下一个节点的地址。最后一个节点的链接域通常包含的是空指针。现在编写程序创建并显示一个简单的链表。首先，程序定义一个链表节点，其中含有一个整数（数据）和一个指向下一个节点的指针：

```
ListNode STRUCT
    NodeData DWORD ?             ;节点的数据
    NextPtr  DWORD ?             ;指向下一个节点的指针
ListNode ENDS
```

接着，REPEAT 伪指令创建了 ListNode 对象的多个实例。为了进行测试，NodeData 字段包含一个整数常量，其范围为 1~15。在循环内部，计数器加 1 并将值插入到 ListNode 字段：

```
TotalNodeCount = 15
NULL = 0
Counter = 0

.data
LinkedList LABEL PTR ListNode
REPEAT TotalNodeCount
    Counter = Counter + 1
    ListNode <Counter, ($ + Counter * SIZEOF ListNode)>
ENDM
```

表达式（$+Counter*SIZEOF ListNode）告诉汇编器把计数值与 ListNode 的大小相乘，并将乘积与当前位置计数器相加，结果值插入结构内的 NextPtr 字段（注意一个有趣的现象：链表第一个节点的位置计数器的值（$）保持不变）。链表用尾节点（tail node）来标记末尾，其 NextPtr 字段为空（0）：

```
ListNode <0,0>
```

当程序遍历该链表时，用下面的语句获取 NextPtr 字段，并将其与 NULL 比较，以检查是否到了表的末尾：

```
mov  eax,(ListNode PTR [esi]).NextPtr
cmp  eax,NULL
```

程序清单 完整的程序清单如下所示。在 main 中，一个循环遍历链表并显示全部的节点值。程序不是使用固定计数值来控制循环，而是检查尾节点中的空指针，若发现空指针则停止循环：

```
;创建一个链表                        (List.asm)
INCLUDE Irvine32.inc

ListNode STRUCT
  NodeData DWORD ?
  NextPtr  DWORD ?
ListNode ENDS
TotalNodeCount = 15
```

```
        NULL = 0
        Counter = 0
        .data
        LinkedList LABEL PTR ListNode
        REPEAT TotalNodeCount
            Counter = Counter + 1
            ListNode <Counter, ($ + Counter * SIZEOF ListNode)>
        ENDM
        ListNode <0,0>                          ; 尾节点

        .code
        main PROC
            mov esi,OFFSET LinkedList

        ; 显示 NodeData 字段中的整数。
        NextNode:
            ; 检查是否为尾节点。
            mov eax,(ListNode PTR [esi]).NextPtr
            cmp eax,NULL
            je   quit

            ; 显示节点数据。
            mov eax,(ListNode PTR [esi]).NodeData
            call WriteDec
            call Crlf

            ; 获取指向下一个节点的指针。
            mov esi,(ListNode PTR [esi]).NextPtr
            jmp NextNode
        quit:
            exit
        main ENDP
        END main
```

10.4.6 本节回顾

1. 判断真假：伪指令 WHILE 根据布尔表达式来重复一个语句块。

   a. 真　　　　　　　　b. 假

2. 判断真假：伪指令 REPEAT 根据布尔表达式的值来重复一个语句块。

   a. 真　　　　　　　　b. 假

3. 判断真假：伪指令 FOR 通过迭代遍历一个只包含整数常量的列表来重复一个语句块。

   a. 真　　　　　　　　b. 假

4. 判断真假：伪指令 FORC 通过迭代遍历一个字符串来重复一个语句块。

   a. 真　　　　　　　　b. 假

5. 哪条循环伪指令是生成字符查找表的最佳工具？

   < answer: FORC >

6. 给定如下的 FOR 循环：

   ```
   FOR val,<100,20,30>
      BYTE 0,0,0,val
   ENDM
   ```

   下面的哪个答案选项正确地列出了循环产生的数据定义语句？

   a. 答案选项 1：

   ```
   BYTE 0,0,0,100
   BYTE 0,0,0,20
   BYTE 0,0,0,30
   ```

b. 答案选项 2：

```
BYTE 100, 20, 30
```

c. 答案选项 3：

```
BYTE 100,0,0
BYTE 20,0,0
BYTE 30,0,0
```

7. 假设已定义了如下的宏 mRepeat：

```
mRepeat MACRO char,count
        LOCAL L1
        mov   cx,count
L1:     mov   ah,2
        mov   dl,char
        int   21h
        loop  L1
        ENDM
```

当宏 mRepeat 由如下的语句展开时，下面的哪个答案选项包含了由汇编器的预处理程序生成的代码？

```
mRepeat 'X',50
```

a. 答案选项：

```
mRepeat MACRO 'X',50
        mov   cx,50
L1:     mov   ah,2
        mov   dl,'X'
        int   21h
        loop  L1
```

b. 答案选项：

```
mRepeat MACRO 'X',50
        mov   cx,50
L1:     mov   ah,2
        mov   dl,'X'
        int   21h
        loop  -3
```

c. 答案选项：

```
mRepeat MACRO 'X',50
        mov   cx,50
??0000: mov   ah,2
        mov   dl,'X'
        int   21h
        loop  ??0000
```

d. 答案选项：

```
mRepeat:
        mov   cx,'X'
L1:     mov   ah,2
        mov   dl,50
        int   21h
        loop  L1
```

10.5 本章小结

结构是创建用户定义类型时使用的模板或模式。Windows API 库中已经定义了很多结构，用于在应用程序与链接库之间传递数据。结构可以包含不同类型的字段。每个字段声明都可以使用一个字段初始化值将默认值赋值给该字段。

结构定义不占用内存，但结构对象会占用内存。SIZEOF 操作符返回变量所占的字节数。

通过使用结构变量或形如 [esi] 的间接操作数，点操作符（.）对结构的字段进行引用。当间接操作数引用结构的字段时，必须使用 PTR 操作符来指定结构类型，比如 (COORD PTR [esi]).X。

结构包含的字段也可以是结构。醉汉行走程序（见 10.1.6 节）给出了一个例子，其中的 DrunkardWalk 结构就包含了一个 COORD 结构的数组。

宏通常在程序的开始部分定义，位于数据段和代码段之前。然后，在宏被调用时，预处理程序将宏代码的副本插入到程序中宏调用的位置。

宏可以有效地作为过程调用的封装器，以简化参数传递和将寄存器保存到堆栈。像宏 mGotoxy、mDumpMem 及 mWriteString 就是封装器的例子，因为它们调用了本书链接库的过程。

宏过程或宏是被命名的汇编语言语句块。宏函数与之类似，只不过宏函数还会返回一个常量值。

条件汇编伪指令，如 IF、IFNB 和 IFIDNI 可用于检测实参是否超出范围、是否缺失，以及是否为错误类型。ECHO 伪指令显示汇编过程中的错误消息，以向程序员提醒传递给宏的实参中出现的错误。

替换操作符（&）解析对参数名有歧义的引用。展开操作符（%）展开文本宏并将常量表达式转换为文本。字面文本操作符（<>）将不同的字符和文本组合成为单个字面量。字面字符操作符（!）强制预处理程序将预定义操作符当作普通字符。

重复块伪指令能够减少程序中重复的代码量。这些伪指令有：

- WHILE 伪指令根据一个布尔表达式来重复语句块。
- REPEAT 伪指令根据计数器的值来重复语句块。
- FOR 伪指令通过迭代遍历符号列表来重复语句块。
- FORC 伪指令通过迭代遍历字符串来重复语句块。

10.6 关键术语

10.6.1 术语

conditional-assembly directive（条件汇编伪指令）
default argument initializer（默认参数初始化值）
expansion operator（%）（展开操作符）（%）
field（字段）
invoke（a macro）（调用）（宏）
literal-character operator(!)（字面字符操作符）(!)
literal-text operator(<>)（字面文本操作符）(<>)
macro（宏）
macro function（宏函数）

macro parameter（宏参数）
macro procedure（宏过程）
nested macro（嵌套宏）
parameters（形参）
preprocessing step（预处理阶段）
structure（结构）
substitution operator（&）（替换操作符）（&）
union（联合）

10.6.2 操作符及伪指令

ALIGN　　　　　　　　　　ECHO　　　　　　　　　　ELSE

ENDIF	IFDIFI	REPEAT
ENDS	IFIDN	REQ
EXITM	IFIDNI	SIZEOF
FOR	IFNB	STRUCT
FORC	IFNDEF	TYPE
IF	LENGTHOF	UNION
IFB	LOCAL	WHILE
IFDEF	MACRO	
IFDIF	OFFSET	

10.7 复习题和练习

10.7.1 简答题

1. 伪指令 STRUCT 的用途是什么?
2. 假设已定义了如下结构:

```
RentalInvoice STRUCT
    invoiceNum BYTE 5 DUP(' ')
    dailyPrice WORD ?
    daysRented WORD ?
RentalInvoice ENDS
```

说明下面的每个声明是否有效:

a. `rentals RentalInvoice <>`

b. `RentalInvoice rentals <>`

c. `march RentalInvoice <'12345',10,0>`

d. `RentalInvoice <,10,0>`

e. `current RentalInvoice <,15,0,0>`

3. (真/假): 宏不能包含数据定义。
4. 伪指令 LOCAL 的用途是什么?
5. 哪条伪指令能在汇编过程中在控制台上显示消息?
6. 哪条伪指令标记条件语句块的结束?
7. 列出所有能在常量布尔表达式中使用的关系运算符。
8. 宏定义中的 & 操作符有什么作用?
9. 宏定义中的 ! 操作符有什么作用?
10. 宏定义中的 % 操作符有什么作用?

10.7.2 算法题

1. 创建一个包含两个字段的结构 SampleStruct: field1 为一个 16 位 WORD, field2 为一个包含 20 个 32 位 DWORD 的数组。不需定义字段初始值。
2. 编写一条语句, 用来获取结构 SYSTEMTIME 的 wHour 字段。
3. 使用如下 Triangle 结构, 声明一个结构变量, 并将其三个顶点分别初始化为 (0, 0)、(5, 0) 及 (7, 6):

```
Triangle STRUCT
    Vertex1 COORD <>
    Vertex2 COORD <>
    Vertex3 COORD <>
```

```
Triangle ENDS
```

4. 声明一个 `Triangle` 结构的数组,并编写一个循环,用随机坐标对每个三角形的 `Vertex1` 进行初始化,坐标范围为 (0…10, 0…10)。

5. 编写宏 `mPrintChar`,在屏幕上显示一个字符。该宏应该有两个参数:第一个指定要显示的字符,第二个指定字符重复的次数。调用示例如下:

```
mPrintChar 'X',20
```

6. 编写宏 `mGenRandom`,生成一个随机整数,范围在 0 到 $n-1$ 之间。n 为宏的唯一参数。

7. 编写宏 `mPromptInteger`,显示提示并接收用户输入的一个整数。向该宏传递一个字符串字面量和一个双字变量的名称。调用示例如下:

```
.data
minVal DWORD ?
.code
mPromptInteger "Enter the minimum value", minVal
```

8. 编写宏 `mWriteAt`,定位光标并向控制台窗口写一个字符串字面量。建议:调用本书宏库中的 `mGotoxy` 和 `mWrite`。

9. 给出下面语句生成的展开代码,该语句调用了 10.2.5 节中的宏 mWrite-String:

```
mWriteStr namePrompt
```

10. 给出下面语句生成的展开代码,该语句调用了 10.2.5 节中的宏 mRead-String:

```
mReadStr customerName
```

11. 编写宏 `mDumpMemx`,该宏接收一个参数,即一个变量名。该宏必须调用本书链接库的宏 `mDumpMem`,并向其传递变量的偏移量、单元数量和单元大小。演示对该宏的调用。

12. 举一例说明有默认实参初始化值的宏形参。

13. 编写一个使用 IF、ELSE 和 ENDIF 伪指令的简短例子。

14. 编写一条语句,用 IF 伪指令检查常量宏参数 Z 的值。如果 Z 小于 0,则在汇编过程中显示一条消息,说明 Z 是无效的。

15. 编写一个简短的宏,当宏形参嵌入在字面字符串中时,演示操作符 & 的运用。

16. 假设宏 `mLocate` 的定义如下:

```
mLocate MACRO xval,yval
    IF xval LT 0
        EXITM              ;; xval < 0?
    ENDIF                  ;; 若是,则退出
    IF yval LT 0
        EXITM              ;; yval < 0?
    ENDIF                  ;; 若是,则退出
    mov  bx,0              ;; 视频页 0
    mov  ah,2              ;; 定位光标
    mov  dh,yval
    mov  dl,xval
    int  10h               ;; 调用 BIOS
ENDM
```

当该宏被下面的每条语句展开时,给出由预处理程序生成的源代码:

```
.data
row BYTE 15
col BYTE 60
.code
mLocate -2,20
mLocate 10,20
mLocate col,row
```

10.8 编程练习

★ **1. 宏 mReadkey**

创建一个宏，等待一次按键并返回被按下的键。该宏应包括用来存放 ASCII 码和键盘扫描码的参数。提示：调用本书链接库的 ReadChar。编写程序对宏进行测试。例如，下面的代码等待一次按键，当它返回时，两个实参分别包含按键的 ASCII 码和扫描码：

```
.data
ascii BYTE ?
scan BYTE ?
.code
mReadkey ascii, scan
```

★ **2. 宏 mWritestringAttr**

（需提前阅读 11.1.11 节。）创建一个宏，用给定的文本颜色向控制台写一个以空结束的字符串。宏参数应包括字符串的名称和颜色。提示：调用本书链接库的 SetTextColor。编写程序，用若干个不同颜色的字符串测试该宏。调用示例如下：

```
.data
myString BYTE "Here is my string",0
.code
mWritestring myString, white
```

★ **3. 宏 mMove32**

编写宏 mMove32，接收两个 32 位的内存操作数，并将源操作数传送到目的操作数。编写程序对宏进行测试。

★ **4. 宏 mMult32**

创建宏 mMult32，将两个 32 位内存操作数相乘，生成一个 32 位的乘积。编写程序对宏进行测试。

★★ **5. 宏 mReadInt**

创建宏 mReadInt，从标准输入读取一个 16 位或 32 位的有符号整数，并用实参返回该值。用条件运算符使得宏能适应期望结果的大小。编写程序，向宏传递不同大小的操作数以对其进行测试。

★★ **6. 宏 mWriteInt**

创建宏 mWriteInt，通过调用 WriteInt 库过程向标准输出写一个有符号整数。传递给宏的参数可以是字节、字或双字。在宏内使用条件操作符，使之能适应实参的大小。编写程序，向宏传递不同大小的实参以对其进行测试。

★★★ **7. 教授丢失的手机**

当 10.1.6 节的教授迈着醉汉步子在校园里绕圈子时，我们发现他在路上的某个地方丢失了手机。当对醉酒路线进行模拟时，程序必须在某个随机选择的时间间隔，在教授停留的地方丢掉手机。每次运行程序，都必须在不同的时间间隔（和位置）丢失手机。实现该程序，使用至少一个结构（STRUCT 伪指令）和一个以上的条件汇编指令。

★★★ **8. 带概率的醉汉行走**

当测试 DrunkardWalk 程序时，你可能已经注意到教授徘徊的位置距离起点不会太远。这种情况无疑是由于教授在各方向以等概率移动造成的。按如下条件修改程序：教授有 50% 的概率沿着与上一步相同的方向继续行走；有 10% 的概率选择相反的方向；有 20% 的概率向右或向左转。循环开始前指定一个默认的起步方向。实现该程序，使用至少一个结构（STRUCT 伪指令）和一个以上的条件汇编指令。

★★★★ **9. 移位多个双字**

创建一个宏，使用 SHRD 和 SHLD 指令，将一个 32 位整数数组向任意方向移动可变的位数。编写测试程序对宏进行测试，将同一个数组向两个方向移动并显示结果值。假设数组为小端序。宏声明示例如下：

```
mShiftDoublewords MACRO arrayName, direction, numberOfBits

Parameters:
    arrayName        数组名
    direction        右移(R)或左移(L)
    numberOfBits     移位的位数
```

★★★ 10. 三操作数指令

有些计算机指令集的算术运算指令有三个操作数。这个编程练习要求创建一个宏来模拟三操作数指令。在下面的宏中，假设 EAX 被保留用于宏操作，但未被保存，其他会被宏修改的寄存器必须保存。所有的参数都是有符号的内存双字。编写宏来模拟下面的操作：

```
a. add3 destination, source1, source2
b. sub3 destination, source1, source2 (destination = source1 - source2)
c. mul3 destination, source1, source2
d. div3 destination, source1, source2 (destination = source1 / source2)
```

例如，下面的宏调用实现的是表达式 $x = (w + y) * z$：

```
.data
temp DWORD ?
.code
add3 temp, w, y            ; temp = w + y
mul3 x, temp, z            ; x = temp * z
```

编写程序测试该宏，要求实现 4 个算术表达式，每个表达式要包含多个操作。

第 11 章
Assembly Language for x86 Processors, Eighth Edition

MS-Windows 编程

11.1 Win32 控制台编程

在前面的章节中，你可能已经对如何实现本书的链接库（Irvine32 和 Irvine64）感到好奇。尽管这些链接库使用方便，你可能还是希望更加独立一些，既可以创建自己的链接库，也可以修改本书的链接库。因此，本章将展示如何用 32 位 Microsoft Windows API 进行控制台窗口编程。Microsoft Windows 的应用编程接口（Application Programming Interface，API）是类型、常量和函数的集合体，它提供了在用户程序中调用操作系统函数的方式。你将学习到如何调用 API 函数，这些函数可用于文本 I/O、颜色选择、日期和时间、数据文件 I/O 以及内存管理。还包括为本书 64 位链接库 Irvine64 而写的一些代码例子。

你还将学习如何用事件处理循环来创建图形窗口应用程序。虽然不建议用汇编语言来做扩展图形应用，但本章的例子有助于揭示高级语句利用抽象而隐藏的一些内部细节。

最后，我们将讨论 x86 处理器的内存管理功能，包括线性和逻辑地址，以及分段和分页。虽然大学程度的操作系统课程对这些主题讲述得更广泛，但本章还是会帮助你理解 x86 处理器是如何与操作系统协调工作的。

为了能对图形化编程者有所帮助，11.2 节以通用的方式介绍了 32 位图形化编程。这仅仅是个开始，但它会激励你在这个主题上继续深入。本章最后的小结列出了进一步学习所需要的参考书目。

Win32 Platform SDK 与 Win32 API 密切相关的是 Microsoft Platform SDK（软件开发工具包），它集成了用于创建 MS-Windows 应用程序的工具、库、示例代码及文档。Microsoft 网站提供了完整的在线文档。可以在 www.msdn.microsoft.com 上搜索"Platform SDK"。Platform SDK 可以免费下载。

> 提示：Irvine32 链接库与 Win32 API 函数兼容，因此在同一个程序中对两者都可进行调用。

11.1.1 背景信息

当一个 Windows 应用程序开始运行时，它要么创建一个控制台窗口，要么创建一个图形化窗口。本书的项目文件一直将如下的选项与 LINK 命令一起使用。它告诉链接器创建一个基于控制台的应用程序：

```
/SUBSYSTEM:CONSOLE
```

控制台有一个输入缓冲区以及一个或多个屏幕缓冲区：

- 输入缓冲区（input buffer）包含一组输入记录（input record），每个记录包含一个关于输入事件的数据。输入事件的例子有键盘输入、鼠标点击，以及用户对控制台窗口

- 屏幕缓冲区（screen buffer）是一个字符和颜色数据的二维数组，它会影响控制台窗口中文本的外观。

Win32 API 参考信息

函数 本节将介绍 Win32 API 函数的子集并给出一些简单的示例。限于篇幅，很多细节无法涵盖。要想了解更多信息，可访问 Microsoft MSDN 网站（目前地址为 www.msdn.microsoft.com）。当搜索函数或标识符时，将 Filtered by 参数设置为 Platform SDK。此外，在本书提供的示例程序中，kernel32.txt 和 user32.txt 文件给出了 kernel32.lib 和 user32.lib 库中函数名的详细清单。

常量 当阅读 Win32 API 函数的文档时，经常会见到常量名，如 TIME_ZONE_ID_UNKNOWN。在一些情况下，这些常量已经在 SmallWin.inc 中定义过。如果没有在该文件中定义，可查看本书的网站。例如，头文件 WinNT.h 就定义了 TIME_ZONE_ID_UNKNOWN 及相关常量：

```
#define TIME_ZONE_ID_UNKNOWN    0
#define TIME_ZONE_ID_STANDARD   1
#define TIME_ZONE_ID_DAYLIGHT   2
```

利用这个信息，就可以将下述语句添加到 SmallWin.h 或者你自己的头文件中：

```
TIME_ZONE_ID_UNKNOWN  = 0
TIME_ZONE_ID_STANDARD = 1
TIME_ZONE_ID_DAYLIGHT = 2
```

字符集和 Windows API 函数

当调用 Win32 API 中的函数时，使用两类字符集：8 位的 ASCII/ANSI 字符集和 16 位的 Unicode 字符集（所有近期的 Windows 版本中都有）。用于处理文本的 Win32 函数通常有两种版本：一种以字母 A 结尾（用于 8 位 ANSI 字符），另一种以 W 结尾（用于宽字符集，包括 Unicode）。WriteConsole 即为其中之一：

- WriteConsoleA
- WriteConsoleW

在所有近期的 Windows 版本中，Unicode 都是原生字符集。例如，如果调用函数 WriteConsoleA，则操作系统就会将字符从 ANSI 转换为 Unicode，并调用 WriteConsoleW。

在 Microsoft MSDN 库的函数文档（如 WriteConsole）中，尾字符 A 和 W 都从名字中省略了。本书程序的头文件重新定义了函数名字，如 WriteConsoleA：

```
WriteConsole EQU <WriteConsoleA>
```

该定义使得程序能以通用名对 WriteConsole 进行调用。

高级别和低级别访问

对控制台的访问有两个级别，从而能够在简单控制和完全控制之间进行权衡：

- 高级控制台函数从控制台的输入缓冲区读取字符流，并将字符数据写入控制台的屏幕缓冲区。输入和输出都可以重定向到文本文件。
- 低级控制台函数检索键盘和鼠标事件，以及用户与控制台窗口交互（拖曳、调整大小等）的详细信息。这些函数还允许对窗口的大小和位置以及文本颜色进行详细控制。

Windows 数据类型

Win32 函数使用 C/C++ 程序员的函数声明来制作文档。在这些声明中，所有函数的参数类型要么基于标准 C 类型，要么基于 MS-Windows 预定义的类型（表 11-1 列出了部分类型）之一。区分数据值和指向值的指针很重要，例如，以字母 LP 开头的类型名是长指针（long pointer），指向某个其他对象。

表 11-1　将 MS-Windows 类型转换成 MASM 类型

MS-Windows 类型	MASM 类型	描述
BOOL, BOOLEAN	DWORD	布尔值（TRUE 或 FALSE）
BYTE	BYTE	8 位无符号整数
CHAR	BYTE	8 位 Windows ANSI 字符
COLORREF	DWORD	作为颜色值的 32 位数值
DWORD	DWORD	32 位无符号整数
HANDLE	DWORD	对象句柄
HFILE	DWORD	用 OpenFile 打开的文件句柄
INT	SDWORD	32 位有符号整数
LONG	SDWORD	32 位有符号整数
LPARAM	DWORD	消息参数，由窗口过程和回调函数使用
LPCSTR	PTR BYTE	32 位指针，指向由 8 位 Windows（ANSI）字符组成的以空结束的字符串常量
LPCVOID	DWORD	指向任何类型常量的指针
LPSTR	PTR BYTE	32 位指针，指向由 8 位 Windows（ANSI）字符组成的以空结束的字符串
LPCTSTR	PTR WORD	32 位指针，指向对 Unicode 和双字节字符集可移植的字符串常量
LPTSTR	PTR WORD	32 位指针，指向对 Unicode 和双字节字符集可移植的字符串
LPVOID	DWORD	32 位指针，指向未指定类型
LRESULT	DWORD	窗口过程和回调函数返回的 32 位数值
SIZE_T	DWORD	一个指针可以指向的最大字节数
UNIT	DWORD	32 位无符号整数
WNDPROC	DWORD	32 位指针，指向窗口过程
WORD	WORD	16 位无符号整数
WPARAM	DWORD	作为参数传递给窗口过程或回调函数的 32 位数值

SmallWin.inc 头文件

本书作者创建的 SmallWin.inc 是一个头文件，其中包含用于 Win32 API 编程的常量定义、等价文本以及函数原型。通过本书一直使用的 Irvine32.inc，SmallWin.inc 被自动包含在程序中。该文件位于本书示例程序的安装文件夹 \Examples\Libs32 中。大多数常量都可以在用于 C 和 C++ 编程的头文件 Windows.h 中找到。与其名字的寓意不同，SmallWin.inc 相当大，因此这里只展示其重要部分：

```
DO_NOT_SHARE = 0
NULL = 0
TRUE = 1
FALSE = 0

; Win32 控制台句柄
STD_INPUT_HANDLE  EQU -10
STD_OUTPUT_HANDLE EQU -11
STD_ERROR_HANDLE  EQU -12
```

类型 HANDLE 是 DWORD 的别名，有助于函数原型与 Microsoft Win32 文档更加一致：

```
HANDLE TEXTEQU <DWORD>
```

SmallWin.inc 也包含在 Win32 调用中使用的结构定义。下面给出两个结构定义：

```
COORD STRUCT
    X WORD ?
    Y WORD ?
COORD ENDS

SYSTEMTIME STRUCT
    wYear WORD ?
    wMonth WORD ?
    wDayOfWeek WORD ?
    wDay WORD ?
    wHour WORD ?
    wMinute WORD ?
    wSecond WORD ?
    wMilliseconds WORD ?
SYSTEMTIME ENDS
```

最后，SmallWin.inc 包含本章所有 Win32 函数的函数原型。

控制台句柄

几乎所有的 Win32 控制台函数都要求向其传递一个句柄作为第一个实参。控制台句柄（console handle）是一个 32 位无符号整数，用于唯一标识一个对象，例如一个位图、画笔或任何输入/输出设备：

```
STD_INPUT_HANDLE        标准输入
STD_OUTPUT_HANDLE       标准输出
STD_ERROR_HANDLE        标准错误输出
```

上述句柄中的后两个用于向控制台活动屏幕缓冲区的写入。

GetStdHandle 函数返回一个控制台流的句柄：输入、输出或错误输出。在基于控制台的程序中，做任何输入/输出操作都需要句柄。函数原型如下：

```
GetStdHandle PROTO,
    nStdHandle:HANDLE      ; 句柄类型
```

nStdHandle 可以是 STD_INPUT_HANDLE、STD_OUTPUT_HANDLE 或者 STD_ERROR_HANDLE。函数用 EAX 返回句柄，且应该将其复制给变量保存。下面是一个调用示例：

```
.data
inputHandle HANDLE ?
.code
    INVOKE GetStdHandle, STD_INPUT_HANDLE
    mov inputHandle,eax
```

11.1.2 Win32 控制台函数

表 11-2 为全部 Win32 控制台函数的一览表[⊖]。在 www.msdn.microsoft.com 上可以找到 MSDN 库中每个函数的完整描述。

> **提示**：Win32 API 函数不保存 EAX、EBX、ECX 和 EDX，因此程序员应该自己完成这些寄存器的入栈和出栈操作。

⊖ 来源：Microsoft MSDN 文档，位于 http://msdn.microsoft.com/en-us/library/windows/desktop/ms682073(v=vs.85).aspx

表 11-2 Win32 控制台函数

函数	描述
AllocConsole	为主调进程分配一个新的控制台
CreateConsoleScreenBuffer	创建一个控制台屏幕缓冲区
ExitProcess	结束一个进程及其所有线程
FillConsoleOutputAttribute	为指定数量的字符单元设置文本和背景的颜色属性
FillConsoleOutputCharacter	按指定次数将一个字符写入屏幕缓冲区
FlushConsoleInputBuffer	清空控制台输入缓冲区
FreeConsole	将主调进程与其控制台分离
GenerateConsoleCtrlEvent	向控制台进程组发送指定的信号，这些进程组共享与主调进程关联的控制台
GetConsoleCP	获取与主调进程关联的控制台所使用的输入代码页
GetConsoleCursorInfo	获取指定控制台屏幕缓冲区光标的大小和可见性信息
GetConsoleMode	获取控制台输入缓冲区的当前输入模式或控制台屏幕缓冲区的当前输出模式
GetConsoleOutputCP	获取与主调进程关联的控制台所使用的输出代码页
GetConsoleScreenBufferInfo	获取指定控制台屏幕缓冲区的信息
GetConsoleTitle	获取当前控制台窗口的标题栏字符串
GetConsoleWindow	获取与主调进程关联的控制台所使用的窗口句柄
GetLargestConsoleWindowSize	获取控制台窗口最大可能的大小
GetNumberOfConsoleInputEvents	获取控制台输入缓冲区中未读输入记录的数量
GetNumberOfConsoleMouseButtons	获取当前控制台使用的鼠标按钮数
GetStdHandle	获取标准输入、标准输出或标准错误设备的句柄
HandlerRoutine	与 SetConsoleCtrlHandler 函数一起使用的应用程序定义的函数
PeekConsoleInput	从指定的控制台输入缓冲区读取数据，且不从缓冲区删除该数据
ReadConsole	从控制台输入缓冲区读取输入字符并从缓冲区中删除该字符
ReadConsoleInput	从控制台输入缓冲区读取数据并从缓冲区中删除该数据
ReadConsoleOutput	从控制台屏幕缓冲区的矩形字符单元区域读取字符和颜色属性数据
ReadConsoleOutputAttribute	从控制台屏幕缓冲区的连续单元复制指定数量的前景和背景颜色属性
ReadConsoleOutputCharacter	从控制台屏幕缓冲区的连续单元复制一些字符
ScrollConsoleScreenBuffer	移动屏幕缓冲区内的一块数据
SetConsoleActiveScreenBuffer	设置指定的屏幕缓冲区为当前显示的控制台屏幕缓冲区
SetConsoleCP	设置主调过程的控制台使用的输入代码页
SetConsoleCtrlHandler	为主调过程的处理函数列表添加或删除应用程序定义的 HandlerRoutine
SetConsoleCursorInfo	为指定的控制台屏幕缓冲区设置光标的大小和可见度
SetConsoleCursorPosition	在指定的控制台屏幕缓冲区中设置光标的位置
SetConsoleMode	设置控制台输入缓冲区的输入模式或者控制台屏幕缓冲区的输出模式
SetConsoleOutputCP	设置主调进程的控制台使用的输出代码页
SetConsoleScreenBufferSize	修改指定的控制台屏幕缓冲区的大小
SetConsoleTextAttribute	设置写入屏幕缓冲区的字符的前景（文本）和背景颜色属性
SetConsoleTitle	为当前控制台窗口设置标题栏字符串
SetConsoleWindowInfo	设置控制台屏幕缓冲区窗口当前的大小和位置
SetStdHandle	设置标准输入、输出或标准错误设备的句柄
WriteConsole	向由当前光标位置开始的控制台屏幕缓冲区写一个字符串
WriteConsoleInput	向控制台输入缓冲区直接写数据
WriteConsoleOutput	向控制台屏幕缓冲区内指定的字符单元矩形块写字符和颜色属性数据
WriteConsoleOutputAttribute	向控制台屏幕缓冲区的连续单元复制一些前景和背景颜色属性
WriteConsoleOutputCharacter	向控制台屏幕缓冲区的连续单元复制一些字符

11.1.3 显示消息框

在 Win32 应用程序中，生成输出最容易的方式之一就是调用 MessageBoxA 函数：

```
MessageBoxA PROTO,
    hWnd:DWORD,              ;窗口句柄（可以为空）
    lpText:PTR BYTE,         ;字符串，框内
    lpCaption:PTR BYTE,      ;字符串，对话框标题
    uType:DWORD              ;内容和行为
```

基于控制台的应用程序可以将 hWnd 设置为空，表示该消息框没有相关的包含窗口或父窗口。lpText 参数是指向以空结束字符串的指针，该字符串将被置于消息框内。lpCaption 参数指向以空结束的字符串，该字符串将作为对话框标题。uType 参数指定对话框的内容和行为。

内容和行为 uType 参数存放了一个位映射的整数，该整数结合了三种类型的选项：显示按钮、图标和默认按钮选择。几种可能的按钮组合如下：

- MB_OK
- MB_OKCANCEL
- MB_YESNO
- MB_YESNOCANCEL
- MB_RETRYCANCEL
- MB_ABORTRETRYIGNORE
- MB_CANCELTRYCONTINUE

默认按钮 当用户按〈Enter〉键时，可以选择哪个按钮是自动选项。选项包括：MB_DEFBUTTON1（默认）、MB_DEFBUTTON2、MB_DEFBUTTON3 及 MB_DEFBUTTON4。按钮从左到右从 1 开始编号。

图标 有四个图标可用。有时多个常量会产生相同的图标：

- 停止符：MB_ICONSTOP、MB_ICONHAND 或 MB_ICONERROR
- 问号（?）：MB_ICONQUESTION
- 信息符（i）：MB_ICONINFORMATION 和 MB_ICONASTERISK
- 感叹号（!）：MB_ICONEXCLAMATION 和 MB_ICONWARNING

返回值 如果 MessageBoxA 失败，则返回零；否则，它返回一个整数，该整数表示用户在关闭对话框时点击了哪个按钮。选项包括：IDABORT、IDCANCEL、IDCONTINUE、IDIGNORE、IDNO、IDOK、IDRETRY、IDTRYAGAIN 及 IDYES。所有这些选项都在 SmallWin.inc 中定义。

> SmallWin.inc 将 MessageBoxA 重定义为 MessageBox，这个名字看起来对用户更加友好。

如果想要消息框窗口浮动于桌面所有其他窗口之上，就在传递最后一个参数（uType 参数）的值上添加 MB_SYSTEMMODAL 选项。

演示程序

下面将通过一个简短的程序来演示函数 MessageBoxA 的一些功能。第一个函数调用显示一条警告信息：

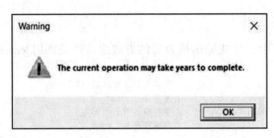

第二个函数调用显示一个问号图标和 Yes/No 按钮。如果用户选择 Yes 按钮，则程序利用返回值选择一种动作：

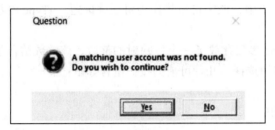

第三个函数调用显示一个信息图标并带有三个按钮：

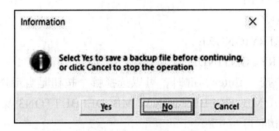

第四个函数调用显示一个停止图标并带有一个 OK 按钮：

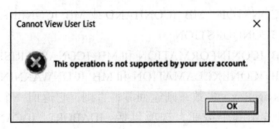

程序清单

MessageBoxA 演示程序的完整清单如下所示。函数名 MessageBox 是函数 MessageBoxA 的别名，所以这里使用更简单的函数名：

```
; 演示 MessageBoxA           (MessageBox.asm)
INCLUDE Irvine32.inc
.data
captionW     BYTE "Warning",0
warningMsg   BYTE "The current operation may take years "
             BYTE "to complete.",0

captionQ     BYTE "Question",0
questionMsg  BYTE "A matching user account was not found."
             BYTE 0dh,0ah,"Do you wish to continue?",0
```

```
captionC       BYTE "Information",0
infoMsg        BYTE "Select Yes to save a backup file "
               BYTE "before continuing,",0dh,0ah
               BYTE "or click Cancel to stop the operation",0

captionH       BYTE "Cannot View User List",0
haltMsg        BYTE "This operation is not supported by your "
               BYTE "user account.",0
.code
main PROC

; 显示感叹号图标,并带有 OK 按钮
    INVOKE MessageBox, NULL, ADDR warningMsg,
        ADDR captionW,
        MB_OK + MB_ICONEXCLAMATION

; 显示问号图标,并带有 Yes/No 按钮
    INVOKE MessageBox, NULL, ADDR questionMsg,
        ADDR captionQ, MB_YESNO + MB_ICONQUESTION

    ; 解释用户点击的按钮
    cmp     eax,IDYES               ; 点击的是 YES 按钮?
; 显示信息图标,并带有 Yes/No/Cancel 按钮
    INVOKE MessageBox, NULL, ADDR infoMsg,
        ADDR captionC, MB_YESNOCANCEL + MB_ICONINFORMATION \
        + MB_DEFBUTTON2

; 显示停止图标,并带有 OK 按钮
    INVOKE MessageBox, NULL, ADDR haltMsg,
        ADDR captionH,
        MB_OK + MB_ICONSTOP
    exit
main ENDP
END main
```

11.1.4 控制台输入

到目前为止,本书链接库中的 ReadString 和 ReadChar 过程已经被多次使用。它们被设计得简单直接,这样程序员就可以专注于其他问题。这两个过程都被封装在 Win32 函数 ReadConsole 中(封装过程隐藏了另一个过程的一些细节)。

控制台输入缓冲区 Win32 控制台有一个输入缓冲区,其中包含一个输入事件记录的数组,故称之为控制台输入缓冲区(console input buffer)。每个输入事件,如按键、鼠标移动或鼠标按钮点击等,都会在控制台输入缓冲区中创建输入记录。像 ReadConsole 这样的高级输入函数会对输入数据进行过滤和处理,并只返回一个字符流。

ReadConsole 函数

函数 ReadConsole 为读取文本输入并将其送入缓冲区提供了便捷的方法。其原型如下所示:

```
ReadConsole PROTO,
    hConsoleInput:HANDLE,              ; 输入句柄
    lpBuffer:PTR BYTE,                 ; 指向缓冲区的指针
    nNumberOfCharsToRead:DWORD,        ; 要读取的字符数
    lpNumberOfCharsRead:PTR DWORD,     ; 指向读取字节数的指针
    lpReserved:DWORD                   ; (未使用)
```

hConsoleInput 是有效的控制台输入句柄,由函数 GetStdHandle 返回。参数 lpBuffer 是字符数组的偏移量。nNumberOfCharsToRead 是一个 32 位整数,指定要读取字符的最大

数量。lpNumberOfCharsRead 是一个指向双字的指针，允许由该函数填充，当函数返回时，字符数的计数值被放入缓冲区。最后一个参数未使用，因此传递的值为 0。

当调用 ReadConsole 时，在输入缓冲区中要包含两个额外的字节用来存放行结束字符。如果想要输入缓冲区包含一个以空结束的字符串，则用空字节来代替内容为 0Dh 的字节。Irvine32.lib 中的过程 ReadString 就是这样操作的。

> **注意**：Win32 API 函数不保存 EAX、EBX、ECX 及 EDX 寄存器。

示例程序 若要读取用户输入的字符，就调用 GetStdHandle 来获得控制台标准输入的句柄，再使用该句柄调用 ReadConsole。下面的 ReadConsole 程序演示了这个技术。注意，Win32 API 调用与 Irvine32 链接库兼容，因此在调用 Win32 函数的同时还可以调用 DumpRegs：

```
; 从控制台读取                         (ReadConsole.asm)
INCLUDE Irvine32.inc
BufSize = 80

.data
buffer BYTE BufSize DUP(?),0,0
stdInHandle HANDLE ?
bytesRead   DWORD ?
.code
main PROC
    ; 获取标准输入的句柄
    INVOKE GetStdHandle, STD_INPUT_HANDLE
    mov stdInHandle,eax

    ; 等待用户输入
    INVOKE ReadConsole, stdInHandle, ADDR buffer,
      BufSize, ADDR bytesRead, 0

    ; 显示缓冲区
    mov    esi,OFFSET buffer
    mov    ecx,bytesRead
    mov    ebx,TYPE buffer
    call   DumpMem

    exit
main ENDP
END main
```

如果用户输入"abcdefg"，则程序生成如下输出。缓冲区会被插入 9 个字节："abcdefg"，再加上 0Dh 和 0Ah，此即用户按下〈Enter〉键时产生的行结束字符。bytesRead 等于 9：

```
Dump of offset 00404000
---------------------------------
61 62 63 64 65 66 67 0D 0A
```

错误检查

如果 Windows API 函数返回了错误值（如 NULL），则可以调用 API 函数 GetLastError 来获取该错误的更多信息。该函数用 EAX 返回 32 位整数错误码：

```
.data
messageId DWORD ?
.code
call GetLastError
mov  messageId,eax
```

MS-Windows 有大量的错误码，因此，你可能想得到一个消息字符串来对错误进行解释。要做到这一点，可调用函数 FormatMessage：

```
FormatMessage PROTO,                ; 格式化消息
    dwFlags:DWORD,                  ; 格式化选项
    lpSource:DWORD,                 ; 消息定义的位置
    dwMsgID:DWORD,                  ; 消息标识符
    dwLanguageID:DWORD,             ; 语言标识符
    lpBuffer:PTR BYTE,              ; 接收字符串的缓冲区指针
    nSize:DWORD,                    ; 缓冲区大小
    va_list:DWORD                   ; 指向参数列表的指针
```

该函数的参数有点复杂，需要阅读 SDK 文档来了解全部信息。下面简要列出了最有用的参数值。除了 lpBuffer 是输出参数外，其他都是输入参数：

- dwFlags，存放格式化选项的双字整数，包括如何解释参数 lpSource。它规定如何处理换行，以及格式化输出行的最大宽度。建议值为 FORMAT_MESSAGE_ALLOCATE_BUFFER 和 FORMAT_MESSAGE_FROM_SYSTEM。
- lpSource，指向消息定义位置的指针。按照建议的 dwFlags 设置，将 lpSource 设置为 NULL（0）。
- dwMsgID，调用 GetLastError 后返回的双字整数。
- dwLanguageID，语言标识符。若将其设置为 0，则消息与语言无关；否则与用户的默认地点相对应。
- lpBuffer（输出参数），指向一个缓冲区的指针，该缓冲区用来接收以空结束的消息字符串。由于使用了 FORMAT_MESSAGE_ALLOCATE_BUFFER 选项，该缓冲区是自动分配的。
- nSize，可用于指定一个缓冲区来存放消息字符串。如果 dwFlags 使用了上述建议的选项，则该参数可以设置为 0。
- va_list，指向一个数组的指针，该数组包含了可以插入到格式化消息中的值。由于没有格式化错误消息，这个参数可以为 NULL（0）。

FormatMessage 的调用示例如下：

```
.data
messageId DWORD ?
pErrorMsg DWORD ?              ; 指向错误消息
.code
call GetLastError
mov  messageId,eax
INVOKE FormatMessage, FORMAT_MESSAGE_ALLOCATE_BUFFER + \
    FORMAT_MESSAGE_FROM_SYSTEM, NULL, messageID, 0,
    ADDR pErrorMsg, 0, NULL
```

调用 FormatMessage 后，再调用 LocalFree 来释放由 FormatMessage 分配的存储空间：

```
INVOKE LocalFree, pErrorMsg
```

WriteWindowsMsg　Irvine32 链接库包含如下 WriteWindowsMsg 过程，它封装了消息处理的细节：

```
;----------------------------------------------------
WriteWindowsMsg PROC USES eax edx
;
; 显示一个字符串，其中包含了由 MS-Windows 生成的最新错误。
```

```
;接收:无
;返回:无
;--------------------------------------------------
.data
WriteWindowsMsg_1 BYTE "Error ",0
WriteWindowsMsg_2 BYTE ": ",0
pErrorMsg DWORD ?                  ;指向错误消息
messageId DWORD ?
.code
    call  GetLastError
    mov   messageId,eax

; 显示错误号。
    mov   edx,OFFSET WriteWindowsMsg_1
    call  WriteString
    call  WriteDec
    mov   edx,OFFSET WriteWindowsMsg_2
    call  WriteString

; 获取相应的消息字符串。
    INVOKE FormatMessage, FORMAT_MESSAGE_ALLOCATE_BUFFER + \
      FORMAT_MESSAGE_FROM_SYSTEM, NULL, messageID, NULL,
      ADDR pErrorMsg, NULL, NULL

; 显示 MS-Windows 生成的错误消息。
    mov   edx,pErrorMsg
    call  WriteString

; 释放错误消息字符串的空间。
    INVOKE LocalFree, pErrorMsg
    ret
WriteWindowsMsg ENDP
```

单字符输入

在控制台模式下,单字符输入有点难办。MS-Windows 为当前安装的键盘提供了一个设备驱动程序。当一个键被按下时,一个 8 位的扫描码(scan code)就被传送到计算机的键盘端口。当该键被释放时,就会传送第二个扫描码。MS-Windows 使用设备驱动程序将扫描码转换为 16 位的虚拟键码(virtual-key code),这是一个由 MS-Windows 定义的与设备无关的值,用于标识按键的用途。MS-Windows 生成包含扫描码、虚拟键码以及其他信息的消息。这个消息被放在 MS-Windows 消息队列中,并最终进入当前执行的程序线程(由控制台输入句柄标识)。如果想要进一步了解键盘输入的过程,可参阅 Platform SDK 文档中的 About Keyboard Input 主题。虚拟键常数列表位于本书 \Examples\ch11 目录下的 VirtualKeys.inc 文件中。

Irvine32 键盘过程 Irvine32 链接库有两个相关的过程:
- `ReadChar` 等待键盘输入一个 ASCII 字符,并用 AL 返回该字符。
- `ReadKey` 过程执行无等待的键盘检查。如果控制台输入缓冲区中没有等待的按键,则零标志置位;如果发现有按键,则零标志清零且 AL 包含零或 ASCII 码。EAX 和 EDX 的高半部分被覆盖。

在 ReadKey 中,如果 AL 包含 0,则用户可能按下了一个特殊键(功能键、光标箭头等)。AH 寄存器包含键盘扫描码,可与本书正文前的键盘按键列表进行匹配。DX 包含虚拟键码,EBX 包含键盘控制键的状态信息。表 11-3 为控制键值列表。在调用 ReadKey 之后,可以用 TEST 指令检查各种键值。ReadKey 的实现代码有些长,因此就不在这里展示了。在本书 \Examples\Lib32 文件夹下的 Irvine32.asm 文件中可以查看到该实现代码。

表 11-3 键盘控制键状态值

值	含义	值	含义
CAPSLOCK_ON	CAPS LOCK 灯亮	RIGHT_ALT_PRESSED	右〈ALT〉键被按下
ENHANCED_KEY	该键是增强的	RIGHT_CTRL_PRESSED	右〈CTRL〉键被按下
LEFT_ALT_PRESSED	左〈ALT〉键被按下	SCROLLLOCK_ON	SCROLL LOCK 灯亮
LEFT_CTRL_PRESSED	左〈CTRL〉键被按下	SHIFT_PRESSED	〈SHIFT〉键被按下
NUMLOCK_ON	NUM LOCK 灯亮		

ReadKey 测试程序　下面是 ReadKey 的测试程序：等待一个按键，然后报告按下的是否为〈CapsLock〉键。如在第 5 章所述，在调用 ReadKey 时应考虑时延因素，以便让 MS-Windows 有时间处理其消息循环：

```
; 测试 ReadKey                       (TestReadkey.asm)
INCLUDE Irvine32.inc
INCLUDE Macros.inc

.code
main PROC
L1: mov   eax,10              ; 为消息处理保留的延时
    call  Delay
    call  ReadKey             ; 等待按键
    jz    L1

    test  ebx,CAPSLOCK_ON
    jz    L2
    mWrite <"CapsLock is ON",0dh,0ah>
    jmp   L3

L2: mWrite <"CapsLock is OFF",0dh,0ah>

L3: exit
main ENDP
END main
```

获取键盘状态

可以测试各个键盘按键的状态以发现当前哪个键被按下。调用 API 函数 GetKeyState：

```
GetKeyState PROTO, nVirtKey:DWORD
```

向该函数传递如表 11-4 所示的虚拟键值。程序还必须根据该表来测试 EAX 中的返回值。

表 11-4 用 GetKeyState 测试按键

按键	虚拟键符号	EAX 中要测试的位	按键	虚拟键符号	EAX 中要测试的位
NumLock	VK_NUMLOCK	0	Left Ctrl	VK_LCONTROL	15
Scroll Lock	VK_SCROLL	0	Right Ctrl	VK_RCONTROL	15
Left Shift	VK_LSHIFT	15	Left Menu	VK_LMENU	15
Right Shift	VK_tRSHIFT	15	Right Menu	VK_RMENU	15

下面的示例程序通过检查〈NumLock〉键和左〈Shift〉键的状态来演示 GetKeyState 函数：

```
; 键盘切换键                          (Keybd.asm)
INCLUDE Irvine32.inc
INCLUDE Macros.inc

; 如果切换键 (CapsLock、NumLock 和 ScrollLock) 当前处于打开状态，
; 则 GetKeyState 将 EAX 的位 0 置 1。
```

```
; 如果当前按下了指定的键,则将 EAX 的最高位置 1。
.code
main PROC
    INVOKE GetKeyState, VK_NUMLOCK
    test al,1
    .IF !Zero?
      mWrite <"The NumLock key is ON",0dh,0ah>
    .ENDIF

    INVOKE GetKeyState, VK_LSHIFT
    test eax,80000000h
    .IF !Zero?
      mWrite <"The Left Shift key is currently DOWN",0dh,0ah>
    .ENDIF

    exit
main ENDP
END main
```

11.1.5 控制台输出

前面的章节尽可能地简化了控制台输出。回顾一下第 5 章,Irvine32 链接库中的过程 `WriteString` 只需要一个参数,即 EAX 中的字符串偏移量。实际上,它封装了调用 Win32 函数 `WriteConsole` 的更多细节。

本章将学习如何直接调用 Win32 函数,如 `WriteConsole` 和 `WriteConsoleOutputCharacter`。直接调用要求了解更多的细节,但也提供了比 Irvine32 链接库过程更大的灵活性。

数据结构

若干个 Win32 控制台函数使用预定义的数据结构,包括 COORD 和 SMALL_RECT。COORD 结构存放了控制台屏幕缓冲区内字符单元的坐标。坐标原点(0,0)位于左上角单元:

```
COORD STRUCT
    X WORD ?
    Y WORD ?
COORD ENDS
```

SMALL_RECT 结构存放了矩形的左上角和右下角。它指定了控制台窗口内屏幕缓冲区的字符单元:

```
SMALL_RECT STRUCT
    Left    WORD ?
    Top     WORD ?
    Right   WORD ?
    Bottom  WORD ?
SMALL_RECT ENDS
```

WriteConsole 函数

函数 `WriteConsole` 向控制台窗口的当前光标位置写一个字符串,并将光标停留在紧跟最后一个字符后边的位置上。它对如制表符(tab)、回车(carriage return)及换行(line feed)这样的标准 ASCII 控制字符起作用。字符串不必以空字节结束。函数原型如下:

```
WriteConsole PROTO,
    hConsoleOutput:HANDLE,
    lpBuffer:PTR BYTE,
    nNumberOfCharsToWrite:DWORD,
    lpNumberOfCharsWritten:PTR DWORD,
    lpReserved:DWORD
```

hConsoleOutput 是控制台输出流句柄，lpBuffer 是指向要写出的字符数组的指针，nNumber-OfCharsToWrite 存放数组长度，lpNumberOfCharsWritten 指向的整数是函数返回时实际写出的字符数量。最后一个参数未使用，因此将其设置为 0。

示例程序：Console1

下面的程序 Console1.asm 通过向控制台窗口写字符串演示了函数 GetStdHandle、ExitProcess 和 WriteConsole：

```
;Win32 控制台示例 #1                                  (Console1.asm)
;本程序调用如下的 win32 控制台函数:
;GetStdHandle、ExitProcess 和 WriteConsole
INCLUDE Irvine32.inc

.data
endl EQU <0dh,0ah>              ;行结尾序列
message LABEL BYTE
    BYTE "This program is a simple demonstration of"
    BYTE "console mode output, using the GetStdHandle"
    BYTE "and WriteConsole functions.",endl
messageSize DWORD ($ - message)

consoleHandle HANDLE 0          ;标准输出设备句柄
bytesWritten   DWORD ?          ;已写的字节数

.code
main PROC
  ; 获取控制台输出句柄:
    INVOKE GetStdHandle, STD_OUTPUT_HANDLE
    mov consoleHandle,eax

  ; 向控制台写字符串:
    INVOKE WriteConsole,
      consoleHandle,            ;控制台输出句柄
      ADDR message,             ;字符串指针
      messageSize,              ;字符串长度
      ADDR bytesWritten,        ;返回已写的字节数
      0                         ;未使用

    INVOKE ExitProcess,0
main ENDP
END main
```

程序产生如下输出：

```
This program is a simple demonstration of console mode output, using the
GetStdHandle and WriteConsole functions.
```

WriteConsoleOutputCharacter 函数

函数 WriteConsoleOutputCharacter 从指定位置开始，向控制台屏幕缓冲区的连续单元复制一组字符。原型如下：

```
WriteConsoleOutputCharacter PROTO,
    hConsoleOutput:HANDLE,              ;控制台输出句柄
    lpCharacter:PTR BYTE,               ;指向缓冲区的指针
  nLength:DWORD,                        ;缓冲区大小
  dwWriteCoord:COORD,                   ;第一个单元的坐标
  lpNumberOfCharsWritten:PTR DWORD      ;输出的数量
```

如果文本到了一行的末尾，就会折返回来继续，屏幕缓冲区的属性值不变。如果函数不

能写字符,则返回零。如制表符、回车和换行这样 ASCII 控制码被忽略。

11.1.6 读写文件

CreateFile 函数

函数 CreateFile 可创建一个新文件或者打开一个已有文件。如果调用成功,函数返回打开文件的句柄;否则,返回特殊常量 INVALID_HANDLE_VALUE。原型如下:

```
CreateFile PROTO,                    ; 创建新文件
    lpFilename:PTR BYTE,             ; 指向文件名的指针
    dwDesiredAccess:DWORD,           ; 访问模式
    dwShareMode:DWORD,               ; 共享模式
    lpSecurityAttributes:DWORD,      ; 指向安全属性的指针
    dwCreationDisposition:DWORD,     ; 文件创建选项
    dwFlagsAndAttributes:DWORD,      ; 文件属性
    hTemplateFile:DWORD              ; 模板文件的句柄
```

表 11-5 对参数进行了描述。如果函数调用失败,则返回值为零。

表 11-5 CreatFile 参数

参数	描述
lpFileName	指向一个以空结束的字符串,该字符串包含的是部分或全部合格的文件名(drive:\path\filename)
dwDesiredAccess	指定文件的访问方式(读或写)
dwShareMode	控制多个程序对打开的文件进行访问的能力
lpSecurityAttributes	指向一个安全结构,该结构控制安全权限
dwCreationDisposition	当文件存在或不存在时,指定采取何种行动
dwFlagsAndAttributes	存放位标志,这些标志指定文件属性,如存档、加密、隐藏、常规、系统及临时
hTemplateFile	包含一个可选的模板文件句柄,该模板文件为正在被创建的文件提供文件属性和扩展属性;如果不使用该参数,将其设置为 0

dwDesiredAccess 参数 dwDesiredAccess 允许指定对文件进行读访问、写访问、读/写访问或设备查询访问。可以从表 11-6 列出的值中选择,也可以从表中未列出的更多具体标志值中选择(可在 Platform SDK 文档中搜索 CreatFile)。

表 11-6 dwDesiredAccess 参数选项

值	含义
0	指定对于对象的设备查询访问。应用程序可以查询设备属性而无须访问设备,也可以检查文件是否存在
GENERIC_READ	指定对于对象的读访问。可以从文件中读取数据,文件指针可以移动。对于读/写访问,则与 GENERIC_WRITE 一起使用
GENERIC_WRITE	指定对于对象的写访问。可以向文件中写入数据,文件指针可以移动。对于读/写访问,则与 GENERIC_READ 一起使用

dwCreationDisposition 参数 dwCreationDisposition 指定当文件存在或不存在时采取何种行动。可从表 11-7 中选择一个值。

表 11-7 dwCreationDisposition 参数选项

值	含义
CREATE_NEW	创建一个新文件。要求将参数 dwDesiredAccess 设置为 GENERIC_WRITE。如果文件已经存在,则函数调用失败
CREATE_ALWAYS	创建一个新文件。如果文件已存在,则函数会覆盖原文件,清除已有属性,并合并文件属性与预定义的常量 FILE_ATTRIBUTES_ARCHIVE 中属性参数指定的标志。要求将参数 dwDesiredAccess 设置为 GENERIC_WRITE

(续)

值	含义
OPEN_EXISTING	打开文件。如果文件不存在，则函数调用失败。可用于读取和/或写入文件
OPEN_ALWAYS	如果文件存在，则打开文件；如果不存在，则函数创建文件，如同 CreateDisposition 的值为 CREATE_NEW
TRUNCATE_EXISTING	打开文件。一旦打开，文件就被截断为大小为零。要求将参数 dwDesiredAccess 设置为 GENERIC_WRITE。如果文件不存在，则函数调用失败

表 11-8 列出了参数 dwFlagsAndAttributes 中比较常用的值（要获得完整列表，可在 Microsoft 在线文档中搜索 CreateFile）。允许任意属性组合，除了 FILE_ATTRIBUTE_NORMAL 会被其他所有文件属性覆盖。这些值能映射为 2 的幂，因此可以使用汇编时的 OR 运算符或 + 运算符将它们组合为一个参数：

```
FILE_ATTRIBUTE_HIDDEN OR FILE_ATTRIBUTE_READONLY
FILE_ATTRIBUTE_HIDDEN + FILE_ATTRIBUTE_READONLY
```

表 11-8 若干个 FlagsAndAttributes 的取值

属性	含义
FILE_ATTRIBUTE_ARCHIVE	文件应存档。应用程序使用这个属性标记文件以便备份或删除
FILE_ATTRIBUTE_HIDDEN	文件被隐藏。它就不包括在通常的目录列表中
FILE_ATTRIBUTE_NORMAL	文件没有设置其他属性。该属性只在单独使用时有效
FILE_ATTRIBUTE_READONLY	文件只读。应用程序可以读文件，但不能写或删除文件
FILE_ATTRIBUTE_TEMPORARY	文件正被用于临时存储

示例 下面的例子仅简单说明如何创建和打开文件。可参阅 `CreateFile` 的在线 Microsoft 文档来了解更多的可用选项：

- 以读（输入）方式打开已存在文件：

```
INVOKE CreateFile,
    ADDR filename,              ;指向文件名的指针
    GENERIC_READ,               ;从文件读
    DO_NOT_SHARE,               ;共享模式
    NULL,                       ;指向安全属性的指针
    OPEN_EXISTING,              ;打开已存在的文件
    FILE_ATTRIBUTE_NORMAL,      ;常规文件属性
    0                           ;未使用
```

- 以写（输出）方式打开已存在文件。一旦文件打开，就可以写入覆盖已有数据，或者通过将文件指针移到末尾来向文件添加新数据（参见 11.1.6 节的 SetFilePointer）：

```
INVOKE CreateFile,
    ADDR filename,
    GENERIC_WRITE,              ;向文件写
    DO_NOT_SHARE,
    NULL,
    OPEN_EXISTING,              ;文件必须存在
    FILE_ATTRIBUTE_NORMAL,
    0
```

- 创建一个有常规属性的新文件，并删除任何已存在的同名文件：

```
INVOKE CreateFile,
    ADDR filename,
    GENERIC_WRITE,              ;向文件写
    DO_NOT_SHARE,
    NULL,
```

```
        CREATE_ALWAYS,                      ;覆盖已存在的文件
        FILE_ATTRIBUTE_NORMAL,
        0
```

- 若文件不存在，则创建新文件；否则，以输出方式打开已有文件：

```
INVOKE CreateFile,
    ADDR filename,
    GENERIC_WRITE,                          ;向文件写
DO_NOT_SHARE,
NULL,
CREATE_NEW,                                 ;不删除已存在文件
FILE_ATTRIBUTE_NORMAL,
0
```

（常量 DO_NOT_SHARE 和 NULL 在头文件 SmallWin.inc 中定义，该文件自动包含在 Irvine32.inc 中。）

CloseHandle 函数

函数 CloseHandle 关闭已打开对象的句柄。其原型如下：

```
CloseHandle PROTO,
   hObject:HANDLE                           ;对象句柄
```

可以用 CloseHandle 关闭当前打开的文件句柄。如果函数调用失败，则返回值为零。

ReadFile 函数

函数 ReadFile 从输入文件中读取文本。其原型如下：

```
ReadFile PROTO,
    hFile:HANDLE,                           ;输入句柄
    lpBuffer:PTR BYTE,                      ;指向缓冲区的指针
    nNumberOfBytesToRead:DWORD,             ;要读取的字节数
    lpNumberOfBytesRead:PTR DWORD,          ;实际读取的字节数
    lpOverlapped:PTR DWORD                  ;指向异步信息的指针
```

参数 hFile 是由 CreateFile 返回的已打开文件的句柄；lpBuffer 指向的缓冲区接收从该文件读取的数据；nNumberOfBytesToRead 指定要从该文件读取的最大字节数；lpNumberOfBytesRead 指向的整数表示函数返回时实际读取的字节数；对于同步读（在这里使用），lpOverlapped 应设置为 NULL（0）。若函数调用失败，则返回值为零。

如果对同一个打开文件的句柄进行多次调用，则 ReadFile 会记住最后一次读取的位置，并从该位置开始读取。也就是说，它保持一个内部指针，指向文件内的当前位置。ReadFile 还可以运行在异步模式下，这意味着主调程序不用等到读操作完成。

WriteFile 函数

函数 WriteFile 使用输出句柄向文件写入数据。句柄可以是屏幕缓冲区句柄，也可以是分配给文本文件的句柄。函数从文件内部位置指针所指向的位置开始写数据。写操作完成后，文件位置指针按照实际写入的字节数进行调整。函数原型如下：

```
WriteFile PROTO,
    hFile:HANDLE,                           ;输出句柄
    lpBuffer:PTR BYTE,                      ;指向缓冲区的指针
    nNumberOfBytesToWrite:DWORD,            ;缓冲区大小
    lpNumberOfBytesWritten:PTR DWORD,       ;写入的字节数
    lpOverlapped:PTR DWORD                  ;指向异步信息的指针
```

hFile 是之前已打开文件的句柄；lpBuffer 指向的缓冲区存放写入文件的数据；nNumberOfBytetToWrite 指定向文件写入的字节数；lpNumberOfBytesWritten 指向的整数表示函数执

行后实际写入的字节数；对于同步操作，lpOverlapped 应设置为 NULL。若函数调用失败，则返回值为零。

SetFilePointer 函数

函数 SetFilePointer 移动已打开文件的位置指针。该函数可用于向文件添加数据，或是执行随机访问记录的处理：

```
SetFilePointer PROTO,
    hFile:HANDLE,                       ;文件句柄
    lpDistanceToMove:SDWORD,            ;指针移动的字节数
    lpDistanceToMoveHigh:PTR SDWORD,    ;指向移动的字节数，高位部分
    dwMoveMethod:DWORD                  ;起始点
```

若函数调用失败，则返回值为零。dwMoveMethod 指定文件指针移动的起始点，从 3 个预定义的符号中选择：FILE_BEGIN、FILE_CURRENT 和 FILE_END。移动距离本身为 64 位有符号整数值，分为两个部分：

- lpDistanceToMove：低 32 位
- lpDistanceToMoveHigh：指向变量的指针，该变量包含高 32 位

如果 lpDistanceToMoveHigh 为空，则只用 lpDistanceToMove 的值来移动文件指针。例如，下面的代码准备在文件的末尾进行添加：

```
INVOKE SetFilePointer,
    fileHandle,     ;文件句柄
    0,              ;距离的低位部分
    0,              ;距离的高位部分
    FILE_END        ;移动方法
```

参见程序 AppendFile.asm。

11.1.7 Irvine32 库中的文件 I/O

Irvine32 库包含了一些简化的文件输入/输出过程，在第 5 章已经介绍过。这些过程是对本章描述过的 Win32 API 函数的封装。下面的源代码列出了 CreateOutputFile、OpenFile、WriteToFile、ReadFromFile 及 CloseFile：

```
;------------------------------------------------------
CreateOutputFile PROC
;
;创建一个新文件，并以输出模式打开。
;接收：EDX 指向文件名。
;返回：如果文件创建成功，EAX 就包含一个有效的文件句柄。
;      否则，EAX 等于 INVALID_HANDLE_VALUE。
;------------------------------------------------------
    INVOKE CreateFile,
      edx, GENERIC_WRITE, DO_NOT_SHARE, NULL,
      CREATE_ALWAYS, FILE_ATTRIBUTE_NORMAL, 0
    ret
CreateOutputFile ENDP

;------------------------------------------------------
OpenFile PROC
;
;以输入方式打开一个新的文本文件。
;接收：EDX 指向文件名。
;返回：如果文件打开成功，EAX 就包含一个有效的文件句柄。
;      否则，EAX 等于 INVALID_HANDLE_VALUE。
;------------------------------------------------------
    INVOKE CreateFile,
```

```
        edx, GENERIC_READ, DO_NOT_SHARE, NULL,
        OPEN_EXISTING, FILE_ATTRIBUTE_NORMAL, 0
    ret
OpenFile ENDP

;--------------------------------------------------------
WriteToFile PROC
;
;将缓冲区写到一个输出文件。
;接收：EAX = 文件句柄，EDX = 缓冲区偏移量，ECX = 要写的字节数。
;返回：EAX = 写入文件的字节数。
;如果 EAX 返回的值小于用 ECX 传递的参数，则会发生错误。
;--------------------------------------------------------
.data
WriteToFile_1 DWORD ?               ;已写入的字节数
.code
    INVOKE WriteFile,               ;将缓冲区写到文件
        eax,                        ;文件句柄
        edx,                        ;缓冲区指针
        ecx,                        ;要写的字节数
        ADDR WriteToFile_1,         ;已写入的字节数
        0                           ;被覆盖执行标志
    mov eax,WriteToFile_1           ;返回值
    ret
WriteToFile ENDP

;--------------------------------------------------------
ReadFromFile PROC
;
;将一个输入文件读取到缓冲区。
;接收：EAX = 文件句柄，EDX = 缓冲区偏移量，ECX = 要读取的字节数。
;返回：如果 CF = 0，则 EAX = 已读取字节数；
;      如果 CF = 1，则 EAX 包含的是 Win32 API 函数 GetLastError 返回的系统错误码。
;--------------------------------------------------------
.data
ReadFromFile_1 DWORD ?              ;已读取的字节数
.code
    INVOKE ReadFile,
        eax,                        ;文件句柄
        edx,                        ;缓冲区指针
        ecx,                        ;要读取的最大字节数
        ADDR ReadFromFile_1,        ;已读取的字节数
        0                           ;被覆盖执行标志
    mov eax,ReadFromFile_1
    ret
ReadFromFile ENDP

;--------------------------------------------------------
CloseFile PROC
;
;使用句柄作为标识符来关闭文件。
;接收：EAX = 文件句柄
;返回：如果文件被成功关闭，则 EAX = 非零。
;--------------------------------------------------------

    INVOKE CloseHandle, eax
    ret
CloseFile ENDP
```

11.1.8 测试文件 I/O 过程

CreatFile 程序示例

下面的程序以输出模式创建一个文件，要求用户输入一些文本，将这些文本写到输出文

件，并报告已写入的字节数，然后关闭文件。在试图创建文件后，程序要检查是否有错误：

```
; 创建一个文件                  (CreateFile.asm)
    INCLUDE Irvine32.inc

BUFFER_SIZE = 501
.data
buffer BYTE BUFFER_SIZE DUP(?)
filename      BYTE "output.txt",0
fileHandle    HANDLE ?
stringLength DWORD ?
bytesWritten DWORD ?
str1 BYTE "Cannot create file",0dh,0ah,0
str2 BYTE "Bytes written to file [output.txt]:",0
str3 BYTE "Enter up to 500 characters and press"
     BYTE "[Enter]: ",0dh,0ah,0

.code
main PROC
; 创建一个新的文本文件。
    mov     edx,OFFSET filename
    call    CreateOutputFile
    mov     fileHandle,eax

; 检查错误。
    cmp     eax, INVALID_HANDLE_VALUE       ; 发现错误？
    jne     file_ok                         ; 否：跳过
    mov     edx,OFFSET str1                 ; 显示错误
    call    WriteString
    jmp     quit
file_ok:

; 要求用户输入一个字符串。
    mov     edx,OFFSET str3                 ; "Enter up to ...."
    call    WriteString
    mov     ecx,BUFFER_SIZE                 ; 输入字符串
    mov     edx,OFFSET buffer
    call    ReadString
    mov     stringLength,eax                ; 对输入字符计数

; 将缓冲区写到输出文件。
    mov     eax,fileHandle
    mov     edx,OFFSET buffer
    mov     ecx,stringLength
    call    WriteToFile
    mov     bytesWritten,eax                ; 保存返回值
    call    CloseFile

; 显示返回值。
    mov     edx,OFFSET str2                 ; "Bytes written"
    call    WriteString
    mov     eax,bytesWritten
    call    WriteDec
    call    Crlf

quit:
    exit
main ENDP
END main
```

ReadFile 程序示例

下面的程序以输入方式打开一个文件，将其内容读取到缓冲区，并显示该缓冲区。所有过程都从 Irvine32 库中调用：

```asm
;读一个文件                                    (ReadFile.asm)
;使用 Irvine32.lib 中的过程打开、读取及显示一个文本文件。

INCLUDE Irvine32.inc
INCLUDE macros.inc
BUFFER_SIZE = 5000
.data
buffer BYTE BUFFER_SIZE DUP(?)
filename    BYTE 80 DUP(0)
fileHandle  HANDLE ?

.code
main PROC
;让用户输入文件名。
    mWrite "Enter an input filename: "
    mov     edx,OFFSET filename
    mov     ecx,SIZEOF filename
    call    ReadString

;以输入方式打开文件。
    mov     edx,OFFSET filename
    call    OpenInputFile
    mov     fileHandle,eax

;检查错误。
    cmp     eax,INVALID_HANDLE_VALUE        ;打开文件错误?
    jne     file_ok                         ;否: 跳过
    mWrite <"Cannot open file",0dh,0ah>
    jmp     quit                            ;退出
file_ok:
;将文件读取到缓冲区。
    mov     edx,OFFSET buffer
    mov     ecx,BUFFER_SIZE
    call    ReadFromFile
    jnc     check_buffer_size               ;读取错误?
    mWrite "Error reading file. "           ;是: 显示错误消息
    call    WriteWindowsMsg
    jmp     close_file

check_buffer_size:
    cmp     eax,BUFFER_SIZE                 ;缓冲区足够大?
    jb      buf_size_ok                     ;是
    mWrite <"Error: Buffer too small for the file",0dh,0ah>
    jmp     quit                            ;退出

buf_size_ok:
    mov     buffer[eax],0                   ;插入空结束符
    mWrite "File size: "
    call    WriteDec                        ;显示文件大小
    call    Crlf

;显示缓冲区。
    mWrite <"Buffer:",0dh,0ah,0dh,0ah>
    mov     edx,OFFSET buffer
    call    WriteString                     ;显示缓冲区
    call    Crlf
close_file:
    mov     eax,fileHandle
    call    CloseFile

quit:
    exit
main ENDP
END main
```

如果文件不能打开，则程序报告错误：

```
Enter an input filename: crazy.txt
Cannot open file
```

如果程序不能从文件读取，则报告错误。例如，假设读取文件时使用了错误的文件句柄，就是程序中的一个错误：

```
Enter an input filename: infile.txt
Error reading file. Error 6: The handle is invalid.
```

缓冲区可能太小，无法容纳文件：

```
Enter an input filename: infile.txt
Error: Buffer too small for the file
```

11.1.9 控制台窗口操作

Win32 API 提供了对控制台窗口及其缓冲区的相当大的控制权。图 11-1 显示屏幕缓冲区可以大于控制台窗口当前显示的行数。控制台窗口就像是一个"视窗"，显示部分缓冲区。

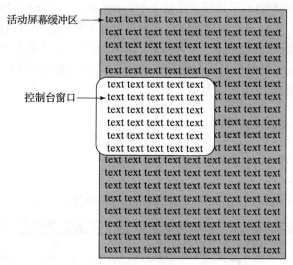

图 11-1　屏幕缓冲区和控制台窗口

下面几个函数影响控制台窗口及其相对于屏幕缓冲区的位置：

- `SetConsoleWindowInfo` 设置控制台窗口相对于屏幕缓冲区的大小和位置。
- `GetConsoleScreenBufferInfo` 返回（还有其他信息）控制台窗口相对于屏幕缓冲区的矩形坐标。
- `SetConsoleCursorPosition` 将光标设置在屏幕缓冲区内的任何位置；如果该区域不可见，则移动控制台窗口使光标可见。
- `ScrollConsoleScreenBuffer` 移动屏幕缓冲区中的一些或全部文本，这样就能影响控制台窗口显示的文本。

SetConsoleTitle

函数 `SetConsoleTitle` 可以改变控制台窗口的标题。示例如下：

```
.data
titleStr BYTE "Console title",0
```

```
.code
INVOKE SetConsoleTitle, ADDR titleStr
```

GetConsoleScreenBufferInfo

函数 GetConsoleScreenBufferInfo 返回控制台窗口的当前状态信息。它有两个参数：控制台屏幕的句柄和指向结构的指针，该结构由此函数填充：

```
GetConsoleScreenBufferInfo PROTO,
    hConsoleOutput:HANDLE,
    lpConsoleScreenBufferInfo:PTR CONSOLE_SCREEN_BUFFER_INFO
```

结构 CONSOLE_SCREEN_BUFFER_INFO 如下所示：

CONSOLE_SCREEN_BUFFER_INFO STRUCT

```
CONSOLE_SCREEN_BUFFER_INFO STRUCT
    dwSize                COORD <>
    dwCursorPosition      COORD <>
    wAttributes           WORD ?
    srWindow              SMALL_RECT <>
    dwMaximumWindowSize   COORD <>
CONSOLE_SCREEN_BUFFER_INFO ENDS
```

dwSize 按字符行列数返回屏幕缓冲区的大小。dwCursorPosition 返回光标位置。这两个字段都是 COORD 结构。wAttributes 返回字符的前景色和背景色，字符由诸如 WriteConsole 和 WriteFile 等函数写到控制台。srWindow 返回控制台窗口相对于屏幕缓冲区的坐标。drMaximumWindowSize 根据当前屏幕缓冲区的大小、字体和视频显示器的大小，返回控制台窗口的最大尺寸。函数的调用示例如下所示：

```
.data
consoleInfo CONSOLE_SCREEN_BUFFER_INFO <>
outHandle HANDLE ?
.code
INVOKE GetConsoleScreenBufferInfo, outHandle,
   ADDR consoleInfo
```

图 11-2 为 Microsoft Visual Studio 调试器展示的结构数据示例。

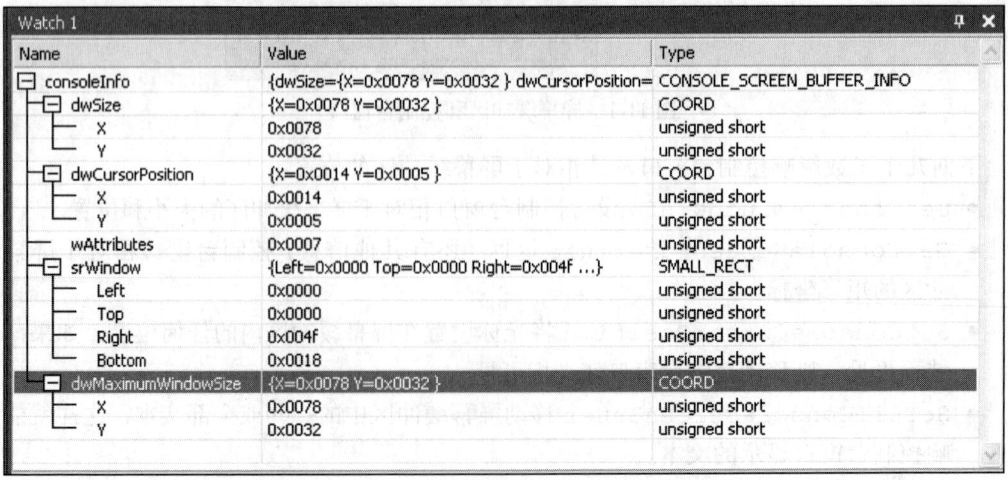

图 11-2　CONSOLE_SCREEN_BUFFER_INFO 结构

SetConsoleWindowInfo 函数

函数 SetConsoleWindowInfo 可以设置控制台窗口相对于其屏幕缓冲区的大小和位

置。函数原型如下:

```
SetConsoleWindowInfo PROTO,
    hConsoleOutput:HANDLE,           ;屏幕缓冲区句柄
    bAbsolute:DWORD,                 ;坐标类型
    lpConsoleWindow:PTR SMALL_RECT   ;指向窗口矩形的指针
```

bAbsolute 说明如何使用结构中由 lpConsoleWindow 指向的坐标。如果 bAbsolute 为真,则坐标就指定了控制台窗口新的左上角和右下角;如果 bAbsolute 为假,则该坐标就被加到当前窗口坐标。

下面的 Scroll.asm 程序向屏幕缓冲区写入 50 行文本,然后重新设置控制台窗口的大小和位置,并有效地向后滚动文本。该程序使用了函数 SetConsoleWindowInfo:

```
; 滚动控制台窗口                                      (Scroll.asm)
INCLUDE Irvine32.inc
.data
message BYTE ":  This line of text was written "
        BYTE "to the screen buffer",0dh,0ah
messageSize DWORD ($-message)

outHandle       HANDLE 0                  ;标准输出句柄
bytesWritten    DWORD ?                   ;已写入的字节数
lineNum         DWORD 0
windowRect      SMALL_RECT <0,0,60,11>    ;左、上、右和下
.code
main PROC
    INVOKE GetStdHandle, STD_OUTPUT_HANDLE
    mov outHandle,eax

.REPEAT
    mov    eax,lineNum
    call   WriteDec                ;显示每行编号
    INVOKE WriteConsole,
      outHandle,                   ;控制台输出句柄
      ADDR message,                ;指向字符串的指针
      messageSize,                 ;字符串长度
      ADDR bytesWritten,           ;返回已写入的字节数
      0                            ;未使用

    inc    lineNum                 ;下一行编号
.UNTIL lineNum > 50

; 重新设置控制台窗口相对于屏幕缓冲区的大小和位置。
    INVOKE SetConsoleWindowInfo,
      outHandle,
      TRUE,
      ADDR windowRect              ;窗口矩形

    call   Readchar                ;等待按键
    call   Clrscr                  ;清理屏幕缓冲区
    call   Readchar                ;等待第二次按键

    INVOKE ExitProcess,0
main ENDP
END main
```

最好能直接从命令提示符而不是集成编辑环境来运行该程序,否则,编辑器可能会影响控制台窗口的行为和外观。在程序结束时必须要按两次键:第一次清理屏幕缓冲区,第二次结束程序。

SetConsoleScreenBufferSize 函数

函数 SetConsoleScreenBufferSize 可以将屏幕缓冲区大小设置为 X 列 × Y 行。其原型如下：

```
SetConsoleScreenBufferSize PROTO,
    hConsoleOutput:HANDLE,      ; 屏幕缓冲区句柄
    dwSize:COORD                ; 新的屏幕缓冲区大小
```

11.1.10 控制光标

Win32 API 提供用于设置光标的大小、可见性和屏幕位置的函数。与这些函数相关的重要数据结构是 CONSOLE_CURSOR_INFO，其中包含控制台光标的大小和可见性信息：

```
CONSOLE_CURSOR_INFO STRUCT
    dwSize    DWORD ?
    bVisible  DWORD ?
CONSOLE_CURSOR_INFO ENDS
```

dwSize 是光标填充的字符单元的百分比（从 1 到 100）。如果光标是可见的，则 bVisible 等于 TRUE（1）。

GetConsoleCursorInfo 函数

函数 GetConsoleCursorInfo 返回控制台光标的大小和可见性，需向其传递指向结构 CONSOLE_CURSOR_INFO 的指针：

```
GetConsoleCursorInfo PROTO,
    hConsoleOutput:HANDLE,
    lpConsoleCursorInfo:PTR CONSOLE_CURSOR_INFO
```

默认情况下，光标大小为 25，这表明光标占据了 25% 的字符单元。

SetConsoleCursorInfo 函数

函数 SetConsoleCursorInfo 设置光标的大小和可见性，需向其传递指向结构 CONSOLE_CURSOR_INFO 的指针：

```
SetConsoleCursorInfo PROTO,
    hConsoleOutput:HANDLE,
    lpConsoleCursorInfo:PTR CONSOLE_CURSOR_INFO
```

SetConsoleCursorPosition

函数 SetConsoleCursorPosition 设置光标的 X、Y 位置，要向其传递一个 COORD 结构和控制台输出句柄：

```
SetConsoleCursorPosition PROTO,
    hConsoleOutput:DWORD,       ; 输入模式句柄
    dwCursorPosition:COORD      ; 屏幕 X、Y 坐标
```

11.1.11 控制文本颜色

控制台窗口中的文本颜色有两种控制方法。一种方法是通过调用 SetConsoleTextAttribute 来改变当前文本颜色，这种方法会影响向控制台输出的所有后续文本。另一种方法是通过调用 WriteConsoleOutputAttribute 来设置指定单元的属性。函数 GetConsoleScreenBufferInfo（参见 11.1.9 节）返回当前屏幕的颜色以及其他控制台信息。

SetConsoleTextAttribute 函数

函数 SetConsoleTextAttribute 可以为所有向控制台窗口输出的后续文本设置前

景色和背景色。原型如下：

```
SetConsoleTextAttribute PROTO,
    hConsoleOutput:HANDLE,          ;控制台输出句柄
    wAttributes:WORD                ;颜色属性
```

颜色值保存在 wAttributes 参数的低字节中。

WriteConsoleOutputAttribute 函数

函数 WriteConsoleOutputAttribute 从指定位置开始，向控制台屏幕缓冲区的连续单元复制一组属性值。原型如下：

```
WriteConsoleOutputAttribute PROTO,
    hConsoleOutput:DWORD,                   ;输出句柄
    lpAttribute:PTR WORD,                   ;写属性
    nLength:DWORD,                          ;单元数
    dwWriteCoord:COORD,                     ;第一个单元坐标
    lpNumberOfAttrsWritten:PTR DWORD        ;输出计数
```

lpAttribute 指向一个属性数组，其中每个成员的低字节都包含颜色值；nLength 为该数组的长度；dwWriteCoord 为接收属性的起始屏幕单元；lpNumberOfAttrsWritten 指向一个变量，其中存放已写入单元的数量。

示例：写文本颜色

为了演示颜色和属性的用法，程序 WriteColors.asm 创建了一个字符数组和一个属性数组，属性数组中的每一个元素都对应一个字符。程序调用 WriteConsoleOutputAttribute 将属性复制到屏幕缓冲区，调用 WriteConsoleOutputCharacter 将字符复制到相同的屏幕缓冲区单元：

```
; 写文本颜色                           (WriteColors.asm)
INCLUDE Irvine32.inc
.data
outHandle       HANDLE ?
cellsWritten    DWORD ?
xyPos COORD <10,2>

; 字符编号数组:
buffer BYTE 1,2,3,4,5,6,7,8,9,10,11,12,13,14,15
       BYTE 16,17,18,19,20
BufSize DWORD ($-buffer)

; 属性数组:
attributes WORD 0Fh,0Eh,0Dh,0Ch,0Bh,0Ah,9,8,7,6
           WORD 5,4,3,2,1,0F0h,0E0h,0D0h,0C0h,0B0h

.code
main PROC
; 获取控制台标准输出句柄:
    INVOKE GetStdHandle,STD_OUTPUT_HANDLE
    mov outHandle,eax

; 设置相邻单元的颜色:
    INVOKE WriteConsoleOutputAttribute,
      outHandle, ADDR attributes,
      BufSize, xyPos, ADDR cellsWritten

; 写编号1到20的字符码:
    INVOKE WriteConsoleOutputCharacter,
      outHandle, ADDR buffer, BufSize,
      xyPos, ADDR cellsWritten

    INVOKE ExitProcess,0            ; 结束程序
main ENDP
END main
```

图 11-3 显示了程序输出的快照,其中编号 1 到 20 的字符被显示为图形字符。虽然印刷页面为灰度显示,但每个字符都是不同的颜色。

图 11-3 WriteColors 程序的输出

11.1.12 时间和日期函数

Win32 API 有相当多的时间和日期函数可供选择。最常见的是,可以用这些函数来获得和设置当前的日期和时间。这里只能讨论这些函数的一小部分,在 Platform SDK 文档中可以查阅到表 11-9 列出的 Win32 函数。

表 11-9 Win32 的 DateTime 函数

函数	描述
CompareFileTime	比较两个 64 位的文件时间
DosDateTimeToFileTime	将 MS-DOS 日期和时间值转换为一个 64 位的文件时间
FileTimeToDosDateTime	将 64 位文件时间转换为 MS-DOS 日期和时间值
FileTimeToLocalFileTime	将 UTC(通用协调时间)文件时间转换为本地文件时间
FileTimeToSystemTime	将 64 位文件时间转换为系统时间格式
GetFileTime	获取文件创建、最后访问及最后修改的日期和时间
GetLocalTime	获取当前本地日期和时间
GetSystemTime	以 UTC 格式获取当前系统日期和时间
GetSystemTimeAdjustment	决定系统是否对其日时钟进行周期性时间调整
GetSystemTimeAsFileTime	以 UTC 格式获取当前系统日期和时间
GetTickCount	获取系统启动后经历的毫秒数
GetTimeZoneInformation	获取当前时区参数
LocalFileTimeToFileTime	将本地文件时间转换为基于 UTC 的文件时间
SetFileTime	设置文件创建、最后访问或最后修改的日期和时间
SetLocalTime	设置当前本地时间和日期
SetSystemTime	设置当前系统时间和日期
SetSystemTimeAdjustment	启用或禁用对系统日时钟的周期性时间调整
SetTimeZoneInformation	设置当前时区参数
SystemTimeToFileTime	将系统时间转换为文件时间
SystemTimeToTzSpecificLocalTime	将 UTC 时间转换为指定时区对应的本地时间

SYSTEMTIME 结构 SYSTEMTIME 结构由 Windows API 的日期和时间函数使用:

```
SYSTEMTIME STRUCT
    wYear WORD ?              ;年(4 个数字)
    wMonth WORD ?             ;月(1～12)
    wDayOfWeek WORD ?         ;星期(0～6)
    wDay WORD ?               ;日(1～31)
    wHour WORD ?              ;小时(0～23)
    wMinute WORD ?            ;分钟(0～59)
    wSecond WORD ?            ;秒(0～59)
```

```
        wMilliseconds WORD ?        ; 毫秒 ( 0 ～ 999 )
SYSTEMTIME ENDS
```

字段 wDayOfWeek 的值依序为星期天 =0，星期一 =1，以此类推。wMilliseconds 中的值不精确，因为系统可以通过与时钟源同步来周期性地刷新时间。

GetLocalTime 和 SetLocalTime

函数 GetLocalTime 根据系统时钟返回日期和当前时间，时间根据本地时区进行了调整。调用该函数时，要向其传递一个指针，该指针指向一个 SYSTEMTIME 结构：

```
GetLocalTime PROTO,
   lpSystemTime:PTR SYSTEMTIME
```

函数 GetLocalTime 的调用示例如下：

```
.data
sysTime SYSTEMTIME <>
.code
INVOKE GetLocalTime, ADDR sysTime
```

函数 SetLocalTime 设置系统的本地日期和时间。当调用它时，要向其传递一个指向 SYSTEMTIME 结构的指针，该结构包含期望的日期和时间：

```
SetLocalTime PROTO,
   lpSystemTime:PTR SYSTEMTIME
```

如果函数执行成功，则返回非零整数；如果失败，则返回零。

GetTickCount 函数

函数 GetTickCount 返回从系统启动开始所经历的毫秒数：

```
GetTickCount PROTO              ; EAX 中为返回值
```

由于返回值为一个双字，因此当系统连续运行 49.7 天后，时间将会回绕归零。可以使用这个函数监视一个循环经历的时间，并在达到某个时间限制时退出循环。

下面的程序 Timer.asm 测量两次调用 GetTickCount 之间所经历的时间。程序尝试验证计时器值没有回滚（超过 49.7 天）。类似的代码可以用于各种程序：

```
; 计算经历的时间                            (Timer.asm)
; 使用 Win32 的 GetTickCount 函数演示一个简单的秒表计时器。
INCLUDE Irvine32.inc
INCLUDE macros.inc

.data
startTime DWORD ?

.code
main PROC
    INVOKE GetTickCount         ; 获取起始节拍数
    mov    startTime,eax        ; 保存该数

    ; 创建一个无用的计算循环。
    mov    ecx,10000100h
L1: imul   ebx
    imul   ebx
    imul   ebx
    loop   L1

    INVOKE GetTickCount         ; 获取新的节拍数
    cmp    eax,startTime        ; 比起始节拍数小？
    jb     error                ; 时间回绕了
```

```
        sub     eax,startTime           ;获取经历的毫秒数
        call    WriteDec                ;显示经历的毫秒数
        mWrite <" milliseconds have elapsed",0dh,0ah>
        jmp     quit

error:
        mWrite "Error: GetTickCount invalid--system has"
        mWrite <"been active for more than 49.7 days",0dh,0ah>
quit:
        exit
main ENDP
END main
```

Sleep 函数

有时程序需要暂停或延迟一小段时间。虽然可以通过构造一个计算循环或忙循环以使处理器处于运行状态,但是不同处理器的循环执行时间不同。另外,忙循环还不必要地占用了处理器,减慢了同一时间其他正在执行的程序。Win32 函数 Sleep 则将当前正在执行的线程暂停指定的毫秒数:

```
Sleep PROTO,
    dwMilliseconds:DWORD
```

(由于汇编语言程序是单线程的,因此假设一个线程就等同于一个程序。)当线程休眠时,不会消耗处理器时间。

GetDateTime 过程

Irvine32 链接库中的过程 GetDateTime 以 100 纳秒为间隔,返回从 1601 年 1 月 1 日起经历的时间间隔数。这看起来有点奇怪,因为那个时候计算机还是未知的。对任何事件,Microsoft 都用这个值来跟踪文件日期和时间。当要为日期的算术运算准备系统日期/时间值时,Win32 SDK 建议采取如下步骤:

1. 调用函数(如 GetLocalTime)以填充 SYSTEMTIME 结构。
2. 调用函数 SystemTimeToFileTime,将 SYSTEMTIME 结构转换为 FILETIME 结构。
3. 将得到的 FILETIME 结构复制到 64 位四字。

FILETIME 结构将 64 位四字分割为两个双字:

```
FILETIME STRUCT
    loDateTime DWORD ?
    hiDateTime DWORD ?
FILETIME ENDS
```

下面的 GetDateTime 过程接收一个指针,指向 64 位四字变量,并以 Win32 FILETIME 格式将当前日期和时间保存到变量中:

```
;--------------------------------------------------
GetDateTime PROC,
    pStartTime:PTR QWORD
    LOCAL sysTime:SYSTEMTIME, flTime:FILETIME
;
; 以 64 位整数形式(按 Win32 FILETIME 格式)获取和保存当前的本地日期/时间。
;--------------------------------------------------
; 获取系统本地时间
    INVOKE GetLocalTime,
      ADDR sysTime

; 将 SYSTEMTIME 转换为 FILETIME
    INVOKE SystemTimeToFileTime,
      ADDR sysTime,
```

```
        ADDR flTime
; 将 FILETIME 复制到一个 64 位整数
    mov    esi,pStartTime
    mov    eax,flTime.loDateTime
    mov    DWORD PTR [esi],eax
    mov    eax,flTime.hiDateTime
    mov    DWORD PTR [esi+4],eax
    ret
GetDateTime ENDP
```

由于 FILETIME 是一个 64 位整数，因此可以使用 7.4 节中的扩展精度的算术运算技术来执行日期运算。

11.1.13　使用 64 位 Windows API

任何对 Windows API 的 32 位调用都可以重新编写为 64 位调用。只需要记住以下几个关键点：

1. 输入和输出句柄都是 64 位长的。

2. 在调用系统函数之前，主调程序必须保留至少 32 字节的影子空间，其方法是将堆栈指针（RSP）寄存器减去 32。这使得系统函数能利用这个空间保存 RCX、RDX、R8 及 R9 寄存器的临时副本。

3. 当调用系统函数时，RSP 应对齐到 16-字节地址边界（基本上，这就是指末位数字是 0 的任何十六进制地址）。幸运的是，Win64 API 似乎没有强制执行这个规则，而在应用程序中对堆栈对齐进行精确控制往往是困难的。

4. 在系统调用返回之后，主调程序必须恢复 RSP 的初始值，方法是将其加上函数调用前减去的数值。当从子例程调用 Win64 API 时，这一点至关重要，因为在执行 RET 指令时，ESP 最终必须指向子例程的返回地址。

5. 整数参数用 64 位寄存器传递。

6. 不允许使用 INVOKE。取而代之，前 4 个参数应该按照从左到右的顺序，依次放入这 4 个寄存器：RCX、RDX、R8 和 R9。其他参数则应压入运行时堆栈。

7. 系统函数用 RAX 返回 64 位整数值。

下面的代码行显示出如何从 Irvine64 链接库调用 64 位 GetStdHandle 函数：

```
.data
STD_OUTPUT_HANDLE EQU -11
consoleOutHandle QWORD ?
.code
sub  rsp,40                    ; 预留影子空间，并对齐 RSP
mov  rcx,STD_OUTPUT_HANDLE
call GetStdHandle
mov  consoleOutHandle,rax
add  rsp,40
```

一旦控制台输出句柄被初始化，就可以用下面的代码示例来说明如何调用 64 位 WriteConsoleA 函数。这里有 5 个参数：RCX（控制台句柄）、RDX（指向字符串的指针）、R8（字符串长度）、R9（指向 bytesWritten 变量的指针），以及最后一个虚拟零参数，要将其加到 RSP 上面的第 5 个堆栈位置上。

```
WriteString proc uses rcx rdx r8 r9
    sub   rsp, (5 * 8)         ; 为 5 个参数预留空间
```

```
            movr    cx,rdx
            call    Str_length          ;在 EAX 中返回字符串长度
            mov     rcx,consoleOutHandle
            mov     rdx,rdx             ;字符串指针
            mov     r8, rax             ;字符串长度
            lea     r9,bytesWritten
            mov     qword ptr [rsp + 4 * SIZEOF QWORD],0 ;(总是 0)
            call    WriteConsoleA
            add     rsp,(5 * 8)         ;恢复 RSP
            ret
WriteString ENDP
```

11.1.14 本节回顾

1. 判断真假：链接器命令行选项 /SUBSYSTEM:CONSOLE 指定目标程序要运行于 Win32 控制台窗口。
   a. 真　　　　　　　　b. 假
2. 判断真假：函数 ReadConsole 从输入缓冲区读取鼠标信息。
   a. 真　　　　　　　　b. 假
3. 判断真假：当用户调整了控制台窗口大小时，Win32 控制台输入函数不能检测到。
   a. 真　　　　　　　　b. 假
4. 判断真假：以 W 结尾的函数（如 WriteConsoleW）被设计成只能从图形窗口应用程序来调用。
   a. 真　　　　　　　　b. 假
5. 判断真假：Irvine32 中的过程 GetDateTime 返回从 1601 年 1 月 1 日开始经历的间隔数，每个间隔为 100 纳秒。
   a. 真　　　　　　　　b. 假
6. 判断真假：在调用 64 位 Windows 系统函数之前，主调程序必须预留至少 32 个字节的影子空间，方法是将堆栈指针（RSP）寄存器减去 32。
   a. 真　　　　　　　　b. 假
7. 判断真假：当调用 64 位系统函数时，应该使用 INVOKE 伪指令。
   a. 真　　　　　　　　b. 假

11.2 编写图形化的 Windows 应用程序

本节将展示如何为 32 位 Microsoft Windows 编写简单的图形化应用程序。该程序创建并显示一个主窗口，显示消息框，并响应鼠标事件。本节给出的内容仅是一个简介，因为即使是最简单的 Windows 应用程序也需要至少一整章的篇幅来描述其工作。如果想要了解更多的信息，可参阅 Platform SDK 文档。另一个极好的文献来源是 Charles Petzold 撰写的书籍 *Programming Windows*。

表 11-10 列出了编写该程序时使用的各种链接库和头文件。利用本书 Examples\Ch11\WinApp 文件夹中的 Visual Studio 项目文件来建立和运行该程序。

表 11-10　建立 WinApp 程序时需要的文件

文件名	描述
WinApp.asm	程序源代码
GraphWin.inc	头文件，包含了该程序要使用的结构、常量和函数原型
kernel32.lib	即本章前面使用的 MS-Windows API 链接库
user32.lib	其他 MS-Windows API 函数

/SUBSYSTEM:WINDOWS 代替了前面章节中使用的 /SUBSYSTEM:CONSOLE。程序

从 kernel32.lib 和 user32.lib 这两个标准 MS-Windows 链接库中调用函数。

主窗口　该程序显示一个全屏主窗口。为了让窗口适合打印页面，这里缩小了它的尺寸（图 11-4）。

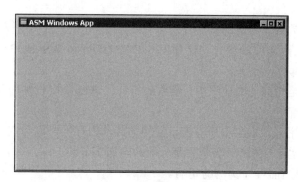

图 11-4　WinApp 程序的主启动窗口

11.2.1　必要的结构

结构 POINT 以像素为单位，定义屏幕上一个点的 X 坐标和 Y 坐标。它可以用于定位图形对象、窗口和鼠标点击：

```
POINT STRUCT
    ptX     DWORD ?
    ptY     DWORD ?
POINT ENDS
```

结构 RECT 定义矩形边界。成员 left 包含了矩形左边的 X 坐标，成员 top 包含了矩形上边的 Y 坐标。成员 right 和 bottom 存放了矩形类似的值：

```
RECT STRUCT
    left      DWORD ?
    top       DWORD ?
    right     DWORD ?
    bottom    DWORD ?
RECT ENDS
```

结构 MSGStruct 定义 MS-Windows 消息所需要的数据：

```
MSGStruct STRUCT
    msgWnd       DWORD ?
    msgMessage   DWORD ?
    msgWparam    DWORD ?
    msgLparam    DWORD ?
    msgTime      DWORD ?
    msgPt        POINT <>
MSGStruct ENDS
```

结构 WNDCLASS 定义了窗口类。程序中的每个窗口都必须属于一个类，并且每个程序都必须为其主窗口定义一个窗口类。在主窗口可以显示之前，这个类被注册到操作系统：

```
WNDCLASS STRUC
    style          DWORD ?         ;窗口风格选项
    lpfnWndProc    DWORD ?         ;指向 WinProc 函数的指针
    cbClsExtra     DWORD ?         ;共享内存
    cbWndExtra     DWORD ?         ;附加字节数
    hInstance      DWORD ?         ;当前程序句柄
    hIcon          DWORD ?         ;图标句柄
```

```
    hCursor         DWORD  ?        ;光标句柄
    hbrBackground   DWORD  ?        ;背景刷句柄
    lpszMenuName    DWORD  ?        ;指向菜单名的指针
    lpszClassName   DWORD  ?        ;指向 WinClass 名的指针
WNDCLASS ENDS
```

下面是对上述参数的简要总结：

- style 是不同风格选项的集合，比如 WS_CAPTION 和 WS_BORDER，用于控制窗口的外观和行为。
- lpfnWndProc 是指向（本程序中）函数的指针，该函数接收并处理由用户触发的事件消息。
- cbClsExtra 引用一个由类中所有窗口使用的共享内存。可以为空。
- cbWndExtra 指定了在窗口实例后要分配的附加字节数。
- hInstance 存放当前程序实例的句柄。
- hIcon 和 hCursor 存放当前程序的图标资源和光标资源的句柄。
- hbrBackground 存放背景（颜色）刷的句柄。
- lpszMenuName 指向一个菜单名。
- lpszClassName 指向一个以空结束的字符串，该字符串包含了窗口的类名。

11.2.2 MessageBox 函数

对程序而言，显示文本最容易的方法是将文本放入弹出的消息框中，并等待用户点击按钮。Win32 API 链接库的 MessageBox 函数能显示一个简单的消息框。其原型如下所示：

```
MessageBox PROTO,
    hWnd:DWORD,
    lpText:PTR BYTE,
    lpCaption:PTR BYTE,
    uType:DWORD
```

hWnd 是当前窗口的句柄。lpText 指向一个以空结束的字符串，该字符串将显示在消息框中。lpCaption 指向一个以空结束的字符串，该字符串将显示在消息框的标题栏中。uType 是一个整数，用于描述对话框的图标（可选）和按钮（必有）。按钮由常量标识，如 MB_OK 和 MB_YESNO。图标也由常量标识，如 MB_ICONQUESTION。当显示消息框时，可以一起添加图标常数和按钮常数：

```
INVOKE MessageBox, hWnd, ADDR QuestionText,
    ADDR QuestionTitle, MB_OK + MB_ICONQUESTION
```

11.2.3 WinMain 过程

每个 Windows 应用程序都需要一个启动过程，通常将其命名为 WinMain，该过程负责下述任务：

- 获取当前程序的句柄。
- 加载程序的图标和鼠标光标。
- 注册程序的主窗口类，并标识处理该窗口事件消息的过程。
- 创建主窗口。
- 显示并更新主窗口。
- 开始接收和发送消息的循环。该循环持续进行，直到用户关闭应用程序窗口。

WinMain 包含一个名为 `GetMessage` 的消息处理循环，其功能是从程序的消息队列中取出下一条可用消息。如果 GetMessage 取出的消息是 WM_QUIT，则返回零，即通知 WinMain 暂停程序。对于所有其他消息，WinMain 将它们传递给 `DispatchMessage` 函数，该函数再将这些消息传递给程序的 WinProc 过程。若想进一步了解有关消息的问题，可在 Platform SDK 文档中搜索 Windows Messages。

11.2.4 WinProc 过程

`WinProc` 过程接收并处理所有与窗口有关的事件消息。大多数事件是由用户通过点击和拖动鼠标、按下键盘按键等操作发起的。该过程的工作就是解码每个消息，如果消息被识别，就执行与该消息相关的面向应用的任务。过程的声明如下：

```
WinProc PROC,
    hWnd:DWORD,              ; 窗口句柄
    localMsg:DWORD,          ; 消息 ID
    wParam:DWORD,            ; 参数 1（可变）
    lParam:DWORD             ; 参数 2（可变）
```

根据具体的消息 ID，第三个和第四个参数的内容可变。例如，当点击鼠标时，lParam 就包含了点击位置的 *X* 坐标和 *Y* 坐标。在后面的示例程序中，`WinProc` 过程处理三种特定的消息：

- WM_LBUTTONDOWN，当用户按下鼠标左键时产生该消息
- WM_CREATE，表示刚刚创建主窗口
- WM_CLOSE，表示就要关闭应用程序主窗口

例如，下面的代码行（摘自过程 WinProc）通过调用 `MessageBox` 向用户显示一个弹出消息来处理 WM_LBUTTONDOWN 消息：

```
.IF eax == WM_LBUTTONDOWN
  INVOKE MessageBox, hWnd, ADDR PopupText,
    ADDR PopupTitle, MB_OK
  jmp WinProcExit
```

用户看到的结果消息如图 11-5 所示。任何其他不希望处理的消息都被传递给 `DefWindowProc`，它是 MS-Windows 默认的消息处理程序。

图 11-5　WinApp 程序的弹出窗口

11.2.5 ErrorHandler 过程

过程 `ErrorHandler` 是可选的，如果在注册和创建程序主窗口的过程中系统报错，则调用该过程。例如，如果成功注册了程序主窗口，则函数 RegisterClass 返回非零值。但是，如果该函数返回值为零，就调用 ErrorHandler（显示一条消息）并退出程序：

```
INVOKE RegisterClass, ADDR MainWin
.IF eax == 0
  call ErrorHandler
  jmp Exit_Program
.ENDIF
```

过程 `ErrorHandler` 要执行几个重要任务：

- 调用 `GetLastError` 取得系统错误号。
- 调用 `FormatMessage` 取得合适的系统格式化的错误消息字符串。
- 调用 `MessageBox` 显示包含错误消息字符串的弹出消息框。

- 调用 LocalFree 释放错误消息字符串使用的内存空间。

11.2.6 程序清单

不要担心这个程序的长度,其中的大部分代码在任何 MS-Windows 应用程序中都是一样的:

```
; Windows 应用程序                    (WinApp.asm)
; 本程序显示一个可调整大小的应用程序窗口和几个弹出消息框。
; 特别感谢 Tom Joyce 提供了本程序的第一个版本。
.386
.model flat,STDCALL
INCLUDE GraphWin.inc

;===================== DATA =========================
.data
AppLoadMsgTitle BYTE "Application Loaded",0
AppLoadMsgText  BYTE "This window displays when the WM_CREATE "
                BYTE "message is received",0

PopupTitle  BYTE "Popup Window",0
PopupText   BYTE "This window was activated by a "
            BYTE "WM_LBUTTONDOWN message",0

GreetTitle  BYTE "Main Window Active",0
GreetText   BYTE "This window is shown immediately after "
            BYTE "CreateWindow and UpdateWindow are called.",0

CloseMsg    BYTE "WM_CLOSE message received",0

ErrorTitle  BYTE "Error",0
WindowName  BYTE "ASM Windows App",0
className   BYTE "ASMWin",0

; 定义应用程序的窗口类结构。
MainWin WNDCLASS <NULL,WinProc,NULL,NULL,NULL,NULL,NULL, \
    COLOR_WINDOW,NULL,className>

msg        MSGStruct <>
winRect    RECT <>
hMainWnd   DWORD ?
hInstance  DWORD ?

;===================== CODE =========================
.code
WinMain PROC

; 获取当前进程的句柄。
    INVOKE GetModuleHandle, NULL
    mov    hInstance, eax
    mov    MainWin.hInstance, eax

; 加载程序的图标和光标。
    INVOKE LoadIcon, NULL, IDI_APPLICATION
    mov    MainWin.hIcon, eax
    INVOKE LoadCursor, NULL, IDC_ARROW
    mov    MainWin.hCursor, eax

; 注册窗口类。
    INVOKE RegisterClass, ADDR MainWin
    .IF eax == 0
      call ErrorHandler
      jmp Exit_Program
    .ENDIF
```

```
; 创建应用程序的主窗口。
    INVOKE CreateWindowEx, 0, ADDR className,
      ADDR WindowName,MAIN_WINDOW_STYLE,
      CW_USEDEFAULT,CW_USEDEFAULT,CW_USEDEFAULT,
      CW_USEDEFAULT,NULL,NULL,hInstance,NULL

; 如果 CreateWindowEx 失败，则显示一个消息并退出。
    .IF eax == 0
      call ErrorHandler
      jmp  Exit_Program
    .ENDIF

; 保存窗口句柄，并显示和绘制窗口。
    mov hMainWnd,eax
    INVOKE ShowWindow, hMainWnd, SW_SHOW
    INVOKE UpdateWindow, hMainWnd

; 显示欢迎消息。
    INVOKE MessageBox, hMainWnd, ADDR GreetText,
      ADDR GreetTitle, MB_OK

; 开始程序的连续消息处理循环。
Message_Loop:
    ; 从队列中取出下一条消息。
    INVOKE GetMessage, ADDR msg, NULL,NULL,NULL

    ; 如果已无消息，则退出。
    .IF eax == 0
      jmp Exit_Program
    .ENDIF
    ; 将消息转发给程序的 WinProc。
    INVOKE DispatchMessage, ADDR msg
    jmp Message_Loop

Exit_Program:
    INVOKE ExitProcess,0
WinMain ENDP
```

在前面的循环中，msg 结构被传递给函数 GetMessage。该函数对结构进行填充，然后再把它传递给 MS-Windows 的函数 DispatchMessage。

```
;---------------------------------------------------
WinProc PROC,
    hWnd:DWORD, localMsg:DWORD, wParam:DWORD, lParam:DWORD
;
; 应用程序的消息处理程序，处理应用程序特定的消息。
; 所有其他的消息都发送给默认的 Windows 消息处理程序。
;---------------------------------------------------
    mov eax, localMsg

    .IF eax == WM_LBUTTONDOWN            ; 鼠标按钮？
      INVOKE MessageBox, hWnd, ADDR PopupText,
        ADDR PopupTitle, MB_OK
      jmp WinProcExit
    .ELSEIF eax == WM_CREATE             ; 创建窗口？
      INVOKE MessageBox, hWnd, ADDR AppLoadMsgText,
        ADDR AppLoadMsgTitle, MB_OK
      jmp WinProcExit
    .ELSEIF eax == WM_CLOSE              ; 关闭窗口？
      INVOKE MessageBox, hWnd, ADDR CloseMsg,
        ADDR WindowName, MB_OK
      INVOKE PostQuitMessage,0
      jmp WinProcExit
    .ELSE                                ; 其他消息？
```

```
        INVOKE DefWindowProc, hWnd, localMsg, wParam, lParam
        jmp WinProcExit
    .ENDIF

WinProcExit:
    ret
WinProc ENDP

;----------------------------------------------------
ErrorHandler PROC
; 显示合适的系统错误消息。
;----------------------------------------------------
.data
pErrorMsg  DWORD ?                  ; 指向错误消息的指针
messageID  DWORD ?
.code
    INVOKE GetLastError              ; 用 EAX 返回消息 ID
    mov    messageID,eax

    ; 获取相应的消息字符串。
    INVOKE FormatMessage, FORMAT_MESSAGE_ALLOCATE_BUFFER + \
      FORMAT_MESSAGE_FROM_SYSTEM,NULL,messageID,NULL,
      ADDR pErrorMsg,NULL,NULL

    ; 显示错误消息。
    INVOKE MessageBox,NULL, pErrorMsg, ADDR ErrorTitle,
      MB_ICONERROR+MB_OK

    ; 释放错误消息字符串。
    INVOKE LocalFree, pErrorMsg
    ret
ErrorHandler ENDP
END WinMain
```

运行程序

当第一次加载程序时，显示如下消息框：

当用户点击 OK 来关闭 Application Loaded 消息框时，则显示另一个消息框：

当用户关闭 Main Window Active 消息框时，就会显示程序的主窗口：

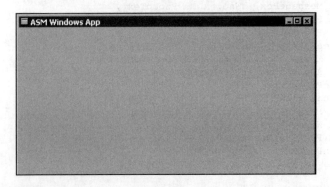

当用户在主窗口内的任何位置点击鼠标时，显示如下消息框：

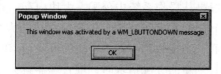

当用户关闭该消息框，然后点击主窗口右上角上的 X 时，则在窗口关闭之前会显示如下消息：

当用户关闭该消息框后，程序结束。

11.2.7 本节回顾

1. 判断真假：结构 POINT 包含两个字段：ptX 和 ptY，用来描述屏幕上一个点的 X 坐标和 Y 坐标（以像素数计）。
   a. 真   b. 假
2. 判断真假：结构 WNDCLASS 不包含当前程序实例的句柄。
   a. 真   b. 假
3. 判断真假：在图形 MS-Windows 应用程序中，程序中的每个窗口必须属于一个类，而且每个程序必须为其主窗口定义一个窗口类。
   a. 真   b. 假
4. 判断真假：每个在 MS-Windows 下开始运行的程序都必须创建一个随机生成的整数（称为句柄），并在程序被加载到内存时将该句柄传递给操作系统。
   a. 真   b. 假
5. 判断真假：lpfnMessages 是指向应用程序中某函数的指针，用于接收和处理用户触发的事件消息。
   a. 真   b. 假
6. 判断真假：结构 WNDCLASS 中的 style 字段是像 WS_CAPTION 和 WS_BORDER 这样的不同风格选项的组合，该字段控制窗口的外观和行为。
   a. 真   b. 假
7. 在图形 MS-Windows 应用程序中，定义了窗口类的结构名是什么？
   a. WNDCLASS   b. WINDSTRUCT   c. WINDOW   d. CLS_WINDOW

11.3 动态内存分配

动态内存分配（dynamic memory allocation），也称为堆分配（heap allocation），是编程语言使用的一种技术，用于在创建对象、数组及其他结构时预留内存。例如，在 Java 语言中，像下面的语句就会为 String 对象保留内存：

```
String str = new String("abcde");
```

类似地，在 C++ 中，使用变量的大小属性就可以为整数数组分配空间：

```
int size;
cin >> size;                    // 用户输入大小
int array[] = new int[size];
```

C、C++ 和 Java 都有内置的运行时堆管理器来处理程序请求的存储空间的分配和释放。当程序启动时，堆管理器一般是从操作系统中分配一大块内存，并为存储块指针创建空闲列表（free list）。当接收到一个分配请求时，堆管理器就将适当大小的内存块标记为已预留，并返回指向该块的指针。之后，当接收到对同一个块的删除请求时，堆就释放该内存块，将其归还到空闲列表。每次接收到新的分配请求时，堆管理器就会扫描该空闲列表，寻找第一个容量足够大的可用内存块来响应该请求。

汇编语言程序有两种方式进行动态分配。方法一，可以进行系统调用从操作系统获得内存块。方法二，可以实现自己的堆管理器来服务对较小对象的请求。本节展示了如何实现第一种方法。示例程序是一个 32 位保护模式下的应用程序。

使用表 11-11 中列出的几个 Win32 API 函数就可以从 Windows 中请求多个不同大小的内存块。所有这些函数都会覆盖通用寄存器，因此程序可能需要创建封装过程来压入和弹出重要的寄存器。要想了解更多关于存储管理的内容，可在 Microsoft 在线文档中搜索 Memory Management Reference。

表 11-11　与堆相关的函数

函数	描述
GetProcessHeap	用 EAX 返回程序现存堆区域的 32 位整数句柄。如果函数成功，则在 EAX 中返回堆句柄。如果函数失败，则在 EAX 中的返回值为 NULL
HeapAlloc	从堆中分配一块内存。如果成功，则在 EAX 中的返回值就是内存块的地址。如果失败，则在 EAX 中的返回值为 NULL
HeapCreate	创建一个新的堆，并使其对主调程序可用。如果函数成功，则在 EAX 中返回新创建堆的句柄。如果失败，则在 EAX 中的返回值为 NULL
HeapDestroy	销毁指定的堆对象，并使其句柄无效。如果函数成功，则在 EAX 中的返回值为非零
HeapFree	释放之前从堆中分配的内存块，该内存块由其地址和堆句柄标识。如果内存块释放成功，则返回值为非零
HeapReAlloc	对堆中的内存块进行再分配和调整大小。如果函数成功，则返回值为指向再分配内存块的指针。如果函数失败，且没有指定 HEAP_GENERATE_EXCEPTIONS，则返回值为 NULL
HeapSize	返回之前通过调用 HeapAlloc 或 HeapReAlloc 分配的内存块的大小。如果函数成功，则 EAX 包含被分配内存块的大小，以字节数计。如果函数失败，则返回值为 SIZE_T-1（SIZE_T 等于指针能指向的最大字节数）

GetProcessHeap　如果满足于使用当前程序的默认堆，则 GetProcessHeap 就足够了。该函数没有参数，EAX 中的返回值就是堆句柄：

```
GetProcessHeap PROTO
```

调用示例：

```
.data
hHeap HANDLE ?
.code
INVOKE GetProcessHeap
.IF eax == NULL                  ; 不能获取句柄
   jmp quit
.ELSE
   mov     hHeap,eax             ; 句柄 OK
.ENDIF
```

HeapCreate　HeapCreate 能为当前程序创建一个新的私有堆：

```
HeapCreate PROTO,
```

```
       flOptions:DWORD,              ; 堆分配选项
       dwInitialSize:DWORD,          ; 初始堆大小,以字节数计
       dwMaximumSize:DWORD           ; 最大堆大小,以字节数计
```

将 flOptions 设置为 NULL。将 dwInitialSize 设置为以字节数计的初始堆大小,该值向上取到下一页的边界。当对 HeapAlloc 的调用超过了初始堆大小时,则堆最大可以扩展到 dwMaximumSize 参数指定值的大小(向上取到下一页的边界)。调用后,若 EAX 中的返回值为空就表示堆未创建成功。HeapCreate 的调用示例如下:

```
HEAP_START =    2000000             ; 2 MB
HEAP_MAX   =  400000000             ; 400 MB
.data
hHeap HANDLE ?                      ; 堆句柄
.code
INVOKE HeapCreate, 0, HEAP_START, HEAP_MAX
.IF eax == NULL                     ; 堆未创建成功
  call  WriteWindowsMsg             ; 显示错误消息
  jmp   quit
.ELSE
  mov   hHeap,eax                   ; 句柄 OK
.ENDIF
```

HeapDestroy   HeapDestroy 销毁一个已存在的私有堆(由 HeapCreate 创建)。需向其传递堆句柄:

```
HeapDestroy PROTO,
     hHeap:DWORD                    ; 堆句柄
```

如果堆销毁失败,则 EAX 等于 NULL。下面为调用示例,其中使用了 11.1.4 节描述的 WriteWindowsMsg 过程:

```
.data
hHeap HANDLE ?                      ; 堆句柄
.code
INVOKE HeapDestroy, hHeap
.IF eax == NULL
  call WriteWindowsMsg              ; 显示错误消息
.ENDIF
```

HeapAlloc   HeapAlloc 从已存在的堆中分配一个内存块:

```
HeapAlloc PROTO,
     hHeap:HANDLE,                  ; 现有堆内存块的句柄
     dwFlags:DWORD,                 ; 堆分配控制标志
     dwBytes:DWORD                  ; 要分配的字节数
```

要传递下述参数:

- hHeap,一个 32 位堆句柄,该堆由 GetProcessHeap 或 HeapCreate 初始化。
- dwFlags,一个双字,包含了一个或多个标志值。可选择将其设置为 HEAP_ZERO_MEMORY,即将内存块设置为全零。
- dwBytes,一个双字,表示堆分配的大小,以字节数计。

如果 HeapAlloc 成功,则 EAX 就包含指向新存储区的指针;如果失败,则 EAX 中的返回值为 NULL。下面的代码从以 hHeap 标识的堆中分配了一个 1000 字节的数组,并将数组初始化为全零:

```
.data
hHeap HANDLE ?                      ; 堆句柄
```

```
        pArray DWORD ?                          ;指向数组的指针
        .code
        INVOKE HeapAlloc, hHeap, HEAP_ZERO_MEMORY, 1000
        .IF eax == NULL
          mWrite "HeapAlloc failed"
          jmp    quit
        .ELSE
          mov    pArray,eax
        .ENDIF
```

HeapFree 函数 HeapFree 释放之前从堆中分配的内存块,该内存块由其地址和堆句柄标识:

```
HeapFree PROTO,
    hHeap:HANDLE,
    dwFlags:DWORD,
    lpMem:DWORD
```

第一个参数是包含该内存块的堆句柄,第二个参数通常为零,第三个参数是指向将被释放的内存块的指针。如果内存块释放成功,则返回值为非零;如果该块不能被释放,则函数返回零。调用示例如下:

```
INVOKE HeapFree, hHeap, 0, pArray
```

Error Handling 若在调用 HeapCreate、HeapDestroy 或 GetProcessHeap 时遇到错误,可以通过调用 API 函数 GetLastError 来获得详细信息。或者,也可以调用 Irvine32 链接库的函数 WriteWindowsMsg。HeapCreate 的调用示例如下:

```
        INVOKE HeapCreate, 0,HEAP_START, HEAP_MAX
        .IF eax == NULL                          ;失败?
          call   WriteWindowsMsg                 ;显示错误消息
        .ELSE
          mov    hHeap,eax                       ;成功
        .ENDIF
```

而另一方面,函数 HeapAlloc 在失败时不会设置系统错误码,因此就无法调用 GetLastError 或 WriteWindowsMsg。

11.3.1 HeapTest 程序

下面的示例程序(Heaptest1.asm)采用动态内存分配来创建并填充一个 1000 个字节的数组:

```
; 堆测试 #1                                      (Heaptest1.asm)
INCLUDE Irvine32.inc
; 本程序采用动态内存分配方法
; 来分配和填充一个字节数组。

.data
ARRAY_SIZE = 1000
FILL_VAL EQU 0FFh
hHeap   HANDLE ?                                 ;进程堆句柄
pArray  DWORD ?                                  ;指向内存块的指针
newHeap DWORD ?                                  ;新堆句柄
str1 BYTE "Heap size is: ",0

.code
main PROC
```

```
        INVOKE  GetProcessHeap          ; 获取程序堆句柄
        .IF eax == NULL                 ; 如果失败，显示消息
        call    WriteWindowsMsg
        jmp     quit
        .ELSE
        mov     hHeap,eax               ; 成功
        .ENDIF

        call    allocate_array
        jnc     arrayOk                 ; 失败 (CF = 1)？
        call    WriteWindowsMsg
        call    Crlf
        jmp     quit
arrayOk:                                ; ok，填充数组
        call    fill_array
        call    display_array
        call    Crlf

        ; 释放数组
        INVOKE  HeapFree, hHeap, 0, pArray
quit:
        exit
main ENDP

;------------------------------------------------------------
allocate_array PROC USES eax
;
; 为数组动态分配空间。
; 接收：EAX = 程序堆句柄
; 返回：如果内存分配成功，则 CF = 0。
;------------------------------------------------------------
        INVOKE  HeapAlloc, hHeap, HEAP_ZERO_MEMORY, ARRAY_SIZE
        .IF eax == NULL
          stc                           ; 返回，且 CF = 1
        .ELSE
          mov   pArray,eax              ; 保存指针
          clc                           ; 返回，且 CF = 0
        .ENDIF

        ret
allocate_array ENDP
;------------------------------------------------------------
fill_array PROC USES ecx edx esi
;
; 用单个字符填充所有数组位置。
; 接收：无
; 返回：无
;------------------------------------------------------------
        mov     ecx,ARRAY_SIZE          ; 循环计数器
        mov     esi,pArray              ; 指向数组
L1:     mov     BYTE PTR [esi],FILL_VAL ; 填充每个字节
        inc     esi                     ; 下一个位置
        loop    L1

        ret
fill_array ENDP

;------------------------------------------------------------
display_array PROC USES eax ebx ecx esi
;
; 显示数组
; 接收：无
; 返回：无
```

```
;------------------------------------------------------------
    mov     ecx,ARRAY_SIZE              ;循环计数器
    mov     esi,pArray                  ;指向数组
L1: mov     al,[esi]                    ;取一个字节
    mov     ebx,TYPE BYTE
    call    WriteHexB                   ;显示该字节
    inc     esi                         ;下一个位置
    loop    L1

    ret
display_array ENDP

END main
```

下面的示例 (Heaptest2.asm) 采用动态内存分配来重复分配大块内存，直到超过堆大小。

```
; 堆测试 #2                              (Heaptest2.asm)
INCLUDE Irvine32.inc

.data
HEAP_START =    2000000                 ;   2 MByte
HEAP_MAX   =  400000000                 ; 400 MByte
BLOCK_SIZE =     500000                 ;  .5 MByte

hHeap HANDLE ?                          ;堆句柄
pData DWORD  ?                          ;指向块的指针

str1 BYTE 0dh,0ah,"Memory allocation failed",0dh,0ah,0
.code
main PROC
    INVOKE HeapCreate, 0,HEAP_START, HEAP_MAX

    .IF eax == NULL                     ;失败?
    call    WriteWindowsMsg
    call    Crlf
    jmp     quit
    .ELSE
    mov     hHeap,eax                   ;成功
    .ENDIF

    mov     ecx,2000                    ;循环计数器
L1  call    allocate_block              ;分配一个块
    .IF Carry?                          ;失败?
    mov     edx,OFFSET str1             ;显示消息
    call    WriteString
    jmp     quit
    .ELSE                               ;否：打印一个点来显示进度
    mov     al,'.'
    call    WriteChar
    .ENDIF

    ;call free_block                    ;启用/禁用该行
    loop    L1

quit:
    INVOKE HeapDestroy, hHeap           ;销毁堆
    .IF eax == NULL                     ;失败?
    call    WriteWindowsMsg             ;是：错误消息
    call    Crlf
    .ENDIF

    exit
main ENDP

allocate_block PROC USES ecx
    ;分配一个块并用全零填充。
```

```
        INVOKE HeapAlloc, hHeap, HEAP_ZERO_MEMORY, BLOCK_SIZE
        .IF eax == NULL
            stc                        ; 返回且 CF = 1
        .ELSE
            mov  pData,eax             ; 保存指针
            clc                        ; 返回且 CF = 0
        .ENDIF
        ret
    allocate_block ENDP
    free_block PROC USES ecx
        INVOKE HeapFree, hHeap, 0, pData
        ret
    free_block ENDP
    END main
```

11.3.2 本节回顾

1. 判断真假：动态内存分配也称为堆分配。

   a. 真   b. 假

2. 判断真假：函数 `GetProcessHeap` 返回一个 32 位整数表明被选定堆的大小。

   a. 真   b. 假

3. 判断真假：函数 `HeapAlloc` 总是从堆中分配 4096 字节的内存块。

   a. 真   b. 假

4. 判断真假：下面的代码正确地创建了一个 2MB 的堆，并可扩展到 400MB。

   ```
   HEAP_START = 2000000
   HEAP_MAX = 400000000
   .data
   hHeap HANDLE ?              ; 堆句柄
   .code
   INVOKE HeapCreate, 0, HEAP_START, HEAP_MAX
   ```

   a. 真   b. 假

5. 判断真假：当调用 `HeapDestroy` 时，必须传递一个字符串标识符以标识将要被销毁的内存块，该字符串标识符包含了内存块独有的标识符名。

   a. 真   b. 假

11.4 32 位 x86 存储管理

本节将对 32 位 x86 处理器的存储管理能力给出一个简要的概述，重点关注存储管理的两个主要方面：

- 将逻辑地址转换为线性地址
- 将线性地址转换为物理地址（分页）

首先介绍本章要使用的一些术语的基本定义：

- 多任务处理（multitasking）允许多个任务（程序的各个部分）在重叠的时间段运行。这样产生的效果就是，这些任务好像在同时运行。处理器为所有被调度在同时运行的任务分配时间。
- 段（segment）是可变大小的内存区，以让程序用来存放代码或数据。
- 分段（segmentation）提供了分隔内存段的方式，它允许程序进行多任务处理而不相互干扰。

- 段描述符（segment descriptor）是一个 64 位的值，用于标识和描述内存段。它包含的信息有段基地址（base address）（可看作是最低的起始地址）、访问权限、大小限制、类型和用法。
- 段选择符（segment selector）是一个 16 位的值，保存在段寄存器（CS、DS、SS、ES、FS 或 GS）中。
- 逻辑地址（logical address）是段选择符和一个 32 位偏移量的组合。

目前为止，我们一直都忽略了段寄存器，因为用户程序从来不会直接修改这些寄存器。我们只使用了 64 位和 32 位数据偏移量。然而，从系统程序员的角度来看，段寄存器是重要的，因为它们包含了对内存段的间接引用。

11.4.1 线性地址

线性地址（linear address）是一个在 0~FFFF FFFFh 之间的 32 位整数，用于引用一个内存位置。如果一个被称为分页的特性被禁用，则线性地址也可以是目标数据的物理地址。

将逻辑地址转换为线性地址

多任务操作系统允许几个程序（任务）同时在内存中运行，每个程序都有其独有的数据区。例如，假设有 3 个程序，每个程序在偏移地址 200h 处都有一个变量，怎样才能将这 3 个变量在内存中相互隔离？x86 处理器给出的解决方法是，用一步或两步处理过程将每个变量的偏移量转换为唯一的内存位置。在给出这些步骤之前，先定义一下物理地址（physical address）的含义：物理地址是指计算机实际的随机访问存储器区域的一个位置。

地址转换的第一步是将段值与变量的偏移量相结合以生成线性地址。这个线性地址可能就是该变量的物理地址，但是像 MS-Windows 和 Linux 这样的操作系统采用了一种称为分页（paging）的特性，使得程序能使用的线性空间要比计算机在物理上可用的存储空间更大。这样，就要采用第二步转换，称为页转换（page translation），将线性地址转换为物理地址。页转换将在 11.4.2 节加以解释。

首先，看一下处理器如何使用段和偏移量来确定变量的线性地址。每个段选择符都指向一个不同的段描述符（在描述符表中），其中包含了特定内存段的基地址。如图 11-6 所示，逻辑地址中的 32 位偏移量被加到段的基地址上，从而生成了 32 位的线性地址。

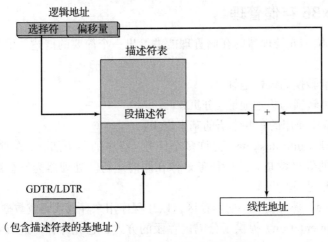

图 11-6 将逻辑地址转换为线性地址

分页

分页是 x86 处理器的一个重要特性，它使得计算机能运行一组无法装入内存的程序。处理器实现的方法是，初始时只将程序的一部分加载到内存，而程序的其余部分仍然保留在硬盘上。程序使用的内存被划分成小单位，称为页（page），通常每页大小为 4KB。当每个程序运行时，处理器就有选择地从内存中卸载不活跃的页，并加载其他立即就需要的页。

操作系统通过维护一个页目录（page directory）和一组页表（page table）来持续跟踪记录当前内存中所有程序使用的页。当程序试图访问线性地址空间内的一个地址时，处理器会自动将线性地址转换为物理地址，这个转换就称为页转换。如果被请求的页当前不在内存中，则处理器就将程序中断并发出一个页故障（page fault）。操作系统将被请求的页从硬盘复制到内存，然后程序重新继续执行。从应用程序的角度看，页故障和页转换都是自动发生的。

通过激活 Microsoft Windows 的工具 Task Manager 就可以查看物理内存和虚拟内存的区别。图 11-7 显示了一台具有 16GB 物理内存的计算机。当前正在使用的内存总量标记为 Committed，虽然没有明确显示虚拟内存的限量，但它要远远大于计算机物理内存的大小。

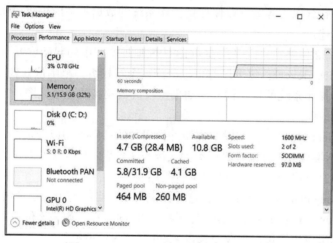

图 11-7　Windows 的 Task Manager 示例

描述符表

段描述符可以在两种表内找到：全局描述符表（Global Descriptor Table，GDT）和局部描述符表（Local Descriptor Table，LDT）。

全局描述符表　在启动过程中，当操作系统将处理器切换到保护模式时，就会创建一个 GDT，它的基地址存放在 GDTR（全局描述符表寄存器）中。该表包含了指向段的表项（称为段描述符）。操作系统可以选择将所有程序使用的段保存在 GDT 中。

局部描述符表　在多任务操作系统中，每个任务或程序通常都分配有自己的段描述符表，称为 LDT。LDTR 寄存器保存程序 LDT 的地址。每个段描述符都包含了段在线性地址空间内的基地址。这个段通常与所有其他的段是不同的，如图 11-8 所示。图中显示了三个不同的逻辑地址，每个地址都在 LDT 中选择了不同的表项。图中假设分页被禁用，因此，线性地址空间也是物理地址空间。

段描述符细节

除了段的基地址，段描述符还包含位映射字段来说明段限长和段类型。只读类型段的一个例子就是代码段。如果程序试图修改只读段，则会产生处理器故障。

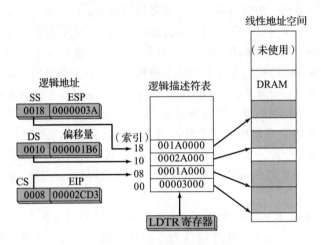

图 11-8 局部描述符表索引

段描述符可以包含保护等级，以便保护操作系统的数据不被应用程序访问。下面是对各个选择符字段的描述：

基地址：一个 32 位整数，定义段在 4GB 线性地址空间中的起始位置。

特权级（privilege level）：每个段都可以分配一个特权级，范围从 0 到 3，其中 0 级为最高特权，通常用于操作系统的核心代码。如果特权级数较高的程序试图访问特权级数较低的段，则发生处理器故障。

段类型（segment type）：说明段的类型并指定段的访问类型以及段的生长方向（向上或向下）。数据（包括堆栈）段可以是只读类型或读/写类型，其生长方向可以是向上也可以是向下。代码段可以是只执行类型或执行/只读类型。

段存在标志（segment present flag）：这一位说明该段当前是否在物理内存中。

粒度标志（granularity flag）：确定对段限长字段的解释。如果该位清零，则段限长以字节为单位解释；如果该位置位，则段限长以 4096 字节为单位解释。

段限长（segment limit）：这个 20 位的整数指定段大小。按照粒度标志，这个字段有两种解释：

- 该段有多少个字节，范围为 1B~1MB。
- 该段包含多少个 4 096-字节单元，允许段大小的范围为 4KB~4GB。

11.4.2 页转换

当启用分页时，处理器必须将 32 位线性地址转换为 32 位物理地址⊖。这个过程会用到 3 种结构：

- 页目录：一个数组，最多可包含 1 024 个 32 位页目录项。
- 页表：一个数组，最多可包含 1 024 个 32 位页表项。
- 页：4KB 或 4MB 的地址空间。

为了简化下面的讨论，假设页大小为 4KB。

⊖ Pentium Pro 及其后续的处理器允许 36 位地址选项，但在这里不做介绍。

线性地址分为三个字段：指向页–目录项的指针、指向页表项的指针，以及页面内偏移量。控制寄存器（CR3）包含了页目录的起始地址。如图 11-9 所示，处理器在进行线性地址到物理地址的转换时，采用了如下步骤：

1. 线性地址引用了线性地址空间中的一个位置。
2. 线性地址中的 10 位目录字段是页–目录项的索引。页–目录项包含了页表的基地址。
3. 线性地址中的 10 位表字段是页表的索引，该页表由页–目录项指定。索引到的页表项包含了物理内存中页的基地址。
4. 线性地址中的 12 位偏移量字段被加到页的基地址上，生成的就是操作数的物理地址。

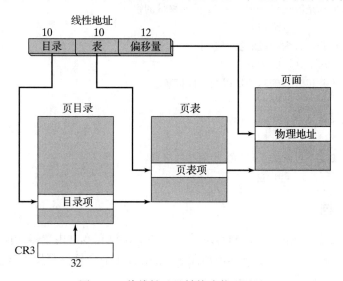

图 11-9 将线性地址转换为物理地址

操作系统可以选择对所有正在运行的程序和任务使用一个页目录，或者选择对每个任务使用一个页目录，或者选择两者的组合。

Windows 虚拟机管理器

既然我们对 IA-32 如何管理内存已经有了总体的了解，那么，看一看 Windows 如何处理内存管理就会是件有趣的事情。下面这段文字转述自 Microsoft 在线文档：

> 虚拟机管理器（VMM）是 Windows 内核中的 32 位保护模式操作系统。它创建、运行、监视和终止虚拟机。它管理内存、进程、中断和异常。它与虚拟设备（virtual device）一起工作，使其能拦截中断和故障，以此来控制对硬件和已安装软件的访问。VMM 和虚拟设备运行在特权级为 0 的单一 32 位平面模式地址空间中。系统创建两个全局描述符表项（段描述符），一个是代码段的，另一个是数据段的。段固定在线性地址 0。VMM 提供多线程、抢占式的多任务处理。通过在运行应用程序的虚拟机之间共享 CPU 时间，它就可以同时运行多个应用程序。

在前文中，可以将虚拟机解释为 Intel 中所谓的进程或任务。它包含了程序代码、支撑软件、内存和寄存器。每个虚拟机都被分配了自己的地址空间、I/O 端口空间、中断向量表，以及局部描述符表。对于运行于虚拟 8086 模式的应用程序，其运行的特权级为 3。在 Windows 中，保护模式程序运行的特权级为 0 和 3。

11.4.3 本节回顾

注意：本节的所有问题都适合于 32 位 x86 处理器。

1. 判断真假：多任务处理未必要使程序精确地运行于同一时间，而是允许程序在重叠的时段中运行。
   a. 真　　　　　　　　b. 假
2. 判断真假：分段的主要目的是：通过将程序划分成相等大小的段，使它们运行得更快。
   a. 真　　　　　　　　b. 假
3. 判断真假：段选择符是一个存放在段寄存器（CS、DS、SS、ES、FS 或 GS）中的 16 位值。
   a. 真　　　　　　　　b. 假
4. 判断真假：逻辑地址是段选择符和一个 32 位偏移量的组合。
   a. 真　　　　　　　　b. 假
5. 判断真假：段选择符包含内存段的物理地址。
   a. 真　　　　　　　　b. 假
6. 判断真假：段描述符包含段的基地址以及其他信息。
   a. 真　　　　　　　　b. 假
7. 判断真假：段选择符是一个 32 位整数。
   a. 真　　　　　　　　b. 假
8. 判断真假：段描述符不包含关于段的大小限制的信息。
   a. 真　　　　　　　　b. 假

11.5　本章小结

本章介绍了 32 位 Windows 控制台编程，以展示在没有本书内置链接库的帮助下，如何进行标准的输入/输出编程。本章学习使用了 Microsoft 平台软件开发工具包（SDK），这是 Microsoft Windows API 的一个子集。

Windows API 函数使用两种类型的字符集：8 位的 ASCII/ANSI 字符集和 16 位版本的 Unicode 字符集。

API 函数使用的标准 MS-Windows 数据类型必须转换为 MASM 数据类型（参见表 11-1）。

控制台句柄为 32 位整数，用于在控制台窗口的输入/输出。函数 `GetStdHandle` 获取控制台句柄。对于高级控制台输入，调用函数 `ReadConsole`；对于高级控制台输出，调用 `WriteConsole`。当创建或打开文件时，调用 `CreateFile`。当从文件读取时，调用 `ReadFile`；当向文件写入时，调用 `WriteFile`。`CloseHandle` 关闭文件。要移动文件指针，调用 `SetFilePointer`。

要操作控制台屏幕缓冲区，就调用 `SetConsoleScreenBufferSize`。要改变文本颜色，就调用 `SetConsoleTextAttribute`。本章的程序 `WriteColors` 演示了函数 `WriteConsoleOutputAttribute` 和 `WriteConsoleOutputCharacter`。

要获取系统时间，就调用 `GetLocalTime`；要设置时间，就调用 `SetLocalTime`。这两个函数都要使用 `SYSTEMTIME` 结构。本章的 `GetDateTime` 函数示例用 64 位整数返回日期和时间，指明从 1601 年 1 月 1 日开始经历的 100 纳秒时间间隔的个数。函数 `TimerStart` 和 `TimerStop` 可用来创建一个简单的秒表计时器。

当创建图形 MS-Windows 应用程序时，用该程序的主窗口类信息填充 `WNDCLASS` 结构。创建 `WinMain` 过程来获取当前进程的句柄、加载图标和鼠标光标、注册程序的主窗口、创建主窗口、显示和更新主窗口，并开始接收和发送消息的循环。

WinProc 过程负责处理输入的 Windows 消息，经常由用户行为激活，比如点击鼠标或者敲击按键。本章的示例程序处理了一个 WM_LBUTTONDOWN 消息、一个 WM_CREATE 消息和一个 WM_CLOSE 消息。当检测到这些事件时，就会显示弹出消息。

动态内存分配，或堆分配是保留和释放程序所用内存的工具。汇编语言程序有若干种方式来执行动态内存分配。第一种，进行系统调用，从操作系统获得内存块。第二种，实现自己的堆管理器来服务对小型对象的请求。

本章对 32 位内存管理的讨论着重于两个问题：将逻辑地址转换为线性地址，以及将线性地址转换为物理地址。

逻辑地址中的选择符指向段描述符表的一个表项，而这个表项又指向线性空间内的一个段。段描述符包含了关于段的信息，包括段大小和访问类型。描述符表有两种：单个全局描述符表（GDT），以及一个或多个局部描述符表（LDT）。

分页是 IA-32 处理器的一个重要特性，它使得计算机能运行一组无法装入内存的程序。

阅读材料　若想进一步阅读了解 Windows 编程，下面的书籍可能会有所帮助：

- Mark Russinovich 和 David Solomon，*Windows Internals*，第 1、2 部分，Microsoft Press，2012。
- Johnson M. Hart，*Windows System Programming 4/e*，Addison-Wesley，2015。
- Charles Petzold，*Programming Windows*，第 5 版，Microsoft Press，1998。

11.6　关键术语

Application Programming Interface（API）（应用编程接口）
base address（基地址）
commit charge frame（认可用量范围）
console handle（控制台句柄）
console input buffer（控制台输入缓冲区）
dynamic memory allocation（动态内存分配）
Global Descriptor Table（GDT）（全局描述符表）
heap allocation（堆分配）
linear address（线性地址）
Local Descriptor Table（LDT）（局部描述符表）
logical address（逻辑地址）
multitasking（多任务处理）
paging（分页）
physical address（物理地址）
privilege level（特权级）
screen buffer（屏幕缓冲区）
segment（段）
segmentation（分段）
segment descriptor（段描述符）
Task Manager（任务管理器）
Win32 Platform SDK

11.7　复习题和练习

11.7.1　简答题

1. 给出与下面每个标准 MS-Windows 类型匹配的 MASM 数据类型：
   a. BOOL　　　　　b. COLORREF　　　　c. HANDLE
   d. LPSTR　　　　e. WPARAM
2. 哪个 Win32 函数返回标准输入的句柄？
3. 哪个 Win32 函数从键盘读取一个字符串，并将其放入缓冲区？
4. 描述 COORD 结构。
5. 哪个 Win32 函数将文件指针相对于文件开始处移动指定的偏移量？

6. 哪个 Win32 函数改变控制台窗口的标题？
7. 哪个 Win32 函数能改变屏幕缓冲区的尺寸？
8. 哪个 Win32 函数能改变光标的大小？
9. 哪个 Win32 函数能改变后续输出文本的颜色？
10. 哪个 Win32 函数能将一组属性值复制到控制台屏幕缓冲区的连续单元中？
11. 哪个 Win32 函数能将程序暂停指定的毫秒数？
12. 当调用 CreateWindowEx 时，如何将窗口外观信息传递给该函数？
13. 给出两个在调用 MessageBox 函数时会用到的按钮常量。
14. 给出两个在调用 MessageBox 函数时会用到的图标常量。
15. 给出至少三个由 WinMain（启动）过程执行的任务。
16. 描述 WinProc 过程在示例程序中的作用。
17. 示例程序中的 WinProc 过程处理哪些消息？
18. 描述 ErrorHandler 过程在示例程序中的作用。
19. 调用 CreateWindow 后立刻激活的消息框出现在应用程序主窗口之前还是之后？
20. 由 WM_CLOSE 激活的消息框出现在主窗口关闭之前还是之后？
21. 对线性地址进行描述。
22. 分页与线性内存有怎样的关系？
23. 如果分页被禁用，处理器如何将线性地址转换为物理地址？
24. 分页带来了哪些优势？
25. 哪个寄存器包含了局部描述符表的基地址？
26. 哪个寄存器包含了全局描述符表的基地址？
27. 允许存在多少个全局描述符表？
28. 允许存在多少个局部描述符表？
29. 给出至少四个段描述符内的字段。
30. 分页处理中涉及哪些结构？
31. 哪个结构包含了页表的基地址？
32. 哪个结构包含了页面的基地址？

11.7.2 算法题

1. 编写调用函数 ReadConsole 的示例。
2. 编写调用函数 WriteConsole 的示例。
3. 编写调用函数 CreateFile 的示例，其功能是以读方式打开已有文件。
4. 编写调用函数 CreateFile 的示例，其功能是以常规属性创建一个新文件，并删除其他已存在的同名文件。
5. 编写调用函数 ReadFile 的示例。
6. 编写调用函数 WriteFile 的示例。
7. 编写调用函数 MessageBox 的示例。

11.8 编程练习

★★ **1. ReadString**

使用堆栈参数，实现自己的 ReadString 过程。向其传递一个指向字符串的指针，以及一个表明最大输入字符数的整数。(用 EAX) 返回实际输入的字符数。该过程必须从控制台输入一个字符串，并在字符串末尾（0Dh 占据的位置）插入一个空字节。Win32 ReadConsole 函数的细节可参见 11.1.4 节。编写简短的程序对该过程进行测试。

★★★ 2. 字符串输入/输出

编写程序，使用 Win32 `ReadConsole` 函数接收用户输入的如下信息：名字、姓氏、年龄及电话号码。使用 Win32 `WriteConsole` 函数，用标签和有吸引力的格式重新显示这些信息。不要使用 Irvine32 链接库的任何过程。

★★ 3. 清理屏幕

针对链接库的 `Clrscr` 过程，编写自己版本的过程，用来清理屏幕。

★★ 4. 随机填充屏幕

编写程序，用随机颜色的随机字符填充每个屏幕单元。附加条件：每个字符的颜色有 50% 的概率为红色。

★★ 5. DrawBox

利用本书正文前所列出字符集的画线字符在屏幕上绘制一个方框。提示：使用 `WriteConsole-OutputCharacter` 函数。

★★★ 6. 学生记录

编写程序，创建一个新的文本文件。提示用户输入：学生 ID、姓氏、名字和出生日期。将这些信息写入文件。用同样的方式再输入若干记录，然后关闭文件。

★★ 7. 滚动文本窗口

编写程序，向控制台屏幕缓冲区写入 50 行文本，并为每行编号。把控制台窗口移动到缓冲区顶部，并开始以稳定的速率（每秒两行）向上滚动文本。当控制台窗口到达缓冲区底部时，停止滚动。

★★★ 8. 方块动画

编写程序，用几个带颜色的方块（ASCII 码为 DBh）在屏幕上绘制一个小正方形。按照随机生成的方向，在屏幕上移动这个正方形。延迟时间固定为 50 毫秒。附加任务：使用随机生成的延迟时间，其范围在 10 毫秒至 100 毫秒之间。

★★ 9. 文件的最后访问日期

编写过程 `LastAccessDate`，用文件的日期和时间戳信息填充 SYSTEMTIME 结构。用 EDX 传递文件名的偏移量，用 ESI 传递 SYSTEMTIME 结构的偏移量。若函数未发现文件，则将进位标志置 1。在实现这个函数时，需要打开一个文件，获取其句柄，将句柄传递给 `GetFileTime`，再将这个函数的输出传递给 `FileTimeToSystemTime`，然后关闭文件。编写测试程序，调用该过程并打印出某特定文件最后被访问的日期。输出示例如下：

```
ch11_09.asm was last accessed on: 6/16/2005
```

★★ 10. 读大型文件

修改 11.1.8 节的 ReadFile.asm 程序，使其能读取大于输入缓冲区的文件。将缓冲区大小减少到 1024 字节。使用循环持续读取并显示文件，直到再无数据可读。若用 WriteString 来显示缓冲区，则需在缓冲区数据末尾插入一个空字节。

★★★ 11. 链表

进阶练习：使用本章介绍的动态内存分配函数实现一个单向链表。每个链接节点都是一个 Node 结构（参见第 10 章），其中包含一个整数值和一个指针，该指针指向链表上的下一个节点。使用循环，提示用户输入尽可能多的整数。对每个输入的整数，分配一个 Node 对象，将该整数插入 Node，再将这个 Node 添加到链表。当输入数值为 0 时，停止循环。最后，从头到尾显示整个链表。如果以前已用高级语言创建过链表，则可以尝试本题。

第 12 章
Assembly Language for x86 Processors, Eighth Edition

浮点数处理和指令编码

12.1 浮点数的二进制表示

浮点十进制数包含三个组成部分：符号、有效数字及阶数。例如，在 $-1.231\,54 \times 10^5$ 中，符号为负，有效数字为 1.231 54，阶数为 5（有时用术语尾数（mantissa）来代替有效数字（significand），虽然有点不太正确）。

> **查找 Intel x86 文档**。为了最大程度地理解本章，可获取免费电子版的 *Intel 64 and IA-32 Architectures Software Developer's Manual*，卷 1 和卷 2。用浏览器访问 www.intel.com，查阅 IA-32 manuals。

12.1.1 IEEE 二进制浮点数表示

x86 处理器使用了三种浮点数二进制存储格式，它们是在 IEEE 组织制作的 *Standard 754-1985 for Binary Floating-Point Arithmetic* 中具体规定的。表 12-1 描述了它们的特点[⊖]。

表 12-1 IEEE 浮点数二进制格式

单精度	32 位：1 位符号位，8 位阶数，23 位有效数字的小数部分。大致的规格化范围：$2^{-126} \sim 2^{127}$。也称为短实数（short real）
双精度	64 位：1 位符号位，11 位阶数，52 位有效数字的小数部分。大致的规格化范围：$2^{-1022} \sim 2^{1023}$。也称为长实数（long real）
扩展双精度	80 位：1 位符号位，15 位阶数，1 位整数部分，63 位有效数字的小数部分。大致的规格化范围：$2^{-16382} \sim 2^{16383}$。也称为扩展实数（extended real）

由于三种格式非常相似，因此本节将重点关注单精度格式（图 12-1）。在对这 32 位进行安排时，将最高有效位（MSB）放在左边。标注为小数（fraction）的段表示的是有效数字的小数部分。各个字节按照小端序（最低有效位（LSB）在起始地址上）存放在内存中。

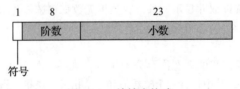

图 12-1 单精度格式

符号

如果符号位为 1，则该数为负；如果符号位为 0，则该数为正。零被认为是正。

⊖ *Intel 64 and IA-32 Architectures Software Developer's Manual*，卷 1，第 4 章。还可参见 http://grouper.ieee.org/groups/754/。

有效数字

在浮点数表达式 $m*b^e$ 中，m 称为有效数字或尾数，b 为基数，e 为阶数（exponent）。浮点数的有效数字（或尾数）由小数点左右的十进制数字组成。第 1 章在解释二进制、十进制和十六进制计数系统时，介绍了加权位置表示的概念。同样的概念也可以扩展到浮点数的小数部分。例如，十进制数 123.154 可表示为下面的累加和形式：

$$123.154 = (1 \times 10^2) + (2 \times 10^1) + (3 \times 10^0) + (1 \times 10^{-1}) + (5 \times 10^{-2}) + (4 \times 10^{-3})$$

小数点左边所有数字的阶数都为正，右边所有数字的阶数都为负。

二进制浮点数也可使用加权位置表示。浮点数二进制数值 11.1011 表示为：

$$11.1011 = (1 \times 2^1) + (1 \times 2^0) + (1 \times 2^{-1}) + (0 \times 2^{-2}) + (1 \times 2^{-3}) + (1 \times 2^{-4})$$

对小数点右边的数字还有另一种表达方式，即将它们列为分数之和，其中分母为 2 的幂。上例的和为 11/16（或 0.6875）：

$$.1011 = 1/2 + 0/4 + 1/8 + 1/16 = 11/16$$

生成的十进制小数部分非常直观。十进制分子（11）表示的是二进制位组合 1011。如果小数点右边的有效位个数为 e，则十进制分母就为 2^e。上例中，$e=4$，故有 $2^e=16$。表 12-2 列出了更多的例子来展示将二进制浮点表示转换为以 10 为基数的分数。表中最后一项为 23 位规格化有效数字可以存放的最小分数。为便于快速参考，表 12-3 列出了一些例子，展示二进制浮点数及其等值的十进制分数和十进制数值。

表 12-2 示例：将二进制浮点数转换为分数

二进制浮点数	基数为 10 的分数
11.11	3 3/4
101.0011	5 3/16
1101.100101	13 37/64
0.00101	5/32
1.011	1 3/8
0.00000000000000000000001	1/8388608

表 12-3 二进制和十进制分数

二进制	十进制分数	十进制数值
.1	1/2	.5
.01	1/4	.25
.001	1/8	.125
.0001	1/16	.0625
.00001	1/32	.03125

有效数字的精度

全体连续的实数是无法用任何有限位数的浮点格式来表示的。例如，假设一个简化的浮点格式有 5 位有效数字，那就无法表示范围在 1.1111～10.000 之间的值。比如，二进制值 1.11111 就需要更精确的有效数字。将这个思想扩展到 IEEE 双精度格式，就会发现其 53 位有效数字无法表示需要 54 位或更多位来表示的二进制值。

12.1.2 阶数

单精度数的阶数存储为 8 位无符号数，并带有 127 的偏移，即该数的实际阶数必须加上

127。考虑二进制值 1.101×2^5：将实际阶数（5）加上 127 后，形成的偏移阶数（132）保存到数据表示形式中。表 12-4 显示出一些示例，表示阶数的有符号十进制形式，然后是偏移的十进制形式，最后是无符号二进制形式。偏移阶数总是正数，范围为 $1 \sim 254$，而实际阶数的范围为 $-126 \sim +127$。

表 12-4 阶数的二进制表示示例

阶数（E）	偏移阶数（E+127）	二进制
+5	132	10000100
0	127	01111111
-10	117	01110101
+127	254	11111110
-126	1	00000001
-1	126	01111110

12.1.3 规格化二进制浮点数

大多数二进制浮点数都以规格化形式（normalized form）存放，以便将有效数字的精度最大化。给定任意二进制浮点数，可以通过将二进制小数点移位直至小数点左边只有一个"1"的方法对其进行规格化。阶数表示的是二进制小数点向左（正阶数）或向右（负阶数）移动的位数。示例如下：

去规格化	规格化
1110.1	1.1101×2^3
.000101	1.01×2^{-4}
1010001.	1.010001×2^6

去规格化数 规格化操作的逆操作是将二进制浮点数去规格化（denormalize）或非规格化（unnormalize）。移动二进制小数点，直到阶数为 0。如果阶数为正数 n，则将二进制小数点向右移 n 位；如果阶数为负数 n，则将二进制小数点向左移 n 位，并在需要时在前面填充 0。

12.1.4 创建 IEEE 表示

实数编码

符号位、阶数和有效数字这些字段完成规格化和编码后，就容易生成一个完整的二进制 IEEE 短实数了。以图 12-1 为参考，首先设置符号位，然后是阶数位，最后是有效数字的小数部分。例如，二进制 1.101×2^0 表示如下：

- 符号位：0
- 阶数：01111111
- 小数部分：10100000000000000000000

偏移阶数（01111111）是十进制数 127 的二进制形式。所有规格化有效数字都在二进制小数点的左边有个 1，因此，不需要对这一位进行显式编码。更多的例子见表 12-5。

表 12-5 单精度数的位编码示例

二进制数值	偏移阶数	符号、阶码和小数部分
-1.11	127	1 01111111 11000000000000000000000
+1101.101	130	0 10000010 10110100000000000000000

(续)

二进制数值	偏移阶数	符号、阶码和小数部分
-.00101	124	1 01111100 01000000000000000000000
+100111.0	132	0 10000100 00111000000000000000000
+.0000001101011	120	0 01111000 10101100000000000000000

IEEE 规范包括了若干种实数和非数值编码。

- 正零和负零
- 非规格化有限数
- 规格化有限数
- 正无穷和负无穷
- 非数值（NaN，即不是一个数值（Not a Number））
- 不定数

不定数（indefinite number）被浮点单元（FPU）用来作为对一些无效浮点操作的响应。

规格化和非规格化　规格化有限数（normalized finite number）是指所有的非零有限值，这些数能被编码为零到无穷之间的规格化实数。尽管看上去全部有限非零浮点数都应被规格化，但当数值接近于零时，则无法规格化。当阶数范围造成的限制使得 FPU 不能将二进制小数点移动到规格化位置时，就会发生这种情况。假设 FPU 计算结果为 $1.0101111 \times 2^{-129}$，由于过小的阶数，使其无法用单精度数形式存放。此时产生一个下溢异常，数值通过每次将二进制小数点左移一位而逐步进行非规格化，直到阶数达到有效范围：

$1.01011110000000000001111 \times 2^{-129}$
$0.10101111000000000000111 \times 2^{-128}$
$0.01010111100000000000011 \times 2^{-127}$
$0.00101011110000000000001 \times 2^{-126}$

在这个例子中，移动二进制小数点导致有效数字损失了一些精度。

正无穷和负无穷　正无穷（positive infinity）（$+\infty$）表示最大正实数，负无穷（negative infinity）（$-\infty$）表示最大负实数。无穷可以与其他数值比较：$-\infty$ 小于 $+\infty$，$-\infty$ 小于任意有限数，$+\infty$ 大于任意有限数。这两个无穷数都可以表示浮点溢出条件。运算结果不能规格化的原因是，结果的阶数太大而无法以可用的阶数位数来表示。

NaN　NaN 是不表示任何有效实数的位模式。x86 有两种 NaN：安静 NaN（quiet NaN）可通过大多数算术运算来传播，而不会引起异常。信号 NaN（signaling NaN）则可用于产生一个浮点无效操作异常。编译器可以用信号 NaN 填充未初始化的数组，使得任何试图在这个数组上执行的运算都会引发异常。安静 NaN 可用于存放在调试期间生成的诊断信息。程序可根据需要自由地在 NaN 中编入任何信息。FPU 不会尝试在 NaN 上执行操作。Intel 手册有一组规则确定了以这两种 NaN 的组合作为操作数的指令结果⊖。

特定的编码　在浮点运算中，常常会遇到几个特定的数值编码，如表 12-6 所示。字母 x 表示的位，其值可以为 1，也可以为 0。QNaN 是安静 NaN，SNaN 是信号 NaN。

表 12-6　特定的单精度编码

数值	符号、阶数和有效数字
正零	0 00000000 00000000000000000000000

⊖ Intel 64 and IA-32 Architectures Software Developer's Manual，卷 1，第 4 章。

数值	符号、阶数和有效数字
负零	1 00000000 00000000000000000000000
正无穷	0 11111111 00000000000000000000000
负无穷	1 11111111 00000000000000000000000
QNaN	x 11111111 1xxxxxxxxxxxxxxxxxxxxxx
SNaN	x 11111111 0xxxxxxxxxxxxxxxxxxxxxx[①]

① SNaN 的有效数字字段从 0 开始，但余下的位中至少有一位必须为 1。

12.1.5　将十进制分数转换为二进制实数

当十进制小数可以表示为形如（1/2+1/4+1/8+…）的分数之和时，找到与之对应的二进制实数就相当容易了。如表 12-7 所示，左列中的大多数分数不容易转换为二进制。不过，可以将它们写成第二列的形式。

很多实数，如 1/10（0.1）或 1/100（0.01），不能表示为有限数量的二进制数字，它们只能近似地表示为一组以 2 的幂为分母的分数之和。想想看，像 $39.95 这样的货币值会受到怎样的影响！

表 12-7　十进制分数和二进制实数示例

十进制分数	分解为	二进制实数
1/2	1/2	.1
1/4	1/4	.01
3/4	1/2+1/4	.11
1/8	1/8	.001
7/8	1/2+1/4+1/8	.111
3/8	1/4+1/8	.011
1/16	1/16	.0001
3/16	1/8+1/16	.0011
5/16	1/4+1/16	.0101

另一种方法：使用二进制长除法　当遇到小的十进制数的时候，将十进制分数转换为二进制的一个简单方法就是：先将分子和分母转换为二进制，再执行长除法。例如，十进制数 0.5 表示为分数就是 5/10。十进制 5 就是二进制 0101，而十进制 10 就是二进制 1010。执行长除法后，得到的商就是二进制数 0.1：

```
            .1
    1010 ) 0101.0
          - 01010
            -----
               0
```

当被除数减去 1010 的结果为 0 时，除法过程结束。因此，十进制分数 5/10 等于二进制数 0.1。这种方法被称为二进制长除法（binary long division method）⊖。

用二进制表示 0.2　下面用二进制长除法将十进制数 0.2（2/10）转换为二进制数。首先，将二进制 10 除以二进制 1010（十进制 10）：

```
              .00110011(…)
    1010 ) 10.00000000
            1010
            ----
            1100
            1010
            ----
           10000
            1010
            ----
            1100
            1010
            ----
             …
```

⊖ 来自德保罗大学的 Harvey Nice。

第一个足够大到能上商的数是 10000。从 10000 减去 1010 后，余数为 110。添加一个 0 后，形成新的被除数 1100。从 1100 减去 1010 后，余数为 10。添加三个 0 后，形成新的被除数 10000。这个数与第一个被除数相同。从这里开始，商的位序列出现重复（0011，0011，…），由此可知，不会得到精确的商，即 0.2 不能表示为有限位的数。其规格化单精度编码的有效数字为：100 1100 1100 1100 1100。

将单精度数转换为十进制

将 IEEE 单精度数转换为十进制时，建议步骤如下：

1. 若 MSB 为 1，该数为负；否则，该数为正。
2. 其后 8 位表示阶数。从中减去二进制值 01111111（十进制数 127），生成无偏移阶数。将无偏移阶数转换为十进制。
3. 其后的 23 位表示有效数字。添加 "1."，后面紧跟有效数字位，尾随的零可以忽略。使用形成的有效数字、步骤 1 得到的正负号，以及步骤 2 计算出来的阶数，就构成了一个二进制浮点数。
4. 对步骤 3 生成的二进制数进行去规格化（移动二进制小数点，移动的次数等于阶数。如果阶数为正，则右移；如果阶数为负，则左移）。
5. 使用加权位置表示法，从左到右，将二进制浮点数转换为 2 的幂之和，形成十进制数。

示例：将 IEEE（0 10000010 01011000000000000000000）转换为十进制

1. 该数为正数。
2. 无偏移阶数的二进制值为 00000011，即十进制值 3。
3. 将符号、阶数，以及有效数字组合起来，得到该二进制数为 $+1.01011 \times 2^3$。
4. 去规格化后的二进制数为 +1010.11。
5. 得到的十进制值为 +10 3/4，即 +10.75。

12.1.6 本节回顾

1. 可用 IEEE 浮点表示方式存储的最大正实数被称为：
 a. 最大值　　　　　　b. 正无穷　　　　　　c. float_max　　　　　d. max_positive
2. 下面的哪个选项是去规格化后的二进制数 1.1101×2^3？
 a. 111.01　　　　　　b. 11.101　　　　　　c. 1110.1　　　　　　d. 11101.0
3. 下面的哪个选项是去规格化后的二进制数 1.01×2^{-4}？
 a. .01010　　　　　　b. .00101　　　　　　c. .000101　　　　　　d. 1.0101
4. 下面的哪个选项是规格化后的二进制正数 1101.101？
 a. 1.101101×2^3　　b. 1.101101×2^4　　c. 1.101101×2^5　　d. 1.101101×2^2
5. 下面的哪个选项是 3/16 的二进制实数表示？
 a. .011　　　　　　　b. .0111　　　　　　　c. .0011　　　　　　　d. .101
6. 在 IEEE 双精度格式中，用多少位表示有效数字的小数部分？
7. 在 IEEE 单精度格式中，用多少位表示阶数？

12.2 浮点单元

Intel 8086 处理器的设计使之只能处理整数算术运算。这对于使用浮点算术运算的图形和计算密集型软件来说就成了问题。尽管可以仅通过软件来模拟浮点运算，但性能损失严重。像 AutoCad™（来自 Autodesk 公司）这样的程序要求用更强大的方式来执行浮点运算。

Intel 发售了一款独立的浮点协处理器芯片 8087，并将它与每一代处理器一起升级。随着 Intel 486 的出现，浮点硬件就被集成到主 CPU 中，称为 FPU。

12.2.1　FPU 寄存器栈

FPU 不使用通用寄存器（EAX、EBX 等）。它有自己的一组寄存器，称为寄存器栈（register stack）。数值从内存装入到寄存器栈，然后执行计算，再将堆栈数值保存到内存。FPU 指令采用后缀（postfix）形式来计算数学表达式，这与惠普计算器的方式大致相同。例如，对于一个中缀表达式（infix expression）：（5 * 6）+ 4，其后缀表达式为：

5 6 * 4 +

中缀表达式（A + B）* C 需要用括号来覆盖默认的优先级规则（乘法在加法之前）。与之等效的后缀表达式则不需要括号：

A B + C *

表达式堆栈　在计算后缀表达式的过程中，用一个表达式堆栈（expression stack）来存放中间值。图 12-2 展示了计算后缀表达式 5 6 * 4 - 所需的步骤。堆栈项被标记为 ST(0) 和 ST(1)，其中 ST(0) 表示堆栈指针通常所指的位置。

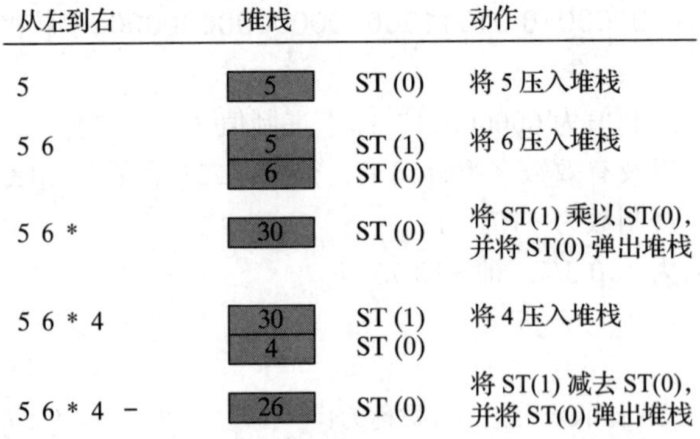

从左到右	堆栈		动作
5	5	ST(0)	将 5 压入堆栈
5 6	5 6	ST(1) ST(0)	将 6 压入堆栈
5 6 *	30	ST(0)	将 ST(1) 乘以 ST(0)，并将 ST(0) 弹出堆栈
5 6 * 4	30 4	ST(1) ST(0)	将 4 压入堆栈
5 6 * 4 -	26	ST(0)	将 ST(1) 减去 ST(0)，并将 ST(0) 弹出堆栈

图 12-2　计算后缀表达式 5 6 * 4 -

将中缀表达式转换为后缀表达式的常用方法在计算机科学入门读物中和互联网上都可以查阅到，此处不再赘述。表 12-8 给出了一些等价表达式的示例。

表 12-8　中缀转换到后缀的示例

中缀	后缀
A+B	AB+
(A-B)/D	AB-D/
(A+B)*(C+D)	AB+CD+*
((A+B)/C)*(E-F)	AB+C/EF-*

FPU 数据寄存器

FPU 有 8 个独立可寻址的 80 位数据寄存器 R0～R7（参见图 12-3），这些寄存器合称为寄存器栈。FPU 状态字中名为 TOP 的 3 位字段给出了当前处于栈顶的寄存器号。例如，在图 12-3 中，TOP 等于二进制数 011，表示栈顶为 R3。当编写浮点指令时，这个堆栈位置也称为 ST(0)（或简写为 ST），最后一个寄存器为 ST(7)。

如同所料，压入操作（也称为装入（load））将 TOP 减 1，并将操作数复制到标识为 ST(0) 的寄存器中。如果在压入之前，TOP 等于 0，则 TOP 就回绕到寄存器 R7。弹出操作（也称为保存（store））将 ST(0) 的数据复制到操作数，再将 TOP 加 1。如果在弹出之前，TOP 等于 7，则 TOP 就回绕到寄存器 R0。如果装入一个数值到堆栈会覆盖寄存器栈内原有的数据，就会产生浮点异常（floating-point exception）。图 12-4 展示了数据 1.0 和 2.0 被压入堆栈后的情况。

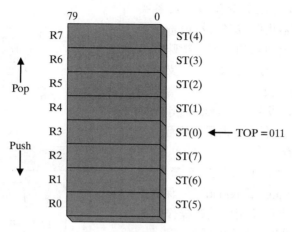

图 12-3　浮点数据寄存器栈

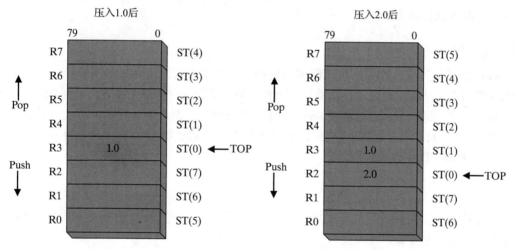

图 12-4　压入 1.0 和 2.0 后的 FPU 栈

尽管理解 FPU 如何用一组有限数量的寄存器来实现堆栈是有趣的，但这里只需关注 ST(n)，其中 ST(0) 总是表示栈顶。从这里开始，引用栈寄存器时就使用 ST(0)、ST(1)，以此类推。指令操作数不能直接引用寄存器号。

寄存器中的浮点数使用 IEEE 10 字节扩展实数（extended real）格式（也称为临时实数（temporary real））。当 FPU 将算术运算结果存入内存时，它会把结果转换成如下格式之一：整数、长整数、单精度（短实数）、双精度（长实数），或者压缩二进制编码的十进制数（BCD）。

专用寄存器

FPU 有 6 个专用（special-purpose）寄存器（参见图 12-5）：

- 操作码寄存器（opcode register）：保存最后执行的非控制指令的操作码。
- 控制寄存器（control register）：当执行运算时，控制精度以及 FPU 使用的舍入方法。还可以用这个寄存器来屏蔽（隐藏）各个浮点异常。

- 状态寄存器（status register）：包含栈顶指针、条件码，以及异常警告。
- 标志寄存器（tag register）：指明 FPU 数据寄存器栈内每个寄存器的内容类型。每个寄存器用两位来表示该寄存器包含的是一个有效数值、零、特殊数值（NaN、无穷、非规格化数，或不支持的格式），还是为空。
- 最后指令指针寄存器（last instruction pointer register）：保存指向最后执行的非控制指令的指针。
- 最后数据（操作数）指针寄存器（last data (operand) pointer register）：保存指向最后执行指令所使用的数据操作数的指针，如果该操作数存在的话。

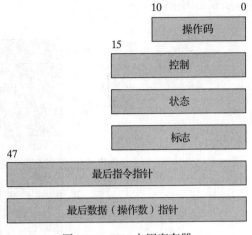

图 12-5　FPU 专用寄存器

操作系统使用这些专用寄存器在任务切换时保存状态信息。第 2 章在解释 CPU 如何执行多任务时提到过状态保存。

12.2.2　舍入

FPU 尝试从浮点计算中产生无限精确的结果。在很多情况下，这是不可能的，因为目的操作数可能无法精确地表示计算结果。例如，假设某种特定的存储格式只允许有 3 个小数位。那么，该格式可以保存像 1.011 或 1.101 这样的数值，但不能保存 1.0101。若计算的精确结果为 +1.0111（十进制数 1.4375），则对该数既可以通过加上 0.0001 向上舍入，也可以通过减去 0.0001 向下舍入：

```
(a) 1.0111-->1.100
(b) 1.0111-->1.011
```

若精确结果是负数，则加上 -0.0001 会使舍入结果更接近 -∞，而减去 -0.0001 会使舍入结果更接近 0 和 +∞：

```
(a) -1.0111-->-1.100
(b) -1.0111-->-1.011
```

FPU 可以在四种舍入方法中进行选择：

- 舍入到最接近的偶数（round to nearest even）：舍入结果最接近于无限精确的结果。如果有两个值同样接近，则取偶数值（LSB=0）。
- 向 -∞ 舍入（round down to -∞）：舍入结果小于或等于无限精确的结果。
- 向 +∞ 舍入（round down to +∞）：舍入结果大于或等于无限精确的结果。
- 向 0 舍入（round toward zero）：（也被称为截断法（truncation））：舍入结果的绝对值小于或等于无限精确的结果。

FPU 控制字　FPU 控制字（FPU control word）用两位来指定所使用的舍入方法，这两位被称为 RC 字段（RC field），字段值（二进制）如下：

- 00：舍入到最接近的偶数（默认）。
- 01：向负无穷舍入。

- 10：向正无穷舍入。
- 11：向 0 舍入（截断）。

舍入到最接近的偶数是默认选择，它被认为是最精确的，也适合大多数应用程序。表 12-9 以二进制数 +1.0111 为例，展示了四种舍入方法的应用。类似地，表 12-10 展示了二进制数 −1.0111 的舍入情况。

表 12-9　示例：+1.0111 的舍入

方法	精确结果	舍入结果
舍入到最接近的偶数	1.0111	1.100
向 −∞ 舍入	1.0111	1.011
向 +∞ 舍入	1.0111	1.100
向 0 舍入	1.0111	1.011

表 12-10　示例：−1.0111 的舍入

方法	精确结果	舍入结果
舍入到最接近的（偶）数	−1.0111	−1.100
向 −∞ 舍入	−1.0111	−1.100
向 +∞ 舍入	−1.0111	−1.011
向 0 舍入	−1.0111	−1.011

12.2.3　浮点异常

每个程序都可能出错，而 FPU 就要处理这些结果。因而，它要识别并检测 6 种类型的异常条件：无效操作（#I）、用零除（#Z）、非规格化操作数（#D）、数值上溢（#O）、数值下溢（#U），以及不精确精度（#P）。前三个（#I、#Z 和 #D）在算术运算发生前进行检测，后三个（#O、#U 和 #P）在运算发生后检测。

每种异常都有对应的标志位和屏蔽位。当检测到浮点异常时，处理器将与之匹配的标志位置位。对于每个被处理器标记的异常，有两种可能的操作：

- 如果相应的屏蔽位**置位**，则处理器自动处理该异常并继续执行程序。
- 如果相应的屏蔽位**清零**，则处理器就调用软件异常处理程序。

大多数程序一般都接受处理器的屏蔽（自动）响应。如果应用程序需要特定的响应，则可以使用自定义的异常处理程序。一条指令能触发多个异常，因此处理器要持续记录自上一次异常清除后所发生的所有异常。完成一系列计算后，就可以检查是否发生了异常。

12.2.4　浮点指令集

FPU 指令集有些复杂，因此这里尝试对其功能进行概述，并用具体的例子给出编译器通常会生成的代码。此外，我们还将看到如何通过改变舍入模式来对 FPU 实施控制。指令集包含如下基本种类的指令：

- 数据传送
- 基本算术运算
- 比较
- 超越函数
- 装入常量（仅对专门预定义的常量）
- x87 FPU 控制
- x87 FPU 和 SIMD 状态管理

浮点指令名用字母 F 开头，以区别于 CPU 指令。指令助记符的第二个字母（通常为 B 或 I）指明如何解释内存操作数：B 表示 BCD 操作数，I 表示二进制整数操作数。若两者都没有指定，则内存操作数就被认为是实数格式。例如，FBLD 的操作数是 BCD 数，FILD 的操作数是整数，而 FLD 的操作数是实数。

> 附录 B 中的表 B-3 包含了 x86 浮点指令的参考列表。

操作数　浮点指令可以有零操作数、单操作数和双操作数。如果有双操作数，则其中一个必须为浮点寄存器。指令中没有立即操作数，但是某些预定义常量（如 0.0、π 和 $\log_2 10$）可以装入到堆栈。通用寄存器如 EAX、EBX、ECX 及 EDX 不能作为操作数（唯一的例外是 FSTSW，它将 FPU 状态字保存到 AX）。不允许内存到内存的操作。

整数操作数必须从内存（不是从 CPU 寄存器）装入到 FPU，并自动转换为浮点格式。同样，当将浮点数保存到整数内存操作数时，该数值也会被自动截断或舍入为整数。

初始化（FINIT）

FINIT 指令对 FPU 进行初始化。它将 FPU 控制字设置为 037Fh，这就屏蔽（隐藏）了所有的浮点异常，并将舍入模式设置为最近偶数，以及将计算精度设置为 64 位。建议在程序开头调用 FINIT，这样就可以了解处理器的起始状态。

浮点数据类型

现在快速回顾一下 MASM 支持的浮点数据类型（QWORD、TBYTE、REAL4、REAL8 及 REAL10），如表 12-11 所列。在为 FPU 指令定义内存操作数时，将要用到这些类型。例如，当要将一个浮点变量装入 FPU 栈时，这个变量可以定义为 REAL4、REAL8 或 REAL10：

表 12-11　内部数据类型

类型	用法
QWORD	64 位整数
TBYTE	80 位（10 字节）整数
REAL4	32 位（4 字节）IEEE 短实数
REAL8	64 位（8 字节）IEEE 长实数
REAL10	80 位（10 字节）IEEE 扩展实数

```
.data
bigVal REAL10 1.212342342234234243E+864
.code
    fld    bigVal              ;将变量装入堆栈
```

装入浮点数值（FLD）

FLD（装入浮点数值）指令将浮点操作数复制到 FPU 栈顶（称为 ST(0)）。操作数可以是 32 位、64 位或 80 位的内存操作数（REAL4、REAL8 或 REAL10）或另一个 FPU 寄存器：

```
FLD m32fp
FLD m64fp
FLD m80fp
FLD ST(i)
```

内存操作数类型　FLD 支持的内存操作数类型与 MOV 指令的一样。示例如下：

```
.data
array REAL8 10 DUP(?)

.code
    fld    array                      ;直接操作数
    fld    [array+16]                 ;直接-偏移量操作数
    fld    REAL8 PTR[esi]             ;间接操作数
    fld    array[esi]                 ;变址操作数
    fld    array[esi*8]               ;带比例因子的变址操作数
    fld    array[esi*TYPE array]      ;带比例因子的变址操作数
    fld    REAL8 PTR[ebx+esi]         ;基址-变址操作数
    fld    array[ebx+esi]             ;基址-变址-位移操作数
    fld    array[ebx+esi*TYPE array]  ;带比例因子的基址-变址-位移操作数
```

示例　下面的例子将两个直接操作数装入 FPU 栈：

```
.data
dblOne      REAL8 234.56
dblTwo      REAL8 10.1
.code
fld    dblOne                      ; ST(0) = dblOne
fld    dblTwo                      ; ST(0) = dblTwo, ST(1) = dblOne
```

每条指令执行后的堆栈情况如下图所示：

```
           fld   dblOne      ST(0)   234.56


           fld   dblTwo      ST(1)   234.56
                            ST(0)   10.1
```

当第二条 FLD 执行时，TOP 递减，这使得之前标记为 ST(0) 的堆栈元素变为 ST(1)。

FILD　FILD（装入整数）指令将 16 位、32 位或 64 位有符号整数源操作数转换为双精度浮点数，并装入到 ST(0)，源操作数的符号保留。指令用法将在 12.2.10 节（混合模式算术运算）中进行说明。FILD 支持的内存操作数类型与 MOV 指令的一致（间接、变址、基址 - 变址等）。

装入常量　下面的指令将专用常数装入到堆栈。这些指令没有操作数：

- FLD1 指令将 1.0 压入寄存器栈。
- FLDL2T 指令将 $\log_2 10$ 压入寄存器栈。
- FLDL2E 指令将 $\log_2 e$ 压入寄存器栈。
- FLDPI 指令将 π 压入寄存器栈。
- FLDLG2 指令将 $\log_{10} 2$ 压入寄存器栈。
- FLDLN2 指令将 $\log_e 2$ 压入寄存器栈。
- FLDZ（装入零）指令将 0.0 压入 FPU 栈。

保存浮点数值（FST，FSTP）

FST（保存浮点数值）指令将浮点操作数从 FPU 栈顶复制到内存。FST 支持的内存操作数类型与 FLD 一致。操作数可以为 32 位、64 位或 80 位内存操作数（REAL4、REAL8 或 REAL10）或另一个 FPU 寄存器：

```
FST    m32fp                       FST    m80fp
FST    m64fp                       FST    ST(i)
```

FST 不弹出堆栈。下面的指令将 ST(0) 保存到内存。假设 ST(0) 等于 10.1，ST(1) 等于 234.56：

```
fst    dblThree                    ; 10.1
fst    dblFour                     ; 10.1
```

直觉上，期望 dblFour 等于 234.56。但是第一条 FST 指令将 10.1 留在了 ST(0) 中。如果想要将 ST(1) 复制到 dblFour，就必须要用 FSTP 指令。

FSTP　FSTP（保存浮点值并弹出）指令将 ST(0) 的值复制到内存，并将 ST(0) 弹出堆栈。假设执行下述指令前，ST(0) 等于 10.1，ST(1) 等于 234.56：

```
fstp   dblThree                    ; 10.1
fstp   dblFour                     ; 234.56
```

指令执行后，在逻辑上，这两个数值已经从堆栈中移除了。实际上，每次执行 FSTP，

TOP 指针都会递增，改变了 ST(0) 的位置。

FIST（保存整数）指令将 ST(0) 的值转换为有符号整数，并将结果保存到目的操作数。值可以保存为字或双字。其用法将在 12.2.10 节（混合模式算术运算）进行说明。FIST 支持的内存操作数类型与 FST 一致。

12.2.5 算术运算指令

表 12-12 列出了基本的算术运算。所有算术运算指令支持的内存操作数类型与 FLD（装入）和 FST（保存）一致，因此，操作数可以是间接操作数、变址操作数、基址－变址操作数等。

表 12-12 基本的浮点算术运算指令

指令	说明
FCHS	改变符号
FADD	将源操作数加到目的操作数
FSUB	从目的操作数减去源操作数
FSUBR	从源操作数减去目的操作数
FMUL	源操作数乘以目的操作数
FDIV	目的操作数除以源操作数
FDIVR	源操作数除以目的操作数

FCHS 和 FABS

FCHS（改变符号）指令将 ST(0) 中浮点数值的符号取反。FABS（绝对值）指令清零 ST(0) 中数值的符号，以得到它的绝对值。这两条指令都没有操作数：

```
FCHS
FABS
```

FADD、FADDP 和 FIADD

FADD（加法）指令的格式如下，其中，m32fp 是 REAL4 内存操作数，m64fp 是 REAL8 操作数，*i* 是寄存器号：

```
FADD⊖
FADD    m32fp
FADD    m64fp
FADD    ST(0), ST(i)
FADD    ST(i), ST(0)
```

无操作数 如果 FADD 没有使用操作数，则是 ST(0) 与 ST(1) 相加，结果暂存在 ST(1)。然后 ST(0) 弹出堆栈，将加法结果留在栈顶。假设堆栈已经包含了两个数值，则下图展示了 FADD 的操作：

```
fadd        执行前:   ST(1)   234.56
                      ST(0)   10.1


            执行后:   ST(0)   244.66
```

寄存器操作数 从同样的堆栈内容开始，下面展示了将 ST(0) 加到 ST(1)：

```
fadd st(1), st(0)   执行前:   ST(1)   234.56
                              ST(0)   10.1


                    执行后:   ST(1)   244.66
                              ST(0)   10.1
```

⊖ MASM 使用无参数 FADD 指令来执行与 Intel 无参数 FADDP 指令相同的操作。

内存操作数　如果使用的是内存操作数，FADD 将该操作数加到 ST(0)。示例如下：

```
fadd     mySingle                  ; ST(0) += mySingle
fadd     REAL8 PTR[esi]            ; ST(0) += [esi]
```

FADDP　FADDP（相加并弹出）指令先执行加法运算，再将 ST(0) 弹出堆栈。MASM 支持如下格式：

```
FADDP ST(i),ST(0)
```

下图展示了 FADDP 的运算过程：

```
faddp st(1), st(0)    执行前：  ST(1)    234.56
                                ST(0)    10.1

                      执行后：  ST(0)    244.66
```

FIADD　FIADD（加上整数）指令先将源操作数转换为扩展双精度浮点格式，再将其加到 ST(0)。指令语法如下：

```
FIADD    m16int
FIADD    m32int
```

示例：

```
.data
myInteger DWORD 1
.code
fiadd    myInteger                 ; ST(0) += myInteger
```

FSUB、FSUBP 和 FISUB

FSUB 指令从目的操作数中减去源操作数，并把所得的差值保存在目的操作数中。目的操作数总是一个 FPU 寄存器，源操作数可以是 FPU 寄存器或者内存操作数。该指令接收的操作数类型与 FADD 指令一致：

```
FSUB⊖
FSUB     m32fp
FSUB     m64fp
FSUB     ST(0), ST(i)
FSUB     ST(i), ST(0)
```

FSUB 的操作与 FADD 相似，只不过它做的是减法而不是加法。例如，无参数形式的 FSUB 执行的是 ST(1)-ST(0)，结果暂存于 ST(1) 中。然后 ST(0) 被弹出堆栈，将减法结果留在栈顶。若 FSUB 使用内存操作数，则执行的是从 ST(0) 中减去内存操作数，且不弹出堆栈。

示例：

```
fsub     mySingle                  ; ST(0) -= mySingle
fsub     array[edi*8]              ; ST(0) -= array[edi*8]
```

FSUBP　FSUBP（相减并弹出）指令先执行减法，再将 ST(0) 弹出堆栈。MASM 支持如下格式：

⊖　MASM 使用无参数 FSUB 指令来执行与 Intel 无参数 FSUBP 指令相同的操作。

```
FSUBP  ST(i),ST(0)
```

FISUB　FISUB（减去整数）指令先将源操作数转换为扩展双精度浮点格式，再从 ST(0) 中减去该操作数：

```
FISUB   m16int
FISUB   m32int
```

FMUL、FMULP 和 FIMUL

FMUL 指令将源操作数乘以目的操作数，将乘积保存在目的操作数中。目的操作数总是一个 FPU 寄存器，源操作数可以是寄存器或者内存操作数。其语法与 FADD 和 FSUB 相同：

```
FMUL⊖
FMUL    m32fp
FMUL    m64fp
FMUL    ST(0), ST(i)
FMUL    ST(i), ST(0)
```

FMUL 的操作与 FADD 类似，除了执行的是乘法而不是加法。例如，无参数形式的 FMUL 将 ST(0) 乘以 ST(1)，乘积暂存于 ST(1)。然后，将 ST(0) 弹出堆栈，将乘积留在栈顶。类似地，使用内存操作数的 FMUL 则是将 ST(0) 乘以内存操作数：

```
fmul    mySingle                      ; ST(0) *= mySingle
```

FMULP　FMULP（相乘并弹出）指令先执行乘法，再将 ST(0) 弹出堆栈。MASM 支持如下格式：

```
FMULP  ST(i),ST(0)
```

FIMUL 与 FIADD 相同，除了它执行的是乘法而不是加法：

```
FIMUL   m16int
FIMUL   m32int
```

FDIV、FDIVP 和 FIDIV

FDIV 指令将目的操作数除以源操作数，被除数保存在目的操作数中。目的操作数总是一个寄存器，源操作数可以为寄存器或者内存操作数。其语法与 FADD 和 FSUB 相同：

```
FDIV⊖
FDIV    m32fp
FDIV    m64fp
FDIV    ST(0), ST(i)
FDIV    ST(i), ST(0)
```

FDIV 的操作与 FADD 的类似，除了执行的是除法而不是加法。例如，无参数形式的 FDIV 将 ST(1) 除以 ST(0)。然后，ST(0) 弹出堆栈，将被除数留在栈顶。使用内存操作数的 FDIV 将 ST(0) 除以内存操作数。下面的代码将 dblOne 除以 dblTwo，并将商保存到 dblQuot：

```
.data
dblOne    REAL8   1234.56
dblTwo    REAL8   10.0
dblQuot   REAL8   ?
```

⊖ MASM 使用无参数 FMUL 指令来执行与 Intel 无参数 FMULP 指令相同的操作。
⊖ MASM 使用无参数 FDIV 指令来执行与 Intel 无参数 FDIVP 指令相同的操作。

```
.code
    fld     dblOne          ; 装入到 ST(0)
    fdiv    dblTwo          ; 将 ST(0) 除以 dblTwo
    fstp    dblQuot         ; 将 ST(0) 保存到 dblQuot
```

若源操作数为 0，则产生除零异常。当被除的操作数等于正或负无穷、零，以及 NaN 时，则使用一些特殊情况的处理方法。要了解更多细节，请参阅 Intel 指令集参考手册。

FIDIV   FIDIV 指令先将整数源操作数转换为扩展双精度浮点格式，再执行与 ST(0) 的除法。其语法如下：

```
FIDIV   m16int
FIDIV   m32int
```

12.2.6 比较浮点数值

浮点数不能使用 CMP 指令进行比较，因为后者是通过整数减法来执行比较的。取而代之的是 FCOM 指令。执行 FCOM 指令后，还需要采取特殊步骤，然后再使用逻辑 IF 语句中的条件跳转指令（JA、JB、JE 等）。由于所有的浮点数都隐含是有符号数，因此，FCOM 执行的是有符号比较。

FCOM、FCOMP 和 FCOMPP   FCOM（比较浮点数）指令将 ST(0) 与其源操作数进行比较。源操作数可以为内存操作数或 FPU 寄存器。语法为：

指令	描述
FCOM	比较 ST(0) 与 ST(1)
FCOM *m32fp*	比较 ST(0) 与 *m32fp*
FCOM *m64fp*	比较 ST(0) 与 *m64fp*
FCOM ST(*i*)	比较 ST(0) 与 ST(*i*)

FCOMP 指令的操作数类型和执行的操作与 FCOM 指令相同，但是它要将 ST(0) 弹出堆栈。FCOMPP 指令与 FCOMP 相同，除了它有两次弹出操作。

条件码   FPU 条件码标志有 3 个，C3、C2 和 C0，用以说明浮点数比较的结果（见表 12-13）。由于 C3、C2 和 C0 的功能分别与零标志（ZF）、奇偶标志（PF）和进位标志（CF）相同，因此表中列标题给出了与之等价的 CPU 状态标志。

表 12-13   FCOM、FCOMP 和 FCOMPP 设置的条件码

条件	C3（零标志）	C2（奇偶标志）	C0（进位标志）	使用的条件跳转指令
ST(0)>SRC	0	0	0	JA, JNBE
ST(0)<SRC	0	0	1	JB, JNAE
ST(0)=SRC	1	0	0	JE, JZ
未规定①	1	1	1	（无）

① 如果出现无效算术运算操作数异常（由于无效操作数），且该异常被屏蔽，则 C3、C2 和 C0 按照标记为"未规定"的行来设置。

在比较两个数并设置 FPU 条件码之后，遇到的主要挑战就是如何根据条件分支到标号。这涉及两个步骤：

- 用 FNSTSW 指令将 FPU 状态字送入 AX。
- 用 SAHF 指令将 AH 复制到 EFLAGS 寄存器。

一旦条件码送入 EFLAGS，就可以根据 ZF、PF 和 CF 进行条件跳转。表 12-13 列出了

每种标志组合所对应的条件跳转。还可以推断出其他跳转：如果 CF=0，则 JAE 指令引发控制转移；如果 CF=1 或 ZF=1，则 JBE 指令引发控制转移；如果 ZF=0，则 JNE 指令引发控制转移。

示例　从下面的 C++ 代码开始：

```
double X = 1.2;
double Y = 3.0;
int N = 0;
if( X < Y )
    N = 1;
```

与之等效的汇编语言代码如下：

```
    .data
X   REAL8   1.2
Y   REAL8   3.0
N   DWORD   0
    .code
; if( X < Y )
; N = 1
    fld     X           ; ST(0) = X
    fcomp   Y           ; 比较 ST(0) 与 Y
    fnstsw  ax          ; 将状态字送入 AX
    sahf                ; 将 AH 复制到 EFLAGS
    jnb     L1          ; X 不小于 Y? 跳过
    mov     N,1         ; N = 1
L1:
```

P6 处理器的改进　对于上面的例子，需要说明的一点是浮点数比较的运行时开销大于整数比较。考虑到这一点，Intel 的 P6 系列引入了 FCOMI 指令，该指令比较浮点数值，并直接设置 ZF、PF 和 CF（P6 系列以 Pentium Pro 和 Pentium Ⅱ 处理器为起点）。FCOMI 的语法如下：

```
FCOMI ST(0),ST(i)
```

现在用 FCOMI 重写前面的示例代码（比较 X 和 Y）：

```
    .code
; if( X < Y )
; N = 1
    fld     Y               ; ST(0) = Y
    fld     X               ; ST(0) = X, ST(1) = Y
    fcomi   ST(0),ST(1)     ; 比较 ST(0) 与 ST(1)
    jnb     L1              ; ST(0) 不小于 ST(1)? 跳过
    mov     N,1             ; N = 1
L1:
```

FCOMI 指令替代了之前代码段中的三条指令，但是增加了一条 FLD 指令。FCOMI 指令不接收内存操作数。

相等比较

几乎每个编程入门教材都会警告读者不要做浮点数相等的比较，原因在于计算过程中出现的舍入误差。现在通过计算表达式（sqrt（2.0）*sqrt（2.0））-2.0 来说明这个问题。从数学上看，这个表达式应该等于 0，但计算结果却稍有不同（约等于 4.4408921E-016）。使用如下数据，表 12-14 展示了每一步计算后 FPU 栈的情况：

```
val1 REAL8 2.0
```

表 12-14 计算 (sqrt (2.0) *sqrt (2.0)) −2.0

指令	FPU 栈
fld val1	ST(0): +2.0000000E+000
fsqrt	ST(0): +1.4142135E+000
fmul ST(0),ST(0)	ST(0): +2.0000000E+000
fsub val1	ST(0): +4.4408921E-016

比较两个浮点数 x 和 y 的正确方法是计算它们差值的绝对值 $|x-y|$，并将其与用户定义的误差值 epsilon 进行比较。汇编语言代码如下，其中，epsilon 为两数差值允许的最大值，不大于该值则认为这两个浮点数相等：

```
.data
epsilon REAL8 1.0E-12
val2 REAL8 0.0                  ; 要比较的数
val3 REAL8 1.001E-13            ; 认为等于val2
.code
; 如果(val2 == val3), 则显示 "Values are equal"。
    fld    epsilon
    fld    val2
    fsub   val3
    fabs
    fcomi  ST(0),ST(1)
    ja     skip
  mWrite <"Values are equal",0dh,0ah>
skip:
```

表 12-15 跟踪程序执行过程，显示了前四条指令的每条执行后堆栈的情况。

表 12-15 计算点积 (6.0*2.0) + (4.5*3.2)

指令	FPU 栈
fld epsilon	ST(0):+1.0000000E-012
fld val2	ST(0):+0.0000000E+000
	ST(1):+1.0000000E-012
fsub val3	ST(0):-1.0010000E-013
	ST(1):+1.0000000E-012
fabs	ST(0):+1.0010000E-013
	ST(1):+1.0000000E-012
fcomi ST(0),ST(1)	ST(0)<ST(1), 故 CF=1,ZF=0

如果将 val3 重新定义为大于 epsilon，它就不会等于 val2：

```
val3 REAL8 1.001E-12            ; 不相等
```

12.2.7 读写浮点数值

本书链接库有两个浮点数输入/输出过程，它们由圣何塞州立大学的 William Barrett 编写：

- ReadFloat：从键盘读取一个浮点数，并将其压入浮点堆栈。
- WriteFloat：将 ST(0) 中的浮点数以指数格式写到控制台窗口。

ReadFloat 接收各种格式的浮点数，示例如下：

```
35
+35.
```

```
-3.5
.35
3.5E5
3.5E005
-3.5E+5
3.5E-4
+3.5E-4
```

ShowFPUStack 另一个有用的过程，由太平洋路德大学的 James Brink 编写，能够显示 FPU 栈。调用该过程不需要参数：

```
    call    ShowFPUStack
```

示例程序 下面的示例程序将两个浮点数压入 FPU 栈并显示，再由用户输入两个数，将它们相乘并显示乘积：

```
; 32 位浮点数 I/O 测试     (floatTest32.asm)
INCLUDE Irvine32.inc
INCLUDE macros.inc
.data
first   REAL8 123.456
second  REAL8 10.0
third   REAL8 ?
.code
main PROC
        finit                           ; 初始化 FPU
; 压入两个浮点数，并显示 FPU 栈。
        fld     first
        fld     second
        call    ShowFPUStack
; 输入两个浮点数，并显示它们的乘积。
        mWrite "Please enter a real number: "
        call    ReadFloat
        mWrite "Please enter a real number: "
        call    ReadFloat
        fmul    ST(0),ST(1)             ; 相乘
        mWrite "Their product is: "
        call    WriteFloat
        call    Crlf
        exit
main ENDP
END main
```

输入/输出（用户输入显示为粗体）示例如下：

```
------ FPU Stack ------
ST(0): +1.0000000E+001

ST(1): +1.2345600E+002

Please enter a real number: 3.5

Please enter a real number: 4.2

Their product is: +1.4700000E+001
```

12.2.8 异常同步

整数（CPU）和 FPU 是各自独立的单元，因此，在执行整数和系统指令的同时也可以执行浮点指令，这个功能被称为并发性（concurrency），当发生未屏蔽的浮点异常时，它可能

是个潜在的问题。另一方面，已屏蔽异常（masked exception）则不成问题，因为，FPU总是可以完成当前操作并保存结果。

当发生未屏蔽异常（unmasked exception）时，当前浮点指令被中断，FPU发出异常事件信号。当下一条浮点指令或FWAIT（WAIT）指令将要执行时，FPU检查待处理的异常。如果发现有这样的异常，FPU就调用浮点异常处理程序（是一个子例程）。

如果引发异常的浮点指令后跟整数或系统指令，情况又会怎样呢？遗憾的是，这种指令不会去检查待处理的异常，它们会立即执行。如果第一条指令将其输出存入一个内存操作数，而第二条指令又要修改同一个内存操作数，则异常处理程序就不能正确执行。示例如下：

```
    .data
intVal  DWORD  25
    .code
    fild    intVal          ; 将整数装入 ST(0)
    inc     intVal          ; 整数加 1
```

设置 WAIT 和 FWAIT 指令是为了在执行下一条指令之前，强制处理器检查待处理且未屏蔽的浮点异常。这两条指令中的任一条都可以解决这种潜在的同步问题，直到异常处理程序结束，才执行 INC 指令。

```
    fild    intVal          ; 将整数装入 ST(0)
    fwait                   ; 等待待处理的异常
    inc     intVal          ; 整数加 1
```

12.2.9 代码示例

本节将用几个简短的例子来演示浮点算术运算指令。一个很好的学习方法是用 C++ 编写表达式，编译后，再检查由编译器生成的代码。

表达式

现在编写代码，计算表达式 valD = –valA +（valB * valC）。一种可能的解法步骤是：将 valA 装入到堆栈，并取其负数；将 valB 装入到 ST(0)，则 valA 成为 ST(1)；将 ST(0) 乘以 valC，乘积保留在 ST(0) 中；将 ST(1) 和 ST(0) 相加，并将和数保存到 valD：

```
    .data
valA REAL8 1.5
valB REAL8 2.5
valC REAL8 3.0
valD REAL8 ?               ; +6.0
    .code
    fld     valA            ; ST(0) = valA
    fchs                    ; 改变 ST(0) 的正负号
    fld     valB            ; 将 valB 装入到 ST(0)
    fmul    valC            ; ST(0) *= valC
    fadd                    ; ST(0) += ST(1)
    fstp    valD            ; 将 ST(0) 保存到 valD
```

数组之和

下面的代码计算并显示一个双精度实数数组之和：

```
ARRAY_SIZE = 20
    .data
sngArray REAL8  ARRAY_SIZE DUP(?)
    .code  mov  esi,0       ; 数组索引
    fldz                    ; 将 0.0 压入堆栈
    mov     ecx,ARRAY_SIZE
```

```
L1: fld    sngArray[esi]      ; 将内存操作数装入到 ST(0)
    fadd                      ; 将 ST(0) 和 ST(1) 相加，弹出
    add    esi,TYPE REAL8     ; 移到下一个元素
    loop   L1
    call   WriteFloat         ; 显示 ST(0) 中的和数
```

平方根之和

FSQRT 指令对 ST(0) 中的数值求平方根，并将结果送回 ST(0)。下面的代码计算了两个数的平方根之和：

```
.data
valA REAL8 25.0
valB REAL8 36.0
.code
fld    valA                   ; 将 valA 压入堆栈
fsqrt                         ; ST(0) = sqrt(valA)
fld    valB                   ; 将 valB 压入堆栈
fsqrt                         ; ST(0) = sqrt(valB)
fadd                          ; 将 ST(0) 和 ST(1) 相加
```

数组点积

下面的代码计算表达式（array[0] * array[1]）+（array[2] * array[3]）。该计算有时被称为点积（dot product）。表 12-16 显示了每条指令执行后，FPU 栈的情况。输入数据如下：

```
.data
array REAL4 6.0, 2.0, 4.5, 3.2
```

表 12-16　计算点积 (6.0 * 2.0) + (4.5 * 3.2)

指令		FPU 栈
fld	array	ST(0):+6.0000000E+000
fmul	[array+4]	ST(0):+1.2000000E+001
fld	[array+8]	ST(0):+4.5000000E+000
		ST(1):+1.2000000E+001
fmul	[array+12]	ST(0):+1.4400000E+001
		ST(1):+1.2000000E+001
fadd		ST(0):+2.6400000E+001

12.2.10　混合模式算术运算

到目前为止，算术运算只涉及实数。应用程序通常执行的是结合了整数和实数的混合模式算术运算。整数算术运算指令，如 ADD 和 MUL，不能操作实数，因此只能选择用浮点指令。Intel 指令集提供指令将整数转换为实数，并将数值装入浮点堆栈。

示例　下面的 C++ 代码将一个整数与一个双精度数相加，并把和数保存为双精度数。C++ 在执行加法前，自动将整数转换为实数：

```
int N = 20;
double X = 3.5;
double Z = N + X;
```

与之等效的汇编语言代码如下：

```
.data
N SDWORD 20
X REAL8 3.5
Z REAL8 ?
```

```
        .code
        fild    N                       ; 将整数装入到 ST(0)
        fadd    X                       ; 将内存操作数加到 ST(0)
        fstp    Z                       ; 将 ST(0) 保存到内存操作数
```

示例 下面的 C++ 程序将 N 转换为双精度数后，计算一个实数表达式，再将结果保存到一个整数变量：

```
int N = 20;
double X = 3.5;
int Z = (int) (N + X);
```

Visual C++ 生成的代码先调用转换函数（ftol），再把截断的结果保存到 Z。如果用汇编语言编写该表达式并使用 FIST，就可以避免函数调用，不过 Z（默认）会向上舍入为 24：

```
        fild    N                       ; 将整数装入到 ST(0)
        fadd    X                       ; 将内存操作数加到 ST(0)
        fist    Z                       ; 将 ST(0) 保存到整数内存操作数
```

改变舍入模式 FPU 控制字的 RC 字段指定使用的舍入类型。可以先用 FSTCW 把控制字保存到一个变量，再修改 RC 字段（位 10 和 11），最后用 FLDCW 指令将这个变量装回到控制字：

```
        fstcw   ctrlWord                ; 保存控制字
        or      ctrlWord,110000000000b  ; 设置 RC = 截断
        fldcw   ctrlWord                ; 装入控制字
```

然后，执行需要截断的计算，生成结果 Z=23：

```
        fild    N                       ; 将整数装入到 ST(0)
        fadd    X                       ; 将内存操作数加到 ST(0)
        fist    Z                       ; 将 ST(0) 保存到整数内存操作数
```

或者，也可以将舍入模式重新设置为默认选项（舍入到最接近的偶数）：

```
        fstcw   ctrlWord                ; 保存控制字
        and     ctrlWord,001111111111b  ; 重新将舍入模式设置为默认模式
        fldcw   ctrlWord                ; 装入控制字
```

12.2.11 屏蔽和非屏蔽异常

在默认情况下，异常是被屏蔽的（见 12.2.3 节），因此，当出现浮点异常时，处理器为结果赋予默认值，并继续工作。例如，一个浮点数除以 0 生成的结果为无穷，而不会中断程序：

```
        .data
val1    DWORD   1
val2    REAL8   0.0
        .code
        fild    val1                    ; 将整数装入到 ST(0)
        fdiv    val2                    ; ST(0) = 正无穷
```

如果 FPU 控制字没有屏蔽异常，则处理器就会试着执行合适的异常处理程序。清零 FPU 控制字中的相应位就可以实现异常的非屏蔽操作（见表 12-17）。假设不想屏蔽除零异常，则需要如下步骤：

1. 将 FPU 控制字保存到一个 16 位变量。
2. 清零位 2（除零标志）。

3. 将该变量装回到控制字。

表 12-17　FPU 控制字的字段

位	描述	位	描述
0	无效操作异常屏蔽	5	精度异常屏蔽
1	非规格化操作数异常屏蔽	8～9	精度控制
2	除零异常屏蔽	10～11	舍入控制
3	上溢异常屏蔽	12	无穷控制
4	下溢异常屏蔽		

下面的代码实现了浮点异常的非屏蔽操作：

```
.data
ctrlWord WORD ?
.code
fstcw   ctrlWord              ; 获取控制字
and     ctrlWord,1111111111111011b  ; 不屏蔽除零异常
fldcw   ctrlWord              ; 将结果装回 FPU
```

现在，如果执行除零代码，就会产生一个非屏蔽异常：

```
fild    val1
fdiv    val2                  ; 除以 0
fst     val2
```

只要 FST 指令开始执行，MS-Windows 就会显示如下对话框：

屏蔽异常　要屏蔽一个异常，就将 FPU 控制字中的相应位置 1。下面的代码屏蔽了除零异常：

```
.data
ctrlWord WORD ?
.code
fstcw   ctrlWord              ; 获取控制字
or      ctrlWord,100b         ; 屏蔽除零异常
fldcw   ctrlWord              ; 将结果装回 FPU
```

12.2.12　本节回顾

1. 下面的哪一条指令将 ST(0) 的副本装入到 FPU 栈？
   a. fld st(0)　　　　b. fld st(0,1)　　　　c. fst st(0)　　　　d. fdup st(0)
2. 如果 ST(0) 定位于寄存器栈中的寄存器 R6，则 ST(2) 的位置在哪里？
   a. R1　　　　　　b. R5　　　　　　　c. R0　　　　　　　d. R7
3. 判断真假：FPU 专用寄存器中的两个名为操作代码和标志字。
   a. 真　　　　　　b. 假
4. 当浮点指令的第二个字母为 B 时，这是指操作数是什么类型？
   a. 字节　　　　　　　　　　　　　　　b. 二进制
   c. BCD　　　　　　　　　　　　　　　d. 基本 8087 FPU 指令集

5. 判断真假：浮点指令 FCOM 和 FADD 接收立即操作数。
   a. 真　　　　　　　　b. 假
6. 判断真假：指令 FMUL 将源操作数乘以目的操作数，并将乘积保存到目的操作数。目的操作数总是 FPU 寄存器，而源操作数必须是寄存器操作数。
   a. 真　　　　　　　　b. 假
7. 判断真假：指令 FSUB 总是有两个操作数。
   a. 真　　　　　　　　b. 假

12.3　x86 指令编码

要完全理解汇编语言的操作码和操作数，就需要花些时间了解汇编指令翻译成机器语言的方式。x86 指令编码是复杂的，这是因为 Intel 指令集有丰富多样的指令和寻址模式可供使用。这里首先以运行于实地址模式的 8086/8088 处理器为例来说明。之后，再展示当 Intel 引入 32 位处理器时带来的一些变化。

Intel 8086 是第一个使用复杂指令集的处理器。就这样从起初简单明了的设计逐渐发展成为日益复杂的系统。在早期，很多专家都预测 x86 会被更简单的精简指令集（RISC）处理器超越，但这并没有成为事实。Intel 一直在优化 x86，并扩展其功能，使之可以在同一时间内处理多条指令。该指令集中包含了各种各样的内存寻址、移位、算术运算、数据传送及逻辑操作。指令编码（encode an instruction）是指将汇编语言指令及其操作数转换为机器码。指令解码（decode an instruction）是指将机器码指令转换为汇编语言。希望这里对 Intel 指令编码和解码的逐步解释将有助于唤起你对 MASM 作者们辛苦工作的欣赏。

12.3.1　指令格式

一般的 x86 机器指令格式（见图 12-6）包含了一个指令前缀字节、操作码、Mod R/M 字节、伸缩索引字节（SIB）、地址位移，以及立即数。前缀字节（prefix byte）位于指令的起始地址。每条指令都有一个操作码，而其余字段则是可选的。极少指令包含了全部字段。平均来看，大多数指令都有 2 个或 3 个字节。下面是对这些字段的简介：

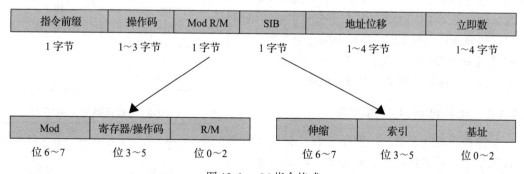

图 12-6　x86 指令格式

- 指令前缀（instruction prefix）覆盖了默认的操作数大小。
- 操作码（操作代码）指定指令的特定变体。例如，根据使用的参数类型，指令 ADD 有 9 种不同的操作码。
- Mod R/M 字段指定寻址模式和操作数。符号"R/M"代表的是寄存器和模式（register and mode）。表 12-18 描述了 Mod 字段，而表 12-19 描述了当 Mod= 二进制

10 时，16 位应用的 R/M 字段。
- 伸缩索引字节（Scale Index Byte，SIB）用于计算数组索引的偏移量。
- 地址位移（address displacement）字段存放了操作数的偏移量，在基址 – 位移或者基址 – 变址 – 位移寻址模式中，该字段还可以加到基址或变址寄存器上。
- 立即数据（immediate data）字段存放了常量操作数。

表 12-18 Mod 字段取值

Mod	位移
00	DISP=0，位移低半部分和高半部分都没有（除非 r/m=110）
01	DISP= 位移低半部分符号扩展到 16 位，没有位移高半部分
10	DISP= 位移高半部分和低半部分均被使用
11	R/M 字段包含一个寄存器号

表 12-19 16 位 R/M 字段取值（对于 Mod=10）

R/M	有效地址
000	[BX+SI]+D16 [1]
001	[BX+DI]+D16
010	[BP+SI]+D16
011	[BP+DI]+D16
100	[SI]+D16
101	[DI]+D16
110	[BP]+D16
111	[BX]+D16

[1] D16 表示 16 位偏移量。

12.3.2 单字节指令

最简单类型的指令是没有操作数或只有一个隐含操作数的指令。这种指令只需要操作码字段，字段值由处理器的指令集预先确定。表 12-20 列出了一些常见的单字节指令。INC DX 指令似乎不应该出现，其出现的原因是：指令集的设计者决定为某些常用指令提供独有的操作码。所以，针对代码量和执行速度，对该寄存器的递增操作进行了优化。

12.3.3 将立即数送入寄存器

立即操作数（常数）按照小端序（起始地址存放最低字节）添加到指令。首先关注将立即数送入寄存器的指令，暂不考虑内存寻址的复杂性。将一个立即字送入寄存器的 MOV 指令的编码格式为：B8+rw dw，其中操作码字节的值为 B8+rw，表示将一个寄存器号（0～7）加到 B8；dw 为立即字操作数，低字节在前（操作码中用到的寄存器号在表 12-21 中列出）。下面的例子中出现的所有数值都

表 12-20 单字节指令

指令	操作码
AAA	37
AAS	3F
CBW	98
LODSB	AC
XLAT	D7
INC DX	42

表 12-21 寄存器号（8/16 位）

寄存器	编号
AX/AL	0
CX/CL	1
DX/DL	2
BX/BL	3
SP/AH	4
BP/CH	5
SI/DH	6
DI/BH	7

为十六进制。

示例：PUSH CX 机器指令为：51。编码步骤如下：
1. 带一个16位寄存器操作数的 PUSH 指令的操作码为 50。
2. CX 的寄存器号为 1，故将 1 加到 50，得到操作码为 51。

示例：MOV AX, 1 机器指令为：B8 01 00（十六进制）。编码过程如下：
1. 将立即数送入 16 位寄存器的操作码为 B8。
2. AX 的寄存器号为 0，故将 0 加到 B8（参见表 12-21）。
3. 立即操作数（0001）按小端序添加到指令（01, 00）。

示例：MOV BX, 1234h 机器指令为：BB 34 12。编码过程如下：
1. 将立即数送入 16 位寄存器的操作码为 B8。
2. BX 的寄存器号为 3，故将 3 加到 B8，得到操作码 BB。
3. 立即操作数字节为 34 12。

从实践的角度出发，建议手动汇编一些 MOV 立即数指令来提高能力，然后通过查看 MASM 在源列表文件中生成的代码来检验汇编结果。

12.3.4 寄存器模式指令

在使用寄存器操作数的指令中，Mod R/M 字节包含一个 3 位的标识符来表示寄存器操作数。表 12-22 列出了寄存器的位编码。操作码字段的位 0 用于选择 8 位或 16 位寄存器：1 表示 16 位寄存器，0 表示 8 位寄存器。

表 12-22 标识 Mod R/M 字段中的寄存器

R/M	寄存器	R/M	寄存器
000	AX 或 AL	100	SP 或 AH
001	CX 或 CL	101	BP 或 CH
010	DX 或 DL	110	SI 或 DH
011	BX 或 BL	111	DI 或 BH

例如，MOV AX, BX 的机器语言为 89 D8。将寄存器送入任何其他操作数的 16 位 MOV 指令的 Intel 编码为 89/r，其中 /r 表示操作码后面跟一个 Mod R/M 字节。Mod R/M 字节由三个字段（mod、reg 和 r/m）组成。例如，若 Mod R/M 的值为 D8，则它包含如下字段：

mod	reg	r/m
11	011	000

- 位 6～7 是 mod 字段，指定寻址模式。mod 字段为 11，表示 r/m 字段包含的是一个寄存器号。
- 位 3～5 是 reg 字段，指定源操作数。在本例中，BX 是编号为 011 的寄存器。
- 位 0～2 是 r/m 字段，指定目的操作数。在本例中，AX 是编号为 000 的寄存器。

表 12-23 列出了更多一些使用 8 位和 16 位寄存器操作数的例子。

表 12-23 MOV 指令编码和寄存器操作数的示例

指令	操作码	mod	reg	r/m
mov ax, dx	8B	11	000	010

指令	操作码	mod	reg	r/m
mov al, dl	8A	11	000	010
mov cx, dx	8B	11	001	010
mov cl, dl	8A	11	001	010

12.3.5 处理器操作数大小前缀

现在将注意力转到 x86 处理器（也称为 IA-32）的指令编码。有些指令以操作数大小前缀（66h）开始，该前缀覆盖了其所修饰指令的默认段属性。问题是，为什么有指令前缀？8088/8086 指令集在创建时，几乎所有 256 个可能的操作码都用于带有 8 位和 16 位操作数的指令。当 Intel 开发 32 位处理器时，就必须想办法发明新的操作码来处理 32 位操作数，而同时还要保持与之前处理器的兼容性。对于面向 16 位处理器的程序，就对所有使用 32 位操作数的指令添加前缀字节。对于面向 32 位处理器的程序，默认为 32 位操作数。因此，就对所有使用 16 位操作数的指令添加前缀字节。8 位操作数不需要前缀。

示例：16 位操作数 现在通过对在表 12-23 中列出的 MOV 指令进行汇编，来看看在 16 位模式下前缀字节是如何起作用的。.286 伪指令指明编译代码的目标处理器，确保不使用 32 位寄存器。下面的每条 MOV 指令都给出了其指令编码：

```
.model small
.286
.stack 100h
.code
main PROC
    mov    ax,dx            ; 8B C2
    mov    al,dl            ; 8A C2
```

现在对 32 位处理器汇编相同的指令，使用 .386 伪指令，默认操作数大小为 32 位。指令将包括 16 位和 32 位操作数。第一条 MOV 指令（EAX、EDX）使用的是 32 位操作数，因此不需要前缀。第二条 MOV 指令（AX、DX）由于使用的是 16 位操作数，因此需要操作数大小前缀（66）：

```
.model small
.386
.stack 100h
.code
main PROC
    mov    eax,edx          ; 8B C2
    mov    ax,dx            ; 66 8B C2
    mov    al,dl            ; 8A C2
```

12.3.6 内存模式指令

如果 Mod R/M 字节只用于标识寄存器操作数，则 Intel 指令编码就会相对简单。而实际上，Intel 汇编语言有着各种各样的内存寻址模式，导致 Mod R/M 字节编码相当复杂。

Mod R/M 字节正好可以指定 256 个不同组合的操作数。表 12-24 针对 Mod 00 列出了 Mod R/M 字节（以十六进制）（完整的表参见 *Intel 64 and IA-32 Architectures Software Developer's Manual*，卷 2A）。Mod R/M 字节的编码方式如下：Mod 列中的两位表示寻址模式的集合。比如，Mod 00 有 8 种可能的 R/M 数值（二进制 000 ~ 111），这些数值所标识的操作数类型在有效地址列中给出。

表 12-24　Mod R/M 字节的部分列表（16 位的段）

字节		AL	CL	DL	BL	AH	CH	DH	BH	
字		AX	CX	DX	BX	SP	BP	SI	DI	
寄存器 ID		000	001	010	011	100	101	110	111	
Mod	R/M				Mod R/M 值					有效地址
00	000	00	08	10	18	20	28	30	38	[BX+SI]
	001	01	09	11	19	21	29	31	39	[BX+DI]
	010	02	0A	12	1A	22	2A	32	3A	[BP+SI]
	011	03	0B	13	1B	23	2B	33	3B	[BP+DI]
	100	04	0C	14	1C	24	2C	34	3C	[SI]
	101	05	0D	15	1D	25	2D	35	3D	[DI]
	110	06	0E	16	1E	26	2E	36	3E	16 位位移
	111	07	0F	17	1F	27	2F	37	3F	[BX]

假设想要编码 MOV AX, [SI]，则 Mod 位为 00，R/M 位为二进制 100。从表 12-19 可知 AX 的寄存器号为二进制 000，因此完整的 Mod R/M 字节为 00 000 100b 或 04h：

mod	reg	r/m
00	000	100

十六进制字节 04 在表 12-24 中的 AX 列的第 5 行。

MOV [SI], AL 的 Mod R/M 字节是一样的（04h），因为寄存器 AL 的编号也是 000。现在对指令 MOV [SI], AL 进行编码。8 位寄存器传送的操作码为 88，Mod R/M 字节为 04h，这样，机器码就为 88 04。

MOV 指令示例

表 12-25 列出了 8 位和 16 位 MOV 指令所有的指令格式和操作码。表 12-26 和表 12-27 给出了表 12-25 中缩写符号的补充信息。手动汇编 MOV 指令时可以用这些表作为参考（更多细节请参阅 Intel 手册）。

表 12-25　MOV 指令操作码

操作码	指令	描述
88/r	MOV eb, rb	将字节寄存器送入字节有效地址
89/r	MOV ew, rw	将字寄存器送入字有效地址
8A/r	MOV rb, eb	将有效地址中的字节送入字节寄存器
8B/r	MOV rw, ew	将有效地址中的字送入字寄存器
8C/0	MOV ew, ES	将 ES 送入字有效地址
8C/1	MOV ew, CS	将 CS 送入字有效地址
8C/2	MOV ew, SS	将 SS 送入字有效地址
8C/3	MOV ew, DS	将 DS 送入字有效地址
8E/0	MOV ES, mw	将内存字送入 ES
8E/0	MOV ES, rw	将字寄存器送入 ES
8E/2	MOV SS, mw	将内存字送入 SS
8E/2	MOV SS, rw	将字寄存器送入 SS
8E/3	MOV DS, mw	将内存字送入 DS

(续)

操作码	指令	描述
8E /3	MOV DS, rw	将字寄存器送入 DS
A0 dw	MOV AL, xb	将字节变量（偏移量为 dw）送入 AL
A1 dw	MOV AX, xw	将字变量（偏移量为 dw）送入 AX
A2 dw	MOV xb, AL	将 AL 送入字节变量（偏移量为 dw）
A3 dw	MOV xw, AX	将 AX 送入字寄存器（偏移量为 dw）
B0+rb db	MOV rb, db	将字节立即数送入字节寄存器
B8+rw dw	MOV rw, dw	将字立即数送入字寄存器
C6 /0 db	MOV eb, db	将字节立即数送入字节有效地址
C7 /0 dw	MOV ew, dw	将字立即数送入字有效地址

表 12-26　指令操作码的解释

/n:	操作码后面跟一个 Mod R/M 字节，该字节后面可能再跟立即数和位移字段。数字 n（0～7）是 Mod R/M 字节中 reg 字段的值
/r:	操作码后面跟一个 Mod R/M 字节，该字节后面可能再跟立即数和位移字段
db:	操作码和 Mod R/M 字节后面跟一个字节立即操作数
dw:	操作码和 Mod R/M 字节后面跟一个字立即操作数
+rb:	8 位寄存器的编号（0～7），被加到前面的十六进制字节，构成 8 位操作码
+rw:	16 位寄存器的编号（0～7），被加到前面的十六进制字节，构成 8 位操作码

表 12-27　指令操作数的解释

db	−128～+127 之间的有符号数。若与字操作数结合使用，则对该数值进行符号扩展
dw	字类型的立即数，是指令的操作数
eb	字节大小的操作数，可以是寄存器也可以是内存操作数
ew	字大小的操作数，可以是寄存器也可以是内存操作数
rb	用数值（0～7）标识的 8 位寄存器
rw	用数值（0～7）标识的 16 位寄存器
xb	无基址或变址寄存器的简单字节内存变量
xw	无基址或变址寄存器的简单字内存变量

表 12-28 列出了更多 MOV 指令的例子，这些指令能手动汇编，且可以与表中的机器代码比较。假设 myWord 在偏移量 0102h 处开始。

表 12-28　MOV 指令及机器码示例

指令	机器码	寻址模式
mov ax, myWord	A1 02 01	直接（为 AX 优化）
mov myWord,bx	89 1E 02 01	直接
mov [di],bx	89 1D	变址
mov [bx+2],ax	89 47 02	基址 – 位移
mov [bx+si],ax	89 00	基址 – 变址
mov word prt [bx+di+2], 1234h	C7 41 02 34 12	基址 – 变址 – 位移

12.3.7　本节回顾

1. 给出下面每条 MOV 指令的操作码：

    .data

```
myByte BYTE ?
myWord WORD ?
.code
mov   ax,bx           ; a.
mov   bl,al           ; b.
mov   al,[si]         ; c.
mov   myByte,al       ; d.
mov   myWord,ax       ; e.
```

2. 给出下面每条 MOV 指令的 Mod R/M 字节：

```
.data
array WORD 5 DUP(?)
.code
mov   ds,ax           ; a.
mov   dl,bl           ; b.
mov   bl,[di]         ; c.
mov   ax,[si+2]       ; d.
mov   ax,array[si]    ; e.
mov   array[di],ax    ; f.
```

12.4 本章小结

二进制浮点数包含三个部分：符号、有效数字和阶数。Intel 处理器使用三种浮点数二进制存储格式，这些格式都在 IEEE 组织制定的 "Standard 754-1985 for Binary Floating-Point Arithmetic"（二进制浮点算术运算标准 754-1985）中加以明确规定。

- 32 位单精度数值包含 1 位符号、8 位阶数，以及 23 位有效数字的小数部分。
- 64 位双精度数值包含 1 位符号、11 位阶数，以及 52 位有效数字的小数部分。
- 80 位扩展双精度数值包含 1 位符号、16 位阶数，以及 63 位有效数字的小数部分。

若符号位为 1，则数值为负数；若该位为 0，则数值为正数。

浮点数的有效数字由十进制小数点左右两边的十进制数字构成。

并非所有处于 0 到 1 之间的实数都可以在计算机内表示为浮点数，其原因是有效位的个数是有限的。

规格化有限数是指，能够编码为 0 到无穷之间的规格化实数的所有非零有限数值。正无穷（+∞）代表最大正实数，负无穷（−∞）代表最大负实数。NaN 是不表示有效浮点数的位模式。

Intel 8086 处理器被设计为只处理整数算术运算，因此 Intel 制造了独立的 8087 浮点协处理器芯片，它与 8086 一起插在计算机的母板上。随着 Intel 486 的出现，浮点操作被集成到主 CPU 内，并重新命名为浮点单元（FPU）。

FPU 有 8 个各自独立可寻址的 80 位寄存器，分别命名为 R0～R7，它们构成一个寄存器栈。在进行计算时，所用到的浮点操作数以扩展实数的形式保存在 FPU 栈中。内存操作数也可用于计算。当 FPU 将算术运算的结果保存到内存时，会把结果转换为下述格式之一：整数、长整数、单精度数、双精度数或者 BCD 数。

Intel 浮点指令助记符用字母 F 开始，以区别于 CPU 指令。指令的第二个字母（通常为 B 或 I）表示如何解释内存操作数：B 表示操作数为二进制编码的十进制数（BCD），I 表示操作数为二进制整数。如果两者都没有指定，则内存操作数就假设为实数格式。

Intel 8086 是第一个使用复杂指令集计算机（Complex Instruction Set Computer，CISC）设计的处理器，其庞大的指令集包含了各种各样的内存寻址、移位、算术运算、数据传送及逻辑操作。

指令编码是指将汇编语言指令及其操作数转换为机器码。指令解码是指将机器码指令转换为汇编语言指令及其操作数。

x86 机器指令格式包含一个可选的前缀字节、一个操作码字段、一个可选的 Mod R/M 字节、若干个可选的立即数字节，以及若干个可选的内存位移字节。极少指令包含所有这些字段。前缀字节覆盖了目标处理器默认的操作数大小。操作码字段包含了该指令特有的操作编码。Mod R/M 字段指定了寻址模式和操作数。在使用寄存器操作数的指令中，Mod R/M 字节包含一个 3 位标识符来表示每个寄存器操作数。

12.5 关键术语

address displacement（地址位移）
control register（控制寄存器）
concurrency（并发性）
decode an instruction（指令解码）
denormalize（去规格化）
double extended precision（扩展双精度）
double precision（双精度）
encode an instruction（指令编码）
exponent（阶数）
expression stack（表达式堆栈）
extended real（扩展实数）
floating-point exception（浮点异常）
FPU control word（FPU 控制字）
indefinite number（不定数）
instruction prefix（指令前缀）
last data pointer register（最后数据指针寄存器）
last instruction pointer register（最后指令指针寄存器）
long real（长实数）
mantissa（尾数）
masked exception（被屏蔽异常）

Mod R/M byte（Mod R/M 字节）
NaN（Not a Number）（非数值）
negative infinity（负无穷）
normalized finite number（规格化有限数）
normalized form（规格化形式）
opcode register（操作码寄存器）
positive infinity（正无穷）
prefix byte（前缀字节）
quiet NaN（安静 NaN）
RC field（RC 字段）
register stack（寄存器栈）
Scale Index Byte（SIB）（伸缩索引字节）
short real（短实数）
signaling NaN（信号 NaN）
significand（有效数字）
single precision（单精度）
status register（状态寄存器）
tag register（标志寄存器）
temporary real（临时实数）
unmasked exception（未屏蔽异常）

12.6 复习题和练习

12.6.1 简答题

1. 给定二进制浮点数 1101.01101，如何将其表示为十进制分数之和？
2. 为什么十进制数 0.2 不能用有限位数精确表示？
3. 给定二进制数 11011.01011，其规格化数值是什么？
4. 给定二进制数 0000100111101.1，其规格化数值是什么？
5. NaN 有哪两种类型？
6. FLD 指令允许的最大数据类型是什么，它包含多少位？

7. FSTP 指令与 FST 指令有哪些不同？
8. 哪条指令能改变浮点数的符号？
9. FADD 指令可使用哪些类型的操作数？
10. FISUB 指令与 FSUB 指令有哪些不同？
11. P6 系列之前的处理器中，哪条指令可以比较两个浮点数？
12. 哪条指令能将整数操作数装入到 ST(0)？
13. FPU 控制字中的哪个字段可以改变处理器的舍入模式？

12.6.2 算法题

1. 给出二进制数 +1110.011 的 IEEE 单精度编码。
2. 将分数 5/8 转换为二进制实数。
3. 将分数 17/32 转换为二进制实数。
4. 将十进制数 +10.75 转换为 IEEE 单精度实数。
5. 将十进制数 −76.0625 转换为 IEEE 单精度实数。
6. 编写包含有两条指令的序列，将 FPU 状态标志送入 EFLAGS 寄存器。
7. 给定一个精确结果 1.010101101，使用 FPU 的默认舍入方法将该值舍入为 8 位有效数字。
8. 给定一个精确结果 −1.010101101，使用 FPU 的默认舍入方法将该值舍入为 8 位有效数字。
9. 编写指令序列，实现如下的 C++ 代码：

```
double B = 7.8;
double M = 3.6;
double N = 7.1;
double P = -M * (N + B);
```

10. 编写指令序列，实现如下的 C++ 代码：

```
int B = 7;
double N = 7.1;
double P = sqrt(N) + B;
```

11. 给出如下这些 MOV 指令的操作码：

```
.data
myByte BYTE ?
myWord WORD ?
.code
mov     ax,@data
mov     ds,ax
mov     es,ax                   ; a.
mov     dl,bl                   ; b.
mov     bl,[di]                 ; c.
mov     ax,[si+2]               ; d.
mov     al,myByte               ; e.
mov     dx,myWord               ; f.
```

12. 给出如下这些 MOV 指令的 Mod R/M 字节：

```
.data
array WORD 5 DUP(?)
.code
mov     ax,@data
mov     ds,ax
mov     BYTE PTR array,5        ; a.
mov     dx,[bp+5]               ; b.
mov     [di],bx                 ; c.
mov     [di+2],dx               ; d.
mov     array[si+2],ax          ; e.
mov     array[bx+di],ax         ; f.
```

13. 手动汇编如下指令，并写出每条有标记指令的十六进制机器语言字节序列。假设 val1 位于偏移量 0 处。在使用 16 位数值的地方，字节序列必须按小端序呈现：

```
.data
val1 BYTE 5
val2 WORD 256
.code
mov  ax,@data
mov  ds,ax              ; a.
mov  al,val1            ; b.
mov  cx,val2            ; c.
mov  dx,OFFSET val1     ; d.
mov  dl,2               ; e.
mov  bx,1000h           ; f.
```

12.7 编程练习

★ **1. 浮点数比较**

用汇编语言实现如下 C++ 代码。用 WriteString 调用代替 printf() 函数调用：

```
double X;
double Y;
if( X < Y )
    printf("X is lower\n");
 else
    printf("X is not lower\n");
```

（使用 Irvine32 链接库例程进行控制台输出，不要调用标准 C 库的 printf 函数。）将程序运行若干次，指定 X 和 Y 的取值范围，以测试该程序的逻辑。

★★★ **2. 显示二进制浮点数**

编写过程，接收一个单精度浮点二进制数，并按如下格式显示该数：符号：显示 + 或 -；有效数字：二进制浮点数，前缀为 "1."；阶数：显示为十进制数，无偏差，以字母 E 和阶数符号开始。示例如下：

```
.data
sample REAL4 -1.75
```

显示输出：

```
-1.11000000000000000000000 E + 0
```

★★ **3. 设置舍入模式**

（需要宏知识。）编写一个宏，设置 FPU 的舍入模式。唯一的输入参数是两个字母的编码：

- RE：舍入到最近的偶数
- RD：向负无穷舍入
- RU：向正无穷舍入
- RZ：向零舍入（截断）

宏调用示例（不考虑大小写）：

```
mRound RE
mRound RD
mRound RU
mRound RZ
```

编写一个简短的测试程序，使用 FIST（保存整数）指令来检测每种可能的舍入模式。

★★ **4. 表达式求值**

编写程序计算如下算术表达式：

$$((A+B) / C) * ((D-A) + E)$$

为变量分配测试值,并显示运算结果。

★ **5. 圆的面积**

编写程序,提示用户输入圆的半径,计算并显示圆的面积。要求使用本书链接库的 ReadFloat 和 WriteFloat 过程,并用 FLDPI 指令将 π 装入寄存器栈。

★★★ **6. 二次方程求根公式**

对于多项式 $ax^2 + bx + c = 0$,提示用户输入系数 a, b 和 c。使用二次方程求根公式计算并显示多项式的实根。若出现虚根,则显示适当的消息。

★★ **7. 显示寄存器状态值**

标志寄存器(见 12.2.1 节)表示的是各个 FPU 寄存器内容的类型,每个寄存器对应两位(见图 12-7)。可以通过调用 FSTENV 指令装入标志字,该指令填充如下的保护模式结构(在 Irvine32.inc 中定义):

15							0
R7	R6	R5	R4	R3	R2	R1	R0

标志值:
00 = 有效
01 = 零
10 = 特殊(NaN、不支持的、无穷或非规格化)
11 = 空

图 12-7 标志字值

```
FPU_ENVIRON STRUCT
    controlWord          WORD ?
    ALIGN DWORD
    statusWord           WORD ?
    ALIGN DWORD
    tagWord              WORD ?
    ALIGN DWORD
    instrPointerOffset           DWORD ?
    instrPointerSelector         DWORD ?
    operandPointerOffset         DWORD ?
    operandPointerSelector       WORD ?
    WORD ?                       ; 未使用
FPU_ENVIRON ENDS
```

编写程序,将两个或更多个数值压入 FPU 栈,调用 ShowFPUStack 显示堆栈,显示每个 FPU 数据寄存器的标志值,并显示与 ST(0) 对应的寄存器号(对后者,调用 FSTSW 指令将状态字保存到 16 位整数变量,并从位 11 ~ 13 提取出堆栈 TOP 指针)。以如下输出示例为参考:

```
------ FPU Stack ------
ST(0): +1.5000000E+000
ST(1): +2.0000000E+000
R0  is empty
R1  is empty
R2  is empty
R3  is empty
R4  is empty
R5  is empty
R6  is valid
R7  is valid
ST(0) = R6
```

从输出示例可以看出,ST(0) 为 R6,因此 ST(1) 就为 R7。这两个寄存器都包含了有效的浮点数。

# 第 13 章
Assembly Language for x86 Processors, Eighth Edition

高级语言接口

13.1 引言

大多数程序员不会用汇编语言编写大型程序，因为这将花费过多的时间。与之不同，高级语言则隐藏了会减缓项目开发进度的细节。然而，汇编语言仍然广泛用于配置硬件驱动器，以及优化程序的速度和代码量。

本章关注汇编语言和高级编程语言之间的接口或连接。第二节将展示如何在 C++ 中编写内联汇编代码。第三节将把 32 位汇编语言模块链接到 C++ 程序。最后，将说明如何在汇编语言中调用 C 库函数。在本章中，对堆栈的所有引用都假设是针对由处理器管理的运行时堆栈。

13.1.1 通用规约

当从高级语言调用汇编语言过程时，必须要解决一些常见问题。

首先，一种语言使用的命名规约（naming convention）是指与变量命名和过程命名相关的规则和特性。例如，一个必须要回答的重要问题是：汇编器或编译器会修改目标文件中的标识符名称吗？如果是，如何修改？

其次，段名称必须与高级语言使用的名称兼容。

最后，程序使用的内存模型（微模型、小模型、紧凑模型、中模型、大模型、巨模型，或平面模型）决定了段的大小（16 或 32 位），以及调用和引用是近（同一段内）还是远（不同段之间）。

调用规约 调用规约（calling convention）是指调用过程的低层细节。下面列出了必须要考虑的细节信息：

- 被调过程必须要保存哪些寄存器
- 传递参数的方法：用寄存器、用堆栈、用共享内存，或者用其他方法
- 主调程序调用过程时，参数传递的顺序
- 参数传递采用的是值传递还是引用传递
- 过程调用后，如何恢复堆栈指针
- 函数如何向主调程序返回结果值

命名规约与外部标识符 当从其他语言编写的程序中调用汇编语言过程时，外部标识符必须与命名规约（命名规则）兼容。外部标识符（external identifier）是放在模块目标文件中的名字，链接器使得这些名字能够被其他程序模块使用。链接器解析对外部标识符的引用，但只有在所采用的命名规约一致时才能做到这一点。

例如，假设 C 程序 Main.c 调用外部过程 `ArraySum`。如下图所示，C 编译器自动保留大小写，并为外部名字添加前导下划线，将其修改为 `_ArraySum`：

Array.asm 模块用汇编语言编写，由于其 .MODEL 伪指令使用的选项为 Pascal 语言，因此输出的 ArraySum 过程的名字就是 ARRAYSUM。由于两个输出的名称不同，因此链接器无法生成可执行程序。

较早的编程语言，如 COBOL 和 PASCAL，其编译器通常将标识符转换为全大写字母。更近期的语言，如 C、C++ 和 Java，则保留了标识符的大小写。此外，支持函数重载的语言（如 C++）还使用名称修饰（name decoration）技术为函数名字添加额外字符。例如，若函数名为 MySub (int n, double b)，则输出可能为 MySub#int#double。

在汇编语言模块中，可以通过在 .MODEL 伪指令中选择语言说明符来控制大小写敏感性。

段名　当将汇编语言过程链接到高级语言程序时，段名必须是兼容的。本章使用 Microsoft 简化段伪指令 .CODE、.STACK 和 .DATA，因为它们与 Microsoft C++ 编译器生成的段名兼容。

内存模型　主调程序与被调过程必须使用相同的内存模型。例如，在实地址模式下，可从小模型、中模型、紧凑模型、大模型和巨模型中选择。在保护模式下，就必须使用平面模型。本章将给出两种模式的例子。

13.1.2　.MODEL 伪指令

在 16 位和 32 位模式中，MASM 使用 .MODEL 伪指令来确定若干个重要的程序特性：内存模型类型、过程命名方案，以及参数传递规约。当汇编代码被其他编程语言程序调用时，后两者就尤其重要。.MODEL 伪指令的语法如下：

.MODEL *memorymodel* [,*modeloptions*]

MemoryModel　表 13-1 给出了 memorymodel 字段可选择的模型。除了平面模型之外，其他所有模型都在 16 位实地址模式下编程时使用。

表 13-1　内存模型

模型	描述
微模型	单个段，既包含代码又包含数据。文件扩展名为 .com 的程序使用该模型
小模型	一个代码段和一个数据段。默认情况下，所有代码和数据都为近属性
中模型	多个代码段和单个数据段
紧凑模型	一个代码段和多个数据段
大模型	多个代码段和数据段
巨模型	与大模型相同，除了各个数据项可以大于单个段
平面模型	保护模式。代码和数据使用 32 位偏移量，所有的数据和代码（包括系统资源）都在单个 32 位段内

32 位程序使用平面内存模型，该模型的偏移量为 32 位，代码和数据最大可达 4GB。例如，Irvine32.inc 文件包含了如下 .MODEL 伪指令：

.model flat,STDCALL

ModelOptions　.MODEL 伪指令中的 ModelOptions 字段可以包含一个语言说明符和一个堆栈距离。语言说明符确定过程和公共符号的调用和命名规约。堆栈距离可以是

NEARSTACK（默认）或者 FARSTACK。

语言说明符

伪指令 .MODEL 有许多不同的可选语言说明符，其中的一些很少使用（如 BASIC、FORTRAN 和 PASCAL）。另一方面，C 和 STDCALL 则十分常见。结合平面内存模型，分别示例如下：

```
.model flat, C
.model flat, STDCALL
```

STDCALL 是在调用 Windows 系统函数时使用的语言说明符。本章在将汇编语言代码链接到 C 和 C++ 程序时，使用 C 语言说明符。

STDCALL　语言说明符 STDCALL 使得子例程参数按逆序（从后往前）压入运行时堆栈。为了便于说明，首先用高级语言编写如下函数调用：

```
AddTwo( 5, 6 );
```

当选择 STDCALL 为语言说明符时，等效的汇编语言代码如下：

```
push 6
push 5
call AddTwo
```

另一个重要考虑是，过程调用后如何从堆栈中移除参数。STDCALL 要求在 RET 指令中带一个常量操作数。返回地址从堆栈弹出后，该常数即为加到 ESP 的数值：

```
AddTwo PROC
    push    ebp
    mov     ebp,esp
    mov     eax,[ebp + 12]      ; 第二个参数
    add     eax,[ebp + 8]       ; 第一个参数
    pop     ebp
    ret     8                   ; 清理堆栈
AddTwo ENDPP
```

堆栈指针加上 8 后，就又指向了主调程序将参数压入堆栈之前指针的位置。

最后，STDCALL 通过将输出的（公共）过程名保存为如下格式来修改这些名字：

```
_name@nn
```

前导下划线添加到过程名，@ 符号后面的整数指定了过程参数使用的字节数（向上舍入到 4 的倍数）。例如，假设过程 AddTwo 有两个双字参数，则汇编器传递给链接器的名字就为 _AddTwo@8。

> Microsoft 链接器是区分大小写的，因此 _MYSUB@8 与 _MySub@8 是不同的名称。要查看 OBJ 文件中所有的过程名，使用 Visual Studio 中的 DUMPBIN 工具，并采用选项 /SYMBOLS。

C 说明符

与 STDCALL 一样，C 语言说明符也要求将过程参数按从后往前的顺序压入堆栈。对于过程调用后从堆栈中移除参数的问题，C 语言说明符将这个责任留给了主调方。在主调程序中，将一个常数加到 ESP，从而将其重新设置为参数压入堆栈之前的值：

```
push 6                  ; 第二个参数
push 5                  ; 第一个参数
```

```
call    AddTwo
add     esp,8                       ; 清理堆栈
```

C 语言说明符在外部过程名的前面添加前导下划线。例如：

```
_AddTwo
```

13.1.3 检查编译器生成的代码

长久以来，C 和 C++ 编译器都会生成汇编语言源代码，但是程序员通常看不到。这是因为，汇编语言只是产生可执行文件过程的一个中间步骤。幸运的是，大多数编译器都可以应要求生成汇编语言源代码文件。例如，表 13-2 列出了 Visual Studio 用来控制汇编源代码输出的命令行选项。

表 13-2 用于汇编代码生成的 Visual C++ 命令行选项

命令行	列表文件的内容
/FA	只有汇编文件
/FAc	汇编文件和机器码
/FAs	汇编文件和源代码
/FAcs	汇编文件、机器码，以及源代码

检查编译器生成的代码文件有助于理解低层信息，比如堆栈帧结构、循环和逻辑编码，并且还有助于寻找低层编程错误。另一个好处是更加易于发现不同编译器生成代码的差异。

现在考察 C++ 编译器生成优化代码的方法。作为开始例子，先编写一个简单的 C 方法 `ArraySum`，在 Visual Studio 中对其进行编译，并采取如下设置：

- Optimization=*Disabled*（使用调试器时需要）
- Favor Size or Speed=*Favor fast code*
- Assembler Output=*Assembly With Source Code*

下面是用 ANSI C 编写的 `arraySum` 源代码：

```
int arraySum( int array[], int count )
{
    int i;
    int sum = 0;
    for(i = 0; i < count; i++)
        sum += array[i];
    return sum;
}
```

现在来查看由编译器为 arraySum 生成的汇编代码，如图 13-1 所示。

```
 1: _sum$   = -8                    ; size = 4
 2: _i$     = -4                    ; size = 4
 3: _array$ = 8                     ; size = 4
 4: _count$ = 12                    ; size = 4
 5: _arraySum PROC                  ; COMDAT
 6:
 7: ; 4    : {
 8:
 9:     push    ebp
10:     mov     ebp, esp
11:     sub     esp, 72             ; 00000048H
12:     push    ebx
13:     push    esi
14:     push    edi
```

图 13-1 Visual Studio 生成的 arraySum 汇编代码

```
15:
16: ; 5    : int i;
17: ; 6    : int sum = 0;
18:
19:     mov     DWORD PTR _sum$[ebp], 0
20:
21: ; 7    :
22: ; 8    : for(i = 0; i < count; i++)
23:
24:     mov     DWORD PTR _i$[ebp], 0
25:     jmp     SHORT $LN3@arraySum
26: $LN2@arraySum:
27:     mov     eax, DWORD PTR _i$[ebp]
28:     add     eax, 1
29:     mov     DWORD PTR _i$[ebp], eax
30: $LN3@arraySum:
31:     mov     eax, DWORD PTR _i$[ebp]
32:     cmp     eax, DWORD PTR _count$[ebp]
33:     jge     SHORT $LN1@arraySum
34:
35: ; 9    :     sum += array[i];
36:
37:     mov     eax, DWORD PTR _i$[ebp]
38:     mov     ecx, DWORD PTR _array$[ebp]
39:     mov     edx, DWORD PTR _sum$[ebp]
40:     add     edx, DWORD PTR [ecx+eax*4]
41:     mov     DWORD PTR _sum$[ebp], edx
42:     jmp     SHORT $LN2@arraySum
43: $LN1@arraySum:
44:
45: ; 10   :
46: ; 11   : return sum;
47:
48:     mov     eax, DWORD PTR _sum$[ebp]
49:
50: ; 12   : }
51:
52:     pop     edi
53:     pop     esi
54:     pop     ebx
55:     mov     esp, ebp
56:     pop     ebp
57:     ret     0
58: _arraySum ENDP
```

图 13-1 （续）

行 1～4 为两个局部变量（sum 和 i）定义了负偏移量，为输入参数 array 和 count 定义了正偏移量：

```
1: _sum$   = -8           ; 大小 = 4
2: _i$     = -4           ; 大小 = 4
3: _array$ = 8            ; 大小 = 4
4: _count$ = 12           ; 大小 = 4
```

行 9～10 将 ESP 设置为帧指针：

```
 9:     push    ebp
10:     mov     ebp,esp
```

之后，行 11～14 从 ESP 中减去 72，为局部变量预留堆栈空间，并把将会被函数修改的三个寄存器保存到堆栈。

```
11:     sub     esp,72
12:     push    ebx
13:     push    esi
14:     push    edi
```

行 19 在堆栈帧内定位局部变量 sum，并将其初始化为 0。由于符号 _sum$ 定义为数值 −8，该位置就处于 EBP 当前值下面 8 个字节的位置：

```
19:     mov     DWORD PTR _sum$[ebp],0
```

行 24 和行 25 将变量 i 初始化为 0，并跳转到行 30，即跳过后面递增循环计数器的语句：

```
24:     mov     DWORD PTR _i$[ebp], 0
25:     jmp     SHORT $LN3@arraySum
```

行 26 ～ 29 标记循环开端以及循环计数器递增的位置。从 C 源代码来看，递增操作（i++）是在循环末尾执行，但是编译器将这部分代码移到了循环顶部：

```
26: $LN2@arraySum:
27:     mov     eax, DWORD PTR _i$[ebp]
28:     add     eax, 1
29:     mov     DWORD PTR _i$[ebp], eax
```

行 30 ～ 33 比较变量 i 与 count，如果 i 大于或等于 count，则跳出循环：

```
30: $LN3@arraySum:
31:     mov     eax, DWORD PTR _i$[ebp]
32:     cmp     eax, DWORD PTR _count$[ebp]
33:     jge     SHORT $LN1@arraySum
```

行 37 ～ 41 计算表达式 sum += array[i]。array[i] 复制到 ECX，sum 复制到 EDX，执行加法后，再将 EDX 复制回到 sum：

```
37:     mov     eax, DWORD PTR _i$[ebp]
38:     mov     ecx, DWORD PTR _array$[ebp]    ; array[i]
39:     mov     edx, DWORD PTR _sum$[ebp]      ; sum
40:     add     edx, DWORD PTR [ecx+eax*4]
41:     mov     DWORD PTR _sum$[ebp], edx
```

行 42 将控制转回到循环顶部：

```
42:     jmp     SHORT $LN2@arraySum
```

行 43 存放的标号正好位于循环之外，该位置便于作为循环结束时要跳转到的地址：

```
43: $LN1@arraySum:
```

行 48 将变量 sum 送入 EAX，准备返回主调程序。行 52 ～ 56 恢复之前保存的寄存器，包括 ESP，它必须指向主调程序在堆栈中的返回地址。

```
48:     mov     eax, DWORD PTR _sum$[ebp]
49:
50: ; 12 : }
51:
52:     pop     edi
53:     pop     esi
54:     pop     ebx
55:     mov     esp, ebp
56:     pop     ebp
```

```
 57:        ret  0
 58: _arraySum ENDP
```

或许可以编写出比上例更快的代码，这种想法不无道理。上例中的代码是为了进行交互式调试，因此为了可读性而牺牲了速度。如果针对确定的目标而编译同样的程序，并选择完全优化，则结果代码的执行速度将会非常快，但同时，这种代码对人类而言几乎是无法阅读和理解的。

调试器设置　当在 Visual Studio 中调试 C 和 C++ 程序时，若想查看汇编语言源代码，就在 Tools 菜单中选择 Options 以显示如图 13-2 的对话框窗口，再选择箭头所指的选项。要在启动调试器之前完成上述设置。接着，在调试会话开始后，右键点击源代码窗口，并从弹出菜单中选择 Go to Disassembly。

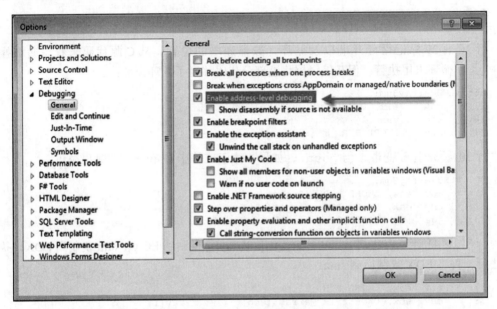

图 13-2　在 Visual Studio 中启用地址级调试

本章的目标是熟悉由 C 和 C++ 编译器产生的最为直接和简单的代码生成例子。同时，认识到编译器有多种方式生成代码也是重要的。例如，它们可以将代码优化为尽可能少的机器代码字节数，或者，可以尝试生成尽可能快的代码，即使输出结果是大量的机器代码字节（通常如此）。最后，编译器还可以在代码量和速度两者的优化之间进行折中。为速度进行优化的代码可能包含更多的指令，其原因是，为了追求更快的执行速度会展开循环。机器代码还可以拆分为两部分以便利用双核处理器，这些处理器能同时执行两条并行代码。

13.1.4　本节回顾

1. 如果想要知道一个编程语言编译器是否会改变目标文件中标识符的名字，就需要了解其
   a. 链接配置　　　　　b. 命名规约　　　　c. 链接规则　　　　d. 调用规约
2. 下面的哪个细节没有被语言的调用规约所涵盖？
   a. 哪些寄存器必须由被调过程来保存　　　b. 参数是否在运行时堆栈上传递
   c. 参数向过程传递的次序　　　　　　　　d. 过程名是否区分大小写
3. 当处理器运行于保护模式下时，要使用哪种内存模型？
   a. 巨模型　　　　　　b. 大模型　　　　　c. 平面模型　　　　d. 中模型

4. 当被 C++ 程序调用时，使用了 STDCALL 语言说明符的汇编语言过程会正确地管理运行时堆栈吗？
   a. 是　　　　　　　　　　　b. 否
5. 判断真假：当使用 STDCALL 语言说明符时，就假设了被调过程要在返回其主调者之前从运行时堆栈上移除所有参数。
   a. 真　　　　　　　　　　　b. 假

13.2　内联汇编代码

13.2.1　Visual C++ 中的 __asm 伪指令

内联汇编代码（inline assembly code）是指直接插入到高级语言程序中的汇编语言源代码。大多数 C 和 C++ 编译器都支持这一特性。

本节将展示如何在运行于 32 位保护模式下，并采用平面内存模型的 Microsoft Visual C++ 中编写内联汇编代码。其他高级语言编译器也支持内联汇编代码，但具体语法有所不同。

内联汇编代码是对将汇编代码编写为外部模块的一种直接替换方式。编写内联代码最主要的优点就是简单性，因为不用考虑外部链接问题、命名问题，以及参数传递协议。

使用内联汇编代码的主要缺点是缺乏可移植性。当高级语言程序必须针对不同目标平台进行编译时，这就成了一个问题。例如，在 Intel Pentium 处理器上运行的内联汇编代码就不能在 RISC 处理器上运行。在一定程度上，在程序源代码中插入条件定义可以解决这个问题，插入的定义针对不同目标系统启用不同版本的函数。不过，容易看出，维护仍然是个问题。另一方面，外部汇编语言过程的链接库容易被为不同目标机器设计的类似链接库所代替。

__asm 伪指令　在 Visual C++ 中，伪指令 __asm 可以放在一条语句之前，也可以用来标记一个汇编语言语句块（称为 asm 块）的开始。语法如下：

```
__asm  statement
__asm {
  statement-1
  statement-2
  ...
  statement-n
}
```

（在"asm"的前面有两个下划线。）

注释　注释可以放在 asm 块内任何语句的后面，使用汇编语言语法或 C/C++ 语法。Visual C++ 手册建议避免使用汇编风格的注释，因为它们可能会干扰 C 宏，而 C 宏是在单个逻辑行上展开。下面的例子是允许使用的注释：

```
mov  esi,buf    ; initialize index register
mov  esi,buf    // initialize index register
mov  esi,buf    /* initialize index register */
```

特点　编写内联汇编代码时允许：
- 使用 x86 指令集中的大多数指令。
- 使用寄存器名作为操作数。
- 通过名字引用函数参数。
- 引用在 asm 块之外声明的代码标号和变量（这是重要的，因为局部函数变量必须在 asm 块的外面声明）。
- 使用包含汇编风格或者 C 风格基数表示法的数值字面量。比如，0A26h 和 0xA26 是等价的，且都可使用。
- 在语句中使用 PTR 操作符，比如 inc BYTE PTR[esi]。
- 使用 EVEN 和 ALIGN 伪指令。

限制　编写内联汇编代码时不允许：
- 使用数据定义伪指令，如 DB（BYTE）和 DW（WORD）。
- 使用汇编器操作符（除了 PTR 之外）。
- 使用 STRUCT、RECORD、WIDTH 及 MASK。
- 使用宏伪指令，包括 MACRO、REPT、IRC、IRP 和 ENDM，或者宏操作符（<>、!、&、% 和 .TYPE）。
- 通过名字引用段（但可以用段寄存器名作为操作数）。

寄存器值　不能在 asm 块的开始处对寄存器值进行任何假设。寄存器有可能已被 asm 块前面执行的代码所修改。Microsoft Visual C++ 中的关键字 __fastcall 会使编译器用寄存器来传递参数。为了避免寄存器冲突，不要将 __fastcall 和 __asm 一起使用。

一般情况下，可以在内联代码中修改 EAX、EBX、ECX 和 EDX，因为编译器并不期望在语句之间保留这些寄存器值。然而，如果修改的寄存器太多，编译器就无法对同一过程中的 C++ 代码进行充分优化，因为做优化要用到寄存器。

虽然不能使用 OFFSET 操作符，但是用 LEA 指令也可以获取变量的偏移量。例如，下面的指令将 buffer 的偏移地址送入 ESI：

```
lea esi,buffer
```

长度、类型和大小　内联汇编代码可以使用 LENGTH、SIZE 和 TYPE 操作符。LENGTH 操作符返回数组内元素的数量。按照其对象的不同，TYPE 操作符的返回值为如下情况之一：
- 对 C 或 C++ 类型或标量变量，返回其使用的字节数
- 对一个结构，返回其使用的字节数
- 对一个数组，返回其单个元素的大小

SIZE 操作符返回 LENGTH*TYPE 的值。下面的程序片段演示了由内联汇编程序对各种 C++ 类型的返回值。

> Microsoft Visual C++ 内联汇编程序不支持 SIZEOF 和 LENGTHOF 操作符。

使用 LENGTH、TYPE 和 SIZE 操作符

下面的程序包含的内联汇编代码使用了 LENGTH、TYPE 和 SIZE 操作符对 C++ 变量求值。每个表达式的返回值都在同一行的注释中给出：

```
struct Package {
    long originZip;              // 4
    long destinationZip;         // 4
    float shippingPrice;         // 4
};
    char myChar;
    bool myBool;
    short myShort;
    int myInt;
    long myLong;
    float myFloat;
    double myDouble;
```

```
        Package myPackage;
        long double myLongDouble;
        long myLongArray[10];
    __asm {
        mov   eax,myPackage.destinationZip;
        mov   eax,LENGTH myInt;           // 1
        mov   eax,LENGTH myLongArray;     // 10
        mov   eax,TYPE myChar;            // 1
        mov   eax,TYPE myBool;            // 1
        mov   eax,TYPE myShort;           // 2
        mov   eax,TYPE myInt;             // 4
        mov   eax,TYPE myLong;            // 4
        mov   eax,TYPE myFloat;           // 4
        mov   eax,TYPE myDouble;          // 8
        mov   eax,TYPE myPackage;         // 12
        mov   eax,TYPE myLongDouble;      // 8
        mov   eax,TYPE myLongArray;       // 4
        mov   eax,SIZE myLong;            // 4
        mov   eax,SIZE myPackage;         // 12
        mov   eax,SIZE myLongArray;       // 40
    }
```

13.2.2 文件加密示例

现在考察一个简短的程序，该程序实现：读取一个文件，对其进行加密，再将其输出到另一个文件。函数 TranslateBuffer 用一个 __asm 块来定义一些语句，实现在一个字符数组内进行循环，并把其中的每个字符与一个预定义的值进行 XOR 运算。内联语句可以使用函数形参、局部变量和代码标号。由于本例是由 Microsoft Visual C++ 编译的 Win32 控制台应用，因此，其无符号整数类型为 32 位：

```
void TranslateBuffer( char * buf,
    unsigned count, unsigned char eChar )
{
    __asm {
        mov   esi,buf
        mov   ecx,count
        mov   al,eChar
    L1:
        xor   [esi],al
        inc   esi
        loop  L1
    }   // asm
}
```

C++ 模块 C++ 启动程序从命令行读取输入和输出文件名。它在循环内调用 Translate-Buffer，从文件读取数据块，对其加密，再将转换后的缓冲区写入一个新文件：

```
// ENCODE.CPP - 复制并加密文件。

#include <iostream>
#include <fstream>
#include "translat.h"

using namespace std;

int main( int argcount, char * args[] )
{
    // 从命令行读取输入和输出文件。
    if( argcount < 3 ) {
        cout << "Usage: encode infile outfile" << endl;
        return -1;
```

```
    }
    const int BUFSIZE = 2000;
    char buffer[BUFSIZE];
    unsigned int count;            // 字符计数
    unsigned char encryptCode;
    cout << "Encryption code [0-255]? ";
    cin << encryptCode;
    ifstream infile( args[1], ios::binary );
    ofstream outfile( args[2], ios::binary );
    cout << "Reading" << args[1] << "and creating"
         << args[2] << endl;
    while (!infile.eof() )
    {
        infile.read(buffer, BUFSIZE);
        count = infile.gcount();
        TranslateBuffer(buffer, count, encryptCode);
        outfile.write(buffer, count);
    }
    return 0;
}
```

从命令提示符运行该程序，并传递输入和输出文件名是最容易的。例如，下面的命令行读取 infile.txt，生成 encoded.txt：

```
encode infile.txt encoded.txt
```

头文件 头文件 translat.h 包含了 `TranslateBuffer` 的一个函数原型：

```
void TranslateBuffer(char * buf, unsigned count,
                     unsigned char eChar);
```

在本书的 \Examples\ch13\VisualCPP\Encode 文件夹中可以看到这个程序。

过程调用的开销

当在调试器中调试该程序时，如果查看 Disassembly 窗口，看到过程调用和返回究竟会涉及多少开销是件有趣的事情。下面的语句将三个实参送入堆栈，并调用 `TranslateBuffer`。在 Visual C++ 的 Disassembly 窗口中，激活 Show Source Code 和 Show Symbol Names 选项：

```
; TranslateBuffer(buffer, count, encryptCode)
    mov    al,byte ptr [encryptCode]
    push   eax
    mov    ecx,dword ptr [count]
    push   ecx
    lea    edx,[buffer]
    push   edx
    call   TranslateBuffer (4159BFh)
    add    esp,0Ch
```

下面的代码是 `TranslateBuffer` 的反汇编码。编译器自动插入了一些语句用于设置 EBP，并保存一个标准的寄存器集合，该集合内的寄存器不论是否真的会被过程修改，总是被保存。

```
    push   ebp
    mov    ebp,esp
    sub    esp,40h
    push   ebx
    push   esi
    push   edi
```

```
; 内联代码从这里开始。
    mov     esi,dword ptr [buf]
    mov     ecx,dword ptr [count]
    mov     al,byte ptr [eChar]
L1:
    xor     byte ptr [esi],al
    inc     esi
    loop    L1 (41D762h)
; 内联代码结束。
    pop     edi
    pop     esi
    pop     ebx
    mov     esp,ebp
    pop     ebp
    ret
```

若关闭调试器 Disassembly 窗口的 Display Symbol Names 选项，则将参数送入寄存器的三条语句显示如下：

```
    mov     esi,dword ptr [ebp+8]
    mov     ecx,dword ptr [ebp+0Ch]
    mov     al,byte ptr [ebp+10h]
```

编译器按要求生成 Debug 目标代码，这是非优化代码，适合于交互式调试。如果选择 Release 目标代码，则编译器就会生成更加高效（但更难阅读）的代码。

忽略过程调用　本小节开始时给出的 `TranslateBuffer` 中有 6 条内联指令，其执行总共需要 18 条指令。如果该函数被调用几千次，其需要的执行时间就可观了。为了避免这种开销，可将内联代码插入到调用 TranslateBuffer 的循环中，从而得到更为高效的程序：

```
while (!infile.eof() )
{
    infile.read(buffer, BUFSIZE );
    count = infile.gcount();
    __asm {
        lea esi,buffer
        mov ecx,count
        mov al,encryptCode
    L1:
        xor [esi],al
        inc  esi
        Loop L1
    } // asm
    outfile.write(buffer, count);
}
```

在本书的 \Examples\ch13\VisualCPP\Encode_Inline 文件夹中可以看到这个程序。

13.2.3 本节回顾

1. 判断真假：编写内联代码的主要优势是其简易性，因为不需要考虑外部链接问题、命名问题，以及参数传递协议。

    a. 真　　　　　　　　b. 假

2. 判断真假：与用汇编语言编写的内联代码相比，一个用纯 C++ 编写并用内联关键字标记的函数在不同系统上更具可移植性。

    a. 真　　　　　　　　b. 假

3. 判断真假：当编写内联汇编代码时，不能引用在 asm 块外声明的任何变量。

a. 真　　　　　　　　b. 假
4. 判断真假：与用汇编语言编写外部子例程相比，内联汇编代码能减少调用子例程带来的运行时开销。
   a. 真　　　　　　　　b. 假
5. 判断真假：当编写内联汇编代码时，不能使用 EVEN 和 ALIGN 伪指令。
   a. 真　　　　　　　　b. 假
6. 判断真假：可以在内联汇编代码中修改 EAX、EBX、ECX 和 EDX，因为编译器并不期望在语句之间保留这些值。
   a. 真　　　　　　　　b. 假

13.3　将 32 位汇编语言代码链接到 C/C++

编写设备驱动程序和为嵌入式系统编码的程序员常常要将 C/C++ 模块与用汇编语言编写的专门代码集成起来。汇编语言特别适合于直接硬件访问、位映射，以及对寄存器和 CPU 状态标志进行低层访问。整个应用程序都用汇编语言编写是很单调乏味的，而有用的方法是，用 C/C++ 编写主程序，只用汇编语言编写那些不方便用 C 编写的代码。现在我们来讨论从 32 位 C/C++ 程序调用汇编例程的一些标准要求。

C/C++ 程序从右到左传递参数，与参数列表的顺序一致。函数返回后，主调程序负责将堆栈恢复到调用前的状态。这可以采用两种方法：一种是将一个数值加到堆栈指针，而该值等于参数大小；另一种是从堆栈中弹出足够多的数。

在汇编源代码中，需要在 .MODEL 伪指令中指定 C 调用规约，并为要被外部 C/C++ 程序调用的每个过程创建原型。示例如下：

```
.586
.model flat,C
IndexOf PROTO,
    srchVal:DWORD, arrayPtr:PTR DWORD, count:DWORD
```

声明函数　在 C 程序中，当声明外部汇编语言过程时要使用 extern 限定符。例如，下面的语句声明了 IndexOf：

```
extern long IndexOf( long n, long array[], unsigned count );
```

如果过程会被 C++ 程序调用，就要添加"C"限定符，以防止 C++ 名称修饰：

```
extern "C" long IndexOf( long n, long array[], unsigned count );
```

本章先前提到的名称修饰是指 C++ 编译器修改函数名的方式，该方式指明函数名和参数类型两者。任何支持函数重载（多个函数有相同的名字，但有不同的参数列表）的语言都需要该技术。从汇编语言程序员的角度来看，名称修饰存在的问题是：C++ 编译器让链接器去寻找修饰过的名字，而不是生成可执行文件时的原始名字。

13.3.1　IndexOf 示例

现在创建一个简单的汇编语言函数，执行对数组的线性查找，以找到与一个整数匹配的第一个实例。如果查找成功，则返回匹配元素的索引位置；否则，返回 −1。该函数将被 C++ 程序调用。例如，可在 C++ 中编写如下程序段：

```
long IndexOf( long searchVal, long array[], unsigned count )
{
    for(unsigned i = 0; i < count; i++) {
```

```
    if( array[i] == searchVal )
        return i;
}
return -1;
}
```

参数包括：希望找到的数值、指向数组的指针，以及数组大小。用汇编语言编写该程序当然是很容易的。我们将编写好的汇编语言代码放入自己的源代码文件 IndexOf.asm 中。这个文件将被编译为目标代码文件 IndexOf.obj。使用 Visual Studio 实现主调 C++ 程序与汇编语言模块的编译和链接。C++ 项目将用 Win32 控制台作为其输出类型，虽然没有理由不让它成为图形应用程序。图 13-3 包含了 IndexOf 模块的源代码清单。

```
 1: ; IndexOf 函数                          (IndexOf.asm)
 2:
 3: .586
 4: .model flat,C
 5: IndexOf PROTO,
 6:     srchVal:DWORD, arrayPtr:PTR DWORD, count:DWORD
 7:
 8: .code
 9: ;-----------------------------------------------
10: IndexOf PROC USES ecx esi edi,
11:     srchVal:DWORD, arrayPtr:PTR DWORD, count:DWORD
12: ;
13: ; 对 32 位整数数组执行线性查找，寻找指定数值。
14: ; 如果找到该数值，
15: ; 则匹配时的索引位置在 EAX 中返回；
16: ; 否则，EAX 等于 -1。
17: ;-----------------------------------------------
18:     NOT_FOUND = -1
19:
20:     mov    eax,srchVal       ; 查找的数值
21:     mov    ecx,count         ; 数组大小
22:     mov    esi,arrayPtr      ; 指向数组的指针
23:     mov    edi,0             ; 索引
24:
25: L1:cmp    [esi+edi*4],eax
26:     je     found
27:     inc    edi
28:     loop   L1
29:
30: notFound:
31:     mov    eax,NOT_FOUND
32:     jmp    short exit
33:
34: found:
35:     mov    eax,edi
36:
37: exit:
38:     ret
39: IndexOf ENDP
40: END
```

图 13-3　IndexOf 模块的清单

首先，注意行 25～28 的汇编语言代码，它们用来测试循环，代码量小且高效。由于循环要执行很多次，故在循环体内使用尽可能少的指令：

```
25: L1: cmp  [esi+edi*4],eax
26:     je   found
27:     inc  edi
28:     loop L1
```

如果找到匹配值,程序就跳转到行 34,将 EDI 复制到 EAX,该寄存器存放函数返回值。在查找期间,EDI 包含了当前的索引位置。

```
34: found:
35:     mov  eax,edi
```

如果没有找到匹配值,则将 −1 赋值给 EAX 并返回:

```
30: notFound:
31:     mov  eax,NOT_FOUND
32:     jmp  short exit
```

图 13-4 包含了主调 C++ 程序清单。

```
 1: #include <iostream>
 2: #include <time.h>
 3: #include "indexof.h"
 4: using namespace std;
 5:
 6: int main()   {
 7:     // 用伪随机整数填充数组。
 8:     const unsigned ARRAY_SIZE = 100000;
 9:     const unsigned LOOP_SIZE = 100000;
10:     char* boolstr[] = {"false","true"};
11:
12:     long array[ARRAY_SIZE];
13:     for(unsigned i = 0; i < ARRAY_SIZE; i++)
14:         array[i] = rand();
15:
16:     long searchVal;
17:     time_t startTime, endTime;
18:     cout << "Enter an integer value to find: ";
19:     cin >> searchVal;
20:     cout << "Please wait...\n";
21:
22:     // 测试汇编语言函数。
23:     time( &startTime );
24:     int count = 0;
25:
26:     for( unsigned n = 0; n < LOOP_SIZE; n++)
27:         count = IndexOf( searchVal, array, ARRAY_SIZE );
28:
29:     bool found = count != -1;
30:
31:     time( &endTime );
32:     cout << "Elapsed ASM time: " << long(endTime - startTime)
33:         << " seconds. Found = " << boolstr[found] << endl;
34:
35:     return 0;
36: }
```

图 13-4 调用 IndexOf 的 C++ 测试程序清单

首先,它用伪随机数值对数组进行初始化:

```
12:     long array[ARRAY_SIZE];
13:     for(unsigned i = 0; i < ARRAY_SIZE; i++)
```

```
14:         array[i] = rand();
```

行 18 ～ 19 提示用户输入要在数组中查找的数值：

```
18:     cout « "Enter an integer value to find: ";
19:     cin » searchVal;
```

行 23 调用 C 链接库中的 time 函数（在 time.h 中），将从 1970 年 1 月 1 日起经历的秒数保存到变量 startTime：

```
23:     time( &startTime );
```

行 26 和行 27 按照 LOOP_SIZE 的值（100 000），反复执行相同的查找：

```
26:     for( unsigned n = 0; n < LOOP_SIZE; n++)
27:         count = IndexOf( searchVal, array, ARRAY_SIZE );
```

由于数组大小也为 100 000，因此，执行步骤的总数多达 100 000 × 100 000，即 100 亿。行 31 ～ 33 再次检查时间，并显示循环运行所耗费的秒数：

```
31:     time( &endTime );
32:     cout « "Elapsed ASM time: " « long(endTime - startTime)
33:         « " seconds. Found = " « boolstr[found] « endl;
```

当在一台相当高速的计算机上测试时，循环在 6 秒内执行完成。对于 100 亿次迭代而言，这个时间不算多，每秒约有 16.7 亿次循环迭代。重要的是要意识到，程序重复过程调用的开销（压入参数，执行 CALL 和 RET 指令）需要 100 000 次。过程调用导致了相当多的额外处理。

13.3.2 调用 C 和 C++ 函数

可以编写汇编语言程序来调用 C 和 C++ 函数。这样做的理由至少有两个：
- C 和 C++ 有丰富的输入 – 输出库，因此输入 – 输出更为灵活。这在处理浮点数时尤其有用。
- 两种语言都有丰富的数学库。

当调用标准 C 库（或 C++ 库）中的函数时，必须从 C 或 C++ 的 main( ) 过程启动程序，以便运行库初始化代码。

函数原型

汇编语言代码调用的 C++ 函数，必须用"C"和关键字 extern 定义。其基本语法如下：

```
extern "C" returnType funcName( paramlist )
{ . . . }
```

示例如下：

```
extern "C" int askForInteger( )
{
    cout « "Please enter an integer:";
    //...
}
```

与其修改每个函数定义，不如把多个函数原型放在一个块内更为容易。然后，就可从单个函数实现中省略 extern 和 "C"：

```
extern "C" {
    int askForInteger();
    int showInt( int value, unsigned outWidth );
    //etc.
```

}

汇编语言模块

如果汇编语言模块调用 Irvine32 链接库中的过程，注意要使用如下 .MODEL 伪指令：

```
.model flat, STDCALL
```

虽然 STDCALL 与 Win32 API 兼容，但是它与 C 程序的调用规约不匹配。因此，在声明要被汇编模块调用的外部 C 或 C++ 函数时，必须给 PROTO 伪指令加上 C 限定符：

```
INCLUDE Irvine32.inc
askForInteger PROTO C
showInt PROTO C, value:SDWORD, outWidth:DWORD
```

C 限定符是必要的，因为链接器必须将函数名和参数列表与 C++ 模块输出的函数匹配起来。此外，汇编器必须生成适当的代码，该代码使用 C 调用规约来清理函数调用后的堆栈（见 8.2.4 节）。

C++ 程序调用的汇编语言过程也必须使用 C 限定符，这样汇编器使用的命名规约就能被链接器识别。例如，下面的 SetTextColor 过程有一个双字参数：

```
SetTextOutColor PROC C,
    color:DWORD
    .
    .
    .
SetTextOutColor ENDP
```

最后，如果汇编代码调用其他汇编语言过程，C 调用规约要求在每个过程调用后，将参数从堆栈中移除。

使用 .MODEL 伪指令 如果汇编语言代码不调用 Irvine32 过程，就可以在 .MODEL 伪指令中使用 C 调用规约：

```
; （不要 INCLUDE Irvine32.inc）
.586
.model flat,C
```

此时不再需要向 PROTO 和 PROC 伪指令添加 C 限定符：

```
askForInteger PROTO
showInt PROTO, value:SDWORD, outWidth:DWORD
SetTextOutColor PROC,
    color:DWORD
    .
    .
    .
SetTextOutColor ENDP
```

函数返回值

C++ 语言规约没有提及代码实现细节，因此对于 C 和 C++ 函数如何返回值没有标准的方式。当编写的汇编语言代码调用这些语言的函数时，要检查编译器的文档以便了解其函数是如何返回数值的。下面列出了一些可能的情况，但并非全部：

- 整数用单个寄存器或寄存器组返回。
- 主调程序可以在堆栈中为函数返回值预留空间。函数在返回前，可以将返回值存入堆栈。
- 从函数返回前，浮点数值通常被压入处理器的浮点堆栈。

下面列出了 Microsoft Visual C++ 函数如何返回数值：

- `bool` 和 `char` 值用 AL 返回。
- `short int` 值用 AX 返回。
- `int` 和 `long int` 值用 EAX 返回。
- 指针用 EAX 返回。
- `float`、`double` 和 `long double` 值分别以 4 字节、8 字节和 10 字节数值压入浮点堆栈。

13.3.3 乘法表的示例

现在编写一个简单的应用程序，提示用户输入整数，通过移位的方式将其与依次增加的 2 的幂（从 2^1 到 2^{10}）相乘，并用填充前导空格的形式重新显示每个乘积。使用 C++ 进行输入-输出。汇编语言模块将调用 3 个用 C++ 编写的函数。程序将由一个用 C++ 编写的模块启动（见本节示例文件夹下的 Multiplication Table 文件夹）。

汇编语言模块

汇编模块包含一个 `DisplayTable` 函数。它调用 C++ 函数 `askForInteger` 从用户输入一个整数。它还使用循环将整数 `intVal` 重复左移，并调用 `showInt` 进行显示。

```
; 乘法表程序      (multiplication.asm)
INCLUDE Irvine32.inc

; 外部 C++ 函数:
askForInteger PROTO C
showInt PROTO C, value:SDWORD, outWidth:DWORD

OUT_WIDTH = 8
ENDING_POWER = 10

.data
intVal DWORD ?

.code
;---------------------------------------------
SetTextOutColor PROC C,
    color:DWORD
;
; 设置文本颜色，并清理控制台窗口。
; 调用 Irvine32 库函数。
;---------------------------------------------
    mov     eax,color
    call    SetTextColor
    call    Clrscr
    ret
SetTextOutColor ENDP
;---------------------------------------------
DisplayTable PROC C
;
; 输入一个整数 n，并显示范围为 n * 2^1 ~ n * 2^10 的乘法表。
;---------------------------------------------
    INVOKE  askForInteger          ; 调用 C++ 函数
    mov     intVal,eax             ; 保存该整数
    mov     ecx,ENDING_POWER       ; 循环计数器

L1: push    ecx                    ; 保存循环计数器
    shl     intVal,1               ; 乘以 2
    INVOKE  showInt,intVal,OUT_WIDTH
    call    Crlf                   ; 输出回车/换行
```

```
        pop     ecx                        ; 恢复循环计数器
        loop    L1
        ret
DisplayTable ENDP
END
```

在 DisplayTable 过程中，必须在调用 showInt 和 newLine 之前将 ECX 压入堆栈，并在调用后将 ECX 弹出堆栈，这是因为 Visual C++ 函数不会保存和恢复通用寄存器。函数 askForInteger 用 EAX 寄存器返回其结果。

DisplayTable 在调用 C++ 函数时不要求用 INVOKE，用 PUSH 和 CALL 指令也能得到同样的结果。对 showInt 的调用如下所示：

```
        push    OUT_WIDTH                  ; 最后一个参数先入栈
        push    intVal
        call    showInt                    ; 调用函数
        add     esp,8                      ; 清理堆栈
```

必须遵守 C 语言调用规约，其参数按照逆序被压入堆栈，且主调者负责在调用后从堆栈移除参数。

C++ 测试程序

下面再看用来启动程序的 C++ 模块。其入口点为 main( )，确保执行所要求的 C++ 语言初始化代码。它包含了外部汇编语言过程和三个导出函数的原型：

```cpp
// main.cpp
// 演示 C++ 程序和外部汇编语言模块之间的函数调用

#include <iostream>
#include <iomanip>
using namespace std;

extern "C" {
    // 外部 ASM 过程:
    void DisplayTable();
    void SetTextOutColor(unsigned color);
    // 局部 C++ 函数:
    int askForInteger();
    void showInt(int value, int width);
}

// 程序入口点
int main()
{
    SetTextOutColor( 0x1E );          // 蓝底黄字
    DisplayTable();                    // 调用 ASM 过程
    system("pause")
    return 0;
}

// 提示用户输入一个整数。
int askForInteger()
{
    int n;
    cout << "Enter an integer between 1 and 90,000:";
    cin >> n;
    return n;
}

// 按指定的宽度显示一个有符号整数。
void showInt( int value, int width )
```

```
{
    cout « setw(width) « value;
}
```

建立项目 将 C++ 和汇编语言模块添加到 Visual Studio 项目中，并在 Project 菜单中选择 Build Solution。

程序输出 当用户输入 90 000 时，乘法表程序产生的输出示例如下：

```
Enter an integer between 1 and 90,000: 90000
  180000
  360000
  720000
 1440000
 2880000
 5760000
11520000
23040000
46080000
92160000
```

Visual Studio 项目属性

如果使用 Visual Studio 建立程序，且所建程序集成了 C++ 和汇编语言代码，并调用了 Irvine32 链接库，那么，就需要修改某些项目设置。以 Multiplication_Table 程序为例，在 Project 菜单中选择 Properties，在窗口左边的 Configuration Properties 条目下，选择 Linker。在右边面板的 Additional Library Directories 条目中输入 c:\Irvine。示例如图 13-5 所示。点击 OK 关闭 Project Property Pages 窗口。现在 Visual Studio 就可以找到 Irvine32 链接库了。

> 这里的信息在本书出版时可用的 Visual Studio 版本中进行了测试。请参见我们的网站（www.asmirvine.com）来获取更新信息。

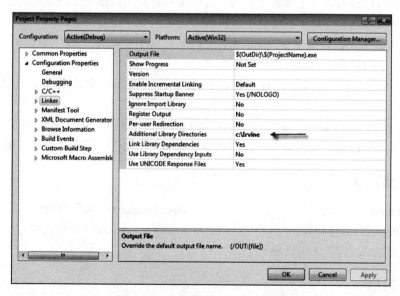

图 13-5　指定 Irvine32.lib 的位置

13.3.4 本节回顾

1. 如果一个函数要被汇编语言模块调用，则该函数定义中必须包括哪两个 C++ 关键字？
   a. extern 和 "C"　　　　b. public 和 extern　　　c. public 和 PROTO　　　d. static 和 public
2. 判断真假：Irvine32 库使用的调用规约与 C 和 C++ 语言使用的调用规约不兼容。
   a. 真　　　　　　　　　b. 假
3. 判断真假：当使用 PROTO 伪指令来标识由汇编语言模块调用的 C++ 函数时，必须包括 STDCALL 选项。
   a. 真　　　　　　　　　b. 假
4. 在 Microsoft C++ 中，函数如何返回一个浮点数值？
   a. 在寄存器 EDX 和 EAX 的组合中返回　　　　　b. 在由 EAX 指向的内存区域中返回
   c. 在浮点堆栈上返回　　　　　　　　　　　　　d. 在运行时堆栈上，作为 32 位字序列返回
5. Microsoft Visual C++ 函数如何返回一个指针值？
   a. 在寄存器 EAX 中返回　　　　　　　　　　　b. 在寄存器 ESI 中返回
   c. 在运行时堆栈顶部返回　　　　　　　　　　　d. 在堆栈指针的下面返回

13.4 本章小结

若要对用某种高级语言编写的大型应用程序中的选定部分进行优化，汇编语言就是完美的工具。汇编语言也是为特定硬件定制某些过程的好工具。这些技术要通过以下两种途径之一来实现：

- 在高级语言代码中嵌入编写的内联汇编代码。
- 将汇编语言过程链接到高级语言代码。

两种途径都有其有优点和局限性。本章对这两种途径都进行了介绍。

一种语言使用的命名规约是指段和模块的命名方式，以及与变量和过程命名相关的规则或特性。程序使用的内存模型决定了调用和引用是近（同一段内）还是远（不同段间）。

从其他语言程序中调用汇编语言过程时，两种语言共享的任何标识符都必须是兼容的。在过程中的段名也必须要与主调程序兼容。过程编写者使用高级语言的调用规约来决定如何接收参数。调用规约影响到堆栈指针是由被调过程来恢复，还是由主调程序来恢复。

在 Visual C++ 中，伪指令 __asm 用于在 C++ 源程序中编写内联汇编代码。本章的文件加密程序演示了内联汇编语言。

本章展示了如何将汇编语言过程链接到运行于 32 位保护模式的 Microsoft Visual C++ 程序。

过程 IndexOf 用汇编语言编写，且被 Visual C++ 程序调用。本章还考察了由 Microsoft C++ 编译器生成的汇编语言源文件，以便对编译器如何优化代码有更清楚的了解。

13.5 关键术语

calling convention（调用规约）　　　　　　　　name decoration（名称修饰）
external identifier（外部标识符）　　　　　　　naming convention（命名规约）
inline assembly code（内联汇编代码）

13.6 复习题

1. 当汇编语言过程被高级语言程序调用时，主调程序与被调过程必须要使用相同的内存模型吗？

2. 当 C 和 C++ 程序调用汇编语言过程时，为什么区分大小写是重要的？
3. 一种编程语言的调用规约是否包括了过程对某些寄存器的保存规定？
4. （是 / 否）：伪指令 EVEN 和 ALIGN 是否都能用于内联汇编代码？
5. （是 / 否）：操作符 OFFSET 是否能用于内联汇编代码？
6. （是 / 否）：在内联汇编代码中，操作符 DW 和 DUP 是否都能用于变量定义？
7. 当使用 _fastcall 调用规约时，若内联汇编代码修改了寄存器会发生什么情况？
8. 如果不使用 OFFSET 操作符，是否还有其他方法能将变量的偏移量送入变址寄存器？
9. 当对 32 位整数数组使用 LENGTH 操作符时，其返回值是什么？
10. 当对长整数数组使用 SIZE 操作符时，其返回值是什么？
11. 对于标准 C 的 printf() 函数，有效的汇编语言 PROTO 声明是什么？
12. 当如下的 C 语言函数被调用时，参数 x 是最先还是最后被压入堆栈？

    void MySub(x, y, z);

13. 对于从 C++ 调用的过程，其外部声明使用的 "C" 说明符有什么作用？
14. 当从 C++ 调用外部汇编语言过程时，为什么名称修饰是重要的？
15. 通过互联网搜索，制作一个简表，列出 C/C++ 编译器使用的优化技巧。

13.7　编程练习

★★ 1. 数组乘以整数

编写汇编语言子例程，实现将一个双字数组乘以一个整数。编写 C/C++ 测试程序，创建数组并将其传递给子例程，并打印结果数组值。

★★★ 2. 最长递增序列

编写汇编语言子例程，接收两个输入参数：数组偏移量和数组大小。该子例程返回数组中最长的递增序列整数值的个数。例如，在下面的数组中，最长的严格递增序列开始于索引值 3，序列长度为 4 {14, 17, 26, 42}：

[-5, 10, 20, 14, 17, 26, 42, 22, 19, -5]

从一个 C/C++ 程序调用该子例程，该测试程序实现的操作包括：创建数组、传递参数，以及打印子例程的返回值。

★★ 3. 三个数组求和

编写汇编语言子例程，接收三个同样大小数组的偏移量。将第二个和第三个数组的值加到第一个数组上。子例程返回时，第一个数组包含所有新的数值。编写 C/C++ 测试程序，创建数组，并将其传递给子例程，再打印第一个数组的内容。

★★ 4. 素数程序

编写汇编语言过程实现以下功能：若传递给 EAX 的 32 位整数为素数，则返回 1；若 EAX 为非素数，则返回 0。要求从高级语言程序调用该过程。由用户输入整数序列，对每个整数，程序都要显示一条消息以示该数是否为素数。建议：第一次调用该过程时，使用埃拉托色尼筛选算法来初始化一个布尔数组。

★★ 5. LastIndexOf 过程

修改 13.3.1 节中的 IndexOf 过程。将新函数命名为 LastIndexOf，使其从数组末尾开始反向查找。返回第一个匹配值的索引；如果未发现匹配值，则返回 -1。

第 14 章
Assembly Language for x86 Processors, Eighth Edition

16 位 MS-DOS 编程

> 推荐安装早期版本的 Windows，比如 Windows 98，以确保与本章的程序完全兼容。可以用软件工具在计算机上创建一个虚拟机，这样就能用该软件进行实验。

14.1 MS-DOS 和 IBM-PC

IBM 的 PC-DOS 是在 IBM 个人计算机上实现实地址模式的第一个操作系统，而 IBM 个人计算机采用了 Intel 8088 处理器。后来，PC-DOS 演化成为 Microsoft MS-DOS。基于这个历史原因，采用 MS-DOS 作为运行环境来解释实地址模式的编程问题是合理的。实地址模式又称为 16 位模式（16-bit mode），因为其地址由 16 位值构成。

本章将学习 MS-DOS 的基本内存组织，如何激活 MS-DOS 的功能调用（称为中断），以及如何在操作系统级执行基本的输入/输出操作。本章的所有程序都运行于实地址模式，因为它们都使用了 INT 指令。中断起初是被设计成运行于 MS-DOS 下的实地址模式。在保护模式下也能调用中断，但实现的技术超出了本书的范围。

实地址模式的程序有如下特点：
- 只能寻址 1MB 的内存。
- 在一个会话（session）中，同一时刻只有一个程序能运行（单任务）。
- 没有内存边界保护，所以任何应用程序都能覆盖操作系统使用的内存。
- 偏移量为 16 位。

IBM-PC 在刚出现时具有强烈的吸引力，因为它的价格合理且能运行 Lotus 1-2-3，而 Lotus 1-2-3 作为一款电子表格软件，在使 PC 被商家接纳方面起到重要作用。计算机爱好者喜爱 PC，因为它是学习计算机如何工作的理想工具。应该注意到，在 PC-DOS 之前，Digital Research 的 CP/M 是最流行的，它是 8 位操作系统，只能寻址 64K 的 RAM。从这个角度看，PC-DOS 的 640K 寻址能力就如天赐之物。

由于早期的 Intel 微处理器在内存和速度上有明显的局限性，IBM-PC 只能是单用户计算机，对于应用程序造成的内存崩溃，没有内置的保护。相比之下，当时可买到的小型计算机就能处理多用户问题，并且能防止应用程序之间覆盖彼此的数据。随着时间的推移，出现了更强健的 PC 操作系统，使 PC 替代小型计算机系统成为可能，尤其是当 PC 连成网络时。

14.1.1 内存组织

在实地址模式下，内存最低端的 640K 被操作系统和应用程序所使用，接着是视频内存和为硬件控制器保留的内存。最后，从 F0000 到 FFFFF 的内存空间是为系统 ROM（只读存储器）保留的。图 14-1 展示了简单的内存图。在内存的操作系统区域，最低端的 1024 字节内存（地址 00000 到 003FF）是一个包含了 32 位地址的表，称为中断向量表（interrupt vector table）。这些地址称为中断向量，CPU 在处理硬件和软件中断时要用到它们。

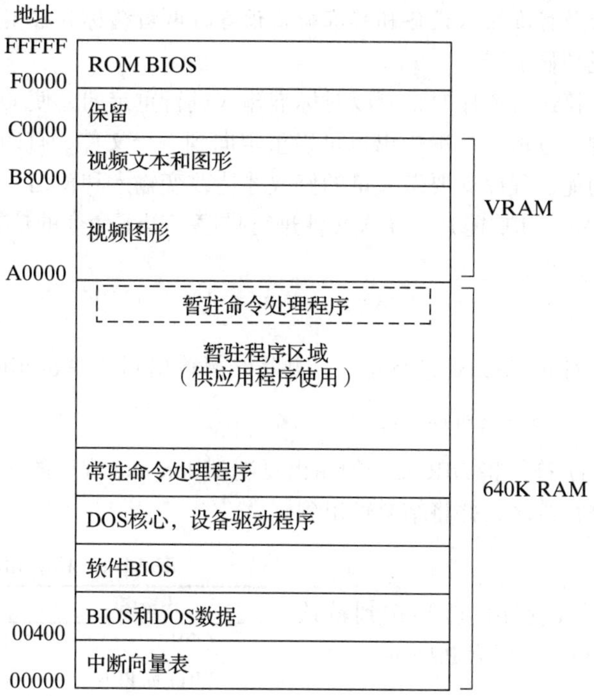

```
地址
FFFFF  ┌─────────────────┐
       │    ROM BIOS     │
F0000  ├─────────────────┤
       │      保留        │
C0000  ├─────────────────┤
       │  视频文本和图形   │  ┐
B8000  ├─────────────────┤  │
       │                 │  │ VRAM
       │    视频图形      │  │
       │                 │  │
A0000  ├─────────────────┤  ┘
       │ ┌─────────────┐ │
       │ │暂驻命令处理程序│ │
       │ └─────────────┘ │
       │    暂驻程序区域   │
       │   （供应用程序使用）│
       │                 │
       ├─────────────────┤
       │  常驻命令处理程序  │   640K RAM
       ├─────────────────┤
       │ DOS核心，设备驱动程序│
       ├─────────────────┤
       │    软件BIOS      │
       ├─────────────────┤
       │  BIOS和DOS数据   │
00400  ├─────────────────┤
       │    中断向量表     │
00000  └─────────────────┘
```

图 14-1 MS-DOS 内存图

　　紧接着向量表向上就是 BIOS 和 MS-DOS 数据区域。再往上是软件 BIOS（software BIOS），它包含了用于管理大多数 I/O 设备的过程，这些 I/O 设备包括键盘、磁盘驱动器、视频显示器、串口，以及打印机端口。BIOS 过程从 MS-DOS 系统（引导）盘上的一个隐藏系统文件加载。MS-DOS 核心是一系列的过程（称为服务），也从系统盘上的一个文件加载。

　　与 MS-DOS 核心组合在一起的还有文件缓冲区和可安装的设备驱动程序。内存的次最高区域是命令处理程序（command processor）的常驻部分，从被称为 command.com 的可执行文件加载。命令处理程序解释在 MS-DOS 提示符下输入的命令，并加载和执行存储在磁盘上的程序。命令处理程序的另一部分占据了 A0000 以下的高端内存位置。

　　应用程序可加载到位于命令处理程序常驻部分以上的第一个地址，并使用直到地址 9FFFF 之间的区域。如果当前正在运行的程序覆盖了暂驻命令处理程序占据的区域，则在当前程序终止后，暂驻命令处理程序会从引导盘上重新加载。

　　视频内存　　IBM-PC 的视频内存区域（VRAM）开始于位置 A0000，并在视频适配器切换到图形模式时使用。当视频处于彩色文本模式时，内存位置 B8000 保存当前显示在屏幕上的所有文本。屏幕是内存映射的，屏幕上的每一行和每一列都对应内存中的一个 16 位字。当一个字符被复制到视频内存时，它就立刻显示在屏幕上。

　　ROM BIOS　　ROM BIOS 处于内存位置 F0000 到 FFFFF 之间，是计算机操作系统的重要部分。它包含了系统诊断和配置软件，以及应用程序使用的低级输入/输出过程。BIOS 存储于系统板上的静态存储器芯片中。大多数系统都遵循标准化的 BIOS 规范，该规范成型于 IBM 首创的 BIOS，使用从 00400 到 004FF 之间的 BIOS 数据区域。

14.1.2 重定向输入/输出

贯穿本章都要谈及标准输入设备和标准输出设备，两者统称为控制台，涉及用作输入的键盘和用作输出的视频显示器。

当通过命令提示符运行程序时，可以对标准输入进行重定向，使其从一个文件或硬件端口读取，而不是从键盘读取。标准输出也可以重定向到一个文件、打印机，或者其他 I/O 设备。如果没有这个功能，程序就要做大量的修改才能改变输入和输出。例如，操作系统有一个名为 sort.exe 的程序，其功能是对输入文件进行排序。以下命令的功能是对文件 myfile.txt 进行排序并显示输出结果：

```
sort < myfile.txt
```

而下面的命令则对 myfile.txt 进行排序，并将结果输出到文件 outfile.txt：

```
sort < myfile.txt > outfile.txt
```

可以使用管道（|）符号将 DIR 命令的输出复制到 sort.exe 程序的输入。以下命令的功能是对当前磁盘目录进行排序，并将结果输出到屏幕：

```
dir | sort
```

下面的命令将 sort 程序的输出送到默认的（未联网的）打印机（标识为 PRN）：

```
dir | sort > prn
```

表 14-1 展示了完整的设备名。

表 14-1 标准 MS-DOS 设备名

设备名	描述
CON	控制台（视频显示器或键盘）
LPT1 或 PRN	第一个并行打印机
LPT2，LPT3	并行端口 2 和 3
COM1，COM2	串行端口 1 和 2
NUL	不存在或虚拟设备

14.1.3 软件中断

软件中断（software interrupt）是对操作系统过程的调用，这些过程的大部分称为中断处理程序（interrupt handler），它们为应用程序提供了输入和输出能力。它们用于如下任务：

- 显示字符和字符串。
- 从键盘读取字符和字符串。
- 显示彩色文本。
- 打开和关闭文件。
- 从文件读取数据。
- 向文件写入数据。
- 设置和获取系统时间和日期。

14.1.4 INT 指令

INT（调用中断过程）指令调用一个系统子例程，也称为中断处理程序。在 INT 指令执行之前，必须将一个或多个参数存入寄存器中，至少要将一个用来标识特定过程的数送入 AH 寄存器。根据功能的不同，可能还要向寄存器传送该中断需要的其他值。指令的语法为：

```
INT number
```

其中 number 是一个整数，范围是从 0h 到 FFh。

中断向量化

CPU 使用中断向量表来处理 INT 指令，中断向量表就是前面提到的处于最低 1024 个字节内存的地址表。该表的每个入口存放一个 32 位的段 – 偏移形式的地址，该地址指向中断处理程序，而表中的实际地址则根据机器不同而不同。图 14-2 示意了当 INT 指令被某个程序调用时，CPU 采取的步骤：

- 步骤 1：将 INT 指令的操作数乘以 4，用来定位在中断向量表中匹配的入口。
- 步骤 2：CPU 将标志和 32 位段 – 偏移形式的返回地址压入堆栈，禁止硬件中断，并对存放于中断向量表中 10h*4 处的地址（F000:F065）执行远程调用。
- 步骤 3：执行 F000:F065 处的中断处理程序，直至遇到 IRET（中断返回）指令。
- 步骤 4：IRET 指令从堆栈中弹出标志和返回地址，从而使处理器立即开始执行紧跟在 INT 10h 之后的指令。

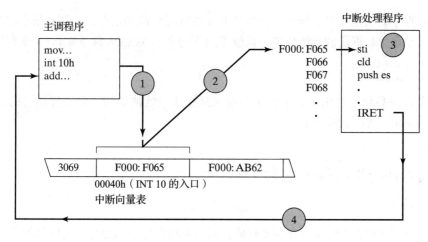

图 14-2　中断向量化处理

常见中断

软件中断调用的中断服务例程（Interrupt Service Routine，ISR）在 BIOS 或者 DOS 中。一些常用的中断如下：

- INT 10h 视频服务。是一些过程，用来调用显示例程，这些显示例程包括：控制光标位置、写彩色文本、滚动屏幕，以及显示视频图形。
- INT 16h 键盘服务。是一些过程，用来读取键盘和检查键盘状态。
- INT 17h 打印机服务。是一些过程，用来初始化、打印，以及返回打印机状态。
- INT 1Ah 当日时间。是一个过程，用来获得开机以来经过的时钟节拍数，或者为该计数器设置新值。
- INT 1Ch 用户定时器中断。是一个空过程，一秒钟执行 18.2 次。
- INT 21h MS-DOS 服务。是一些过程，用来提供输入 / 输出、文件处理，以及内存管理功能，也称为 MS-DOS 功能调用。

14.1.5　16 位程序的代码编写

为 MS-DOS 编写的程序必须是运行于实地址模式的 16 位应用程序。实地址模式的应用程序采用 16 位的段，并且遵循在 2.3.1 节中描述的分段寻址方案。如果你正在使用 32 位处理器，就可以使用32位通用寄存器，即使是在实地址模式下。以下是对16位程序的代码编写特点进行的总结：

- .MODEL伪指令规定了程序将采用哪种内存模型。我们推荐使用小模型，它使代码在一个段中，而堆栈和数据在另一个段中：

  .MODEL small

- .STACK伪指令为程序分配少量的局部堆栈空间。通常，极少会需要多于256个字节的堆栈空间。下面的伪指令分配了极为充足的512字节空间：

  .STACK 200h

- 若想使用32位寄存器，可通过.386伪指令来指定：

  .386

- 如果程序要引用变量，则在主函数的开始处就需要两条指令，这两条指令将DS寄存器初始化为数据段的起始位置，该位置用预定义的MASM常量@data来标识：

  ```
  mov  ax,@data
  mov  ds,ax
  ```

- 每个程序必须包含用于结束程序并返回到操作系统的语句。要实现该目的，一种途径是使用.EXIT伪指令：

  .EXIT

  或者，也可以调用INT 21h，功能号为4Ch：

  ```
  mov  ah,4ch          ; 结束进程
  int  21h             ; MS-DOS 中断
  ```

- 可以使用MOV指令为段寄存器赋值，但只能将程序段的地址作为所赋的值。
- 当汇编16位程序时，使用本书示例程序文件夹中提供的make16.bat（批处理）文件。该文件链接到Irvine16.lib并执行更早的Microsoft 16位链接器（5.6版）。
- 实地址模式的程序只能在运行于MS-DOS、Windows 95、Windows 98及Wondows Millenium中时访问硬件端口、中断向量，以及系统内存。从Windows XP开始，就不允许这种类型的访问了。
- 当使用小模型的内存模型时，数据的偏移量（地址）和代码标号都是16位的。Irvine16库使用了小模型的内存模型，其中的所有代码都装入16位段中，程序的数据和堆栈也装入16位段中。
- 在实地址模式下，堆栈项默认是16位的。但仍然可将32位值放到堆栈上（要占用两个堆栈项）。

可以通过包含Irvine16.inc文件来简化16位程序的代码编写。该文件将以下语句插入到汇编流中，这些语句定义内存模式和调用规约，分配堆栈空间，启用32位寄存器，并将.EXIT伪指令重新定义为exit：

```
.MODEL small,stdcall
.STACK 200h
.386
exit EQU <.EXIT>
```

14.1.6 本节回顾

1. 可以加载应用程序的最高内存位置是什么？
2. 占据内存最低 1024 字节的是什么？
3. BIOS 和 MS-DOS 数据区域的起始位置是什么？
4. 包含计算机输入 / 输出的低级过程的内存区域叫什么名字？
5. 展示一个例子，将程序的输出重定向到打印机。
6. 用作第一个并行打印机的 MS-DOS 设备名是什么？
7. 什么是中断服务例程？
8. 当 INT 指令执行时，CPU 完成的第一项任务是什么？
9. 当 INT 指令被程序调用时，CPU 采取的四个步骤是什么？提示：见图 14-2。
10. 当中断服务例程完成时，应用程序如何恢复执行？
11. 哪一个中断号用于视频服务？
12. 哪一个中断号用于当日时间？
13. 在中断向量表中，包含 INT 21h 中断处理程序地址的偏移量是什么？

14.2 MS-DOS 功能调用（INT 21h）

MS-DOS 为在控制台上显示文本提供了很多易用的功能，这些功能是一组功能的组成部分，而这组功能通常被称为 INT 21h MS-DOS 功能调用。这个中断支持大概 200 个不同的功能，这些功能用存放在 AH 寄存器中的功能号（function number）来标识。一本优秀但有些过时的资料是 Ray Duncan 的书籍 *Advanced MS-DOS Programming*，第 2 版，由 Microsoft 出版社在 1988 年出版。更详尽和最新的资料是 *Ralf Brown's Interrupt List*，可以在网上看到，详细信息请见本书的网址。

对于本章中描述的每一个 INT 21h 功能，我们将列出所需要的输入参数和返回值，给出其用法说明，并包括一个调用了该功能的短代码示例。

一些函数要求输入参数的 32 位地址预先被存入 DS : DX 寄存器中。DS 是数据段寄存器，通常设置为程序的数据区域。如果由于某种原因，不是这种情形的话，就使用 SEG 操作符将 DS 设置为某个段，该段包含了传递给 INT 21h 的数据。下面的语句展示了该操作：

```
.data
inBuffer BYTE 80 DUP(?)
.code
mov    ax,SEG inBuffer
mov    ds,ax
mov    dx,OFFSET inBuffer
```

INT 21h 功能 4Ch：终止进程 INT 21h 的 4Ch 号功能终止当前程序（称为进程）。在本书给出的实地址模式的程序中，使用了 Irvine16 库中的宏定义 exit，其定义为：

```
exit TEXTEQU <.EXIT>
```

也就是说，exit 是一个别名，是 .EXIT 的替代（.EXIT 是 MASM 伪指令，用于终止程序）。创建 exit 符号后，就能使用单一的命令来终止 16 位和 32 位程序。在 16 位程序中，EXIT 生成的代码是：

```
mov    ah,4Ch              ; 终止进程
int    21h
```

如果为宏 .EXIT 提供一个可选的返回代码参数，则汇编器会生成一条额外的指令，该指

令将返回码传送到 AL：

```
.EXIT 0                         ; 宏调用
```

生成的代码：

```
mov  ah,4Ch                     ; 终止进程
mov  al,0                       ; 返回码
int  21h
```

AL 中的值称为进程返回码（process return code），由主调进程（包括一个批处理文件）接收，用于指明程序的返回状态。按照惯例，返回码为零被认为是成功结束，其他的在 1~255 之间的返回码可用于指明附加的结果，这些附加结果对程序有特定意义。例如，Microsoft 的汇编器 ML.EXE 在程序汇编正确时返回零，否则返回非零值。

> 附录 D 包含了相当全面的 BIOS 和 MS-DOS 中断列表。

14.2.1 若干输出功能

本节讲解一些最常见的用于写字符和文本的 INT 21h 功能。这些功能都没有改变默认的当前屏幕颜色，所以只有在之前采用其他手段设置了屏幕颜色时，输出才是彩色的（例如，可以调用第 16 章的视频 BIOS 功能）。

过滤控制字符 本节的所有功能都过滤（filter）或者解释 ASCII 控制字符。例如，如果向标准输出写一个退格字符，则光标左移一列。表 14-2 包含了一系列可能会遇到的控制字符。

以下的几张表描述了 INT 21h 的功能 2、功能 5、功能 6、功能 9，以及功能 40h 的重要特性。INT 21h 的功能 2 向标准输出写一个字符，功能 5 向打印机写一个字符，功能 6 向标准输出写一个非过滤字符，功能 9 向标准输出写一个字符串（以 $ 字符结束），功能 40h 向文件或设备写一个字节数组。

表 14-2　ASCII 控制字符

ASCII 码	描述
08h	退格（左移一列）
09h	水平制表符（向前跳 n 列）
0Ah	换行（移到下一行输出）
0Ch	换页（移到下一页打印）
0Dh	回车（移到最左列输出）
1Bh	退出字符

INT 21h 功能 2	
描述	向标准输出写一个字符，并将光标向前移动一列。
接收参数	AH = 2 DL = 字符值
返回值	无

调用示例	`mov  ah, 2`
	`mov  dl, 'A'`
	`int  21h`

INT 21h 功能 5	
描述	向打印机写一个字符
接收参数	AH = 5 DL = 字符值
返回值	无
调用示例	`mov  ah, 5`　　　　; 选择打印机输出 `mov  dl, "Z"`　　　; 要打印的字符

(续)

	INT 21h 功能 5	
调用示例	`int   21h              ;调用 MS-DOS`	
注解	MS-DOS 等待直至打印机准备好接收字符。可以通过按〈Ctrl+Break〉键终止等待。默认的输出是 LPT1 的打印机端口。	

	INT 21h 功能 6
描述	向标准输出写一个字符
接收参数	AH = 6 DL = 字符值
返回值	若 ZF = 0,则 AL 包含字符的 ASCII 码。

调用示例	`mov  ah, 6`
	`mov  dl, "A"`
	`int  21h`

注解	与其他 INT 21h 功能不同,这个功能不过滤(解释)ASCII 控制字符。

	INT 21h 功能 9
描述	向标准输出写一个以 $ 结尾的字符串。
接收参数	AH = 9 DS:DX = 字符串的段地址 / 偏移量
返回值	无

调用示例	`.data`
	`string  BYTE   "This is a string$"`
	`.code`
	`mov  ah, 9`
	`mov  dx, OFFSET string`
	`int  21h`

注解	字符串必须以字符 $ 结束。

	INT 21h 功能 40h
描述	向文件或设备写一个字节数组。
接收参数	AH = 40h BX = 文件或设备句柄(console = 1) CX = 要写的字节数 DS:DX = 字节数组的地址
返回值	AX = 已写入的字节数

调用示例	`.data`
	`message  "Hello, world"`
	`.code`
	`mov  ah,  40h`
	`mov  bx,  1`
	`mov  cx,  LENGTHOF message`
	`mov  dx,  OFFSET message`
	`int  21h`

14.2.2 Hello World 程序示例

下面是一个简单的程序,其功能是使用 MS-DOS 功能调用在屏幕上显示一个字符串:

```
; Hello World 程序              (Hello.asm)
.MODEL small
.STACK 100h
.386

.data
message BYTE "Hello, world!",0dh,0ah

.code
main PROC
    mov  ax,@data              ; 初始化 DS
    mov  ds,ax

    mov  ah,40h                ; 向文件/设备写入
    mov  bx,1                  ; 输出句柄
    mov  cx,SIZEOF message     ; 字节数
    mov  dx,OFFSET message     ; 缓冲区的地址
    int  21h

    .EXIT
main ENDP
END main
```

另一种方法 编写 Hello.asm 的另一种方法是使用预先定义的 .STARTUP 伪指令（该伪指令初始化 DS 寄存器）。这就要求去掉紧跟 END 伪指令的标号：

```
; Hello World 程序              (Hello2.asm)
.MODEL small
.STACK 100h
.386

.data
message BYTE "Hello, world!",0dh,0ah

.code
main PROC
    .STARTUP

    mov  ah,40h                ; 向文件/设备写入
    mov  bx,1                  ; 输出句柄
    mov  cx,SIZEOF message     ; 字节数
    mov  dx,OFFSET message     ; 缓冲区的地址
    int  21h

    .EXIT
main ENDP
END
```

14.2.3 若干输入功能

本节要描述一些最常用的 MS-DOS 功能，这些功能从标准输入读取数据。更完整的列表可见附录 D。如下表所示，INT 21h 的功能 1 从标准输入读取一个字符：

INT21h 功能 1	
描述	从标准输入读取一个字符
接收参数	AH = 1
返回值	AL = 字符（ASCII 码）

调用示例	`mov  ah, 1`
	`int  21h`
	`mov  char, al`

注解	如果输入缓冲区没有字符，则程序等待。该功能还向标准输出回显读取的字符

INT 21h 的功能 6 在输入缓冲区有字符等待时从标准输入读取一个字符。如果缓冲区为空，则该功能将零标志置位并返回，除此之外无其他操作：

	INT 21h 功能 6
描述	在不用等待的情况下从标准输入读取一个字符
接收参数	AH = 6 DL = FFh
返回值	如果 ZF = 0，则 AL 包含字符的 ASCII 码

调用示例	`mov ah, 6`
	`mov dl, 0FFh`
	`int 21h`
	`jz skip`
	`mov char, AL`
	`skip:`

注解	该软件中断只在输入缓冲区有等待字符时才返回字符，它不将字符回显到标准输出，也不过滤控制字符

INT 21h 的功能 0Ah 从标准输入读取一个以〈 Enter 〉键终止的缓冲字符串。当调用这个功能时，将指针传递给一个输入结构，该结构有如下格式（count 可在 0~128 之间）：

```
count = 80
KEYBOARD STRUCT
    maxInput BYTE count              ; 最大输入字符数量
    inputCount BYTE ?                ; 实际输入字符数量
    buffer BYTE count DUP(?)         ; 保存输入的字符
KEYBOARD ENDS
```

字段 maxInput 规定了用户可以输入字符的最大数量，包括〈 Enter 〉键。〈 Backspace 〉键可用于删除字符并后退光标。用户既可以通过按〈 Enter 〉键也可以通过按〈 Ctrl+Break 〉键来结束输入。所有的非 ASCII 键，如〈 PageUp 〉和〈 F1 〉，都会被过滤而不存入缓冲区。在功能返回后，字段 inputCount 保存的是输入了多少字符，〈 Enter 〉键不计入在内。下表描述了功能 0Ah：

	INT 21h 功能 0Ah
描述	从标准输入读取一个缓冲的字符数组
接收参数	AH = 0Ah DS：DX = 键盘输入结构的地址
返回值	结构用输入的字符初始化

调用示例	`.data`
	`kybdData  KEYBOARD  <>`
	`.code`
	`    mov ah, 0Ah`
	`    mov dx, OFFSET kybdData`
	`    int 21h`

INT 21h 的功能 0Bh 获得标准输入缓冲区的状态：

	INT 21h 功能 0Bh
描述	获得标准输入缓冲区的状态
接收参数	AH = 0Bh
返回值	若字符正在等待，则 AL = 0FFh；否则 AL = 0

	INT 21h 功能 0Bh
调用示例	``` mov ah, 0Bh int 21h cmp al, 0 je skip ;（输入字符） skip: ```
注解	不移除字符

示例：字符串加密程序

INT 21h 功能 6 的独特功能是从标准输入读取字符，并且无须暂停程序或者过滤控制字符。如果从命令提示符运行一个程序并对输入重定向，这个功能就很有用。也就是说，输入来自文本文件而不是键盘。

下面的程序（Encrypt.asm）从标准输入读取每个字符，并使用 XOR 指令改变字符，然后将更改后的字符写到标准输出：

```
; 加密程序                                    (Encrypt.asm)
; 本程序使用 MS-DOS 功能调用对文件进行读取和加密。
; 从命令提示符处输入，使用重定向：
; Encrypt < infile.txt > outfile.txt
; 功能 6 也用于输出，以避免过滤 ASCII 控制字符

INCLUDE Irvine16.inc
XORVAL = 239                    ; 0~255 之间的任意值
.code
main PROC
    mov ax,@data
    mov ds,ax

L1:
    mov ah,6                    ; 直接控制台输入
    mov dl,0FFh                 ; 不等待字符
    int 21h                     ; AL = 字符
    jz  L2                      ; 若 ZF = 1 (EOF) 则退出
    xor al,XORVAL
    mov ah,6                    ; 写到输出
    mov dl,al
    int 21h
    jmp L1                      ; 重复循环

L2: exit
main ENDP
END  main
```

选择 239 作为加密值完全是随意的，这里可以选择 0 到 255 之间的任意值，若选择 0 则不会被加密。当然，这个加密是脆弱的，但这也足以挫败一般用户试图破解该密码的努力。当在命令提示符处运行该程序时，要指定输入文件的名称（如果有输出文件，也要给出名称）。下面是两个例子：

encrypt < infile.txt	从文件（infile.txt）输入，输出到控制台
encrypt < infile.txt > outfile.txt	从文件（infile.txt）输入，输出到文件（outfile.txt）

Int 21h 的功能 3Fh

INT 21h 的功能 3Fh 如下表所示，从文件或设备读取一组字节。当在 BX 中的设备句柄

等于零时，该功能可用于键盘输入：

INT 21h 功能 3Fh	
描述	从文件和设备读取一组字节
接收参数	AH = 3Fh BX = 文件 / 设备句柄（0 = 键盘） CX = 要读取的最大字节数 DS：DX = 输入缓冲区的地址
返回值	AX = 实际读取的字节数

调用示例	`.data`
	`inputBuffer  BYTE   127 dup(0)`
	`bytesRead    WORD   ?`
	`.code`
	`mov  ah,  3Fh`
	`mov  bx,  0`
	`mov  cx,  127`
	`mov  dx,  OFFSET inputBuffer`
	`int  21h`
	`mov  bytesRead,  ax`

注解	如果是从键盘读取，则当〈Enter〉按下时输入结束，并且将字符 0Dh 和 0Ah 两个字符附加到输入缓冲区

如果用户输入的字符比功能调用所需要的多，则多出的字符仍在 MS-DOS 输入缓冲区中保留着。如果在程序较后的某个时间再调用这个功能，则执行时不会等待用户输入，因为缓冲区中已有数据（包括 0Dh，0Ah 这两个标记行结束的字符）。这种情况甚至会发生在不同程序实例的执行之间。为了确保程序正确运行，需要在调用功能 3Fh 之后，逐次清空输入缓冲区的字符。下面的代码完成上述操作（完整的演示见程序 Keybd.asm）：

```
;----------------------------------------
FlushBuffer PROC
; 清空标准输入缓冲区。
; 接收参数：无。返回值：无。
;----------------------------------------
.data
oneByte BYTE ?
.code
    pusha
L1:
    mov    ah,3Fh              ; 读取文件 / 设备
    mov    bx,0                ; 键盘句柄
    mov    cx,1                ; 一个字节
    mov    dx,OFFSET oneByte   ; 存到这里
    int    21h                 ; 调用 MS-DOS
    cmp    oneByte,0Ah         ; 到行结尾了吗？
    jne    L1                  ; 没有：读取另一个
    popa
    ret
FlushBuffer ENDP
```

14.2.4 日期 / 时间功能

很多常见的软件应用都显示当前的日期和时间，也有其他的软件会获取日期和时间并在其内部逻辑中加以使用。例如，一个调度程序可能会使用当前日期来验证用户没有意外地将

一个预约调度到过去时间。如同以下一系列表所展示的，INT 21h 功能 2Ah 获取系统日期，而 INT 21h 功能 2Bh 设置系统日期。INT 21h 功能 2Ch 获取系统时间，而 INT 21h 功能 2Dh 设置系统时间。

	INT 21h 功能 2Ah
描述	获取系统时间
接收参数	AH = 2Ah
返回值	CX = 年 DH, DL = 月，日 AL = 星期几（星期日 = 0，星期一 = 1，等）

调用示例	`mov  ah, 2Ah`
	`int  21h`
	`mov  year, cx`
	`mov  month, dh`
	`mov  day, dl`
	`mov  dayOfWeek, al`

	INT 21h 功能 2Bh
描述	设置系统日期
接收参数	AH = 2Bh CX = 年 DH = 月 DL = 日
返回值	如果改变成功，AL = 0；否则，AL = FFh

调用示例	`mov  ah, 2Bh`
	`mov  cx, year`
	`mov  dh, month`
	`mov  dl, day`
	`int  21h`
	`cmp  al, 0`
	`jne  failed`

注解	如果在受限用户配置文件下运行 Windows，则该功能不可行

	INT 21h 功能 2Ch
描述	获取系统时间
接收参数	AH = 2Ch
返回值	CH = 几时（0 ~ 23） CL = 几分（0 ~ 59） DH = 几秒（0 ~ 59） DL = 百分之几秒（通常不精确）

调用示例	`mov  ah, 2Ch`
	`int  21h`
	`mov  hours, ch`
	`mov  minutes, cl`
	`mov  seconds, dh`

	INT 21h 功能 2Dh
描述	设置系统时间
接收参数	AH = 2Dh

(续)

	INT 21h 功能 2Dh
接收参数	CH = 几时（0～23） CL = 几分（0～59） DH = 几秒（0～59）
返回值	如果改变成功，则 AL = 0；否则，AL = FFh
调用示例	``` mov ah, 2Dh mov ch, hours mov cl, minutes mov dh, seconds int 21h cmp al, 0 jne failed ```
注解	如果在受限用户配置文件下运行 Windows，则该功能不可行

示例：显示时间和日期

下面的程序（DateTime.asm）显示系统的日期和时间。因为程序在小时、分钟，以及秒之前插入了零，故代码比预期略长：

```
; 显示日期和时间                    (DateTime.asm)
Include Irvine16.inc
Write PROTO char:BYTE
.data
str1 BYTE "Date: ",0
str2 BYTE ",  Time: ",0
.code
main PROC
     mov    ax,@data
     mov    ds,ax
; 显示日期：
     mov    dx,OFFSET str1
     call   WriteString
     mov    ah,2Ah              ; 获取系统日期
     int    21h
     movzx  eax,dh              ; 月
     call   WriteDec
     INVOKE Write,'-'
     movzx  eax,dl              ; 日
     call   WriteDec
     INVOKE Write,'-'
     movzx  eax,cx              ; 年
     call   WriteDec
; 显示时间：
     mov    dx,OFFSET str2
     call   WriteString
     mov    ah,2Ch              ; 获取系统时间
     int    21h
     movzx  eax,ch              ; 小时
     call   WritePaddedDec
     INVOKE Write,':'
     movzx  eax,cl              ; 分钟
     call   WritePaddedDec
     INVOKE Write,':'
     movzx  eax,dh              ; 秒
     call   WritePaddedDec
     call   Crlf
```

```
        exit
main ENDP

;----------------------------------------------
Write PROC char:BYTE
; 显示一个字符。
;----------------------------------------------
    push    eax
    push    edx
    mov     ah,2                    ; 字符输出功能
    mov     dl,char
    int     21h
    pop     edx
    pop     eax
    ret
Write ENDP

;----------------------------------------------
WritePaddedDec PROC
; 显示在 EAX 中的无符号整数,
; 用前导 0 填充两个数字位置。
;----------------------------------------------
.IF eax < 10
    push    eax
    push    edx
    mov     ah,2                    ; 显示前导 0
    mov     dl,'0'
    int     21h
    pop     edx
    pop     eax
.ENDIF
    call    WriteDec                ; 使用 EAX 值写无符号十进制数
    ret
WritePaddedDec ENDP
END main
```

输出示例:

```
Date: 12-8-2006,  Time: 23:01:23
```

14.2.5 本节回顾

1. 当调用 INT 21h 时,哪个寄存器存放功能号?
2. INT 21h 的哪个功能用于终止程序?
3. INT 21h 的哪个功能用于向标准输出写字符?
4. INT 21h 的哪个功能用于向标准输出写以 $ 字符结尾的字符串?
5. INT 21h 的哪个功能用于向文件或设备写一块数据?
6. INT 21h 的哪个功能用于从标准输入读取一个字符?
7. INT 21h 的哪个功能用于从标准输入设备读取一块数据?
8. 如果想要获取系统日期,并显示该日期,然后再改变该日期,需要用到 INT 21h 的哪些功能?
9. 本章讲述的哪些 INT 21h 功能可能不会工作在具有受限用户配置文件的 Windows NT、2000 或 XP 环境中?
10. 当想要检测标准输入缓冲区以确认是否有字符正等待处理时,要用到 INT 21h 的哪个功能?

14.3 标准的 MS-DOS 文件 I/O 服务

这里展示 INT 21h 提供的更多文件和目录 I/O 服务。表 14-3 显示出其中可能会用到的

一些功能。

文件/设备句柄　MS-DOS 和 MS-Windows 使用被称为句柄的 16 位整数来标识文件和 I/O 设备。有五种预先定义的设备句柄。除了句柄 2（错误输出），每种句柄都支持在命令提示符下的重定向。下面的句柄在所有时间都可用：

表 14-3　与文件和目录相关的 INT 21h 功能

功能	描述
716Ch	创建或打开文件
3Eh	关闭文件句柄
42h	移动文件指针
5706h	获取文件创建日期和时间

- 0　键盘（标准输入）
- 1　控制台（标准输出）
- 2　错误输出
- 3　辅助设备（异步）
- 4　打印机

每个 I/O 功能都有一个共同的特点：如果失败，则进位标志被置位，并且错误码返回到 AX 中。可以使用该错误码来显示适当的消息。表 14-4 包含了错误码及其描述。

> Microsoft 提供了有关 MS-DOS 功能调用的丰富文档。对于你所使用版本的 Windows，可以在平台 SDK 文档中进行搜索。

表 14-4　MS-DOS 扩展的错误码

错误	代码描述	错误	代码描述
01	无效的功能号	11	非相同设备
02	未发现文件	12	无更多文件
03	未发现路径	13	软盘被写保护
04	打开的文件太多（无剩余句柄）	14	未知单元
05	拒绝访问	15	驱动盘未准备好
06	无效的句柄	16	未知命令
07	内存控制块毁坏	17	数据错误（CRC）
08	内存不足	18	错误的请求结构长度
09	无效的内存块地址	19	寻道错误
0A	无效的环境	1A	未知媒介类型
0B	无效的格式	1B	未发现扇区
0C	无效的访问码	1C	打印机缺纸
0D	无效的数据	1D	写故障
0E	保留	1E	读故障
0F	指定了无效的驱动盘	1F	一般故障
10	试图移除当前目录		

14.3.1　创建或打开文件（716Ch）

INT 21h 的功能 716Ch 既能创建新文件也能打开已存在的文件。该功能允许使用扩展的文件名并允许文件共享。如下表所示，文件名可以包含目录路径。

INT 21h 功能 716Ch	
描述	创建新文件或打开已存在文件
接收参数	AX = 716Ch

	INT 21h 功能 716Ch
接收参数	BX = 访问模式（0 = 读，1 = 写，2 = 读 / 写） CX = 属性（0 = 常规，1 = 只读，2 = 隐藏，3 = 系统，8 = 卷 ID，20h = 归档） DX = 动作（1 = 打开，2 = 截断，10h = 创建） DS：SI = 文件的段地址 / 偏移量 DI = 别名提示（可选）
返回值	如果创建 / 打开文件成功，则 CF = 0，AX = 文件句柄，且 CX = 采取的动作。 如果创建 / 打开失败，则 CF = 1

调用示例	``` mov ax, 716Ch ; 扩展的文件打开 / 创建
	mov bx, 0 ; 只读
	mov cx, 0 ; 常规属性
	mov dx, 1 ; 打开已有文件
	mov si, OFFSET Filename
	int 21h
	jc failed
	mov handle, ax ; 文件句柄
	mov actionTaken, cx ; 采取的动作 ```

注解	BX 中的访问模式也可以与以下的共享模式值之一相结合：OPEN_SHARE_COMPATIBLE、OPEN_SHARE_DENYREADWRITE、OPEN_SHARE_DENYWRITE、OPEN_SHARE_DENYREAD 和 OPEN_SHARE_ DENYNONE。采取动作的返回值在 CX 中，可能是以下几个值之一：ACTION_OPENED、ACTION_CREATED_OPENED 和 ACTION_REPLACED_OPENED。这些都在 Irvine16.inc 中定义

附加的例子　　下面的代码或者创建新文件，或者截断相同名字的已有文件：

```
mov    ax,716Ch             ; 扩展的文件打开 / 创建
mov    bx,2                 ; 读 - 写
mov    cx,0                 ; 常规属性
mov    dx,10h+02h           ; 动作：创建 + 截断
mov    si,OFFSET Filename
int    21h
jc     failed
mov    handle,ax            ; 文件句柄
mov    actionTaken,cx       ; 打开文件的动作
```

下面的代码试图创建新文件。如果文件已经存在，则创建失败（进位标志置位）：

```
mov    ax,716Ch             ; 扩展的文件打开 / 创建
mov    bx,2                 ; 读 - 写
mov    cx,0                 ; 常规属性
mov    dx,10h                ; 动作：创建
mov    si,OFFSET Filename
int    21h
jc     failed
mov    handle,ax            ; 文件句柄
mov    actionTaken,cx       ; 打开文件的动作
```

14.3.2　关闭文件句柄（3Eh）

INT 21h 功能 3Eh 用于关闭文件句柄。这个功能通过将剩余的数据复制到磁盘来清空文件的写缓冲区，如下表所示：

	INT 21h 功能 3Eh
描述	关闭文件句柄

(续)

	INT 21h 功能 3Eh
接收参数	AH = 3Eh BX = 文件句柄
返回值	如果文件成功关闭，则 CF = 0；否则，CF = 1
调用示例	``` .data filehandle WORD ? .code mov ah, 3Eh mov bx, filehandle int 21h jc failed ```
注解	如果文件已被修改，则其时间戳和日期戳也被更新

14.3.3　移动文件指针（42h）

INT 21h 的功能 42h，如下表所示，将一个已打开文件的位置指针移动到新的位置。当调用这个功能时，在 AL 中的方法码（method code）确定如何设置指针：

      0 距文件开始处偏移
      1 距当前位置偏移
      2 距文件结束处偏移

	INT 21h 功能 42h
描述	移动文件指针
接收参数	AH = 42h AL = 方法码 BX = 文件句柄 CX : DX = 32 位偏移值
返回值	如果文件指针移动成功，则 CF = 0，并且在 DX : AX 中返回新的文件指针偏移；否则，CF = 1
调用示例	``` mov ah, 42h mov al, 0 ; 方法：距文件开始处偏移 mov bx, handle mov cx, offsetHi mov dx, offsetLo int 21h ```
注解	返回在 DX : AX 中的文件指针偏移总是相对于文件开始处

14.3.4　获取文件创建日期和时间

INT 21h 的功能 5706h，如下表所示，能够获得文件被创建时的日期和时间。这个时间不一定就是该文件最后一次被修改甚至访问的日期和时间。若要了解 MS-DOS 压缩日期和时间的格式，可参见 15.3.7 节。若要查看提取日期/时间字段的示例，可参见 7.3.4 节。

	INT 21h 功能 5706h
描述	获取文件创建时的日期和时间
接收参数	AX = 5706h BX = 文件句柄

INT 21h 功能 5706h	
返回值	如果功能调用成功，则 CF = 0，DX = 日期（以 MS-DOS 压缩格式表示），CX = 时间，SI = 毫秒数；如果功能调用失败，则 CF = 1

调用示例	`mov ax, 5706h` ; 获取创建日期/时间
	`mov bx, handle`
	`int 21h`
	`jc error` ; 如果失败则退出
	`mov date, dx`
	`mov time, cx`
	`mov milliseconds, si`

注解	文件必须已经打开。毫秒数值表示要加到 MOS-DOS 时间上的以 10 毫秒为单位的间隔数量，范围是 0 到 199，这表明该字段可向总体时间加上多达 2 秒的时间

(续)

14.3.5 若干库过程

这里将介绍来自 Irvine16 链接库的两个过程：`ReadString` 和 `WriteString`。其中 `ReadString` 较难处理，因为它必须每次读取一个字符，直至遇到行结束字符（0Dh）。它读取该字符，但却不将其复制到缓冲区中。

ReadString

`ReadString` 过程从标准输入读取字符串，并将这些字符作为以空结束的字符串放入输入缓冲区中。当用户按下回车键时，过程结束：

```
;--------------------------------------------------------
ReadString 过程
; 接收：DS:DX 指向输入缓冲区，
;       CX = 最大输入字符数
; 返回：AX = 输入字符的大小
; 注释：当按下回车键（0Dh）时停止。
;--------------------------------------------------------
        push    cx                      ; 保存寄存器
        push    si
        push    cx                      ; 再一次保存数字个数
        mov     si,dx                   ; 指向输入缓冲区
L1:     mov     ah,1                    ; 功能：键盘输入
        int     21h                     ; 字符返回到 AL 中
        cmp     al,0Dh                  ; 行结束？
        je      L2                      ; 是：退出
        mov     [si],al                 ; 否：保存该字符
        inc     si                      ; 递增缓冲区指针
        loop    L1                      ; 循环直至 CX=0
L2:     mov     byte ptr [si],0         ; 以空字节结尾
        pop     ax                      ; 起始的数字个数
        sub     ax,cx                   ; AX = 输入字符串大小
        pop     si                      ; 恢复寄存器
        pop     cx
        ret
ReadString ENDP
```

WriteString

`WriteString` 过程向标准输出写一个以空结束的字符串。它调用过程 `Str_length` 返回字符串中的字节数：

```
;------------------------------------------------------
WriteString 过程
; 向标准输出写一个以空结束的字符串
; 接收：DS:DX = 字符串地址
; 返回：无
;------------------------------------------------------
    pusha
    push    ds                          ; 用 DS 的值设置 ES
    pop     es
    mov     di,dx                       ; ES:DI = 字符串指针
    call    Str_length                  ; AX = 字符串长度
    mov     cx,ax                       ; CX = 字节数
    mov     ah,40h                      ; 向文件或设备写入
    mov     bx,1                        ; 标准输出句柄
    int     21h                         ; 调用 MS-DOS
    popa
    ret
WriteString ENDP
```

14.3.6 示例：读取和复制一个文本文件

本章前面在讲到从标准输入读取时，介绍了 INT 21h 的 3Fh 号功能。这个功能也可以用来读文件，只要在 BX 中的句柄能识别出一个已经以读方式打开的文件。当功能 3Fh 返回时，AX 中的值就表明实际从文件中读取的字节数。当读到文件的末尾时，AX 的返回值要小于要求读取的字节数（在 CX 中）。

本章前面在讲到向标准输出（设备句柄 1）写数据时，还介绍了 INT 21h 的 40h 号功能。同样，BX 中的句柄也可以引用一个打开的文件。该功能自动修改文件的位置指针，因此，下一次对功能 40h 的调用就从前一次调用离开的位置开始写数据。

这里将要介绍的 Readfile.asm 程序展示了 INT 21h 的几个功能：

- 功能 716Ch：创建新文件或打开已有文件
- 功能 3Fh：从文件或设备中读取
- 功能 40h：向文件或设备中写入
- 功能 3Eh：关闭文件句柄

下面的程序打开一个文本文件作为输入，从文件读取不超过 5000 个字节，显示到控制台，创建一个新文件，并将数据复制到新文件：

```
; 读取一个文本文件                (Readfile.asm)
; 读取、显示，以及复制一个文本文件。
INCLUDE Irvine16.inc

.data
BufSize = 5000
infile      BYTE "my_text_file.txt",0
outfile     BYTE "my_output_file.txt",0
inHandle    WORD ?
outHandle   WORD ?
buffer      BYTE BufSize DUP(?)
bytesRead   WORD ?

.code
main PROC
    mov     ax,@data
    mov     ds,ax
; 打开输入文件
```

```
        mov     ax,716Ch            ; 扩展的创建或打开文件
        mov     bx,0                ; 模式 = 只读
        mov     cx,0                ; 常规属性
        mov     dx,1                ; 动作：打开
        mov     si,OFFSET infile
        int     21h                 ; 调用 MS-DOS
        jc      quit                ; 如果出错，则退出
        mov     inHandle,ax
; 读取输入文件
        mov     ah,3Fh              ; 读取文件或设备
        mov     bx,inHandle         ; 文件句柄
        mov     cx,BufSize          ; 要读取的最大字节数
        mov     dx,OFFSET buffer    ; 缓冲区指针
        int     21h
        jc      quit                ; 如果出错，则退出
        mov     bytesRead,ax
; 显示缓冲区
        mov     ah,40h              ; 向文件或设备写入
        mov     bx,1                ; 控制台输出句柄
        mov     cx,bytesRead        ; 字节数
        mov     dx,OFFSET buffer    ; 缓冲区指针
        int     21h
        jc      quit                ; 如果出错，则退出
; 关闭文件
        mov     ah,3Eh              ; 功能：关闭文件
        mov     bx,inHandle         ; 输入文件句柄
        int     21h                 ; 调用 MS-DOS
        jc      quit                ; 如果出错，则退出
; 创建输出文件
        mov     ax,716Ch            ; 扩展的创建和打开文件
        mov     bx,1                ; 模式 = 只写
        mov     cx,0                ; 常规属性
        mov     dx,12h              ; 动作：创建/截取
        mov     si,OFFSET outfile
        int     21h                 ; 调用 MS-DOS
        jc      quit                ; 如果出错，则退出
        mov     outHandle,ax        ; 保存句柄
; 将缓冲区写到新文件
        mov     ah,40h              ; 向文件或设备写入
        mov     bx,outHandle        ; 输出文件句柄
        mov     cx,bytesRead        ; 字节数
        mov     dx,OFFSET buffer    ; 缓冲区指针
        int     21h
        jc      quit                ; 如果出错，则退出
; 关闭文件
        mov     ah,3Eh              ; 功能：关闭文件
        mov     bx,outHandle        ; 输出文件句柄
        int     21h                 ; 调用 MS-DOS
quit:
        call    Crlf
        exit
main ENDP
END main
```

14.3.7 读取 MS-DOS 命令的尾部

在接下来的程序中，我们经常要在命令行上向程序传递信息。假设需要向程序 attr.exe

传递一个名字 file1.doc，则 MS-DOS 命令行为：

```
attr file1.doc
```

当程序启动时，命令行上的额外文本被自动保存到内存中用来存放 MS-DOS 命令尾部（command tail）的位置，其中有 128 个字节的容量，位于距段地址开始处偏移量为 80h 的位置，而该段地址由 ES 寄存器所指定。这个内存区域称为程序段前缀（Program Segment Prefix，PSP）。见 2.3.1 节对段地址如何工作于实地址模式下的讨论。

第一个字节包含了命令行的长度，如果其值大于 0，则第二个字节就包含一个空格字符，而其余的字节就包含了在命令行输入的文本。使用 attr.exe 程序的命令行示例，则命令行尾部的十六进制内容如下所示：

对于 MS-DOS 保存命令名或程序名后面的所有字符而言，其采取的规则有一个例外：当对输入/输出重定向时，不保存所使用的文件名和设备名。例如，当输入下面的命令时，MS-DOS 不保存命令尾部的任何文本，因为 infile.txt 和 PRN 都用于重定向：

```
prog1 < infile.txt > prn
```

GetCommandTail 过程　来自 Irvine16 库的 `GetCommandTail` 过程返回一个正在 MS-DOS 下运行的程序命令尾部的副本。当调用这个过程时，将 DX 设置为缓冲区的偏移量，而命令尾部将被复制到这个缓冲区。实地址模式的程序常常直接处理段寄存器，所以能在不同的内存段访问数据。例如，GetCommandTail 将 ES 的当前值保存到堆栈，使用 INT 21h 的 62h 号功能获得 PSP 段，并将其复制到 ES：

```
    push es
    .
    .
    mov   ah,62h            ; 获取 PSP 段地址
    int   21h               ; 在 BX 中返回
    mov   es,bx             ; 复制到 ES
```

接着，它在 PSP 内定位一个字节。由于 ES 不指向程序的默认数据段，故必须使用段超越（segment override）(es:) 来访问程序段前缀内的数据：

```
    mov   cl,es:[di-1]      ; 获取长度字节
```

GetCommandTail 使用 SCASB 跳过开头的空格，并且在命令尾部为空时将进位标志置为 1。这使得在命令行没有任何输入时，主调程序便于执行 JC（jump carry，有进位时跳转）指令：

```
        cld                 ; 向前扫描
        mov   al,20h        ; 空格字符
        repz  scasb         ; 扫描寻找非空格字符
        jz    L2            ; 扫描到的都是空格字符
        .
        .
    L2: stc                 ; CF=1 意味着没有命令尾部
```

SCASB 自动扫描由 ES 段寄存器指向的内存,所以别无选择,只能在 GetCommandTail 的开始处用 PSP 段来设置 ES。下面是完整的代码清单:

```
;---------------------------------------------------
GetCommandTail PROC
;
; 获取在 PSP:80h 处的 MS-DOS 命令尾部的副本。
; 接收: DX 包含缓冲区的偏移量,
;       该缓冲区接收命令尾部的副本。
; 返回: 如果缓冲区为空,则 CF=1; 否则, CF=0。
;---------------------------------------------------
SPACE = 20h
    push es
    pusha                           ; 保存通用寄存器

    mov   ah,62h                    ; 获取 PSP 段地址
    int   21h                       ; 在 BX 中返回
    mov   es,bx                     ; 复制到 ES

    mov   si,dx                     ; 指向缓冲区
    mov   di,81h                    ; 命令尾部的 PSP 偏移量
    mov   cx,0                      ; 字节计数
    mov   cl,es:[di-1]              ; 获取长度字节
    cmp   cx,0                      ; 尾部为空?
    je    L2                        ; 是: 退出
    cld                             ; 向前扫描
    mov   al,SPACE                  ; 空格字符
    repz  scasb                     ; 扫描寻找非空格字符
    jz    L2                        ; 扫描到的都是空格字符
    dec   di                        ; 未发现空格字符
    inc   cx
```

> 在默认情况下,汇编器假设 DI 是相对于段地址的一个偏移量,该段地址在 DS 中。而段超越 (es:[di]) 则告诉 CPU 要使用 ES 中的段地址。

```
L1: mov   al,es:[di]                ; 将尾部复制到缓冲区
    mov   [si],al                   ; 由 DS:SI 指向
    inc   si
    inc   di
    loop  L1
    clc                             ; CF=0 意味着找到尾部
    jmp   L3
L2: stc                             ; CF=1 意味着命令没有尾部
L3: mov   byte ptr [si],0           ; 保存空字节
    popa                            ; 恢复寄存器
    pop   es
    ret
GetCommandTail ENDP
```

14.3.8 示例:创建二进制文件

二进制文件得此名的原因是,保存在文件中的数据就是程序数据的二进制映像。例如,假设程序创建并填充了一个双字数组:

```
myArray DWORD 50 DUP(?)
```

如果想要将这个数组写入一个文本文件,就必须将每个整数转换为一个字符串并分别写入文件。一个更高效的数据存储方法是只需将 myArray 的二进制映像写入文件。一个 50 个双

字的数组占用 200 个字节的内存，这正是文件要占用的磁盘空间量。

下面的 Binfile.asm 程序用随机整数填充数组，在屏幕上显示这些整数，将整数写入一个二进制文件，并关闭文件。然后，重新打开文件，读取这些整数，并将其显示到屏幕上：

```
; 二进制文件程序                    (Binfile.asm)
; 本程序创建一个二进制文件，其中包含了一个双字数组。
; 然后程序从文件读回并显示文件中的数值。
INCLUDE Irvine16.inc

.data
myArray DWORD 50 DUP(?)
fileName    BYTE "binary array file.bin",0
fileHandle WORD ?
commaStr    BYTE ", ",0

; 如果只读取和显示已有的二进制文件，则将 CreateFile 设置为 0。
CreateFile = 1

.code
main PROC
    mov    ax,@data
    mov    ds,ax

.IF CreateFile EQ 1
    call   FillTheArray
    call   DisplayTheArray
    call   CreateTheFile
    call   WaitMsg
    call   Crlf
.ENDIF
    call   ReadTheFile
    call   DisplayTheArray
quit:
    call   Crlf
    exit
main ENDP

;--------------------------------------------------------
ReadTheFile PROC
;
; 打开并读取二进制文件。
; 接收：无
; 返回：无
;--------------------------------------------------------
    mov    ax,716Ch              ; 扩展的文件打开
    mov    bx,0                  ; 模式：只读
    mov    cx,0                  ; 属性：常规
    mov    dx,1                  ; 打开已有文件
    mov    si,OFFSET fileName    ; 文件名
    int    21h                   ; 调用 MS-DOS
    jc     quit                  ; 如果出错，则退出
    mov    fileHandle,ax         ; 保存句柄

; 读取输入文件，然后关闭文件。
    mov    ah,3Fh                ; 读取文件或设备
    mov    bx,fileHandle         ; 文件句柄
    mov    cx,SIZEOF myArray     ; 要读取的最大字节数
    mov    dx,OFFSET myArray     ; 缓冲区指针
    int    21h
    jc     quit                  ; 如果出错，则退出
    mov    ah,3Eh                ; 功能：关闭文件
    mov    bx,fileHandle         ; 输出文件句柄
```

```
            int    21h                    ; 调用 MS-DOS
quit:
        ret
ReadTheFile ENDP

;-------------------------------------------------------
DisplayTheArray PROC
;
; 显示双字数组。
; 接收：无
; 返回：无
;-------------------------------------------------------
        mov    CX,LENGTHOF myArray
        mov    si,0
L1:
        mov    eax,myArray[si]          ; 获取一个数
        call   WriteHex                 ; 显示该数
        mov    edx,OFFSET commaStr      ; 显示一个逗号
        call   WriteString
        add    si,TYPE myArray          ; 数组中下一个位置
        loop   L1
        ret
DisplayTheArray ENDP

;-------------------------------------------------------
FillTheArray PROC
;
; 用随机整数填充数组。
; 接收：无
; 返回：无
;-------------------------------------------------------
        mov    CX,LENGTHOF myArray
        mov    si,0
L1:
        mov    eax,1000                 ; 生成随机整数
        call   RandomRange              ; 范围为 0~999，存到 EAX 中
        mov    myArray[si],eax          ; 将随机数保存到数组中
        add    si,TYPE myArray          ; 数组中下一个位置
        loop   L1
        ret
FillTheArray ENDP

;-------------------------------------------------------
CreateTheFile PROC
;
; 创建一个包含二进制数据的文件。
; 接收：无
; 返回：无
;-------------------------------------------------------
        mov    ax,716Ch                 ; 创建文件
        mov    bx,1                     ; 模式：只写
        mov    cx,0                     ; 常规文件
        mov    dx,12h                   ; 动作：创建/截取
        mov    si,OFFSET fileName       ; 文件名
        int    21h                      ; 调用 MS-DOS
        jc     quit                     ; 如果出错，则退出
        mov    fileHandle,ax            ; 保存句柄

; 将整数数组写入文件。
        mov    ah,40h                   ; 向文件或设备写入
        mov    bx,fileHandle            ; 输出文件句柄
        mov    cx,SIZEOF myArray        ; 字节数
        mov    dx,OFFSET myArray        ; 缓冲区指针
```

```
        int     21h
        jc      quit                    ; 如果出错，则退出
; 关闭文件。
        mov     ah,3Eh                  ; 功能：关闭文件
        mov     bx,fileHandle           ; 输出文件句柄
        int     21h                     ; 调用 MS-DOS
quit:
        ret
CreateTheFile ENDP
END main
```

有必要提醒一下，写整个数组只需调用 INT 21h 功能 40h 一次就可以了，不需要循环：

```
        mov     ah,40h                  ; 向文件或设备写入
        mov     bx,fileHandle           ; 输出文件句柄
        mov     cx,SIZEOF myArray       ; 字节数
        mov     dx,OFFSET myArray       ; 缓冲区指针
        int     21h
```

当从文件读回数组时也一样，只需调用 INT 21h 功能 3Fh 一次就完成了：

```
        mov     ah,3Fh                  ; 从文件或设备读取
        mov     bx,fileHandle           ; 文件句柄
        mov     cx,SIZEOF myArray       ; 要读取的最大字节数
        mov     dx,OFFSET myArray       ; 缓冲区指针
        int     21h
```

14.3.9 本节回顾

1. 给出 5 个标准的 MS-DOS 设备句柄。
2. 在调用了一个 MS-DOS 的 I/O 功能后，哪个标志会指示发生了错误？
3. 当调用功能 716Ch 来创建文件时，需要哪些参数？
4. 展示一个打开已有文件用来输入的例子。
5. 当调用功能 716Ch 从一个已打开的文件读取二进制数组时，需要哪些参数值？
6. 当使用 INT 21h 的功能 3Fh 读取输入文件时，如何检查是否到达文件结尾？
7. 当调用功能 3Fh 时，从文件读取与从键盘读取相比有什么不同？
8. 如果想要读取一个随机访问文件，INT 21h 的哪个功能允许直接跳到文件中间的特定记录？
9. 编写一个简短的代码片段，将文件指针置于距文件起始处 50 个字节的位置。假设文件已经打开，并且 BX 包含文件句柄。

14.4 本章小结

本章介绍了 MS-DOS 的基本内存组织，如何激活 MS-DOS 功能调用，以及如何在操作系统层次上执行基本的输入 / 输出操作。

标准输入设备和标准输出设备统称为控制台，其中涉及用于输入的键盘和用于输出的视频显示器。

软件中断是对操作系统过程的调用。大多数这样的过程称为中断处理程序，它们为应用程序提供输入 / 输出功能。

INT（对中断过程的调用）指令将 CPU 标志和 32 位返回地址（CS 和 IP）压入堆栈，禁止其他中断，并调用中断处理程序。CPU 利用中断向量表来处理 INT 指令，中断向量表是包含了中断处理程序的 32 位段 – 偏移量地址的表。

为 MS-DOS 设计的程序必须是运行在实地址模式下的 16 位应用程序。实地址模式的应

用程序采用 16 位段，并使用分段寻址方式。

.MODEL 伪指令指定程序使用哪种内存模型。.STACK 伪指令为程序分配少量的局部堆栈空间。在实地址模式下，堆栈项默认是 16 位的。使用 .386 伪指令就可启用 32 位寄存器。

包含变量的 16 位应用程序必须在访问变量前将 DS 设置为数据段的位置。

每个程序都必须包括一条用于结束程序并返回操作系统的语句。要做到这一点，一种方式是使用 .EXIT 伪指令，另一种方式是调用 INT 21h 的功能 4Ch。

任何实地址模式的程序，当运行在 Windows 的早期版本 MS-DOS 下时，都能访问硬件端口、中断向量，以及系统内存。但是，在更近期的 Windows 版本中，这种访问只授权给内核模式和设备驱动程序。

当程序运行时，其命令行上任何附加的文本都被自动保存到一个 128 字节的 MS-DOS 命令尾部区域，该区域位于一个特殊内存段的偏移量 80h 处，该特殊内存段称为程序段前缀（PSP）。Irvine16 库的 `GetCommandTail` 过程返回命令尾部的副本。

一些常用的 BIOS 中断列举如下：

- INT 10h 视频服务：用于显示的一些过程，如控制光标位置、写带颜色的文本、滚动屏幕，以及显示视频图形。
- INT 16h 键盘服务：读取键盘并检测其状态的过程。
- INT 17h 打印机服务：初始化、打印及返回打印机状态的过程。
- INT 1Ah 当日时间：该过程获取机器自开启以来已经历的时钟节拍数，或者为该计数器设置新值。
- INT 1Ch 用户定时器中断：每秒执行 18.2 次的空过程。

一些重要的 MS-DOS（INT 21h）功能列举如下：

- INT 21h MS-DOS 服务：提供输入/输出、文件处理，以及内存管理的过程。也称为 MS-DOS 功能调用。
- INT21h 支持大约 200 个不同的功能，由存储在 AH 寄存器中的功能号来识别。
- INT 21h 功能 4Ch：终止当前程序（称为进程）。
- INT 21h 功能 2 和 6：向标准输出写入单个字符。
- INT 21h 功能 5：向打印机写入单个字符。
- INT 21h 功能 9：向标准输出写入一个字符串。
- INT 21h 功能 40h：向文件或设备写入一个字节数组。
- INT 21h 功能 1：从标准输入读取单个字符。
- INT 21h 功能 6：从标准输入读取一个字符，不等待。
- INT 21h 功能 0Ah：从标准输入读取缓冲的字符串。
- INT 21h 功能 0Bh：获取标准输入缓冲区的状态。
- INT 21h 功能 3Fh：从文件或设备读取一个字节数组。
- INT 21h 功能 2Ah：获取系统日期。
- INT 21h 功能 2Bh：设置系统日期。
- INT 21h 功能 2Ch：获取系统时间。
- INT 21h 功能 2Dh：设置系统时间。
- INT 21h 功能 716Ch：创建一个文件，或者打开一个已有文件。
- INT 21h 功能 3Eh：关闭文件句柄。

- INT 21h 功能 42h：移动文件的位置指针。
- INT 21h 功能 5706h：获得文件的创建日期和时间。
- INT 21h 功能 62h：返回程序段前缀地址的段部分。

下面的示例程序展示了如何应用 MS-DOS 功能：

- 程序 DateTime.asm 显示系统日期和时间。
- 程序 Readfile.asm 以读方式打开一个文本文件，读取该文件，将其显示在控制台上，创建一个新文件，并将数据复制到新文件。
- 程序 Binfile.asm 用随机整数填充一个数组，在屏幕上显示这些整数，将这些整数写入一个二进制文件，并关闭该文件。然后再重新打开该文件，读取这些整数，并将它们显示在屏幕上。

二进制文件得其名的原因是存储在文件中的数据是程序数据的二进制映像。

14.5 关键术语

command processor（命令处理程序）
interrupt vector table（中断向量表）
interrupt handler（中断处理程序）
interrupt service routine（中断服务例程）

process return code（进程返回码）
program segment prefix（程序段前缀）
software BIOS（软件 BIOS）
software interrupt（软件中断）

14.6 编程练习

下面的习题必须在实地址模式下完成。不要使用 Irvine16 库中的任何函数。除非习题中特别说明要用其他方法，否则采用 INT 21h 调用进行输入/输出。

★★ 1. 读取一个文本文件

以读方式打开一个文件，读取该文件，并将其内容以十六进制形式显示在屏幕上。使输入缓冲区小到大约 256 个字节，用循环重复调用功能 3Fh 多次，直至整个文件被处理。

★★ 2. 复制一个文本文件

修改 14.3.6 节的 `Readfile` 程序，使得它能读取任何大小的文件。假设缓冲区比输入文件小，采用循环读取全部数据。使用的缓冲区大小为 256 字节。如果在 INT 21h 功能调用后，进位标志（CF）为 1，则显示适当的出错消息。

★ 3. 设置日期

编写一个程序，显示当前日期，并提示用户输入新的日期。如果输入了非空的日期，就使用该程序更新系统日期。

★ 4. 转换为大写

编写一个程序，使用 INT 21h 从键盘输入一些小写字母，并将它们转换为大写。只显示大写字母。

★ 5. 文件创建日期

编写一个程序，显示文件创建时的日期以及文件名。将文件名的指针传递给 DX 寄存器。编写一个测试程序，用若干个不同的文件名，包括扩展文件名来演示该过程。如果未发现文件，则显示适当的出错消息。

★★★ 6. 文本匹配程序

编写一个程序，打开一个最多包含 60K 字节的文本文件，并执行不区分大小写的字符串查找操作。字符串和文件名可由用户输入。显示文件中查找到字符串的每一行，并且每行前面带有一个行号。回顾一下 9.7 节中编程练习的 `Str_find` 过程。程序必须运行于实地址模式。

★★ 7. 使用 XOR 进行文件加密

对 6.3.4 节中的文件加密程序进行如下增强：
- 提示用户输入明文文件名和密文文件名。
- 打开明文文件用于输入，打开密文文件用于输出。
- 让用户输入一个整数密码（1 到 255 之间）。
- 将明文读到缓冲区中，并将其每个字节与密码进行 XOR 运算。
- 将缓冲区写到密文文件。

唯一可能要调用的本书链接库中的过程是 `ReadInt`。所有其他的输入/输出必须使用 INT 21h 来完成。该程序也可用于对密文文件进行解密，从而生成原始的明文。

★★★ 8. CountWords 过程

编写程序对一个文本文件中的单词进行计数。提示用户输入文件名，并在屏幕上显示计数值。唯一可能要调用的本书链接库中的过程是 `WriteDec`。所有其他的输入/输出必须使用 INT 21h 来完成。

第 15 章
Assembly Language for x86 Processors, Eighth Edition

磁盘基础知识

> 推荐安装早期版本的 Windows，比如 Windows98，以确保与本章的程序完全兼容。可以用软件工具在计算机上创建一个虚拟机，这样就能用该软件进行实验。

15.1 磁盘存储系统

本章介绍磁盘存储系统的基本原理，还要说明磁盘存储与旧版本 Windows 的 BIOS 级磁盘存储的相互关系，以及 MS-Windows 如何与应用程序进行交互以对文件和目录进行访问。系统 BIOS 在 2.5 节首次提到。当考虑到磁盘存储时，计算机不同层次之间的输入/输出访问就显而易见（见图 15-1）：

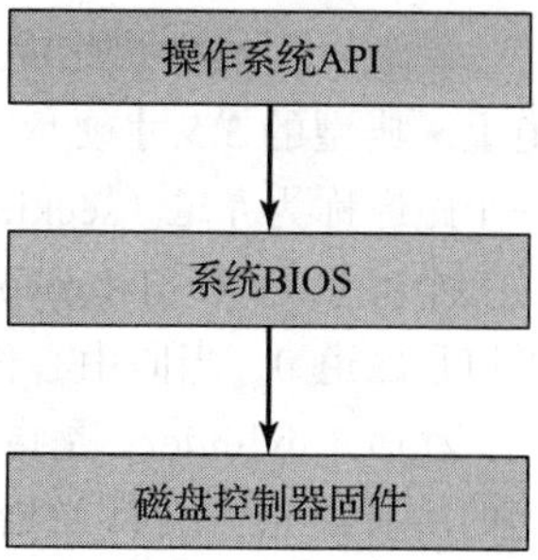

- 在最低层是磁盘控制器固件（disk controller firmware），它使用智能控制器芯片，为特定的磁盘驱动器品牌和型号规划出磁盘的几何布局（物理位置）。
- 再往上一层是系统 BIOS，它提供一组低级功能，以便操作系统用来执行读扇区、写扇区，以及格式化磁道等任务。
- 最高层是操作系统 API，它提供一组 API 函数，用来提供诸如打开和关闭文件、设置文件特性，以及读文件和写文件等服务。

图 15-1 磁盘访问的虚拟层次

所有的磁盘存储系统都有某些共同特点：它们处理数据的物理分区并在文件级访问数据，而且将文件名映射到物理存储器。在硬件级，磁盘存储以术语盘片（platter）、盘面（side）、磁道（track）、柱面（cylinder），以及扇区（sector）等来描述。在系统 BIOS 级，磁盘存储以术语簇（cluster）和扇区来描述。在 OS 级，磁盘存储以术语目录和文件来描述。

汇编语言程序   用汇编语言编写的用户级程序可在 MS-DOS、Windows 95、Windows 98，以及 Windows Millenium 下直接访问系统 BIOS。例如，可以对以非传统格式存储的数据进行存储和检索，可以恢复丢失的数据，或者对磁盘硬件执行诊断。本章将给出系统 BIOS 文件和扇区功能的示例。作为对典型 OS 级数据访问的展示，本章结束部分列出了一些关于磁盘驱动器和目录操作的 MOS-DOS 函数。

> 对于近期 32 位或 64 位版本的 Windows，用户级程序只能使用 Win32 API 访问磁盘系统。这个规则保护了系统的安全性，只有在最高特权级上运行的设备驱动程序才能避开该规则。

15.1.1 磁道、柱面及扇区

图 15-2 显示了一个典型的硬盘驱动器，它由多个盘片组成，这些盘片附着于主轴上，

并以恒速旋转。每个盘片的表面上方有一个读/写头，用来记录磁脉冲。这些磁头以成组、小步距向内部中心和向外部边缘移动。

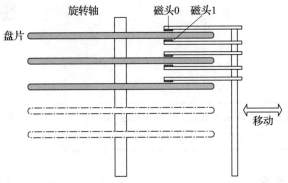

图 15-2 硬盘驱动器的物理元件

磁盘表面被格式化成看不见的同心带，称为磁道（track），数据以磁性的方式存储在磁道上。典型的 3.5 寸硬盘驱动器可能会包含几千个磁道。将读/写磁头从一个磁道移动到另一个磁道称为寻道（seeking）。平均寻道时间（average seek time）是一种对磁盘速度的度量。另一个度量是 RPM（revolutions per minute，每分钟转数），典型值是 7200。磁盘最外面的磁道是磁道 0，当向中心移动时，磁道号增加。

柱面（cylinder）是指从读/写磁头的单个位置可访问的所有磁道。文件初始时存储在磁盘上的相邻柱面，这样就降低了读/写磁头的移动量。

扇区（sector）是磁道的一部分，有 512 个字节，如图 15-3 所示。物理扇区由制造商采用低级格式（low-level format）在磁盘上进行了磁性（不可见）标记。无论安装何种操作系统，扇区大小永远不变。一个硬盘在每个磁道上可有 63 或更多个扇区。

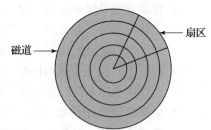

图 15-3 磁盘的磁道和扇区

物理磁盘几何结构（physical disk geometry）是描述磁盘结构的一种方式，使之对系统 BIOS 可读。它包含：每个磁盘的柱面数、每个柱面的读/写磁头数，以及每个磁道的扇区数。它们之间存在如下的关系：

- 每个磁盘的柱面数等于每个磁盘表面的磁道数。
- 磁道的总数等于柱面数乘以每个柱面的磁头数。

碎片　随着时间的推移，文件在磁盘上的分布会越来越分散，造成碎片化。碎片化（fragmented）文件所在的扇区再也不是位于磁盘上的连续区域。当发生这种情况时，读/写磁头在读取文件的数据时就必须要跳过一些磁道，从而减慢了对文件的读写速度。

向逻辑扇区号的转换　硬盘控制器执行一个被称为转换的过程，该过程将物理磁盘几何结构转换为能被操作系统理解的逻辑结构。控制器通常嵌入在固件中，即或者处于驱动器自身，或者处于独立的控制器卡上。转换后，操作系统就能使用逻辑扇区号（logical sector number）工作。逻辑扇区号总是从 0 开始顺序编号。

15.1.2 磁盘分区（卷）

在 MS-Windows 下，单个物理硬盘驱动器可划分为一个或多个逻辑单位，称为分区

（partition）或卷（volume）。每个格式化的分区用独立的盘符来表示，如 C、D 或 E，并可用若干种文件系统中的一种进行格式化。一个驱动器可包含两种类型的分区：主分区和扩展分区。

主分区通常可引导，并存放操作系统。扩展分区（extended partition）可不限数量地划分成多个逻辑分区（logical partition）。每个逻辑分区都被映射到一个驱动器盘符（C、D、E 等）。逻辑分区不可引导。可以用不同的文件系统格式化每个系统或逻辑分区。

例如，假设有一个 20 GB 的硬盘驱动器，其主分区分配了 10 GB（驱动器 C），并在其上安装了操作系统。那么，其扩展分区就是 10 GB。还可以随意地将扩展分区划分成两个逻辑分区，分别分配 2 GB 和 8 GB，并用各种文件系统如 FAT16、FAT32 或 NTFS 等来格式化它们（本章的下一节将讨论这些文件系统的细节）。假设尚未安装其他硬盘驱动器，则这两个逻辑分区就会被分配驱动器盘符 D 和 E。

多引导系统 创建多个主分区，使每个主分区都能引导（加载）不同操作系统的做法是相当常见的。这使得在不同环境下测试软件和利用更先进系统的安全特性成为可能。在虚拟化软件可广泛获得之前，软件开发者可以使用一个主分区为正在开发的软件创建测试环境，从而可以保留另一个分区来存放已完成测试并可供用户使用的产品软件。

而另一方面，逻辑分区则主要用于保存数据。不同的操作系统可以共享存储在同一个逻辑分区的数据。例如，MS-Windows 的所有近期版本和 Linux 都可以读 FAT32 磁盘。计算机可从这些操作系统中的任何一个来引导，并可读取共享逻辑分区的相同数据文件。

> **工具：** 可以在 MS-DOS 和 Windows 98 下使用 FDISK.EXE 程序来创建和删除分区，但不会保留数据。Windows 的近期版本有磁盘管理工具，提供了在不破坏数据的情况下对分区进行创建、删除及修改大小的功能。

主引导记录 当第一个分区在硬盘上创建时，就创建了主引导记录（Master Boot Record，MBR）。主引导记录位于驱动器的第一个逻辑扇区。MBR 包含如下内容：

- 磁盘分区表（disk partition table），描述了磁盘上所有分区的大小和位置。
- 一个小程序，其功能是定位分区的引导扇区，并将控制传递给扇区中一个用来加载操作系统的程序。

15.1.3 本节回顾

1. （真/假）：一个磁道被划分成多个被称为扇区的单位。
2. （真/假）：一个扇区由多个磁道组成。
3. ＿＿＿＿由硬盘驱动器读/写磁头的单个位置可访问的所有磁道组成。
4. （真/假）：物理扇区总是 512 字节，因为扇区是由制造商标记在磁盘上的。
5. 在 FAT32 下，一个逻辑扇区占用多少个字节？
6. 为什么文件在初始时存储在相邻的柱面上？
7. 当文件的存储变得碎片化时，就柱面和磁盘驱动器执行的寻道操作而言，意味着什么？
8. 硬盘驱动器分区的别名是硬盘驱动器＿＿＿＿。
9. 硬盘驱动器的平均寻道时间度量的是什么？
10. 什么是低级格式？
11. 主引导记录中包含有什么？
12. 同时处于活跃的主分区可以有多少个？
13. 当一个主分区处于活跃状态时，它被称为＿＿＿＿分区。

15.2 文件系统

每个操作系统都有某种磁盘管理系统。在最低层，它管理分区。而在上一层，它管理文件和目录。文件系统必须跟踪记录每个磁盘文件的位置、大小和属性。我们看一看 FAT 型文件系统，该系统起初是为 IBM-PC 创建的，且在 Windows 下仍可用。FAT 型文件系统使用如下结构：

- 将逻辑扇区映射到簇（cluster），这是所有文件和目录的基本存储单元。
- 将文件名和目录名映射到簇序列。

簇是文件所占用空间的最小单位，它由一个或多个相邻的磁盘扇区组成。文件系统将每个文件存储成链接起来的簇序列。簇的大小取决于所采用的文件系统类型及其磁盘分区的大小。图 15-4 展示的文件由两个 2 048 字节的簇组成，每个簇包含四个 512 字节的扇区。簇链由文件分配表（File Allocation Table，FAT）引用，该表跟踪记录了文件所占用的所有簇。指向 FAT 中第一个簇入口的指针存储在每个文件的目录项中。15.3.2 节极为详细地解释了 FAT。

浪费的空间　即使一个小文件也至少占用磁盘存储器的一个簇，这就可能导致空间浪费。图 15-5 显示了一个 8 200 字节的文件，该文件完全填满了两个 4 096 字节的簇，但在第三个簇中只占用了 8 个字节，空下来的 4 088 个字节就是浪费的空间。簇大小设定为 4 096（4KB）被认为是存储小文件的高效方式。想象一下，如果将这个 8 200 字节的文件存储到簇大小为 32KB 的卷上会是什么情景。在这种情况下，24 568 个字节（32 768-8 200）就被浪费了。当一个卷中有大量小文件时，最好选择小的簇容量。

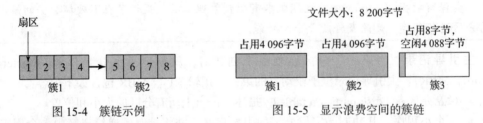

图 15-4　簇链示例　　　　图 15-5　显示浪费空间的簇链

Windows 2000/XP 示例　表 15-1 显示了在 Windows 2000 和 Windows XP 下对硬盘驱动器采用的标准簇大小和文件系统类型。这些值经常随着新的操作系统的发布而改变，因此，这里给出的信息仅为说明问题。

表 15-1　分区和簇大小（超过 1GB）

卷大小	FAT16 簇	FAT32 簇	NTFS 簇[1]
1.25 GB ～ 2GB	32KB	4KB	2KB
2GB ～ 4GB	64KB[2]	4KB	4KB
4GB ～ 8GB	ns（不支持）	4KB	4KB
8GB ～ 16GB	ns	8KB	4KB
16GB ～ 32GB	ns	16KB	4KB
32GB ～ 2TB	ns	ns[3]	4KB

[1] NTFS 下的默认大小。当磁盘格式化时可改变。
[2] 仅 Windows 2000 和 Windows XP 支持 FAT 16 下的 64KB 簇。
[3] Windows 98 可被修改，以格式化大于 32GB 的驱动器。

15.2.1 FAT12

FAT12 文件系统首次在 IBM-PC 的软盘上使用。它仍然被 MS-Windows 和 Linux 的所有版本支持，其簇大小只有 512 个字节，最适于存储小文件。它的文件分配表的每个表项都是 12 位长。一个 FAT 12 的卷能存放簇的数量小于 4 087。

15.2.2 FAT16

FAT16 文件系统是在 MS-DOS 下格式化硬盘驱动器时唯一可用的格式。它被 MS-Windows 和 Linux 的所有版本支持。FAT16 有如下一些缺点：

- 由于 FAT16 采用了大的簇，故在超过 1GB 的卷上存储时效率低。
- 文件分配表的每个表项为 16 位长，限制了簇的总数量。
- 卷可以存放簇的数量在 4 087～65 526 之间。
- 引导扇区没有备份，所以单个扇区读错误就可能是灾难性的。
- 没有内置的文件系统安全措施或个人用户权限。

15.2.3 FAT32

FAT32 文件系统随 Windows 95 一起出现，并在 Windows 98 下得到完善。相比于 FAT16，它改进了许多：

- 单个文件可大到 4GB-2B。
- 文件分配表的每个表项为 32 位长。
- 一个卷可存放簇的数量在 65 526～268 435 456 之间。
- 根文件夹可位于磁盘的任何地方，而且几乎可以是任何大小。
- 卷可容纳高达 32GB。
- 在存放 1GB 到 8GB 的卷上，它相比于 FAT16 采用了更小的簇，从而减少了空间浪费。
- 引导记录包括对关键数据结构的备份。这意味着 FAT32 驱动器比 FAT16 驱动器更不易遭受单点故障的影响。

15.2.4 NTFS

NTFS 文件系统被 Windows 的所有近期版本支持。它比 FAT32 有重大改进：

- NTFS 能处理大的卷，这些卷可以在单个硬盘驱动器上，或者跨越多个硬盘驱动器。
- 对于容量大于 2GB 的磁盘，默认的簇大小为 4KB。
- 支持 Unicode 文件名（非 ANSI 字符），长度可达 255 个字符。
- 允许对文件和文件夹设置权限，可由个人用户或用户组来访问，并采用不同级别的访问（读、写、修改等）。
- 对文件、文件夹，以及卷提供了内置的数据加密和压缩功能。
- 可在变更日志（change journal）上跟踪文件随时间发生的各个变化。
- 可为各个用户或用户组设置磁盘配额。
- 提供从数据错误的强健恢复能力。通过保持事务日志来自动修复错误。
- 支持磁盘镜像，使得相同数据可同时写到多个驱动器。

表 15-2 列出了 Intel 计算机通常使用的不同文件系统，并展示了其被各种操作系统支持的情况。

表 15-2　操作系统对文件系统的支持情况

文件系统	MS-DOS	Linux	Win 95/98	Win NT 4	Win 2000 往后
FAT12	√	√	√	√	√

文件系统	MS-DOS	Linux	Win 95/98	Win NT 4	Win 2000 往后
FAT16	√	√	√	√	√
FAT32		√	√		√
NTFS				√	√

15.2.5 主磁盘区

FAT12 和 FAT16 的卷有一些特定的位置，这些位置是为引导记录、文件分配表，以及根目录所保留的（FAT32 驱动器上的根目录不保存在固定的位置）。当卷被格式化时，每个区域的大小就确定了。例如，对于一个 3.5 寸、1.44MB 的软盘，其扇区映像如表 15-3 所示。

表 15-3　1.44MB 软盘的扇区映像

逻辑扇区	内容
0	引导记录
1～18	文件分配表（FAT）
19～32	根目录
33～2 879	数据区

引导记录　引导记录（boot record）包含一个存放卷信息的表和一个用来将 MS-DOS 加载到内存的简短引导程序。引导程序检查某些操作系统文件是否存在，并将其加载到内存。表 15-4 列出了典型 MS-DOS 引导记录的一系列有代表性的字段。对于不同版本的操作系统，这些字段的具体排列有所变化。

表 15-4　MS-DOS 引导记录布局

偏移量	长度	描述	偏移量	长度	描述
00	3	跳转到引导代码（JMP 指令）	1A	2	驱动器的磁头数
03	8	制造商名称，版本号	1C	4	隐藏扇区数
0B	2	每个扇区的字节数	20	4	大于 32MB 驱动器的磁盘扇区数
0D	1	每个簇的扇区数（2 的幂）	24	1	驱动器号（由 MS-DOS 修改）
0E	2	保留的扇区数（在 FAT #1 之前）	25	1	保留
10	1	FAT 的副本数	26	1	扩展引导标签（总是 29h）
11	2	根目录项的最大数量	27	4	卷 ID 号（二进制）
13	2	小于 32MB 驱动器的磁盘扇区数	2B	11	卷标号
15	1	媒介描述符字节	36	8	文件系统类型（ASCII）
16	2	FAT 的大小，以扇区计	3E	—	引导程序和数据的起点
18	2	每个磁道的扇区数			

文件分配表（FAT）　文件分配表相当复杂，所以将在 15.3.3 节做更详细的讨论。

根目录　根目录（root directory）是磁盘卷的主目录。目录项可以是目录名或者是文件的引用。若一个目录项是文件引用，它就包含该文件使用的文件名、属性，以及起始簇号。

数据区　磁盘的数据区是存放文件和子目录的地方。

15.2.6 本节回顾

1.（真 / 假）：文件系统将逻辑扇区映射到簇。
2.（真 / 假）：文件的起始簇号存放在磁盘参数表中。
3.（真 / 假）：除了 NTFS 的所有文件系统都要求使用至少一个簇来存储一个文件。
4.（真 / 假）：FAT32 文件系统允许对目录设置个人用户权限，但对文件则不允许。
5.（真 / 假）：Linux 不支持 FAT32 文件系统。

6. 在 Windows 98 下，允许的最大 FAT16 卷是多少？
7. 假设磁盘卷的引导记录已损坏，则哪个（或哪些）文件系统会对获得引导记录的备份提供支持？
8. 哪个（或哪些）MS-Windows 文件系统支持 16 位 Unicode 文件名？
9. 哪个（或哪些）MS-Windows 文件系统支持磁盘镜像，即将相同数据同时写到多个驱动器？
10. 假设需要保持最近 10 个对文件的修改记录，则哪个（或哪些）文件系统支持这个特性？
11. 如果有一个 20GB 的磁盘卷，且希望其簇大小≤8KB（以避免浪费空间），则可以使用哪个（或哪些）文件系统？
12. 支持 4KB 簇的最大 FAT32 卷是多少？
13. 描述一个 1.44MB 软盘的四个区域（按顺序）。
14. 在一个由 MS-DOS 格式化的磁盘驱动器上，如何确定每个簇使用的扇区数？
15. 挑战：如果一个磁盘的簇大小为 8KB，则当存储一个 8200 字节的文件时会有多少字节的浪费空间？
16. 挑战：解释 NTFS 如何存储稀疏文件（为了回答这个问题，必须访问 Microsoft MSDN 网站来查找相关信息）。

15.3 磁盘目录

每个 FAT 型和 NTFS 的磁盘都有一个根目录，其中包含了磁盘上的主文件列表。根目录可能还包含其他目录名，称为子目录（subdirectory）。子目录也可看作是一个目录，其名字出现在某个其他目录中，后者就是父目录（parent directory）。每个子目录可包含文件名和其他目录名，结果就形成一个树形结构，其中根目录在顶端，并向较低层分支出其他目录（见图 15-6）。

图 15-6 磁盘目录树示例

每个目录名和目录内的每个文件都受限于其上面的目录名，称为路径（path）。例如，在驱动器 C 上，ASM 下，SOURCE 目录中的文件 PROG1.ASM 的路径是：

```
C:\ASM\SOURCE\PROG1.ASM
```

一般来说，当输入/输出操作在当前磁盘驱动器执行时，驱动器字母可从路径中省略。在上述目录树示例中，目录名的完整列表如下所示：

```
C:\
\ASM
\ASM\LIB
\ASM\SOURCE
\JAVA
\JAVA\CLASSES
\JAVA\SOURCE
\CPP
\CPP\RUN
\CPP\SOURCE
```

因此，文件说明（file specification）可以采取的形式有：单独的文件名，或者目录路径后跟文件名，前面还可以有驱动器说明。

15.3.1 MS-DOS 目录结构

如果试图解释目前基于 Intel 计算机可使用的所有目录格式，那么，至少要包括 Linux、MS-DOS，以及所有版本的 MS-Windows。这里先以 MS-DOS 作为基本示例并仔细考察其结构，然后对 MS-Windows 中可使用的扩展文件名结构进行描述。

每个 MS-DOS 目录项为 32 位长，且包含如表 15-5 所示的字段。文件名（filename）字段存放文件、子目录，或磁盘卷标的名字。第一个字节表示的可能是文件的状态，或者是文件名的第一个字符，可能的状态值如表 15-6 所示。16 位的起始簇号（starting cluster number）字段是指分配给文件的第一个簇的簇号，也是在文件分配表（FAT）中该文件的起始项。文件大小字段是一个 32 位长的数，表示文件的大小，以字节数计。

表 15-5　MS-DOS 目录项

十六进制偏移量	字段名	格式
00～07	filename（文件名）	ASCII
08～0A	extension（扩展名）	ASCII
0B	attribute（属性）	8 位二进制
0C～15	MS-DOS 保留	
16～17	time stamp（时间戳）	16 位二进制
18～19	date stamp（日期戳）	16 位二进制
1A～1B	starting cluster number（起始簇号）	16 位二进制
1C～1F	file size（文件大小）	32 位二进制

表 15-6　filename 的状态字节

状态字节	描述
00h	该项从未使用
01h	如果 attribute 字节 = 0Fh 且状态字节 = 01h，则为第一个长 filename 项（存放名字的最后一部分、"."，以及 filename 的 extension）
05h	filename 的第一个字符实际上是字符 E5h（少见）
E5h	该项包含一个 filename，但文件已被删除
2Eh	项（.）用于目录名。如果第二个字节也是 2Eh（..），则 cluster 字段包含该目录之父目录的簇号
4nh	第一个长 filename 项（存放名字的第一部分）：如果 attribute 字节 = 0Fh，则标示出包含一个长 filename 的多个项的最后一项。数字 n 表明 filename 使用的项数

属性字段

属性字段标识文件的类型。该字段是位映射的，通常包含图 15-7 所示各值的组合。两个保留位应该总为 0。当文件被修改时，归档位被置为 1。如果该项包含一个子目录名，则子目录位被置 1。卷标将该项识别为一个磁盘卷名。系统文件位指明该文件是操作系统的一部分。隐藏文件位使文件处于隐藏状态，即其名字在目录显示时不出现。只读位保护文件不会以任何方式被删除或修改。最后，若属性值为 0Fh 则表明当前目录项是用于扩展的文件名。

日期和时间

日期戳字段（见图 15-8）表明文件创建或者最后修改的日期，表示为位映射值。年的值在 0～119 之间，并自动加到 1980（发布 IBM-PC 的年份）上。月的值在 1～12 之间，日的值在 1～31 之间。

时间戳字段（图 15-9）表明文件创建或最后修改的时间，表示为位映射值。时数可在

0～23 之间，分钟数在 0～59 之间，秒数在 0～59 之间，存储为以 2 秒作为递增值的计数。例如，二进制值 10100 等于 40 秒。图 15-10 中的时间戳表示时间 14：02：40。

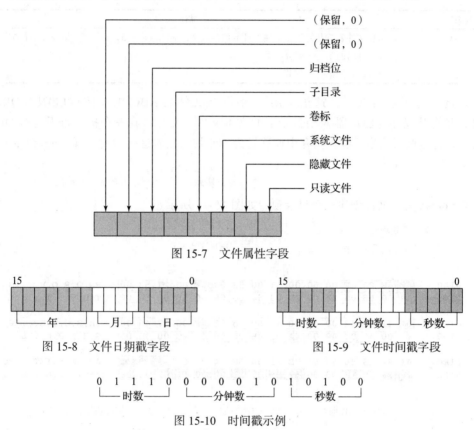

图 15-7　文件属性字段

图 15-8　文件日期戳字段　　　　图 15-9　文件时间戳字段

图 15-10　时间戳示例

文件目录项示例　现在考察一个名为 MAIN.CPP 文件（图 15-11）的目录项。该文件有常规属性，其归档位已置 1，表明该文件已被修改。其起始簇号为 0020h，大小为 000004EEh 字节，时间字段等于 4DBDh（9：45：58），日期字段等于 247Ah（1998 年 3 月 26 日）。

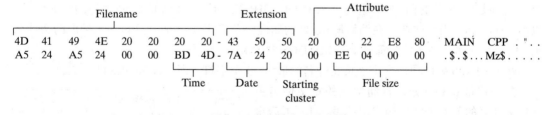

图 15-11　文件目录项示例

在该图中，time、date，以及 starting cluster number 是 16 位值，以小端序存储（先存低字节，接着存高字节）。file size 字段是双字，也以小端序存储。

15.3.2　MS-Windows 中的长文件名

在 MS-Windows 中，长于 8+3 个字符的文件名或者使用大小写字母组合的文件名被分配了多个磁盘目录项。如果属性字节等于 0Fh，则系统检查偏移量为 0 处的字节。如果高位数字等于 4，则该项开始于一系列长文件名项。低位数字指出长文件名要使用的目录项数量。接下来的项从 *n*−1 递减计数到 1，其中 *n*= 项数量。例如，如果一个文件名需要三个项，则第一个状态字节是 43h，接下来的项等于 02h 和 01h 的状态字节。如下表所示：

状态字节	描述
43	表明长文件名总共使用三个项，且本项存放文件名的最后一部分、"."，以及 3 字符扩展名
02	存放文件名的第二个部分
01	存放文件名的第一个部分

示例　为了进行演示，这里使用 26 字符的文件名 ABCDEFGHIJKLMNOPQRSTUV.TXT，并将其保存为驱动器 A 根目录下的文本文件。然后，在命令提示符下运行 DEBUG.EXE，并将这些目录扇区装入内存中偏移量为 100 处。接着运行 D 命令（dump 命令）⊖：

```
L 100 0 13 5                    （装入扇区 13h~17h）
D 100                           （将偏移量 100 处的信息内容显示在屏幕上）
```

Windows 为该文件创建三个目录项，如图 15-12 所示。

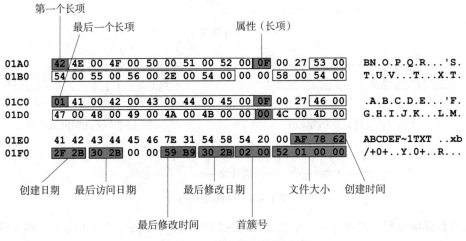

图 15-12　长文件名的目录项

现在从 01C0h 处的项开始。第一个字节包含 01，标示该项是长文件名项序列的最后一个。接着是文件名的前 13 个字符 "ABCDEFGHIJKLM"。每个 Unicode 字符是 16 位的，以小端序存储。需要注意，在偏移量 0B 处的属性字节等于 0F，表示这是一个扩展的文件名项（任何有此属性的文件名都自动被 MS-DOS 忽略）。

处于 01A0h 处的项包含了该长文件名的最后 13 个字符，即 "NOPQRSTUV.TXT"。

在偏移量 01E0h 处，自动生成的短文件名由该长文件名的前 6 个字母构成，后跟 ~1，再后跟起初名字中最后句点号后面的前 3 个字符。这些字符是 1 字节的 ASCII 码。该短文件名项还包含文件创建日期和时间、最后访问日期、最后修改日期和时间、起始簇号，以及文件大小。图 15-13 给出了 Windows Explorer 的 Properties 对话框显示的信息，这些信息与原始目录数据相匹配。

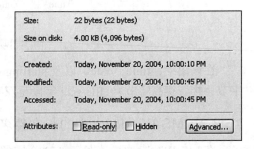

图 15-13　文件属性对话框

⊖　见本书网站的 DEBUG 辅导材料。

15.3.3 文件分配表

FAT12、FAT16 及 FAT32 文件系统使用一个表来跟踪记录每个文件在磁盘上的位置，该表称为文件分配表（FAT）。FAT 提供了磁盘簇的信息，显示其被特定文件所拥有。每个入口对应一个簇号，每个簇包含一个或多个扇区。换句话说，FAT 的第 10 个入口表示在磁盘上的第 10 个簇，第 11 个入口表示第 11 个簇，以此类推。

每个文件在 FAT 中表示为一个链表，称为簇链。每个 FAT 入口包含一个整数，用来表示下一个入口。图 15-14 显示了两个簇链，一个表示 File1，另一个表示 File2。File1 占据了簇 1、2、3、4、8、9 及 10。File2 占据了簇 5、6、7、11 及 12。文件最后一个 FAT 入口中的 eoc（end of chain）标记是一个预定义的整数值，用来标记链中的最后一个簇。

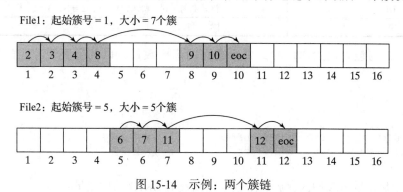

图 15-14 示例：两个簇链

当一个文件被创建时，操作系统在 FAT 中寻找第一个可用的簇入口。当不能得到足够的连续簇来存放全部文件时，就会出现间隙。在前面的图中，File1 和 File2 都发生了这种情况。当一个文件被修改并存回磁盘时，其簇链常常变得越来越碎片化。如果很多文件变得碎片化，则磁盘性能就会开始降低，因为读/写磁头必须在不同磁道间跨越才能定位文件的所有簇。大多数操作系统都提供了内置的碎片整理工具。

15.3.4 本节回顾

1.（真/假）：一个文件说明包括文件路径和文件名两者。
2.（真/假）：磁盘上的主文件列表称为基目录（base directory）。
3.（真/假）：文件的目录项包含文件的起始扇区号。
4.（真/假）：目录项中的 MS-DOS 日期字段必须加到 1980 上。
5. MS-DOS 目录项使用了多少字节？
6. 给出 MS-DOS 目录项的几个基本字段的名字（不包括保留字段）。
7. 在 MS-DOS 文件名项中，给出状态字节的 6 个可能值。
8. 在 MS-DOS 目录项中，给出时间戳字段的格式。
9. 当一个长文件名被存储在卷目录（MS-Windows 下）时，第一个长文件名项是如何表示的？
10. 如果一个文件名有 18 个字符，则需要多少个长文件名项？
11. MS-Windows 在原始 MS-DOS 文件目录项上加入了两个新的日期字段，它们的名字是什么？
12. 挑战：对于一个按序使用了簇 2、3、7、6、4 及 8 的文件，图示文件分配表的链接情况。

15.4 读写磁盘扇区

INT 21h 功能 7305h（绝对磁盘读写）能读写逻辑磁盘扇区。与所有 INT 指令一样，它被设计成只运行在 16 位实地址模式下。在保护模式下，由于其复杂性，不要试图调用 INT 21h（或任何其他的中断）。

在 Windows 95、98 及 Windows Me 下，功能 7305h 工作于 FAT12、FAT16 和 FAT32 文件系统。但其不工作在 Windows NT、2000、XP 或之后的版本下，因为这些系统有更严密的安全性。任何被允许读写磁盘扇区的程序都会轻易地绕过文件和目录的共享权限。当调用功能 7305h 时，传递如下参数：

AX	7305h
DS：BX	DISKIO 结构变量的段地址 / 偏移量
CX	0FFFFh
DL	驱动器号（0 = 默认，1 = A，2 = B，3 = C 等。）
SI	读 / 写标志

DISKIO 结构包含起始扇区号、要读或写的扇区数量，以及扇区缓冲区的段 / 偏移量地址：

```
DISKIO STRUCT
    startSector  DWORD 0              ; 起始扇区号
    numSectors   WORD 1               ; 扇区数量
    bufferOfs    WORD OFFSET buffer   ; 缓冲区偏移量
    bufferSeg    WORD SEG buffer      ; 缓冲区段值
DISKIO ENDS
```

下面的示例用输入缓冲区存放扇区数据，以及 DISKIO 结构变量：

```
.data
buffer BYTE 512 DUP(?)
diskStruct DISKIO <>
diskStruct2 DiskIO <10,5>            ; 扇区 10、11、12、13 和 14
```

当调用功能 7305h 时，用 SI 传递的参数决定了对扇区是进行读还是写。要进行读，就将位 0 清零；要进行写，就将位 0 置位。此外，当使用下面的方案写扇区时，要对位 13、14 及 15 进行配置：

位 15 ~ 13	扇区类型
000	其他 / 未知
001	FAT 数据
010	目录数据
011	常规文件数据

其余位（位 1 到 12）必须总为零。

示例 1　下面的语句从驱动器 C 读取一个或多个扇区：

```
mov  ax,7305h                ; 绝对读 / 写
mov  cx,0FFFFh               ; 总是该值
mov  dl,3                    ; 驱动器 C
mov  bx,OFFSET diskStruct    ; DISKIO 结构
mov  si,0                    ; 读取扇区
int  21h
```

示例 2　下面的语句向驱动器 A 写一个或多个扇区：

```
mov  ax,7305h                ; 绝对读 / 写
mov  cx,0FFFFh               ; 总是该值
mov  dl,1                    ; 驱动器 A
```

```
        mov     bx,OFFSET diskStruct            ; DISKIO 结构
        mov     si,6001h                        ; 写普通扇区（一个或多个）
        int     21h
```

15.4.1 扇区显示程序

现在将已学习到的关于扇区的知识加以运用。编写一个程序，以 ASCII 格式读取并显示各个磁盘扇区。伪代码如下所示：

要求输入起始扇区号和驱动器号
do while（击键 <> ESC）
  显示标题
  读取一个扇区
  如果 MS-DOS 出错，则退出
  显示一个扇区
  等待击键
  递增扇区号
end do

程序清单 下面是 16 位 Sector.asm 程序的完整清单。它运行于 Windows 95、98 及 Me 的实地址模式下，但不能运行于 Windows NT、2000、XP 以及后续版本下，因为这些操作系统对于磁盘访问有更严密的安全性：

```
; 扇区显示程序                        (Sector.asm)
; 演示 INT 21h 的功能 7305h(ABSDiskReadWrite)
; 这个实模式程序读取和显示磁盘扇区。
; 程序工作于 FAT16 和 FAT32 文件系统，运行在 Windows 95、98 和 Millenium 操作系统下。
INCLUDE Irvine16.inc

Setcursor PROTO, row:BYTE, col:BYTE
EOLN EQU <0dh,0ah>
ESC_KEY = 1Bh
DATA_ROW = 5
DATA_COL = 0
SECTOR_SIZE = 512
READ_MODE = 0                                    ; 对于功能 7505h

DiskIO STRUCT
    startSector DWORD ?                          ; 起始扇区号
    numSectors  WORD 1                           ; 扇区数量
    bufferOfs   WORD OFFSET buffer               ; 缓冲区偏移量
    bufferSeg   WORD @DATA                       ; 缓冲区段值
DiskIO ENDS

.data
driveNumber BYTE ?
diskStruct DiskIO <>
buffer BYTE SECTOR_SIZE DUP(0),0                 ; 一个扇区

curr_row    BYTE    ?
curr_col    BYTE    ?
; 字符串资源
strLine       BYTE    EOLN,79 DUP(0C4h),EOLN,0
strHeading    BYTE    "Sector Display Program (Sector.exe)"
              BYTE    EOLN,EOLN,0
strAskSector  BYTE    "Enter starting sector number: ",0
strAskDrive   BYTE    "Enter drive number (1=A, 2=B, "
              BYTE    "3=C, 4=D, 5=E, 6=F): ",0
strCannotRead BYTE    EOLN,"*** Cannot read the sector. "
              BYTE    "Press any key . . . ", EOLN, 0
strReadingSector \
```

```
            BYTE   "Press Esc to quit, or any key to continue . . . "
            BYTE   EOLN,EOLN,"Reading sector: ",0
        .code
        main PROC
            mov    ax,@data
            mov    ds,ax
            call   Clrscr
            mov    dx,OFFSET strHeading              ; 显示标题信息
            call   Writestring                       ; 要求用户输入
            call   AskForSectorNumber
    L1:     call   Clrscr
            call   ReadSector                        ; 读取一个扇区
            jc     L2                                ; 如果错误,则退出
            call   DisplaySector
            call   ReadChar
            cmp    al,ESC_KEY                        ; 按下了 <Esc> 键?
            je     L3                                ; 是: 退出
            inc    diskStruct.startSector            ; 下一个扇区
            jmp    L1                                ; 重复该循环
    L2:     mov    dx,OFFSET strCannotRead           ; 出错消息
            call   Writestring
            call   ReadChar
    L3:     call   Clrscr
            exit
        main ENDP

        ;-----------------------------------------------
        AskForSectorNumber PROC
        ;
        ; 提示用户输入起始扇区号和驱动器号。
        ; 初始化 DiskIO 结构的 startSector 字段,以及 driveNumber 变量。
        ;-----------------------------------------------
            pusha
            mov    dx,OFFSET strAskSector
            call   WriteString
            call   ReadInt
            mov    diskStruct.startSector,eax
            call   Crlf
            mov    dx,OFFSET strAskDrive
            call   WriteString
            call   ReadInt
            mov    driveNumber,al
            call   Crlf
            popa
            ret
        AskForSectorNumber ENDP

        ;-----------------------------------------------
        ReadSector PROC
        ;
        ; 读取一个扇区到输入缓冲区。
        ; 接收: DL = 驱动器号
        ; 要求: DiskIO 结构必须被初始化。
        ; 返回: 如果 CF=0,则操作成功;否则,CF=1 且 AX 包含错误码。
        ;-----------------------------------------------
            pusha
            mov    ax,7305h                          ; 绝对磁盘读写
            mov    cx,-1                             ; 总是 -1
            mov    bx,OFFSET diskStruct              ; 扇区号
            mov    si,READ_MODE                     ; 读模式
```

```
        int     21h                             ; 读取磁盘扇区
        popa
        ret
ReadSector ENDP

;------------------------------------------------
DisplaySector PROC
;
; 使用 BIOS 功能调用 INT 10h, 显示在缓冲区中的扇区数据。
; 这避免了对 ASCII 控制码的过滤。
; 接收: 无。返回: 无。
; 要求: 缓冲区必须包含扇区数据。
;------------------------------------------------
        mov     dx,OFFSET strHeading            ; 显示标题
        call    WriteString
        mov     eax,diskStruct.startSector      ; 显示扇区号
        call    WriteDec
        mov     dx,OFFSET strLine               ; 起始点
        call    Writestring
        mov     si,OFFSET buffer                ; 指向缓冲区
        mov     curr_row,DATA_ROW               ; 设置行和列
        mov     curr_col,DATA_COL
        INVOKE  SetCursor,curr_row,curr_col

        mov     cx,SECTOR_SIZE                  ; 循环计数器
        mov     bh,0                            ; 视频页 0
L1:     push    cx                              ; 保存循环计数器
        mov     ah,0Ah                          ; 显示字符
        mov     al,[si]                         ; 从缓冲区中取出字节
        mov     cx,1                            ; 显示它
        int     10h
        call    MoveCursor
        inc     si                              ; 指向下一个字节
        pop     cx                              ; 恢复循环计数器
        loop    L1                              ; 重复循环
        ret
DisplaySector ENDP

;------------------------------------------------
MoveCursor PROC
;
; 将光标向前移动到下一列, 检查屏幕上可能的光标换行绕回。
;------------------------------------------------
        cmp     curr_col,79                     ; 最后列?
        jae     L1                              ; 是: 到下一行
        inc     curr_col                        ; 否: 递增列
        jmp     L2
L1:     mov     curr_col,0                      ; 下一行
        inc     curr_row
L2:     INVOKE  Setcursor,curr_row,curr_col
        ret
MoveCursor ENDP

;------------------------------------------------
Setcursor PROC USES dx,
        row:BYTE, col:BYTE
;
; 设置屏幕上的光标位置
;------------------------------------------------
        mov     dh, row
        mov     dl, col
        call    Gotoxy
        ret
Setcursor ENDP
END main
```

该程序的核心是 `ReadSector` 过程，该过程使用 INT 21h 的功能 7305h 从磁盘读取每个扇区。扇区数据被置于缓冲区中，而缓冲区由 `DisplaySector` 过程进行显示。

使用 INT 10h　大多数扇区包含二进制数据，如果使用 INT 21h 来对其显示，则 ASCII 控制字符就会被过滤掉。例如，Tab 和换行符就会导致显示不连贯。而采用 INT 10h 的功能 0Ah 就是更好的方法，它能将 0 到 31 的 ASCII 码显示为图形字符。INT 10h 在第 16 章加以描述。由于功能 0Ah 不前进光标，故必须编写额外代码，以实现在显示每个字符后，将光标向右移动一列。`SetCursor` 过程简化了 Irvine16 库中 `Gotoxy` 过程的实现。

变型　在扇区显示程序上可做些有趣的变型。例如，可以提示用户输入要显示扇区号的范围，每个扇区可用十六进制显示。可让用户使用〈PageUp〉和〈PageDown〉键通过向前和向后滚动来穿过这些扇区。一些增强功能出现在本章习题中。

15.4.2　本节回顾

1. （真 / 假）：可以在 Windows Me 下使用 INT 21h 的功能 7305h 从硬盘驱动器读取扇区，但在 Windows XP 下不行。
2. （真 / 假）：INT 21h 的功能 7305h 只在保护模式下读取一个或多个硬盘扇区。
3. INT 21h 的功能 7305h 需要什么输入参数？
4. 在扇区显示程序（见 15.4.1 节）中，为什么要用中断 10h 来显示字符？
5. 挑战：在扇区显示程序（见 15.4.1 节）中，如果起始扇区号超出范围，会发生什么情况？

15.5　系统级文件功能

在实地址模式下，INT 21h 提供的系统服务（见表 15-7）有：创建和改变目录、改变文件属性、寻找匹配文件等。这些服务超出了在高级编程语言库中通常可得到的服务。当调用这些服务中的任意一个时，要将其功能号放入 AH 或 AX，而其他寄存器可能包含输入参数。现在详细考察一些常用的功能。更详细的 MS-DOS 中断列表及其描述可见附录 D。

表 15-7　若干 INT 21h 磁盘服务

功能号	功能名	功能号	功能名
0Eh	设置默认驱动器	43h	获取 / 设置文件属性
19h	获取默认驱动器	47h	获取当前目录路径
7303h	获取磁盘空闲空间	4Eh	寻找第一个匹配文件
39h	创建子目录	4Fh	寻找下一个匹配文件
3Ah	删除子目录	56h	重新命名文件
3Bh	设置当前目录	57h	获取 / 设置文件日期和时间
41h	删除文件	59h	获取扩展的错误信息

Windows 98 支持所有现有的 MS-DOS INT 21h 功能，并提供了扩展，以允许基于 MS-DOS 的应用能利用如长文件名和互斥卷锁定（exclusive volume locking）这样的特性。INT 21h 的功能 7303h（获取磁盘空闲空间）是增强型系统功能的例子，该功能可识别的磁盘大于原来在 MS-DOS 中所支持的磁盘。

15.5.1　获取磁盘空闲空间（7303h）

INT 21h 的功能 7303h 可用于在 FAT16 或 FAT32 驱动器上查明磁盘容量大小以及可用的空闲磁盘空间。这些信息用一个标准结构 `ExtGetDskFreSpcStruc` 返回，如下所示：

```
ExtGetDskFreSpcStruc STRUC
    StructSize                  WORD   ?
    Level                       WORD   ?
    SectorsPerCluster           DWORD  ?
    BytesPerSector              DWORD  ?
    AvailableClusters           DWORD  ?
    TotalClusters               DWORD  ?
    AvailablePhysSectors        DWORD  ?
    TotalPhysSectors            DWORD  ?
    AvailableAllocationUnits    DWORD  ?
    TotalAllocationUnits        DWORD  ?
    Rsvd                        DWORD  2 DUP (?)
ExtGetDskFreSpcStruc ENDS
```

(在 Irvine16.inc 文件中有该结构的副本。)下面的列表中包含了对每个字段的简短描述：

- `StructSize`：是一个返回值，表示 `ExtGetDskFreSpcStruc` 结构的大小，以字节数计。当 INT 21h 的功能 7303h（Get_ExtFreeSpace）执行时，将结构大小存入该结构成员。
- `Level`：是一个输入和返回的级别值。该字段必须初始化为 0。
- `SectorsPerCluster`：每个簇内的扇区数量。
- `BytesPerSector`：每个扇区内的字节数。
- `AvailableClusters`：可用的簇数。
- `TotalClusters`：卷上的总簇数。
- `AvailablePhysSectors`：在没有为了压缩而进行调整的情况下，卷上可用的物理扇区数。
- `TotalPhysSectors`：在没有为了压缩而进行调整的情况下，卷上总的物理扇区数。
- `AvailableAllocationUnits`：在没有为了压缩而进行调整的情况下，卷上可用的分配单元数。
- `TotalAllocationUnits`：在没有为了压缩而进行调整的情况下，卷上总的分配单元数。
- `Rsvd`：保留的数值。

调用功能　　当调用 INT 21h 的功能 7303h 时，需要如下的输入参数：

- AX 必须等于 7303h。
- ES：DI 必须指向一个 `ExtGetDskFreSpcStruc` 变量。
- CX 必须包含变量 `ExtGetDskFreSpcStruc` 的大小。
- DS：DX 必须指向一个以空结束的字符串，该字符串包含驱动器名。可以使用 MS-DOS 类型的驱动器说明如（"C:\"），或者使用通用命名规约的卷说明如（"\\Server\ Share"）。

如果功能执行成功，则将进位标志清 0，并填充结构；否则，将进位标志置 1。调用该功能之后，下面类型的计算就能有用：

- 要想知道卷按千字节数计有多大，使用公式（TotalClusters * SectorsPerCluster * BytesPerSector）/ 1024。
- 要想知道卷中按千字节数计有多少空闲空间，使用公式（AvailableClusters * SectorsPerCluster * BytesPerSector）/ 1024。

磁盘空闲空间程序

下面的程序使用 INT 21h 的功能 7303h 来获取一个 FAT 型驱动器卷上的空闲空间信

息，并显示卷大小和空闲空间。它运行于 Windows 95、98 和 Millenium 下，但不运行在 Windows NT、2000、XP 及后续版本下：

```asm
; 磁盘空闲空间                                          (DiskSpc.asm)
INCLUDE Irvine16.inc
.data
buffer ExtGetDskFreSpcStruc <>
driveName BYTE "C:\",0
str1 BYTE "Volume size (KB): ",0
str2 BYTE "Free space (KB): ",0
str3 BYTE "Function call failed.",0dh,0ah,0
.code
main PROC
    mov    ax,@data
    mov    ds,ax
    mov    es,ax

    mov    buffer.Level,0              ; 必须是 0
    mov    di,OFFSET buffer            ; ES:DI 指向缓冲区
    mov    cx,SIZEOF buffer            ; 缓冲区大小
    mov    dx,OFFSET DriveName         ; 指向驱动器名的指针
    mov    ax,7303h                    ; 获取磁盘空闲空间
    int    21h
    jc     error                       ; 如果 CF = 1，则失败

    mov    dx,OFFSET str1              ; 卷大小
    call   WriteString
    call   CalcVolumeSize
    call   WriteDec
    call   Crlf

    mov    dx,OFFSET str2              ; 空闲空间
    call   WriteString
    call   CalcVolumeFree
    call   WriteDec
    call   Crlf
    jmp    quit
error:
    mov    dx,OFFSET str3
    call   WriteString
quit:
    exit
main ENDP
;-----------------------------------------------------------
CalcVolumeSize PROC
;
; 计算并返回磁盘卷大小，以千字节数计。
; 接收：缓冲区变量，是一个 ExtGetDskFreSpcStruc 结构
; 返回：EAX = 卷大小
; 说明：(SectorsPerCluster * 512 * TotalClusters) / 1024
;-----------------------------------------------------------
    mov    eax,buffer.SectorsPerCluster
    shl    eax,9                       ; 乘以 512
    mul    buffer.TotalClusters
    mov    ebx,1024
    div    ebx                         ; 返回千字节数
    ret
CalcVolumeSize ENDP
;-----------------------------------------------------------
CalcVolumeFree PROC
;
```

```
        ; 计算并返回在给定的卷上可用的千字节数。
        ; 接收: 缓冲区变量, 是一个 ExtGetDskFreSpcStruc 结构
        ; 返回: EAX = 可用空间, 以千字节数计
        ; 说明:(SectorsPerCluster * 512 * AvailableClusters) / 1024
        ;---------------------------------------------------------
            mov    eax,buffer.SectorsPerCluster
            shl    eax,9                             ; 乘以 512
            mul    buffer.AvailableClusters
            mov    ebx,1024
            div    ebx                               ; 返回千字节数
            ret
CalcVolumeFree ENDP
END main
```

15.5.2 创建子目录(39h)

INT 21h 的功能 39h 能创建一个新的子目录。它用 DS : DX 接收一个指向以空结束的字符串的指针,该字符串包含的是路径说明。下面的例子展示了如何在默认驱动器的根目录上创建一个新的子目录 ASM:

```
.data
pathname BYTE "\ASM",0
.code
    mov    ah,39h                                    ; 创建子目录
    mov    dx,OFFSET pathname
    int    21h
    jc     display_error
```

如果功能失败,则进位标志置 1。可能的错误返回码是 3 和 5。错误 3(未发现路径)意味着路径名的某些部分不存在。假设已要求 OS 创建目录 ASM\PROG\NEW,但路径 ASM\PROG 不存在,就会生成错误 3。错误 5(拒绝访问)表明所提及的子目录已经存在,或者路径中的第一个目录是根目录且已满。

15.5.3 删除子目录(3Ah)

INT 21h 的功能 3Ah 能删除一个目录。它用 DS : DX 接收一个指向所期望驱动器和路径的指针,如果省去了驱动器名,则认为是默认驱动器。下面的代码从驱动器 C 中删除目录 \ASM:

```
.data
pathname  BYTE 'C:\ASM',0
.code
mov    ah,3Ah                                       ; 删除子目录
mov    dx,OFFSET pathname
int    21h
jc     display_error
```

如果功能失败,则进位标志置 1。可能的错误码有:3(未发现路径)、5(拒绝访问:目录包含文件)、6(无效的句柄),以及 16(试图删除当前目录)。

15.5.4 设置当前目录(3Bh)

INT 21h 的功能 3Bh 能设置当前目录。它用 DS : DX 接收一个指向以空结束的字符串的指针,该字符串包含了目标驱动器和路径。例如,下面的语句将当前目录设置为 C:\ASM\PROGS:

```
        .data
pathname BYTE "C:\ASM\PROGS",0
        .code
        mov     ah,3Bh                          ; 设置当前目录
        mov     dx,OFFSET pathname
        int     21h
        jc      display_error
```

15.5.5 获取当前目录（47h）

INT 21h 的功能 47h 返回一个字符串，其中包含了当前目录。它用 DL（0 = 默认，1 = A，2 = B 等）接收驱动器号，并用 DS：SI 接收一个指向 64 字节缓冲区的指针。在该缓冲区中，MS-DOS 放置了一个以空结束的字符串，该字符串包含了从根目录到当前目录的完整路径（忽略了驱动器字母和前导反斜线）。当功能返回时，如果进位标志置 1，则在 AX 中返回的唯一可能的错误码是 0Fh（无效的驱动器说明）。

在下面的例子中，MS-DOS 返回默认驱动器上的当前目录路径。假设当前目录是 C:\ASM\PROGS，则 MS-DOS 返回的字符串是 "ASM\PROGS"：

```
        .data
pathname BYTE 64 dup(0)                         ; 路径由 MS-DOS 保存到这里
        .code
        mov     ah,47h                          ; 获取当前目录路径
        mov     dl,0                            ; 在默认驱动器上
        mov     si,OFFSET pathname
        int     21h
        jc      display_error
```

15.5.6 获取和设置文件属性（7143h）

INT 21h 的功能 7143h 能获取或者设置文件属性，以及完成其他一些任务（在 Windows 9x 中，它代替了更老式的 MS-DOS INT 21h 的功能 39）。要用 DX 传递文件名的偏移量。若要设置文件属性，就将 BL 赋值为 1，并将 CX 设置为表 15-8 中列出的一个或多个属性。属性 _A_NORMAL 必须单独使用，但其他属性可使用 "+" 操作符进行组合。

表 15-8　文件属性（在 Irvine16.inc 中定义）

值	含义
_A_NORMAL（0000h）	文件可读或可写。该值只有在单独使用时才有效
_A_RDONLY（0001h）	文件可读，但不可写
_A_HIDDEN（0002h）	文件被隐藏，不出现在通常的目录列表中
_A_SYSTEM（0004h）	文件是操作系统的一部分，或者由操作系统独占使用
_A_ARCH（0020h）	文件是归档文件。应用程序使用这个值来标记文件，以便进行备份或删除

下面的代码将文件的属性设置为只读和隐藏：

```
mov     ax,7143h
mov     bl,1
mov     cx,_A_HIDDEN + _A_RDONLY
mov     dx,OFFSET filename
int     21h
```

要获得一个文件的当前属性，就要将 BX 设置为 0，并仍调用这个功能。属性值会以 2 的各种幂的组合形式在 CX 中返回。可使用 TEST 指令来对各单独属性求值。例如：

```
test    cx,_A_RDONLY
jnz     readOnlyFile                            ; 文件为只读
```

属性 _A_ARCH 可与任何其他属性一起出现。

15.5.7 本节回顾

1. 可以用 INT 21h 的哪号功能来获取磁盘驱动器的簇大小？
2. 可以用 INT 21h 的哪号功能来发现驱动器 C 上有多少个簇是空闲的？
3. 如果想创建一个目录 D:\apps 并使其成为当前目录，要调用 INT 21h 的哪号功能？
4. 如果想使一个文件为只读，要调用 INT 21h 的哪号功能？

15.6 本章小结

在操作系统级别，知道精确的磁盘几何信息（物理位置）或者特定品牌的磁盘信息是没有用的。BIOS 在这种情况下等同于磁盘控制器固件，在磁盘硬件和操作系统之间担任着中介的角色。

磁盘表面被格式化成同心的带，这些带被称为磁道，数据以磁性的方式存储在磁道上。平均寻道时间度量的是从一个磁道移动到另一个磁道所花费的平均时间。磁盘性能可用 RPM（每分钟转数）以及数据传输速率（每秒来往驱动器的数据量）来衡量。

柱面是指从读/写磁头的单个位置可访问的所有磁道。随着时间的推移，由于文件在磁盘上越来越分散，变得碎片化，从而不再存储在相邻的柱面上。

扇区是磁道的一部分，具有 512 个字节。物理扇区由制造商在磁盘上进行磁性（不可见）标记，采用的是低级格式化技术。

物理磁盘几何结构描述了磁盘的结构，使之可被系统 BIOS 读取。一个物理硬盘驱动器被划分成一个或多个逻辑单位，这些逻辑单位称为分区或卷。一个驱动器可有多个分区。扩展分区可再被划分为不限数量的逻辑分区。每个逻辑分区作为单独的驱动器字母出现，并可有与其他分区不同的文件系统。每个主分区可存放一个可引导的操作系统。

当第一个分区在硬盘上创建时，就创建了主引导记录（MBR），且 MBR 位于驱动器的第一个逻辑扇区。MBR 包含如下内容：

- 磁盘分区表，描述了磁盘上所有分区的大小和位置。
- 一个小程序，其功能是定位分区的引导扇区，并将控制传递给该引导扇区中的一个程序，而该程序用来加载操作系统。

文件系统跟踪记录每个磁盘文件的位置、大小及属性。它提供了逻辑扇区到簇的映射，而簇是所有文件和目录的基本存储单元。它还提供了文件名和目录名到簇序列的映射。

簇是文件所占用空间的最小单位，它由一个或多个相邻的磁盘扇区组成。簇链由文件分配表（FAT）引用，该表跟踪记录了文件所使用的所有簇。

IA-32 系统采用了如下的文件系统：

- FAT12 文件系统首次运用于 IBM-PC 软盘。
- 对于在 MS-DOS 下被格式化的硬盘驱动器，FAT16 文件系统是唯一可用的格式。
- FAT32 文件系统随 Windows 95 一起出现，并在 Windows 98 下得到完善。
- NTFS 文件系统被 Windows NT、2000、XP 及后续版本所支持。

每个 FAT 型和 NTFS 文件系统的磁盘都有一个根目录，其中有磁盘上的主文件列表。根目录可能还包含其他目录名，称为子目录。

MS-DOS 和 Windows 使用一个表来跟踪记录每个文件在磁盘上的位置，该表称为文件分配表（FAT）。FAT 将指定的磁盘簇映射到文件。每个入口对应一个簇号，而每个簇与一个或多个扇区相关联。

在实地址模式下，INT 21h 提供的功能（见表 15-7）有：创建和改变目录、改变文件属性、寻找匹配文件等。这些功能在高级语言中不容易得到。

扇区显示程序从驱动器 A 中的软盘读取并显示每个扇区。

磁盘空闲空间程序显示所选磁盘卷的大小和空闲空间量。

15.7 关键术语

average seek time（平均寻道时间）
cluster（簇）
cylinder（柱面）
disk controller firmware（磁盘控制器固件）
disk partition table（磁盘分区表）
file allocation table（FAT）（文件分配表）

master boot record（MBR）（主引导记录）
partitions（分区）
physical disk geometry（物理磁盘几何结构）
root directory（根目录）
sector（扇区）
tracks（磁道）

15.8 编程练习

下面的习题必须在实地址模式下编译和运行。要确保对任何会被这些程序影响的磁盘做备份，或者创建临时暂存盘，以便在测试这些程序时使用。在对它们做仔细调试之前，无论如何都不能在固定盘上运行这些程序！

1. **设置默认磁盘驱动器**

    编写一个过程，能提示用户输入磁盘驱动器字母（A、B、C 或 D），然后将默认驱动器设置为用户的选择。

2. **磁盘空间**

    编写一个过程 Get_DiskSize，能返回所选磁盘驱动器上的总数据空间量。输入：AL = 驱动器号（0 = A, 1 = B, 2 = C, …）。输出：DX : AX = 数据空间，以字节数计。

3. **磁盘空闲空间**

    编写一个过程 Get_DiskFreespace，能返回所选磁盘驱动器上的空闲空间量。输入：DS : DX 指向包含了驱动器说明符的字符串。输出：EDX : EAX = 磁盘空闲空间，以字节数计。编写一个程序来测试该过程，并以十六进制显示 64 位结果。

4. **显示文件属性**

    编写一个过程 ShowFileAttributes，能用 DX 接收文件名的偏移量，并在控制台窗口显示文件属性。要寻找的属性有常规、隐藏、只读，以及系统。提示：使用 INT 21h 的功能 7143h。

    编写一个程序来调用该过程，向其传递一个文件名。在运行程序前，要从 Windows Explorer 来设置文件属性，方法是：在文件名上单击右键，选择 Properties，选中 Hidden 和 Read-Only 选项。或者，从 Windows 的命令提示符来运行 Attrib 命令也可以设置文件属性。运行该程序并验证属性显示是正确的。输出示例如下：

    ```
    temp.txt attributes: Hidden Read-only
    ```

5. **磁盘空闲空间，以簇数计**

    修改 15.5.1 节中的磁盘空闲空间程序，使之显示如下信息：

    ```
    Drive specification:      "C:\"
    Bytes per sector:         512
    Sectors per cluster:      8
    ```

```
Total Number of clusters:        999999
Number of available clusters:    99999
```

6. 显示扇区号

以扇区显示程序（见 15.4.1 节）作为起点，在屏幕顶部显示一个字符串，指明驱动器说明符和当前扇区号（用十六进制）。

7. 十六进制扇区显示

以扇区显示程序（见 15.4.1 节）作为起点，加入代码，实现让用户通过按〈F2〉键来以十六进制显示当前扇区，每行显示 24 个字节。在每行的开始，应该显示该行第一个字节的偏移量。总的显示有 22 行高，最后一行是不完全行。为展示布局，下面给出前两行显示的示例：

```
0000 17311625 25425B75 279A4909 200D0655 D7303825 4B6F9234
0018 273A4655 25324B55 273A4959 293D4655 A732298C FF2323DB
```

（等）

第 16 章
Assembly Language for x86 Processors, Eighth Edition

BIOS 级编程

> 推荐安装早期版本的 Windows，如 Windows 95 或 Windows 98，以确保与本章的程序完全兼容。可以用软件工具在计算机上创建一个虚拟机，这样就能用该软件进行实验。

16.1 引言

阅读本章就像在回顾历史。当第一台 IBM-PC 出现时，程序员群体（包括我自己）都想知道如何深入机器内部直接与计算机硬件打交道。Peter Norton 快速弄清了各种有用和秘密的信息，从而汇聚成一本有里程碑意义的书籍：*Inside the IBM-PC*。IBM 慷慨地公布了 IBM PC/XT BIOS 的全部汇编语言源代码。游戏设计的先驱者如 Michael Abrash（*Quake and Doom* 的作者）等人就利用其 PC 硬件的知识尝试对图形和声音软件进行优化⊖。现在你可以加入这个受尊重的群体并工作于幕后，即在 MS-DOS 和 Windows 级别之下，在 BIOS（基本输入－输出系统）级别上进行工作。这些信息过时了吗？如果你正在做嵌入式系统应用的工作，或者想了解计算机的 BIOS 是如何设计的，这些信息就绝对没有过时。

本章的所有程序都是 16 位的实模式应用程序。这里的所有程序都可以运行于 Windows XP 之前的任何 Microsoft Windows 版本。你将学习到如下有用的知识：

- 当按键被按下时会发生什么，以及输入的这些字符在哪里结束。
- 如何检查键盘缓冲区以发现是否有字符在等待，以及如何清理掉旧的按键输入。
- 如何读取键盘上的非 ASCII 按键，比如功能键和光标箭头。
- 如何显示彩色文本，以及为什么颜色是基于视频显示的 RGB 混色系统。
- 如何将屏幕划分成多个彩色面板，以及如何分别滚动每个面板。
- 如何用 256 种颜色绘制位映射的图形。
- 如何检测鼠标移动和鼠标点击。

16.1.1 BIOS 数据区

BIOS 数据区包含了 ROM BIOS 服务例程使用的系统数据，表 16-1 显示了其中一部分。例如，键盘输入缓冲区（在偏移量 001Eh 处）就包含了等待 BIOS 处理的按键的 ASCII 码和键盘扫描码。

表 16-1 BIOS 数据区，处于段 0040h

十六进制偏移量	描述
0000 ～ 0007	端口地址，COM1 ～ COM4

⊖ 一个主要的例子是：Michael Abrash，*The Zen of Code Optimization*，Coriolis Group Books，1994。

(续)

十六进制偏移量	描述
0008～000F	端口地址,LPT1～LPT4
0010～0011	已安装硬件列表
0012	初始化标志
0013～0014	按千字节数计的内存大小
0015～0016	I/O通道中的内存
0017～0018	键盘状态标志
0019	替代键的入口存储区
001A～001B	键盘缓冲区指针(头)
001C～001D	键盘缓冲区指针(尾)
001E～003D	键盘输入缓冲区
003E～0048	软盘数据区
0049	当前视频模式
004A～004B	屏幕列的数量
004C～004D	重新生成(视频)缓冲区的长度,按字节数计
004E～004F	重新生成(视频)缓冲区的起始偏移量
0050～005F	光标位置,视频页 1～8
0060	光标结束线
0061	光标起始线
0062	当前显示的视频页号
0063～0064	活动显示基地址
0065	CRT 模式寄存器
0066	彩色图形适配器寄存器
0067～006B	磁带数据区
006C～0070	定时器数据区

16.2 使用 INT 16h 进行键盘输入

2.5 节已对汇编语言程序在各个级别可使用的输入/输出功能进行了区分。本节将通过调用(通常)由计算机制造商安装的功能来直接工作于 BIOS 级别。这个级别只比硬件高一级,所以有很大的灵活性和控制权。

BIOS 采用中断 16h 调用来处理键盘输入。BIOS 例程不允许重定向,但却使读取如功能键、箭头键、〈PgUp〉及〈PgDn〉等这样的扩展键更容易。每个扩展键产生一个 8 位扫描码(scan code),详见本书正文前表格。对于兼容 IBM 的计算机来说,扫描码是唯一的。所有的键盘键都产生扫描码,但我们通常不注意 ASCII 字符的扫描码,因为 ASCII 码在几乎所有的计算机上都标准化了。在 MS-Windows 下,当一个扩展键被按下时,其 ASCII 码要么是 00h,要么是 E0h,如下表所示:

按键	ASCII 码
〈Ins〉、〈Del〉、〈PageUp〉、〈PageDown〉、〈Home〉、〈End〉	E0h
〈↑〉、〈↓〉、〈←〉和〈→〉	
功能键(〈F1〉～〈F12〉)	00h

16.2.1 键盘如何工作

键盘输入遵循一个事件路径,该路径开始于键盘控制器芯片,终止于字符被放入一个数组,该数组被称为键盘输入缓冲区(keyboard typeahead buffer)(见图16-1)。该缓冲区可存放多达15次按键,因为一次按键产生2个字节(ASCII码 + 扫描码)。当用户按键时,会发生如下事件:

- 键盘控制器芯片向 PC 的键盘输入端口发送 8 位数值扫描码(sc)。
- 输入端口触发一个中断,这是一个预定义的发向 CPU 的信号,提醒 CPU 某个输入/输出设备需要关注。CPU 通过执行 INT 9h 服务例程来响应。
- INT 9h 服务例程从输入端口获取键盘扫描码(sc),并在可能的情况下,查找相应的 ASCII 码(ac)。它将扫描码和 ASCII 码两者都插入到键盘输入缓冲区(如果该扫描码没有匹配的 ASCII 码,则该键在输入缓冲区中的 ASCII 码就等于 0 或者 E0h)。

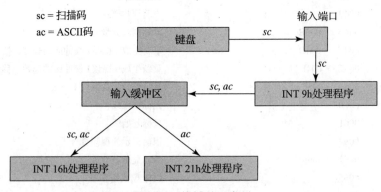

图 16-1 按键处理序列

一旦扫描码和 ASCII 码已在输入缓冲区中,它们就一直存放在那里,直到当前正在运行的程序获取它们。在实模式下的应用程序中,要做到这一点有两种方式:

- 使用 INT 16h 调用 BIOS 级功能,从键盘输入缓冲区中获取扫描码和 ASCII 码。这种方式在处理像功能键和光标箭头这样的扩展键是有用的,因为这些键没有 ASCII 码。
- 使用 INT 21h 调用 MS-DOS 级功能,从输入缓冲区获取 ASCII 码。如果按下的是扩展键,就必须再次调用 INT 21h 来获取扫描码。INT 21h 键盘输入已在 14.2.3 节中加以解释。

16.2.2 INT 16h 功能

在键盘处理方面,INT 16h 比 INT 21h 有一些明显的优势。首先,INT 16h 用一个步骤就能获取扫描码和 ASCII 码两者。其次,INT 16h 还有一些附加的操作,如设置键入速率和获取键盘标志的状态。键入速率(typematic rate)就是当按下按键不放时,键盘按键重复的速率。当不知道用户将会按下普通键还是扩展键时,通常最好的选择是调用 INT 16h 功能。

设置键入速率(03h)

INT 16h 的 03h 号功能可以设置键盘键入重复速率,如下表所示。当按下一个按键不放时,则在按键开始重复之前,存在一个从 250 毫秒到 1000 毫秒大小的延时。重复速率可在 1Fh(最慢)和 0(最快)之间。

INT 16h 功能 03h

描述	设置键入重复速率
接收	AH = 3 AL = 5 BH = 重复延时（0 = 250 毫秒；1 = 500 毫秒；2 = 750 毫秒；3 = 1000 毫秒） BL = 重复速率：0 = 最快（30/ 秒），1Fh = 最慢（2/ 秒）
返回	无

调用示例	```
	mov ax,0305h
	mov bh,1 ; 500 毫秒重复延时
	mov bl,0Fh ; 重复速率
	int 16h
	``

将按键压入键盘缓冲区（05h）

如下表所示，INT 16h 的 05h 号功能可以将按键压入键盘输入缓冲区。一个按键由两个 8 位整数组成：ASCII 码和键盘扫描码。

INT 16h 功能 05h

描述	将按键压入键盘缓冲区
接收	AH = 5 CH = 扫描码 CL = ASCII 码
返回	如果输入缓冲区满，则 CF = 1 且 AL = 1；否则，CF = 0，AL = 0

调用示例	```
	mov ah,5
	mov ch,3Bh ; ⟨F1⟩键的扫描码
	mov cl,0 ; ASCII 码
	int 16h
	``

等待按键（10h）

INT 16h 的 10h 号功能从键盘输入缓冲区中移除下一个可得到的键。如果没有键在等待，则键盘处理程序就等待用户按键，如下表所示：

INT 16h 功能 10h

描述	等待按键，并从键盘扫描按键
接收	AH = 10h
返回	AH = 键盘扫描码 AL = ASCII 码

调用示例	```
	mov ah,10h
	int 16h
	mov scanCode,ah
	mov ASCIICode,al
	``

注解	如果在缓冲区中没有键，则该功能等待一个按键。取代了 INT 16h 功能 00h

示例程序

下面的键盘显示程序使用带 INT 16h 的循环来输入按键并显示每个按键的 ASCII 码和扫描码。当⟨Esc⟩键被按下时，程序结束：

```
TITLE Keyboard Display          (Keybd.asm)
; 本程序使用 INT 16h 显示键盘扫描码和 ASCII 码。
INCLUDE Irvine16.inc
```

```
        .code
        main PROC
            mov     ax,@data
            mov     ds,ax
            call    ClrScr              ; 清屏
    L1:     mov     ah,10h              ; 键盘输入
            int     16h                 ; 使用BIOS
            call    DumpRegs            ; AH = 扫描码, AL = ASCII 码
            cmp     al,1Bh              ; 〈ESC〉键被按下了吗?
            jne     L1                  ; 否: 重复循环
            call    ClrScr              ; 清屏
            exit
        main ENDP
        END main
```

对 DumpRegs 的调用会显示所有的寄存器,但这里只需要看 AH(扫描码)和 AL(ASCII 码)。例如,当用户按下〈F1〉键时,结果显示如下(3B00h):

```
EAX=00003B00   EBX=00000000   ECX=000000FF   EDX=000005D6
ESI=00000000   EDI=00002000   EBP=0000091E   ESP=00002000
EIP=0000000F   EFL=00003202   CF=0  SF=0  ZF=0  OF=0  AF=0  PF=0
```

检查键盘缓冲区(11h)

INT 16h 的 11h 号功能可以查看键盘输入缓冲区是否有键在等待。如果有,则返回下一个可得到键的 ASCII 码和扫描码。可以在执行其他程序任务的循环内使用这个函数。注意,该函数不从输入缓冲区中移除按键。详细情况见下表:

INT 16h 功能 11h	
描述	检查键盘缓冲区
接收	AH = 11h
返回	如果有键在等待,则 ZF = 0,AH = 扫描码,AL = ASCII 码;否则,ZF = 1

调用示例	`mov   ah,11h`
	`int   16h`
	`jz    NoKeyWaiting       ; 缓冲区中无键`
	`mov   scanCode,ah`
	`mov   ASCIICode,al`

注解	不从缓冲区中移除按键(如果有的话)

获取键盘标志

INT 16h 的 12h 号功能返回有关当前键盘标志状态的有价值的信息。或许你已经注意到,当诸如〈CapsLock〉、〈NumLock〉及〈Insert〉等键被按下时,文字处理程序常常在屏幕底部显示一些标志或符号。这是通过不断地检查键盘状态标志是否有任何变化来实现的。

INT 16h 功能 12h	
描述	获取键盘标志
接收	AH = 12h
返回	AX = 键盘标志的副本

调用示例	`mov ah,12h`
	`int 16h`
	`mov keyFlags,ax`

注解	键盘标志位于 BIOS 数据区的地址 00417h ~ 00418h 处

键盘标志尤其有趣，因为它们展示了用户与键盘交互时的大量信息。用户正在按住左〈 shift 〉键或者右〈 shift 〉键不放吗？他或她同时也正在按住〈 Alt 〉键不放吗？这种问题可使用 INT 16h 来得到答案。当要检查的键当前正处于按下状态或者正处于切换状态（对于〈 Caps lock 〉、〈 Scroll lock 〉、〈 Num lock 〉及〈 Insert 〉）时，其标志位为 1。在 Windows95 和 Windows98 下，键盘标志字节还可以通过直接读取段 0040h 中的偏移量 17h 和 18h 处的内存内容来获得。

清理键盘缓冲区

程序中经常有进行处理工作的循环，该循环只能被预定的按键所打断。例如，基于 DOS 的游戏程序经常要检查键盘缓冲区，看是否有箭头键或其他特殊键被按下，同时还要显示图形图像。用户可能按了任意次的无关键，会充满键盘输入缓冲区，但当正确的键被按下后，程序就会立即响应命令。

使用 INT 16h 的功能，就知道如何检查键盘缓冲区以发现是否有键在等待（功能 12h），也知道如何从缓冲区中移除一个键（功能 10h）。下面的程序演示了过程 ClearKeyboard，该过程使用循环来清理键盘缓冲区，同时检查是否有特定的键盘扫描码。为了进行测试，该程序检查是否有〈 ESC 〉键，当然该过程也能检查是否有任何键：

```
TITLE Testing ClearKeyboard          (ClearKbd.asm)
; 本程序展示如何清理键盘缓冲区，同时等待特定的按键。
; 要对其测试，需快速按一些随机的键以充满缓冲区。
; 当按下〈Esc〉键时，程序立即结束。
INCLUDE Irvine16.inc
ClearKeyboard PROTO, scanCode:BYTE
ESC_key = 1                          ; 扫描码

.code
main PROC
L1:
    ; 显示一个点，以展示程序的进展情况
    mov    ah,2
    mov    dl,'.'
    int    21h
    mov    eax,300                   ; 延时 300 毫秒
    call   Delay

    INVOKE ClearKeyboard, ESC_key    ; 检查是否有〈ESC〉键
    jnz    L1                        ; 如果 ZF=0，则继续循环
quit:
    call   Clrscr
    exit
main ENDP
;--------------------------------------------------
ClearKeyboard PROC,
    scanCode:BYTE
;
; 清理键盘缓冲区，同时检查是否有特定的扫描码。
; 接收：键盘扫描码
; 返回：如果发现 ASCII 码，则零标志置位；否则零标志清零。
;--------------------------------------------------
    push   ax
L1:
    mov    ah,11h                    ; 检查键盘缓冲区
    int    16h                       ; 有任何键被按下吗？
    jz     noKey                     ; 否：立刻退出
```

```
            mov     ah,10h                      ; 是：从缓冲区中删除
            int     16h
            cmp     ah,scanCode                 ; 是退出键吗？
            je      quit                        ; 是：立刻退出（ZF=1）
            jmp     L1                          ; 否：再检查缓冲区
    noKey:                                      ; 没有键被按下
            or      al,1                        ; 将零标志清零
    quit:
            pop     ax
            ret
    ClearKeyboard ENDP
    END main
```

该程序每 300 毫秒在屏幕上显示一个点。测试时，随机按一系列键，这些键会被忽略并从输入缓冲区中删除。一旦按下〈ESC〉键，程序停止。

16.2.3 本节回顾

1. 哪个中断（16h 或 21h）最适合读取包括功能键和其他扩展键的用户输入？
2. 在内存中哪里用来保存键盘输入字符，并等待应用程序来处理？
3. INT 9h 服务例程执行的是什么操作？
4. INT 16h 的哪号功能将按键压入键盘缓冲区中？
5. INT 16h 的哪号功能从键盘缓冲区中删除下一个可得到的按键？
6. INT 16h 的哪号功能查看键盘缓冲区并返回第一个可得到输入的扫描码和 ASCII 码？
7. INT 16h 的 11h 号功能是从键盘缓冲区删除一个字符吗？
8. INT 16h 的哪号功能给出键盘标志字节的值？
9. 键盘标志字节的哪个位指示〈ScrollLock〉键已被按下？
10. 编写语句，实现：输入键盘标志字节，并重复一个循环直到〈Ctrl〉键被按下。
11. 挑战：16.2.2 节中的 ClearKeyboard 过程只查找一个键盘扫描码。假设程序必须要查找多个扫描码（比如 4 个光标箭头），对过程的示例代码做出可能的修改，以实现该操作。

16.3 使用 INT 10h 进行视频编程

16.3.1 基本背景

三个访问级别

当应用程序需要以文本模式向屏幕写入字符时，它可以在三个级别的输出中进行选择：

- **MS-DOS 级访问**：任何正在运行或模拟 MS-DOS 的计算机都可以使用 INT 21h 向视频显示器写文本。输入/输出可容易地重定向到其他设备，如打印机或磁盘。输出相当慢，而且也不能控制文本颜色。
- **BIOS 级访问**：使用 INT 10h 功能来输出字符，称为 BIOS 服务。这种服务比 INT 21h 更快，并且允许指定文本颜色。当向屏幕进行大面积填充时，通常能检测到些许的延迟。输出不能被重定向。
- **直接视频内存访问**：字符被直接送到视频 RAM 中，所以是即时执行的。输出不能被重定向。在 MS-DOS 时代，文字处理程序和电子表格程序都使用这种方法（在 Windows NT、2000、XP 及后续版本下，这种方法局限于全屏模式）。

应用程序在采用的访问级别上各有选择。那些要求最高性能的应用，就选择直接视频访问；其他一些应用可能选择 BIOS 级访问。当输出可能要被重定向或者当屏幕要与其他程序

共享时,就使用 MS-DOS 级访问。值得注意的是,MS-DOS 中断使用 BIOS 级例程来完成其工作,且 BIOS 例程要使用直接视频访问来产生其输出。

在全屏模式下运行程序

使用视频 BIOS 绘图的程序应该在下面的环境之一中执行:
- 纯 MS-DOS
- Linux 下的 DOS 模拟器
- 全屏模式的 MS-Windows

在 MS-Windows 中,切换到全屏模式有若干种途径:
- 在 Windows XP 中,对程序的 EXE 文件创建一个快捷方式。然后,打开这个快捷方式的 Properties 对话框,选择 Options,并在 Display Options 组中选择 Full-screen mode(注意:Windows Vista 在全屏模式下不运行 16 位 EXE 程序)。
- 从 Start 菜单打开命令窗口,并按下〈Alt+Enter〉以切换到全屏模式。使用 CD(改变目录)命令进入 EXE 文件所在的目录,并通过输入程序名来运行该程序。〈Alt+Enter〉是一个切换开关(toggle),若再按一次,程序就退回到 Windows 模式。

理解视频文本

基于 Intel 的系统有两种基本的视频模式:文本模式和图形模式。程序可运行于其中一种模式,但不能同时运行于两种模式:
- 在文本模式(text mode)下,程序将 ASCII 字符写到屏幕。BIOS 内置的字符生成器为每个字符生成一个位映射图像。在文本模式下,程序不能绘制任意的线和形状。
- 在图形模式(graphics mode)下,程序控制每个屏幕像素的外观。这个操作有点原始,因为没有用于绘制线和形状的内置函数。可以在图形模式下使用内置函数将文本写到屏幕,且可以用不同的字体代替内置字体。MS-Windows 提供一组函数用来在图形模式下绘制形状和线。

当计算机用 MS-DOS 启动时,视频控制器被设置为视频模式 3(彩色文本,默认为 80 列 ×25 行)。在文本模式下,行是从屏幕顶端开始编号的,顶端为第 0 行。每行都占用一个字符单元的高度,字体是当前正在使用的字体。列是从屏幕左侧开始编号的,最左侧为第 0 列。每列都占用一个字符单元的宽度。

字体　字符从驻留内存的字符字体表生成。BIOS 允许程序在运行时重写该字符表,这样就能显示自定义的字体了。

视频文本页　文本模式的视频内存被划分成多个独立的视频页,每页能存放一个全屏的文本。程序在显示一页的同时,可以向其他隐藏页写文本,还可以在页之间前后快速翻动。在高性能 MS-DOS 应用时代,经常有必要在内存中同时保存几个文本屏。由于当前图形界面已广泛普及,这种文本页特性就不再重要了(INT 10h 的 05h 功能就是设置当前视频页,但本章不涉及这个内容)。默认的视频页是第 0 页。

属性　如下图所示,每个屏幕字符都被分配一个属性字节,用于控制字符的颜色(称为前景)和字符后面的屏幕颜色(称为背景)。

视频显示器的每个位置都存放一个字符及其自身的属性(颜色)。属性以单独字节存放,

在内存中紧跟在字符之后。在下图中,屏幕上的三个位置包含了字母 ABC:

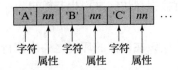

闪烁 视频显示器上的字符可以闪烁。视频控制器通过以预定的速率颠倒字符的前景色和背景色来实现这一点。在默认情况下,当 PC 引导进入 MS-DOS 模式下时,就启用了闪烁。可以使用视频 BIOS 函数来关闭闪烁。此外,当在 MS-Windows 下打开一个 MS-DOS 模拟器窗口时,默认闪烁是关闭的。

16.3.2 控制颜色

原色混合

CRT 视频显示器上的每个彩色像素都使用三个独立的电子束生成,分别是红、绿和蓝。第四个通道控制像素的总体强度或者叫亮度。因此,所有可用的文本颜色都可用 4 位二进制值来表示,形式如下所示(I = 强度,R = 红,G = 绿,B = 蓝)。下图显示了一个白色像素的组合方式:

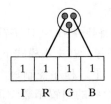

通过混合三种原色(表 16-2),就可以产生新的颜色。进而,通过开启控制强度的位,就可以使该混合色更亮。

表 16-2 颜色混合示例

混合的原色	获得的颜色	置位强度位
红 + 绿 + 蓝	浅灰	白色
绿 + 蓝	青色	浅青
红 + 蓝	洋红	浅洋红
红 + 绿	棕色	黄色
(无色)	黑色	深灰

MS-DOS 风格的原色和混合色被编成所有可能的 4 位颜色的列表,如表 16-3 所示。每种颜色在右列中列出了其强度位被置 1 时的颜色。

表 16-3 4 位彩色文本编码

IRGB	颜色	IRGB	颜色
0000	黑色	1000	灰色
0001	蓝色	1001	浅蓝
0010	绿色	1010	浅绿
0011	青色	1011	浅青
0100	红色	1100	浅红
0101	洋红	1101	浅洋红
0110	棕色	1110	黄色
0111	浅灰	1111	白色

属性字节

在彩色文本模式下,每个字符都被分配一个属性字节,该字节包含两个 4 位颜色码,背景和前景:

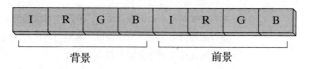

闪烁 这个简单的颜色方案有个复杂的地方。如果视频适配器当前已启用闪烁,则背景色的高位控制字符闪烁。当该位被置 1 时,字符闪烁:

当闪烁已启用时,则只有表 16-3 左列的低强度颜色可作为背景颜色(黑色、蓝色、绿色、青色、红色、洋红、棕色及浅灰)。当 MS-DOS 启动时,默认的颜色是二进制 00000111(黑色背景上的浅灰色)。

构造属性字节 若要用两个颜色(前景色和背景色)来构造一个视频属性字节,可使用汇编器的 SHL 运算符将背景色的位向左移 4 位,并与前景色进行 OR 运算。例如,下面的语句创建的属性为蓝色背景上的浅灰色文本:

```
blue = 1
lightGray = 111b
mov bh,(blue SHL 4) OR lightGray           ; 00010111
```

下面的语句创建的属性则是红色背景上的白色字符:

```
white = 1111b
red = 100b
mov bh,(red SHL 4) OR white                ; 01001111
```

下面的语句行生成的属性则是棕色背景上的蓝色字母:

```
blue = 1
brown = 110b
mov  bh,((brown SHL 4) OR blue)            ; 01100001
```

> 当同样的程序运行在不同的操作系统下时,字体和颜色可能会有稍微差别。例如,在 Windows 2000、Windows XP,以及后续的操作系统中,闪烁是禁用的,除非切换到全屏模式。在用 INT 10h 显示图形时也是这种情况。

16.3.3 INT 10h 视频功能

表 16-4 列出了最常使用的 INT 10h 功能,每个功能将被单独讨论,并配有相应的例子。对功能 0Ch 和 0Dh 的讨论将被推迟到关于图形的章节(16.4 节)中。

表 16-4 若干 INT 10h 功能

功能号	描述
0	将视频显示器设置为文本模式或者图形模式
1	设置光标线,控制光标的形状和大小

(续)

功能号	描述
2	将光标置于屏幕上
3	获取光标的屏幕位置和大小
6	在当前视频页上向上滚动窗口,并用空行代替滚动过去的行
7	在当前视频页上向下滚动窗口,并用空行代替滚动过去的行
8	在当前光标位置上读取字符及其属性
9	在当前光标位置上写入字符及其属性
0Ah	在当前光标位置上写入字符而不改变颜色属性
0Ch	在图形模式下,向屏幕写入图形像素(见附录C)
0Dh	读取给定位置上单个图形像素的颜色(见附录C)
0Fh	获取视频模式信息
10h	设置闪烁/强度模式
13h	以电传打字模式写入字符串
1Eh	以电传打字模式向屏幕写入字符串(见附录C)

> 在调用 INT 10h 之前,保存通用寄存器(使用 PUSH)是个好主意,因为不同版本的 BIOS 在保存哪些寄存器方面不是统一的。

设置视频模式(00h)

INT 10h 的功能 0 可以将当前的视频模式设置为文本模式或图形模式。表 16-5 列出了最有可能用到的文本模式。

表 16-5 INT 10h 可用的视频文本模式

模式	分辨率(列 × 行)	颜色数量
0	40 × 25	16
1	40 × 25	16
2	80 × 25	16
3	80 × 25	16
7[①]	80 × 25	2
14h	132 × 25	16

① 单色显示器。

在将当前视频模式设置成新值之前,好的做法是先获取该视频模式(INT 10h 功能 0Fh)并将其保存到一个变量。然后,当程序退出时,恢复原来的视频模式。下表显示了如何设置视频模式。

INT 10h 功能 0	
描述	设置视频模式
接收	AH = 0 AL = 视频模式
返回	无

调用示例	`mov  ah,0`
	`mov  al,3        ;视频模式3(彩色文本)`
	`int  10h`

注解	自动清屏,除非在调用该功能之前将 AL 的高位置 1

设置光标线（01h）

INT 10h 功能 01h，如下表所示，其功能是设置文本光标的大小。文本光标采用起始扫描线和终止扫描线来显示，使得光标大小可控。应用程序可以以此来显示操作的当前状态。例如，当〈 NumLock 〉键切换到打开时，文本编辑器可以增加光标的大小。当再次按下该键时，光标恢复其原来的大小。

	INT 10h 功能 01h	
描述	设置光标线	
接收	AH = 01h CH = 顶线 CL = 底线	
返回	无	
调用示例	mov　ah,1 mov　cx,0607h　　　　　；默认的彩色光标大小 int　10h	
注解	彩色视频显示器的光标采用 8 线	

光标由水平线序列来描述，其中第 0 线在顶部。默认的彩色光标开始于第 6 线而终止于第 7 线，如下图所示：

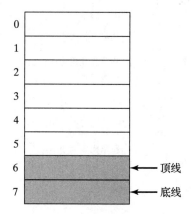

设置光标位置（02h）

INT 10h 功能 2 将光标定位在所选视频页上指定的行和列，如下表所示。

	INT 10h 功能 02h	
描述	设置光标位置	
接收	AH = 2 DH，DL = 行值，列值 BH = 视频页	
返回	无	
调用示例	mov　ah,2 mov　dh,10　　　　　；行 10 mov　dl,20　　　　　；列 20 mov　bh,0　　　　　；视频页 0 int　10h	
注解	对于 80 × 25 模式，DH = 0 ~ 24，DL = 0 ~ 79	

获取光标的位置和大小（03h）

INT 10h 功能 3，如下表所示，其功能是返回光标的行/列的位置以及决定光标大小的起始线和终止线。当用户在菜单周围移动鼠标时，程序中的该函数就非常有用。根据鼠标位置，就可知道选中了哪个菜单选项。

\multicolumn{2}{c}{INT 10h 功能 03h}	
描述	获取光标的位置和大小
接收	AH = 3 BH = 视频页
返回	CH，CL = 起始光标扫描线，终止光标扫描线 DH，DL = 光标位置行，光标位置列

调用示例	`mov   ah,3`
	`mov   bh,0           ; 视频页 0`
	`int   10h`
	`mov   cursor,CX`
	`mov   position,DX`

显示和隐藏光标　当显示菜单、连续向屏幕写，或读取鼠标输入时，能临时隐藏光标是有用的。要隐藏光标，可以将其顶线值设置为一个非法（大）值。要重新显示光标，就将光标线恢复成其默认值（线 6 和线 7）：

```
HideCursor PROC
    mov   ah,3            ; 获取光标大小
    int   10h
    or    ch,30h          ; 将顶行设置为非法值
    mov   ah,1            ; 设置光标大小
    int   10h
    ret
HideCursor ENDP

ShowCursor PROC
    mov   ah,3            ; 获取光标大小
    int   10h
    mov   ah,1            ; 设置光标大小
    mov   cx,0607h        ; 默认大小
    int   10h
    ret
ShowCursor ENDP
```

这里忽略了用户在隐藏光标之前可能已经将光标设置成不同大小。下面是 `ShowCursor` 的另一个版本，它只是将 CH 的高 4 位清零而不改变低 4 位，光标线保存在其中。

```
ShowCursor PROC
    mov   ah,3            ; 获取光标大小
    int   10h
    mov   ah,1            ; 设置光标大小
    and   ch,0Fh          ; 清零高 4 位
    int   10h
    ret
ShowCursor ENDP
```

遗憾的是，这个隐藏光标的方法并不总是可行的。另一种方法是使用 INT 10h 功能 02h 将光标放置于屏幕的边缘之外（比如置于第 25 行）。

向上滚动窗口（06h）

INT 10h 功能 6 将屏幕矩形区域（称为窗口）内的所有文本向上滚动。窗口用其左上角

和右下角的行、列坐标来定义。对于默认的 MS-DOS 屏幕来说，从顶部开始行编号为从 0 到 24，从左侧开始列编号为从 0 到 79。因此，覆盖整个屏幕的窗口就是从 (0, 0) 到 (24, 79)。在图 16-2 中，CH/CL 寄存器定义了左上角的行和列，DH/DL 定义了右下角的行和列。该功能对光标位置的影响不可预测。

当窗口向上滚动时，其底行由空白行代替。如果所有行都滚动出去，则窗口就被清理（全空白）。滚动出屏幕的行不能恢复。下表描述了 INT 10h 功能 6。

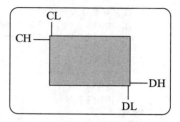

图 16-2　使用 INT 10h 定义窗口

	INT 10h 功能 06h
描述	向上滚动窗口
接收	AH = 6 AL = 要滚动的行数（0 = 所有行） BH = 空白区域的视频属性 CH, CL = 左上角的行，列 DH, DL = 右下角的行，列
返回	无
调用示例	mov　ah,6　　　　　　　　; 向上滚动窗口 mov　al,0　　　　　　　　; 整个窗口 mov　ch,0　　　　　　　　; 左上角的行 mov　cl,0　　　　　　　　; 左上角的列 mov　dh,24　　　　　　　 ; 右下角的行 mov　dl,79　　　　　　　 ; 右下角的列 mov　bh,7　　　　　　　　; 空白区域的属性 int　10h　　　　　　　　 ; 调用 BIOS

示例：向窗口写入文本

当 INT 10h 功能 6（或 7）滚动窗口时，它设置了窗口内被滚动行的属性。如果接着使用 DOS 函数调用向窗口内写入文本，文本就会采用相同的前景色和背景色。下面的程序（TextWin.asm）演示了这个技术：

```
TITLE Color Text Window            (TextWin.asm)

; 显示一个彩色窗口，并向窗口内写入文本。
INCLUDE Irvine16.inc
.data
message BYTE "Message in Window",0

.code
main PROC
        mov     ax,@data
        mov     ds,ax
; 滚动窗口。
        mov     ax,0600h
        mov     bh,(blue SHL 4) OR yellow   ; 滚动窗口
                                            ; 属性
        mov     cx,050Ah                    ; 左上角
        mov     dx,0A30h                    ; 右下角
        int     10h

; 将光标置于窗口内。
        mov     ah,2                        ; 设置光标位置
        mov     dx,0714h                    ; 行 7，列 20
        mov     bh,0                        ; 视频页 0
```

```
            int     10h
    ; 向窗口内写入一些文本。
            mov     dx,OFFSET message
            call    WriteString
    ; 等待按键。
            mov     ah,10h
            int     16h
            exit
    main ENDP
    END main
```

向下滚动窗口（07h）

除了窗口内的文本向下移动，窗口向下滚动功能与功能 06h 一样，且使用相同的输入参数。

读取字符和属性（08h）

INT 10h 功能 8 返回位于当前光标位置的字符及其属性。程序可使用该功能直接从屏幕读取文本（该技术称为屏幕抓取）。程序可为有听力障碍的用户将文本转换成语音。

	INT 10h 功能 08h	
描述	读取位于当前光标位置的字符及其属性	
接收	AH = 8 BH = 视频页	
返回	AL = 字符的 ASCII 码 AH = 字符的属性	

调用示例	mov ah,8
	mov bh,0
	int 10h
	mov char,al
	mov attrib,ah
		; 视频页 0
		
		; 保存字符
		; 保存属性

写入字符和属性（09h）

INT 10h 功能 9 在当前光标位置写入带颜色的字符。从下表可见，该功能可显示任何 ASCII 字符，包括特殊的 BIOS 图形字符，这些特殊字符与 ASCII 码 1～31 匹配。

	INT 10h 功能 09h	
描述	写入字符和属性	
接收	AH = 9 AL = 字符的 ASCII 码 BH = 视频页 BL = 属性 CX = 重复次数	
返回	无	

调用示例	mov ah,9
	mov al, 'A'
	mov bh,0
	mov bl,71h
	mov cx,1
	int 10h
		
		; ASCII 字符
		; 视频页 0
		; 属性（浅灰背景上的蓝色前景）
		; 重复次数

注解	写完字符后，光标不前进。可在文本模式和图形模式下调用	

在 CX 中的重复次数指定字符被重复写入多少次（字符不应该被重复写入超过当前行的

末尾）。写完字符后，如果有更多字符要写到同一行上，就必须调用 INT 10h 功能 2 将光标向前移动。

写入字符（0Ah）

INT 10h 功能 0Ah 向屏幕的当前光标位置写入字符而不改变当前屏幕属性。如下表所示，它与功能 9 相同，除了不指定属性：

	INT 10h 功能 0Ah
描述	写入字符
接收	AH = 0Ah AL = 字符 BH = 视频页 CX = 重复次数
返回	无

调用示例	`mov  ah,0Ah`
	`mov  al, 'A'` ; ASCII 字符
	`mov  bh,0` ; 视频页 0
	`mov  cx,1` ; 重复次数
	`int  10h`

注解	不向前移动光标

获取视频模式信息（0Fh）

INT 10h 功能 0Fh 返回当前视频模式的信息，包括模式号、显示器列数，以及活动视频页号，如下表所示。该功能在程序开始时会用到，此时要保存当前视频模式，并切换到新的模式。当程序结束时，可以将视频模式重新设置成保存的模式（用 INT 10h 功能 0）。

	INT 10h 功能 0Fh
描述	获取当前视频模式信息
接收	AH = 0Fh
返回	AL = 当前显示模式 AH = 列数（字符或像素） BH = 活动视频页

调用示例	`mov  ah,0Fh`
	`int  10h`
	`mov  vmode,al` ; 保存模式
	`mov  columns,ah` ; 保存列
	`mov  page,bh` ; 保存页

注解	可用于文本和图形模式

设置闪烁 / 强度模式（10h；03h）

INT 10h 功能 10h 有一些子功能，包括 03h 子功能，它允许用颜色属性的最高位对颜色强度进行控制，或者对字符进行闪烁。细节如下表所示：

	INT 10h 功能 10h，子功能 03h
描述	设置闪烁 / 强度模式
接收	AH = 10h AL = 3 BL = 闪烁模式（0 = 启用强度，1 = 启用闪烁）
返回	无

	INT 10h 功能 10h，子功能 03h

调用示例	```
	mov ah,10h
	mov al,3
	mov bl,1 ; 启用闪烁
	int 10h
	``

注解	将屏幕上的文本在闪烁模式和高强度模式之间进行切换。在 MS-Windows 下，只有在全屏模式中运行应用程序时才会发生闪烁

以电传打字模式写入字符串（13h）

INT 10h 功能 13h，如下表所示，其功能是向屏幕上给定的行和列位置写入字符串。该字符串可以选择包含字符和属性值（见本书示例程序文件夹 ch16 中的程序 Colorst2.asm）。该功能可用于文本模式或图形模式。

	INT 10h 功能 13h
描述	以电传打字模式写入字符串
接收	AH = 13h AL = 写模式（见注解） BH = 视频页 BL = 属性（如果 AL = 00h 或 01h） CX = 字符串长度（字符数量） DH，DL = 屏幕的行，列 ES：BP = 字符串的段：偏移量
返回	无

调用示例	```
	.data
	colorString BYTE 'A',1Fh, 'B',1Ch,'C',1Bh,'D',1Ch
	row BYTE 10
	column BYTE 20
	.code
	mov ax,SEG colorString ; 设置 ES 段
	mov es,ax
	mov ah,13h ; 写入字符串
	mov al,2 ; 写模式
	mov bh,0 ; 视频页
	mov cx,(SIZEOF colorString) / 2 ; 字符串长度
	mov dh,row ; 起始行
	mov dl,column ; 起始列
	mov bp,OFFSET colorString ; 字符串偏移量
	int 10h
	``

注解	当显示适配器处于文本模式或图形模式时，可调用本功能 写模式的值： 00h = 字符串只包含字符码；写后光标不更新，且属性在 BL 中 01h = 字符串只包含字符码；写后光标更新，且属性在 BL 中 02h = 字符串包含交替的字符码和属性字节；写后光标位置不更新 03h = 字符串包含交替的字符码和属性字节；写后光标位置更新

示例：显示彩色字符串

下面的程序（ColorStr.asm）在控制台上显示一个字符串，其中的每个字符用不同的颜色显示。如果想要看到字符闪烁，程序就必须运行在全屏模式。默认情况下，闪烁是启用的，但可以通过删除对 EnableBlinking 的调用使看到的字符串处在深灰背景下：

```
TITLE Color String Example              (ColorStr.asm)
INCLUDE Irvine16.inc
.data
ATTRIB_HI = 10000000b
string BYTE "ABCDEFGHIJKLMOP"
color  BYTE (black SHL 4) OR blue

.code
main PROC
        mov     ax,@data
        mov     ds,ax
        call    ClrScr
        call    EnableBlinking      ; 此为可选项
        mov     cx,SIZEOF string
        mov     si,OFFSET string

L1:     push    cx                  ; 保存循环计数器
        mov     ah,9                ; 写入字符/属性
        mov     al,[si]             ; 要显示的字符
        mov     bh,0                ; 视频页 0
        mov     bl,color            ; 属性
        or      bl,ATTRIB_HI        ; 设置闪烁/强度位
        mov     cx,1                ; 显示一次
        int     10h
        mov     cx,1                ; 将光标前移到
        call    AdvanceCursor       ; 屏幕下一列
        inc     color               ; 下一个颜色
        inc     si                  ; 下一个字符
        pop     cx                  ; 恢复循环计数器
        loop    L1
        call    Crlf
        exit
main ENDP

;---------------------------------------------------
EnableBlinking PROC
;
; 启用闪烁 (使用颜色属性的高位)。
; 在 MS-Windows 中, 只有程序运行在全屏模式下时才可用。
; 接收: 无
; 返回: 无
;---------------------------------------------------
        push    ax
        push    bx
        mov     ax,1003h            ; 设置闪烁/强度模式
        mov     bl,1                ; 闪烁被启用
        int     10h
        pop     bx
        pop     ax
        ret
EnableBlinking ENDP
```

> 过程 AdvanceCursor 可用在调用 INT 10h 文本功能的任何程序中。

```
;---------------------------------------------------
AdvanceCursor PROC
;
; 将光标向右前移 n 列。
; (光标不会回绕到下一行显示。)
; 接收: CX = 列数
; 返回: 无
;---------------------------------------------------
        pusha
```

```
L1:     push    cx                      ; 保存循环计数器
        mov     ah,3                    ; 获取光标位置
        mov     bh,0                    ; 存入到 DH, DL
        int     10h                     ; 改变 CX 寄存器!
        inc     dl                      ; 列递增
        mov     ah,2                    ; 设置光标位置
        int     10h
        pop     cx                      ; 恢复循环计数器
        loop    L1                      ; 下一列

        popa
        ret
AdvanceCursor ENDP
END main
```

16.3.4 库过程示例

现在来看两个来自 Irvine16 链接库的有用却简单的示例，`Gotoxy` 和 `Clrscr`。

Gotoxy 过程

过程 `Gotoxy` 在视频页 0 上设置光标位置：

```
;-----------------------------------------------------
Gotoxy PROC
;
; 在视频页 0 上设置光标位置。
; 接收: DH, DL = 行，列
; 返回: 无
;-----------------------------------------------------
        pusha
        mov     ah,2                    ; 设置光标位置
        mov     bh,0                    ; 视频页 0
        int     10h
        popa
        ret
Gotoxy ENDP
```

Clrscr 过程

过程 `Clrscr` 清理屏幕并将光标定位在视频页 0 上的第 0 行和第 0 列：

```
;-----------------------------------------------------
Clrscr PROC
;
; 清理屏幕 (视频页 0) 并将光标定位在行 0 和列 0。
; 接收: 无
; 返回: 无
;-----------------------------------------------------
        pusha
        mov     ax,0600h                ; 将整个窗口向上滚动
        mov     cx,0                    ; 左上角 (0, 0)
        mov     dx,184Fh                ; 右下角 (24, 79)
        mov     bh,7                    ; 常规属性
        int     10h                     ; 调用 BIOS
        mov     ah,2                    ; 将光标定位在 0, 0
        mov     bh,0                    ; 视频页 0
        mov     dx,0                    ; 行 0, 列 0
        int     10h
        popa
        ret
Clrscr ENDP
```

16.3.5 本节回顾

1. 本节开始时提到的，对视频显示器的三个访问级别是什么？
2. 哪个级别的访问产生最快的输出？
3. 如何在全屏模式下运行程序？
4. 当计算机在 MS-DOS 中启动时，默认的视频模式是什么？
5. 视频显示器的每个位置存放了单个字符的哪些信息？
6. 要想在视频显示器上产生任意颜色，需要哪些电子束？
7. 说明视频属性字节中前景色和背景色的分布。
8. INT 10h 的哪号功能将光标置于屏幕？
9. INT 10h 的哪号功能将一个矩形窗口向上滚动？
10. INT 10h 的哪号功能在当前光标位置写入字符及其属性？
11. INT 10h 的哪号功能设置光标的大小？
12. INT 19h 的哪号功能获取当前视频模式？
13. 当使用 INT 10h 设置光标位置时，需要哪些参数？
14. 如何才能隐藏光标？
15. 当向上滚动窗口时，需要哪些参数？
16. 当在当前光标位置写入字符及其属性时，需要哪些参数？
17. INT 10h 的哪号功能设置闪烁/强度模式？
18. 当使用 INT 10h 功能 6 清理屏幕时，应该向 AH 和 AL 分别传送什么值？

16.4 使用 INT 10h 绘制图形

INT 10h 功能 0Ch 以图形模式绘制单个像素。可以使用该功能绘制复杂的形状和线条，但其速度却慢得令人无法忍受。这里将通过该功能来学习基本原理，之后再展示如何通过向视频 RAM 直接写入数据来绘制图形。

> 当视频适配器处于图形模式时，可以使用 INT 10h 功能 9h 在屏幕上绘制文本。

在绘制像素之前，必须将视频适配器置于表 16-6 所示的标准图形模式之一。每种模式都可使用 INT 10h 功能 0（设置视频模式）来设置。

表 16-6 INT 10h 识别的视频图形模式

模式	分辨率（列数 × 行数，以像素数计）	颜色数
6	640 × 200	2
0Dh	320 × 200	16
0Eh	640 × 200	16
0Fh	640 × 350	2
10h	640 × 350	16
11h	640 × 480	2
12h	640 × 480	16
13h	320 × 200	256
6Ah	800 × 600	16

坐标 对于每种视频模式，分辨率以像素数量表示为：水平数 × 垂直数。屏幕的坐标范围为：从左上角的 $x = 0$，$y = 0$ 到右下角的 $x = XMax - 1$，$y = YMax - 1$。

16.4.1 INT 10h 与像素有关的功能

写图形像素（0Ch）

INT 10h 功能 0Ch 如下表所示，可在视频控制器处于图形模式时在屏幕上绘制像素。功能 0Ch 执行得相当慢，尤其是在绘制很多像素时。大多数图形应用程序都是在计算了每个像素的颜色数、水平分辨率等信息之后，直接向视频内存写入。

	INT 10h 功能 0Ch
描述	写图形像素
接收	AH = 0Ch AL = 像素值 BH = 视频页 CX = *x* 坐标 DX = *y* 坐标
返回	无

调用示例	`mov  ah,0Ch`
	`mov  al,pixelValue`
	`mov  bh,videoPage`
	`mov  cx,x_coord`
	`mov  dx,y_coord`
	`int  10h`

注解	视频显示器处于图形模式。像素值的范围和坐标的范围都取决于当前的图形模式。如果 AL 的位 7 被置 1，则新像素就要与当前像素的内容进行 XOR 运算（使得像素可被删除）

读图形像素（0Dh）

功能 0Dh 如下所示，可从屏幕的给定行和列位置处读取图形像素，并在 AL 中返回像素值。

	INT 10h 功能 0Dh
描述	读取图形像素
接收	AH = 0Dh BH = 视频页 CX = *x* 坐标 DX = *y* 坐标
返回	AL = 像素值

调用示例	`mov  ah,0Dh`
	`mov  bh,0              ; 视频页 0`
	`mov  cx,x_coord`
	`mov  dx,y_coord`
	`int  10h`
	`mov  pixelValue,al`

注解	视频显示器必须处于图形模式。像素值的范围和坐标的范围都取决于当前的图形模式

16.4.2 程序 DrawLine

程序 DrawLine 使用 INT 10h 切换到图形模式，以文本形式写程序名，并画一条水平直线。如果在 MS-Windows 中运行该程序，就通过按〈Alt+Enter〉⊖将控制台窗口切换到全

⊖ 对于视频 RAM 相对较小的计算机，在 MS-Windows 下运行 Pixel2.asm 可能会有麻烦。如果有问题，就切换到另一种模式，或者启动引导到纯 MS-DOS 模式。

屏模式。下面是完整的程序清单:

```
TITLE DrawLine Program              (DrawLine.asm)

; 本程序在图形模式下绘制文本和直线。
INCLUDE Irvine16.inc
;------------       视频模式常量      -------------------
Mode_06 = 6                          ; 640 X 200, 2 个颜色
Mode_0D = 0Dh                        ; 320 X 200, 16 个颜色
Mode_0E = 0Eh                        ; 640 X 200, 16 个颜色
Mode_0F = 0Fh                        ; 640 X 350, 2 个颜色
Mode_10 = 10h                        ; 640 X 350, 16 个颜色
Mode_11 = 11h                        ; 640 X 480, 2 个颜色
Mode_12 = 12h                        ; 640 X 480, 16 个颜色
Mode_13 = 13h                        ; 320 X 200, 256 个颜色
Mode_6A = 6Ah                        ; 800 X 600, 16 个颜色

.data
saveMode   BYTE   ?                  ; 保存当前视频模式
currentX   WORD   100                ; 列数 (X 坐标)
currentY   WORD   100                ; 行数 (Y 坐标)
COLOR = 1001b                        ; 线颜色 (青色)

progTitle BYTE "DrawLine.asm"
TITLE_ROW = 5
TITLE_COLUMN = 14

; 当使用 2 颜色模式时, 将 COLOR 置为 1 (白色)
.code
main PROC
     mov    ax,@data
     mov    ds,ax
; 保存当前视频模式。
     mov    ah,0Fh
     int    10h
     mov    saveMode,al

; 切换到图形模式。
     mov    ah,0                     ; 设置视频模式
     mov    al,Mode_6A
     int    10h

; 以文本形式写程序名。
     mov    ax,SEG progTitle         ; 获取 progTitle 的段地址
     mov    es,ax                    ; 存入 ES
     mov    bp,OFFSET progTitle
     mov    ah,13h                   ; 功能: 写字符串
     mov    al,0                     ; 模式: 仅字符码
     mov    bh,0                     ; 视频页 0
     mov    bl,7                     ; 属性 = 常规
     mov    cx,SIZEOF progTitle      ; 字符串长度
     mov    dh,TITLE_ROW             ; 行 (以字符单元数计)
     mov    dl,TITLE_COLUMN          ; 列 (以字符单元数计)
     int    10h

; 画一条直线。
     LineLength = 100

     mov    dx,currentY
     mov    cx,LineLength            ; 循环计数器
L1:
     push   cx
     mov    ah,0Ch                   ; 写像素
```

```
            mov     al,COLOR                ; 像素颜色
            mov     bh,0                    ; 视频页 0
            mov     cx,currentX
            int     10h
            inc     currentX
            ;inc color                      ; 使得能看到一条多颜色的线
            pop     cx
            Loop    L1
    ; 等待击键。
            mov     ah,0
            int     16h
    ; 恢复起始的视频模式。
            mov     ah,0                    ; 设置视频模式
            mov     al,saveMode             ; 保存的视频模式
            int     10h
            exit
    main ENDP
    END main
```

改变视频模式 可以通过修改单个程序语句来试验不同的图形模式，如下面的例子就选择了视频模式 6Ah：

```
        mov     ah,0                    ; 设置视频模式
        mov     al,Mode_6A              ; 可修改为不同的模式
        int     10h                     ; 调用 BIOS 例程
```

16.4.3 笛卡尔坐标程序

笛卡尔坐标（Cartesian Coordinates）程序绘制笛卡尔坐标系统的 X 轴和 Y 轴，两轴的交点在屏幕位置 X = 400 和 Y = 300 处。还有两个重要的过程 DrawHorizLine 和 DrawVerticalLine，它们可容易地插入到其他图形程序中。该程序将视频适配器设置为模式 6Ah（800×600，16 个颜色）。

```
    TITLE Cartesian Coordinates              (Pixel2.asm)

    ; 本程序切换到 800×600 图形模式，并绘制笛卡尔坐标系统的 X 轴和 Y 轴。
    ; 在运行本程序前，切换到全屏模式。
    ; 颜色常量在 Irvine16.inc 中定义。

    INCLUDE Irvine16.inc

    Mode_6A = 6Ah                   ; 800×600，16 个颜色
    X_axisY = 300
    X_axisX = 50
    X_axisLen = 700
    Y_axisX = 400
    Y_axisY = 30
    Y_axisLen = 540

    .data
    saveMode BYTE ?

    .code
    main PROC
            mov     ax,@data
            mov     ds,ax
    ; 保存当前视频模式
            mov     ah,0Fh                  ; 获取视频模式
            int     10h
            mov     saveMode,al
```

```
; 切换到图形模式
    mov     ah,0                    ; 设置视频模式
    mov     al,Mode_6A              ; 800×600, 16个颜色
    int     10h
; 画 X 轴
    mov     cx,X_axisX              ; 线起点的 X 坐标
    mov     dx,X_axisY              ; 线起点的 Y 坐标
    mov     ax,X_axisLen            ; 线的长度
    mov     bl,white                ; 线颜色 (IRVINE16.inc)
    call    DrawHorizLine           ; 开始画线
; 画 Y 轴
    mov     cx,Y_axisX              ; 线起点的 X 坐标
    mov     dx,Y_axisY              ; 线起点的 Y 坐标
    mov     ax,Y_axisLen            ; 线的长度
    mov     bl,white                ; 线颜色
    call    DrawVerticalLine        ; 开始画线
; 等待击键
    mov     ah,10h                  ; 等待按键
    int     16h
; 恢复起始视频模式
    mov     ah,0                    ; 设置视频模式
    mov     al,saveMode             ; 保存的视频模式
    int     10h
    exit
main endp

;--------------------------------------------------------
DrawHorizLine PROC
;
; 以给定的长度和颜色,从位置(X,Y)开始画一条水平线。
; 接收: CX = X 坐标, DX = Y 坐标,
;       AX = 长度, BL = 颜色
; 返回: 无
;--------------------------------------------------------
.data
currX WORD ?

.code
    pusha
    mov     currX,cx                ; 保存 X 坐标
    mov     cx,ax                   ; 循环计数器

DHL1:
    push    cx                      ; 保存循环计数器
    mov     al,bl                   ; 颜色
    mov     ah,0Ch                  ; 画像素
    mov     bh,0                    ; 视频页
    mov     cx,currX                ; 获取 X 坐标
    int     10h
    inc     currX                   ; 向右移动一个像素位置
    pop     cx                      ; 恢复循环计数器
    loop    DHL1
    popa
    ret
DrawHorizLine ENDP
;--------------------------------------------------------
DrawVerticalLine PROC
;
; 以给定的长度和颜色,从位置(X,Y)开始画一条垂直线。
; 接收: CX = X 坐标, DX = Y 坐标,
```

```
;       AX = 长度，BL = 颜色
; 返回：无
;-----------------------------------------------------
.data
currY WORD ?

.code
    pusha
    mov     currY,dx            ; 保存 Y 坐标
    mov     currX,cx            ; 保存 X 坐标
    mov     cx,ax               ; 循环计数器
DVL1:
    push    cx                  ; 保存循环计数器
    mov     al,bl               ; 颜色
    mov     ah,0Ch              ; 功能：画像素
    mov     bh,0                ; 设置视频页
    mov     cx,currX            ; 设置 X 坐标
    mov     dx,currY            ; 设置 Y 坐标
    int     10h                 ; 画像素
    inc     currY               ; 向下移动一个像素位置
    pop     cx                  ; 恢复循环计数器
    loop    DVL1

    popa
    ret
DrawVerticalLine ENDP
END main
```

16.4.4 将笛卡尔坐标转换为屏幕坐标

笛卡尔图上的点与 BIOS 图形系统的绝对坐标并不对应。在前面的两个示例中，显然屏幕坐标起始于屏幕左上角的 $sx = 0, sy = 0$。在屏幕上，sx 向右则增大，sy 向下则增大。可用下面的公式将笛卡尔坐标 X, Y 转换为屏幕坐标 sx, sy：

$$sx = (sOrigX + X) \quad sy = (sOrigY - Y)$$

其中 $sOrigX$ 和 $sOrigY$ 是笛卡尔坐标原点的屏幕坐标。在笛卡尔程序中（见 16.4.3 节），两轴相交在 $sOrigX = 400$ 和 $sOrigY = 300$ 处，使得原点处于屏幕的中心。如果使用图 16-3 中的 4 个点来测试该转换公式，则计算结果可见表 16-7。

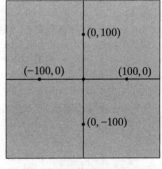

图 16-3 转换公式的测试坐标

表 16-7 测试转换公式

笛卡尔坐标 (X, Y)	$(400 + X, 300 - Y)$	屏幕坐标 (sx, sy)
(0, 100)	(400 + 0, 300 − 100)	(400, 200)
(100, 0)	(400 + 100, 300 − 0)	(500, 300)
(0, −100)	(400 + 0, 300 − (−100))	(400, 400)
(−100, 0)	(400 + (−100), 300 − 0)	(300, 300)

16.4.5 本节回顾

1. INT 10h 的哪号功能在视频显示器上画单个像素？
2. 当使用 INT 10h 画单个像素时，必须在寄存器 AL、BH、CX 及 DX 中放置什么值？
3. 使用 INT 10h 画像素的主要缺点是什么？
4. 编写 ASM 语句，将视频适配器设置为模式 11h。

5. 哪种视频模式是 800 像素 × 600 像素，16 个颜色？
6. 将笛卡尔 X 坐标转换为屏幕像素坐标的公式是什么（用变量 *sx* 表示屏幕列，用 *sOrigX* 表示笛卡尔原点（0，0）处的屏幕列）？
7. 如果笛卡尔原点位于屏幕坐标 *sy* = 250，*sx* = 350 处，将下面以（X，Y）形式表示的笛卡尔点转换成屏幕坐标（*sx*, *sy*）为：
   a.（0，100）　　　　　　b.（25，25）　　　　　　c.（−200，−150）

16.5　内存映射的图形

我们已经看到，除了最基本的图形输出之外，使用 INT 10h 来绘制像素会慢得令人难以忍受。每次 BIOS 画一个像素都要执行相当多的代码。现在展示一个更高效的方式来绘制图形，就如同专业软件的做法。可通过输入/输出端口将图形数据直接写入视频 RAM（VRAM）。

16.5.1　模式 13h：320×200，256 色

对于内存映射的图形，视频模式 13h 是最容易使用的模式。屏幕像素被映射为二维字节数组，每个像素对应一个字节。该数组起始于屏幕左上角的像素，并连续穿过顶行的 320 个字节。处于偏移量 320 的字节就映射到屏幕第二行的第一个像素，并连续逐次地穿过屏幕。余下的行按类似方式进行映射。数组的最后一个字节映射到屏幕右下角的像素。为什么每个像素要占用一整个字节？因为一个字节存放了 256 种不同颜色值之一。

OUT 指令　像素和颜色值用 OUT（向端口输出）指令传送给视频适配器硬件。16 位端口地址赋值给 DX，而要发给端口的值在 AL、AX 或 EAX 中。例如，视频颜色调色板位于端口地址 3C8h，下面的指令将数值 20h 送到该端口：

```
mov     dx,3c8h           ; 端口地址
mov     al,20h            ; 要输出的数值
out     dx,al             ; 将数值发送到端口
```

颜色索引　关于模式 13h 的颜色，有趣的事情是每个颜色整数并不直接表示一个颜色，而是表示颜色表中的索引，该颜色表被称为调色板（见图 16-4）。调色板中的每个表项由三个整数值（0~63）组成，即 RGB（red，green，blue）。颜色调色板的表项 0 控制屏幕的背景颜色。

可以用这个方案创建 262 144 种不同的颜色（64^3）。在给定时间，只能显示 256 种不同的颜色，但程序可以在运行时修改调色板以改变显示颜色。现代操作系统如 Windows 和 Linux 都提供（至少）24 位颜色，其中每个 RGB 值的范围都是 0 ~ 255。那么，该方案就提供了 256^3（1670 万）种不同的颜色。

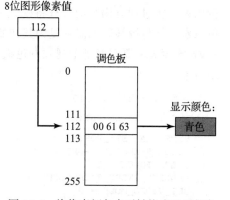

图 16-4　将像素颜色索引转换成显示颜色

RGB 颜色

RGB 颜色是基于光的加色混合，而不是在混合液体颜料时使用的减色方法。例如，若采用加色混合方法，就可通过将所有颜色强度级别保持为零来创建黑色，而创建白色则可通过将所有颜色级别设置为 63（最大值）来实现。事实上，当所有三个级别都相等时，可获得不同的灰度，如下表所示：

红	绿	蓝	颜色
0	0	0	黑
20	20	20	深灰
35	35	35	中灰
50	50	50	浅灰
63	63	63	白

纯色通过将除了一种之外的所有其他颜色级别都设置为零来创建。要得到浅颜色，就等量地增加其他两种颜色。下面是红色的各种变化：

红	绿	蓝	颜色
63	0	0	亮红
10	0	0	深红
30	0	0	中红
63	40	40	粉红

可按类似的方式创建亮蓝、深蓝、浅蓝、亮绿、深绿及浅绿。当然，还可以按其他数量来混合颜色对，以获得像洋红和淡紫等颜色。示例如下：

红	绿	蓝	颜色
0	30	30	青色
30	30	0	黄色
30	0	30	洋红
40	0	63	淡紫

16.5.2 内存映射图形程序

下面要介绍的内存映射图形程序，使用模式 13h 的直接内存映射方式在屏幕上绘制一行像素。主过程调用其他过程将视频模式设置为模式 13h，设置屏幕的背景色，绘制一些彩色像素，并将视频适配器恢复为其初始模式。两个输出端口控制视频颜色调色板，发向端口 3C8h 的值表示要改变哪个视频调色板表项，然后颜色值本身被发送到端口 3C9h。下面是程序清单：

```
; 内存映射图形，模式 13                        (Mode13.asm)
INCLUDE Irvine16.inc

VIDEO_PALLETE_PORT = 3C8h
COLOR_SELECTION_PORT = 3C9h
COLOR_INDEX = 1
PALLETE_INDEX_BACKGROUND = 0
SET_VIDEO_MODE = 0
GET_VIDEO_MODE = 0Fh
VIDEO_SEGMENT = 0A000h
WAIT_FOR_KEYSTROKE = 10h
MODE_13 = 13h

.data
saveMode BYTE ?                    ; 保存的视频模式
xVal     WORD ?                    ; x 坐标
yVal     WORD ?                    ; y 坐标
msg      BYTE "Welcome to Mode 13!",0

.code
```

```
main PROC
    mov     ax,@data
    mov     ds,ax

    call    SetVideoMode
    call    SetScreenBackground
; 显示欢迎消息。
    mov     edx,OFFSET msg
    call    WriteString

    call    Draw_Some_Pixels
    call    RestoreVideoMode
    exit
main ENDP

;------------------------------------------------
SetScreenBackground PROC
;
; 设置屏幕的背景色。
; 视频调色板索引 0 就是背景色。
;------------------------------------------------
    mov     dx,VIDEO_PALLETE_PORT
    mov     al,PALLETE_INDEX_BACKGROUND
    out     dx,al

; 将屏幕背景色设置为深蓝。
    mov     dx,COLOR_SELECTION_PORT
    mov     al,0                    ; 红
    out     dx,al
    mov     al,0                    ; 绿
    out     dx,al
    mov     al,35                   ; 蓝（强度 35/63）
    out     dx,al

    ret
SetScreenBackground endp

;------------------------------------------------
SetVideoMode PROC
;
; 保存当前视频模式，切换到新模式，
; 并将 ES 指向视频段。
;------------------------------------------------
    mov     ah,GET_VIDEO_MODE
    int     10h
    mov     saveMode,al             ; 保存它

    mov     ah,SET_VIDEO_MODE
    mov     al,MODE_13              ; 切换到模式 13h
    int     10h

    push    VIDEO_SEGMENT           ; 视频段地址
    pop     es                      ; ES 指向视频段
    ret
SetVideoMode ENDP

;------------------------------------------------
RestoreVideoMode PROC
;
; 等待按键并将视频模式恢复到其初始值。
;------------------------------------------------
    mov     ah,WAIT_FOR_KEYSTROKE
    int     16h
    mov     ah,SET_VIDEO_MODE       ; 重新设置视频模式
    mov     al,saveMode             ; 切换到保存的模式
```

```
                int     10h
                ret
RestoreVideoMode ENDP
;------------------------------------------------
Draw_Some_Pixels PROC
;
; 设置调色板各个颜色并绘制几个像素。
;------------------------------------------------
; 将索引 1 处的颜色改为白色（63，63，63）。
        mov     dx,VIDEO_PALLETE_PORT
        mov     al,1                    ; 设置调色板索引 1
        out     dx,al

        mov     dx,COLOR_SELECTION_PORT
        mov     al,63                   ; 红
        out     dx,al
        mov     al,63                   ; 绿
        out     dx,al
        mov     al,63                   ; 蓝
        out     dx,al

; 计算第一个像素的视频缓冲区偏移量。
; 方法针对模式 13h，为 320×200。
        mov     xVal,160                ; 屏幕中央
        mov     yVal,100
        mov     ax,320                  ; 对于视频模式 13h 为 320
        mul     yVal                    ; y 坐标
        add     ax,xVAl                 ; x 坐标

; 将颜色索引放入视频缓冲区。
        mov     cx,10                   ; 画 10 个像素
        mov     di,ax                   ; AX 包含缓冲区偏移量

; 开始画像素。默认情况下，汇编器假设 DI 是相对 DS 中段地址的偏移量。
; 段超越 ES:[DI] 告诉 CPU，要用 ES 中的段地址取而代之。ES 当前指向 VRAM。

DP1:
        mov BYTE PTR es:[di],COLOR_INDEX
        add     di,5                    ; 向右移动 5 个像素
        loop    DP1

        ret
Draw_Some_Pixels ENDP
END main
```

该程序相当容易实现，因为像素恰好都在屏幕的同一行上。另一方面，若要画一条垂直线，可对 DI 的每个值加上 320 使之移到下一行像素。或者，也可以通过将 DI 加上 321 来画出斜率为 -1 的对角线。要在任意两点间画线，最好采用布雷森汉姆算法（Bresenham's Algorithm）来处理，该算法在很多网站上都有很好的解释。

16.5.3 本节回顾

1. (真 / 假)：视频模式 13h 将视频像素映射为二维字节数组，其中每个字节对应两个像素。
2. (真 / 假)：在视频模式 13h 中，屏幕每一行占用 320 个字节的存储空间。
3. 用一句话解释视频模式 13h 如何设置像素的颜色。
4. 在视频模式 13h 下，如何使用颜色索引？
5. 在视频模式 13h 下，颜色调色板的每个元素包含了什么信息？
6. 深灰色的三个 RGB 值是什么？

7. 白色的三个 RGB 值是什么？
8. 亮红色的三个 RGB 值是什么？
9. 挑战：展示如何在视频模式 13h 下，将屏幕背景色设置为绿色。
10. 挑战：展示如何在视频模式 13h 下，将屏幕背景色设置为白色。

16.6 鼠标编程

鼠标通常通过 PS-2 鼠标端口、RS-232 串行端口、USB 端口，或者无线方式连接到计算机的母版上。在检测鼠标之前，MS-DOS 要求安装设备驱动程序。MS-Windows 也有内置的鼠标驱动程序，但现在我们关注 MS-DOS 提供的功能。

对鼠标移动进行跟踪时，采用的度量单位是 mickey（猜一猜是如何想到这个名字的）。一个 mickey 表示鼠标大约移动了 1/200 英寸（1 英寸 =2.54 厘米）。可为鼠标设置 mickey-pixel 比（mickeys-to-pixels ratio），其默认值是：每 8 个水平像素需 8 个 mickey，每 8 个垂直像素需 16 个 mickey。还有一个双倍速阈值，其默认值为每秒 64 个 mickey。

16.6.1 鼠标 INT 33h 功能

INT 33h 提供关于鼠标的信息，包括其当前位置、最后点击的按钮、速度等。也可以利用它来显示或隐藏鼠标光标。本节讲解一些更基本的鼠标功能。INT 33h 用寄存器 AX 接收功能号，而不是用 AH 接收功能号（用 AH 接收功能号是 BIOS 中断的规范）。

复位鼠标和获取状态

INT 33h 功能 0 复位鼠标并确认其可用。鼠标（如果发现）被置于屏幕中心，其显示页被设置为视频页 0，其指针被隐藏，而其 mickey-pixel 比和速度被设置为默认值。鼠标的移动范围被设置为全屏幕区域。细节如下表所示：

INT 33h 功能 0	
描述	复位鼠标和获取状态
接收	AX = 0
返回	如果可得到鼠标支持，则 AX = FFFFh 且 BX = 鼠标按钮数；否则，AX = 0

调用示例	```mov ax,0```
	```int 33h```
	```cmp ax,0```
	```je MouseNotAvailable```
	```mov numberOfButtons,bx```

注解	如果调用前鼠标可见，则本功能将其隐藏

显示和隐藏鼠标指针

INT 33h 功能 1 和 2 如下面的两个表所示，分别显示和隐藏鼠标指针。鼠标驱动程序保持一个内部计数器，该计数器在调用功能 1 时递增（若非零），在调用功能 2 时递减。当计数器为非负时，则显示鼠标指针。功能 0（复位鼠标指针）将计数器置为 −1。

INT 33h 功能 1	
描述	显示鼠标指针
接收	AX = 1
返回	无

(续)

INT 33h 功能 1	
调用示例	`mov  ax,1` `int  33h`
注解	鼠标驱动程序保存了本功能被调用的次数。将其内部显示 / 隐藏计数器加 1

INT 33h 功能 2	
描述	隐藏鼠标指针
接收	AX = 2
返回	无
调用示例	`mov  ax,2` `int  33h`
注解	鼠标驱动程序持续跟踪鼠标位置。将其内部显示 / 隐藏计数器减 1

获取鼠标的位置和状态

INT 33h 功能 3 获取鼠标的位置和状态，如下表所示：

INT 33h 功能 3	
描述	获取鼠标的位置和状态
接收	AX = 3
返回	BX = 鼠标按钮状态 CX = X 坐标（按像素数计） DX = Y 坐标（按像素数计）

调用示例	`mov   ax,3`
	`int   33h`
	`test  bx,1`
	`jne   Left_Button_Down`
	`test  bx,2`
	`jne   Right_Button_Down`
	`test  bx,4`
	`jne   Center_Button_Down`
	`mov   Xcoord,cx`
	`mov   yCoord,dx`

注解	鼠标按钮状态用 BX 返回：如果位 0 置 1，则左按钮按下；如果位 1 置 1，则右按钮按下；如果位 2 置 1，则中间按钮按下

将像素坐标转换为字符坐标　MS-DOS 中的标准文本字体是 8 个像素宽和 16 个像素高，所以，要将像素坐标转换为字符坐标，可以通过将前者除以字符大小来实现。假设像素和字符两者的坐标都从零开始计值，则下面的公式根据字符大小 D 将像素坐标 P 转换为字符坐标 C：

$$C = \text{int}(P/D)$$

例如，假设字符是 8 像素宽，如果 INT 33 功能 3 返回的 X 坐标是 100（像素），则该坐标落在字符位置 12：$C = \text{int}(100/8)$。

设置鼠标位置

INT 33h 功能 4 如下表所示，是将鼠标位置移到指定的像素坐标 X 和 Y。

INT 33h 功能 4	
描述	设置鼠标位置
接收	AX = 4 CX = X 坐标（按像素数计） DX = Y 坐标（按像素数计）
返回	无

调用示例	```
	mov ax,4
	mov cx,200 ; X 位置
	mov dx,100 ; Y 位置
	int 33h
	``

注解	如果位置处于禁止区域内，则不显示鼠标

将字符坐标转换为像素坐标　要想将屏幕字符坐标转换为像素坐标，可以使用下面的公式，其中 C = 字符坐标，P = 像素坐标，D = 字符大小：

$$P = C \times D$$

在水平方向，P 就是字符单元左边的像素坐标；在垂直方向，P 就是字符单元顶部的像素坐标。例如，如果字符是 8 像素宽，要想将鼠标置于字符单元 12，则该单元最左像素的 X 坐标就是 96。

获取按钮的按下和释放信息

功能 5 返回所有鼠标按钮的状态，以及最后按钮的位置。在事件驱动的编程环境中，拖曳（drag）事件总是开始于按钮按下。一旦针对特定按钮调用了这个功能，该按钮的状态就被复位，再次调用这个功能不返回任何值：

INT 33h 功能 5	
描述	获取按钮按下信息
接收	AX = 5 BX = 按钮 ID（0 = 左，1 = 右，2 = 中间）
返回	AX = 按钮状态 BX = 按钮按下计数器 CX = 最后按钮按下的 X 坐标 DX = 最后按钮按下的 Y 坐标

调用示例	```
	mov ax,5
	mov bx,0 ; 按钮 ID
	int 33h
	test ax,1 ; 左按钮按下?
	jz skip ; 否：跳到 skip
	mov X_coord,cx ; 是：保存坐标
	mov Y_coord,dx
	``

注解	鼠标按钮状态用 AX 返回：如果位 0 置 1，则左按钮按下；如果位 1 置 1，则右按钮按下；如果位 2 置 1，则中间按钮按下

功能 6 获取来自鼠标的按钮释放信息，如下表所示。在事件驱动的编程中，当鼠标按钮被释放时，鼠标点击（click）事件就发生了。类似地，当鼠标按钮被释放时，拖曳事件就结束了。

INT 33h 功能 6	
描述	获取按钮释放信息
接收	AX = 6 BX = 按钮 ID（0 = 左，1 = 右，2 = 中间）

(续)

	INT 33h 功能 6	
返回	AX = 按钮状态 BX = 按钮释放计数器 CX = 最后按钮释放的 X 坐标 DX = 最后按钮释放的 Y 坐标	

调用示例	`mov ax,6`
	`mov bx,0`
	`int 33h`
	`test ax,1`
	`jz skip`
	`mov X_coord,cx`
	`mov Y_coord,dx`
		; 按钮 ID
		
		; 左按钮释放？
		; 否：跳到 skip
		; 是：保存坐标

注解	鼠标按钮状态用 AX 返回：如果位 0 置 1，则左按钮释放；如果位 1 置 1，则右按钮释放；如果位 2 置 1，则中间按钮释放	

设置水平和垂直界限

INT 33h 功能 7 和功能 8 如下面两表所示，能设置鼠标指针在屏幕上活动的界限。这是通过设置鼠标光标的最小和最大坐标来实现的。如有必要，将鼠标指针移到新的界限内。

	INT 33h 功能 7	
描述	设置水平界限	
接收	AX = 7 CX = 最小 X 坐标（以像素数计） DX = 最大 X 坐标（以像素数计）	
返回	无	

调用示例	`mov ax,7`
	`mov cx,100`
	`mov dx,700`
	`int 33h`
		; 将 X 范围设置为 (100, 700)

	INT 33h 功能 8	
描述	设置垂直界限	
接收	AX = 8 CX = 最小 Y 坐标（以像素数计） DX = 最大 Y 坐标（以像素数计）	
接收	无	

调用示例	`mov ax,8`
	`int 33h`
	`mov cx,100`
	`mov dx,500`
	`int 33h`
		; 将 Y 范围设置为 (100, 500)

各种鼠标功能

还有其他一些有用的 INT 33h 功能用来配置鼠标和控制其功能。这里没有篇幅来详细说明这些功能，就将它们列在表 16-8 中。

表 16-8 各种鼠标功能

功能	描述	输入/输出参数
AX = 0Fh	为鼠标的水平和垂直运动设置每 8 个像素的 mickey 数	接收：CX = 水平 mickey 数，DX = 垂直 mickey 数。默认值为：CX = 8, DX = 16

(续)

功能	描述	输入/输出参数
AX = 10h	设置鼠标禁止区域（防止鼠标进入一个矩形区）	接收：CX, DX = 左上角的 X, Y 坐标。SI, DI = 右下角的 X, Y 坐标
AX = 13h	设置双倍速阈值	接收：DX = 以每秒 mickey 数计的阈值速度（默认值为 64）
AX = 1Ah	设置鼠标敏感度和阈值	接收：BX = 水平速度（每秒 mickey 数），CX = 垂直速度（每秒 mickey 数），DX = 双倍速阈值，以每秒 mickey 数计
AX = 1Bh	获取鼠标敏感度和阈值	返回：BX = 水平速度，CX = 垂直速度，DX = 双倍速阈值
AX = 1Fh	禁用鼠标驱动程序	返回：如果不成功，则 AX = FFFFh
AX = 20h	启用鼠标驱动程序	无
AX = 24h	获取鼠标信息	若错误，则返回 FFFFh；否则，返回：BH = 主版本号；BL = 次版本号，CH = 鼠标类型（1 = bus, 2 = serial, 3 = InPort, 4 = PS/2, 5 = HP）；CL = IRQ 号（对于 PS/2 鼠标则为 0）

16.6.2 鼠标跟踪程序

现在编写一个简单的鼠标跟踪程序，用来跟踪文本鼠标光标的移动。在屏幕右下角显示的 X 和 Y 坐标持续更新，当按下左按钮时，鼠标位置就显示在左下角。下面是源代码：

```
TITLE Tracking the Mouse                           (mouse.asm)

; 演示可通过 INT 33h 使用的基本鼠标功能。
; 在标准 DOS 模式下，DOS 窗口中的每个字符位置等于 8 个鼠标单位。

INCLUDE Irvine16.inc

GET_MOUSE_STATUS = 0
SHOW_MOUSE_POINTER = 1
HIDE_MOUSE_POINTER = 2
GET_CURSOR_SIZE = 3
GET_BUTTON_PRESS_INFO = 5
GET_MOUSE_POSITION_AND_STATUS = 3
ESCkey = 1Bh

.data
greeting    BYTE "[Mouse.exe] Press Esc to quit",0
statusLine  BYTE "Left button: "
            BYTE "Mouse position: ",0
blanks      BYTE "                    ",0
xCoord WORD 0                    ; 当前 X 坐标
yCoord WORD 0                    ; 当前 Y 坐标
xPress WORD 0                    ; 最后按钮按下的 X 坐标
yPress WORD 0                    ; 最后按钮按下的 Y 坐标

; 显示坐标。
statusRow       BYTE ?
statusCol       BYTE 15
buttonPressCol  BYTE 20
statusCol2      BYTE 60
coordCol        BYTE 65

.code
main PROC
    mov     ax,@data
    mov     ds,ax
    call    Clrscr

; 获取屏幕 X/Y 坐标。
    call    GetMaxXY                 ; DH = 行数，DL = 列数
```

```
                dec     dh                              ; 计算状态行值
                mov     statusRow,dh
; 隐藏文本光标并显示鼠标。
                call    HideCursor
                mov     dx,OFFSET greeting
                call    WriteString
                call    ShowMousePointer
; 显示屏幕底线的状态信息。
                mov     dh,statusRow
                mov     dl,0
                call    Gotoxy
                mov     dx,OFFSET statusLine
                call    Writestring
; 循环: 显示鼠标坐标, 检查鼠标左按钮是否按下或按键按下 (〈Esc〉键)。
;
L1:             call    ShowMousePosition
                call    LeftButtonPress                 ; 检查按钮是否按下
                mov     ah,11h                          ; 按键已按下?
                int     16h
                jz      L2                              ; 否, 继续该循环
                mov     ah,10h                          ; 从缓冲区中删除键
                int     16h
                cmp     al,ESCkey                       ; 是。它是〈ESC〉键吗?
                je      quit                            ; 是, 退出该程序
L2:             jmp     L1                              ; 否, 继续该循环
; 隐藏鼠标, 恢复文本光标, 清理屏幕, 并等待按键。
quit:
                call    HideMousePointer
                call    ShowCursor
                call    Clrscr
                call    WaitMsg
                exit
main ENDP

;------------------------------------------------------------
GetMousePosition PROC USES ax
;
; 获取当前鼠标的位置和按钮状态。
; 接收: 无
; 返回: BX = 按钮状态 (0 = 左按钮按下,
;       1 = 右按钮按下, 2 = 中间按钮按下)
;       CX = X 坐标
;       DX = Y 坐标
;------------------------------------------------------------
                mov     ax,GET_MOUSE_POSITION_AND_STATUS
                int     33h
                ret
GetMousePosition ENDP

;------------------------------------------------------------
HideCursor PROC USES ax cx
;
; 通过将其顶线值设置为非法值来隐藏文本光标。
; 接收: 无。返回: 无
;------------------------------------------------------------
                mov     ah,GET_CURSOR_SIZE
                int     10h
                or      ch,30h                          ; 将顶行设置为非法值
                mov     ah,1                            ; 设置光标大小
                int     10h
```

```
            ret
HideCursor ENDP

;----------------------------------------------------------
ShowCursor PROC USES ax cx
;
; 通过将其大小设置为默认值来显示文本光标。
; 接收：无。返回：无
;----------------------------------------------------------
        mov     ah,GET_CURSOR_SIZE
        int     10h
        mov     ah,1                    ; 设置光标大小
        mov     cx,0607h                ; 默认大小
        int     10h
        ret
ShowCursor ENDP

;----------------------------------------------------------
HideMousePointer PROC USES ax
;
; 隐藏鼠标指针。
; 接收：无。接收：无
;----------------------------------------------------------
        mov     ax,HIDE_MOUSE_POINTER
        int     33h
        ret
HideMousePointer ENDP

;----------------------------------------------------------
ShowMousePointer PROC USES ax
;
; 使鼠标指针可见。
; 接收：无。返回：无
;----------------------------------------------------------
        mov     ax,SHOW_MOUSE_POINTER   ; 使鼠标光标可见
        int     33h
        ret
ShowMousePointer ENDP

;----------------------------------------------------------
LeftButtonPress PROC
;
; 检查最近鼠标左按钮按下，并显示鼠标位置。
; 接收：无。返回：无
;----------------------------------------------------------
        pusha
        mov     ax,GET_BUTTON_PRESS_INFO
        mov     bx,0                    ; 指定左按钮
        int     33h
; 如果坐标未改变，则退出过程。
        cmp     cx,xPress               ; 相同的 X 坐标？
        jne     L1                      ; 否：继续
        cmp     dx,yPress               ; 相同的 Y 坐标？
        je      L2                      ; 是：退出
; 坐标已改变，所以将其保存。
L1:     mov     xPress,cx
        mov     yPress,dx
; 放置光标，清理旧数值。
        mov     dh,statusRow            ; 屏幕行
        mov     dl,statusCol            ; 屏幕列
        call    Gotoxy
        push    dx
```

```
            mov     dx,OFFSET blanks
            call    WriteString
            pop     dx

; 显示鼠标按钮按下位置的坐标。
            call    Gotoxy
            mov     ax,xCoord
            call    WriteDec
            mov     dl,buttonPressCol
            call    Gotoxy
            mov     ax,yCoord
            call    WriteDec
L2:         popa
            ret
LeftButtonPress ENDP

;---------------------------------------------------------
SetMousePosition PROC
;
; 设置鼠标在屏幕上的位置。
; 接收: CX = X 坐标
;       DX = Y 坐标
; 返回: 无
;---------------------------------------------------------
            mov     ax,4
            int     33h
            ret
SetMousePosition ENDP

;---------------------------------------------------------
ShowMousePosition PROC
;
; 获取鼠标坐标并在屏幕底部显示。
; 接收: 无
; 返回: 无
;---------------------------------------------------------
            pusha
            call    GetMousePosition
; 如果坐标未变化, 则退出过程。
            cmp     cx,xCoord               ; 相同的 X 坐标?
            jne     L1                      ; 否: 继续
            cmp     dx,yCoord               ; 相同的 Y 坐标?
            je      L2                      ; 是: 退出
; 保存新的 X 和 Y 坐标。
L1:         mov     xCoord,cx
            mov     yCoord,dx

; 放置光标, 清理旧数值。
            mov     dh,statusRow            ; 屏幕行
            mov     dl,statusCol2           ; 屏幕列
            call    Gotoxy
            push    dx
            mov     dx,OFFSET blanks
            call    WriteString
            pop     dx

; 显示鼠标坐标。
            call    Gotoxy
            mov     ax,xCoord
            call    WriteDec
            mov     dl,coordCol             ; 屏幕列
            call    Gotoxy
```

```
            mov     ax,yCoord
            call    WriteDec
L2:         popa
            ret
ShowMousePosition ENDP
END main
```

变化的行为　程序的行为会有一点变化，这取决于两个因素：(1) 运行的是哪个版本的 MS-Windows；(2) 程序是运行在控制台窗口还是在全屏模式。例如，在 Windows XP 及其后续版本中，控制台窗口默认为 50 行垂直文本。当运行于全屏模式下时，鼠标光标是一个实心方块，其坐标一次变化一个像素，而只有当水平移动了 8 个像素或垂直移动了 16 个像素时，鼠标光标才会从一个字符跳到另一个字符。而在控制台窗口模式下，鼠标光标是一个指针形状，其坐标在水平方向上一次变化 8 个像素，在垂直方向上一次变化 16 个像素。

16.6.3　本节回顾

1. 哪一个 INT 33h 功能可以复位鼠标和获取鼠标状态？
2. 编写 ASM 语句来复位鼠标和获取鼠标状态。
3. 哪一个 INT 33h 功能可以显示和隐藏鼠标指针？
4. 编写 ASM 语句来隐藏鼠标指针。
5. 哪一个 INT 33h 功能可以获取鼠标的位置和状态？
6. 编写 ASM 语句来获取鼠标的位置并将其保存到变量 mouseX 和 mouseY 中。
7. 哪一个 INT 33h 功能可以设置鼠标的位置？
8. 编写 ASM 语句来将鼠标指针设置为 $X = 100$ 和 $Y = 400$。
9. 哪一个 INT 33h 功能可以获取鼠标按钮按下的信息？
10. 编写 ASM 语句，实现当鼠标左按钮被按下时，跳转到标号 Button1 处。
11. 哪一个 INT 33h 功能可以获取鼠标按钮释放的信息？
12. 编写 ASM 语句，其功能是获取鼠标右按钮被释放时鼠标的位置，并将该位置保存到变量 mouseX 和 mouseY 中。
13. 编写 ASM 语句来将鼠标的垂直界限设置为 200 和 400。
14. 编写 ASM 语句来将鼠标的水平界限设置为 300 和 600。
15. 挑战：在文本模式下，假如想要鼠标指针指向位于行 10、列 20 的字符单元的左上角，并假设每个字符有 8 个水平像素和 16 个垂直像素，那么，必须给 INT 33h 功能 4 传递什么 X 和 Y 值？
16. 挑战：在文本模式下，假如想要鼠标指针指向位于行 15、列 22 的字符单元的中间，并假设每个字符有 8 个水平像素和 16 个垂直像素，那么，必须给 INT 33h 功能 4 传递什么 X 和 Y 值？
17. 挑战：谁发明了计算机鼠标？在何时何地？

16.7　本章小结

与工作在 MS-DOS 级相比，工作在 BIOS 级对计算机的输入/输出设备有更多的控制手段。本章展示了如何用 INT 16h 对键盘编程、如何用 INT 10h 对视频显示编程，以及如何用 INT 33h 对鼠标编程。

INT 16h 在读取如功能键和光标箭头键这样的键盘扩展键时尤其有用。

键盘硬件与 INT 9h、INT 16h，以及 INT 21h 的处理程序一起工作，使得程序可以进行键盘输入。本章包含了一个程序，该程序对键盘进行查询，并在〈Esc〉键被按下时跳出循环。

在视频显示器上的颜色是采用基色的加法合成产生的。颜色位被映射到视频属性字节。

有大量有用的 INT 10h 功能可用来在 BIOS 级控制视频显示。本章包含了一个示例程序，能够滚动彩色窗口并向其中写入文本。

可以使用 INT 10h 绘制彩色图形。本章包含了两个示例程序用以展示如何实现。可以用一个简单的公式将笛卡尔坐标转换成屏幕坐标（像素位置）。

一个示例程序及其文档展示了如何通过直接写视频内存来高速绘制彩色图形。

许多 INT 33h 功能可用来操作和读取鼠标。一个示例程序对鼠标移动和鼠标按钮点击两者都进行跟踪。

更多信息 挖掘有关 BIOS 功能的信息是不容易的，因为很多好的参考书都已经绝版了。下面是作者偏爱的参考资料：

- Ralf, Brown, and Jim Kyle, *PC Interrupts. A Programmer's Reference to BIOS, DOS, and Third-Party Calls*, Addison-Wesley, 1991.
- Ray, Duncan. *IBM ROM BIOS*, Microsoft Press, 1998.
- Ray, Duncan. *Advanced MS-DOS Programming*, 2nd ed., Microsoft Press, 1988.
- Frank van, Gilluwe. *The Undocumented PC: A Programmer's Guide to I/O, CPUs, and Fixed Memory Areas*, Addison-Wesley, 1996.
- Thom, Hogan. *Programmer's PC Sourcebook: Reference Tables for IBM PCs and Compatibles, Ps/2 Systems, Eisa-Based Systems, Ms-DOS Operating System Through Version*, Microsoft Press, 1991.
- Jim, Kyle. DOS 6 *Developer's Guide*, SAMS, 1993.
- Muhammad Ali, Mazidi, and Janice Gillispie Mazidi, *The 80x86 IBM PC & Compatible Computers*, 4th Ed., Volumes. I and II, Prentice-Hall, 2002.

本书的网站（www.asmirvine.com）还有很多信息源的链接，包括 Ralf Brown 的 MS-DOS 和 BIOS 中断列表。

16.8 编程练习

下面的习题必须在实地址模式下完成：

★★ 1. ASCII 表

使用 INT 10h 显示 IBM 扩展 ASCII 字符集（本书正文前）的全部 256 个字符。按每行 32 列显示，每个字符后跟一个空格。

★★★ 2. 滚动文本窗口

定义一个文本窗口，该窗口大约是视频显示器大小的四分之三。要求程序依次执行如下操作：

- 在窗口顶行绘制一串随机字符（可以调用 Irvine16 库中的 Random_range）。
- 将窗口向下滚动一行。
- 将程序暂停大约 200 毫秒（可以调用 Irvine16 库中的 Delay 函数）。
- 绘制另一行随机文本。
- 继续滚动和绘制，直至显示了 50 行。

> 作者的汇编语言学生给这个程序及其各种增强功能起了一个昵称，该昵称基于一部热门电影，电影中的人物在一个虚拟世界中互动（这里不能提及该电影的名字，但你在完成该程序时就可能想出来）。

★★★ 3. 滚动彩色列

以**滚动文本窗口**习题作为起点，做如下改变：
- 随机字符串只在列 0、3、6、9、…、78 中有字符，在其他列则为空格。这将在向下滚动时产生列的效果。
- 每列有不同的颜色。

★★★★ 4. 以不同的方向滚动列

以**滚动文本窗口**习题作为起点，做如下改变：循环开始前，对于每一列随机选择向上或向下滚动。在程序运行期间，滚动方向保持不变。提示：将每列定义为独立滚动的窗口。

★ 5. 使用 INT 10h 绘制矩形

使用 INT 10h 的像素绘制功能，创建一个过程 `DrawRectangle`，该过程接收用来指定左上角和右下角位置以及颜色的输入参数。编写一个简短的测试程序，绘制若干个不同大小和颜色的矩形。

★★★ 6. 使用 INT 10h 绘制函数

使用 INT 10h 的像素绘制功能，绘制由方程 $Y = 2(X^2)$ 决定的线。

★★★ 7. 模式 13 画线

修改 16.5.2 节中的内存映射的图形程序，使之能绘制一条垂直线。

★★★ 8. 模式 13 画多条线

修改 16.5.2 节中的内存映射的图形程序，使之能绘制一系列共 10 条垂直线，每条线有不同的颜色。

★★★ 9. 方框绘制程序

在 20 世纪 80 年代和 90 年代早期，MS-DOS 应用程序通常在文本模式下使用画线字符来显示方框和框架。本编程练习将再现这些技术。编写一个过程，在屏幕上任意地方绘制一个单线框架。使用本书正文前表中的扩展 ASCII 码，如：C0h、BFh、B3h、C4h、D9h 以及 DAh。过程的唯一输入参数为一个指向 FRAME 结构的指针：

```
FRAME STRUCT
    Left  BYTE ?            ; 左边
    Top   BYTE ?            ; 顶线
    Right BYTE ?            ; 右边
    Bottom BYTE ?           ; 底线
    FrameColor BYTE ?       ; 方框颜色
FRAME ENDS
```

编写程序测试该过程，并向其传递指向各种 FRAME 对象的指针。

推荐阅读

汇编语言：基于x86处理器（英文版·原书第8版）

书号：978-7-111-67211-1　作者：Kip R. Irvine　定价：149.00元

本书全面细致地讲述了汇编语言程序设计的各个方面，不仅是汇编语言本科课程的经典教材，还可作为计算机系统和体系结构的入门教材。本书专门为32位和64位Intel/Windows平台编写，用通俗易懂的语言描述学生需要掌握的核心概念，首要目标是教授学生编写并调试机器级程序，并帮助他们自然过渡到后续关于计算机体系结构和操作系统的高级课程。

推荐阅读

现代x86汇编语言程序设计（原书第2版）

书号：978-7-111-68608-8 作者：Daniel Kusswurm 译者：江红 等 定价：129.00元

本书由上一版的x86-32全面更新至x86-64，主要面向软件开发人员，旨在通过实用的案例帮助读者快速理解x86-64汇编语言程序设计的概念，使用x86-64汇编语言以及AVX、AVX2和AVX-512指令集编写性能增强函数和算法，并利用不同的编程策略和技巧实现性能的最大化。书中包含大量可免费下载的源代码，便于读者实践。

推荐阅读

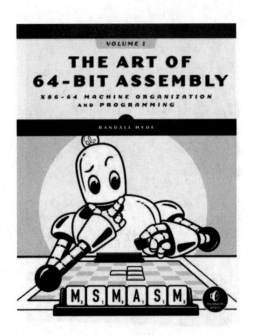

The Art of 64-Bit Assembly
x86-64 Machine Organization and Programming

作者：Randall Hyde　中文版预计2023年出版

作者的 The Art of Assembly Language 一直是学习汇编语言的必备指南，本书基于64位重写了这本经典书籍。书中不仅深入介绍了当前x86-64处理器的指令集(使用MASM)，还通过展示如何编写模仿高级语言操作的代码，引导读者了解汇编语言编程和计算机组成。本书包含大量直接可用的库例程，大大简化了读者的编程和学习过程。